XITONG PINGJIA SHOUCE

系统评价手册

吴扬俊　编著

中国农业科学技术出版社

图书在版编目(CIP)数据

系统评价手册 / 吴扬俊编著 . --北京：中国农业科学技术出版社，2025. 6. --ISBN 978-7-5116-7443-2

Ⅰ. N945. 16-62

中国国家版本馆 CIP 数据核字第 2025N4Z029 号

责任编辑 李　娜　朱　绯
责任校对 马广洋
责任印制 姜义伟　王思文

出 版 者 中国农业科学技术出版社
北京市中关村南大街 12 号　　邮编：100081
电　　话 (010) 62111246 (编辑室)　(010) 82106624 (发行部)
(010) 82109709 (读者服务部)
网　　址 https://castp.caas.cn
经 销 者 各地新华书店
印 刷 者 北京建宏印刷有限公司
开　　本 185 mm×260 mm　1/16
印　　张 29. 5
字　　数 696 千字
版　　次 2025 年 6 月第 1 版　2025 年 6 月第 1 次印刷
定　　价 108. 00 元

前　　言

系统评价是系统思想和系统工程的重要组成部分。在本书的编写过程中，始终把系统思想作为指导思想，贯穿在各个章节中，使全书成为集基础知识、评价方法和应用于一体的有机整体。系统评价是一种组织管理技术，已经广泛地成功地应用在很多领域，例如：幼儿园保育教育质量评估、国家高等学校精品课程评估指标、全国科技进步统计监测指标体系和监测标准、高标准农田建设评价规范、我国贫困（人口、村、县）退出验收标准、国家公务员年度考核定量测评标准、旅游景区质量等级的划分与评定、星级酒店评定标准、养老机构和老年人能力的等级划分与评定、城市体检评估规程等。

本书认为系统评价也是观察和深入分析人事物的一种思想方法。在客观世界中有很多人事物，一开始在人们的头脑里是模糊的，经过系统评价分析，这些人事物就清晰起来了。例如：什么是教师的教学质量？企业的经济效益？怎样评价一个国家的综合实力？……诸如此类问题，都可以通过系统评价把问题清晰起来。现在有不少人在研究“大城市病”问题，什么是“大城市病”？怎样预防？怎样治理？这是一个复杂的系统工程问题。本书第 16 章“城市体检评估规程”部分，把这个问题作为系统评价问题进行研究，制定了一套详细的评价指标和评价方法。

本书认为在系统评价的整个流程中，选择和确定评价指标体系是最重要最核心的工作。所以，在应用案例的各章都比较详细地介绍各评价对象的评价指标体系，包括指标的评价标准。

本书把评价方法分为狭义评价方法和广义评价方法。狭义评价方法是指多指标的综合评价方法，是定量的评价方法。现在很多人的研究都集中在狭义评价方法上，本书认为，目前很多实际评价问题并不使用狭义评价方法，而是采用定性与定量相结合的广义的评价方法，定性的评价方法居多。其主要原因是，精准的定量化方法还不成熟，还很难适应复杂的经济社会系统的评价问题。广义评价方法应该成为今后研究的重点。

本书在广泛收集各个领域的评价实践资料的基础上，进行归纳整理。全书包括：基础篇 13 章和应用案例篇 6 章，共 19 章，包含大小应用案例 117 个，涉及日常生活、教育、科研、医院、企业、经济、农业、社会、旅游等领域，是从事系统评价工作者的资料手册，可作为高等学校的教学参考书。

在本书的编写过程中，参考了大量的文献资料，在此向有关的作者表示衷心的感谢。由于编者水平有限，再加上系统评价的复杂性，书中难免有不妥之处，敬请读者批评指正。

吴扬俊

2024 年 6 月

目　　录

第1篇　系统评价基础

第 2 篇　系统评价应用案例

第 1 篇

系统评价基础

第1章　系统评价概述

1.1　评价对象——系统

1.1.1　系统的定义

按系统论的观点，世界上任何事物或群体都处在一个系统之中。在本书中的评价对象都称为系统。那么什么是系统？系统是由相互作用和相互联系的若干部分组成的一个有机的整体，它有某种特定的功能，它又是更大系统的子系统（或分系统，subsystems）。例如：一个学校是一个系统，它是教育系统的一个子系统；人体是一个系统，它包含：生殖系统、呼吸系统、消化系统、神经系统、血液循环系统、泌尿系统、内分泌系统、运动系统等子系统。

从上述系统的概念可以看出，系统的概念是相对的，许多小系统可以组合成一个较大的系统；许多较大的系统又组合成了一个大系统；若干个大系统又组成了一个更大的系统，即钱学森先生所说的巨系统。我们在讨论一个特定系统的时候，首先应当确定该系统的组成成分，明确系统的边界，边界以外的空间，称为系统的环境。

1.1.2　系统的特征

一个系统无论大小，也无论其组成结构如何，它应具有以下六大特征。

（1）目的性（功能性）

无论是自然系统还是人造系统都具有目的性，或者说都具有一定的功能，而且这种目的和功能有时不止一个，这也是系统存在的价值所在。如果一个系统不具有任何目的或功能，那么，这个系统也就失去了其存在的价值。

明确系统的目的是一件非常困难和复杂的事情，系统的评价只有在明确系统的目的或功能的前提下才能进行。系统的目一般是用更具体的目标来表达，这时系统就有了总目标，而总目标又可划分为若干个分目标（或子目标）。系统的分目标集必须保证系统总目标的实现，但是，分目标之间可能存在着矛盾，例如，企业生产经营系统的“成本最低”与“质量最好”是存在着矛盾的。一般来说，系统都有相互矛盾的分目标，对于相互矛盾的指标采用某种形式的折中是必要的，即在矛盾的分目标之间寻找一种平衡。

（2）集合性

集合是一个数学名词。即把具有某种属性的一些对象看作一个整体便形成了一个集合。集合里的各个对象称为集合的要素，或称元素。系统的集合性是说，系统起码是由两个或两个以上的可以相互区别的要素所组成。要素可以是具体的，如人、物、财等，也可以是非具体的（概念性的），如企业文化、国家政策、企业规章制度等。

系统要素的确定是一个困难而复杂的问题，如果一个系统的要素过于庞杂，将对系统的评价带来许多不必要的工作量。但是，如果一个系统的组成要素过于简单，又不能体现出系统目的或功能，使评价结果缺乏实用性。通常我们在确定系统要素时一般遵循以下两个准则：一是可变化性准则。即系统的要素必须在系统内部的取值是可以改变的，并且它的改变能够引起系统目标的变化，否则，这个要素就不是组成系统的要素，而是系统环境的要素。二是功能性准则。一个要素能否成为系统内部的要素，主要取决于系统的目的和功能，如果系统的目的或功能不同，其组成系统的要素也应该是不同的。例如，一个工厂只是一个集团公司的生产车间，工厂的功能是保证及时给集团提供合格的产品，那么，这个工厂可以不考虑集团的“市场销售”和“经营策略”等要素。

（3）相关性

系统的组成要素是相互作用、相互依存、相互制约的。集合性确定了系统的组成要素和范围，相关性说明了这些要素之间的关系。只有组成要素，而组成要素之间没有任何关系，这只是“一盘散沙”，还不能构成一个理想的系统。系统的相关性是系统要素之间全部关系的总和。

（4）层次性

系统作为一个相互作用要素的总体，有着一定的层次结构，并分解为一系列的分系统。这种分解的基本标志是目标，不同的功能目标要求产生不同的分系统。系统的层次性常常用系统的递阶结构图来表示。

（5）整体性和整体性能的涌现

整体性是指具有独立功能的系统要素以及要素间的相互关系，逻辑地统一和协调于系统的整体之中。这表明，任何一个要素不能脱离开整体去研究，要素间的联系和作用也不能离开整体协调去考虑。脱离开了整体性，要素的机能和要素间的作用便失去了意义。系统的整体性应保证在给定的目标下，使系统要素集、要素的关系集以及其层次结构的整体结合效果为最大。

系统的整体有以下三个方面的要求：① 在研究的对象中，不要从系统的单独部分得出有关整体性的结论。如不要从一个人的局部缺点或长处对该人作出整体评价，局部最优不等于整体最优，这是系统科学的重要思想之一。② 分系统的目标必须纳入系统的整体目标，否则将导致力量分散，造成系统的无效或低效运行，乃至产生系统运行效益下降。③ 系统的各项局部指标和标准必须具有整体性，没有构成整体输出的高指标和局部的高标准，只能造成浪费和危害。因此，只有系统的各个组成部分和联系服从于系统整体的目的和要求，服从于系统的整体功能，在整体功能的基础上展开各要素及其相互关系的活动，这些活动的总和才能形成系统的有机行动，这就是系统的整体性。系统的整体性对于系统分析、评价及优化等研究都是非常重要的。

整体性能的涌现是指系统形成整体后，产生（涌现出或者说突显出）了新的系统性能，这种性能是形成整体前所没有的，是一种质变，这是整体组合效应。例如一个电力系统是由水力发电厂和火力发电厂组成的整体，它具有单独发电厂没有的一些性能，如在系统进行检修时可以互为备用；水电和火电各尽所长分别承担基荷和峰荷，可以错开用电高峰；局部事故可以不间断电力供应，这些都是电力系统形成后涌现的系统新性能。有人用“整体大于它的各部分的总和”（更形象表述为 1+1＞2），这种表述系统的整体功能只表述系统整体具有各个部分所没有的一些特性，但另一方面，形成整体后同时又会丧失了组成部分在孤立状态下具有的某些特性（1+1＜2），所以一般应表述为“整体并不是部分的总和”（1+1≠2）。关于系统整体性能的涌现机制，目前还没有完全搞清楚，其中系统各个组成部分之间、系统与环境之间的相互作用的非线性是原因之一。

（6）环境适应性

任何一个系统都存在于一定的物质环境（即更大的系统）中，因此，系统与外部环境之间必须产生物质的、能量的和信息的交换。没有这种正常的交换，系统就变成了一个封闭的结构（即封闭系统），这种系统是不能有效地正常运行的。适应外部环境变化以获得系统生存和发展能力的这种性质，就是系统的环境适应性。能够经常与外部环境保持最佳适应状态的系统是理想的系统，不能适应环境的系统是没有生命力的。在一亿八千万年以前，地球上生存着恐龙这种庞大的动物，长着非常高大的植物，后来地球环境发生了变化，这些动植物由于不能适应环境的变化，大多都已经不存在了，只有少数的动植物，由于具有较强的适应能力才生存了下来。同样，人离不开空气，鱼离不开水，都是环境适应性的问题。

1.1.3　评价对象的分类

不同的评价对象（系统）应该有不同的评价指标、不同的评价指标权重、不同的评价方法。系统分类（即对各种形态的系统进行的划分）是为了便于对系统进行研究。一般常见的分类有以下几种。

从大的属性类别划分为物理系统和事理系统。① 物理系统。由多个物理体组合而成的系统，如计算机系统、自动化机床加工系统、汽车系统等，对应的是自然科学；② 事理系统。研究事物内在规律的系统，对应的是社会科学，包括经济、管理、社会人文等科学。如交通运输管理、企业经营管理、国民经济计划系统等。

从构成要素划分为自然系统、人工系统和复合系统。① 自然系统。系统的组成单元是自然物，同时也是在客观世界发展过程中自然形成的系统，比如天体系统、气象系统、生理系统、植物系统、原子结构系统等。② 人工系统。为满足人们的某种需要，通过人的劳动造成的各种要素构成的系统，一般有三种类型：一是由人们从加工自然物获得的人造物质系统，如机器设备、工程设施等。二是由人们用一定的制度、程序、组织所组成的管理系统和社会系统，如各类管理系统、经济系统、教育系统等。三是根据人们对客观世界的认识建立起来的各种科学体系和技术体系。③ 复合系统。由自然系统和人工系统相结合的系统，如农业系统、生态环境系统、无线电通信系统等。

从系统形态或存在形式划分为实体系统和概念系统。① 实体系统。组成系统的要素是具有实体的物质，如机器系统、电力系统等。② 概念系统。由概念、原理、原则、制度、方法、程序等非物质实体组成的系统，如各种科学技术体系、法律、法规等。对一个有目的的系统而言，实体系统和概念系统是不可分割的，概念系统为实体系统提供指导和服务，实体系统是概念系统的服务对象，如机器系统是实体系统，而为机器系统提供的各种设计方案、计划和程序，就是相应的概念系统。

从系统与环境的关系划分为封闭系统和开放系统。① 封闭系统，指与外界环境无联系的系统，即系统与环境无物质、能量、信息的交换。② 开放系统，指与外界环境发生联系，能进行物质、能量、信息交换的系统。现实中存在的系统都是开放系统，封闭系统只是相对的，当某些系统与环境联系很少，在小范围或一个较短的时间内，可被视为封闭系统。

从系统状态与时间关系划分为静态系统和动态系统。① 静态系统。系统状态参数不随时间改变的系统。② 动态系统。系统状态参数随时间改变的系统。绝对的静态系统是不存在的，只是为了研究问题的方便，可在一定的范围和时间内，近似地将某些系统看成静态系统。

从系统构成要素的多少及相互关系复杂程度划分为小系统、大系统。① 小系统。系统要素少，内部联系简单的系统，如一台机器、一个班组等。② 大系统。系统要素众多，内部联系相当复杂、集中控制困难的系统，一个大系统是由许多小系统组成的，如一个企业、一项大型工程、一个城市等。

从系统研究对象划分为各种各样的对象系统，如经济系统、教育系统、能源系统、军事系统等。

1.2 系统评价

1.2.1 什么是评价?

在实际生活中，与评价概念近似有关的有：评估、评选、评审、评定、诊断、鉴定乃至排序等概念，它们在某些情况下被当作同义语使用。本书的系统评价概念如图 1-1 所示。系统评价就是根据需要评价的对象和评价的目的，采用相应的评价方法，进行相应的处理，获得相应的评价结果，对系统的价值、优劣或运行状况作出正确的判断，系统评价是系统决策的基础。

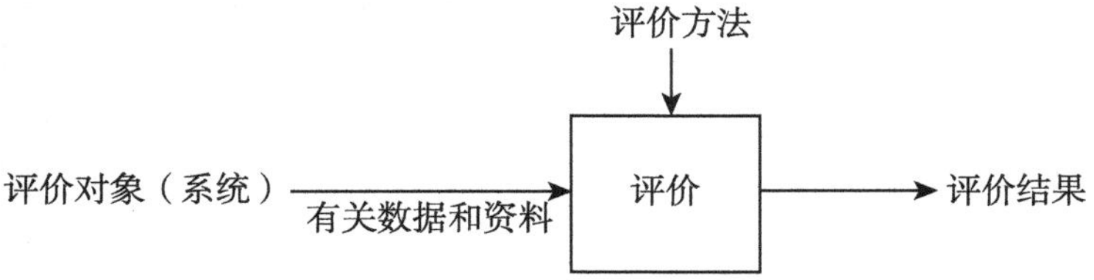

图 1-1 系统评价概念模型

1.2.2　系统评价的基本问题

例如增购一所房子：随着某单位的发展扩大，单位的工作面积太小，已不能满足发展的需要。现拟增购一所房子。若将价格、使用面积、与原单位距离、环境状况 4 个指标作为增购房子的衡量指标。经多方筛选，现有 3 处房子可供选择，这 3 处房子的基本情况如表 1-1 所示。

表 1-1　待选房屋的基本信息

指标 方案	评价指标			
	价格/万元	面积/m^2	距离/km	环境状况
房屋 1	150	500	10	一般
房屋 2	90	280	20	很好
房屋 3	110	350	12	良好

现在的问题是，根据表 1-1 提供的信息，怎样对三个待选房屋进行评价，根据评价结果决定购买哪一所房屋？这是一个典型的系统评价问题。一个系统评价过程一般包含很多需要解决的基本问题，主要有以下几个。

评价主体：评价主体就是评价工作的组织者，是评价问题的决策者，还应该包括参与评价的专家队伍。在一个评价项目的执行过程中，评价目标的确定、评价指标的选择、评价制度和方法的建立、评价指标的权重确定等都和评价评价主体有关。

评价对象：也称为评价客体，在上节中把评价对象统称为系统，在一个具体评价中，评价对象常常是被评价的备选方案，在这个例子中就是各个待选的房子。

评价指标体系：一个评价对象需要多个评价指标，每一个指标是从不同侧面描述评价对象的状态和特征。怎样遴选评价指标和建立指标体系是系统评价中非常重要的问题。

评价指标的预处理：在众多的评价指标中既有定量指标也有定性指标，采用什么样的方法才能够兼顾这两类指标？即定性指标的定量化问题和评价指标的无量纲化问题。

评价指标的权重确定问题：在众多的评价指标中，哪些指标对目标的影响大？哪些指标对目标的影响小？即评价指标的权重确定问题。

系统评价标准的确定问题：判断一个评价指标是否合格需要一个标准，同样判断一个评价对象的评价结果也需要一个标准，如何划分和确定这些标准是系统评价标准的确定问题。

系统评价方法的确定：系统评价的方法很多，本书把评价方法分为狭义评价方法和广义评价方法。狭义评价方法是指多指标的综合评价方法，是定量的评价方法。现在很多人的研究都集中在狭义评价方法上，本书认为，目前很多实际评价问题并不使用狭义评价方法，而是采用定性与定量相结合的广义的评价方法，定性的评价方法居多。

系统评价的技术实现问题：对简单的系统评价问题，用手工方法就能进行处理，但对于一个复杂的评价问题，手工计算显然无法满足要求，这时必须建立相应的计算机信息系统。如何来建立这种计算机信息系统呢？即评价系统的技术实现问题。

评价结果的检验和调整问题：上述问题解决以后，所建立的评价系统能否满足现实评价的需要？此时，必须采用一定的实例对其进行检验，通过检验的结果对有关问题的解决方案进行修正和调整问题。

系统评价制度：系统评价在有些单位已经是日常性工作，为了更科学、规范和有效地完成上述的各项评价基本问题，必须制定必要的规章制度，明确应遵循的原则和注意事项。

1.2.3 系统评价的特性

系统评价是系统思想和系统工程的重要组成部分，它既是一种组织管理技术，又是观察和深入分析人事物的一种思想方法。具有普遍性、重要性和复杂性。

（1）普遍性

在我们的日常生活中经常遇到这样的判断问题：要购买哪种智能手机比较好？单位哪个员工的工作业绩好？哪个企业的经济效益好？怎样提高老年人的生活质量？在宏观经济管理中也经常遇到这样的判断问题：怎样判断一个地区或国家的经济发展水平？农村贫困人口退出的验收标准是什么？等等。要回答上述的问题，就需要一个系统评价的过程，这也说明系统评价的问题到处都存在，不仅存在在自然科学、工程技术领域，更是存在经济、管理、社会科学领域中，系统评价具有普遍性。

在自然科学、工程技术领域中的系统评价，一般都和该领域的专业知识和技术紧密联系在一起了，有些已经达到高度数量化，甚至自动化（如在自动化控制领域、人工智能领域）；在经济、管理、社会科学领域中的系统评价，是一个更大的应用领域，是本书关注的重点。

（2）重要性

一般系统评价是一种手段，它的目的是决策（包括方案选优、系统状态的判断和排序等），正确的决策必须源于科学的评价，甚至可以这样说，没有科学的评价，就没有正确的决策。另外，系统评价具有明显的激励和“指挥棒”导向作用，在中共中央、国务院印发的《深化新时代教育评价改革总体方案》中指出“教育评价事关教育发展方向，有什么样的评价指挥棒，就有什么样的办学导向”。系统评价的理论、方法已成为社会经济管理决策领域中不可缺少的重要内容，具有重大的实用价值和广泛的应用前景。由此可见，系统评价问题具有重要性。

（3）复杂性

由于系统评价的对象具有普遍性，每个评价的目的不同，因而必须采用不同的评价方法。另外，一个系统评价的过程必须包括：明确评价的对象和目的、建立评价指标体系（包括收集有关的原始数据和预处理）、确定评价指标的权重系数、构建系统评价制度、选择评价的方法和模型、计算综合评价结果、对评价对象进行排序分类。在上述的各个过程中，都有很多问题需要解决，可见系统评价不是一个简单的过程，这些都说明系统评价具有复杂性。

1.2.4 系统评价的种类

按评价目的（作用/用途）可分为以下三种。① 鉴定验收性评价：一般用最低的评价标准，具有强制性，评价结果分合格和不合格二种情况；② 衡量水平高低的评价；③ 判断运行状况的评价。

按评价主体可分为：自身评价和外部评价，一般自身评价是外部评价的基础。

按评价的时间顺序分为事前评价、中间评价、事后评价和跟踪评价。① 事前评价：在着手系统开发之前进行的评价，这时由于没有实际的系统，一般只能参考已有资料或者用仿真的方法进行预测评价。可行性研究、计划阶段的评价等属于一种事前评价。② 中间评价：在开发过程中进行的评价，是在系统研制途中用来判断是否有必要变更目标和为及时采取对策而进行管理的有效手段。③ 事后评价：在系统实施工程完成之后进行的评价，评价系统是否达到了预期目标。因为可以测定实际系统的性能，所以作出评价较为容易。对于系统有关社会因素的定性评价，也可通过调查该系统的人们的意见来进行。④ 跟踪评价：系统投入运行后产生的经济效益以及对其他方面造成的影响的评价。项目评价属于典型的过程性评价，项目评价包括申报评审、中期考核和结项鉴定三个部分。不同部分评价的重点有所差异：申报评审着重评价项目研究方案的创新性、科学性与价值性等，中期考核主要考察项目的执行情况，结项鉴定则需结合项目研究计划对研究成果的创新性、科学性和价值性等进行评价。

按应用领域分为日常生活、教育、科研、经济领域、社会领域、军事领域、文化艺术等领域的评价。每个领域又可再细分，例如，在科研系统中的评价，根据评价对象可以划分为成果评价、人员评价、机构评价和项目评价；根据学科属性可以划分为人文学科评价和社会科学评价；根据研究类型可以划分为基础研究评价和应用研究评价。

按评价内容分为以下四种。① 技术评价。技术评价是围绕系统功能来进行的，评定系统方案能否实现所需的功能及实现程度。② 经济评价。是围绕经济效益进行的，内容主要是以成本为代表的经济可行性分析。③ 社会评价。是针对系统给社会带来的利益或影响而进行的评价。④ 综合评价。是在前三个方面评价的基础上，对系统方案价值的大小所做的综合评定。

按评价指标数分为单指标评价和多指标综合评价。

按评价的性质可分为静态系统评价和动态系统评价。

按系统评价在时空关系可分为相对评价和绝对评价两种评价体系。所谓相对评价，是指对若干个评价对象的优劣作出排序，并根据排序结果作出决策。例如，若有 n 个身高不同的人，要对其身体高度的次序进行排队，这就是一种相对评价问题，因为这种排队只对这 n 个人进行，不涉及 n 个以外的其他人。绝对评价是指在一个统一的评价准则下，根据相应评价 m 个指标体系所反映出来的信息，对 n 个待评价对象作出的评价。例如，若要看 n 个人的身高中有多少个人符合大于等于 170cm 的要求。这时的评价问题需要一个评价标准（大于等于 170cm），依据评价标准对评价对象作出评价和判断。

按评价的方向分为纵向评价和横向评价。纵向评价是利用纵向（或时序）数据进行的评价，横向评价是利用“横断面”的数据或资料进行的评价。

1.2.5 系统评价的一般步骤

系统评价的一般步骤：确定评价对象；明确评价目的；建立评价指标体系；构建评价指标值的计算方法；建立评价指标的权重；选择或建立理想系统评价方法；建立系统评价的计算机模型；对所确定的评价对象进行评价；根据评价结果对评价对象作出正确的判断和决策。系统评价的步骤一般如图 1-2 所示。

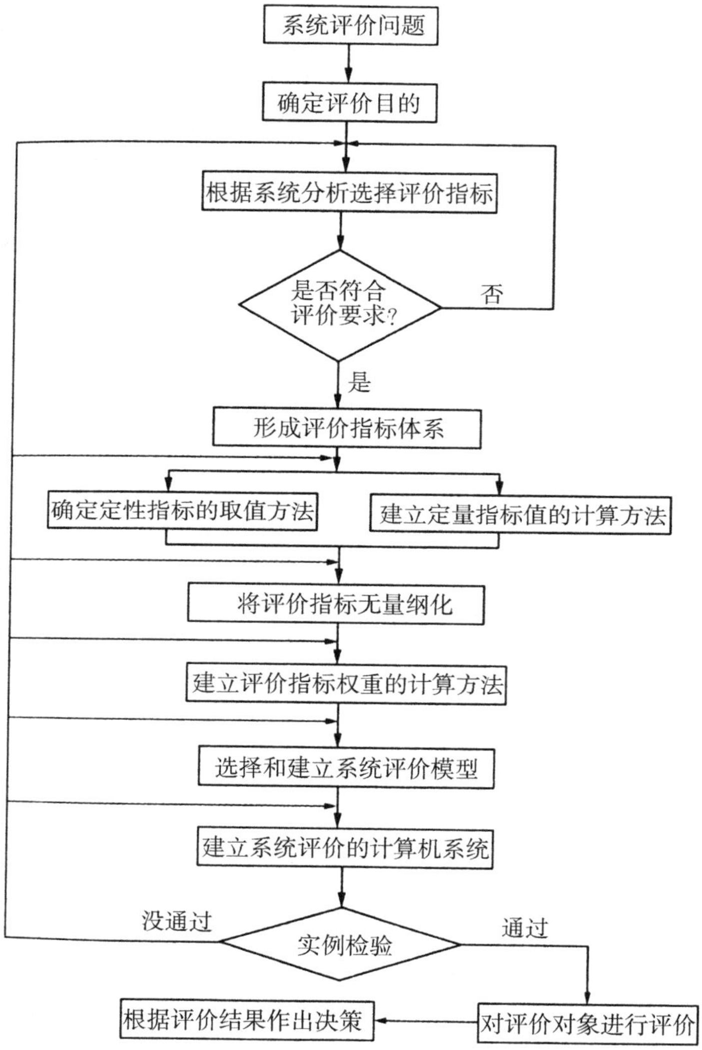

图 1-2 系统评价的一般步骤

（1）确定/明确评价目的

所谓系统评价的目的是评价者希望通过评价的结果，进行正确的决策（包括正确的判断、正确的评定、正确的选择等）。系统的评价是从确定系统的评价目的开始的。一个系统只有在目的明确的条件下才能建立起完善的评价系统。系统评价目的的确定可以通过对系统的综合分析来确定，也可以由委托方来制定。在确定系统的评价目的时必须注意以下几个方面的问题。

评价目的的单义性：由于针对不同的评价目的，评价指标体系是不同的。针对不同的目的，同一个评价指标的权重是不同的。所以，评价的目的只能有一个。

总体性：也就是评价的目的应通过系统的各个侧面来综合衡量，一般需要多个评价指标形成一个指标体系。

可行性：系统的评价目的必须能够通过对系统各个侧面的分析计算来实现。

（2）选择系统评价指标体系

评价指标的选择必须结合评价的目的来进行。在这里需要特别注意一点的是，评价指标的选择必须在构成系统要素中来选择，不能把系统环境中的某些因素作为系统评价的指标，因为系统环境要素的改变不受系统自身的控制。评价指标体系的选择是一个反复的过程，当所选用的指标能够比较准确地反映系统的各个侧面时，这些指标就构成了我们所要的指标体系。有关评价指标体系问题将在第 2 章中详细论述。

（3）计算评价指标值

在系统评价过程中，所建立的评价指标体系中经常出现定性指标和定量指标两大类型。对于定性指标值的确定往往需要借助于专家的知识和经验。对于定量指标值的计算，往往根据相关的专业知识都有明确的计算方法，一般可从有关的统计资料得到。

（4）评价指标的无量纲化

一般来说，某一个评价指标体系中各指标的度量单位及量级（即指标的数量级）是不同的，这将对事物的整体综合评价带来困难，所谓评价指标的无量纲化，就是把各指标的数据进行标准化、规范化，消除各指标的度量单位和量级的不同对综合评价带来的影响。有关不同类型评价指标的无量纲化将在第 3 章中详细论述。

（5）确定评价指标的权重

所谓评价指标的权重是指根据评价的目的，每一个评价指标的重要性程度。例如，在职称评定过程，获得国家科技进步奖一等奖，比获得省部级科技进步奖一等奖要重要得多。评价指标的权重直接影响系统的评价结果。后面的有关章节将详细论述评价指标权重的确定方法。

（6）选择系统评价模型/方法

系统评价模型的选择是系统评价的关键，由于科学技术发展水平的限制和评价对象的复杂性，很难找到一个通用的评价模型，因此，目前出现很多用于系统评价的模型和方法，如经验定性评价、层次分析法、模糊综合评价法、灰色评价法等。不同的评价模型适应于不同的评价对象，这就需要评价者根据评价对象选择合理的评价模型。在评价模型的选择过程中应注意以下两个方面的问题：一是模型的适应性，许多评价模型都是针对不同的系统类型来建立的，所以，在模型的选择过程中，一定要认真地分析评价对象的性质，以选择合理的评价模型。如对于模糊系统一般采用模糊评价方法。二是易操作性，有些模型虽然采用了比较先进的数学工具，但是，其计算过程和方法比较复杂，在选用时一定要结合评价对象的实际情况来选择，切勿追求评价模型在数学上的华丽。

(7) 建立系统评价的计算机系统

由于系统的复杂性，系统的评价是一个非常复杂的计算过程，特别是对于一些复杂，可以重复使用的评价模型，必须建立相应的计算机系统，以提高系统评价的效率。计算机系统的建立一般由评价者来完成，也可以与软件设计人员共同完成。

(8) 实例检验与修正

实例检验主要是通过已有实例，对所建指标体系、模型的可行性和正确性进行验证。只有通过各个方面的验证，确认评价系统准确无误时，才能投入实际应用，以保证评价结果的可行性。

(9) 决策

评价系统作出正确的评价后，决策者需要根据评价的结果，结合系统的内外部条件和环境，对有关问题作出决策。

1.2.6 评价过程的人为因素

由于系统评价的复杂性，其评价过程和评价结果必然受到许多人为因素的影响。这种影响直接导致了人们对评价结果的可信性，也影响了人们对系统评价理论与方法的信心。

(1) 人为因素产生的途径

通过上述我们可以清楚地看出，在建立评价系统和进行决策的过程中，许多工作需要人工介入才能完成，而人工的介入必然存在着介入者的主观意志。一个评价系统大致在以下几个方面需要人工的介入。

评价指标体系的确定：由于评价指标体系是评价者根据对系统的分析而确定的，不同的评价者可能存在着对评价指标所反映的侧面认识不同，这种不同可能导致评价指标体系的差异，从而存在着人为因素。

评价指标值的确定：在评价指标值的确定过程中，人为因素存在最多的是定性指标值的确定。由于当前科学技术发展水平的限制，定性指标一般采用专家打分的方法进行处理，不同的专家对同一个指标的打分也必然存在着差异。

评价指标权重的确定：评价指标的权重直接影响评价结果，而许多评价指标权重的确定方法都需要人工的介入才能完成，如专家评议、Delphi 法、层次分析（AHP）法等，这种人工的介入也必然存在着人为因素。

评价标准的确定：许多评价问题需要根据评价结果判断出评价对象所能达到的级别，这种级别的判断需要有一个评价标准来衡量，而这种评价标准的确定就存在着人为因素。

系统的决策过程：系统评价的最终目的是决策者根据评价结果对评价的对象作出决策，而不同的决策者可能对评价结果有不同的认识，这种认识的不同必然导致决策结果的差异。另一方面，如果决策者是群体决策，不同的决策单元（即个人）还存在着偏好的问题，而如何协调和处理这种不同决策单元的偏好本身就是当前决策科学中尚未很好解决的问题。

当然，上述的人为因素也有不同的类型，根据人为因素对决策结果的影响性质，可以把人为因素分为两类：一类是理性的人为因素，是指产生这种人为因素的根源是不同的人由于专业知识及认识水平差异而带来的不同；另一类是非理性的人为因素，是指由于介入决策过程的人出于不正当的目的，有意地使评价结果偏离正确的轨道。

（2） 人为因素对评价结果的影响

通过上述可以看出，系统评价的许多方面存在着人为因素，这些人为因素必然对系统的评价结果产生影响。根据人为因素的类型不同，其对评价结果的影响程度也有比较大的差异。

理性人为因素的影响：理性人为因素的影响是一种不可避免的影响，虽然这种影响可能导致评价结果的失真，但是这种失真是可以通过一定方法或措施使之降低到最小程度，同时，也可以比较容易地对其影响进行修正。

非理性人为因素的影响：这种人为因素的影响是比较大的，它不但影响了系统的评价结果，而且可能产生人们对评价理论与技术的怀疑，使评价结果失去了全面、公正、公平的原则，是非常有害的。

（3） 降低人为因素影响的主要方法

消除系统评价过程中人为因素的影响，一直是系统评价理论与技术研究的热点领域之一，也是系统科学研究的重点之一。针对目前的科学技术发展水平，主要通过以下两个途径来尽量消除人为因素的影响。

多专家参与的方法：这种方法对于消除理性人为因素的影响是一种行之有效的方法，因为在理性条件产生的人为因素，可以通过多专家的统计规律来使之降低到最低程度。但是，这种方法需要投入的评价成本也随之提高，所以专家数量也应控制在一定程度上。具体的专家规模需要根据特定的问题来确定，其准则就是尽力消除人为因素的影响。

回避的方法：如果某些评价者或决策者在系统的评价或决策过程可能出非理性的人为因素，这时可以采用回避制使之避免非理性人为因素的产生。这也是一种可行和有效的方法，已被广泛地应用于各个领域，如职称评定和干部选拔过程中的回避制。

1.3　评价方法概述

1.3.1　狭义和广义的评价方法

本书把评价方法分为狭义评价方法和广义评价方法。

广义的评价方法，当一个系统的评价对象（包括评价目的）明确以后，即形成了一个评价问题或评价任务，紧接着就有一系列的评价工作，包括：评价制度的建立、建立评价标准和遴选评价指标体系、收集评价指标的有关数据、确定评价指标的权重；选择理想的系统评价方法、根据评价结果对评价对象作出正确的判断和决策等，这些都需要相应的方法，把这些方法统称为广义的评价方法，其中有定性方法和定量方法。

狭义评价方法是指多指标的综合评价方法。一般一个系统评价问题需要多个评价指标，最后的评价结论是由多指标综合而得到的，如何将多个指标综合起来得到一个评价结论，就需要多指标的综合评价方法。多指标综合评价方法有：线性加权综合、非线性加权综合、理想点法等。

现在很多人的研究都集中在狭义评价方法上，本书认为，目前很多实际评价问题并不使用狭义评价方法，而是采用定性与定量相结合的广义的评价方法，定性的评价方法居多。进一步研究广义的评价方法，应该成为今后研究的重点。

1.3.2　定性评价与定量评价

（1）定性分析与定量分析的基本概念

定性分析与定量分析是人们认识事物的两种分析方式。定性分析是对研究对象进行"质"的方面的分析。是运用归纳和演绎、分析与综合以及抽象与概括等方法，对获得的各种材料进行思维加工，从而能去粗取精、去伪存真、由此及彼、由表及里，达到认识事物本质、揭示内在规律。定量分析是对社会现象的数量特征、数量关系与数量变化的分析。其功能在于揭示和描述社会现象的相互作用和发展趋势。

定性分析主要是凭分析者的直觉、经验，对分析对象的性质、特点、发展变化规律作出判断的一种方法。定量分析是依据统计数据，建立数学模型，并用数学模型计算出分析对象的各项指标及其数值的一种方法。

定性分析的理念早在古希腊时代就得到了很好的展开，例如：亚里士多德研究过许多的自然现象，但在他的著作之中，却发现不了一个数学公式。把定量分析作为一种分析问题的基础思维方式始于伽利略，作为近代科学的奠基者，伽利略抛弃了以前人们只对事物原因和结果进行主观臆测成分居多的分析，而代之以实验，数学符号，公式。可以这样说，一门科学只有在成功的运用了数学的时候，才能称得上是一门科学。从理性的发展过程来看，伽利略提出的以定量代替定性的科学方法是人类认识对象由模糊变得清晰起来，由抽象变得具体。

定性研究与定量研究无所谓孰好孰坏，它们都是一种研究方法。

（2）定性研究与定量研究的不同点

着眼点不同。定性研究着重事物质的方面；定量研究着重事物量的方面。

在研究中所处的层次不同。定量研究是为了更准确地定性。

依据不同。定量研究依据的主要是调查得到的现实资料数据，定性研究的依据则是大量历史事实和生活经验材料。

手段不同。定量研究主要运用测量、统计分析和建立模型等方法；定性研究则主要运用逻辑推理、历史比较等方法。

学科基础不同。定量研究是以数学、概率论、社会统计学等为基础，而定性研究则以逻辑学、历史学为基础。

结论表述形式不同。定量研究主要以数据、模式、图形等来表达；定性研究结论多以文字描述为主。

（3）定性分析与定量分析的关系

定性研究是定量研究的基础，是它的指南，但只有同时运用定量研究，才能在精确定量的根据下准确定性。这是二者的辩证关系。

定性分析与定量分析应该是统一的，相互补充的；定性分析是定量分析的基本前提，是定量分析的指南，没有定性的定量是一种盲目的、毫无价值的定量；定量分析使之定性分析更加科学、准确，它可以促使定性分析得出广泛而深入的结论

不同的分析方法各有其不同的特点与性能，但是都具有一个共同之处，即它们一般都是通过比较对照来分析问题和说明问题的。正是通过对各种指标的比较或不同时期同一指标的对照才反映出数量的多少、质量的优劣、效率的高低、消耗的大小、发展速度的快慢等等，才能为作鉴别、下判断提供确凿有据的信息。

定性研究有两个不同的层次，一是没有或缺乏数量分析的纯定性研究，结论往往具有概括性和较浓的思辨色彩；二是建立在定量分析的基础上的、更高层次的定性研究。在实际研究中，定性研究与定量研究常配合使用。在进行定量研究之前，研究者须借助定性研究确定所要研究的现象的性质；在进行定量研究过程中，研究者又须借助定性研究确定现象发生质变的数量界限和引起质变的原因。

在系统评价中定量评价方法一般有以下五种。

比率分析法。根据不同数据做对比，得出比率。

趋势分析法。根据一阶段某一指标的变动绘制趋势分析图。

结构分析法。根据某一指标占总体的百分比来观察。

相互对比法。选取某两个指标作为一组进行对比。

数学模型法。建造适合某一指标的数学模型，计算评价指标的值和观察指标的变化。

1.3.3　单指标评价与多指标综合评价

一个项目的立项申请，需要得到有关几个部门的批准（盖章），申请一张营业执照，也需要有关几个部门的批准（盖章），如果其中某一部门不批准，就不能立项，就拿不到营业执照，通常把它们称为“一票否决”，这些都属于单指标评价，很多基层单位领导人的选举，甚至美国总统的选举都采用群众投票的方法，这也是一种单指标评价的方法。其实，单指标和多指标是相对的，多指标是由多个单指标构成的，单指标的评价是多指标综合评价的基础。例如在第 18 章 18.1 节“社会主义新农村建设评价指标体系”中，构建了一套比较完整的监测指标体系。指标体系分为生产发展、生活宽裕、乡风文明、村容整洁和管理民主等 5 个一级指标，15 个二级指标，29 项三级指标。

1.4　系统评价存在的问题

1.4.1　存在问题的表现

科学技术部、教育部、中国科学院、中国工程院和国家自然科学基金委员会联合起草的《关于改进科学技术评价工作的决定》指出，目前在一定程度上暴露出的评价制度不健全、评价体系不完善、评价方法不规范等问题，已引起科技界的广泛关注。主要表现为：科学技术评价分类不明确，用同一评价标准评价不同类型的科学技术活动，不

能客观、真实、准确地反映不同评价对象的实际情况；评价中存在重形式走过场、重数量轻质量的倾向，评价结果使用不当等，在一定程度上助长了急功近利、浮躁浮夸等不良风气和短期行为；专家评议制和信誉制度不够完善，在一些评价活动中存在重人情拉关系、本位主义等现象，影响了评价工作的客观性与公正性；对于“非共识”项目缺乏科学合理的遴选机制，不利于一些创新性项目的立项。这些问题虽然是少数和局部现象，但已造成不良影响。各级科技管理部门及相关单位必须从科技发展大局出发，采取切实有效的措施，尽快解决当前科学技术评价工作中的主要问题，扭转各种不良风气和行为。

《高校人文社会科学评价理论与方法研究》指出：我国高校人文社会科学评价近年来取得了很大发展，同时也存在一些亟待解决的问题。成果评价、人员评价、机构评价和项目评价存在的问题具有较大的共性，各类评价存在的共性问题主要有以下六个方面。

（1）以简单计数代替科学计量

高校人文社会科学评价中常见的数量指标有发表文献数量（包括论文数量、出版著作数量、著作字数、提交报告数量等）、主持项目数量、项目经费数量和研究人员数量等。文献计量能有效测度对象的创新程度、学术贡献与社会影响等。评价的目的是评优汰劣，激发人们追求创新与卓越，而简单计数会促使人们追求数量而忽视质量，产生大量的学术泡沫。

（2）评价方法过于简单化、形式化

评价中以发表刊物的级别评论文、以出版社级别评著作、以批示领导的级别评研究报告、以立项级别评项目等就过于简单化、形式化。使高智力的评价活动论为简单比较，也会影响评价的公平性以致影响学术风气。

（3）评价主体缺位、错位

主体缺位指的是评价过程中评价主体实际上不存在，评价不能是自己评自己，否则就会导致既当运动员又当裁判员，这会导致评价失真失实。主体错位指的是评价对象并不是评价主体熟悉的专业领域，就目前的评价专家遴选而言，对于一个精度要求较高的评价，通过二级学科或研究方向来遴选评审专家难免会造成主体错位，评价质量一定会下降。

（4）本位主义，门户之见

本位主义一般是指评价中从“本位”利益出发考虑问题，实质上是评价中的地方保护主义、单位保护主义。门户之见主要是指因学术派别不同而产生的成见，在实际的评价实践中，不乏囿于一派固执己见而排斥其他思想观点，这就越出了不同学术观点的合理争鸣的界限。

（5）评价周期短，评价次数多

频繁的评价活动会造成很多不良后果：研究人员没有足够的时间潜心进行长期的集中研究，而是喜欢“短、平、快”的项目；促使研究人员过多地注意评价环节而不是研究本身等。

（6）社会价值评价亟待发展

现有的人文社会科学价值评价的重点是学术价值，对于成果等的社会价值评价较为薄弱，必须加强对社会价值的评价。

1.4.2　存在问题的原因分析

评价存在问题的产生原因是多方面的，需要从评价的外部影响和内部原因两大方面进行分析。

1.4.2.1　外部影响

首先是高校人文社会科学发展迅猛所带来的评价压力。评价数量增长迅猛，对评价质量的要求也越来越高。其次是人情关系干扰。我国经常被称作是人情社会，其含义是人们喜欢从人的角度考虑问题，缺乏从事情本身的角度、从物的角度考虑问题。在评价中，打招呼、托关系、走后门等现象普遍存在。最后是科研生态有些失衡。科研生态失衡集中体现在研究与职称、研究与利益、研究与职位的关系失衡几个方面。评职称与做研究本不矛盾，完全可以相辅相成、相得益彰，然而，实际生活中则不尽然，为评职称而做研究的问题在于缺乏长期稳定的科研后劲，缺乏远大的学术追求。研究与利益、研究与职位的关系和研究与职称的关系有类似之处。我国“官大学问大”的情况比较常见。科研生态失衡会扭转正常的创新与质量评价导向。

1.4.2.2　内部原因

高校人文社会科学评价可以理解为评价理念、评价制度和评价技术三位一体，可以从这三个方面对人文社会科学评价的问题进行分析。

（1）评价理念

在评价中，一些基本概念或表述的理解有些模糊，导致对一些评价问题认识模糊乃至混乱。

第一，对质量与数量、内容与形式关系的理解有模糊。评价实践中，要注意避免两种理解：一种是将形式等同于内容，将数量等同于质量；另一种是想离开形式评内容，离开数量评质量。以论文评价而论，论文总要通过某种语言来发表，如果认为发表语言是英文的论文就优于中文的论文，这一观点无疑难以成立，因为一篇中文论文翻译成英文后内容并没有变化。但中文论文翻译成英文论文后可以扩大影响力，可能增加引用，也就是可能增加影响质量。再看论文评价中的数量，论文的字数是数量，论文发表期刊的影响因子也是数量，但这两者在体现论文质量上的分量明显相差非常大，如果以论文的字数来评价论文，字数越多，论文质量越高那就颇为荒谬，但是，以论文发表期刊的影响因子来评价论文的质量却有一定的合理性，这是因为，影响因子这一数量指标与论文质量有更多的内在一致性。

第二，对评价标准上本土性与国际化关系的理解。人文社会科学评价具有鲜明的本土性。也就是说，不能照搬其他国家与地区的评价标准与指标等来评价本国本地区的人文社会科学。但同时应予以注意的是，当今世界已然处于全球化时代，不同国家与地区之间的经济、政治、文化交流互动越来越频繁，本土的人文社会科学呈现出越来越强的国际化倾向，评价标准要兼顾本土性与国际化两个方面。

第三，对评价异化问题的理解。什么是评价异化呢？评价异化与科研异化关系紧密，要理解评价异化首先要分析科研异化。科研人员进行科研活动需要一定的条件，如课题资助、成果发表、水平认定、成果奖励等。倘若本末倒置以职称、金钱、荣誉等为目标而进行科研活动就可以称为科研异化。再看评价异化，无论是评价成果、人员还是评价机构、项目都需要某些工具、指标，如数量、经费、荣誉等，如果借助这些工具、评价指标如何去区分评价对象的优劣高下，但若以这些工具、数量为标准去区分优劣高下，那就倒向了评价异化。举例来说，写论文追求形式属于科研异化，评论文看重形式属于评价异化。

（2）评价制度

从评价程序上可以分为评价前、评价中和评价后制度，从内容上可以分为关于评价主体、关于评价客体、关于评价方法的制度。评价制度大体可分为两大类：一类是处理人与人之间的关系的，另一类是处理人与物之间的关系的。一般来说，前一类制度主要涉及评价的公平性，后一类制度主要涉及评价的效率。从评价制度角度，评价问题的原因有以下情况：

分类评价没有充分执行。评价客体不同，评价特点也就会有所差异，如果用一样的评价标准与指标体系来评价显然不科学。评价时需要根据评价对象的具体特点，选择合适的评价指标与方法。如果评价客体没有很好地予以分类，那么要遴选出合适的评审专家无疑比较困难，也难以确定适合的评价标准、指标和方法。分类评价没有充分执行的一大后果就是评价不够精细化，有时甚至“一刀切”。

高校评价中行政权力和学术权力的关系没有完全理顺。我国高校现状而言，大体来说，是行政权力主导，有些学术权力是由行政权力让渡或授权而来的，举例来说，学术委员会的意见很多时候要经过学校的党政联席会之类的会议讨论决定。

同行评议与文献计量没有实现良好结合。同行评议与文献计量的关系，不仅是评价技术问题，也是评价制度问题，它涉及评审专家在评价中的地位与作用。对于整体的评价方法，学界的基本共识是同行评议与文献计量相结合，但对于如何结合还缺乏共识。在评价实践中，大量的人文社会科学评价采用的仍然是同行专家根据评价指标体系打分、量表赋值打分，这与比较理想的同行评议与文献计量相结合有一定距离。同行评议是一种直接评价方法，其天然的缺陷是具有较大的主观随意性，要克服这一点，就应将不可测度的评价内容转化成可以测度的评价指标，如将创新性、价值性等不可或难以测度的指标转化成可以测度的文献计量指标。同行评议与文献计量相结合应是文献计量基础上的同行评议，而不是两者简单的机械叠加。

评价中的监督惩戒制度在执行上失之于软。我国高校的人文社会科学评价制度虽然大体齐备，然而，有的制度特别是监督惩戒制度没有严格执行，这会严重影响评价制度的正常运行和评价结果的公平公正。

（3）评价技术

与评价制度比较而言，评价技术侧重解决效率问题，评价制度侧重解决公平问题。这里所说的效率不仅指做事的快慢，还包括体现评价目的的准确性。在评价实践中，评价制度与评价技术总是结合在一起的，任何制度的落实都需要一定的技术，而任何技术也无不体现着制度设计。

当前高校人文社会科学评价技术还较薄弱，突出体现就是缺乏高质量的文献计量指标研发以及评价数据库建设相对薄弱。严格来说，研究人员数量、论文篇数、著作部数、课题数量、经费数量、获奖次数等都不能算是文献计量指标，这些只是源数据而已。如果以这些作为评价的重要指标，那么评价结果也必然是浅层次的。文献计量新指标研发是当前评价技术研究的重要前沿之一。除了文献计量指标研发和评价数据库建设，网络评审也有待完善。网络评审在评审的效率与公平上都有较为明显的特点与优势，伴随着现代信息技术的迅猛发展，高校人文社会科学评价的进一步发展，必须借助现代信息技术。

第 2 章　系统评价标准与评价指标体系

2.1　评价标准

2.1.1　评价标准的概念

评价标准是在评价活动中评价者（评价主体）对评价对象（评价客体）确定的价值尺度和界限。它体现了评价者对事物的看法和价值观念。系统评价存在着相对评价和绝对评价两种评价体系问题。绝对评价是指对若干个评价对象，在一个评价标准下，对评价对象作出的评价。例如，有若干个身高不同的男人，现在要挑选身高大于等于180cm 的高个子。这时的评价问题，需要一个评价标准（大于等于 180cm）。对一个评价指标也常常需要一个评价标准，例如：人均纯收入应达到 8 000 元以上，又如，某指标经专家打分达 90 分以上为优。

一般评价标准都用数量表示。制定合理的评价标准，是系统评价的一个关键。现在有些文章和著作中，在讨论评价指标时，把“政治标准”“道德标准”“能力标准”等说为“评价标准”，实际上这些是属于一类评价指标，一般称为一级指标，不是本书的评价标准概念。

2.1.2　评价标准的一般类型

评价标准一般有以下几种类型。

计划标准：以能完成企业制定的计划指标作为评价的标准。但是，计划指标不一定是最优标准，完成企业计划只是最起码的要求。

历史标准：以本企业实际完成的指标，同上年实际水平或历史水平做比较，作为评价的标准。但是，即使超过同行业的社会平均水平，也不一定是同行业的先进水平，而仅表明企业经营状况已有所提高而已。

社会标准：即以本行业的社会平均水平，作为评价标准。如超过同行业的社会平均水平，表明企业经营状况已开始在国内进入先进行列。

同行业先进标准：以本行业上年实际达到的先进水平，作为评价标准。如超过同行业先进水平，表明企业经营状况更加提高。

国际先进标准：即以国际上工业发达国家已达到的先进水平，作为评价标准。

2.1.3　确定评价标准的基本原则

评价标准的建立应遵循以下几个原则。

科学性原则： 科学性原则即所建立的评价标准应科学、规范，能够比较全面地反映出待评价对象的优劣程度。

可行性原则： 可行性原则即确定评价标准的方法应简便、易行。同时，其评价标准应符合特定评价系统的基本状况和基本特性。所确定的评价标准既不能过高，也不能过低。若评价标准过高，大部分被评价对象达不到评价的要求，则使评价失去意义；同样，如果评价标准过低，一般的评价对象就能达到评价标准的要求，也使评价没有意义。

时效性原则： 时效性原则即应充分体现出评价标准既具有相对稳定性（在一段时间内评价标准应当稳定），又体现出评价标准的时间效应，经过较长一段时间后评价标准应做适当的调整变化。

公正性原则： 因为评价标准直接影响到评价结果，同时也是容易出现评价“腐败”的主要根源，所以在制定评价标准时，一定要公平、公正，不能带有任何的偏见来制定评价的标准。

独立性原则： 在系统的评价过程中往往需要自我评价，如果让评价主体来制定评价标准，则会产生“自我欣赏”的问题，所以其评价标准的制定必须与评价主体相独立。

2.1.4　评价标准建立的一般方法

评价标准的建立有许多方法，如观察法、类比法、统计分析法等。这些方法的选择需要根据待评价系统的具体特点和目的，具体问题具体分析。

（1）观察法

观察法是通过对待评价系统长期的观察，分析系统的运行状况，结合系统运行的未来发展趋势，综合确定出系统的评价标准。这种方法在企业的分类管理中是一种常用的方法。例如，在确定一个企业是否为高新技术企业的评价标准时，一般是首先总体分析与观察我国企业目前的运行状况、产业结构及企业的技术研发能力等方面的因素，然后结合我国所制定的未来高新技术发展方向，综合确定出高新技术企业的评价标准。需要强调的是，在采用观察法确定评价标准时，对系统的考察一定要全面、细致，以避免评价标准所反映的信息不全面，使系统评价失去意义。

（2）类比法

类比法是一种常见的方法，它主要根据待评价系统的性质、特点、结构、影响因素等方面的分析，结合已有类似系统的评价标准，通过适当的修正，得出待评价系统的评价标准。类比系统的选择可以采用贴近度的方式进行。

（3）统计分析法

统计分析法是比较科学和实用的一种方法，它可以使人为因素的影响降低到比较小的程度。这种方法的主要思路是，首先根据待评价对象的特点，从中选出 n 个有代表性（各种类别的样本都要有）样本，并根据所建立的评价指标对这 n 个样本进行评价。然

后根据这 n 个样本的评价结果，采用统计分析的方法确定出评价对象的评价标准。

2.1.5 评价标准举例

例一：空气质量评价中空气质量指数（Air Quality Index，简称 AQI）是定量描述空气质量状况的指数，其数值越大说明空气污染状况越严重，对人体健康的危害也就越大。AQI 分级计算参考的标准是《环境空气质量标准》（GB 3095—2012）、《环境空气质量指数（AQI）技术规定（试行）》（HJ 633—2012），AQI 指标从 2012 年开始在我国推行。其中：0~50 一级优；51~100 二级良；101~150 三级轻度污染；151~200 四级中度污染；201~300 五级重度污染；大于 300 六级严重污染。

例二：科技进步是指在科学技术水平的提高和利用科技成果的基础上，对经济社会各个方面不断改善和完善的过程。全国科技进步统计监测系统是根据科技进步系统的内涵建立的一套监测评价指标体系，应用数学方法，充分利用现有的科技、社会、经济统计基础数据，对科技进步系统的状况进行定量和定性评价分析，为实现科技管理的科学化、定量化和规范化服务。

国家统计局制定了《全国科技进步统计监测指标体系》，其中有明确的评价标准。

2.2 评价指标体系

2.2.1 评价指标的筛选原则

在对系统实际评价过程中，评价指标体系的建立是进行系统评价的关键步骤。同时如前所述，评价指标的数量必须能够比较全面地反映出系统的运行状态和运行效果，这就要求在评价过程中必须有一定数量的评价指标。但是，并非评价指标越多越好，也不是越少越好。评价指标数量多，虽然能够比较全面地反映待评价系统的特性，但是必然为评价指标数据的收集带来困难，也增加了系统评价的成本；评价指标数据少，可以减少评价的成本，使评价过程简单化，但却难以全面反映待评价系统的特性。评价指标数量的多少，关键在于评价指标在评价中所起的作用的大小。一般应以尽量少的“主要”指标来较为全面地反映待评价系统的特性。这就需要采用一定的方法来对评价指标进行遴选，以建立起比较完备的评价指标体系。

评价指标体系的制订是一个很困难的问题。制订评价指标体系需在全面分析评价对象的基础上，首先拟定指标草案，然后经过广泛征求专家意见，统计处理和综合归纳等，最后确定系统的评价指标体系。

由于复杂大系统的结构复杂，层次众多，子系统或要素之间既有相互间的作用，又有相互的输入和输出联系。因此，要在众多的原始数据或评价信息中筛选出较为灵敏、便于度量及内涵丰富的“主要”指标作为评价指标，除了遵循科学性、完备性、层次性、独立性、可计算性、可操作性等基本原则外，还要遵循多样性及动态性等原则。

科学性原则：科学性原则即指标的选取应科学、规范。根据这一原则，指标的概念必须清晰明确；同时，设置的指标必须以客观存在的事实为基础。

完备性原则：评价指标体系作为一个整体，所选取指标的范围应尽可能涵盖待评价系统的主要方面和特点，不能只对系统的某个方面进行评价。

层次性原则：由于待评价系统的复杂性，许多系统都具有明显的层次结构，这也是系统的一个重要特性，因此，建立的指标体系也应有相应的层次结构。

独立性原则：如前所述，系统的子系统或各要素间存在着错综复杂的联系，评价指标的含义也往往相互包含，这样就会使系统的某个方面重复计算，使评价结果失真。所以，所选取的每个指标必须有明确的含义，相互独立，同一个层次的指标之间内涵上不相同，外延上不交叉，以保证评价结果的可靠性。

定性和定量相结合原则：一个复杂的评价对象，一般都会涉及人力、财力、物力等方面的诸多要素。因此，在进行评价的过程中，需要将定性和定量方法结合起来，依据评价内容的不同，采用不同的评价方法。对具有标志性、显示度和影响力的指标进行定量评价；对难以量化的先用定性的指标。

相对稳定性与绝对动态性相结合的原则：系统评价的过程一般包括评价系统的建立、评价系统的实施和评价系统的调整三个阶段。为保证在这三个阶段上的延续性，并能比较不同阶段的具体情况，要求评价指标体系具有相对的稳定性或相对一致性。但同时，由于复杂大系统的复杂性及系统的动态性特征，应在评价系统实施一段时间后不断修正评价指标体系，以满足系统发展的要求；另外，应根据专家意见并结合公众参与的反馈信息补充，以完善评价系统的指标体系。

2.2.2　评价指标的分类

按指标的值可分为定性指标和定量指标

定量指标也称为统计指标，是指可以用具体数字或具体公式赋予指标值的指标，例如：产品合格率、成本、利润、GDP 等；而那些不可以用具体数字或具体公式赋予指标值的指标，称为定性指标或称为功效指标，如教学态度、教学水平、可靠性、舒适性、发展能力等。

按指标的内容可分为以下几种。政策性指标。包括政府的方针、政策、法令，以及法律约束和发展规划等方面的要求。技术性指标。包括产品的性能、寿命、可靠性、安全性等。经济性指标。包括方案成本、效益、建设周期、回收期等。社会性指标。包括社会福利、社会节约，综合发展、污染、生态环境等。资源性指标。包括工程的物资、人员、能源、土地等。时间性指标。包括工程的进度、时间等。

以上是考虑的大类指标，每一个指标又可以包含许多小类指标，这样形成了指标树，由这个指标树就构成了系统评价指标体系。

按指标的理想状态分极大型指标、极小型指标和中间型指标。一般来说，在评价指标体系中，有的指标可能是越大越好，有的指标可能是越小越好，有的指标可以居于“中间”某个值最好。对于某些定量指标，如产值、利润、效率等，我们期望它们的取值越大越好，这类指标一般称为极大型指标；而对于诸如成本、能耗等一类指标，我们自然期望它们越小越好，这类指标一般称为极小型指标；还有一类指标如人的身高、体重、企业的产品质量等，并不是越大越好，也不是越小越好，而是介于中间某个值最好，这类指标一般称为中间型指标。当然，中间型指标也并不是居中（即所有指标的平均值）型，而是最大和最小之间的某个值。同时，还有另一类指标，指标的最佳值不是某一个特定的数值，而是一个区间，也就是说，指标值落于这个区间最理想，这类指标我们一般称为区间型指标。

按评价指标的层次分 1 级、2 级、3 级、4 级、5 级等，例如，旅游景区质量等级的评定指标体系包括五级指标，一级指标 12 个、二级指标 44 个、三级指标 118 个、四级指标 22 个、五级指标 23 个。

2.2.3 常见的"病态"指标体系

这里讨论的常见的"病态"指标是针对企业绩效评价建立指标体系中可能出现的现象，有一定的普遍性，可供其他领域参考。

病态一：指标过少，导致顾此失彼。

简单讲，就是"企业没有充分表达出自身意愿"。例如，忽视利润指标。营销人员只负责销量不负责利润，许多企业认为这并没有什么问题。当缺少利润考核指标时，营销人员会以加大费用投入、增加赠品数量，甚至直接要求企业降价的方式，来换取销售额指标的达成。

病态二：指标过多，导致欲速不达。

简单讲，就是"企业想一口吃个胖子"。与核心指标缺失相对应的是，许多企业非核心指标过多，这同样让绩效考核失去了应有的效果。一般情况下，核心指标偏重于短期业绩评价，往往可以从财务数据中得到，如销售额、利润、费用、市场占有率等。非核心指标则偏重于中长期发展潜力评价，往往需要管理者记录和整理，如终端建设、促销活动、售后服务、品牌拓展等。前者为结果考核，后者则为过程考核。现实中，不少企业混淆了二者的区别。把结果考核和过程考核掺杂在一起，不分权重、一视同仁，使核心指标得不到应有的突出和重视。过程考核指标过多往往会导致欲速不达。比如，有的企业仅终端建设就有 10 来项指标，加盟店数量、销量、流失率、满意度等都要考核，营销人员每个月光填表就忙得不可开交。这种繁杂的指标体系束缚了一线营销人员的手脚，使他们纠缠于细节之中，往往忽视了更为重要的工作。此外，有时过程指标和结果指标是负相关的。做好了这项，就妨碍做好那项，指标越多，出现矛盾的可能性就越大。

病态三：指标过浅，导致似是而非。

简单讲，就是"企业想要的和说出来的不一致"。最典型的例子就是对销售额指标的误读。企业所需要的销售额实际上是卖到消费者手中的"实销额"，而不是经销商提走了但积压在渠道仓库中的"虚拟销售额"。在这种考核指标诱导下，营销人员的工作重心从"把货卖给消费者"转移到"把货卖给经销商"，出现方向性偏差。再如，考核营销人员招商工作，如果按招商多少家制订指标，就不如按招商新增销售额制订指标有效。因为，前者可能让企业空欢喜一场，招到一批进不了多少货的名义代理商，白白支出了招商费用，而后者则会带来企业需要的真金白银。

病态四：指标过深，导致本末倒置。

简单讲，就是“企业对指标苛求完美”。管理具有双重特性，一方面追求有效性，另一方面则追求经济性。在现实中，“最佳结果”往往是不存在的，即使得到了也得不偿失。人们通常只能获得目前条件下的“最满意结果”。这就像生产产品，达到 99.9%的合格率就足够了，不足之处还可以依靠售后服务去解决。如果企业非要达到 99.9999%，甚至 100%的合格率会怎样？生产成本就会提高几十倍或几百倍，虽然管理有效了，却不经济。

指标设定不能本末倒置，当一项指标约束条件过多时，其完成难度会大幅增加，导致管理成本急剧上升，管理者也会陷入疲于奔命之中。由此可见，保证指标“深浅”适当，也是一条重要的原则。

病态五：指标不连贯，导致管理落空。

简单讲，就是“各级指标脱节”。一般而言，企业的营销绩效考核体系分为“公司对部门”“部门对区域”“区域对员工”这三级量化体系。各级指标之间应是相互关联的，互为因果。比如，销量指标从公司下达到营销部门，再分解到区域、量化到个人。但现实中，由于大多数指标并不像销量指标这样脉络清晰，所以到具体设置过程中，往往在设置下一级指标时，忽略了上一级的指标要求，造成上级有这项指标、下级却无人落实的尴尬局面。比如，服务满意度指标考核营销部门，也考核各个区域，却没有考核到个人。

病态六：指标不客观，导致目标落空。

简单讲，就是“指标要求过高，引发企业资源紧张”。比如，企业提出高增长目标，就要增加人手、增加费用、增加新产品等等。而企业的资源毕竟有限，上级往往会咬牙承诺下来一部分要求，但最终还是无法完全兑现。这样完不成指标的责任最后就要由双方共同承担，而绩效考核对下级的约束作用也就大大降低了。为防止这种目标落空的后果出现，指标设定必须与资源配置联系在一起统筹考虑。

2.2.4　常见的文献计量指标

所谓文献计量分析，是指以文献信息为研究对象、以文献计量学为理论基础的一种研究方法。该方法强调采用数学与统计方法来考察文献的外部特征，从而描述、评价和预测某一学术领域的研究现状与发展趋势。在我国将文献计量学应用于人文社会科学领域学术评价，主要是从 20 世纪中后期开始的。由于语言障碍等诸多原因，美国《社会科学引文索引》（SSCI）不包括我国大多数社会科学优秀期刊，无法对我国的人文社会科学学术发展进行文献统计。从 20 世纪 90 年代中期开始，我国图书文献信息界在引进和自行开发数据库、开始计算机辅助文献计量分析的研究等方面，进行了一些大胆探索，取得了一些成果。目前，我国自行开发的社会科学类引文数据库主要有：中国社会科学院文献信息中心的《中国社会科学引文数据库》（2013 年来源期刊 733 种）和南京大学的《中文社会科学引文索引》（2014—2015 年来源期刊 533 种）以及中国知网（www.cnki.net）开发的《中国引文数据库》。评价中常见的文献计量指标如表 2－1 所示。

表 2-1　评价中常见的文献计量指标

指标名称	含义	论文评价的适用性
被引次数	某一论文或著作被其他论文或著作引用的次数	可针对单篇论文计算
他引次数	某一论文或著作被其他作者撰写的论文或著作引用的次数	可针对单篇论文计算
影响因子	某期刊前两年发表的论文在该报告年份（JCR year）中被引用总次数除以该期刊在这两年内发表的论文总数。这是一个国际上通行的期刊评价指标	针对期刊的主要评价指标可以间接针对论文进行评价
扩散因子	是一个用于评估期刊影响力的学术指标，显示总被引频次扩散的范围。具体意义为期刊当年每被引 100 次所涉及的期刊数	显示引用论文所覆盖的期刊范围。评价期刊的指标一，不适宜用于论文评价
学科影响广度	在所有期刊范围内，引用该刊的期刊数量与其所在学科全部期刊数量之比	显示引用论文所覆盖的学科范围。评价期刊的指标之一，不适宜用于论文评价
被引半衰期	该期刊在统计当年被引用的全部次数中较新一半是在多长一段时间内发表的	被引半衰期是测度期刊老化速度的一种指标，通常不足针对个别文献或某一组文献，而是对某一学科或专业领域的文献的总和而言的
Web 下载量	论文在网上的下载次数	可之针对单篇论文计算，在一定程度上反映了论文质量
基金论文比	有基金支持的论文占论文总数的比率	针对期刊，不能改造为针对单篇论文计量，同行及时评议时更为准确
即年指标	是一个表征期刊即时反应速率的指标，主要表述期刊发表的论文在当年被引用的情况，具体算法为：年指标：该期刊当年发表论文在当年被引用的总次数/该期刊当年发表论文总数	不适合单篇论文的评估
载文量地区分布	指来源期刊登载论文所涉及的地区数。这是衡量期刊论文覆盖面和全国影响力大小的一个指标	不能有效反映论文的质量
合著情况	作者的人数情况	不能有效反映论文的质量
参考文献数量	文中列明的参考文献的数量	不能有效反映论文的质量
H 指数	在一定期间内，某作者发表的论文至少有 h 篇的被引频次不低于 h 次	针对作者进行评估，难以用于单篇论文评估
g 指数	论文按被引次数排序后相对排前的累计被引至少 g 次的最大论文序次 g，亦即第（$g+1$）序次论文对应的累计引文数将小于（$g+1$）^{2}	针对作者进行评估，难以用于单篇论文评估

除上述文献计量指标外，实践中，还有一些间接反映论文质量的指标，如表 2-2

所示。

表 2-2　其他间接反映论文质量的定量指标

指标	含义	适用性分析
课题来源	资助论文研究的课题或项目来源	可用于论文质量的评价
发表层次	论文发表期刊的档次	可用于论文质量的评价
政府采纳	指政府对成果的采纳情况：包括采纳部门的级别、成果被采纳的程度、采用后的效益等	可用于论文质量的评价
获奖情况	指论文获奖的层级。可分为国家级、省部级厅局级等	可用于论文质量的评价
被转载情况	指依据论文入选会议的情况进行评估	可用于论文质量的评价
会议入选	指依据论文入选会议的情况进行评估。会议可分为国际、国家级、省级等，会议层次越高则表示论文质量越高	可用于论文质量的评价
成果容量	指成果的字数	可用于论文质量的评价
媒体报道	媒体报道被认为是对论文质量的再次肯定和确认，作为成果的“社会反响”指标，主要受到科研管理部门的青睐	可用于论文质量的评价

详细的指标的说明见《高校人文社会科学评价理论与方法研究》。

2.2.5　评价指标筛选的一般步骤和方法

在实际的系统评价活动中，选择评价指标时，应在系统内外部要素分析的基础上，结合待评价系统的分析和外部环境调查情况，同时借鉴已有成果中的指标设置及类似系统的评价指标。首先确定待评价系统的指标体系及层次结构；然后初步确立待评价系统的评价指标；最后，通过对已有实际系统的初步评价结果，对评价指标体系进行补充、调整和修改，直到完善成正式的评价系统的评价指标体系。

在实际应用中，通常用以下几种方法来进行评价指标的筛选。

（1）专家调研法（Delphi）

这是一种向专家发函、征求意见的调研方法。调查后评价者进行统计处理，并反馈咨询结果，经几轮咨询后，如果专家意见趋于集中，则由最后一次咨询确定出具体的评价指标体系。

（2）最小均方差法

对于 n 个取定的被评价对象（或系统）s_l，s_2，…，s_n，每个被评价对象都可用 m 个指标的观测值 x_{ij}（$i=1$，2，…，n；$j=1$，2，…，m）来表示。容易看出，如果 n 个被评价对象关于某项评价指标的取值都差不多，那么尽管这个评价指标是非常重要的，但对于这 n 个被评价对象的评价结果来说，它并不起什么作用。因此，为了减少计算量就可以删除掉这个评价指标。这就是最小均方差的筛选的方法。

（3）极小极大离差法

先求出各评价指标 x_j 的最大离差 r_j，即

$r_j = \max\{|x_{ij} - x_{kj}|\}$　$1 \leqslant i, k \leqslant n$

再求出 r_j 的最小值，即令　$r_0 = \min(r_j)$　　$1 \leqslant j \leqslant m$

当 r_0 接近于零时，则可删除掉与 r_0 相应的评价指标。

2.2.6　建立评价指标体系分析案例

用定量方法筛选评价指标的案例——我国各地区普通高等教育发展水平的综合评价。

近年来，我国普通高等教育得到了迅速发展，为国家培养了大批人才，但由于各地区经济发展水平不均衡，加之高等院校原有的布局，使各地高校发展的起点不一致，因而各地区高教发展水平就存在一定的差异，对我国各地区普通高等教育发展水平进行综合评价，有利于管理和决策部门从宏观上把握各地区普通高校的发展现状，更好地指导和规划高教事业的健康发展。经过系统分析，针对高等教育的五个方面，选取 10 项评价指标（表 2-3）。

表 2-3　高教发展水平十项指标值

序号	地区	x_1	x_2	x_3	x_4	x_5	x_6	x_7	x_8	x_9	x_{10}
1	北京	5.96	310	461	1 557	931	319	44.36	2 615	2.20	13 631
2	上海	3.39	234	308	1 035	498	161	35.02	3 052	0.90	12 665
3	天津	2.35	157	229	713	295	109	38.40	3 031	0.86	9 385
4	陕西	1.35	81	111	364	150	58	30.45	2 699	1.22	7 881
5	辽宁	1.50	88	128	421	144	58	34.30	2 808	0.54	7 733
6	吉林	1.67	86	120	370	153	58	33.53	2 215	0.76	7 480
7	黑龙江	1.17	63	93	296	117	44	35.22	2 528	0.58	8 570
8	湖北	1.05	67	92	297	115	43	32.89	2 835	0.66	7 262
9	江苏	0.95	64	94	287	102	39	31.54	3 008	0.39	7 786
10	广东	0.69	39	71	205	61	24	34.50	2 988	0.37	11 355
11	四川	0.56	40	57	177	61	23	32.62	3 149	0.55	7 693
12	山东	0.57	58	64	181	57	22	32.95	3 202	0.28	6 805
13	甘肃	0.71	42	62	190	66	26	28.13	2 657	0.73	7 282
14	湖南	0.74	42	61	194	61	24	33.06	2 618	0.47	6 477
15	浙江	0.86	42	71	204	66	26	29.94	2 363	0.25	7 704
16	新疆	1.29	47	73	265	114	46	25.93	2 060	0.37	5 719
17	福建	1.04	53	71	218	63	26	29.01	2 099	0.29	7 106
18	山西	0.85	53	65	218	76	30	25.63	2 555	0.43	5 580
19	河北	0.81	43	66	188	61	23	29.82	2 313	0.31	5 704

（续表）

序号	地区	x_1	x_2	x_3	x_4	x_5	x_6	x_7	x_8	x_9	x_{10}
20	安徽	0.59	35	47	146	46	20	32.83	2 488	0.33	5 628
21	云南	0.66	36	40	130	44	19	28.55	1 974	0.48	9 106
22	江西	0.77	43	63	194	67	23	28.81	2 515	0.34	4 085
23	海南	0.70	33	51	165	47	18	27.34	2 344	0.28	7 928
24	内蒙古	0.84	43	48	171	65	29	27.65	2 032	0.32	5 581
25	西藏	1.69	26	45	137	75	33	12.10	810	1.00	14 199
26	河南	0.55	32	46	130	44	17	28.41	2 341	0.30	5 714
27	广西	0.60	28	43	129	39	17	31.93	2 146	0.24	5 139
28	宁夏	1.39	48	62	208	77	34	22.70	1 500	0.42	5 377
29	贵州	0.64	23	32	93	37	16	28.12	1 469	0.34	5 415
30	青海	1.48	38	46	151	63	30	17.87	1 024	0.38	7 368

需要说明一点，高等教育的质量是高等教育发展水平的一个重要标志，它表现在严格而高效的教学管理和高质量的教学水平，最终体现为高素质的毕业生。鉴于高等教育质量难以量化，从可操作性考虑，这里改用教职工情况予以近似地反映。另外，这 10 个评价指标中的某些指标之间（比如反映高等院校学生数量的三个指标之间）可能存在较强的相关性，下面我们将用定量方法予以筛选。

如表 2-3 所示，其中，x_l，x_2，…，x_{10}的含义见图 2-1，试用极大不相关法进行筛选。

由表 2-3 中数据可求得十个指标中的每一个与其余九个指标的复相关系数如下（记 x_i 与其余九个指标的复相关系数 $\rho_i^{\,1}$），结果如下：

$\rho_1=0.997\,86$　$\rho_2=0.996\,92$　$\rho_3=0.999\,23$　$\rho_4=0.999\,46$　$\rho_5=0.999\,26$，

$\rho_6=0.999\,52$　$\rho_7=0.935\,91$　$\rho_8=0.946\,87$　$\rho_9=0.923\,24$　$\rho_{10}=0.809\,20$

可见，指标 x_6（每十万人口专职教师数）与其余指标间的复相关系数最大，因而它最能被其余指标替代，故先将 x_6 剔除掉。再计算余下的九个指标中的每一个与其余八个指标的复相关系数，记为$\rho_i^{\,2}$，结果如下：

$\rho_1=0.996\,71$　$\rho_2=0.996\,47$　$\rho_3=0.999\,23$　$\rho_4=0.999\,45$　$\rho_5=0.994\,97$

$\rho_7=0.923\,27$　$\rho_8=0.944\,90$　$\rho_9=0.905\,13$　$\rho_{10}=0.766\,81$

由此，我们应剔除指标 x_4，同理再计算余下八个指标的复相关系数，记为 $\rho_i^{\,3}$，结果如下：

$\rho_1=0.996\,57$　$\rho_2=0.995\,82$　$\rho_3=0.998\,39$　$\rho_5=0.992\,92$

$\rho_7=0.921\,82$　$\rho_8=0.941\,02$　$\rho_9=0.903\,21$　$\rho_{10}=0.755\,79$

指标 x_3 应被剔除，在余下的七个指标中，如果再计算下去，应该剔除的将是 x_1，但考虑到指标 x_1（每百万人口学校数）反映着高校发展水平的五个方面之一（高等院

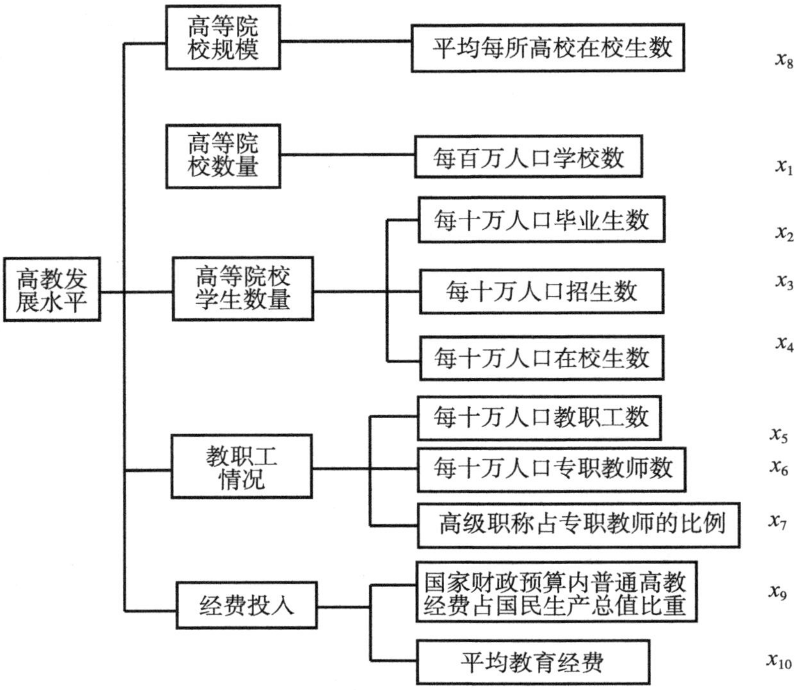

图 2-1　高教发展水平评价指标体系

校数量)，如果剔除的话，这个侧面将不能被反映，所以剔除到此为止，我们将余下的七个指标作为评价指标。从图 2-1 看出，剔除的 x_4，x_3 与留下的 x_2 反映同一个侧面，x_6 与 x_5，x_7 反映同一个侧面，因而 x_4，x_3，x_6 在一定程度上可以被其他指标代替，这与定性分析的结果也是吻合的。

如果开始考虑的指标过多，也可以将这些指标先进行聚类，而后在每一类中选取若干个典型指标。用上述极大不相关法和聚类方法的计算量都相当大，下边介绍一种用单相关系数选取典型指标的方法，该方法较为粗略，但其计算简单，在实际中可依据具体情况选用。

假设反映事物同一侧面的或聚为同一类的指标有 n 个，分为 a_l，a_2，…，a_n。

第一步计算 n 个指标之间的相关系数矩阵 $R=(r_{ij})_{nxn}$

第二步计算每一个指标与其他 $n-1$ 个指标的决定系数（相关系数的平方）的平均值 r_i^2，

$$r_i^2=(\sum r_{ij}^2-1)/(n-1)\qquad i=1,2,\cdots,n\quad j=1,2,\cdots,n \tag{2-1}$$

则 r_i^2 粗略地反映了 a_i 与其他 $n-1$ 个指标的相关程度。

第三步比较 r_i^2 的大小，若有 r_k^2

$$r_k^2=\max(r_i^2)\quad 1\leqslant i\leqslant n \tag{2-2}$$

则可选取 a_k 作为 a_l，a_2，…，a_n 的典型指标，需要的话，还可以在余下的 n-1 个指标中继续选取。这里之所以要用相关系数的平方是为了防止相关系数可能为负，因而无法直接相加求平均．如果相关系数均为正，则也可直接用相关系数，比如，表中的指标 x_5，x_6，x_7，反映了高教发展水平的同一个侧面，其相关阵为

$$R=\begin{pmatrix} 1 & 0.998\ 59 & 0.5598\ 81 \\ 0.998\ 59 & 1 & 0.5500\ 11 \\ 0.559\ 88 & 0.550\ 01 & 1 \end{pmatrix}$$

直接用相关系数由式（2-1）可求得：

$r_5=$（$1+0.998\ 59+0.559\ 88-1)/(3-1$）$=0.779\ 24$

同理可求得 $r_6=0.774\ 3$，　　$r_7=0.554\ 95$

r_5 最大，故应选 x_5 为 x_5，x_6，x_7 的典型指标。如果再要选一个，应在 x_6 和 x_7 之间选取，而 x_6 和 x_7 之间相关性为 0.550 01，无法再用上边的方法，但我们从相关阵可以看出 x_6 与 x_5 的相关性（0.998 59）要大于 x_7 与 x_5 的相关性（0.559 88），已经选取了 x_5，它已将 x_6 基本代替，因而应选 x_7，即如果从 x_5，x_6，x_7 中选两个指标，应该选择 x_5和 x_7。

第 3 章　评价指标的预处理

由于各个评价指标的物理意义彼此不同，表现形式也不一样，有的是绝对指标，有的是相对指标，还有的是平均数指标。有的是定性指标，有的是定量指标。在进行系统综合评价前必须对这些指标进行预处理。定量指标一般能够通过一定的测试手段获得相应的指标数值。所以在确定评价指标体系时，为保证系统评价指标的可比性，一般应对具有不同度量单位，也就是具有不同的量纲的指标进行无量纲化，对定性指标需要进行量化。

3.1　定性指标值的量化

定性指标是一类不能用数值表述评价分值的指标，对定性指标的量化方法一般步骤如下：① 划分评价等级，一般可划分三级（好、中、差）或五级（优、良、中、及格、差）；② 对每一个等级标准用文字进行描述（即状态描述）；③ 请参与评价的专家根据对评价对象的调查了解，或通过问卷调查给出定性的等级判断；④ 对各个等级直接给出定量的数值或设定相应的评价标准分。例如：优 0.95、良 0.85、中 0.75、及格 0.60、差 0.45，或。例如在表 1-1 待选房屋的基本信息表中，环境指标只给出定性指标（很好、良好和一般），经过专家的评分，直接给出定量的数值（11、9、7）。

3.1.1　定性指标值的量化案例一

国家公务员年度考核定量测评标准中，一级指标："德"的考核标准的内容及区间划分如表 3-1 所示。

表 3-1　国家公务员年度考核定量测评标准

德（15 分）	政治思想（10 分）	A 级：坚决拥护和正确贯彻执行党的路线、方针、政策，模范遵守国家法律、法令和各种规章制度，坚持学习制度，认真做好学习笔记和心得体会，能运用理论联系实际，解决思想、工作上的问题 B 级：拥护和贯彻执行党的路线、方针、政策，自觉遵守国家法律、法令和各项规章制度。较好遵守学习制度，学习笔记较认真，按时完成学习任务 C：级 能贯彻执行党的路线、方针、政策，遵守国家法律、法令和各项规章制度。有时不能遵守学习制度，不能坚持作学习笔记。不能按时完成学习任务 D：级 有与党的路线、方针、政策相抵触的言行，不能遵守国家的法律、法令和规章制度。学习不认真
	道德品质（5 分）	A 级：模范遵守职业道德规范，维护职业声誉和集体荣誉，为基层服务观念强，积极主动地为基层和群众排忧解难；没有"四难"（门难进、脸难看、话难听、事难办）现象 B 级：遵守职业道德规范，维护职业声誉和集体荣誉，为基层和群众服务观念较强，能主动为基层群众排忧解难；基本上没有"四难"现象 C 级：遵守职业道德规范不够，为基层和群众服务观念较淡薄，很少为基层群众排忧解难，工作中有"四难"现象 D 级：不遵守职业道德，办事刁难群众，造成不良影响

3.1.2　定性指标值的量化案例二

企业产品之间技术关联度的评价指标体系。

进行产品之间技术层面的关联度分析，目的是在主导产品分析的基础上找出影响产品之间技术层面关联度的各种因素，并通过对这些因素的分析和遴选，建立起产品关联度评价分析方法，为产品的选择提供依据。

通过分析可以看出，产品之间技术层面关联度评价指标体系是一个复杂系统，是由多个指标组成的相互联系、相互依存的指标群。根据指标体系建立原则以及通过对产品之间技术层面关联度的内容进行分析，可建立指标体系，如图 3-1 所示。

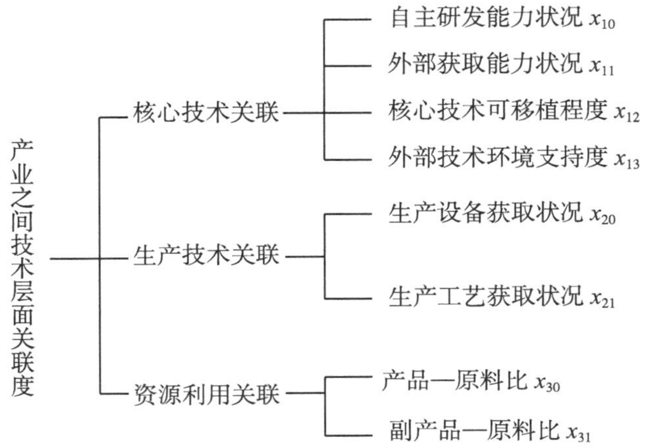

图 3-1　产品之间技术层面关联度评价指标体系

对于图 3-1 所示的评价指标体系。所有指标都是定性描述指标，现将其中的一级指标（核心技术关联）下的二级指标定量化分析及结果如下。

自主研发能力状况：这个指标主要描述企业所具备的核心技术研发能力的状况，实际上是通过对企业自主研发能力的描述来说明企业获取相关核心技术的难易程度。这种核心技术获取的难易程度从企业内部体现了产业之间核心技术的关联程度。此指标按表 3-2 取值。

表 3-2　研发能力状况取值

级别	取值	定性描述
强	0.90	企业核心技术自主研发能力强，能够在较短的时间内研究开发出所需要的相关核心技术
较强	0.75	企业核心技术自主研发能力较强，能够研发出所需要的相关核心技术，但需要比较长的时间以及比较多的投入
一般	0.60	企业核心技术研发能力一般，能够研究开发出所需要的相关核心技术，但需要相当长的时间，以及相当大投入。存在不同程度的困难

（续表）

级别	取值	定性描述
较弱	0.45	企业核心技术自主研发能力较弱，基本上不能够研发出所需要的相关核心技术，科研条件以及投入都很不充分
弱	0.30	企业基本上不具备核心技术研发能力，研发投入严重不足，其他条件也不具备

注：若评价对象的级别处于表中某两者之间，其数据也可按比例取两者之间的其他值，以下各表相同。

外部获取能力状况：这个指标主要描述企业在其外部技术市场上获取相关核心技术的难易程度。由于核心技术是企业竞争优势的体现，因此许多企业往往对其所拥有的核心技术进行保护，不轻易对外开放和转让。这使得其他企业获取相关核心技术时存在着不同程度的难度，这种难度从企业外部体现了产业之间核心技术的关联程度。此指标按表 3–3 取值。

表 3–3　外部获取能力状况取值

级别	取值	定性描述
强	0.90	企业很容易从其外部技术市场获得相关核心技术，获取成本很低，几乎不存在任何限制
较强	0.75	企业能够从其外部技术市场获得相关核心技术，获取成本也比较少，限制和阻力也比较少
一般	0.60	企业基本上能从其外部技术市场获得相关核心技术，但获取成本相对较高，也存在一定程度的限制和阻力
较弱	0.45	企业很难从其外部技术市场获得相关核心技术，获取成本很高，而且存在相当大的限制
弱	0.30	企业几乎不能从其外部技术市场获得相关核心技术，技术壁垒极其严重，处处受到限制

核心技术可移植程度：这个指标主要描述企业现有的核心技术有多大的程度可转移到它所要发展的相关产业上，直接体现了两个产业之间核心技术的关联情况。此指标按表 3–4 取值。

表 3–4　核心技术可移植程度取值

级别	取值	定性描述
高	0.90	企业发展相关产业时，现有的核心技术几乎可以直接进行移植，无须追加更多的研发投入
较高	0.75	企业发展相关产业时，现有的核心技术还不能直接进行移植，需要进一步追加一定的研发投入

（续表）

级别	取值	定性描述
一般	0.60	企业发展相关产业时，对现有的核心技术进行直接移植存在比较多的问题，需要进一步追加更多的研发投入
较低	0.45	企业发展相关产业时，对现有的核心技术进行移植存在很大的难度，两个产业的核心技术的相近性很低
低	0.30	企业发展相关产业时，现有的核心技术基本上完全不能进行移植，两个产业的核心技术基本上不具备相近性

外部技术环境支持度：这个指标主要描述外部技术环境对企业核心技术研发的支持程度，从一个侧面反映两个产业之间核心技术关联的情况。此指标按表 3-5 取值。

表 3-5　外部技术环境支持度取值

级别	取值	定性描述
高	0.90	企业在进行核心技术研究开发时，外部技术环境很好，相关技术很容易获取，基本上没有受到什么限制
较高	0.75	企业在进行核心技术研究开发时，外部技术环境比较好，能够获取相关技术，但存在一定困难，成本也比较高，还要受到一定程度的限制
一般	0.60	企业在进行核心技术研究开发时，外部技术环境一般，基本上能够获取相关技术，但存在较大的困难，成本也很高，还要受到比较多的限制
较低	0.45	企业在进行核心技术研究开发时，外部技术环境较差，很难获取相关技术，成本极高，还要受到很多的限制
低	0.30	企业在进行核心技术研究开发时，外部技术环境很差，基本上不能获取相关的技术，处处受到限制

3.2　评价指标的预处理

3.2.1　指标类型的一致化

若评价指标 $X=(x_1, x_2, \cdots, x_n)$ 中可能既有极大型（递增型）指标、极小型（递减型）指标，又有中间型指标，有时还有区间型指标。例如在表 1-1 待选房屋的基本信息表中，价格和距离指标是属于极小型指标（越小越好），面积和环境是属于极大型指标（越大越好）。人的身高、体重等指标，既不是越大越好，也不是越小越好，是居中型指标，区间型指标是指期望的指标值落在一个合适的区间。在进行多指标综合评价前，必须将不同类型的指标一致化。

（1）极小型指标变化极大型指标

对于极小型指标 x，令：

$$X^* = M - x \tag{3-1}$$

或：

$$X^* = 1/x,\ (x>0) \tag{3-2}$$

式中：M——指标 x 的一个允许的上限。

(2) 居中型指标

对于居中型指标 x，令：

$X^* = (2(x-m))/(M-m)$ ，　$m \leqslant x \leqslant (M+m)/2$

$X^* = (2(M-x))/(M-m)$ ，　$(M+m)/2 \leqslant x \leqslant M$

其中：M，m 分别为 x 的上、下限。

(3) 区间型指标

对于区间型指标 x，令：

$$x^* = \begin{cases} 1 - \dfrac{q_1 - x}{\max\{q_1 - m,\ M - q_2\}}, & x < q_1 \\ 1, & x \in [q_1,\ q_2] \\ 1 - \dfrac{x - q_2}{\max\{q_1 - m,\ M - q_2\}}, & x < q_2 \end{cases} \tag{3-3}$$

式中：$[q_1,\ q_2]$ ——指标 x 的最佳区间；

M、m——x 允许的上限、下限。

这样，就可以把不同类型的指标转换成具有相同变化趋势的指标，满足了评价的可比性原则。

3.2.2 评价指标的归一化处理

指标归一化是一种将不同范围的数值转换到同一范围内的数据处理方法。在系统评价中，经常需要对不同指标的数据进行比较和综合评估，而这些指标往往具有不同的量纲和量级，因此需要进行指标归一化，以便于比较和处理。归一的目的是使没有可比性的数据变得具有可比性，但还保持相比较的两个数据之间的相对关系，如大小关系，大的仍然大，小的仍然小，或是为了作图，原来很难在一张图上作出来，归一化后就可以很方便的给出图上的相对位置等。

设第 i 个方案的第 j 个指标值为 R_{ij}，第 i 个方案对第 j 个指标的评价值记为 v_{ij}（分值），则指标的归一化可以按下式计算处理：

最小-最大归一化也称为离差标准化，是对原始数据的线性变换，使结果值映射到 [0-1]。

$$\nu_{ij} = \begin{cases} \dfrac{R_{ij} - \min\limits_{1 \leqslant j \leqslant n} R_{ij}}{\max\limits_{1 \leqslant j \leqslant n} R_{ij} - \min\limits_{1 \leqslant j \leqslant n} R_{ij}} & R_{ij}\text{ 是递增型(优)指标} \\ 1 - \dfrac{R_{ij} - \min\limits_{1 \leqslant j \leqslant n} R_{ij}}{\max\limits_{1 \leqslant j \leqslant n} - \min\limits_{1 \leqslant j \leqslant n}}\ \text{或}\ \dfrac{\max R_{ij} - R_{ij}}{\max\limits_{1 \leqslant j \leqslant n} R_{ij} - \min\limits_{1 \leqslant j \leqslant n} R_{ij}} & R_{ij}\text{ 是递减型(劣)指标} \end{cases} \tag{3-4}$$

例如：表 1-1 待选房屋的基本信息表所示，4 个指标的数值是未处理的原始数据。

4 个指标中的“价格”“距离”为越小越好（递减型）指标；“面积”“环境”为越大越好（递增型）指标。应用公式（3-1）可以对它们进行极大型指标归一化处理，例如：

$V_{11}=1-[(150-90)/(150-90)]=0$

$V_{21}=1-[(90-90)/(150-90)]=1$

$V_{31}=1-[(110-90)/(150-90)]=0.667$

计算结果列于表 3-6。

表 3-6　方案评价分值

指标 方案	指标				V_i
	价格/万元 $W_1=0.2882$	面积/m^2 $W_2=0.2313$	距离/km $W_3=0.1344$	环境 $W_4=0.3461$	
1	0	1	1	0	0.365 7
2	1	0	0	1	0.634 2
3	0.667	0.318	0.800	0.5	0.546 2

根据已知的指标权重，加权平均求得各方案的综合评价值分别为 0.365 7，0.634 3 和 0.546 2。

评价结果显示，方案 2 是该单位购房首选方案；其次是方案 3；最后是方案 1。

3.2.3　评价指标的无量纲化方法

一般来说，指标体系 $X=(x_1, x_2, \cdots, x_n)$ 各指标之间由于各自度量单位及量级（即计量指标的数量级）的不同而存在着不可公度性，这就为综合评价指标值的大小带来了不便。例如，对于人的身高、体重进行测量时，用厘米（cm）作为度量身高的单位，而用千克（kg）作为衡量体重的单位，这样每个人的第一项特征取值一般是三位数，而第二项一般是二位数。但是，若把体重的单位改为吨，那么每个人的体重值就要减少到原来数值的千分之一。即使一个 100kg 的壮汉，他的体重折合成“吨”后其数值也只有 0.1t 了。这时，再对其进行综合评价时，实际上起作用的只有身高这一项指标了。因此，为了尽可能地反映实际情况，排除由于各项指标的单位不同，以及数值数量级间的悬殊差别所带来的影响，避免不合理现象的发生，需要对评价指标作无量纲化处理。它通过数学转换来消除原始数据指标度量单位的影响。常用的方法有“标准化法”“极值法”“功效法”。

（1）标准化法

标准化法或称比重法，是将实际值转化为指标总和值的比例，计算公式：

$$y_i=\frac{x_i}{\sum_{i=1}^{n} x_i}$$

$$或\ y_i = \frac{x_i}{\sqrt{\sum_{i=1}^{n} x_i^2}}$$

（2）均值处理法

均值处理法的评价指标无量纲方法如式（3-5）所示。

$$x_{ij}^* = \frac{x_{ij} - \bar{x}_j}{S_j^*} \quad (i = 1,\ 2,\ \cdots,\ n;\ j = 1,\ 2,\ \cdots,\ m) \tag{3-5}$$

或

$$\bar{x}_j = \frac{1}{n}\sum_{i=1}^{n} x_{ij}$$

$$S_j = \frac{1}{n-1}\sqrt{\sum_{i=1}^{n}(x_{ij} - \bar{x}_j)^2}$$

（3）极值处理法

如果令 $M_j = \max\limits_i(x_{ij})$，$m_j = \min\limits_i(x_{ij})$，则：

$$x_{ij}^* = \frac{x_{ij} - m_j}{M_J - m_j} \tag{3-6}$$

显然，x_{ij}^* 是无量纲的，且 $x_{ij}^* \in [0,\ 1]$。

（4）功效系数法

功效系数法是将无量化的指标值进行平移及同比例“放大”或“缩小”，即对式（3-6）做如下变换。

$$x_{ij}^* = c + \frac{x_{ij} - m_j}{M_J - m_j} \times d \tag{3-7}$$

式中：M_j，m_j——指标 x_{ij} 的满意值或不允许值；

c，d——已知常数，c 的作用是对变换后的数值进行平移，d 的作用是对变换后的数值进行“放大”或“缩小”。

如果取 $c=60$，$d=40$，则：

$$x_{ij}^* = 60 + \frac{x_{ij} - m_j}{M_J - m_j} \times 40,\ x_{ij}^* \in [60,\ 100] \tag{3-8}$$

在实际的系统评价过程中，一般是将指标的归一化和指标的无量纲化结合在一起进行计算，计算的过程中既将评价指标进行归一化，也对其进行无量纲化。

无量纲化方法在使用时，尽可能选择适合于讨论对象性质的方法，也可以选用几种，然后分析不同的无量纲化对结论会产生多大的影响。实际工作表明，不是越复杂的方法就越合适，关键在于是否切合实际的要求，在这个前提下，应该说越简单、越方便使用，越会受欢迎。

3.3　评价指标无量纲化处理案例

在《社会主义新农村建设评价指标体系》中，由于评价指标体系中各个指标的观测值有不同的单位，必须通过无量纲化处理才可得到各指标的实现程度。

具体计算方法有以下 3 种。

功效系数变换方法，即首先确定评价指标的新农村建设实现值（目标值）作为满意值 $X_{(h)}$，某一低水平值为不允许值 $X_{(s)}$，X_{ij}为原始数据，i 代表第 i 个地区省份，j 代表第 j 个指标。

变换公式 $\boldsymbol{x}_{ij}=(X_{ij}-X_{(s)})/(X_{(h)}-X_{(s)})$，$x_{ij}$为无量纲化后的数据，且 $\boldsymbol{x}_{ij}\in[0,1]$，用这一方法计算的指标有农村人均合格住房使用面积、农民平均预期寿命。

插值法变换，找到适用的插值公式，计算指标的标准化值，用于恩格尔系数的标准化计算。

指数化变换方法，即将指标的新农村建设实现值作为标准值，各地区的观察值与标准值对比计算出指数作为实现程度，除上述指标外，其余指标均用此法。

3.4　评价指标筛选的组合方法

本节是根据网上的《油田开发效果综合评价指标筛选的组合方法》（作者是：李斌、毕永斌等，中国石油冀东油田开发公司，中国石油冀东油田勘探开发研究院）内容改写的。

3.4.1　概述

随着油田开发工程的发展，需要改变过去对油田开发效果单一评价及确定评价指标凭经验的状况，必须要进行综合评价。筛选评价指标是进行综合详价的前提。筛选的正确与否，关系到评价结果的可靠与可信。本节采用专家一次打分法、比重法和聚类分析法的组合筛选的方法。筛选出能反映评价油田开发效果的指标，避免了筛选前需进行评价指标一致化与无量纲化处理，提高了工作效率。

油（气）田开发系统是由自然界自行组织与人为构筑相结合的共建系统，是一个复合系统，它具有社会性与自然性的二重特性。影响系统开发效果的因素很多，粗略统计大约有开发地质、油藏工程、钻采工程、开发管理、开发经济等类因素。这些因素可继续分为更多低层次因素，本节把影响油田开发效果因素，也称为评价指标，归纳为 5 个一级指标和 41 个二级指标，详细如下。

开发地质：油藏类型（X_1）、油藏物性（X_2）、流体性质（X_3）、构造复杂程度（X_4）、储量丰度（X_5）、综合含水（X_6）、单井控制地质储量（X_7）。

油藏工程：储量动用程度（X_8）、剩余可采储量变化率（X_9）、油水分布或剩余油分布（X_{10}）、地质储量采油速度（X_{11}）、剩余可采储量采油速度（X_{12}）、地层能量保持水平（X_{13}）、水驱油状（X_{14}）。

钻采工程：钻井成功率（X_{15}）、措施有效率（X_{16}）、机采系统效率（X_{17}）、完井方式（X_{18}）。

开发管理：自然递减率（X_{19}）、综合递减率（X_{20}）、含水上升率（X_{21}）、最终采收率（X_{22}）、地质储量采出程度（X_{23}）、剩余可采储量采出程度（X_{24}）、季平均产量（X_{25}）、累积产油量（X_{26}）、注采比（X_{27}）、储采比（X_{28}）、储量替换率（X_{29}）、水平井与直井井数比（X_{30}）、井网密度（X_{31}）、井网形式（X_{32}）、开发管理方法与政策（X_{33}）、油水井综合时率（X_{34}）、健康安全环保（X_{35}）。

开发经济：采油成本（X_{36}）、净现值（X_{37}）、内部收益牢（X_{38}）、产出投入比（X_{39}）、投资回收期（X_{40}）、百万吨产能投资（X_{41}）。

列出的影响因素中有的具有相关性，有的具有相似性，它们不可能都是反映油田开发效果的指标，也没必要全选为评价指标。过去有相当多的人筛选指标往往是经验性的，很少按照科学的数学方法进行筛选。在数学方法中，专家评选法、最小均方差法、极大极小离差法、相关系数法、回归分析法、主成分分析法、因子分析法、对应分析法、聚类分析法等都可以作为筛选方法。由于这些被筛选指标具有不同特性与要求，有些指标如油藏类型、构造复杂程度、地层能量保持水平、水驱油状况、健康安全环保等基本上是定性类的指标，而定性类的指标往往带有一定的模糊性或者灰性。有些指标如储量控制程度、储量动用程度、地质储量采出程度、剩余可采储量采出程度、月平均产量、年累积产油量、最终采收率、净现值等，期望它们的取值越大越好，称为极大型指标；有些指标如自然递减率、综合递减牢、综合含水、含水上升率、采油成本、投资回收期等，期望它们的取值越小越好，称为极小型指标；有些指标如地质储量采油速度、剩余可采储量采油速度、地层能量保持水平、注采比、井网密度、储采比等，既不期望其值越大，也不期望其值越小，而是期望它们的取值能在某一范围内，称之为区间型指标。它们不仅有量纲、单位的不同，而且有时数值的数量级也相差很大。因而，在选评价指标前必需进行评价指标一致化、无因次化处理。只有进行了科学的技术处理以后使用，才能使综合评价的结果不被歪曲或失真。但是，一是这些被筛选指标的不确定性和动态变化特征，使评价指标一致化、无因次化处理增加了难度；二是初选指标往往很多，处理工作量很大：三是这些筛选方法本身也存住不足与局限性，而且大部分方法又相对复杂，需要大量的统计数据，限制了方法的使用。本文采取的方法是简化的专家打分法、比重法与聚类分析法的组合筛选方法。

组合筛选方法将影响油田开发效果的因素设计为调查表，发给专家进行初选。专家仅对具体指标进行打分，不涉及具体指标的量纲、单位、数值等，也不需要反复多次。在此基础上，再采用比重法与聚类分析法进行筛选计算。

3.4.2 确定专家加权系数

由于油田开发专家的综合能力的差异，需要对各个专家赋予相应的加权系数。所谓综合能力，指观察能力、实践能力、思维能力、整合能力和交流（包括文字、语言、网络交流）能力，是对人们的德、智、体各方面的素质进行的评估和检测。笔者认为，在科技计算中应仅从技术角度考虑，可以从工作经验、技术职称、最终学历、科学技术水平四方面来体现，其中工作经验以工作年限 N 表示（分为大于等于 30、20 和 10 三种），科学技术水平以获得各级别奖为准。其考核得分标准如表 3-7。

表 3-7　专家综合能力评估指标表

指标	工作经验（年）			技术职称			最终学历			科学技术水平（获奖项目）		
	30	20	10	教授	高工	工程师	博士	硕士	学士	国家级	省部级	厅局级
得分	3	2	1	3	2	1	3	2	1	3	2	1

计算专家加权系数 w_i

$$w_i = \frac{\sum_{k=1}^{k} a_k}{\sum_{i=1}^{n}\sum_{k=1}^{k} a_{ik}} \tag{3-9}$$

本次特请 6 位专家，对 6 位专家的综合能力（工作经验、技术职称、最终学历、科学技术水平）进行评价打分得 $A_{ik} = \begin{bmatrix} 2 & 3 & 3 & 2 \\ 2 & 3 & 2 & 2 \\ 2 & 3 & 3 & 2 \\ 1 & 2 & 2 & 2 \\ 1 & 2 & 2 & 2 \\ 3 & 3 & 1 & 2 \end{bmatrix}$

按式计算得 6 位专家的加权值：

$W=$（0. 192 3，0. 173 1，0. 192 3，0. 134 6，0. 134 6，0. 172 3）

3. 4. 3　计算比重

专家给评价指标打分，打分结果，用矩阵 X 表示（略）。

（1）构建权矩阵 A

$$A = Xw_i = \begin{pmatrix} x_{11} & x_{12} & \cdots & x_{1p} \\ x_{21} & x_{22} & \cdots & x_{2p} \\ \vdots & \vdots & \vdots & \vdots \\ x_{n1} & x_{n2} & \cdots & x_{np} \end{pmatrix} \cdot (w_1\ w_2 \cdots w_n) \tag{3-10}$$

分别计算列和 $\sum_{i=1}^{n}(xw)_{ij}$ 与总和 $\sum_{i=1}^{n}\sum_{j=1}^{p} x_{ij}$

（2）计算比重

$$a_j = \frac{\sum_{i=1}^{n}(xw)_{ij}}{\sum_{i=1}^{n}\sum_{j=1}^{p} x_{ij}} \tag{3-11}$$

将式（3-10）的计算结果按大小排序如表 3-8 所示。

表 3-8 各指标比重值（α_j）按大小排序

指标	x_{15}	x_8	x_{21}	x_{22}	x_{38}	x_{11}	x_{19}	x_{40}	x_4	x_{33}	x_1
数值	0. 046 4	0. 044 9	0. 043 2	0. 042 5	0. 040 6	0. 039 2	0. 037 3	0. 034 8	0. 033 2	0. 031 1	0. 031 0
指标	x_6	x_{20}	x_{23}	x_5	x_{12}	x_2	x_{39}	x_{36}	x_7	x_{31}	x_{32}
数值	0. 029 7	0. 027 3	0. 027 2	0. 026 7	0. 026 3	0. 025 6	0. 025 4	0. 025 0	0. 024 2	0. 024 2	0. 024 2
指标	x_{24}	x_{41}	x_{37}	x_{14}	x_{10}	x_{26}	x_3	x_{16}	x_{13}	x_9	x_{29}
数值	0. 023 6	0. 022 9	0. 022 6	0. 022 2	0. 021 3	0. 020 6	0. 018 0	0. 017 5	0. 016 7	0. 015 5	0. 015 1
指标	x_{34}	x_{35}	x_{17}	x_{28}	x_{27}	x_{30}	x_{25}	x_{18}			
数值	0. 012 1	0. 011 6	0. 010 5	0. 009 9	0. 009 6	0. 007 5	0. 007 4	0. 005 6			

若给定置信水平 $\lambda=0.0271$，从表 3-7 可得指标比重值 $\alpha_j \geqslant 0.0271$ 的指标有 14 个，它们是：钻井成功率（X_{15}）、储量动用程度（X_8）、含水上升率（X_{21}）、最终采收率（X_{22}）、内部收益率（X_{38}）、地质储量采油速度（X_{11}）、自然递减率（X_{19}）、投资回收期（X_{40}）、构造复杂程度（X_4）、开发管理方法与政策（X_{33}）、油藏类型（X_1）、综合含水（X_6）、综合递减率（X_{20}）、地质储量采出程度（X_{23}）。

3. 4. 4 聚类分析

（1）油田开发类

在油田开发各指标中，有相当多的指标间关系是模糊关系，因此，可利用模糊分类法对 α_j，进行分类。将式（3-12）的计算结果按大小排序，给定置信水平（λ）后，使 $\alpha_j \geqslant \lambda$ 进行聚类。此处简化了建立各指标间模糊关系与经多次合成运算求对应的模糊等价关系等步骤。(有关模糊聚类，请参考《第 11 章聚类分析》)。

给定置信水平（λ）的聚类分析

若分类计算筛选评价指标，则采用

$$x_j = \max_{\alpha_j \geqslant \lambda}\{\alpha_j\} \tag{3-12}$$

在［0.0，0.05］区间内，设 λ 分别等于 0.04，0.03，0.02。

当 $\alpha_j \geqslant 0.04$ 时，可将 X_{15}、X_8、X_{21}、X_{22}、X_{38} 即钻井成功率、储量动用程度、含水上升率、最终采收率、内部收益率分为一类。

当 $\alpha_j \geqslant 0.03$ 时，可将 X_{11}、X_{19}、X_{40}、X_4、X_{33}、X_1，即地质储量采油速度、自然递减率、投资回收期、构造复杂程度、开发管理方法与政策、油藏类型分为一类。

当 $\alpha_j \geqslant 0.02$ 时，可将 X_6、X_{20}、X_{23}、X_5、X_{12}、X_2、X_{39}、X_7、X_{31}、X_{32}、X_{24}、X_{41}、X_{37}、X_{14}、X_{10}、X_{26}，即综合含水、综合递减率、地质储量采出程度、储量丰度、剩余可采储量、采油速度、油藏物性、产出投入比、采油成本、单井控制地质储量、井网密度、井网形式、剩余可采储量采出程度、百万吨产能投资、净现值、水驱油状况、油水分布或剩余油分布、累积产油量分为一类；余者另分为一类。

(2) 开发地质类的计算

开发地质类包括 7 个指标：油藏类型（X_1）、油藏物性（X_2）、流体性质（X_3）、构造复杂程度（X_4）、储量丰度（X_5）、综合含水（X_6）、单井控制地质储量（X_7）。专家打分组成下列矩阵：

$$X=\begin{bmatrix} x_{11} & x_{12} & x_{13} & x_{14} & x_{15} & x_{16} & x_{17} \\ x_{21} & x_{22} & x_{23} & x_{24} & x_{25} & x_{26} & x_{27} \\ x_{31} & x_{32} & x_{33} & x_{34} & x_{35} & x_{36} & x_{37} \\ x_{41} & x_{42} & x_{43} & x_{44} & x_{45} & x_{46} & x_{47} \\ x_{51} & x_{52} & x_{53} & x_{54} & x_{55} & x_{56} & x_{57} \\ x_{61} & x_{62} & x_{63} & x_{64} & x_{65} & x_{66} & x_{67} \end{bmatrix}$$

$$=\begin{bmatrix} 8 & 6 & 6 & 8 & 8 & 8 & 10 \\ 4 & 6 & 3 & 5 & 0 & 0 & 0 \\ 8 & 6 & 8.5 & 9.5 & 8 & 9.5 & 9 \\ 8 & 5 & 0 & 9 & 5 & 7 & 9 \\ 5 & 5 & 3 & 3 & 10 & 10 & 5 \\ 8 & 6 & 4 & 8 & 8 & 8 & 5 \end{bmatrix}$$

计算专家加权值（同上）。$W=$（0.192 3，0.173 1，0.192 3，0.134 6，0.134 6，0.172 3）

计算列和与总和

$$\sum_{i=1}^{6}(xw)_{ij}=\{5.738\,2,\ 4.736\,7,\ 3.329\,9,\ 6.158\,3,\ 4.942\,2,\ 5.499\,9,\ 4.480\,6\}$$

$$j=1,\ 2,\ 3,\ \cdots,\ 7$$

$$\sum_{i=1}^{6}\sum_{j=1}^{7}x_{ij}=34.885\,8$$

计算比重

按式（3-12）计算

$$\alpha_j=\{0.165\,4\quad 0.135\,8\quad 0.095\,5\quad 0.176\,5\quad 0.141\,7\quad 0.157\,7\quad 0.128\,4\}$$

（注：其中数值计算结果有的有点偏差，如 5.738 2/34.885 8=0.164 48）

取最大值，若取入=0.16，则

$$x_j=\max_{\alpha_j\geqslant 0.16}\{\alpha_j\}=\{0.165\,4\quad 0.176\,5\}$$

即开发地质类筛选的评价指标为：油藏类型（X_1）、构造复杂程度（X_4）。

油藏工程类、钻采工程类、开发管理类、开发经济类计算方法与开发地质类的步骤相同同，不再重复。

分类筛选评价指标结果为油藏类型、构造复杂程度、储量动用程度、地质储量采油速度、钻井成功率、措施有效率、含水上升率、最终采收率、自然递减牢、开发管理方法与政策、综合递减率、地质储量采出程度、内部收益率、投资回收期。

指标比重值 $\alpha_j \geqslant 0.0271$ 和分类聚类筛选，两种方法均筛选出 14 个评价指标，其中有 13 个指标是相同的，可选作为系统评价指标。相同的指标是：

开发地质类［油藏类型（X_1）、构造复杂程度（X_4）］；

油藏工程类［储量动用程度（X_8）、地质储量采油速度（X_{11}）］；

钻采工程类［钻井成功率（X_{15}）、自然递减率（X_{19}）、综合递减率（X_{20}）、含水上升率（X_{21}）、最终采收率（X_{22}）、地质储量采出程度（X_{23}）］；

开发管理类［开发管理方法与政策（X_{33}）］；

开发经济类［内部收益率（X_{38}）、投资回收期（X_{40}）］；

两种方法各筛选出 1 个不同的指标，比重法的综合含水（X_6），聚类法的（措施有效率（X_{16}））。

3.4.5 结语

确定评价指标是综合评价的基础，筛选的正确与否，关系到评价结果的可靠与可信。本文采用简化的专家一次打分法、比重法和聚类分析法的组合，避免评价指标因量纲、单位、数值量级的不同，而造成的筛选前需进行初选指标一致化、无纲次化处理，降低了计算量，提高了工作效率，简单便捷。从组合法两种方法筛选的结果看，应该说是可行的，所筛选指标亦符合油田开发的綦本规律和油田开发工作者的基本观念。

确定评价指标必须与评价目的、评价对象一致，评价目的不同，所需的评价指标也不一样。评价指标不宜太多，太多不仅增大工作量，而且也可能增加指标间的相互影响，评价指标也不宜太少，太少有可能使指标的代表性降低。在实际应用中，要根据实际情况，对本文筛选的指标还需要进行适当的调整。

第 4 章 系统评价指标的权重

4.1 评价指标的权重及其性质

评价指标的权重是指评价指标相对于系统评价目的的重要性程度，它是系统评价中的一个重要因素之一。评价指标的权重一定是相对于评价目的而言的，就同一指标来说，对于不同的评价目的，其权重是不同的。例如，就人的身高这个评价指标，如果评价的目的是某个人是否适合于打篮球，那么，这个指标就非常重要；如果是评价某个人的综合素质如何，这个指标就不一定很重要了。另外，随着时间的推移，对于同一个评价目的来说，评价指标的权重也可能发生变化，需要通过适当的方法来对评价指标的权重进行修正。

评价指标的权重存在着决策者的偏好，所谓决策者的偏好是指决策者在完全理性的条件下对评价指标的重要程度的一种判断，不同决策者的判断是不同的，亦即“仁者见仁，智者见智”。正是由于这种决策者的偏好，影响评价指标的权重确定的正确性，为了避免这种偏差，一般应有足够多的专家数量参与评价。

如何确定评价指标的权重，是综合评价中的核心问题之一，也是令人头痛的问题。概括地讲，评价指标权重的确定方法大致分为两大类：一是主观赋权法，通过专家咨询来确定评价指标的权重；二是客观赋权法，通过评价对象的样本来确定评价指标的权重。

主观赋权法一般包括专家咨询法、专家评议法、相对比较法、优序图法、层次分析法、德尔菲法等。主观赋权法主要是依靠专家的经验、知识和综合分析能力对需要解决的问题进行直观判断。所谓直观判断是人的一种思维方式和判断能力，似乎是非科学的，但是，在本质上是科学的。因为这种直观判断是与专家的知识、经验以及阅历有密切的联系，是科学知识和经验的具体反映。当然，我们要求这种判断必须是理性的，必须是相互独立的，也必须是专家在没有任何外力干扰下自主判断的结果。常用的客观赋权方法包括主成分分析、因子分析、熵值法、变异系数法、均方差法、回归分析法等。

有些权重的确定方法同时又是评价指标的选取方法和系统综合评价的方法，这里只简单介绍一些主观赋权方法。其他方法将在下面的章节继续阐述。

4.2 权重确定的专家咨询法

专家咨询法是确定评价指标权重的一种常见方法，它具有简便、易行的特点。属于主观赋权法。

首先来看一个例子。设有 5 个评价指标，分别为 $X=\{x_1, x_2, x_3, x_4, x_5\}$，分别聘请了 4 位专家相互独立地从指标集 X 中挑出他认为是重要的 3 个指标，构成 4 个指标子集，并依次记为：

专家 1：$X^{(1)}=\{x_1, x_2, x_4\}$

专家 2：$X^{(2)}=\{x_l, x_3, x_4\}$

专家 3：$X^{(3)}=\{x_l, x_2, x_5\}$

专家 4：$X^{(4)}=\{x_1, x_2, x_4\}$

通过上述的专家咨询可以看出：

指标 x_1 被选中的次数为：$g(x_1)=1+1+1+1=4$

指标 x_2 被选中的次数为：$g(x_2)=1+0+1+1=3$

指标 x_3 被选中的次数为：$g(x_3)=0+1+0+0=1$

指标 x_4 被选中的次数为：$g(x_4)=1+1+0+1=3$

指标 x_5 被选中的次数为：$g(x_5)=0+0+1+0=1$

将统计结果 $g(x_i)$ 归一化，并将比值 w 视为指标 x_i 的权重。

$$W_i=\sum g(x_i)/5 \qquad i=1\sim 5 \tag{4-1}$$

$$\sum g(x_i)=4+3+1+3+1=12$$

于是我们得到：$w_1=4/12=1/3$，$w_2=3/12=1/4$，$w_3=1/12$，$w_4=1/4$，$w_5=1/12$。

$$W=(0.333, 0.25, 0.083, 0.25, 0.083)$$

这样就得到了所要求的评价指标的权重。如果将此例推广到一般情形，就是评价指标权重的专家咨询法。

4.3 权重确定的专家评议法

专家咨询法一般采用信函的方式进行，且专家之间不能相互协商，即不能让一个专家知道其他的专家是谁。专家评议法与专家咨询法不同，但仍然属于主观赋权法。专家评议法是要求专家通过对评价目的或目标的分析，对所列出的评价指标，相对于评价目的或目标来说的重要性程度得出排序结果。在排序的过程中一般要求采用影响最大的评价指标给 10 分（或 100 分）、影响最小的评价指标给 1 分的方法进行。分差的大小主要取决于影响因素的多少。

设有一个有 10 个评价指标组成的系统评价问题，即评价指标的组成为 $X=\{x_1, x_2, x_3, x_4, x_5, x_6, x_7, x_8, x_9, x_{10}\}$，如果我们采用 10 分值的排序方式，若某个专家 a 给出的排序结果如下：

$X=\{6, 8, 5, 3, 9, 10, 7, 4, 2, 1\}$

可以看出，这个专家认为第 6 个评价指标最重要，因为他给了最高分 10 分；第 10 个评价指标最不重要，因为他给了 1 分。同样方法，我们可以得到所有专家的咨询结果。待所有的咨询专家的评价结果都回收以后，或回收的数目达到要求时，即开始对专家评议结果进行统计。

(1) 专家评议结果的统计计算

统计计算的方法包括以下五个步骤。

① 设评价指标 i 与评价指标 j 相对于评价目的或评价目标的重要性程度为 A_{ij}。

② 若第 k 个专家给出评价指标 i 与评价指标 j 相对于评价目的或评价目标的重要性排序结果分别为 F_{i-k}和 F_{j-k}。

$$当\frac{F_{i-k}}{F_{j-k}} > 1 时，记 A_{ij-k} = 1 \tag{4-2}$$

$$当\frac{F_{i-k}}{F_{j-k}} < 1 时，记 A_{ij-k} = 0 \tag{4-3}$$

在上述专家 a 中，由于 $F_{6-a}=10$，$F_{1-a}=6$，由于 $F_{6-a}/F_{1-a}=10/6>1$，则 $A_{61-a}=1$；而由于 $F_{1-a}/F_{6-a}=6/10<1$，则 $A_{16-a}=0$（这里 a 表示专家的序号为 a）。

③ 将每个专家的评价结果进行两两比较，即可得到所有专家排序结果的两两比较值。

④ 将所有专家排序结果的两两比较值进行统计。统计的方法为：

$$A_{ij} = \sum_{k=1}^{n} A_{ij-k} \quad (i, j = 1, 2, \cdots, m) \tag{4-4}$$

式中：n——评价专家的数目；

M——评价系统的评价指标数目。

很显然，A_{ij}表示认为评价指标 i 比评价指标 j 相对于评价目的或评价目标来说重要的专家数。如果我们设一共收回的有效排序结果的专家数目为 60 人，对这 60 位专家的排序结果进行两两比较，并采用式（4-4）统计后的结果如表 4-1 所示。

⑤ 求$\sum A_i$ 值：将表中每行的数字相加，即可得到$\sum A_i$ 值，见表 4-1。

表 4-1　专家评价结果统计计算

A_{ij}	1	2	3	4	5	6	7	8	9	10	$\sum A_i$	重要性 W	归一化后	$\sum A_i/60$	归一化后
1	—	2	29	38	13	11	30	35	50	58	266	5.6	0.097	4.43	0.099
2	58	—	52	48	32	29	55	49	43	50	416	10.0	0.173	6.93	0.153
3	31	8	—	50	9	16	38	31	31	42	256	5.3	0.092	4.27	0.094
4	22	12	10	—	21	10	18	33	34	52	211	4.0	0.069	3.52	0.078
5	47	28	51	39	—	28	42	33	30	56	374	8.8	0.153	6.23	0.138
6	49	31	44	50	32	—	38	39	47	55	405	9.7	0.168	6.75	0.149
7	30	5	42	42	18	22	—	40	53	39	271	5.8	0.101	4.52	0.10
8	25	11	29	27	27	1	20	—	28	45	213	4.0	0.069	3.55	0.079
9	10	17	29	26	30	13	7	22	—	39	193	3.5	0.061	3.22	0.071
10	2	10	18	8	4	5	21	15	21	—	108	1	0.017	1.8	0.04

（续表）

A_{ij}	1	2	3	4	5	6	7	8	9	10	$\sum A_i$	重要性 W	归一化后	$\sum A_i/60$	归一化后
Σ											2 713	57.7	1	45.22	1

$$A_i = \sum_{j=1}^{10} A_{ij} \quad (i = 1,\ 2,\ \cdots,\ 10) \tag{4-5}$$

$\sum A_i$ 表示参加评议的 n 个专家中有$\sum A_i$ 人次认为评价指标 i 比评价指标 j 相对于评价目的或评价目标来说重要。很显然，$\sum A_i$ 值越大，说明认为 i 评价指标重要的人次数额越多，也说明 i 评价指标相对于评价目的或目标越重要。

（2）求评价指标的重要性程度 w

① 求极差 d：若设 $W_{max}=10$，即$\sum A_i$ 值最大者所对应的评价指标重要性程度为 10，在表 4-1 中，由于$\sum A_i=416$ 最大，则取 $w_2=10$；$w_{min}=1$，即$\sum A_i$ 值最小者所对应的评价指标重要性程度为 1，在表 4-1 中，由于$\sum A_{10}=108$ 最小，则取 $W_{10}=1$。

则评价指标重要性程度的极差为：

$$d = (\sum A_{max} - \sum A_{min})/(W_{max} - W_{min}) \tag{4-6}$$

表 4-1 中所示数据的极差 d 为：

$$d = (\sum A_{max} - \sum A_{min})/(W_{max} - W_{min}) = (416 - 108)/(10 - 1) = 34.2$$

② 计算其他评价指标的重要性程度 w_i，计算方法可以采用式（4-7）或式（4-8）进行，即可得到所有评价指标的重要性程度 W。

$$W_i = ((\sum A_i - \sum A_{min})/d) + 1 \tag{4-7}$$

$$W_i = 10 - (\sum A_{max} - \sum A_i)/d) \tag{4-8}$$

例如：$w_1=(266-108)/34.2+1=5.6$，或 $w_1=10-(416-266)/34.2=5.6$

同理可计算出其他的指标重要性程度，得到表 4-1 中的 w 列。

$$W= \{5.6,\ 10.0,\ 5.3,\ 4.0,\ 8.8,\ 9.7,\ 5.8,\ 4.0,\ 3.5,\ 1\}$$

③ 将评价指标的重要性程度 w_i 归一化：由于评价指标的权重往往是介于［0，1］之间的数，所以，必须将评价指标的重要性程度 w_i 归一化，得到评价指标的权重 W_i。归一化方法采用式（4-9）进行。

$$\mathbf{W}_i^* = \mathrm{W}_i/\sum \mathrm{w}_j \tag{4-9}$$

在表 4-1 所示的示例中，由于$\sum W_j=57.7$，所以，$w_1=5.6/57.7=0.097$，10 个评价指标的权重为：

$$W_i^* = \{0.097,\ 0.173,\ 0.092,\ 0.069,\ 0.153,\ 0.168,\ 0.101,\ 0.069,\ 0.061,\ 0.017\}$$

由于这种方法综合了有关专家的集体智慧，所以，所得到的结果具有一定的广泛性，也能比较全面地反映评价指标相对于评价目的或目标的重要性程度，即评价指标的权重。

(3) 求评价指标权重的其他统计方法

上述是通过计算即极差 d 的方法计算指标的权重，实际上求出 $\sum A_i$ 后，$\sum A_i$ 值越大，已经说明认为 i 评价指标重要的人次数额越多，也说明 i 评价指标相对于评价目的或目标越重要了，若用。$\sum A_i/n$，即 $\sum A_i/60$，得到 $W_j=$（4.43，6.93，4.27，3.52，6.23，6.75，4.52，3.55，3.22，1.8），将 W_j 归一化后得到指标的权重：

$W_i^*=\{0.099,\ 0.153,\ 0.094,\ 0.078,\ 0.138,\ 0.149,\ 0.10,\ 0.079,\ 0.071,\ 0.04\}$

或直接将 $\sum A_i$ 归一化，也得到同样的结果。

4.4　权重确定的相对比较法

设 A_1，A_2，…，A_m 是评价系统的 m 个评价对象，$X=\{x_1,\ x_2,\ \cdots,\ x_n\}$ 是评价对象的 n 个评价指标。如果指标间的重要性可以在数量上作出判断时，评价指标的权重 $w=\{w_1,\ w_2,\ \cdots,\ w_n)$ 可以采用相对比较法进行确定。相对比较法的主要步骤如下：

① 把评价指标以任意顺序排列起来（排列的顺序可以按自己喜欢的顺序排列）。假如排列的结果如表 4-2 所示。

表 4-2　相对比较法计算

评价指标	r_i 值	k_i 值	权重 W_i
X_1	r_1	K_1	W_1
X_2	r_2	K_2	W_2
X_3	r_3	K_3	W_3
…			
X_{n-1}	r_{n-1}	K_{n-1}	W_{n-1}
X_n	r_n	k_n	W_n
合计			$\sum w=1$

② 从下至上对相邻的评价指标进行评价：首先以最下面一个评价指标 x_n 为基准，在数量上进行相对重要性程度的判定（表 4-2 中的 r 列）。如果评价指标 x_{n-1}，与评价指标 x_n 相比的重要性程度取值为 r_{n-1}（$r_{n-1}>0$），表明评价指标 x_{n-1} 与评价指标 x_n 相比，其重要性程度要重要 r_{n-1} 倍。同理，r_3 表示评价指标 x_3 与评价指标 x_4 相比，其重要性程度要重要 r_3 倍；r_2 表示评价指标 x_2 与评价指标 x_3 相比，其重要性程度要重要 r_2 倍；r_1 表示评价指标 x_1 与评价指标 x_2 相比，其重要性程度要重要 r_1 倍。（注：这项工作需要有经验的专家参与）

③ 把 k 列中最下面一个评价指标 x_n 的重要性程度设为 1，其上的指标按式（4-10）计算。

$$K_n=1, \quad K_i=k_{i+1}\times r_i \quad (i=n-1, n-2, \cdots, 1) \tag{4-10}$$

这样一来，就可以得到任何一个评价指标相对最后一个评价指标 x_n 的重要性程度的数量值。

④ 按式（4-11）的计算方法将数量值 k_i 归一化，即得到每个评价指标的权重 w_i 值。

$$W_i = k_i/\sum k_j(i = 1, 2, \cdots, n) \tag{4-11}$$

例如，减少市内交通事故评价方案：为了减少市内交通事故，决策者往往采取多种措施来避免交通事故的发生。设评价一个措施优劣的指标主要从死亡者的减少、负伤者的减少、经济损失的减少、设施的外观、设施的费用五方面来衡量，若对多个避免交通事故的方案进行评价，就必须首先确定这五个评价指标的权重。这里采用相对比较法的计算结果如表 4-3 所示。

表 4-3 评价指标的权重计算

	评价指标	r_i 值	k_i 值	权重 w
1	死亡者的减少	3	9.0	0.62
2	负伤者的减少	3	3.0	0.21
3	经济损失的减少	2	1.0	0.07
4	设施的外观	0.5	0.5	0.03
5	设施的费用	—	1.0	0.07

根据式（4-10）$k_5=1$，$k_4=r_4\times k_5=0.5\times1=0.5$，$k_3=2\times0.5=1$，$k_2=3\times1=3$，$k_1=3\times3=9$

将 k_i 规一化得权重，$w_i= k_i/\sum k_i \quad i=1\sim n$ 　　如 $w_1=9/14.5=0.62$

通过表 4-3 可以看出，死亡者的减少、负伤者的减少、经济损失的减少、设施的外观、设施的费用这五项评价指标的权重为 $w=$（0.62，0.21，0.07，0.03，0.07）。

相对比较法是一种简单有效的确定评价指标权重的方法，但是，在应用这种方法时必须注意 $\mathrm{r_i}$ 的确定和 $\mathrm{k_i}$ 的计算是相对于下一个评价指标的，而不是相对于最下面一个评价指标的，这一点非常重要。同时，这种相对比较也必须建立在有效的专家咨询的基础上进行，不能凭个别人的主观臆断，以保证评价指标权重的客观性、公正性和公平性。

4.5 权重确定的优序图法

优序图法最早是由美国穆蒂提出的，是基于主观判断的一种方法，优序图法由多个专家对系统指标或者工程方案，针对目的进行两两对比，最终确定系统指标重要程度或者工程方案优劣次序，优序图法步骤如下：

假设需要对系统指标 X_1、X_2、…、X_n 进行重要性排序。

画棋盘图，并进行两两对比。将需要对比的指标分别放入棋盘图的第一列和第一行，如图 4-1 所示。

	X_1	X_2	…	X_n
X_1				
X_2				
…				
X_n				

图 4-1　指标对比棋盘

专家对指标进行两两对比，若指标 X_i 比指标 X_j 重要，则 X_i 得 1 分；若同等重要，则 X_i 得 0.5 分；若指标 X_j 比指标 X_i 重要，则 X_i 得 0 分。

计算各指标得分：将每项指标的评分进行横向求和，得到指标的最终得分。

根据得分进行排序，确定指标重要性。

4.5.1　背景介绍

某电脑生产厂商要开发了一款新式电脑，目前需要将该电脑与其竞争对手目前正在畅销的某型号电脑进行对比，判断是否具有竞争优势。表 4-4 是调查得到的对比数据。

表 4-4　两款电脑指标满意度得分

指标	本公司产品满意度得分	竞争对手产品满意度得分	指标	本公司产品满意度得分	竞争对手产品满意度得分
处理器类型	5	10	处理器	10	6
内存容量	7	6	存储容量	5	9
操作系统	7	5	续航时间	7	7
数据接口	10	9	屏幕分辨率	10	10
摄像头	8	8	产品尺寸	10	10

然而各指标对消费者选择电脑的影响程度不同，因此需要综合所有指标才能对两款电脑竞争强弱进行评价。现在需要对各项指标的影响程度进行评价，可以采用优序图法对各项指标进行赋权。

4.5.2　指标权重确定

邀请专家对电脑参数重要性评价。假设专家 A、专家 B、专家 C 经过商讨后，对电脑参数指标的一致评价如表 4-5 所示，并将表各行横向相加，得到各指标的得分（表 4-5）。

表 4-5　电脑参数

项目	处理器类型	内存容量	操作系统	数据接口	摄像头	处理器	存储容量	续航时间	屏幕分辨率	产品尺寸	得分
处理器类型	0.5	0	1	0	1	1	1	1	0	1	6.5
内存容量	1	0.5	1	0	0	0	1	0	1	1	5.5
操作系统	0	0	0.5	1	1	0	0	1	1	1	5.5
数据接口	1	1	0	0.5	1	0	1	0	1	0	5.5
摄像头	0	1	0	0	0.5	0	1	0	0	0	3.5
处理器	0	1	1	1	0	0.5	0	1	0	0	4.5
存储容量	0	0	1	0	1	1	0.5	1	0	1	5.5
续航时间	0	1	0	1	0	0	0	0.5	1	1	4.5
屏幕分辨率	1	0	0	0	1	1	1	0	0.5	0	4.5
产品尺寸	0	0	0	1	1	1	0	0	1	0.5	4.5

根据得分计算电脑参数的重要性权重。设电脑参数得分分别为 A_1，A_2，…，A_{10}，则电脑第 i 项参数的的权重为：

$$\alpha_i = \frac{A_i}{\sum_{k=1}^{10} A_k}$$

经计算得电脑各项参数的权重（表 4-6）。

表 4-6　电脑参数权重

处理器类型	内存容量	操作系统	数据接口	摄像头	处理器	存储容量	续航时间	屏幕分辨率	产品尺寸
0.13	0.11	0.11	0.11	0.07	0.09	0.11	0.09	0.09	0.09

4.5.3　电脑满意度评比

根据得到的电脑参数权重，计算电脑得分与竞争对手畅销电脑最终满意度如表 4-7 所示。

表 4-7　竞争力对比

项目	处理器类型	内存容量	操作系统	数据接口	摄像头	处理器	存储容量	续航时间	屏幕分辨率	产品尺寸	加权得分
本公司产品满意度得分	5	7	7	10	8	10	5	7	10	10	7.73
竞争对手产品满意度得分	10	6	5	9	8	6	9	7	10	10	8.02

注：5×0.13+7×0.11+7×0.11+10×0.11+8×0.07+7×0.09+10×0.09+10×0.09=7.73。

4.6　求判断矩阵的特征向量（权重系数）

在第 8 章介绍的层次分析法（AHP）是确定评价指标权重的最重要的方法之一，其中通过指标的两两比较，构造出的判断矩阵 A，求解 A 的特征向量和一致性检验，即得到评价指标的权重系数，在这一节只通过例子，简单地介绍求矩阵 A 的特征向量和一致性检验的方法。（第 8 章中详细介绍）。

4.6.1　应用和法求 A 的特征向量

设判断矩阵 $A=\begin{bmatrix}1 & 1/5 & 1/3\\ 5 & 1 & 3\\ 3 & 1/3 & 1\end{bmatrix}$

① 将矩阵 A 的每一列求和得：$\sum a_{ij}=(9,\ 23/15,\ 12/3)=(9,\ 1.53,\ 4)$；

② 求 $c_j=1/\sum a_{ij}=(0.11,\ 0.652,\ 0.231)$；

③ 将 c_j 归一化得权重系数，$w_j=(0.108\,7,\ 0.644\,3,\ 0.247\,0)$；

④ 计算 $Aw=\begin{bmatrix}1 & 1/5 & 1/3\\ 5 & 1 & 3\\ 3 & 1/3 & 1\end{bmatrix}\begin{bmatrix}0.108\,7\\ 0.644\,3\\ 0.247\,0\end{bmatrix}=\begin{bmatrix}0.319\,1\\ 1.929\\ 0.785\,7\end{bmatrix}$；

⑤ 计算 $\lambda_{\max}$：$\lambda_{\max}=(\sum(\sum a_{ij}w_j/w_i))/m=(0.319\,1/0.108\,7+1.929/0.644\,3+0.785\,7/0.25)/3=(2.935\,6+2.993\,9+3.142\,8)/3=3.024\,1$；

⑥ 计算一致性指标　$CI=(\lambda_{max}-m)/(m-1)=(3.024\,1-3)/2=0.012\,05$；

⑦ 查平均随机一致性指标 $RI=0.514\,9$，随机一致性比率；

$CR=CI/RI=0.012\,05/0.514\,9=0.023\,4$；

⑧ 由于 $CR<0.1$　判断矩阵 A 的一致性检验通过。故 $w=(0.108\,7,\ 0.644\,3,\ 0.247\,0)$ 可以作为相应评价指标的权重系数。

4.6.2　应用几何平均值法求 A 的特征向量

设判断矩阵 $A=\begin{bmatrix}1 & 1/5 & 1/3\\ 5 & 1 & 3\\ 3 & 1/3 & 1\end{bmatrix}$

先按行将各元素连乘并开 m 次方，即求各行元素的几何平均值 b_i。

再把 b_i 规一化，即求得指标 x_i 的权重系数 $w=(0.105,\ 0.637,\ 0.258)$

计算 $Aw=\begin{bmatrix}1 & 1/5 & 1/3\\ 5 & 1 & 3\\ 3 & 1/3 & 1\end{bmatrix}\begin{bmatrix}0.105\\ 0.637\\ 0.258\end{bmatrix}=\begin{bmatrix}0.318\\ 1.936\\ 0.785\end{bmatrix}$

计算 $\lambda_{\max}$：

$\lambda_{\max}=\sum(\sum a_{ij}w_j/w_i)/m=(0.318/0.105+1.936/0.637+0.785/0.258)/3=3.037$

计算一致性指标：$CI=(\lambda_{max}-m)/(m-1)=(3.037-3)/2=0.0185$

查平均随机一致性指标 $RI=0.5149$，随机一致性比率：

$CR=CI/RI=0.0185/0.5149=0.0359$

查平均随机一致性指标 $RI=0.5149$，随机一致性比率：

$CR=CI/RI=0.0185/0.5149=0.0359$

由于 $CR<0.1$ 判断矩阵 A 的一致性检验通过。故 $w=$（0.105，0.637，0.258）可以作为相应评价指标的权重系数。

第5章　系统评价的制度设计与保障

5.1　什么是系统评价制度

对一个大型的系统评价项目，为了更科学、规范和有效地完成各项评价工作，需要有一套评价制度，制定必要的规章制度，明确应遵循的原则和注意事项。系统评价制度设计实际就是这项评价的总体设计。评价的具体详细设计和实施是在总体设计的指导下进行。

一般系统评价制度设计的内容包括：明确评价的目标和评价原则；成立评价工作机构，规范评价主体；明确被评对象和评价内容；确定评价程序和评价时点；改革评价的方式方法；确定评价指标体系的原则；评价结果的检验和应用。

一般系统评价的总体设计是由上级有关部门制定为指导性文件，本书在编写过程收集到的有关文件，都具有系统评价总体设计的内容。其中2016年10月13日发布的国家标准《高标准农田建设评价规范》（GB/T 33130—2016）的内容，是一份有关高标准农田建设评价的典型评价总体设计，内容非常详细，包括：评价目标、评价范围和时点、评价对象和评价内容、评价指标、评价方法、评价原则、评价工作程序、技术准备（包括：准备工作、选择评价指标和权重、现场调查、数据采集与检验、公众满意度调查、建设任务评价（包括评价内容、评价要求）、建设质量评价、建设成效评价、建设管理评价、社会影响评价 、综合评价与成果要求。

5.2　系统评价制度设计的内容

5.2.1　明确评价的目的和评价原则

系统评价的一般目的是为了决策（包括方案选优，系统状态的判断和排序等）。正确的决策必须源于科学的评价。对于一个具体的评价项目，它的评价目的是什么？这是在总体设计中要明确的第一个问题。

在日常生活中人们对衣服、手机、商品房的评价，目的是为了购买。在大型的评价活动中，例如对教育系统的评价，在中共中央、国务院印发的《深化新时代教育评价改革总体方案》中，教育评价改革的目的表述为总体要求，包括指导思想、主要原则和改革目标。指导思想是以习近平新时代中国特色社会主义思想为指导，全面贯彻党的教育方针，坚持社会主义办学方向。主要原则是充分发挥教育评价的指挥棒作用，引导确立科学的育人目标，确保教育正确发展方向。坚持问题导向；坚持科学有效；坚持统筹兼顾；坚持中国特色。改革目标是经过5~10年努力，各级党委和政府科学履行职责水平明显提高，各级各类学校立德树人落实机制更加完善，引导教师潜心育人的评价制度更加健全，促进学生全面发展的评价办法更加多元，社会选人用人方式更加科学。到2035年，基本形成富有时代特征、彰显中国特色、体现世界水平的教育评价体系。

在乡村振兴诊断（考核）中应遵循以下原则是：坚持党管农村工作；坚持农业农村优先发展；坚持农民主体地位；坚持乡村全面振兴；坚持城乡融合发展；坚持人与自然和谐共生；坚持改革创新、激发活力；坚持因地制宜、循序渐进。

在全国高标准农田建设评价中的评价目标是：依据《国务院关于全国高标准农田建设总体规划的批复》和《高标准农田建设通则（GB/T 30600—2022）》对高标准农田建设的要求，统一高标准农田建设评价内容、程序、方法和要求，评价高标准农田建设总体情况，规范高标准农田建设活动。高标准农田建设评价应遵循的基本原则是：评价应遵循客观公正、系统科学、可扩展、可操作、实用等原则。客观公正的原则。评价工作要客观，评价过程、方法和结果要做到公正，评价的内容、指标和程序要向社会公开。系统科学的原则。评价工作既包括建设管理情况等过程评价，也包括工程质量、耕地质量和建设成效、社会影响等结果评价，应统筹考虑各项评价内容，科学选择评价指标。可扩展的原则。评价工作既要服务于当前高标准农田建设管理工作的需要，也要适应国民经济与社会发展、生态文明建设的长期要求，评价指标应符合开放性特点。可操作的原则。评价指标应以简明、可量化、可验证为基准，既突出时效性，也可量测、检测、计算。评价结果应具有可比性。实用的原则。评价指标和方法应适应区域特点，评价结果应能够为决策者提供依据。

5.2.2 成立评价工作机构和规范评价主体

评价主体是评价活动的实施者，直接决定着评价活动的质量。对一项大型或重要的评价项目，首先要成立一个评价工作机构，有的分为评价工作组和专家组。评价工作组应承担评价方案编制（即该评价项目的评价总体设计）、选择评价指标体系与权重、组织评价、撰写评价报告等具体工作；系统评价是一项专业性极强的学术活动，只有真正的同行专家，才能比较清晰地评判评价问题的理论价值和现实意义，评价专家的选择对提高评价质量至关重要。专家组应对评价方案、评价指标及权重进行审定，对调查过程中难以量化的指标进行集中评议，对评价成果进行审核。

例如：在《义务教育质量评价指南》明确义务教育质量评价实行县（市、区）和校自评、市级复核、省级评价、国家抽查监测。义务教育学校对本校办学质量进行自评，并对学生德智体美劳全面发展情况进行评价。县级党委政府对学校办学质量进行评价，并对本县域义务教育质量和党委政府履职情况进行自评，自评报告报上级教育督导部门。市级政府教育督导部门对县域义务教育质量自评工作情况进行复核。省级政府教育督导部门组织对行政区域内各县（市、区）义务教育质量情况进行评价，每年将评价情况报国家教育督导部门备案。国家教育督导部门对省级开展县域义务教育质量评价情况进行抽查，对学生发展质量情况进行监测。并在组织保障中提出各地要将义务教育质量评价工作纳入地方党委政府、教育部门和学校的重要议事日程，建立党委政府领导、政府教育督导部门牵头、部门协同、多方参与的组织实施机制。实施义务教育质量评价工作，要与已经开展的对地方政府履行教育职责督导评价、中小学校督导评估、义务教育质量监测等工作有效整合、统筹实施，避免重复评价。各地可结合本地实际，制定义务教育质量评价实施细则。各地要组建高水平、相对稳定的质量评价队伍，主要由督学、教育行政人员、教育科研人员、校长、教师及其他有关方面人员组成。评价人员在教育法律法规和政策、教育教学、学校管理、督导评价等方面应具有较高理论素养、专业能力和丰富经验。要积极探索采取政府购买服务方式，培育和委托第三方专业机构开展义务教育质量评价工作。

5.2.3　明确被评对象和评价内容

从第 1 章已经明确系统评价的对象称为系统，任何一个系统都应该有明确的系统边界，边界以外是系统的环境，系统环境的因素不应该成为评价的对象，有些系统要明确它的边界不是很容易的，需要认真对待。评价主要针对系统内部各个组成部分进行的。

例如：高标准农田建设评价对象应为各级行政区内高标准农田建设的总体情况，包括建设过程和结果。评价内容包括建设任务、建设质量、建设成效、建设管理和社会影响等。其中，建设质量包括工程质量和耕地质量。

义务教育质量评价包括县域、学校、学生三个层面，三者紧紧围绕贯彻党的教育方针，以促进学生全面发展为目标，各有侧重、相互衔接、内在统一，构成完整的义务教育质量评价体系。第一层面，县域义务教育质量评价。主要包括价值导向、组织领导、教学条件、教师队伍、均衡发展等五个方面重点内容，旨在促进地方党委政府坚持社会主义办学方向，加强对义务教育工作的领导，履行举办义务教育职责，促进县域义务教育优质均衡发展。第二层面，学校办学质量评价。主要包括办学方向、课程教学、教师发展、学校管理、学生发展等五个方面重点内容，旨在促进学校落实德智体美劳全面培养要求，深入实施素质教育，充分激发办学活力，不断提高办学水平和育人质量。第三层面，学生发展质量评价。主要包括学生品德发展、学业发展、身心发展、审美素养、劳动与社会实践等五个方面重点内容，旨在促进学生德智体美劳全面发展，培养适应终身发展和社会发展需要的正确价值观、必备品格和关键能力。

5.2.4　确定评价程序和评价时点

在第 1 章已经讨论了系统评价的一般步骤，在实际评价时还应该根据情况，确定本评价工作的程序。评价时点也称为评价周期。

例如：高标准农田建设评价工作程序是：成立评价工作机构、明确评价范围与内容、选择评价指标与权重、现场调查与资料收集、数据采集与检验、建设任务评价、建设质量评价、建设成效评价、建设管理评价、社会影响评价、综合评价、编写评价报告、提出对策及建议等。

旅游景区质量等级评定是一项严肃的技术认证工作，应严格按照以下工作步骤开展工作：步骤一：前期准备工作（详细内容见第 16 章 16.5 节）；步骤二：召开“旅游景区质量等级评定情况通报会”（首次会）；步骤三：现场检查；步骤四：资料审核；步骤五：意见汇总、评分；步骤六：召开“旅游景区质量等级评定意见反馈会”（末次会）；步骤七：撰写检查报告。

城市体检评估工作流程：制定体检评估工作方案→构建评估框架和评估指标体系→资料收集调查→分析评价→编制体检评估报告→汇交体检评估成果。（详细内容见第16章16.4节）

某县制订的乡村振兴考评程序为：制订年度考核方案和评分细则。（每年制订一次）→乡镇自评→部门核实和评分→计算得分→结果确定和通报→考评结果运用。

评价的时点也称为评价周期。在一些领域存在评价周期过短，评价次数多的问题，频繁的评价活动会造成很多人、财、物和时间的浪费，也会使研究人员喜欢“短、平、快”的项目，促使研究人员过多地注意评价环节而不是研究本身等。对不同的评价项目，评价周期和评价时间点是不同的，要在评价制度设计时确定。例如：高标准农田建设评价的时点一般为每年年末和规划期末；城市体检评估按照“一年一体检，五年一评估”的方式进行。

5.2.5 改革评价的方式方法

（1）突出质量导向

近年来，由于一些科研管理部门和研究人员的质量意识不强，质量控制办法欠缺，质量管理手段失灵，导致一些低水平重复研究和成果量多质次的现象普遍存在，尤其是在社会科学领域有重大影响的原创性学术成果还比较少。当前，加快完善以质量和创新为导向的评价机制，正在成为有关政府管理部门和研究机构的一致共识与努力方向，坚持把突出质量目标放在首要位置。

突出质量至少包含两个方面的内容：一是在制订被评价对象的标准时，要突出质量标准，二是要突出评价的质量。

（2）建立第三方评价制度

我国高校和科研管理部门组织科研成果评价，往往由于评价主体和被评对象之间存在业务交集或者上下级关系，容易受到人为因素的干扰，造成结果部分失真。因此，建立权威的第三方评价机构，开展独立、客观的评价，是推进科研成果评价走向社会化、民主化、制度化的当务之急。由于第三方评价机构具有旁观者的角色和中立者的立场，可以较为公正合理地反映各方的利益诉求，协调评价中的各种矛盾冲突，通过第三方机构对被评对象进行评价，已经成为世界各个国的普遍做法。正在逐渐成为系统评价的一支重要力量。近年来，我国对此也进行了探索，但目前我国仍以政府行政部门和各单位管理部门作为评价活动的组织实施者为主。

在第三方机构对被评对象进行评价过程中，政府只是确立评价的基本导向，具体操作层面完全由第三方机构独立操作，评价方法、程序、结果面向社会公开。第三方评价机构应该是一个独立的中介组织，符合经济独立、法人独立、学术至上的中立性质。这样，才能从机制上保证评价的公正。第三方机构应设立学术专家委员会，由专家委员会负责制定学术评价指标体系，由常设办公机构负责评价的具体组织工作，从而实现标准制定与评价工作相分离，排除人为因素对评价结果的影响。专家委员会应由国内著名高校的知名学者组成，还可适当聘请国际知名学者参加。

（3）注重代表作制度

我国高校的社会科学研究代表作制度始于清华大学提出的“代表性学术成果”，其做法一般是：由教师自己申报推荐代表性学术成果，学校科研管理部门组织专家评审；对代表性学术成果的认定，不受评价周期的限定。在具体操作层面，学术代表作制度最突出的特征是允许教师凭借一部优秀著作或数篇代表性学术论文，不必单纯去追求学术成果的数量，从而可以依据国家和社会的需求，或者个人的兴趣，潜心从事更高水平、更高层次、更有价值的研究，从容淡定，十年磨一剑，其产出学术精品的可能性无疑将显著增大。通过实行代表作制度，高校应该打破一般性的分年度考核的常规学术评价办法。这样，不仅可以使那些已在科学研究中取得了开创性、奠基性成果的学术大师获得应有的价值肯定和学术尊重，而且可以充分调动绝大多数研究人员全身心地从事高水平研究。推行实施代表作制度，必须正确对待和处理“量”与“质”的关系。实施新的制度，可能会在起初引发学术成果总量下降的情况。但这实质是挤掉了学术泡沫，通过一定时期的厚积薄发，必然会有高质量的学术成果不断涌现。

（4）建立成果查新制度

在评价学术成果的创新价值时，首先要了解成果是否提出了前人未曾提出过的理论、观点。为保证学术成果评价的科学性、准确性，应该建立完善的查新制度。

社会科学的创新至少包括观点创新、方法创新、材料创新和内容创新四个方面。观点创新，即是否提出了新概念、新见解、新理论、新主张；方法创新，即是否运用了新思路、新工具、新程序、新途径、新规则等；材料创新，即是否提供了新数据、新案例、新经验、新事例等；内容创新，即是否针对经济、政治、文化、社会、生态等领域出现的新形势、新任务、新问题、新特点等。

一般而言，研究者对自己的研究有何创新必定了然于胸、非常清楚，至少是基本了解的。在开展成果评价时，可以要求研究者将成果的创新点做出概要陈述，简单明了地列举出来，从而节省评审机构与专家的时间和精力，提高评价的信度和效率。同时，根据研究者本人提供的资料，可以委托专门的社会科学学术成果查新专业机构，对成果主要的创新点进行有针对性的查询。查新专业机构采用先进的技术手段，对研究者所提供的创新点进行核实，再将查询和分析的结果报告返回评审机构，提供给评审专家作为评价的重要参考。

人文社会科学研究具有继承性、探索性和创新性的特点。高校教师可以通过查新咨询，全面、详尽地占有更多的文献资料，在前人的研究基础上了解分析本学科或本课题的历史、现状及发展趋势，借鉴前人的经验或教训，获得新知识，阐明新观点，建立新理论，进行新探索。

有关系统评价方法的确定，系统评价的方法很多，本书把评价方法分为狭义评价方法和广义评价方法。狭义评价方法是指多指标的综合评价方法，是定量的评价方法。现在很多人的研究都集中在狭义评价方法上，本书认为，目前很多实际评价问题并不使用狭义评价方法，而是采用定性与定量相结合的广义的评价方法，定性的评价方法居多。

对不同的评价项目，采用的评价方法是不同的，有的需要多种方法结合起来，要在评价制度设计时确定。例如：高标准农田建设评价时分别采用：目标比较法、专家评议法、问卷调查法、资料查阅法、现场调查法、抽样调查法。

5.2.6 确定评价标准和评价指标体系

在第 2 章已经详细地讨论了确定评价标准和评价指标体系的一般原则，在具体进行一项评价任务时，应参考一般的原则，确定本评价项目的适用评价标准和评价指标体系。

例如：国家统计局制定了《全国科技进步统计监测指标体系》，包括 5 个一级指标、12 个二级指标、26 个三级指标，还确定了每个三级指标的评价标准。在《全国科技进步统计监测指标体系》的基础上，国家统计局对全国 31 个地区的科技进步水平进行了比较分析。

高标准农田建设评价指标分为三个层次：一级指标、二级指标和三级指标。根据不同的评价范围，分别建立评价指标体系。根据区域差异性，将三级指标细分为必选指标和备选指标。各地可结合本地区特点，增加体现地方特色的备选指标。

5.2.7 评价结果的审查与应用

例如，高标准农田建设评价成果审查与成果应用如下。

① 评价报告编写完成后，同级人民政府应召集国土、农业、水利、林业、交通、经济等领域专家，依据本标准规定，对评价指标、评价内容和评价结论等进行全面审查。

② 审查专家应给出个人意见，并从建设任务、建设质量、建设成效、建设管理和社会影响等方面给出综合评价结论，提出项目可持续性的建议。

③ 根据专家审查意见，修改完善评价报告。专家意见与原评价结论存在较大分歧时，应重新开展评价工作，修正原评价内容和结论。

④ 依据评价结论，评价工作组应向本级政府提出高标准农田建设管理和后期利用的政策建议。

⑤ 依据评价结论，结合中央对省、省对市县高标准农田建设评价结果，国家有关部门督促各地规范、有序开展高标准农田建设工作，促进各类建设资金的高效使用。

⑥ 结合评价结论，为高标准农田建设、耕地保护目标责任制、粮食安全省长责任制、自然资源资产核算等考核工作提供依据。

⑦ 根据工程质量评价成果，提出工程管护的建议；根据耕地质量评价结论，提出耕地质量管护措施，指导开展土壤改良工作。

城市体检评估成果报送和应用：各地体检评估成果上报稿应提请本级市委、市政府、市人大审议，之后按照成果汇交要求逐级报送上级自然资源主管部门。各地体检评估成果以省级为单位汇总，报送自然资源部，自然资源部将委托专家或组织技术机构对各地的体检评估成果进行抽查，对不符合要求的，可责令修改，在规定时间内重新提交。

成果应用：上级政府和自然资源主管部门应有效结合体检评估结论开展实施监督，自然资源部会同省、自治区、直辖市共同建立分级监测评估预警机制，并与国土空间规划执法督察和城市政府年度绩效考核挂钩。省、自治区和各城市根据体检评估结果，对国土空间规划实施工作进行反馈和修正，支撑国土空间规划，近期规划、年度实施计划、国民经济和社会发展规划的编制，调整和优化，为空间政策及城市治理的优化完善提供参考，体检评估结论应在每年的政府工作报告中体现。

某县乡村振兴考核结果的确定和运用：乡村振兴办对各乡镇实施乡村振兴战略实绩考核结果进行汇总，经县乡村振兴领导小组确定后进行通报。考核结果为优秀的乡镇，由县委、县政府通报表扬。考核结果作为选拔任用干部的重要依据，并作为政策试行、项目安排、资金分配优先考虑的重要参考依据。对年度考核等次“一般”的乡镇党委、政府，由县乡村振兴领导小组对党委、政府主要负责同志进行约谈。对履职不力、失职失责造成重大不良影响，以及连续两年考核等次“一般”的乡镇党委、政府负责同志，予以追责问责并进行相应处理。

5.3 建立监督保障机制

5.3.1 完善学术道德监管制度

科学学术成果评价结果的准确性，必须以研究者和评价者共同遵守学术诚信为前提。世界上很多国家都出台了专门的法规，成立了专门机构，宣传和执行学术规范，受理并调查学术违规行为的举报投诉，处理学术违规人员。

在《国务院办公厅关于优化学术环境的指导意见》中，明确要求高校教师严禁在研究活动中弄虚作假，严禁数据资料造假。不准以任何形式抄袭盗用他人的科研成果；不准为追求论文发表数量和引用量粗制滥造、投机取巧；不准利用中介机构或其他第三方代写或变相代写论文，或通过金钱交易在国内外刊物上发表论文；不准违反有关规定，在论文、科研项目、奖励、人才评价等学术评审中拉关系、送人情，亵渎学术尊严。

高校要强化学术道德主体责任意识。坚持道德自律和完善制度规范并举，建设集教育、防范、监督、惩治于一体的学术诚信体系。不断优化学术诚信环境，培育和树立良好学风。完善学术道德和学风监督机制，实行严格的科研信用制度。建立教师学术诚信档案，加大对学术不端行为的查处力度。向社会公布影响恶劣的严重学术不端行为，并在项目申报、职位晋升、奖励评定等方面对有关人员予以限制。

政府部门应支持建立监督、惩戒学术不端和学术腐败行为的全国性机构。研究建立学术不端行为国家数据档案。对学术界和社会公众关于学术腐败问题的举报投诉，进行必要的审查和甄别，坚决查处违反学术道德的错误行为。与舆论媒体联合，及时曝光学术腐败问题，敦促有关人员所在高校及时予以处理。对严重的学术腐败问题，必要时可以采取法律手段，让肇事者付出代价，并追究相关人员及领导的连带责任，形成威慑作用。切实发挥小同行评议和第三方评价的作用，支持客观公正评价他人的学术成果，尊重他人理性怀疑的权利，不干扰破坏他人的学术自由，自觉杜绝并坚决抵制学术不端行为。

5.3.2 建立评价专家监督机制

在学术评价活动中，评委专家可以决定包括评优、评奖、资助经费等多种学术资源分配的权力，显然属于一个公共权力，必须受到有效制约，这也是现代社会运行中的一个基本法则。对评审专家的监督，核心是建立相互制约、彼此监督、互为制衡的“对评价进行评价”的社会机制，以保证学术评价活动的客观性和公正性。一项学术成果只有真正的同行，才能比较清晰地评判其理论价值和现实意义。评价专家的选择对提高成果评价质量至关重要。

目前，在我国现行的人文社会科学学术评价活动中，无论是职称评定、项目评审、成果评价，评审专家给谁投票、怎么投票，几乎不受任何约束，也不承担任何行政或者道义上的责任。这样，就导致个别专家出于个人利益的考量，扭曲了学术评价的公正，造成了评议的信任危机。因此，必须对评价者本身开展必要的监督。

为使学术评价结果更加公正、客观，提高评价结果的可信度，必须严格执行当事人回避制度和校外同行匿名评审制度，被评价者不能同时成为评审专家。同时，高校应该扩大异地评审的范围，将那些没有明显区域特征的学术成果，采取“双盲”方式，提交给外省、外地乃至国（境）外的专家进行评审。这种办法可以使异地评审专家无涉利益，在较大程度上消除人为因素对评价的干扰。

5.3.3 完善学术委员会体系

改革开放以来，伴随着我国高等教育快速发展，学术委员会制度也经历了从最初萌芽、发展到成熟的阶段性变革。2018 年 12 月 29 日第二次修正的《中华人民共和国高等教育法》第四十二条明确规定：“高等学校设立学术委员会，履行下列职责：一是审议学科建设、专业设置，教学、科学研究计划方案；二是评定教学、科学研究成果……学术规范的其他事项。”学术委员会作为高校最高学术权力机构，所承担的职能、人员组成、工作方式也发生了很大变化。目前，我国高校的学术委员会制度还不够健全。高校两级学术委员会的表决、投票、评价、审议等决策行为的严肃性还不够，学术委员会的功能没有得到充分发挥。大多数高校的院系学术委员会职能尚不明晰，对其履行职责也缺乏必要的保障和支持。

高校要发挥校级学术委员会职能，健全校内学术监督体系。建立健全关于学术和评价监督的规章制度体系。切实防止行政权力对学术评价过程的干预。理工类高校，还应设置独立的人文社会科学学术委员会，实施自然科学、人文社会科学分类评价。

5.3.4 发挥互联网在监督系统的作用

过去高校防止学术成果抄袭、剽窃行为，往往需要耗费大量的时间和精力。但是，随着互联网技术的高速发展和学术成果数字化传播，为发现和监督学术不端行为提供了新的技术手段和途径。美国加州大学（伯克利）最早研究开发了一系列计算机程序，后来演进为专注于检测、监控、揭露学术剽窃行为的 turnintin. org 网，在世界范围内开辟了举报和批评学术不端行为的新通道。目前已有 140 多个国家和地区的 1. 5 万多所大学和研究机构、160 万教师、2 600 万学生注册使用这个网站。中国知网、维普网等也开发出了学位论文学术不端行为检测系统，并在很多高校推广应用，取得了良好的效果。高校应该进一步完善制度措施，积极学习先进经验，善于利用互联网新技术，切实提高学术不端行为的监管效率，有效地遏制学生和教师抄袭剽窃行为，推动我国高校人文社会科学和学术成果评价工作健康有序发展。

高校要充分利用现代信息技术，积极探索“互联网+异地专家评价”新模式，进一步提高异地评审的工作效率和评价效果。通过采用网络评审、随机选择评审专家、机评和人评相结合、线上和线下相结合、定性和定量相结合的方式，对成果的创新度和价值度，以及学术成果的研究团队和机构等进行客观评价，评价结果可以网站、期刊、论文、专著的形式发布。整个评价过程要在公正透明，切实排除传统成果评价方法中存在的人为干扰、人情干扰、面子干扰、形式干扰和高成本、低效率的弊端，进一步推动建立“公开、公正、高效、有序、廉洁”的成果评价新体系。

第6章　经验定性评价

6.1　群众投票表决

群众投票表决是非常古老、应用非常广泛的评价评选方法，根据评选对象、评选目的的不同，相应的都有不同的评选规则和评选制度，下面介绍几种典型的群众投票表决案例。

6.1.1　中国农村村民委员会的选举

《中华人民共和国村民委员会组织法》中，对村民委员会的选举有详细的规定，现简要介绍如下：

第十一条　村民委员会主任、副主任和委员，由村民直接选举产生。任何组织或者个人不得指定、委派或者撤换成员。村民委员会每届任期五年，届满应当及时举行换届选举。村民委员会成员可以连选连任。

第十二条　村民委员会的选举，由村民选举委员会主持。村民选举委员会成员被提名为村民委员会成员候选人，应当退出村民选举委员会。

第十三条　年满十八周岁的村民，不分民族、种族、性别、职业、家庭出身、宗教信仰、教育程度、财产状况、居住期限，都有选举权和被选举权；但是，依照法律被剥夺政治权利的除外，村民委员会选举前，应当对参加选举的公民进行登记。

第十四条　登记参加选举的村民名单应当在选举日前二十日公布。

第十五条　选择村民委员会，由登记参加选举的村民直接提名候选人。村民提名候选人，应当从全体村民利益出发，推荐奉公守法、品行良好、公道正派、热心公益、具有一定文化水平和工作能力的村民为候选人。候选人的名额应当多于应选名额。村民选举委员会应当组织候选人与村民见面，由候选人介绍履行职责的设想，回答村民提出的问题。

选举村民委员会，有登记参加选举的村民过半数投票，选举有效；候选人获得参加投票的村民过半数的选票，始得当选。当选人数不足应选名额的，不足的名额另行选举。另行选举的，第一次投票未当选的人员得票多的为候选人，候选人以得票多的当选，但是所得票数不得少于已投选票总数的三分之一。

选举实行无记名投票、公开计票的方法，选举结果应当当场公布。选举时，应当设立秘密写票处。登记参加选举的村民，选举期间外出不能参加投票的，可以书面委托本村有选举权的近亲属代为投票。村民选举委员会应当公布委托人和受委托人的名单。

第十六条　本村五分之一以上有选举权的村民或者三分之一以上的村民代表联名，可以提出罢免村民委员会成员的要求，并说明要求罢免的理由。被提出罢免的村民委员会成员有权提出申辩意见。罢免村民委员会成员，须有登记参加选举的村民过半数投票，并须经投票的村民过半数通过。

第二十条　村民委员会应当自新一届村民委员会产生之日起十日内完成工作移交。工作移交由村民选举委员会主持，由乡、民族乡、镇的人民政府监督。

6.1.2　美国总统选举制度

美国实行总统制，每四年举行一次选举。选举的主要程序包括：预选、各党召开全国代表大会确定总统候选人、总统候选人竞选、全国选民投票选出总统、选举人成立选举人团投票表决正式选举总统和当选总统就职典礼等几个阶段。

预选：是美国总统选举的第一阶段，通常从大选年的年初开始，到年中结束。预选有两种形式，分别是政党基层会议和直接预选。最终选出本党参加全国代表大会的代表。

各党召开全国代表大会确定总统候选人：预选结束后，两党通常将分别在七八月召开全国代表大会。会议的主要任务是最终确定本党总统、副总统候选人，并讨论通过总统竞选纲领。

总统竞选活动：全国代表大会之后，总统竞选活动便正式拉开帷幕。这一过程一般要持续 8 至 9 周。在此期间，两党总统候选人将耗费巨资，穿梭于全国各地，进行广告大战、发表竞选演说、会见选民、召开记者招待会以及进行公开辩论。此外，候选人还将通过多种形式阐述对国内外事务的政策主张，以赢得选民信任，争取选票。

全国选民投票：在选举年 11 月的首个星期一的翌日，这一天被称为总统大选日。所有美国选民都到指定地点进行投票，在两个总统候选人之间作出选择（在同一张选票上选出各州的总统“选举人”）。由于美国总统选举实行“选举人团”制度，因此总统大选日的投票结果，产生的实际上是代表 50 个州和哥伦比亚特区的 538 位“选举人”（参议员每州两名，共 100 名，众议员数量是根据各州人口数量比例而定，众议员 435 名，加上华盛顿哥伦比亚特区的 3 票，总统选举人票总共为 538 票）。一位候选人赢得的选举人票超过总数的一半（270 张），即当选总统。

选举人团投票：真正的总统选举是在 12 月的第二个星期三之后的第一个星期一举行。届时，各州的“选举人”将前往各州的首府进行投票。除缅因州和内布拉斯加州两个州按得票率分配选举人票外，其余 48 个州和哥伦比亚特区均实行“胜者全得”制度，即把本州的选举人票全部给予在该州获选民票最多的总统候选人。获 270 张选票以上的候选人将当选总统，并于次年 1 月 20 日宣誓就职。

美国宪法还规定，如果所有候选人都未能获得半数以上的选举人票，则由国会众议院从得票最多的前三名候选人中选出总统。

就职典礼：是美国总统选举的最后一道程序，当选总统于翌年 1 月 20 日宣誓就职，美国的总统选举才告结束。

6.1.3 中国《大众电影》百花奖的评选标准和评选方法

《大众电影》百花奖（Hundred Flowers Award）创办于1962年，简称百花奖。《大众电影》百花奖是由中国历史最长、发行量最大的电影杂志《大众电影》，根据当年中国国产电影发行放映情况，提出候选名单、刊发选票、组织读者、观众投票的评奖活动。《大众电影》百花奖设最佳故事片三名、最佳男女主角各一名、最佳男女配角各一名等五个奖项。百花奖每两年举办一届，一般于每年9月至10月于中国各地申办城市举行颁奖典礼。

大众电影百花奖评选办法：中国电影家协会委托中国电影发行放映协会属下108名骨干影院经理组成初评评选委员会，投票评选出当届《大众电影》百花奖的候选影片，经组委会认可后报送中国文联进行入围审核，最终确定当届百花奖参评候选影片10部。单项候选名单从当届候选影片中产生。《大众电影》百花奖各奖项候选名单通过媒体刊发，提交广大电影观众投票评选出影片奖提名5部、单项奖提名各5名。在产生提名名单的同时，从所有投票观众中抽取101名观众评委，观众评委中工人、农民、军人、知识分子、青少年学生、商界代表等各占一定比例。此101名观众评委在经组委会进行资格审查后即组成当届《大众电影》百花奖终评评选委员会，此终评评选委员会在对10部候选片目进行观摩和充分讨论后，在当届《大众电影》百花奖颁奖典礼现场，以按表决器的方式进行当场投票，评选出当届《大众电影》百花奖。如遇两位（或两位以上）提名者得票最高且票数相同，则现场观众评委对两位（或两位以上）票数最高者再次投票，直至投出1名获奖者。如果第二次投票仍然出现票数相等的情况，则依据获提名时得票数量，票数高者获奖。

《大众电影》百花奖评选工作由公证机构全程予以公证。

《大众电影》百花奖在当年中国金鸡百花电影节上举行隆重颁奖仪式，向最终获奖者颁发获奖证书及奖杯。对各奖项获提名者颁发“《大众电影》百花奖提名证书”。

注：每届百花奖评选办法以当届公布的评选办法为准。

6.2 同行专家评审方法

同行专家评审方法是被广泛采用的系统评价方法，同行专家评审方法的优点在于同行专家拥有本领域丰富的专业知识和经验，熟悉和掌握本研究的前沿问题，具有高水平的鉴别能力和较大的学术影响力。具体的评审方法主要有通信评审、会议评审、项目答辩等。

6.2.1 通信评审

通信评审是指评审的主持单位或委托方将评审的有关材料寄给评审专家，评审专家在不知道被评价人身份的前提下独立进行评价，并将评价意见反馈给委托方。通信评审的主要特点是：第一，在评价流程上通信评审一般是项目初评而不是终评，通信评审的目的是遴选出一定数量的较好项目进入下一轮评审。第二，双盲评审，即评审专家与被评价方相互不知道对方身份。通信评审的前提是评审材料要匿名，不能透露项目主持人及项目组成员的身份，以免干扰专家评审，影响评审的公正性。第三，在评审机制上，每一位评审专家都是直接与委托方联系，专家之间互不知情，以便于独立展开评审。第四，评审专家一般是从专家库遴选。专家库成员的评选标准一般包括学术道德良好、具有高级职称、有高水平研究成果、主持过高级别课题、有较大学术影响等，评审专家库一般会不时完善。第五，在选择具体的项目评审专家时，一般是根据项目所属学科、研究方向、研究问题等来遴选。第六，评审专家主要是根据项目评价指标体系评分量表给项目进行打分，根据打分分值对项目进行排序，再根据入围比例确定哪些项目可以入围进入下一轮评审。第七，评审专家对于所评项目一般要给出简要的评审意见。传统的通信评审主要是通过邮件寄送项目材料，随着现代信息技术的发展，网络平台逐渐成为通信评审的主要工具。

6.2.2　会议评审

会议评审一般是项目的终评，在评审比较简单或者评审工作量不大时，有时不进行通信评审，而直接进行会议评审。会议评审在整个同行评审过程中起着重要作用。会议评审的主要特点是：第一，评审专家遴选更严格，对学术水平、评价经验和学术道德等要求较高。第二，评审专家按学科组成专家组，专家组一般由 5 人以上的单数组成。评审专家应在会议上根据评价标准陈述所评项目的评审意见，专家组要展开充分讨论。第三，项目遴选遵守民主集中制原则，通过投票或协商等方式获得专家组大多数专家的同意才能通过会议评审，会议评审结果体现的是评审专家组的集体共识。第四，与通信评审是双盲评审不同的是，会议评审是单盲评审，即项目主持人及项目组成员不能知晓评审专家，但可以公开的项目信息都应向评审专家公开，以便于评审专家进行综合判断。

6.2.3　现场评审和项目答辩

现场评审和项目答辩一般是针对比较重要的项目，现场评审需要项目管理部门组织若干名同行专家实地前往项目现场进行。现场评审工作通常包括项目部门负责人向专家组成员进行情况汇报、与项目研究人员进行座谈和个别谈话、实地参观、评审专家召开内部分析会议等方面。项目答辩一般是由项目主持人或项目组主要成员通过多媒体演示等方式向评审专家组展示申报材料的主要内容，专家组可以就项目内容向项目主持人及项目组成员进行提问。通过项目答辩，评审专家组可以更好地把握项目主持人等对项目研究目标与内容的理解，可以掌握项目更多的有效信息，这有利于提高评审质量。从实践效果来看，通信评审和现场评审可谓各有利弊。需要根据具体情况进行选择。目前来看，将这两种评审方式结合起来，能够更好地发挥专家评审的效果。

6.3　德尔菲法

经典的德尔菲法（Delphi Method）是美国兰德公司的专家们在 1964 年提出的。德尔菲法是评价决策、预测和技术咨询的一种有效的方法，它是对复杂的决策问题通过征求和集结群中成员的意见去作出群的判断，采用德尔菲法群中成员的人数一般比较多，以20~50人为宜，并且不要求成员面对面地接触，仅靠成员的书面反应，因此参加者能处在地理位置分布很广的地区，德尔菲法可能需要数周甚至更长的时间。

德尔菲法有三个主要的特征：一是匿名反应。向群中成员每人分发一份意见咨询表，从他们得到匿名的反应，匿名的目的是使他们的意见仅按其本身的价值去评价，不受提意见的人的声誉，地位的影响；二是迭代和受控的反馈。德尔菲法是一种逐步进行的方法，它包括几次迭代，每次迭代称为一轮，每一轮都把收集到的意见经过统计处理反馈给群中的成员。经过这种信息反欣．群中成员的意见将逐步集中；三是统计的群反应。把最后一轮得到的意见，组合成群的意见。由以上三个特征可知，德尔菲法是对群的成员的意见进行统计处理、归纳和综合，然后进行多次信息反馈，使成员意见逐步集中，从而作出群的比较正确的判断的方法。

德尔菲法参加人员包括三部分人：一是决策人，他提出问题要求进行德尔菲分析，并指望使用分析的结果。二是专业干部，他们负责解决德尔菲法的一些技术问题，包括收集并整理咨询意见等。这两部分人构成德尔菲法的组织人。三是反应者，他们是特尔菲法征求意见的对象，通常是各方面的专家，他们是制订决策群的成员。

6.4 打分评价法

6.4.1 专家打分评价法

专家打分评价法就是邀请有关专家，采取会议形式或非会议形式，由他们对评价对象的各个方面给出评分，并按一定的权数综合出个人的评价值，然后采用平均的方法综合各个专家意见，最后确定系统总体的平均得分及等级。该方法的运用过程与一般评价过程基本一致，专家个人的评价总有可能存在一定的偏差，通过平均的方法就可以消除偶然性误差的影响，显示专家评价的一般水平。尤其是在专家人数众多的情况下，采用平均数指标能够较好地集中大家的智慧，较好地评价出系统的总体水平。

专家打分评价方法的步骤如下。

① 制订评分表：包括判定目标和全部被选方案。

② 选定n个专家（尽可能多），按指定的目标给每个方案打分。

③ 计算方案的得分：$d_i=\sum d_{ki}/n \quad k=1\sim n \quad i=1，2，\cdots，p$。其中 d_i 代表第 i 个方案的得分值，d_{ki}表示第 k 个专家给予第 i 个方案的评分值，n 为参加评分的专家数，p 为方案数。

④ 根据方案得分多少给出方案的优劣排序。

例：按“企业形象”为目标评定4个企业，邀请了10位专家给各个企业打分，分三个标准：好（得3分）、中（得2分）、差（得1分），打分统计结果如表6-1。

表 6-1　“企业形象”专家评价统计

项目	企业 1	企业 2	企业 3	企业 4
好	4	7	2	1
中	4	2	5	4
差	2	1	3	5
总得分	22	26	19	16
平均分	2.2	2.6	1.9	1.6
排序	2	1	3	4

由表 6-1 可知，根据 10 个专家的评价，企业 2 的形象最好。

专家打分评价方法，即使在应用定量化方法，专家打分在明确问题、确立目标、预测前景及建立评价指标等等都是很必须的。专家打分评价法的优点有两点：一是把定性问题定量化，既便于横向比较，又便于动态比较，具有可操作性；二是有利于集中大家的智慧，消除偶然性因素带来的偏差。但是该方法也存在一定的局限性：一是合适的专家难寻；二是评价的主观性较强，专家选择不同，评价结论也会发生差异。用平均值对其进行综合存在偏差的可能性，即各项目得分经平均后出现了几乎相同的现象，而实际上各项目之间存在较大差异。当然，如果专家数量足够多，代表具有足够的广泛性，这种偏差出现的可能性会减小。

这里利用三位专家评分法对三位竞聘学生干部的能力打分，然后利用已获得的三位竞聘学生的能力分值进行干部最优配置。表 6-2 是对学生甲的能力作出评价分值。

表 6-2　学生甲承担工作能力分值

项目	文艺部评分	宣传部评分	外联部评分	总计得分
专家 1	40	40	20	100
专家 2	30	40	30	100
专家 3	20	30	50	100
Σ	90	110	100	300
平均	30	37	33	

即学生甲承担“文艺部”“宣传部”“外联部”这三项工作，其能力用分值表示分别为 30 分、37 分和 33 分。

同理，也可以对学生乙、丙的工作能力进行评价。

6.4.2　两两比较法

常言道，没有比较就没有鉴别。两两比较方法就是将所有被评价的方案两两之间进行成对比较，再归一化所有专家的比较结果，最终筛选出最佳的方案。

两两比较法的步骤如下。

① 由每个专家根据目标将方案两两比较，相对重要的方案记 1 分，相对不重要的方案记 0 分，自身不做比较记为“—”；

比较规则：如果方案 i 与方案 j 一样优劣，则 $d_{ij}=d_{ji}=0.5$；

如果方案 i 优于方案 j，则 $d_{ij}>d_{ji}$

$$d_{ij}+d_{ji}=1 \quad i,\ j=1,\ 2,\ \cdots,\ p$$

② 统计汇总：

行相加的结果为得分

$$\sum d_{ij},\ i=1,\ 2,\ \cdots,\ p \quad j=1\sim p$$

行列相加的结果为总得分

$$\sum\sum d_{ij} \qquad i=1\sim p \quad j=1\sim p$$

③ 第 k 个专家对第 i 个方案的功能评价系数（平均得分）为

$$\Phi_{ki}=(\sum d_{ij})/\sum\sum_{dij} \qquad ,\ i=1,\ 2,\ \cdots,\ p \quad j=1\sim p$$

④ 将 n 个专家评分汇总平均：

$$\mu_i=\sum \Phi_{ki}/n \qquad k=1\sim n \qquad i=1,\ 2,\ \cdots,\ p$$

有两位专家对例 6-1 的 4 个企业形象用两两比较法打分，二位专家的评定结果，分别见表 6-3（a）、表 6-3（b）。

表 6-3（a） “企业形象”两两比较评定

序号	1	2	3	4	总得分	平均得分
1	—	0.7	0.4	0.5	1.6	0.267
2	0.3	—	0.7	0.5	1.5	0.250
3	0.6	0.3	—	1	1.9	0.317
4	0.5	0.5	0	—	1.0	0.167

专家 1 的总得分：1.6+1.5+1.9+1.0=6

表 6-3（b） “企业形象”两两比较评定

序号	1	2	3	4	总得分	平均得分
1	—	0.5	0.6	0.7	1.8	0.300
2	0.5	—	0.7	0.8	2.0	0.333
3	0.4	0.3	—	0.5	1.2	0.200
4	0.3	0.2	0.5	—	1.0	0.167

专家 2 的总得分：1.8+2.0+1.2+1.0=6

则两位专家对四个方案的评价平均总分为：

μ_1 = (0.267+0.300)/2=0.283 5

μ_2 = (0.250+0.333)/2=0.291 5

μ_3 = (0.317+0.200)/2=0.258 5

μ_4 = (0.167+0.167)/2=0.167 0

根据 4 个方案的评价平均总得分排序：$\mu_2 > \mu_1 > \mu_3 > \mu_4$

即两位专家相对一致认为方案 2 是最优方案，即企业 2 的形象最好。

6.4.3　连环比例法

连环比例法又称为比较淘汰法，是一种确定得分系数或加权系数的方法。对于多指标的评价或者多方案的选择，连环比例法比两两比较法更快、更省时间。此方法可以分成三个步骤进行。

① 将方案 1，2，…，i，…，p 排定。

② 用 d 表示方案的重要度，将第 p 个方案定为 1，即 $d_p=1$。

当方案 i 与方案 $i+1$ 一样优劣时，则 $d_i=1$；

当方案 i 比方案 $i+1$ 优 x 倍时，则 $d_i=x$；

③ 统计各方案的得分及平均得分，根据得分高低评价出最优方案。

例：有一位专家用连环比例法对例 6-1 的 4 个企业的形象进行打分评价，见表 6-4。

表 6-4　“企业形象”连环比例法专家评定表

项目	重要度比值	得分	平均得分
企业 1	0.8	2.64	0.300
企业 2	1.5	3.30	0.333
企业 3	2.2	2.20	0.200
企业 4	1.0	1.0	0.167
		9.14	1

4 个企业形象的评价总分排序为

“企业 2”优于“企业 1”优于“企业 3”优于“企业 4”。

该专家认为企业 2 的形象最好。

注：以上的打分评价方法可以用来作为求权重的简单方法，例如：用专家打分法给出的例 6-1 中总得分之和为 22+26+19+16=83，四个企业的权重分别为：22/83=0.265 1、26/83=0.313 2、19/83=0.228 4、16/83=0.192 8。

第 7 章　关联矩阵法

7.1　评价问题的描述

关联矩阵法是常用的系统综合评价法，它主要是用矩阵的形式来表示各替代方案、评价指标及其权重与方案的价值评定量之间的关系。设有：

A_1，A_2，…，A_m是某评价对象的 m 个替代方案；

X_1，X_2，…，X_n是评价替代方案的 n 个评价指标；

W_1，W_2，…，W_n是 n 个评价指标的权重；

V_1，V_2，…，V_n是第 i 个替代方案 A_i 的价值评定量。则相应的关联矩阵如表 7-1。

表 7-1　关联矩阵

X_i / W_j / V_{ij} / A_i	X_1	X_2	…	X_j	…	X_n	V_i（加权和）
	W_1	W_2	…	W_j	…	W_n	
A_1	V_{11}	V_{12}	…	V_{1j}	…	V_{1n}	$V_1=\sum_{j=1}^{n} W_j V_{1j}$
A_2	V_{21}	V_{22}	…	V_{2j}	…	V_{2n}	$V_2=\sum_{j=1}^{n} W_j V_{2j}$
⋮	⋮	⋮		⋮		⋮	⋮
A_m	V_{m1}	V_{m2}	…	V_{mj}	…	V_{mn}	$V_m=\sum_{j=1}^{n} W_j V_{mj}$

应用关联矩阵评价方法的关键，在于确定各评价指标的相对重要度（即权重），以及根据评价主体给定的评价指标的评价尺度和确定方案的价值评定量。

确定指标权重及方案价值评定量的方法有多种，下面结合一例子分别来介绍。

7.2　逐对比较法

逐对比较法是确定评价指标权重的简便方法之一。其基本的做法是：对各替代方案的评价指标进行逐对比较，对相对重要的指标给予较高得分，据此可得到各评价项目的权重 W_j。再根据评价主体给定的评价尺度，对各替代方案在不同评价指标下一一进行评价，得到相应的评价值，进而求加权和得到综合评价值 V_i。

例：现以某紧俏产品的生产方案选择为例加以说明：某企业为生产某紧俏产品制定了三个生产方案，它们是：

A_1：自行设计一条新的生产线；

A_2：从国外引进一条自动化程度较高的生产线；

A_3：在原有设备的基础上改装一条生产线。

通过权威部门及评价主体的讨论，决定评价指标为五项，它们分别是：① 期望利润；② 产品成品率；③ 市场占有率；④ 投资费用；⑤ 产品外观。

根据专业人士的预测和估计，实施这三种方案后关于五个评价指标的结果如表 7-2 所示。

表 7-2　方案实施结果

项目	期望利润/万元	产品成品率/%	市场占有率/%	投资费用/万元	产品外观
自行设计	650	95	30	110	美观
国外引进	730	97	35	180	比较美观
改建	520	92	25	50	美观

现将评价过程介绍如下。

首先，用逐对比较法，求出各评价指标的权重，结果如表 7-3 所示。如表中的期望利润与产品成品率相比，前者重要得 1 分，后者得 0 分，以此类推。最后根据累计得分计算权重，如表 7-3 最后一列所示。

表 7-3　逐对比较法的权重计算

评价项目	X_1	X_2	X_3	X_4	X_5	累计得分	权重
期望利润 X_1	X	1	1	1	1	4	0.4
产品成品率 X_2	0	X	1	1	1	3	0.3
市场占有率 X_3	0	0	X	1	0	1	0.1
投资费用 X_4	0	1	0	X	1	2	0.2
产品外观 X_5	0	0	0	0	X	0	0

随后由评价主体（一般为专家群体和决策者）确定评价尺度，如表 7-4 所示，以使方案在不同指标下的实施结果能统一度量。

表 7-4 评价尺度

评价尺度（得分） 评价指标	5 分	4 分	3 分	2 分	1 分
期望利润/万元	800 以上	701~800	601~700	501~600	500 及以下
产品成品率/%	97 以上	96~97	91~95	86~90	85 及以下
市场占有率/%	40 及以上	35~39	30~34	25~29	25 以下
投资费用/万元	20 及以下	21~80	81~120	121~160	160 以上
产品外观	非常美观	美观	比较美观	一般	不美观

根据评价尺度表及表 7-4，对各替代方案的综合评定计算结果如表 7-5 所示。

表 7-5 各替代方案的综合评定（逐对比较法）

指标 权重 方案	期望利润	产品成品率	市场占有率	投资费用	产品外观	综合得分 V_i
	0.4	0.3	0.1	0.2	0.0	
A_1自行设计	3 分	3 分	3 分	3 分	4 分	3.0
A_2国外引进	4 分	4 分	4 分	1 分	3 分	3.4
A_3改建	2 分	3 分	2 分	4 分	4 分	2.7

其中综合评定得分计算如下：

对替代方案 A_1 有：$V_1=0.4\times3+0.3\times3+0.1\times3+0.2\times3=3.0$

对替代方案 A_2 有：$V_2=0.4\times4+0.3\times4+0.1\times4+0.2\times1=3.4$

对替代方案 A_3 有：$V_3=0.4\times2+0.3\times3+0.1\times2+0.2\times4=2.7$

由于 $V_2>V_1>V_3$，故 $A_2>A_1>A_3$。

7.3 古林法

古林（A. I. Klee）法是确定指标权重和方案价值评定量的基本方法。现仍以上述评价问题为例来介绍此方法。

首先，按下述步骤确定评价指标的权重。

① 确定评价指标的重要度 R_j：由评价主体（一般为专家群体和决策者）自上而下地两两比较评价指标的重要性，并用数值表示，然后填入表 7-6 的 R_j 一列中。其中表示：期望利润的重要性是产品成品率的 3 倍；同样，产品成品率的重要性是市场占有率的 3 倍。由于投资费用重要性是市场占有率的 2 倍，故反之，市场占有率的重要性是投

资费用的 0.5 倍；投资费用的重要性是产品外观的 4 倍。最后，由于产品外观已经没有别的项目与之比较，故没有 R 值，如表 7-6 的 R_j 一列所示。

表 7-6　关联矩阵例表（古林法）

序号	评价项目	R_j	K_j	W_j
1	期望利润	3	18	0.580
2	产品成品率	3	6	0.194
3	市场占有率	0.5	2	0.065
4	投资费用	4	4	0.129
5	产品外观	–	1	0.032
合计			31	1.000

② R_j 的基准化处理：设基准化处理的结果为 K_j，以最后一个评价指标作为基准，令其 K 值为 1，自下而上计算其他评价项目的 K 值。如表 7-6 所示，K_j 列中最后一个 K 值为 1，用 1 乘上一行的 R 值，得 $1\times4=4$，即为上一行的 K 值（表中箭线表示），然后再以 4 乘上一行的 R 值，得 $4\times0.5=2$ 等，直至求出所有的 K 值。

③ K_j 的归一化处理：将 K_j 列的数值相加，$\sum K_j=31$，分别除以各行的 K 值，则 $W_1=K_1/\sum K_i=18/31=0.580$，其余可类推。所得结果即分别为各评价指标的权重 W_j，显然有 $\sum W_i=1$（即归一化）。

算出各评价指标的权重后，可按同样的计算方法对各替代方案逐项进行评价。

这里，方案 A_i 在指标 X_j 下的重要度 R_{ij} 不需再予估计，可以按照表 7-2 中各替代方案的预计结果按比例计算出来。如对期望利润（X_1）的 R 值（R_{ij}），因 A_1 的期望利润为 650 万元，A_2 的期望利润为 730 万元，则在表 5-7 中，$R_{11}=650$ 万元/730 万元 $=0.890$，$R_{21}=730$ 万元/520 万元 $=1.404$，同理可计算 $R_{12}=95/97=0.979$，$R_{22}=97/92=1.054$，$R_{13}=30/35=0.857$，$R_{23}=35/25=1.40$，计算投资费用时，希望投资费用越小越好，故其比例取倒数，即 $R_{14}=180/110=1.636$，$R_{24}=50/180=0.278$，在计算产品外观时，参照表 7-4，美观为 4 分，比较美观为 3 分，所以，$R_{15}=4$ 分/3 分 $=1.333$，$R_{25}=3$ 分/4 分 $=0.750$。

然后按计算 K_j 和 W_j 的同样方法计算出 K_{ij}。在表 7-7 中，各方案在第一个评价指标下经归一化处理的评价值 V_{ij} 为

$$V_{11}\ \frac{K_{11}}{\sum K_{i1}}=\frac{1.250}{3.654}=0.342$$

$$V_{21}\ \frac{K_{21}}{\sum K_{i1}}=\frac{1.404}{3.654}=0.384$$

$$V_{31}\frac{K_{31}}{\sum K_{i1}}=\frac{1}{3.654}=0.274$$

同理计算出其他指标的 V_{ij}，结果见表 7-7 所示。

表 7-7　古林法求 V_{ij} 例表

序号（j）	评价项目	替代方案	R_{ij}	K_{ij}	V_{ij}
1	期望利润	A_1	0.890	1.250	0.342
		A_2	1.401	1.404	0.384
		A_3	–	1	0.274
2	产品成品率	A_1	0.979	1.032	0.334
		A_2	1.054	1.054	0.342
		A_3	–	1	0.324
3	市场占有率	A_1	0.857	1.200	0.333
		A_2	1.400	1.400	0.389
		A_3	–	1	0.278
4	投资费用	A_1	1.636	0.455	0.263
		A_2	0.278	0.278	0.160
		A_3	–	1	0.577
5	产品外观	A_1	1.333	1.000	0.364
		A_2	0.750	0.750	0.272
		A_3	–	1	0.364

综合表 7-6 和表 7-7 的结果，即可计算三个替代方案的综合评定结果，见表 7-8。

表 7-8　关联矩阵例表（古林法）

X_j	期望利润	产品成品率	市场占有率	投资费用	产品外观	V_i
W_j	0.580	0.194	0.065	0.129	0.032	
A_1	0.342	0.334	0.333	0.263	0.364	0.330
A_2	0.384	0.342	0.389	0.160	0.272	0.344
A_3	0.274	0.324	0.274	0.577	0.364	0.326

由表 7-8 可知，$V_2>V_1>V_3$，故 $A_2>A_1>A_3$。与逐对比较法的评价结果相同。

7.4　直接确定指标权重的方法

现仍以上述评价问题为例来介绍此方法。

首先，确定评价指标的权重：若已知实施这三种方案后关于五个评价指标的结果。

计算各个指标列的总和，如期望利润列 650+730+520＝1 900。然后分别除以各该列各行的指标值，所得结果为该指标的权重，其中投资费用指标越小越好，产品外观指标只有定性的指标值，利用表 7-4 评价尺度表，进行打分，转化为定量指标值进行计算，计算结果见表 7-9。

表 7-9　直接确定权重方法

	期望利润/万元	产品成品率/%	市场占有率/%	投资费用/万元	产品外观
自行设计	650/1 900＝0. 342	95/284＝0. 334	30/90＝0. 333	3/8＝0. 375	4/11＝0. 364
国外引进	730/1 900＝0. 384	97/284＝0. 342	35/90＝0. 389	1/8＝0. 125	3/11＝0. 272
改建	520/1 900＝9. 274	92/284＝0. 324	25/90＝0. 278	4/8＝0. 5	4/11＝0. 364
合计	1 900	284	90	8	11

算出各评价指标的权重后，可按同样的计算方法对各替代方案进行综合评价：

自行设计方案 A_1 的综合评价值：

$V_1 = 650\times0.342+95\times0.334+30\times0.333+110\times0.375+4\times0.364=308.726$

国外引进方案 A_2 的综合评价值：

$V_2 = 730\times0.384+97\times0.342+35\times0.389+180\times0.125+3\times0.272=350.405$

改建方案 A_3 的综合评价值：

$V_3 = 520\times0.274+92\times0.324+25\times0.278+50\times0.5+4\times0.364=205.696$

把方案的各综合评价值（308. 726，350. 405，205. 696）归一化得（0. 357，0. 405，0. 238）

综合评价结果说明：$V_2>V_1>V_3$，所以 $A_2>A_1>A_3$ 与上面算法的结果是一致的。

第 8 章　层次分析法

层次分析法（The Analytic Hierarchy Process，简称 AHP）在 20 世纪 70 年代中期由美国运筹学家托马斯·塞蒂（T. L. Satty）正式提出。他在为美国国防部研究“根据各个工业部门对国家福利的贡献大小而进行电力分配”课题时，应用网络系统理论和多目标综合评价方法，提出的一种层次权重决策分析方法。它是一种定性和定量相结合的、系统化、层次化的分析方法。由于它在处理复杂的决策问题上的实用性和有效性，很快在世界范围得到重视。它的应用已遍及经济计划和管理、能源政策和分配、行为科学、军事指挥、运输、农业、教育、人才、医疗和环境等领域。

8.1　层次分析法的基本原理

层次分析法是将一个复杂的决策问题按总目标、各层子目标、评价准则直至具体的备选方案的顺序分解为不同的层次结构，建立层次结构模型。在确定各层次各因素之间的权重时，Santty 等人提出一致矩阵法，即不把所有因素放在一起比较，而是两两相互比较，以尽可能减少性质不同的诸因素相互比较的困难，以提高准确度。从层次结构模型的第 2 层开始，采用 1 至 9 相对比较尺度，构造出成对比较矩阵，或称判断矩阵，然后用求解判断矩阵特征向量的办法，求得每一层次的各元素对上一层次某元素的优先权重，最后再加权和的方法递阶归并各备择方案对总目标的最终权重，此最终权重最大者即为最优方案。

层次分析法的基本思路与人对一个复杂的决策问题的思维、判断过程大体上是一样的。不妨用一个日常假期旅游为例：假如有 3 个旅游胜地 A、B、C 供你选择，你会根据诸如景色、费用和居住、饮食、旅途条件等一些准则去反复比较这 3 个候选地点。首先，你会确定这些准则在你的心目中各占多大比重，如果你经济宽绰、醉心旅游，自然看重景色条件，而平素俭朴或手头拮据的人则会优先考虑费用，中老年旅游者还会对居住、饮食等条件寄以较大关注。其次，你会就每一个准则将 3 个地点进行对比，譬如：景色 A 最好，B 次之；费用 B 最低，C 次之；C 居住等条件较好等。最后，你要将这两个层次的比较判断进行综合，在 A、B、C 中确定哪个作为最佳地点。

8.2　层次分析法的计算步骤

运用 AHP 一般可分为四个步骤。

① 建立描述系统功能或特征的内部独立的递阶层次结构；

② 两两比较结构要素，构造出所有的判断矩阵；

③ 解判断矩阵，得出特征根和特征向量，并检验每个矩阵的一致性，若不满足一致性条件，则要修改判断矩阵，直至满足为止；

④ 计算各层元素的组合权重．并检验结构的一致性（一般可不进行）。

8.2.1　建立层次结构模型

在深入分析实际问题的基础上，将问题包含的因素分层：最高层（解决问题的目的，通常只有 1 个因素）；中间层（选择为实现总目标而采取的各种措施、方案，也可称策略层、约束层、准则层等）；最低层（用于解决问题的各种措施、方案等）。把各种所要考虑的因素放在适当的层次内，绘出层次结构图，表达这些因素的关系。

建立递阶层次结构。这是 AHP 的关键步骤。通常漠型结构分为 3 层（图 8-1）：第一层为目标层。这是最高层次，或称理想结果层。如需要，可再分为总目标层，战略目标层，战术目标层以至子战术目标层等；第二层次为评价准则或衡量准则，也可为因素层、约束层。同样，可再分为予准则层、子因素层等。第三层次为措施层，或对策层、备择对象（人选、方案）等层，对不同问题可有不同描述。同样，可再分为子措施层或子对策层等。

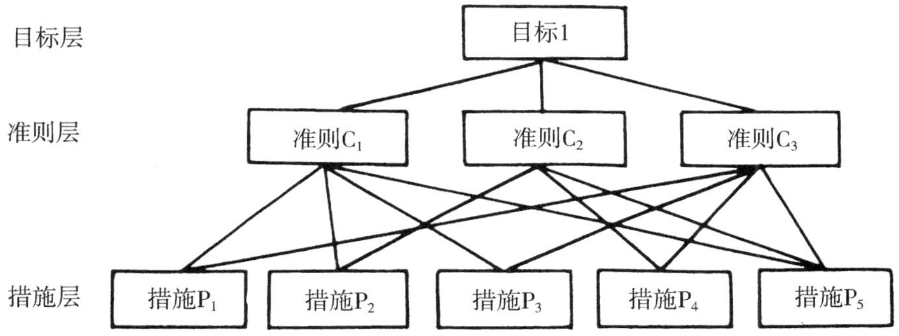

图 8-1　递阶层次结构

构造一个好的层次结构对于问题的解决极为重要。它决定了分析结果的有效程度。层次结构建立在决策者（或分析者）对问题全面深入认识的基础之上。如果在层的划分和确定层次的支配关系上举棋不定，最好的办法是重新分析问题。打乱原来的结构，重新定义要素并建立新的结构。

某一个顾客选购电视机时，对市场正在出售的四种电视机考虑了八项准则作为评估依据，建立层次结构模型如下。

选购电视机的评估指标（图 8-2）：品牌；外形；价格；尺寸；耗电量；厂家信誉；伴音；保修服务。

8.2.2　构造判断矩阵

在确定各层次各因素之间的权重时，如果只是定性的结果，则常常不容易被别人接受，因而 Satty 等提出一致矩阵法，即不把所有因素放在一起比较，而是两两相互比较，

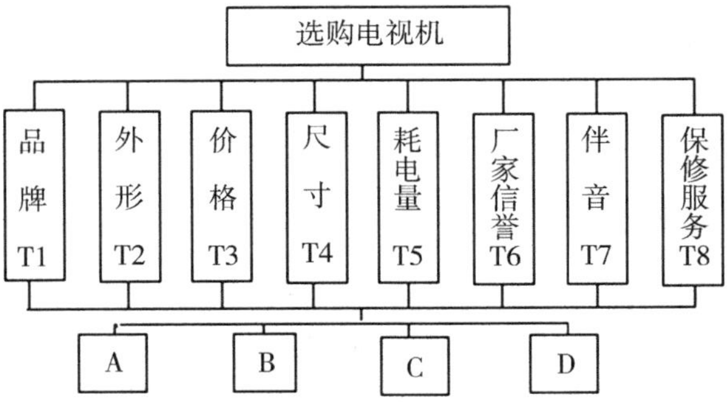

图 8-2　选购电视机的评估指标

以尽可能减少性质不同的诸因素相互比较的困难，以提高准确度。从层次结构模型的第2层开始，采用1至9相对比较尺度，构造出成对比较矩阵，或称判断矩阵 A。

a_{ij}为要素 i 与要素 j 重要性比较结果，表 8-1 列出 Satty 给出的 9 个重要性等级及其赋值。按两两比较结果构成的矩阵称作判断矩阵。判断矩阵具有如下性质：判断矩阵元素 $a_{ij}=1/a_{ji}$，当 $i=j$ 时候，$a_{ij}=1$。a_{ij}的标度方法如表 8-1 所示。

表 8-1　比例标度

因素 i 比因素 j	量化值
同等重要	1
稍微重要	3
较强重要	5
强烈重要	7
极端重要	9
两相邻判断的中间值	2，4，6，8

例：选拔干部考虑 5 个条件：品德 x_1，才能 x_2，资历 x_3，年龄 x_4，群众关系 x_5（图 8-3）。

某决策人用成对比较法，得到成对比较阵如下：

$$\begin{pmatrix} 1 & 2 & 7 & 5 & 5 \\ \frac{1}{2} & 1 & 4 & 3 & 3 \\ \frac{1}{7} & \frac{1}{4} & 1 & \frac{1}{2} & \frac{1}{3} \\ \frac{1}{5} & \frac{1}{3} & 2 & 1 & 1 \\ \frac{1}{5} & \frac{1}{3} & 3 & 1 & 1 \end{pmatrix}$$

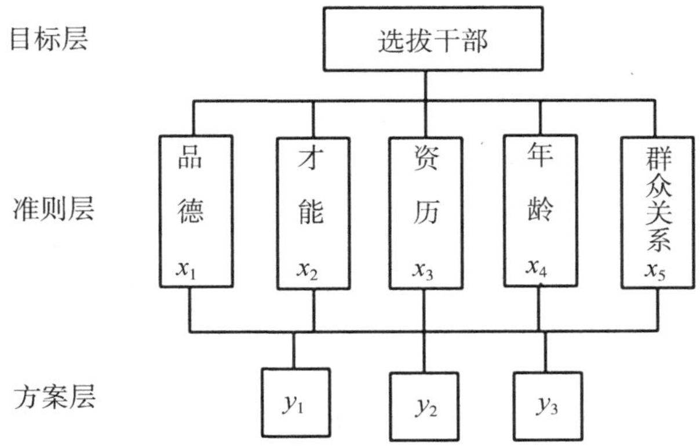

图 8-3　选拔干部的指标

其中 $a_{14}=5$ 表示品德与年龄重要性之比为 5，即决策人认为品德比年龄重要，$a_{23}=4$ 表示才能与资历重要性之比为 4，即决策人认为才能比资历略重要，$a_{34}=1/2$ 表示资历与年龄重要性之比为 1/2，即决策人认为年龄比资历稍微重要。

8.2.3　层次单排序

计算判断矩阵最大特征根的特征向量 W（经归一化，使向量中各元素之和等于 1），W 的元素为同一层次因素对于上一层次某因素相对重要性的排序权值，这一过程称为层次单排序。

矩阵的特征值和特征向量是这样定义的：设 A 是 n 阶方阵，如果存在数 λ 和非零 n 维列向量 x，使得 $Ax=\lambda x$ 成立，则称 λ 是 A 的一个特征值，x 为 A 对应于特征值 λ 的特征向量。

由于特征值和特征向量的精确求法比较复杂，在实际应用中，有三种比较常用的近似计算方法，第一种就是和法，第二种是幂法（几何平均），还有一种常用方法是根法。本节采用的是和法。

判断矩阵 A 特征向量 W 的计算步骤如下。

① 求出 A 每一列的总和：如例 2 的 A 每一列的总和得（2.042 8，3.917，17，10.5，10.333）。

② A 的每一个元素除以相应列的总和，得标准化矩阵 A_1。

$$A_1=\begin{pmatrix} 0.489 & 0.511 & 0.412 & 0.476 & 0.489 \\ 0.245 & 0.255 & 0.235 & 0.286 & 0.290 \\ 0.070 & 0.064 & 0.059 & 0.048 & 0.032 \\ 0.098 & 0.084 & 0.118 & 0.095 & 0.097 \\ 0.098 & 0.084 & 0.176 & 0.095 & 0.097 \end{pmatrix}$$

③ 计算 A_1 每一行的平均值，得矩阵的特征向量 W（即标准层中各因素对应的权值）。如：2.66/5 = 0.475，1.311/5 = 0.262，0.273/5 = 0.055，0.492/5 = 0.098，0.551/5=0.11。

$W=$（0.475，0.262，0.057，0.098，0.11）。（这个向量已经标准化了）

注：求 A 的特征值的方法，可以用 MATLAB 语句求 A 的特征值：〔Y,D〕=eig（A），参考求特征值的计算机程序。

8.2.4 一致性检验

虽然在构造判断矩阵 A 时并不要求 A 具有一致性，但判断矩阵偏离一致性过大是不允许的，因此需要对判断矩阵 A 进行一致性检验。从理论上分析得到：如果 A 是完全一致的成对比较矩阵，应该有：

$a_{ij}.\ a_{jk}=a_{ik}\quad 1\leqslant i,\quad j,\ k\leqslant n$

实际上在构造成对比较矩阵时要求满足上述众多要求等式是不可能的，因此，退而要求成对比较矩阵有一定的一致性，即可以允许成对比较矩阵存在一定程度的不一致性。

由分析可知，对完全一致的成对比较矩阵，其绝对值最大的特征值等于该矩阵的维数，即 $\lambda=n$，实际上构造的矩阵的 λ 比 n 大，因此实际中对成对比较矩阵的一致性要求转化为：A 的绝对值最大的特征值和该矩阵的维数相差不大。

在检验过程中需要计算衡量矩阵 A 的不一致程度的指标 CI、平均随机一致性指标 RI，随机一致性比率 CR，当 $CR<0.1$ 时，该矩阵 A 具有满意的一致性，或其不一致程度是可以接受的，若检验不通过，需重新构造成对比较矩阵，直达到满意的一致性为止。

一致性指标用 CI，定义为：$CI=\dfrac{\lambda-n}{n-1}$

$CI=0$，有完全的一致性；CI 接近于 0，有满意的一致性；CI 越大，不一致越严重。

具体计算过程如下：

$$\lambda=\frac{1}{n}\sum_{i=1}^{n}\frac{(AU)_i}{u_i}=\frac{1}{n}\sum_{i=1}^{n}\frac{\dfrac{\sum_{i=1}^{n}}{\sum_{j=1}^{n}a_{ij}u_j}}{u_i}$$

例如：对例 8-1 的矩阵

$\lambda_1=$（（1×2.373）+（2×1.31）+（7×0.289）+（5×0.493）+（5×0.551））/2.373=5.156

同理可算出：$\lambda_2=5.178$　$\lambda_3=5.117$　$\lambda_4=5.728$　$\lambda_5=5.12$

$\lambda_{max}=$（5.156+5.178+5.117+5.728+5.12）/5=5.26

λ_{max}不等于 5，说明矩阵 A 是不一致的。还需要继续检验不一致性是否可以接受。为衡量 CI 的大小，引入随机一致性指标 RI：

$$RI=\frac{CI_1+CI_2+\cdots+CI_n}{n}$$

其中，随机一致性指标 RI 和判断矩阵的阶数有关，一般情况下，矩阵阶数越大，则出现一致性随机偏离的可能性也越大，其对应关系见表 8-2 所示。

表 8-2　平均随机一致性指标 *RI* 标准值（不同的标准不同，*RI* 的值也会有微小的差异）

矩阵阶数	1	2	3	4	5	6	7	8	9	10
RI	0	0	0.58	0.90	1.12	1.24	1.32	1.41	1.45	1.49

RI 是这样得到的：对于固定的 n，随机构造成对比较阵 A，其中 a_{ij}是从 1，2，…，9，1/2，1/3，…，1/9 中随机抽取的，这样的 A 是不一致的，取充分大的子样（如大于 500）得到 A 的最大特征值的平均值。

考虑到一致性的偏离可能是由于随机原因造成的，因此在检验判断矩阵是否具有满意的一致性时，还需将 *CI* 和随机一致性指标 RI 进行比较，得出检验系数 *CR*，公式如下：

$$CR = \frac{CI}{RI}$$

一般，如果 $CR<0.1$，则认为该判断矩阵通过一致性检验，否则就不具有满意一致性。

例如：$CI=(\lambda_{max}-n)/(n-1)=(5.26-5)/4=0.065$　　$RI=1.12$

$CR=CI/RI=0.065/1.12=0.058<0.1$

这说明 A 不是一致矩阵，但 A 具有满意的一致性，A 的不一致程度是可接受的。

8.2.5　层次总排序及决策

层次总排序的计算方法和单排序的计算方法相同，下面用例 2 的层次总排序的计算过程来说明。

在例 2 中，要从三个候选人 Y_1，Y_2，Y_3 中选一个总体上最适合上述五个条件的候选人。对此，对三个候选人分别比较他们的品德（x_1），才能（x_2），资历（x_3），年龄（x_4），群众关系（x_5），获得 5 个成对比较矩阵 B_1、B_2、B_3、B_4、B_5。

先成对比较三个候选人的品德，得成对比较阵 $B_1=\begin{pmatrix} 1 & \frac{1}{3} & \frac{1}{8} \\ 3 & 1 & \frac{1}{3} \\ 8 & 3 & 1 \end{pmatrix}$

计算 B_1 的权向量

计算 B_1 每列总和得（12，4.33，1.458）

计算 B_1 的每一个元素除以相应列的总和，得 B_1 标准化矩阵

例如：B_1 第 1 行（1/12，1/(3×4.33)，1/(8×1.458)＝（0.083，0.077，0.085）

计算 B_1 的每一行的平均值，得矩阵的特征向量 *W*。(即各因素对应的权值)，例如

例如：B_1 第 1 行（$0.083+0.077+0.085)/3=0.245/3=0.082$，同理计算第 2、3 行，可得 W_{x1}，

$W_{x1}=(0.082,\ 0.236,\ 0.682)^T$，表示各候选人在品德的得分。

计算最大特征值 λ_{max}。

$\lambda_1=(1\times0.082+0.333\times0.236+0.125\times0.682)/0.082=(0.082+0.0786+0.0853)/0.082=3$

$\lambda_2=(3\times0.082+1\times0.236+0.333\times0.682)/0.236=(0.246+0.236+0.227)/0.236=3.004$

$\lambda_3=(8\times0.082+3\times0.236+1\times0.682)/0.682=(0.656+0.708+0.682)/0.682=3$

$\lambda_{max}=(3+3.004+3)/3=3.001$　$CI=(3.001-3)/2=0.001$

$RI=0.58 CI/RI=0.001/0.58<0.1$

故 B_1 的不一致程度可接受。W_{x1} 可以直观地视为各候选人在品德方面的得分。

类似地，分别比较三个候选人的才能，资历，年龄，群众关系得成对比较阵

$$B_2=\begin{pmatrix}1 & 2 & 5\\ \frac{1}{2} & 1 & 2\\ \frac{1}{5} & \frac{1}{2} & 1\end{pmatrix}\quad B_3=\begin{pmatrix}1 & 1 & 3\\ 1 & 1 & 3\\ \frac{1}{3} & \frac{1}{3} & 1\end{pmatrix}$$

$$B_4=\begin{pmatrix}1 & 3 & 4\\ \frac{1}{3} & 1 & 1\\ \frac{1}{4} & 1 & 1\end{pmatrix}\quad B_5=\begin{pmatrix}1 & 4 & \frac{1}{4}\\ 1 & 1 & \frac{1}{4}\\ 4 & 1 & 1\end{pmatrix}$$

分别计算其他矩阵的权向量：

$W_{x2}=(0.606, 0.265, 0.129)$　，$W_{x3}=(0.249, 0.249, 0.143)$

$W_{x4}=(0.636, 0.185, 0.179)$　，$W_{x5}=(0.167, 0.167, 0.667)$

并分别进行一致性检验，这些矩阵 B_2，B_3，B_4，B_5 的不一致程度均可接受。计算结果汇总如表 8-3。它们可分别视为各候选人的才能分，资历分，年龄分和群众关系分。

在单层排序中已经得到 A 的最大特征值对应的特征向量为

$U=(0.475, 0.263, 0.051, 0.103, 0.126)$。最后再加权和的方法，递阶归并各备选方案对总目标的最终权重，最终权重最大者即为最优方案。

表 8-3　计算结果汇总

U	0.475	0.263	0.051	0.103	0.126	总得分
	W_{x1}	W_{x2}	W_{x3}	W_{x4}	W_{x5}	
Y_1	0.082	0.606	0.429	0.636	0.167	0.349
Y_2	0.244	0.265	0.429	0.185	0.167	0.243
Y_3	0.674	0.129	0.143	0.179	0.667	0.452

即排名：$Y_3 > Y_1 > Y_2$，比较后可得：候选人 Y_3 是第一干部人选。

8.3　层次分析法的优缺点

8.3.1　层次分析法的优点

（1）系统性的分析方法

层次分析法把研究对象作为一个系统，按照分解、比较判断、综合的思维方式进行决策，成为继机理分析、统计分析之后发展起来的系统分析的重要工具。系统的思想在于不割断各个因素对结果的影响，而层次分析法中每一层的权重设置，最后都会直接或间接影响到结果，而且在每个层次中的每个因素对结果的影响程度都是量化的，非常清晰明确。这种方法尤其可用于对无结构特性的系统评价以及多目标、多准则、多时期等的系统评价。

（2）简洁实用的决策方法

这种方法既不单纯追求高深数学，而是把定性方法与定量方法有机地结合起来。使复杂的系统分解，将人们的思维过程数学化、系统化，便于人们接受，且能把多目标、多准则，又难以全部量化处理的决策问题化为多层次单目标问题，通过两两比较，确定同一层次元素相对上一层次元素的数量关系后，最后进行简单的数学运算。计算简便，并且所得结果简单明确，容易为决策者了解和掌握。

（3）所需定量数据信息较少

层次分析法主要是从评价者对评价问题的本质、要素的理解出发，比一般的定量方法更讲求定性的分析和判断。由于层次分析法是一种模拟人们决策过程的思维方式的一种方法，层次分析法把判断各要素的相对重要性的步骤留给了大脑，只保留人脑对要素的印象，化为简单的权重进行计算。这种思想能处理许多用传统的最优化技术无法着手的实际问题。

8.3.2　层次分析法的缺点

（1）不能为决策提供新方案

层次分析法的作用是从备选方案中选择较优者。而对于大部分决策者来说，如果一种分析工具不仅能分析出，在已知的方案里的最优者，而且能够指出已知方案的不足，甚至再提出改进方案的话，这种分析工具才是比较完美的，显然，层次分析法还没能做到这点。

（2）定量数据较少，定性成分多，不易令人信服

在如今对科学的方法的评价中，一般都认为一门科学需要比较严格的数学论证和完善的定量方法。但现实世界的问题和人脑考虑问题的过程很多时候并不是能简单地用数字来说明一切的。层次分析法是一种带有模拟人脑的决策方式的方法，因此必然带有较多的定性色彩。

（3）指标过多时，数据统计量大，且权重难以确定

当我们希望能解决较普遍的问题时，指标的选取数量很可能也就随之增加。指标的增加就意味着我们要构造层次更深、数量更多、规模更庞大的判断矩阵。那么我们就需要对许多的指标进行两两比较的工作。由于一般情况下我们对层次分析法的两两比较是用 1 至 9 来说明其相对重要性，如果有越来越多的指标，我们对每两个指标之间的重要程度的判断可能就出现困难了，甚至会对层次单排序和总排序的一致性产生影响，使一致性检验不能通过。不能通过，就需要调整，在指标数量多的时候比较难调整过来。

（4）特征值和特征向量的精确求法比较复杂

在求判断矩阵的特征值和特征向量时，所用的方法和我们多元统计所用的方法是一样的。在二阶、三阶的时候，我们还比较容易处理，但随着指标的增加，阶数也随之增加，在计算上也变得越来越困难。不过幸运的是这个缺点比较好解决，我们有三种比较常用的近似计算方法。第一种就是和法，第二种是幂法，还有一种常用方法是根法。

在实际应用时，不少评价应用项目采取层次分析法和专家评价法相结合的方法，例如《社会主义新农村建设评价指标体系》。

第 9 章　模糊综合评价方法

模糊综合评价法是运用模糊数学方法对人、事、物等多因素系统进行全面评价的一种十分有效的评价方法。其特点是评价结果不是绝对地肯定或否定，而是以一个模糊集合来表示。模糊数学已在许多领域得到广泛的应用。在评价、决策、预测、控制等方面的论著和文献数不胜数。

9.1　模糊概念

任何概念都有确切的内涵和外延。外延不分明的概念被称为模糊概念。“模糊”译自英文 fuzzy，指“不分明的”“边界不清的”。例如“老年人”，因为“老”是一个逐渐变化的过程，无法确切地划出一条年龄界限表示年老，因此“老”实际上是一个模糊概念。事实上，模糊概念处处存在，冷与热、好与坏、厚与薄、快与慢、轻与重、高与低、美与丑、强与弱、软与硬、平滑与粗糙、开放与封闭等都是无法界定边界的，都属于模糊概念。

9.2　模糊指标的量化

上面提到的“老年人”是一个集合，我们称之为模糊集，用记号 $\boldsymbol{A}$ 表示，即 $\boldsymbol{A}=$ {老年人}。这个集合与经典数学中提到的集合显然有明显的不同，现在有一个元素 a 能否简单地判断出元素是否模糊集合 A 中的元素？显然我们不能简单地认为要么 $a \in A$，要么 a 不 $\in A$，例如，a 表示一位 59 岁的人，能否说 $a \in A$ 或者 a 不 $\in A$？这个问题用经典数学的非 0 即 1 来描述显然有问题。这时，就可以用称之为隶属程度值 $\mu_A=(a)=x$ 来表示。即用元素 a 隶属于模糊集合 A 的程度 x（$x\in[0, 1]$ 或 $x\in[0, 10]$，或 $x\in[0, 100]$ 等取值）来描述。如前面提到的元素 a（59 岁的人）隶属于老年人集合 A 的程度 $\mu_A(a)=0.59$，即表示这个人属于年老的同时还有 0.41 非老的因素。

9.3　模糊关系合成运算

模糊关系合成运算即进行隶属度矩阵的合成运算。

例如，若已知：

$A=(0.3 \quad 0.3 \quad 0.4)$

$$R=\begin{bmatrix} 0.5 & 0.3 & 0.2 & 0 \\ 0.3 & 0.4 & 0.2 & 0.1 \\ 0.2 & 0.2 & 0.3 & 0.2 \end{bmatrix}$$

求：$B=A\circ R$

式中 R：隶属度矩阵，“。”：模糊关系合成运算符。

模糊关系合成运算一般有几种取法。

（1）合成运算 M（∧，∨），其中“∧”为取两个数中的小者运算，“∨”为取两个数中的大者运算。

$$B_k=\bigvee_{j=1}^{m}(a_j\wedge r_{jk})=\max_{1\leqslant j\leqslant m}\{\min(a_j,\ r_{jk})\},\ k=1,\ 2,\ \cdots,\ n$$

例如：

$$B=A\circ R=(0.3\quad 0.3\quad 0.4)\circ\begin{bmatrix} 0.5 & 0.3 & 0.2 & 0 \\ 0.3 & 0.4 & 0.2 & 0.1 \\ 0.2 & 0.2 & 0.3 & 0.2 \end{bmatrix}$$

$$=\begin{bmatrix} ((0.3\wedge 0.5)\vee(0.3\wedge 0.3)\vee(0.4\wedge 0.2) \\ (0.3\wedge 0.3)\vee(0.3\wedge 0.4)\vee(0.4\wedge 0.2) \\ (0.3\wedge 0.2)\vee(0.3\wedge 0.2)\vee(0.4\wedge 0.3) \\ (0.3\wedge 0)\vee(0.3\wedge 0.1)\vee(0.4\wedge 0.2) \end{bmatrix}\quad（从\wedge取小的）$$

$$=\begin{bmatrix} (0.3\vee 0.3\vee 0.2) \\ (0.3\vee 0.3\vee 0.2) \\ (0.2\vee 0.2\vee 0.3) \\ (0\vee 0.1\vee 0.2)) \end{bmatrix}\quad（从\vee取大的）$$

$$=[0.3,\ 0.3,\ 0.3,\ 0.2]$$

（2）合成运算 M（×，∨）：其中“×”为两个数的乘法运算，“∨”为取两个数中的大者运算。

$$B_k=\bigvee_{j=1}^{m}(a_j\cdot r_{jk})=\max_{1\leqslant j\leqslant m}\{a_j\cdot r_{jk}\},\ k=1,\ 2,\ \cdots,\ n$$

例如：

$$B=A\circ R=(0.3\quad 0.3\quad 0.4)\circ\begin{bmatrix} 0.5 & 0.3 & 0.2 & 0 \\ 0.3 & 0.4 & 0.2 & 0.1 \\ 0.2 & 0.2 & 0.3 & 0.2 \end{bmatrix}$$

$$=\begin{bmatrix} (0.3*0.5)\vee(0.3*0.3)\vee(0.4*0.2) \\ (0.3*0.3)\vee(0.3*0.4)\vee(0.4*0.2) \\ (0.3*0.2)\vee(0.3*0.2)\vee(0.4*0.3) \\ (0.3*0)\vee(0.3*0.1)\vee(0.4*0.2) \end{bmatrix}=\begin{bmatrix} (0.15\vee 0.09\vee 0.08) \\ (0.09\vee 0.12\vee 0.08) \\ (0.06\vee 0.06\vee 0.12) \\ (0\vee 0.03\vee 0.08)) \end{bmatrix}$$

$$=[0.15\quad 0.12\quad 0.12\quad 0.08]$$

（3）$M(\wedge,\ \oplus)$　⊕ 表示相加

$$B_k=\sum_{j=1}^{m}\min(a_j,\ r_{jk}),\quad k=1,\ 2,\ \cdots,\ n$$

例如：

$$B=A\circ R=(0.3\quad 0.3\quad 0.4)\circ\begin{bmatrix}0.5 & 0.3 & 0.2 & 0\\0.3 & 0.4 & 0.2 & 0.1\\0.2 & 0.2 & 0.3 & 0.2\end{bmatrix}$$

$$=\begin{bmatrix}(0.3\wedge 0.5)+(0.3\wedge 0.3)+(0.4\wedge 0.2)\\(0.3\wedge 0.3)+(0.3\wedge 0.4)+(0.4\wedge 0.2)\\(0.3\wedge 0.2)+(0.3\wedge 0.2)+(0.4\wedge 0.3)\\(0.3\wedge 0)+(0.3\wedge 0.1)+(0.4\wedge 0.2)\end{bmatrix}=\begin{bmatrix}0.3+0.3+0.2\\0.3+0.3+0.2\\0.2+0.2+0.3\\0+0.1+0.2\end{bmatrix}$$

$$=(0.8\quad 0.8\quad 0.7\quad 0.3)$$

（4）合成运算

$$B_k=\sum_{j=1}^{m}a_jr_{jk},\ k=1,\ 2,\ \cdots,\ n$$

$$B=A\circ R=(0.3\quad 0.3\quad 0.4)\circ\begin{bmatrix}0.5 & 0.3 & 0.2 & 0\\0.3 & 0.4 & 0.2 & 0.1\\0.2 & 0.2 & 0.3 & 0.2\end{bmatrix}$$

$$=\begin{bmatrix}(0.3*0.5)+(0.3*0.3)+(0.4*0.2)\\(0.3*0.3)+(0.3*0.4)+(0.4*0.2)\\(0.3*0.2)+(0.3*0.2)+(0.4*0.3)\\(0.3*0)+(0.3*0.1)+(0.4*0.2)\end{bmatrix}=\begin{bmatrix}0.15+0.09+0.08\\0.09+0.12+0.08\\0.06+0.06+0.12\\0+0.03+0.08\end{bmatrix}$$

$$=(0.32\quad 0.29\quad 0.24\quad 0.11)$$

9.4　模糊综合评价的基本步骤

下面给出模糊综合评价的基本步骤。

第一步，确定评价对象。

$V=[v_1,\ v_2,\ \cdots,\ v_k]$。其中 $[v_1,\ v_2,\ \cdots,\ v_k]$ 分别表示 k 个评价对象，V 表示由 k 个评价对象构成的集合。例如：

评价对象集：V= [方案 1，方案 2，方案 3]。

确定评价指标（标准）。$X=[x_1,\ x_2,\ \cdots,\ x_m]$。其中 $x_1,\ x_2,\ \cdots,\ x_m$ 分别表示 m 个评价指标，X 表示由 m 个评价指标构成的集合。例如：评价标准集：X= [质量，成本，实用性] $=[x_1,\ x_2,\ x_3]$。

确定评价的模糊评语。$A=[a_1,\ a_2,\ \cdots,\ a_n]$。其中 $a_1,\ a_2,\ \cdots,\ a_n$ 分别表示 m 种评语等级，A 表示由 n 种评语等级构成的模糊集合。例如：评语等级集：A= [优，良，中，劣] $=[a_1,\ a_2,\ a_3,\ a_4]$。

第二步，确定评价指标权重。

通过专家经验法或者 AHP 层次分析法等构建好权重向量 W。

$W=[w_1,\ w_2,\ \cdots,\ w_m]$，$\sum w_i=1$。其中 $w_1,\ w_2,\ \cdots,\ w_m$ 分别表示 m 个评价要素的权重，W 表示由 m 个评价指标权重构成的向量。例如：指标权重设为 W= [0.2,

0.5，0.3]

第三步，建立隶属函数和隶属度矩阵。

设 $X \rightarrow A$ 的模糊关系为 R，则 $R=\mu_A(a)$ 称为隶属函数。

由隶属函数建立隶属度矩阵。模糊关系 R：$X \cdot A \rightarrow [0, 1]$ 可以用一个 $m \cdot n$ 阶矩阵表示，即

$$R=(r_{ij})=\begin{bmatrix} r_{11} & r_{12} & r_{1n} \\ & \cdots\cdots & \\ r_{m1} & r_{m2} & r_{mn} \end{bmatrix}$$

式中，隶属函数值（r_{ij}）表示从第 i 个评价指标 x_i 着眼属于第 j 种模糊等级 A_j 的可能程度，$r_{ij} \in [0, 1]$。就某一方案对第 i 个指标 x_i 的等级评定结果记作隶属度向量 R_i（$i=1, 2, \cdots, m$），则 $R_i=(r_{i1}, r_{i2}, \cdots, r_{in})$，且

$\sum r_{ij}=1 \qquad i=1 \sim n$。

第四步，隶属度矩阵的合成运算和归一化处理。

$S=W \circ R$，$\sum S_i=1$。

其中模糊关系合成运算符“。”一般有三种取法（如 9.3 内容）

第五步，根据最大隶属度原则作出综合评价结果。

最大隶属度原则为：

$$\mu_A(x) = max[\mu_{A_1}(x), \cdots, \mu_{An}(x)] \qquad (9\text{-}1)$$

即最大隶属度 $r_i^* = max(r_{i_1}, r_{i2}, \cdots, r_{im})$，$i=1, 2, \cdots, m$

9.5 模糊综合评价应用

例：新产品三种不同的设计方案的评价。

某种新产品有三种不同的设计方案（设为方案 1、方案 2、方案 3），现根据“质量”“成本”“实用性”三个标准对这三个方案进行优、良、中、劣的评价。

第一步，评价对象集：$V=$ [方案 1，方案 2，方案 3]。

评价指标准集：$X=$ [质量，成本，实用性] $=[x_1, x_2, x_3]$。

评语等级集：$A=$ [优，良，中，劣] $=[a_1, a_2, a_3, a_4]$。

第二步，三个评价标准指标权重设为 $W=[0.2, 0.5, 0.3]$。

第三步，建立隶属函数。首先对方案 1 进行模糊综合评价。

设 10 名专家对方案 1 进行打分（经验评价法），情况如表 9-1 所示。

表 9-1　10 名专家打分结果

方案 1	优	良	中	劣	Σ
质量	6	3	1	0	10
成本	5	3	1	1	10
实用性	3	4	2	1	10

统计表 9-1 得隶属函数矩阵：

$$R=\begin{bmatrix}0.6 & 0.3 & 0.1 & 0\\0.5 & 0.3 & 0.1 & 0.1\\0.3 & 0.4 & 0.2 & 0.1\end{bmatrix}$$

第四步　求模糊合成运算（取主因素决定型模型运算）M（∧，∨））

$$[0.2\quad 0.5\quad 0.3]\circ\begin{bmatrix}0.6 & 0.3 & 0.1 & 0\\0.5 & 0.3 & 0.1 & 0.1\\0.3 & 0.4 & 0.2 & 0.1\end{bmatrix}=[0.5\quad 0.3\quad 0.2\quad 0.1]$$

归一化：(0.5/1.1　0.3/1.1　0.2/1.1 0.1/1.1) ＝ (0.46　0.27　0.18　0.09)

第五步 根据最大隶属度原则得综合评价结果。新产品方案 1 属于“优”的程度为 46%，属于“良”的程度为 27%，属于“中”的程度为 18%，属于“劣”的程度为 9%，根据最大隶属度原则，新产品方案 1 的评价结果为“优”。

同理可以对方案 2 和方案 3 进行模糊综合评价。

注意：如果模糊综合评价的第四步出现两个隶属度一样，例如，模糊合成运算使用 M（∧，∨）），则评价结果为

$$S=[0.2\quad 0.3\quad 0.3\quad 0.2]\circ\begin{bmatrix}0.4 & 0.5 & 0.1 & 0\\0.3 & 0.3 & 0.4 & 0\\0.3 & 0.3 & 0.2 & 0.2\\0.3 & 0.4 & 0.2 & 0.1\end{bmatrix}=[0.3\quad 0.3\quad 0.3\quad 0.2]$$

此时最大隶属度原则失效。这时可以重新选择合成运算，例如合成运算使用 M (×，∨)，则。

$$S=[0.2\quad 0.3\quad 0.3\quad 0.2]\circ\begin{bmatrix}0.4 & 0.5 & 0.1 & 0\\0.3 & 0.3 & 0.4 & 0\\0.3 & 0.3 & 0.2 & 0.2\\0.3 & 0.4 & 0.2 & 0.1\end{bmatrix}=[0.32\quad 0.36\quad 0.24\quad 0.08]$$

此时根据最大隶属度原则，模糊综合评价结果“良”。当然，也可以更改评价标准指标权重值尝试或可以多请一些专家再打分，重新计算隶属度矩阵，等等。总之，修正以后再用最大隶属度原则给出模糊综合评价结果。

例：对三种品牌（雅戈尔、杉杉、培罗蒙）西服进行评价。

第一步，评价对象：V= [雅戈尔，杉杉，培罗蒙] ＝ [v_1，v_2，v_3]；

西服的评价指标为：X= [款式，料质，做工，价格] ＝ [x_1，x_2，x_3，x_4]

评语等级集合：A= [很好，好，一般，差] ＝ [a_1，a_2，a_3，a_4]

第二步，确定评价指标权重：W= (w_1，w_2，w_3，w_4) ＝ [0.2，0.3，0.3，0.2]

第三步，建立隶属函数：10 名专家评价整理结果见表 9-2。

表 9-2　10 名专家打分结果

杉杉西服	a_l	a_2	a_3	a_4	Σ
款式 x_1	5	4	1	0	10
料质 x_2	5	3	2	0	10
做工 x_3	6	4	0	0	10
价格 x_4	2	5	2	1	10

统计表 9-2 得隶属度矩阵：$R=[r_{ij}]=\begin{bmatrix}0.5 & 0.4 & 0.1 & 0\\ 0.5 & 0.3 & 0.2 & 0\\ 0.6 & 0.4 & 0.0 & 0\\ 0.2 & 0.5 & 0.2 & 0.1\end{bmatrix}$

第四步，做合成运算（取 M（∧，∨）），并归一化：

$$S=[0.2\quad 0.3\quad 0.3\quad 0.2]\circ\begin{bmatrix}0.5 & 0.4 & 0.1 & 0\\ 0.5 & 0.3 & 0.2 & 0\\ 0.6 & 0.4 & 0.0 & 0\\ 0.2 & 0.5 & 0.2 & 0.1\end{bmatrix}=[0.3\quad 0.3\quad 0.2\quad 0.1]$$

此时最大隶属度原则失效。改合成运算使用 M（×，∨），则：

$$S=[0.2\quad 0.3\quad 0.3\quad 0.2]\circ\begin{bmatrix}0.5 & 0.4 & 0.1 & 0\\ 0.5 & 0.3 & 0.2 & 0\\ 0.6 & 0.4 & 0.0 & 0\\ 0.2 & 0.5 & 0.2 & 0.1\end{bmatrix}=[0.18\quad 0.12\quad 0.06\quad 0.02]$$

归一化：$S=[0.18/0.38,\ 0.12/0.38,\ 0.06/0.38,\ 0.02/0.38]$
$=[0.47,\ 0.32,\ 0.16,\ 0.05]$

第五步，根据最大隶属度原则，杉杉西服的综合评价结果是“很好”（属于“很好”的程度为 47%）。

同理，可以对其他两种品牌的西服进行评价。

注意：如果有两个方案的评价结果一样，例如在例 9-1 中，方案 1 的合成运算结果为 [0.46，0.27，0.18，0.09]，假设方案 2 的合成运算结果为 [0.40，0.35，0.20，0.05]，方案 1 和方案 2 的最大隶属度结果都是“优”，如何决策出一个最佳方案？可以用综合评价值排序方法决策出最佳方案。

例如，记“优”为 85 分，“良”为 70 分，“中”为 65 分，“劣”为 55 分。

则方案 1 的综合评分值为

$0.46\times85+0.27\times70+0.18\times65+0.09\times55=39.1+18.9+11.7+4.95=74.65$（分）。

方案 2 的综合评分值为

$0.40\times85+0.35\times70+0.20\times65+0.05\times55=34+24.5+13+2.75=74.25$（分）。

根据综合评价值排序，选择方案 1 作为最佳设计方案。

例：对甲、乙两位教师的教学质量综合评价见表 9-3 及表 9-4。

表 9-3　教师甲的教学质量模糊综合评价

评价指标（权重）	评价等级（分值）			
	高（A_1）（100 分）	较高（A_2）（85 分）	一般（A_3）（70 分）	较差（A_4）（55 分）
X_1：教学计划及教学内容（0.10）	9/0.36	14/0.56	2/0.08	0/0.00
X_2：教材及参考资料情况（0.10）	3/0.12	14/0.56	7/0.28	1/0.04
X_3：教学态度及责任心（0.15）	5/0.20	15/0.60	5/0.20	0/0.00
X_4：教师的讲解能力（0.10）	1/0.04	10/0.40	11/0.44	3/0.12
X_5：课堂教学形式的多样化（0.10）	2/0.08	11/0.44	12/0.48	0/0.00
X_6：理论联系实际及教学案例使用（0.10）	5/0.20	14/0.56	6/0.24	0/0.00
X_7：辅助教学环节及考核（0.10）	4/0.15	6/0.24	13/0.52	2/0.08
X_8：教学改革与创新情况（0.10）	3/0.12	8/0.32	12/0.48	2/0.08
X_9：从本课程学习中所获得的收益（0.15）	5/0.20	12/0.48	6/0.24	2/0.08
综合隶属度	0.189 5	0.473 7	0.2737	0.063 1
综合得分	81.84			

合成运算取 $M(\wedge, \vee)$，则模糊合成运算结果为

$$S=W\circ R=[0.10,0.10,0.15,0.10,0.10,0.10,0.10,0.10,0.15]\circ\begin{bmatrix}0.36 & 0.56 & 0.08 & 0.00\\0.12 & 0.56 & 0.28 & 0.04\\0.20 & 0.60 & 0.20 & 0.00\\0.04 & 0.40 & 0.44 & 0.12\\0.08 & 0.44 & 0.48 & 0.00\\0.20 & 0.56 & 0.24 & 0.08\\0.12 & 0.32 & 0.48 & 0.08\\0.20 & 0.48 & 0.24 & 0.08\end{bmatrix}$$

$$=[0.15,0.15,0.15,0.10]$$

可见，合成运算取 M（∧，∨）失效，换合成运算 M（∧，∨）为 M（×，∨），则

$$S=W\circ R=[0.10,0.10,0.15,0.10,0.10,0.10,0.10,0.10,0.15]$$

$$\begin{bmatrix} 0.36 & 0.56 & 0.08 & 0.00 \\ 0.12 & 0.56 & 0.28 & 0.04 \\ 0.20 & 0.60 & 0.20 & 0.00 \\ 0.04 & 0.40 & 0.44 & 0.12 \\ 0.08 & 0.44 & 0.48 & 0.00 \\ 0.20 & 0.56 & 0.24 & 0.08 \\ 0.12 & 0.32 & 0.48 & 0.08 \\ 0.20 & 0.48 & 0.24 & 0.08 \end{bmatrix}$$

$=(0.036, 0.090, 0.052, 0.012)$

归一化：S=（0.189 5，0.473 7，0.273 7，0.063 1）

该教师的综合评价得分为

$0.1895\times100+0.4737\times85+0.2737\times70+0.0631\times55=18.95+40.2645+19.159+3.4705=81.844$

表 9-4 教师乙的教学质量模糊综合评价

评价指标（权重）	评价等级（分值）			
	高（A_1）（100 分）	较高（A_2）（85 分）	一般（A_3）（70 分）	较差（A_4）（55 分）
X_1：教学计划及教学内容（0.10）	10/0.4	10/0.4	5/0.20	0/0.00
X_2：教材及参考资料情况（0.10）	5/0.2	12/0.48	6/0.24	2/0.08
X_3：教学态度及责任心（0.15）	5/0.20	7/0.28	10/0.40	3/0.12
X_4：教师的讲解能力（0.10）	5/0.2	10/0.40	7/0.28	3/0.12
X_5：课堂教学形式的多样化（0.10）	2/0.08	11/0.44	12/0.48	0/0.00
X_6：理论联系实际及教学案例使用（0.10）	7/0.28	10/0.40	8/0.32	0/0.00
X_7：辅助教学环节及考核（0.10）	4/0.16	6/0.24	13/0.52	2/0.08
X_8：教学改革与创新情况（0.10）	3/0.12	7/0.28	12/0.48	3/0.12
X_9：从本课程学习中所获得的收益（0.15）	5/0.20	12/0.48	6/0.24	2/0.08
综合隶属度	0.210 5	0.3789	0.315 8	0.094 7
综合得分	80.573			

合成运算 $M(\wedge, \vee)$ 为 $M(\times, \vee)$，则

S=WR =［0.10，0.10，0.15，0.10，0.10，0.10，0.10，0.10，0.15］。

$$\begin{bmatrix} 0.40 & 0.40 & 0.20 & 0.00 \\ 0.20 & 0.48 & 0.24 & 0.08 \\ 0.20 & 0.28 & 0.40 & 0.12 \\ 0.20 & 0.40 & 0.28 & 0.12 \\ 0.08 & 0.44 & 0.48 & 0.00 \\ 0.28 & 0.40 & 0.32 & 0.00 \\ 0.16 & 0.24 & 0.52 & 0.08 \\ 0.12 & 0.28 & 0.48 & 0.12 \\ 0.20 & 0.48 & 0.24 & 0.08 \end{bmatrix}$$

$=(0.04,\ 0.072,\ 0.06,\ 0.018)$

归一化：S= [0.210 5，0.378 9，0.315 8，0.094 7]

该教师的综合评价得分为

$0.2105\times100+0.3789\times85+0.3158\times70+0.0947\times55=80.573$

两位教师综合评价排序：教师甲的教学质量优于教师乙。

9.6 模糊层次综合评价法

当评价标准指标过多时，如果仍然采用单层模糊综合评价会造成评价矩阵过大，加大了运算难度。并且，单层评价指标容易造成指标的信息相互影响而丢失或弱化。应用层次分析等方法将这些评价指标层次化，实行多级递阶模糊综合评价会使得评价过程清晰、简单。

模糊层次综合评价法（FAHP）是一种将模糊综合评价法（Fuzzy Comprehensive Evaluation，FCE）和层次分析法（Analytic Hierarchy Process，AHP）相结合的评价方法，是一种定性与定量相结合的评价方法，一般是先用层析分析法确定因素集，然后用模糊综合评判确定评判效果。

例：对双肩挑教师的综合素质评价，评价指标体系构成如图 9-1 所示。

(1) 第三层对第二层的模糊综合评价

第一步，评价对象：被评教师的管理能力 X_1 和教学水平 X_2。

评价指标：X_1= [处理问题能力，协作能力，表达能力，政策水平] = [X_{11}，X_{12}，X_{13}，X_{14}]

X_2= [教学内容，教学方法，教学手段，教书育人] = [X_{21}，X_{22}，X_{23}，X_{24}]

模糊评价等级：A= [优秀，良好，合格，不合格] = [A_1，A_2，A_3，A_4]。

第二步，评价指标权重：假设已有 W_{x1} = [0.26，0.25，0.07，0.42}；W_{x2} = {0.35，0.15，0.25，0.25]。

第三步，由该校领导、管理层、教师、学生等组成评判组，得到评价矩阵：

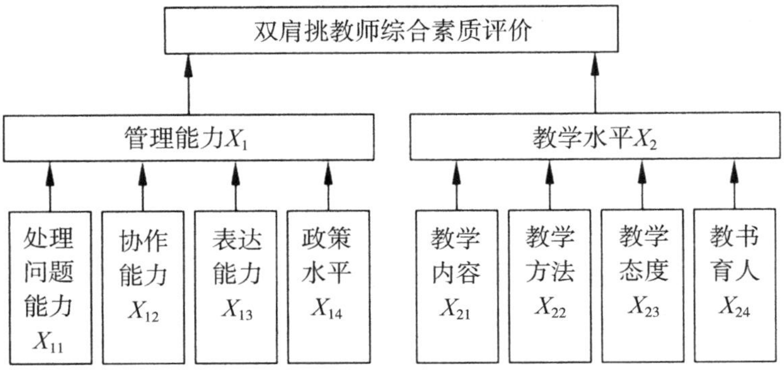

图 9-1　双肩挑教师评价指标体系

$$R_{x_1}=\begin{bmatrix}0.5 & 0.3 & 0 & 0.2\\ 0.5 & 0.1 & 0.2 & 0.2\\ 0 & 0.7 & 0.3 & 0\\ 0.6 & 0.1 & 0 & 0.3\end{bmatrix}\qquad R_{x_2}=\begin{bmatrix}0.3 & 0.5 & 0.1 & 0.1\\ 1 & 0 & 0 & 0\\ 0.4 & 0.5 & 0.1 & 0\\ 0.4 & 0.6 & 0 & 0\end{bmatrix}$$

第四步，合成运算（取 M（∧，∨））并归一化：

$W_{x_1}R_{x_1}=$（0.42，0.26，0.2，0.3），　归一化：$S_{x_1}=$（0.36，0.22，0.17，0.25）

$W_{x_2}R_{x_2}=$（0.3，0.35，0.1，0.1），　归一化：$S_{x_2}=$（0.35，0.41，0.12，0.12）

（2）第二层对第一层的模糊综合评价

第一步，评价对象：被评教师的综合素质

评价指标：$X=$［管理能力，教学水平］＝［X_1，X_2］

模糊评价等级：$A=$［优秀，良好，合格，不合格］＝［A_1，A_2，A_3，A_4］

第二步，评价指标权重：假设已有 $W=$［0.7，0.3］。

第三步，由（1）的第四步及评价指标层次级的关系（图 9-1）得到隶属度矩阵：

$$R=\begin{matrix}S_{x_1}=[0.36 & 0.22 & 0.17 & 0.25]\\ S_{x_2}=[0.35 & 0.41 & 0.12 & 0.12]\end{matrix}$$

第四步，合成运算，取 M（∧，∨）并归一化：$S=$［0.33，0.28，0.16，0.23］

第五步，根据最大隶属度原则，该双肩挑教师的综合评价结果为“优秀”。

9.7　模糊综合评价法的优缺点

（1）模糊综合评价法的优点

模糊评价能对呈现模糊性的资料作出比较科学、合理、贴近实际的量化评价；

评价结果是一个矢量，而不是一个点值，包含的信息比较丰富，既可以比较准确的刻画被评价对象，又可以进一步加工，得到参考信息。

（2）模糊综合评价法的缺点

计算复杂，对指标权重矢量的确定主观性较强。

当指标集 U 较大，即指标集个数较大时，在权矢量和为 1 的条件约束下，相对隶属度权系数往往偏小，权矢量与模糊矩阵 R 不匹配，结果会出现超模糊现象，分辨率很差，无法区分谁的隶属度更高，甚至造成评判失败，此时可用分层模糊评估法加以改进。

第 10 章　数据包络分析法

10.1　数据包络分析法的产生与发展

在人们的生产活动和社会活动中常常会遇到这样的问题：经过一段时间之后，需要对具有相同类型的部门或单位（称为决策单元）进行评价，其评价的依据是决策单元的“输入”数据和“输出”数据，输入数据是指决策单元在某种活动中需要消耗的某些量，例如投入的资金总额、投入的劳动力总数、占地面积等；输出数据是决策单元经过一定的输入之后，产生的表明该活动成效的某些信息量，例如不同类型的产品数量、产品质量、经济效益等。再具体些说，譬如在评价某城市的高等学校时，输入可以是学校全年的资金、教职员工的总人数、教学用房的总面积、各类职称的教师人数等；输出可以是培养博士研究生的人数、硕士研究生的人数、大学生的人数、学生的质量（德、智、体）、教师的教学工作量、学校的科研成果（数量与质量）等。根据输入数据和输出数据来评价决策单元的优劣，即所谓评价部门（或单位）间的相对有效性。

1978 年由著名的运筹学家 A. 查恩斯（A. Charnes）、W. W. 库珀（W. W. Cooper）和 E. 罗兹（E. Rhodes）首先提出了一个被称为数据包络分析（Data Envelopment Analysis，DEA）的方法，去评价部门间的相对有效性（因此被称为 DEA 有效）。他们的第一个模型被命名为 CCR 模型。从生产函数角度看，这一模型是用来研究具有多个输入，特别是具有多个输出的“生产部门”同时为“规模有效”与“技术有效”的十分理想且卓有成效的方法。1984 年 R. D. 班克（R. D. Banker。）、查恩斯和库珀给出了一个被称为 BCC 的模型。

上述的一些模型都可以看作处理具有多个输入（输入越小越好）和多个输出（输出越大越好）的多目标决策问题的方法。可以证明，DEA 有效性与相应的多目标规划问题的帕累托有效解（或非支配解）是等价的。DEA 法可以看作一种统计分析的新方法。它是根据一组关于输入—输出的观察值来估计有效生产前沿面的。在经济学和计量经济学中，估计有效生产前沿面，通常使用统计回归以及其他一些统计方法，这些方法估计出的生产函数并没有表现出实际的前沿面，得出的函数实际上是非有效的。因为这种估计是将有效决策单元与非有效决策单元混为一谈而得出来的。在有效性的评价方面，除了 DEA 法以外，还有其他一些方法，但是那些方法几乎仅限于单输出的情况。相比之下，DEA 法处理多输入，特别是多输出问题的能力是具有绝对优势的。并且，DEA 法不仅可以用线性规划来判断决策单元对应的点是否位于有效生产前沿面上，同时又可获得许多有用的管理信息。因此，它比其他方法（包括采用统计的方法）优越，用处也更广泛。

DEA 是运筹学的一个新的研究领域。查恩斯和库珀等人应用 DEA 的第一个十分成功的案例，是在评价为智障儿童开设公立学校项目的同时，描绘出可以反映大规模社会实验结果的研究方法。在评估中，输出包括“自尊”等无形的指标，输入包括父母的照料和父母的文化程度等难以轻易定出适当的权重（权系数），这也是 DEA 法的优点之一。

10.2　DEA 法的基本模型

10.2.1　CCR—DEA 模型

决策单元 DMU（Decision Making Unit，DMU）的相对效率定义为输出加权求和与输入加权求和之比。评价 DMU 的标准 DEA 的 CCR 模型如下：

利用 θ_k 作为 CCR 模型中 DMU 的效率值，反映其自我评价。根据基本 DEA 结果，效率值为 1 的是有效决策单元，效率值小于 1 的是非有效决策单元。但通常在应用基本 DEA 进行效率评价及排序时，评价主体具有自利性，且往往多个决策单元都有效，所以排序效果往往不理想。

参与评价的决策单元一共有 n 个，对决策单元 j，其评价指标 X_{ji}（$i=1, 2, \cdots, m$）越小越好（相应于投入指标），评价指标 y_{jr}（$r=1, 2, \cdots, s$）越大越好（相应于产出指标），由此可以构造出 DEA 模型。

$$x_j = (x_{j1}, x_{j2}, \cdots, x_{jm})^{\mathrm{T}}$$

$$y_j = (y_{j1}, y_{j2}, \cdots, y_{js})^{\mathrm{T}} \quad j = 1, 2, \cdots, n$$

$$(P1)\begin{cases} \max \quad \dfrac{u^{\mathrm{T}} y_0}{v_{x0}^{\mathrm{T}}} \\ \text{s. t.} \begin{cases} \dfrac{u^{\mathrm{T}} y_j}{v^{\mathrm{T}} x_j} \leqslant 1, \ j = 1, 2, \cdots, n \\ v \geqslant 0 \\ u \geqslant 0 \end{cases} \end{cases}$$

式中，y_j——决策单元 j 的评价指标（越大越好）；

x_j——决策单元 j 的评价指标（越小越好）；

u——y_j 的权重；

v——x_j 的权重；

n——决策单元的个数；

m——y_j 指标的数量；

s——x_j 指标的数量；

y_0——y_{j0}，表示待评价决策单元的评价指标；

x_0——x_{j0}，表示待评价决策单元的评价指标。

该模型假定评价有效性的约束条件是所有决策单元的有效性最大值为 1，这是借鉴自然过程中能量转化效率的最大值为 1 的原则。模型的主要特点是将投入、产出指标的权重 u、v，作为取得待评价决策单元 DMU_{j0}有效性最大值的优化变量。决策单元 DMU_{j0}有效性值或者等于 1，或者小于 1。前者表示决策单元 DMU_{j0}是相对有效的，后者表示决策单元 DMU_{j0}是相对无效的。对于相对无效的决策单元，模型的解可以反映该决策单元与相对有效决策单元的差距。对所有的决策单元依次解上述模型，可以得出各个决策单元的相对效率。不同决策单元解对应的评价指标的权重一般来说不同的，这种权重的选择方式比权重分析方法优越之处在于权重选择方式更具有客观性。数据包络分析方法的缺点是通过对权重精细的选择，使一个在少数指标上有优势，而在多数指标上有劣势的决策单元成为相对有效的决策单元。该方法的优点是如果决策单元被评价为相对无效，这有力地说明该决策单元在各个指标上都处于劣势。

上述模型是一个分式规划模型，对其进行深入的讨论一般是比较困难的。为了能够利用线性规划的结果进行进一步的讨论，对这个分式规划问题进行查恩斯—库珀（Charnes-Cooper）变换，即

$$t = \frac{1}{v^T x},\ w = tv,\ \mu = tu$$

将分式规划转变为如下的线性规划问题

$$(P2)\begin{cases} \max \quad u^{\mathrm{T}} y_0 \\ \text{s. t.} \begin{cases} w^{\mathrm{T}} x_j - \mu^{\mathrm{T}} y_j \geqslant 0,\ j = 1,\ 2,\ \cdots,\ n \\ w^{\mathrm{T}} x_0 = 1 \\ w \geqslant 0 \\ \mu \geqslant 0 \end{cases} \end{cases}$$

通过 Charnes-Cooper 变换，分式目标函数中的分子部分从形式上保留下来，分母的值转变为 1，成为约束条件的一部分。这样分式目标函数就变成了线性目标函数。

定义 1：如果线性规划问题的最优解 w^*、μ^* 满足 $\mu^{\mathrm{T}} y_0 = 1$，则称决策单元 DMU_{j0}是弱 DEA 有效的。

定义 2：如果线性规划问题的最优解 $w^* > 0$、$\mu^* > 0$ 满足 $\mu^{\mathrm{T}} y_0 = 1$，则称决策单元 DMU_{j0}是 DEA 有效的。

10.2.2 CCR-BCC 模型

模型中假设有 n 个决策单元，每个决策单元都有 m 种类型的“输入”以及 s 种类型的“输出”，分别表示该单元“耗费的资源”和“工作的成效”，用 x_{ji}（$x_{ji} > 0$，$i = 1, 2, \cdots, m$）表示第 j 个决策单元对第 i 种类型输入的投入量，用 y_{jr}（$y_{jr} > 0$，$r = 1, 2, \cdots, s$）表示第 j 个决策单元对第 r 种类型输入的投入量，并记为

$$x_j = (x_{j1},\ x_{j2},\ \cdots,\ x_{jm})^{\mathrm{T}}$$

$$y_j = (y_{j1},\ y_{j2},\ \cdots,\ y_{js})^{\mathrm{T}},\ j = 1,\ 2,\ \cdots,\ n$$

在设定过程中为避免锥性条件即规模收益不变的发生，增添一个凸性假设条件

$$\sum_{j=1}^{n} \lambda_j = 1$$

这时的可能集 T 可描述为

$$T_{\mathrm{BCC}} = \{(x,\ y) \mid x \geqslant \sum_{j=1}^{n} \lambda_j x_j,\ \sum_{j=1}^{n} \lambda_j = 1,\ j = 1,\ 2,\ \cdots,\ n\}$$

解析图形如图 10-1 所示。

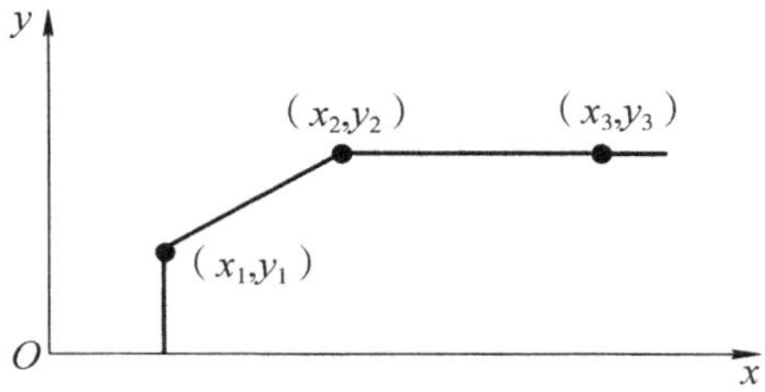

图 10-1　模型经验生产可能集

将锥形条件去掉后，本研究就可以严格集中在单个 DMU 水平的生产有效性上，由此可以得到这样一个效率测量手段：一个决策单元的效率指数为 1，当且仅当该 DMU 位于有效生产前沿面上，甚至可以不是规模有效的。这样建立了基于生产可能集 T_{BCC} 下的 DEA 模型，即 BCC 模型

$$(P3)\begin{cases} \min\theta = V_{D2} \\ \text{s. t.} \begin{cases} \sum_{j=1}^{n} x_j\lambda_j \leqslant \theta x_0 \\ \sum_{j=1}^{n} y_j\lambda_j \geqslant y_0 \\ \sum_{j=1}^{n} \lambda_j = 1 \\ \lambda_j \geqslant 0,\ j = 1,\ 2,\ \cdots,\ n \end{cases} \end{cases}$$

及其对偶问题

$$(P4)\begin{cases} \max(u^T y_0 + u_0) = V_{P2} \\ \text{s. t.} \begin{cases} w^T x_j = u^T y_j - u_0 \geqslant 0,\ j = 1,\ 2,\ \cdots,\ n \\ w^{\mathrm{T}} x_0 = 1 \\ w \geqslant 0,\ u \geqslant 0 \end{cases} \end{cases}$$

定义 3：若上式中存在最优解 w_0、u_0、$\hat{u}_0$ 满足：$V_{P2} = u_0^{\mathrm{T}} y_0 + \hat{u}_0 = 1$，则称 DMU_{j0} 为弱 DEA 有效（BCC）。

定义 4：若上式中存在最优解 w_0、u_0、$\hat{u}_0$ 满足：$V_{P2} = u_0^{\mathrm{T}} y_0 + \hat{u}_0 = 1$，且进一步有：$w_0 > 0$，$u_0 > 0$，则称 DMU_{j0} 为 DEA 有效（BCC）。

检验 DMU 的 DEA 有效性时，可利用线性规划，也可利用对偶线性规划。无论哪种方法都不方便，通过构造一个稍加变化的模型可使这一检验简化。这就是具有非阿基米德无穷小的 CCR 模型。利用此模型可以一次性判断出决策单元是 DEA 有效，还是弱

DEA 有效，或者是非 DEA 有效。如果某个决策单元不属于 DEA 有效，一个很自然的问题就会产生：它与相应的 DEA 有效的“差距”有多大，或者说，与同类型的其他决策单元相比，需要在哪些方面作何等程度的努力，才可达到 DEA 有效？这是我们需要考虑的问题。

另外，由于实际生产过程中积极活动的多样性，或决策者在评价活动中的作用不同，在基本模型 CCR 的基础上，又发展、派生出一些新的 DEA 模型。这里不做详细介绍。

10.3 评价供应商的 DEA 模型

某机床厂在采购 2M59005 型电机时，需要对多个供应商进行评价，参与竞争的供应商的数据与应用 DEA 模型得出的计算结果如表 10-1、表 10-2 所示。在表 10-1 中，价格表示按批次供货量为权重给出的加权平均价格，价格与供货历史的乘积作为购货总额（x_1）；准时供货表示准时完成合同的指标，以迟到的供货量计算（x_2）；维修服务以响应天数与返修电机数量的乘积计算（x_3）；质量表示到货后空运转合格的电机数量（y_1）；供货历史表示以往总共订货的数量（y_2）。在上述指标中，购货总额、准时供货与维修服务指标都是越小越好，因此列为评价模型的投入指标，质量与供货历史都是越大越好，列为评价模型的产出指标。评价结果即供应商的相对有效性指标。这里没有直接使用价格指标是由于价格本身是购货总额与供货历史的比值，这样价格因素就包含在评价结果中（评价结果是产出指标与投入指标的综合比率）。

表 10-1 供应商各个指标的数据

供应商 DMU	购货总额	准时供货	维修服务	质量	供货历史	评价结果
1	49.776 0	5	144	179	183	1.000 0
2	44.179 8	7	160	153	157	0.943 3
3	47.193 8	4	176	162	166	0.973 5
4	50.908 0	13	70	177	178	0.924 9
5	6.125 7	1	30	21	21	0.922 2
6	14.907 3	2	30	50	51	0.923 2
7	29.340 0	1	48	99	100	1.000 0
8	5.856 0	2	44	18	20	0.894 4
9	83.808 0	16	120	316	320	1.000 0
10	18.771 2	2	56	62	64	0.924 9
11	36.777 0	3	72	129	130	1.000 0
12	24.438 3	6	30	87	87	0.954 7
13	17.239 8	3	42	58	59	0.902 5

（续表）

供应商 DMU	购货总额	准时供货	维修服务	质量	供货历史	评价结果
14	38.996 1	6	136	141	143	0.977 5
15	36.236 8	7	150	127	128	0.929 5
16	6.272 2	16	144	167	169	0.957 2
17	66.514 4	18	57	243	244	1.000 0

在表 10-1 中相对效率为 1 的决策单元包括 1 号、7 号、9 号、11 号、17 号供应商，相对效率在 0.9 以下的为 8 号供应商。根据相对效率的特点，供应商的相对效率比较高意味着该供应商在某一（或某几）方面的绝对效率是比较高的，其他具体数据可以参考表 10-2 中各个产出量与投入量的比率。例如，从相对效率的评价结果来看，17 号供应商在单位服务成本得到的货物量是最大的（4.280 7），并且单位投入上得到的货物量是比较大的（3.668）；7 号、9 号供应商只在单一方面具有优势，即准时供货（7 号）与价格（9 号）。如果在某些方面比较高，而在某些方面比较低，也会影响相对效率的数值，如 11 号供应商。利用以上的供应商 DEA 有效性排序进行供应商选择，结合原始数据，就比较容易选出可以达到最低的购货成本、最少的合同延迟时间、最好的维修服务、最高的质量供应商，或者是满足采购者对几个方面的综合要求的供应商。由于篇幅所限，供应商的组合问题不在此进行讨论。

表 10-2　产出指标与投入指标的比率

供应商 DMU	y_1/x_1	y_1/x_2	y_1/x_3	y_2/x_1	y_2/x_2	y_2/x_3
1	3.60	35.80	1.24	3.68	36.60	1.27
2	3.46	21.86	0.96	3.55	22.43	0.98
3	3.43	40.50	0.92	3.52	41.50	0.94
4	3.48	13.62	2.53	3.50	13.70	2.54
5	3.43	21.00	0.70	3.43	21.00	0.70
6	3.35	25.00	1.67	3.42	25.50	1.70
7	3.37	99.00	2.06	3.41	100.00	2.08
8	3.07	9.00	0.41	3.42	10.00	0.45
9	3.77	19.75	2.63	3.82	20.00	2.67
10	3.30	31.00	1.11	3.41	32.00	1.14
11	3.51	43.00	1.79	3.53	43.33	1.81
12	3.56	14.50	2.90	3.56	14.50	2.90
13	3.36	19.33	1.38	3.42	19.67	1.40
14	3.62	23.50	1.04	3.67	23.83	1.05

（续表）

供应商 DMU	y_1/x_1	y_1/x_2	y_1/x_3	y_2/x_1	y_2/x_2	y_2/x_3
15	3.50	18.14	0.85	3.53	18.29	0.85
16	3.61	10.43	1.16	3.65	10.56	1.17
17	3.65	13.50	4.26	3.67	13.56	4.28

本节讨论了供应商评价问题，在此过程中研究了建立评价供应商有效性的概念，进一步可以利用数据包络分析模型的计算结果来选择供应商。算例的分析结果表明，利用 DEA 模型给出的选择方法是有效的。

10.4 应用案例：广州市工业行业科技实力评价

下面举一例：DEA 在工业行业科技发展评价中的应用，说明 DEA 评价的全过程。

把某一工业行业科技实力发展视作 DEA 的一个决策单元，它具有特定的输入和输出。为了使各 DMU 具有可比性以及 DEA 综合评价指标的合理和有意义，必须选择好评价系统的输入和输出指标体系，以利于实现系统的客观描述和评价。

10.4.1 指标体系设计的原则

充分、全面性原则：指标体系应较为全面地涵盖企业科技实力的基本内容，有充分的代表性，通常包含科技开发能力、质量与管理、科技成果及其经济效益等。

独立性原则：指标体系的每个指标要内涵清晰和相对独立，可分组建立。

导向性原则：指标体系应符合高新技术产业化政策，利于企业从事高新技术的研究与开发，利于构建企业科技创新机制。

均匀平滑性原则：对于周期较长的指标采取三年平均，如指标每百名科技活动人员的专利授权数；对发展速度异常的指标，基期数值用基期与报告期数值平均代替，以免指标值大起大落。

可操作性原则：指标体系数据从现有统计指标中产生，切忌照搬不合实际的科技指标体系。

综合、系统性原则：各指标之间动态联系较密切，各组指标可以综合形成完整的指标体系。

可比性原则：要尽可能采用相对指标，便于各类企业进行对比；对于行业之间的对比，我们采取各指标的发展速度。

根据上述原则，分别选择了 12 项输入和输出指标，分成 7 个组分别建立了广州市工业科技实力 DEA 评价指标体系。

10.4.2 指标体系中各项指标的含义及算式

研究与开发（R&D）人员占全体职工比重，此指标反映行业中从事研究与开发人力投入的比重。

I_1（%）= 研究与开发人员数/全体职工数 ×100

科技活动人员中科学家和工程师的比重。这一指标反映行业科技活动中人力投入的质量和管理水平。

I_2（%）= 科技活动人员中科学家和工程师/科技活动人数×100

机器设备原值中微电子控制机器设备原值占有率。这一指标反映企业机器设备现代化程度。

I_3（%）= 微电子控制机器设备原值/生产经营用机器设备原值×100

企业科研机构固定资产原值与原固定资产原值比率。该指标反映企业开展科技活动的物质基础。

I_4（%）= 科研机构固定资产原值/原固定资产原值 ×100

技术引进投资占总支出比率。这一指标反映企业引进高新技术的程度。

I_5（%）= 三年技术引进投资/三年累计费用总支出×100

科技活动经费支出与产品销售收入比率。这一指标反映企业对科技进步的重视程度。

I_6（%）= 科技活动经费支出/产品销售收入×100

每百名科技活动人员的专利授权数。该指标在专利授权方面反映科技成果的数量和质量。

O_1（%）= 近三年专利授权数/近三年科技活动人员平均数×100

每百名科技人员科技成果获奖数。此指标反映科技成果的水平。

O_2（%）= 近三年科技成果获奖数/近三年科技活动人员平均数×100

新产品销售收入占产品销售收入比率。这一指标反映企业开发新产品的经济效益。

O_3（%）= 新产品销售收入/产品销售收入×100

新产品出口额占产品销售收入比率。此指标反映新产品在国际市场上的竞争力。

O_4（%）= 新产品出口额/产品销售收入×100

万元技术引进投资新增企业增加值。该指标反映企业技术引进的经济效益。

O_5（%）= 三年累计新增企业增加值/三年累计技术引进投资额×100

企业通过 ISO 9000 系列质量认证体系的产品频率。这一指标反映企业管理的总体水平。

O_6（%）= 通过 ISO 9000 系列质量认证的产品个数/产品总个数×100

10.4.3　建立输入输出指标体系并进行评价

输入输出指标的选择主要是反映评价目的和评价内容。在科技发展能力的 DEA 评价中，原则上应包含以上 12 项输入和输出指标，它们反映科技的开发能力、质量技术水平和管理水平的高低，也反映科技人力、物力和财力投入产出效果。但是经验和理论表明，DEA 方法重在选择什么样的评价指标体系，在不同的指标体系中 DEA 评价结果是不同的，因此应用中要考察 DEA 评价结果随着指标体系的变化而变化的情况以及其中包含的有价值的信息。为此我们把指标体系进行分组（表 10-3）。

表 10-3　广州市工业行业科技实力 DEA 评价指标体系分组情况

组号	评价目的	输入指标	输出指标
1	产品开发能力	I_1，I_4，I_6	O_1，O_3，O_6
2	技术水平	I_1，I_3，I_5	O_2，O_4，O_5，
3	质量和管理水平	I_2，I_3，I_6	O_1，O_4，O_6
4	人力投入产出效果	I_1，I_2	O_1，O_2
5	物力投入产出效果	I_3，I_4	O_3，O_4
6	财力投入产出效果	I_5，I_6	O_2，O_5
7	科技整体水平	I_1，I_2，I_3，I_4，I_5，I_6	O_1，O_2，O_3，O_4，O_5，O_6

为了使工业各行业之间具有可比性，对所选择的 12 项指标均采用发展速度为其相对数，基期为 1988 年行业的指标数值，而报告期为 1999 年行业的指标数值。这样 12 项指标均表示各行业关于指标 1999 年的发展速度，从而可比。

根据广州市工业行业统计数据情况，剔除缺少值多的行业和合并部分同类行业，得到广州市 14 个工业行业数据，以上一节指标体系分组情况进行 DEA 模型计算，表 10-4 给出了这些评价方案的综合评价指标（DEA 有效性系数）、平均综合评价指标值及各行业的排序名次。

表 10-4　广州市 1999 年主要工业行业科技实力发展 DEA 评价结果

工业行业	方案号（评价指标分组号）							平均综合评价指标	名次
	1	2	3	4	5	6	7		
食品、饮料制造业	1. 000 0	0. 711 3	1. 000 0	1. 000 0	0. 453 3	0. 307 3	1. 000 0	0. 781 7	9
纺织、皮革制品业	0. 480 8	1. 000 0	0. 457 1	0. 556 1	0. 121 6	1. 000 0	1. 000 0	0. 659 4	11
造纸文教体育制品业	0. 532 8	1. 000	0. 754	0. 316 3	1. 000	0. 143 4	1. 000	0. 678 1	10
石油和化学工业	1. 000	0. 669	1. 000	1. 000	0. 309 1	1. 000	1. 000	0. 854	5
医药行业	1. 000	1. 000	1. 000	1. 000	0. 235	1. 000	1. 000	0. 890 7	2
建材及其他非金属制品业	0. 427 5	0. 729 6	0. 652 7	0. 353 7	0. 350 8	0. 089 1	0. 784 8	0. 484	13
金属冶炼及压延加工业	0. 931 2	1. 000	0. 893 8	0. 787 6	0. 472 6	0. 751 9	1. 000	0. 833 9	7
金属制品业	0. 620 7	0. 131 3	0. 655 4	0. 424 1	0. 167 7	0. 181 9	0. 655 4	0. 405 2	14
电气、机械、电子设备制造业	1. 000 0	0. 543 4	1. 000	0. 662 6	0. 881 3	1. 000	1. 000	0. 869 6	3
机械工业	0. 922	1. 000	0. 735 6	0. 520	0. 382 9	0. 918 1	1. 000	0. 782 6	8
交通运输设备业	1. 000	1. 000	0. 652 1	0. 806 4	1. 000	0. 627 7	1. 000	0. 869 5	4
电气机械及器材业	0. 783 7	0. 876 6	1. 000 0	1. 000 0	0. 693 8	0. 485 1	1. 000 0	0. 834 2	6

（续表）

工业行业	方案号（评价指标分组号）							平均综合评价指标	名次
	1	2	3	4	5	6	7		
电子及通信设备业	1.000	1.000 0	1.000 0	0.458 9	1.000 0	0.916 6	1.000 0	0.910 8	1
仪器仪表、其他器具制造业	0.500 1	0.397 7	0.940 9	1.000 0	0.243 5	0.116 4	1.000 0	0.599 8	12

10.4.4　结果分析

（1）结论

从 14 个行业的数据看，电子通信和医药行业在产品开发、技术和管理水平方案全为 DEA 有效，应为最具发展潜力的行业。最差的是金属制品和建材及非金属制品行业。从平均综合评价指标值看，排在前 9 位的行业均为广州市的工业支柱行业，其中第 2 到第 9 位是广州较具特色的传统工业行业，经过技术、管理、生产资料等要素的优化组合后，居资金、技术密集型产业的比重明显上升，约占产品产值的一半，为广州市跃升全国十大城市工业总产值第二位提供了保证。

（2）产品开发、技术和管理水平的 DEA 结果分析

从产品开发的数据（方案 1）看，9 个支柱行业除电气机械及器材制造业差一些外，其他行业的投入产出效果均较好。从技术水平数据（方案 2）看，电气机械、电子设备制造、石油化工、食品和饮料等传统行业，虽然处于发展的成熟期，但技术水平不高，更应意识到应用新技术、新材料和新工艺来提高其生产力的重要性，积极地接受知识经济，通过知识以达到技术创新来提高产品的技术水平。从管理水平数据（方案 3）看，交通运输设备制造等行业应提高其管理水平和竞争力，以便能在中国加入世贸组织后更有所作为。

（3）人力、物力、财力投入产出的 DEA 结果分析

从方案 4 可看到，电子通信行业的有效性系数较低，反映了该行业的竞争激烈，而广州在这个方面的人才素质不够高，专利和成果获奖数增幅小，极需要改进。从方案 5 可知，医药、石油化工、机械工业、金属冶炼和食品等传统行业应应用高新技术装备传统产业，以提高其产出效率及竞争力。从方案 6 可看到，食品、饮料和电气机械及器材制造行业的有效性系数较低，反映了它们对高新技术的重视程度不够。

10.4.5　DEA 步骤总结

以上可见，DEA 方法应用的一般步骤为：明确评价目的、选择 DMU、建立输入/输出评价指标体系、收集和整理数据、DEA 模型的选择和进行计算、分析评价结果并提出决策建议。下面分别进行阐述。

（1）明确评价目的

DEA 方法的基本功能是“评价”，特别是进行多个同类样本间的“相对优劣性”

的评价。这样就有一系列的问题需要明确，如哪些 DMU 能够在一起评价、通过什么样的输出/输入指标体系进行评价，选择什么样的 DEA 模型进行评价等。为了能使 DEA 方法提供的信息具有较强的科学性，上述问题应该服从于我们应用 DEA 方法的具体目的性。因此，明确评价目的是应用 DEA 方法的首要问题。当然，这里所说的“评价”是广义的，实际上是指通过 DEA 方法提供的评价功能而进行的系统分析工作。

（2）选择 DMU

由于 DEA 方法是在同类型的 DMU 之间进行相对有效性的评价，因此选择 DMU 的一个基本要求就是 DMU 同类型。在实际中下面两点可以帮助我们选择 DMU。

① 用 DMU 的物理背景或活动空间来判断，即 DMU 具有相同的外部环境、相同的输入、输出指标和相同的目标任务等。

② 用 DMU 活动的时间间隔来构造，例如有一个生产过程的时间间隔为 $[0, T]$，现将 $[0, T]$ q 等分，由于每个等分中的生产过程都是原过程的一部分（一个时段），因此，如果将每个等分视为一个 DMU，则可认为一共得到 q 个同类型的 DMU。另外，DMU 个数不宜过多，否则可能会使 DMU 的同类型受到影响。

（3）建立输入/输出指标体系

是应用 DEA 方法的一项基础性前提工作。DEA 主要是利用各决策单元的输入、输出评价指标数据对决策单元进行相对有效性评价。系统的评价指标不同，其有效性的评价结果也将不同。要考虑如下几点。

① 要考虑到能够实现评价目的。为了做到这一点，需要把评价目的从输入和输出两个不同的侧面分解成若干变量，并且该评价目的的确能够通过这些输入向量和输出向量构成的生产过程。当然如果指标的经济意义比较直观、明显，与评价目的性挂钩也较紧，也就很容易地被认定为输入（出）指标。通常可将各决策单元的效用型指标作为系统的输出指标，将成本型指标作为系统的输入指标。

② 能全面反映评价目的。一般来说，一个评价目的需要多个输入和输出才能较为全面地描述，缺少某个或者某些指标常会使评价目的不能完整地得以实现。换言之，缺少了某个或某些指标，就不能够全面地反映评价目的。例如在某个指标体系中新增一个或去掉一个，原来非有效 DMU 变成了有效的或原来有效的 DMU 变成了非有效的。

③ 要考虑到输入向量、输出向量之间的联系。在生产过程中，DMU 各输入和各输出之间往往不是孤立的。在实际中，通过向专家咨询或进行统计分析可以帮助我们做到以上这些，也可在初步确定了输入/输出指标体系后，进行试探性的 DEA 分析。如果在用了几组样本数据进行分析后，个别指标对应的权重总是很小，这说明这样的指标对 DMU 有效性的影响不大，可以考虑删除这些指标。

（4）收集和整理数据资料

采用 DEA 方法评价各决策单元的相对有效性时，需要输入各决策单元的输入、输出指标值，这些指标值的正确性将直接影响各决策单元的相对有效性评价结果。所以，正确收集和科学整理各决策单元的输入、输出数据就成为 DEA 评价中的重要组成部分。评价指标中可以包含人文、社会、心理等领域中的非结构化因素，但需要按可靠标准予以量化赋值，如分为若干级别，以数字表示。在实际应用中，投入指标和产出指标均有不同的量纲，但这并不构成使用 DEA 时的困难。决策单元的最优效率指标与投入指标值及产出指标值的量纲选取无关。也就是说，由于 DEA 方法并不直接对指标数据进行综合，因而建立模型前无须对数据进行无量纲化处理。当然，也可在建模前先作无量纲化处理。

(5) DEA 有多种模型，进行评价时选用什么模型需要我们考虑

一般来说需要从以下几方面进行考虑。

① 由于具有非阿基米得无穷小的 DEA 模型在判断 DMU 是否为（弱）DEA 有方便之处，所以在实际中这一模型常被应用。

② 为了得到不同侧面的评价信息，在可能情况下，尽量选用不同类型的 DEA 模型同时进行分析，再把分析结果相互比较。

(6) 分析评价结果

对于一组 DMU，在确定了指标体系后，选择一个合适的 DEA 模型，进行相对有效性评价，并在评价结果基础上进行分析工作。需要考虑如何把分析工作设计得更为细致更为全面，以便提供尽可能多的比较信息。当然，究竟做些什么，如何做，对提供的结果又如何进行分析等，没有一个固定的模式，还需从问题的实际背景和我们的评价目的出发。最基本的是，利用 DEA 规划模型的求解结果，判断各决策单元的 DEA 有效性如何，找出非有效性决策单元的无效原因及其改进措施，形成评价结果报告，并向上层决策单元领导提出建议以辅助决策。

具体可采用求解线性规划的商业软件进行求解，也可采用各种专门的 DEA 软件进行求解。因为 DEA 方法比较容易操作使用。

第 11 章　聚类分析

在实际问题中，经常要遇到分类的问题。例如，在生物学中，要根据各生物体的综合特征进行分类，在经济学中，为了研究不同地区城镇居民的收入及消费状况，往往需要划分为不同的类型去研究；在产品质量管理中，也要根据各产品的某些重要指标而将其分为一等品，二等品，等等。总之，科学的分类方法无论在自然科学，还是在社会科学中，都有着极其广泛的应用。在系统评价中，聚类分析可用于评价对象的分类、评价指标的筛选等，评价指标的分类结果实际上已经对评价指标的排序。

随着人类社会的发展与科学技术的进步，对分类学的要求也越来越高。有时，只凭经验或专业知识还不能进行科学有效的分类，于是数学这一有力的工具被逐渐引入到分类学中，形成了一门新兴的学科——数值分类学。后来，随着多元分析方法的引进，从数值分类学中逐渐分离出了聚类分析这个分支。

聚类分析的基本思想是，从一批样品的多个指标变量中，定义能度量样品间或变量间相似程度（或亲疏关系）的统计量，在此基础上求出各样品（或变量）之间的相似程度度量值，按相似程度的大小，把样品（或变量）逐一归类，关系密切的类聚集到一个小的分类单位，关系疏远的聚合到一个大的分类单位，直到所有的样品或变量都聚集完毕，把不同的类型一一划分出来，形成一个亲疏关系谱系图，用以更直观地显示分类对象（样品或变量）的差异和联系。

值得一提的是聚类分析和判别分析都是研究分类问题，但二者有本质的区别。聚类分析一般是寻求客观分类的方法，事先对总体到底有几种类型无从知晓，而判别分析则是在总体类型划分已知，在各总体分布或来自各总体训练样本的基础上，对当前的新样品用统计的方法判定它们属于哪个总体。

聚类分析的历史还很短，由于在其发展过程中首先是着重于实用，因此相对而言理论上还不够完善。无论聚类统计量还是聚类的方法，都还未最终定型。目前，聚类统计量种类繁多，聚类方法也五花八门，但由于聚类分析方法能广泛地应用于解决实际问题，它和回归分析，判别分析一起被称为多元分析的三大实用方法。

本章将重点介绍一些常见的分类统计量和目前使用较为广泛的谱系聚类方法。最后，简要介绍与近代模糊集理论相联系的一种模糊聚类法。

11.1　分类统计量

聚类分析所研究的内容包括两个方面，一方面对样品进行分类。设有 n 个样品，每个样品均用 p 个指标的观测向量 x_i（$i=1,\ 2,\ \cdots,\ p$）来表征，要根据 x_i 间某种相似性度量，将这 n 个样品进行分类。如某班有 n 个学生，根据每个学生的期末各科考试成绩将该班学生分类（如分为优、良、中、差四类等）。另一方面对变量进行分类，即对所考察的 p 个指标 $X=(X_1, X_2, \cdots, X_p)^T$，根据 n 个观测值 $\boldsymbol{x}_i=(x_{1i}, x_{2i}, \cdots, x_{1n})^T$ $(i=1, 2, \cdots, n)$ 及某些相似性原则将这 p 个变量 $X_1, X_2, \cdots, X_p$进行分类。如在服装设计中，往往要测量很多的指标（变量），如身高，上体长，臂长，肩宽，胸围，腰围等，有时需要对这些指标分类，以显示人体各部位的不同特点，以便于服装设计。

对样品进行分类的方法称为 Q 型聚类法，所用的统计量用“距离”这一术语描述；对变量进行分类的方法，称为 R 型聚类法，所用的统计量常用“相似系数”描述。下面分别介绍几种常用的距离和相似系数。

11.1.1 样品间的“相近性”度量——距离

设每个样品 x_i 有 p 个指标，它们的观测值可表示为

$$x_i=(x_{1i}, x_{2i}, \cdots, x_{1n})^T \quad (i=1, 2, \cdots, n) \tag{11-1}$$

这时，每个样品 x_i 可看成 p 维空间中的一个点，n 个样品就组成 p 维空间中的 n 个点，我们很自然地用各点之间的距离来衡量各样品之间的靠近程度。

设 $d(x_i, x_j)$ 为样品 x_i 和 x_j 之间的距离，则一般要求它满足下列三个条件：

$d(x_i, x_j) \geqslant 0$；且 $d(x_i, x_j)=0$ 当且仅当 $x_i=x_j$

$d(x_i, x_j)=d(x_j, x_i)$；

$d(x_i, x_j) \leqslant d(x_i, x_k)+d(x_k, x_j)$（三角不等式）。

下面介绍几种聚类分析中的常用距离。

（1）MinkowSki 距离

$$d(x_i, x_j) \triangleq \left[\sum_{a=1}^{p} |x_{ai}-x_{aj}|^m\right]^{\frac{1}{m}} \tag{11-2}$$

特别当 $m=1,2,\infty$ 时，分别可得到如下三种距离：

（2）绝对距离

$$d(x_i, x_j) \triangleq \sum_{a=1}^{p} |x_{ai}-x_{aj}|. \tag{11-3}$$

（3）欧氏距离

$$d(x_i, x_j) \triangleq \left[\sum_{a=1}^{p} (x_{ai}-x_{aj})^2\right]^{\frac{1}{2}}. \tag{11-4}$$

（4）Chebisbov 距离

$$d(x_i, x_j) \triangleq \max_{1\leqslant a\leqslant p}\{|x_{ai}-x_{aj}|\}. \tag{11-5}$$

以上各距离在 Q 型聚类中是比较常用的，特别是欧氏距离。当指标的测量值相差悬殊时，应先对数据进行标准化，然后再用标准化的数据计算距离。

11.1.2 变量间的“关联性”度量——相似系数

当对 p 个指标变量进行聚类时，用相似系数衡量变量间的关联程度。一般地，称

$C_{\alpha\beta}$为变量X_α和X_β间的相似系数，如果对一切$1\leqslant\alpha$，$\beta\leqslant p$满足：

$|C_{\alpha\beta}|\leqslant 1$；

$C_{\alpha\alpha}=1$；

$C_{\alpha\beta}=C_{\beta\alpha}$

$C_{\alpha\beta}$越接近于1，说明变量X_α和X_β关系越密切．设（$x_{\alpha 1}$，$x_{\alpha 2}$，…，$x_{\alpha m}$）^{T}表示对变量X_α的n个观测值（$\alpha=1$，2，…，p），常用的相似系数有

(1) 夹角余弦

$$c_{\alpha\beta}\triangleq\frac{\sum_{i=1}^{n}x_{ai}\cdot x_{\beta i}}{\left[\sum_{i=1}^{n}x_{ai}^2\cdot\sum_{i=1}^{n}x_{\beta i}^2\right]^{\frac{1}{2}}}. \tag{11-6}$$

若将变量X_α的n个观测值（$x_{\alpha 1}$，$x_{\alpha 2}$，…，$x_{\alpha m}$）^{T}与变量X_β的相应p个观测值（$x_{\beta 1}$，$x_{\beta 2}$，…，$x_{\beta m}$）^{T}看成n维空间中的两个向量，$C_{\alpha\beta}$正好是这两个向量夹角的余弦。这个统计量在图像识别中很有用。

(2) 相关系数

从统计角度看，两个随机变量的相关系数是描述这两个变量关联性（线性关系）强弱的一个很有用的特征数字。因此，用任意两个变量的n个观测值对其相关系数的估计可作为两个变量关联性的一种度量。其定义为

$$r_{\alpha\beta}\triangleq\frac{\sum_{i=1}^{n}(x_{\alpha i}-\bar{x}_\alpha)(x_{\beta i}-\bar{x}_\beta)}{\left[\sum_{i=1}^{n}(x_{\alpha i}-\bar{x}_\alpha)^2\cdot\sum_{i=1}^{n}(x_{\beta i}-\bar{x}_\beta)^2\right]^{\frac{1}{2}}} \tag{11-7}$$

11.2 谱系聚类法

谱系聚类法是目前应用较为广泛的一种聚类方法。有关该方法的研究内容相当丰富，而且许多统计软件（如SAS）中都有专门的程序。谱系聚类法是根据古老的植物分类学的思想对研究对象进行分类的一种方法。我们知道，在植物分类学中，分类的单位：门、纲、目、科、属、种，其中种是分类的基本单位。分类单位越小它所包含的植物种类就越少，植物间的共同特征就越多。利用这种分类思想，谱系聚类法首先视各样品（或变量）自成一类，然后把最相似的样品（或变量）聚为小类，再将已聚合的小类按其相似性再聚合，随着相似性的减弱，最后将一切子类都聚合到一个大类，从而得到一个按相似性大小聚结起来的一个谱系关系。

在谱系聚类法的合并过程中要涉及两个类之间的距离（或相似系数）问题。类与类之间的距离有许多定义方式，不同的定义方式就产生了不同的谱系聚类法。本节中，我们首先引进三种类与类之间的距离，然后再详细介绍谱系聚类法。

11.2.1 类与类之间的距离

我们先就样品聚类的情形予以讨论，并为简单起见，以i，j等分别表示样品x_i和

x_j，d_{ij}简记样品 i 与 j 之间的距离 d（x_i，x_j），用 G_p和 G_q表示两个类，它们所包含的样品个数分别记为 n_p，和 n_q，类 G_p与 G_q之间的距离用 D（G_p，G_q）表示。下面给出三种最常用的类与类之间距离的定义。

（1）最短距离

$$D(G_p, G_q) \triangleq \min\{d_{ij} \mid i \in G_p, j \in G_q\}, \tag{11-8}$$

即定义 G_p和 G_q中最邻近的两个样品的距离为这两个类之间的距离。

类与类之间的最短距离有如下的递推公式，设 G_r由 G_p与 G_q合并所得，则 G_r与其他类 G_k（$k \neq p$，q）的最短距离为

$$\begin{aligned} D(G_r, G_k) &= \min\{d_{ij} \mid i \in G_r, j \in G_k\} \\ &= \min\{\min\{d_{ij} \mid i \in G_p, j \in G_k\}, \min\{d_{ij} \mid i \in G_q, j \in G_k\}\} \\ &= \min\{D(G_p, G_k), D(G_q, G_k)\} \end{aligned} \tag{11-9}$$

（2）最长距离

$$D(G_p, G_q) \triangleq \max\{d_{ij} \mid i \in G_p, j \in G_q\} \tag{11-10}$$

即定义 G_p与 G_q中相距最远的两个样品之间的距离为这两个类之间的距离。

类与类之间的最长距离有如下递推公式，设类 G_r由 G_p与 G_q合并而成，则 G_r与其他类 G_k（$k \neq p$，q）的最长距离可由下式递推得到，

$$\begin{aligned} D(G_r, G_k) &= \max\{d_{ij} \mid i \in G_r, j \in G_k\} \\ &= \max\{\max\{d_{ij} \mid i \in G_p, j \in G_k\}, \max\{d_{ij} \mid i \in G_q, j \in G_k\}\} \\ &= \max\{D(G_p, G_k), D(G_q, G_k)\} \end{aligned} \tag{11-11}$$

（3）类平均距离

$$D(G_p, G_q) \triangleq \frac{1}{n_p n_q}\sum_{i \in G_p}\sum_{j \in G_q} d_{ij} \tag{11-12}$$

即用 G_p与 G_q中每两两样品间的距离的平均数作为这两个类之间的距离。

类平均距离的递推公式如下，设类 G_i 中的样品数（或变量数）为 n_i，类类 G_r由 G_p与 G_q合并而得，即 $G_r =\{G_p, G_q\}$，则 G_r 到其他类 G_k（$k \neq p$，q）的类平均距离有如下递推算式，

$$\begin{aligned} D(G_r, G_k) &= \frac{1}{n_k n_r}\sum_{i \in G_k}\sum_{j \in G_r} d_{ij} \\ &= \frac{1}{n_k n_r}\left[\sum_{i \in G_k}\left(\sum_{j \in G_p} d_{ij} + \sum_{j \in G_q} d_{ij}\right)\right] \\ &= \frac{1}{n_k n_r}\left[n_k n_p D(G_k, G_p) + n_k n_q D(G_k, G_p)\right] \\ &= \frac{n_p}{n_r} D(G_k, G_p) + \frac{n_q}{n_r} D(G_k, G_p) \end{aligned} \tag{11-13}$$

以上类与类之间的距离，不但适用于对样品的聚类问题，而且也适合于对变量的聚

类问题，这只要将 d_{ij}，用变量间的相似系数代替，相应的 $C_{\alpha\beta}$"距离"可称之为类与类之间的相似系数。对上述三种类与类的"距离"的定义也可用相似系数的术语作类似解释。由于用 d_{ij} 和 $C_{\alpha\beta}$ 在具体的聚类过程中并无本质差异，为方便计，以后均用 d_{ij} 表示两个样品间的距离或两变量间的相似系数，两类间的相似系数也统称为两类间的距离。

11.2.2 谱系聚类法

有了样品之间的距离（或变量间的相似系数）以及类与类之间距离的定义后，便可进行谱系聚类，其基本步骤归纳如下：

n 个样品（或变量）一开始就作为 n 个类，计算两两之间的距离（或相似系数）构成一个对称矩阵 $D=(d_{ij})_{nxn}$，其对角线上的元素全为零（对相似系数矩阵，其对角线上元素全为 1）。显然，此时有 $D(G_p, G_q)=d_{pq}$。记 $D_{(0)}=D$。

选择 $D_{(0)}$ 中对角线元素以外的下三角部分（或上三角部分）中的最小元素（相似系数矩阵则选择对角线元素以外的最大者），设其为 $D(G_p, G_q)$，则将 G_p 与 G_q 合并成一个新类 $G_r=\{G_p, G_q\}$。在 $D_{(0)}$ 中划去 G_p 与 G_q 所对应的两行与两列，并加入由新类 $G_r=\{G_p, G_q\}$ 与剩下的未聚合的各类之间的距离所组成的一行和一列，得到一个新的距离矩阵 $D_{(1)}$，$D_{(1)}$ 是一个 $n-1$ 阶对称阵（若在 $D_{(0)}$ 中最小元素不唯一，对其他的最小元素也作如上相同处理，每合并两类，矩阵 $D_{(0)}$ 则降低一阶）。

由 $D_{(1)}$ 出发，重复步骤 2 得到对称矩阵 $D_{(2)}$，从 $D_{(2)}$ 出发得到 $D_{(3)}$，依此类推，直到 n 个样品（或变量）聚为一个大类为止。

在合并过程中记下两类合并时样品（或变量）的编号以及合并两类时的距离或相似系数的大小（我们称之为水平），并绘成聚类的谱系图，然后可根据实际问题的背景和要求选定相应的临界水平以确定类的个数。

在给定 $D_{(0)}$ 的基础上，采用类与类间不同的距离定义便得到不同的谱系聚类方法。相应于前述三种类与类间距离的谱系聚类法我们分别称为最短距离法、最长距离法和类平均法。下面我们通过具体例子说明这三种聚类方法的具体应用。

例：为研究辽宁、浙江、河南、甘肃、青海 5 省份 1991 年城镇居民生活消费的分布规律，需要用调查资料对这 5 个省分类。变量名称及原始数据如表 11-1 所示。

表 11-1　1991 年辽宁等 5 省城镇居民月均消费数据　（单位：元/人）

变量 / 省份	X_1	X_2	X_3	X_4	X_5	X_6	X_7	X_8
辽宁	7.90	39.77	8.49	12.94	19.27	11.05	2.04	13.29
浙江	7.68	50.37	11.35	13.30	19.25	14.59	2.75	14.87
河南	9.42	27.93	8.20	8.14	16.17	9.42	1.55	9.76
甘肃	9.16	27.98	9.01	9.32	15.99	9.10	1.82	11.35
青海	10.06	28.64	10.52	10.05	16.18	8.39	1.96	10.81

其中，X_1：人均粮食支出，　　　X_2：人均副食支出，
X_3：人均烟、酒、茶支出，　X_4：人均其他副食支出，
X_5：人均衣着商品支出，　　X_6：人均日用品支出，
X_7：人均燃料支出，　　　　X_8：人均非商品支出。

将每个省份看成一个样品，并以 1，2，3，4，5 分别表示辽宁、浙江、河南、甘肃、青海 5 个省，计算两组间的欧氏距离 d_{ij}（$i, j=1, 2, \cdots, 5$）。如

$d_{12}=d_{21}=[(7.90-7.68)^2+(39.77-50.37)^2+\cdots+(13.29-14.87)^2]^{1/2}=11.67$。

$d_{23}=d_{32}=[(7.68-9.42)^2+(50.37-27.93)^2+\cdots+(14.87-9.76)^2]^{1/2}=24.63$。

等等。从而得距离矩阵 $D_{(0)}$ 如下（由于对称，只写出对角线及下三角部分并在行和列位置上标出相应的类）：

$$D_{(0)}=\begin{array}{c} \{1\} \\ \{2\} \\ \{3\} \\ \{4\} \\ \{5\} \end{array}\begin{array}{c}\begin{array}{ccccc} \{1\} & \{2\} & \{3\} & \{4\} & \{5\} \end{array}\\ \begin{bmatrix} 0 & & & & \\ 11.67 & 0 & & & \\ 13.80 & 24.63 & 0 & & \\ 13.12 & 24.06 & 2.20 & 0 & \\ 12.80 & 23.54 & 3.51 & 2.21 & 0 \end{bmatrix}\end{array} \tag{11-14}$$

$D_{(0)}$ 中各元素数值的大小，反映了 5 个省之间消费水平的接近程度。例如，甘肃省与河南省之间的欧氏距离最小（为 2.20），反映了这两个省份城镇居民消费水平最接近。

（1）最短距离法

对此例，采用最短距离法的聚类过程如下：

首先，将五个省各看成一类，即令 $G_i=\{i\}$，（$i=1, 2, 3, 4, 5$），这时 $D(G_i, G_j)=d_{ij}$（$i, j=1, 2, 3, 4, 5$）。从 $D_{(0)}$ 中看到，其中最小的元素为 $D(\{4\}, \{3\})=d_{43}=2.20$，故将 G_3 和 G_4 在水平 2.20 上合并成一个新类 $G_6=\{3, 4\}$，然后利用递推式计算 G_6 与 G_1，G_2，G_5，之间的最短距离．由于

$D(G_6, G_i)=D(\{3, 4\}, \{i\})=\min\{D(\{3\}, \{i\}), D(\{4\}, \{i\})\}$，
$i=1, 2, 5$，

故由 $D_{(0)}$ 中数据可得

$D(\{3, 4\}, \{1\})=\min\{d_{31}, d_{41}\}=\min\{13.80, 13.12\}=13.12$，

$D(\{3, 4\}, \{2\})=\min\{d_{32}, d_{42}\}=\min\{24.63, 24.06\}=24.06$，

$D(\{3, 4\}, \{5\})=\min\{d_{35}, d_{45}\}=\min\{3.51, 2.21\}=2.21$。

在 $D_{(0)}$ 中划去 {3}，{4} 所对应的行和列，并加上新类 {3，4} 到其他类距离作为新的一行一列，得到

$$D_{(1)}=\begin{array}{c} \{3,4\} \\ \{1\} \\ \{2\} \\ \{5\} \end{array}\begin{array}{c}\begin{array}{cccc} \{3,4\} & \{1\} & \{2\} & \{5\} \end{array}\\ \begin{bmatrix} 0 & & & \\ 13.12 & 0 & & \\ 24.06 & 11.67 & 0 & \\ 2.21 & 12.80 & 23.54 & 0 \end{bmatrix}\end{array} \tag{11-15}$$

从 $D_{(1)}$ 可知，$G_6=\{3,4\}$ 到 $G_5=\{5\}$ 的距离最小，为 2.21，因此在水平 2.21 上将 G_6 和 G_5 合并得到一新类 $G_7=\{3,4,5\}$，再由

$D(G_7, G_i)=D(\{D_6, G_5\}, G_i)=\min\{D(G_6, G_i), D(G_5, G_i)\}=\min\{D(\{3,4\},\{i\}), D(\{5\},\{i\})\}$，　i=1，2，

可得

$D(\{3,4,5\},\{1\})=\min\{D(\{3,4\},\{1\}), D(\{5\},\{1\})\}=\min\{13.12, 12.80\}=12.80$，

$D(\{3,4,5\},\{2\})=\min\{D(\{3,4\},\{2\}), D(\{5\},\{2\})\}=\min\{24.06, 23.54\}=23.54$。

在 $D_{(1)}$ 中划去 $G_6=\{3,4\}$ 和 $G_5=\{5\}$ 所在的行和列，加上 $G_7=\{3,4,5\}$ 的相应行列得到

$$D_{(2)}=\begin{matrix}\{3,4,5\}\\ \{1\}\\ \{2\}\end{matrix}\overset{\begin{matrix}\{3,4,5\} & \{1\} & \{2\}\end{matrix}}{\begin{bmatrix}0 & & \\ 12.80 & 0 & \\ 23.54 & 11.67 & 0\end{bmatrix}}. \tag{11-16}$$

$D_{(2)}$ 中最短距离为 $D(\{2\},\{1\})=11.67$，故在距离水平 11.67 上合并 G_i 与 G_2 得新类 $G_8=\{1,2\}$。至此我们仅有两类 $G_7=\{3,4,5\}$ 和 $G_8=\{1,2\}$，其间最短距离为

$D(G_7, G_8)=\min\{D(G_7, G_1), D(G_7, G_2)\}=\min\{D(\{3,4,5\},\{1\}), D(\{3,4,5\},\{2\})\}$

$=\min\{12.80, 23.54\}=12.80$

从而得

$$D_{(3)}=\begin{matrix}\{3,4,5\}\\ \{1,2\}\end{matrix}\overset{\begin{matrix}\{3,4,5\} & \{1,2\}\end{matrix}}{\begin{bmatrix}0 & \\ 12.80 & 0\end{bmatrix}} \tag{11-17}$$

最后在距离水平 12.80 上将 G_7 和 G_8 合为一个包含所有 5 个省份的大类。

综上所述，我们在距离为 2.20 的水平上首先合并样品 3 和 4，得新类 $G_6=\{3,4\}$；然后，更新距离矩阵后又在距离为 2.21 的水平上合并 G_5 与 G_6 得新类 $G_7=\{3,4,5\}$；在距离为 11.67 的水平上又合并 G_1 与 G_2 得 $G_8=\{1,2\}$，最后在距离为 12.8 的水平上将 G_7 与 G_8 合并，形成一个大类。将上述聚类过程连同各类合并时的水平用图表示出来，便可更清楚地看到整个聚类过程及相应的水平。图 11-1 为 5 省份谱系图。

由此可见，将这 5 个省分为两类比较合适，即河南、甘肃、青海为一类，辽宁和浙江为一类。若想要类中的各个体更接近，可分为三类，即河南、甘肃、青海为一类，辽宁和浙江各自为一类。

(2) 最长距离法

对本例采用最长距离法，其聚类过程如下：

先将 {3}，{4} 在距离水平 2.20 上合并得新类 {3，4}；

求 {3，4} 与其余各类（即 {1}，{2}，{5}）的最长距离

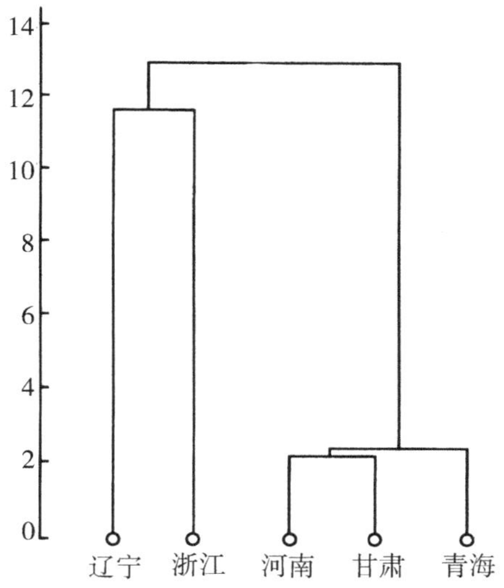

图 11-1　5 省份最小距离法谱系图

$D(\{3,4\},\{1\}) = \max\{d_{31}, d_{41}\} = \max\{13.80, 13.12\} = 13.80$,

$D(\{3,4\},\{2\}) = \max\{d_{32}, d_{42}\} = \max\{24.63, 24.06\} = 24.63$,

$D(\{3,4\},\{5\}) = \max\{d_{35}, d_{45}\} = \max\{3.51, 2.21\} = 3.51$。

更新后的距离矩阵为

$$D_{(1)} = \begin{array}{c} \\ \{3,4\} \\ \{1\} \\ \{2\} \\ \{5\} \end{array} \begin{array}{c} \begin{array}{cccc} \{3,4\} & \{1\} & \{2\} & \{5\} \end{array} \\ \begin{bmatrix} 0 & & & \\ 13.80 & 0 & & \\ 24.63 & 11.67 & 0 & \\ 3.51 & 12.80 & 23.54 & 0 \end{bmatrix} \end{array} \tag{11-18}$$

从 $D_{(1)}$ 知，$D(\{3,4\},\{5\}) = 3.51$ 最小，在此距离水平上，将类 {3，4} 与 {5} 合并得新类 {3，4，5}。根据递推公式，可求得 {3，4，5} 到其他两类 {1} 和 {2} 的最长距离为

$D(\{3,4,5\},\{1\}) = \max(\{D(\{3,4\},\{1\}), D(\{5\},\{1\})\} = \max\{13.80, 12.80\} = 13.80$,

$D(\{3,4,5\},\{2\}) = \max\{D(\{3,4\},\{2\}), D(\{5\},\{2\})\} = \max\{24.63, 23.54\} = 24.63$。

更新距离矩阵 $D_{(1)}$ 得

$$D_{(2)} = \begin{array}{c} \\ \{3,4,5\} \\ \{1\} \\ \{2\} \end{array} \begin{array}{c} \begin{array}{ccc} \{3,4,5\} & \{1\} & \{2\} \end{array} \\ \begin{bmatrix} 0 & & \\ 13.80 & 0 & \\ 24.63 & 11.67 & 0 \end{bmatrix} \end{array} \tag{11-19}$$

由 $D_{(2)}$ 知，在距离水平 11.67 上合并 {1}，{2} 为一新类 {1，2}，并由递推式可求得 {1，2} 到 {3，4，5} 间的最长距离为

$D(\{1, 2\}, \{3, 4, 5\}) = \max\{D(\{1\}, \{3, 4, 5\}), D(\{2\}, \{3, 4, 5\})\} = \max\{13.80, 24.63\} = 24.63$

更新的距离矩阵为

$$D_{(3)}=\begin{array}{c} \\ \{3,4,5\} \\ \{1,2\} \end{array}\begin{array}{cc} \{3,4,5\} & \{1,2\} \\ \left[\begin{array}{cc} 0 & \\ 24.63 & 0 \end{array}\right] \end{array}$$

最后将 {1, 2} 与 {3, 4, 5} 在距离水平 24.63 上合并为一个大类 {1, 2, 3, 4, 5}。

同样可画出最长距离法的谱系图如图 11-2 所示，我们看到，对此例所给数据而言，最长距离法的分类结果和最短距离法的分类结果相同，但各类合并时的距离水平随着类与类之间距离定义的不同而有所变化。

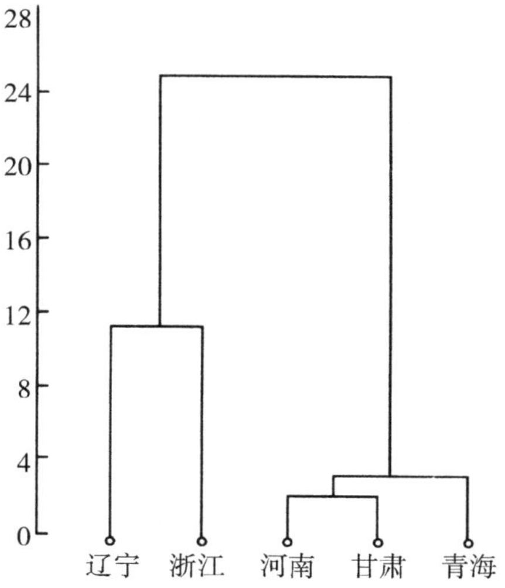

图 11-2　5 省份最长距离法谱系图

(3) 类平均法

下面利用类平均法对本例作聚类分析。

在距离水平 2.20 上合并 {3}，{4} 得新类 {3, 4}；

计算 {3, 4} 到其他类的类平均距离。此时以 $n_p = n_q = 1$，$n_r = 2$，由式 (11.2.6) 可得：

$D(\{3, 4\}, \{1\}) = D(\{3\}, \{1\})/2 + D(\{4\}, \{1\})/2 = 13.80/2 + 13.12/2 = 13.46$

$D(\{3, 4\}, \{2\}) = D(\{3\}, \{2\})/2 + D(\{4\}, \{2\})/2 = 24.63/2 + 24.06/2 = 24.35$

$D(\{3, 4\}, \{5\}) = D(\{3\}, \{5\})/2 + D(\{4\}, \{5\})/2 = 3.51/2 + 2.21/2 = 2.68$

从而更新的距离矩阵为：

$$D_{(1)}=\begin{array}{c}\{3,4\}\\\{1\}\\\{2\}\\\{5\}\end{array}\overset{\begin{array}{cccc}\{3,4\}&\{1\}&\{2\}&\{5\}\end{array}}{\begin{bmatrix}0&&&\\13.46&0&&\\24.35&11.67&0&\\2.86&12.80&23.54&0\end{bmatrix}}\tag{11-20}$$

由 $D_{(1)}$ 知，在距离水平 2.86 上应合并 {5} 与 {3，4} 为一新类 {3，4，5}，利用递推式可得新类 {3，4，5} 到 {1} 与 {2} 的类平均距离分别为计算 {3，4} 到其他类的类平均距离分别为（这时 $n_p=2$，$n_q=1$，$n_r=3$）：

D（{3，4，5}，{1}）$=2D$（{3，4}，{1}）/3 + D（{5}，{1}）/3 = 2×13.46/3 +12.80/3 = 13.24

D（{3，4，5}，{2}）$=2D$（{3，4}，{2}）/3 + D（{5}，{2}）/3 = 2×24.35/3 +23.54/3 = 24.08

从而更新的距离矩阵为

$$D_{(2)}=\begin{array}{c}\{3,4,5\}\\\{1\}\\\{2\}\end{array}\overset{\begin{array}{ccc}\{3,4,5\}&\{1\}&\{2\}\end{array}}{\begin{bmatrix}0&&\\13.24&0&\\24.08&11.67&0\end{bmatrix}}\tag{11-21}$$

从 $D_{(2)}$ 可知，在距离水平 11.67 上合并 {1}，{2} 为新类 {1，2}，由递推式可得 {1，2} 到 {3，4，5} 的类平均距离为（此时 $n_p=n_q=1$，$n_r=2$）

D（{1，2}，{3，4，5}）$=D$（{1}，{3，4，5}）/2+D（{2}，{3，4，5}）/2 = 13.24/2+24.08/2 = 18.66.

从而得更新的距离矩阵为

$$D_{(3)}=\begin{array}{c}\{3,4,5\}\\\{1,2\}\end{array}\overset{\begin{array}{cc}\{3,4,5\}&\{1,2\}\end{array}}{\begin{bmatrix}0&\\18.66&0\end{bmatrix}}\tag{11-22}$$

最后在距离水平 18.66 上合并 {3，4，5} 与 {1，2} 成一个大类。

类平均法的谱系图如图 11-3 所示

综合以上分析，我们看到对例 11-1 三种聚类方法的聚类结果是相同的。只是不同的方法在各类合并时的距离水平有所不同。但一般而言，不同的聚类方法的聚类结果不尽相同。

11.3　模糊聚类法

将模糊集理论应用于聚类分析便产生了模糊聚类法。本节主要介绍一种基本的模糊聚类方法，而不过多地涉及模糊集理论。

11.3.1　模糊聚类的基本概念

（1）特征函数

对于一个普通的集合 E，空间中任一元素 x 要么有 $x\in E$，要么有 $x\overline{\in}E$，二者必居

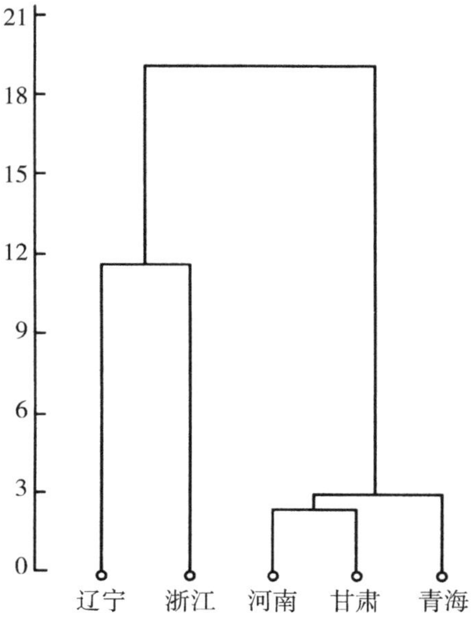

图 11-3　5 省份类平均法谱系图

其一，这一特征用二值函数可表示为

$$I_E(x) \triangleq \begin{cases} 1, & 若\ x \in E, \\ 0, & 若\ x \overline{\in} E. \end{cases} \quad (11-23)$$

称 I_E（x）为集合 E 的特征函数。

例如，设 E 为某地区在某年度完成国家利税的企业全体，这时对该地区任一企业 x，我们可用特征函数（11.1）描述它是否完成了国家利税。

（2）隶属函数与模糊集

如果我们要进一步描述某企业完成国家利税的程度大小时，仅用特征函数就不够了。模糊集理论便将特征函数的概念推广到［0，1］闭区间内取值的函数以度量这种程度的大小，这个函数（记为 E（x））称为集合 E 的隶属函数。即

对于每一个元素 x，有［0，1］内的一个数 E（x）与之对应。

若在集合 E 上定义了一个隶属函数，则称 E 为模糊集。

（3）模糊矩阵及其褶积（褶，音者）

若矩阵 A 的各元素 a_{ij} 满足 $0 \leqslant a_{ij} \leqslant 1$，则称 A 为模糊矩阵。

设 $A=(a_{ij})_{nxp}$，和 $B=(b_{ij})_{pxm}$ 为两个模糊矩阵，令

$$c_{ij} = \bigvee_{k=1}^{p} (a_{ik} \wedge b_{kj}),\ i=1,\ 2,\ \cdots n,\quad j=1,\ 2,\ \cdots,\ m, \quad (11-24)$$

则称矩阵 $C=(c_{ij})$ nxm 为模糊矩阵 A 与 B 的褶积，记为

$$C=A \cdot B \quad (11-25)$$

其中"$\vee$"和"$\wedge$"的含义为

$$a \vee b \triangleq \max\{a,\ b\},\qquad a \wedge b \triangleq \min\{a,\ b\}. \quad (11-26)$$

显然，两个模糊矩阵的褶积仍为模糊矩阵。

(4) 模糊等价矩阵及其 λ 截阵

设方阵 A 为一模糊矩阵，若 A 满足

$$A \cdot A = A, \tag{11-27}$$

则称 A 为模糊等价矩阵。

模糊等价矩阵可以反映模糊分类关系的传递性，即描述诸如“甲像乙，乙像丙，则甲像丙”这样的关系。

设 $A=(a_{ij})_{nxn}$ 为一个模糊等价阵，$0 \leqslant \lambda \leqslant 1$ 为一个给定的数，令

$$a_{ij}^{(\lambda)} = \begin{cases} 1, & 若\ a_{ij} \geqslant \lambda, \\ 0, & 若\ a_{ij} < \lambda, \end{cases} \quad i,\ j=1,\ 2,\ \cdots,\ n, \tag{11-28}$$

则称矩阵 $A_\lambda = (a_{ij}{}^{(\lambda)})_{nxn}$ 为 A 的 λ 一截阵。

例如，$A=\begin{bmatrix} 1 & 0.4 & 0.6 \\ 0.4 & 1 & 0.4 \\ 0.6 & 0.4 & 1 \end{bmatrix}$

为一个模糊等价阵，取 $0.4 \leqslant \lambda < 0.6$，则

$$A_\lambda = \begin{bmatrix} 1 & 0 & 1 \\ 0 & 1 & 0 \\ 1 & 0 & 1 \end{bmatrix}$$

若取 $0 \leqslant \lambda < 0.4$，则

$$A_\lambda = \begin{bmatrix} 1 & 1 & 1 \\ 1 & 1 & 1 \\ 1 & 1 & 1 \end{bmatrix}$$

11.3.2 模糊聚类方法

模糊聚类法和一般的聚类方法相似，先计算变量间相似矩阵或样品间的距离矩阵，将其元素压缩到 0 与 1 之间形成模糊矩阵，进一步改造为模糊等价矩阵，最后取不同的标准 λ，得到不同的 λ 一截阵，从而就可以得到不同的类。具体步骤如下。

① 计算相似系数矩阵 R 或样品的距离矩阵 D。

② 将 $R=(r_{ij})_{pxp}$，（或 $D=(d_{ij})_{nxn}$）中的元素压缩到 0 与 1 之间形成模糊矩阵，我们统一记为 $A=(a_{ij})$，例如对相似系数矩阵 $R=(r_{ij})_{pxp}$，可令

$$a_{ij} = (1+r_{ij})/2, \qquad i,\ j=1,\ 2,\ \cdots,\ p. \tag{11-29}$$

对于距离矩阵 $D=(d_{ij})_{nxn}$，可令

$$a_{ij} = 1 - \frac{d_{ij}}{1 + \max\limits_{1 \leqslant i,\ j \leqslant n} \{d_{ij}\}}, \qquad i,\ j=1,\ 2,\ \cdots,\ n. \tag{11-30}$$

③ 建立模糊等价矩阵。一般来说，上述模糊矩阵 $A=(a_{ij})$ 不具有等价性，这可以通过模糊矩阵的褶积将其转化为模糊等价阵，具体方法如下：

计算 $A^2 \triangleq A \cdot A$，$A^4 \triangleq A^2 \cdot A^2$，$A^8 \triangleq A^4 \cdot A^4$，…直到满足 $A^{2k}=A^k$，这时模糊矩阵 A^k 便是一个模糊等价矩阵．记 $\tilde{A}=(\tilde{a}_{ij})=A^k$.

④ 聚类。将 $\tilde{a}_{ij}$ 按由大到小的顺序排列，从 λ=1 开始，沿着 $\tilde{a}_{ij}$ 由大到小的次序依次取 $\lambda=\tilde{a}_{ij}$ 求 $\tilde{A}$ 的相应的 λ-截阵 $\tilde{A}_\lambda$ ，其中元素为 1 的表示将其对应的两个变量（或样品）归为一类，随着 λ 的变小，其合并的类越来越多，最终当

$$\lambda = \min_{1\leqslant i,\ j\leqslant n}\{\tilde{a}_{ij}\}$$

时，将全部变量（或样品）归为一个大类。

⑤ 按 A 值画出聚类的谱系图。

下面举一算例：若知道有 5 个变量（分别用 1、2、3、4、5 表示）的样本相关系数矩阵为：

$$R=\begin{array}{c} \{1\} \\ \{2\} \\ \{3\} \\ \{4\} \\ \{5\} \end{array}\overset{\begin{array}{ccccc}\{1\} & \{2\} & \{3\} & \{4\} & \{5\}\end{array}}{\begin{bmatrix} 1 & & & & \\ 0.58 & 1 & & & \\ 0.51 & 0.60 & 1 & & \\ 0.39 & 0.39 & 0.44 & 1 & \\ 0.46 & 0.32 & 0.43 & 0.52 & 1 \end{bmatrix}}$$

此矩阵已经是模糊矩阵，故只需将 R 转化为模糊等价矩阵，可得

$$R^2=R\cdot R=\begin{array}{c} \{1\} \\ \{2\} \\ \{3\} \\ \{4\} \\ \{5\} \end{array}\overset{\begin{array}{ccccc}\{1\} & \{2\} & \{3\} & \{4\} & \{5\}\end{array}}{\begin{bmatrix} 1 & & & & \\ 0.58 & 1 & & & \\ 0.58 & 0.60 & 1 & & \\ 0.46 & 0.44 & 0.44 & 1 & \\ 0.46 & 0.46 & 0.46 & 0.52 & 1 \end{bmatrix}}$$

$$R^4=R^2\cdot R^2=\begin{array}{c} \{1\} \\ \{2\} \\ \{3\} \\ \{4\} \\ \{5\} \end{array}\overset{\begin{array}{ccccc}\{1\} & \{2\} & \{3\} & \{4\} & \{5\}\end{array}}{\begin{bmatrix} 1 & & & & \\ 0.58 & 1 & & & \\ 0.58 & 0.60 & 1 & & \\ 0.46 & 0.46 & 0.46 & 1 & \\ 0.46 & 0.46 & 0.46 & 0.52 & 1 \end{bmatrix}}$$

同理可得 $R^8=R^4\cdot R^4=R^4$，故 $\tilde{R}=R^4$ 为模糊等价矩阵，其元素按由大到小排列为

$$1<0.60<0.58<0.52<0.46.$$

取 λ =1，得其 λ -截阵为

$$\tilde{R}_1=\begin{array}{c} \{1\} \\ \{2\} \\ \{3\} \\ \{4\} \\ \{5\} \end{array}\overset{\begin{array}{ccccc}\{1\} & \{2\} & \{3\} & \{4\} & \{5\}\end{array}}{\begin{bmatrix} 1 & & & & \\ 0 & 1 & & & \\ 0 & 0 & 1 & & \\ 0 & 0 & 0 & 1 & \\ 0 & 0 & 0 & 0 & 1 \end{bmatrix}}$$

即这 5 个变量自成为 1 类

取 $\lambda=0.60$，得 λ 截阵为

$$\tilde{R}_{0.60}=\begin{array}{c}\{1\}\\\{2\}\\\{3\}\\\{4\}\\\{5\}\end{array}\overset{\begin{array}{ccccc}\{1\}&\{2\}&\{3\}&\{4\}&\{5\}\end{array}}{\begin{bmatrix}1&&&&\\0&1&&&\\0&0&1&&\\0&0&0&1&\\0&0&0&0&1\end{bmatrix}}$$

即在 $\lambda=0.60$ 的水平上，将 {2}、{3} 归为一类，此时 5 个变量可分为 4 类 {2，3}，{1}，{4} 和 {5}。

取 $\lambda=0.58$，得其 λ -截阵为

$$\tilde{R}_{0.58}=\begin{array}{c}\{1\}\\\{2\}\\\{3\}\\\{4\}\\\{5\}\end{array}\overset{\begin{array}{ccccc}\{1\}&\{2\}&\{3\}&\{4\}&\{5\}\end{array}}{\begin{bmatrix}1&&&&\\0&1&&&\\1&1&1&&\\0&0&0&1&\\0&0&0&0&1\end{bmatrix}}$$

即将 {1}，{2}，{3} 归为一类，此时，此时 5 个变量可分为 {1，2，3}，{4} 和 {5} 三类。

取 $\lambda=0.52$，得其 λ -截阵为

$$\tilde{R}_{0.52}=\begin{array}{c}\{1\}\\\{2\}\\\{3\}\\\{4\}\\\{5\}\end{array}\overset{\begin{array}{ccccc}\{1\}&\{2\}&\{3\}&\{4\}&\{5\}\end{array}}{\begin{bmatrix}1&&&&\\1&1&&&\\1&1&1&&\\0&0&0&1&\\0&0&0&1&1\end{bmatrix}}$$

此时可分为两类，即 {1，2，3} 和 {4，5}。

取 $\lambda=0.46$，得其 λ -截阵为

$$\tilde{R}_{0.46}=\begin{array}{c}\{1\}\\\{2\}\\\{3\}\\\{4\}\\\{5\}\end{array}\overset{\begin{array}{ccccc}\{1\}&\{2\}&\{3\}&\{4\}&\{5\}\end{array}}{\begin{bmatrix}1&&&&\\1&1&&&\\1&1&1&&\\1&1&1&1&\\1&1&1&1&1\end{bmatrix}}$$

即此时五个变量已经归为一类。

其模糊聚类谱系图如图 11-4 所示。

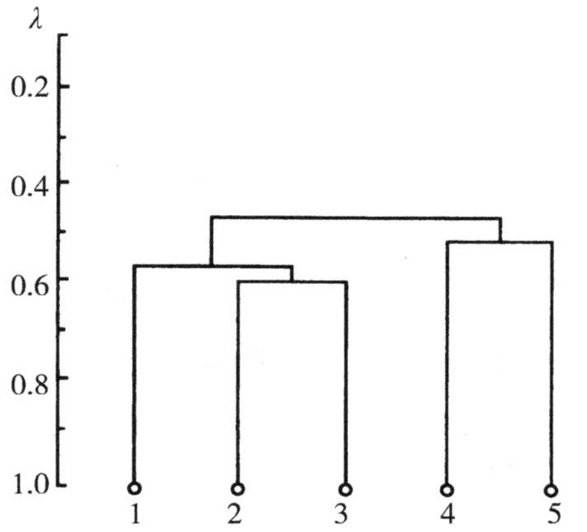

图 11-4　5 个变量的模糊聚类谱系

第 12 章　动态综合评价

12.1　引言

在现实的经济管理与决策中，也经常遇到这样的问题：既需要综合比较 n 个系统 s_i（$i=1, 2, \cdots, n$）在某时刻 t_k（$k=1, 2, \cdots, N$）的发展（或运行）状况，又需要综合比较某个系统 s_i 在不同时刻 t_k（$k=1, 2, \cdots, N$）的整体发展（或运行）水平，也需要综合比较 n 个系统 s_i（$i=1, 2, \cdots, n$）在不同时刻 t_k（$k=1, 2, \cdots, N$）的整体发展（或运行）水平。例如，在同一时刻不同国家或地区之间综合国力的对比；不同国家或地区的综合经济实力在不同时刻发展变化的对比；不同国家或地区在不同时刻的综合经济实力的动态发展（或运行）变化，等等。在时间区间 $[t_1, t_N]$ 内，对于相对稳定的评价指标体系 $x_l, x_2, \cdots, x_m$来说，若能确定出评价指标 x_j，不同时刻 t_k处的权重系数码 $w_j(t_k)$，那么，s_i 在 t_k时刻的发展状况可由

$$y_i(t_k)=f(w(t_k), X_i(t_k)), i=1, 2, \cdots, n; k=1, 2, \cdots, N \qquad (12-1)$$

来描述。式中 f 为（结构待定的）综合评价函数。式（12-1）所描述的就是所谓的具有时序特征的多属性（或多指标）综合评价问题（以下，简称为动态综合评价问题）。这是一类很有现实意义和应用价值的多指标（或多属性）决策问题，这一问题虽已引起重视，但研究成果相当少。

由式（12-1）不难看出：

当 $n=1$ 时，描述的是单系统的综合评价问题，而当 $n>1$ 时，描述的是多系统的综合评价问题；

当 $m=1$ 时，描述的是单指标的评价问题，而当 $m>1$ 时，描述的是多指标的综合评价问题；

$N=1$ 时，描述的是静态系统的综合评价问题，而当 $N>1$ 时。描述的是动态系统的综合评价问题。

于是，当 $n>1$，$m=1$，$N=1$ 时，描述的是多系统“横向”（即利用“横断面”的数据或资料）的单指标评价问题，或称为静态的单指标评价问题；

当 $n>1$，打 $m>1$，$N=1$ 时，描述的是多系统“横向”（即利用“横断面”数据或资料）的多指标综合评价问题，或称为静态的多指标综合评价问题；

当 $n=1$，$m=1$，$N>1$ 时，描述的是单系统“纵向”（即利用“纵向”（或时序）数据）的单指标综合评价问题，或称为“纵向”单指标综合评价问题；

当 $n>1$，$m>1$，$N>1$ 时，描述的是多系统“纵横向”（即同时利用“纵横向”的

数据或资料）的多指标综合评价问题，或称为动态的多指标综合评价问题。

12.2 应用例子

12.2.1 问题的提出

自 1987 年中国开始实行改革开放政策，1992 年明确提出建立具有中国特色的社会主义市场经济，2001 年底已正式加入世界贸易组织（WTO），在这 20 多年里全国在各个方面都已发生了重大的变化，特别是近 10 年（1990—1999 年）来所发生的变化更大。人们也很关心、想了解这个变化，作为上层决策者也非常关心、想把握各地区经济运行状况之间的差距是怎样的，是缩小了？还是扩大了？各地区经济发展状况的排序是发生了“刚体平移”？还是出现了出乎意料的排序格局？

有的差距，是在动态变化中形成、发展和扩大起来的；有的差距是在动态变化中逐渐缩小的。如何客观、公正、综合地在动态变化中分析、在动态变化中评价、在动态变化中把握各省区的经济运行状况，是一个非常实际的且对上层决策者带有重要反馈信息的关键问题。本节就是对我国 30 个省区市 1990—1999 年的经济发展状况进行了动态综合评价与排序，在此基础上，对各地区的排序变化行归纳、分类，并给出一些令人深思的思考。

12.2.2 评价指标及有关计算

仅从可操作性及统计数据支持程度的角度，遴选了人均国内生产总值、人均全社会固定资产投资额、人均社会消费品零售总额、居民人均消费水平、每十万人拥医疗床位数、每万人拥有在校（高校）学生数、地方财政收支比、人均邮电业务总量 8 项极大型评价指标，并分别记为 x_l，x_2，…，x_8。

为了从宏观上初步了解我国 1990—1999 年经济发展的变化，表 12-1 列出各项评价指标的平均值。

表 12-1　我国 1990—1999 年经济发展的各项评价指标的平均值

年份	人均 GDP/元	人均固定资产投资/元	人均社会消费品零售总额/元	居民人均消费水平/元	每十万人医院床位数/张	每万人在校（高校）学生数	地方财政收支比	人均邮电业务总量/元
1985	853	240	359	434	211	16	1.00	5.3
1990	1 634	395	726	803	230	18	0.95	136
1991	1 714	476	813	803	232	18	0.95	18
1992	2 287	690	938	1 849	260	19	0.93	25
1993	2 939	1 103	1 147	1 148	240	21	0.96	39
1994	3 923	1 422	1 357	1 752	236	23	0.90	57

（续表）

年份	人均 GDP/元	人均固定资产投资/元	人均社会消费品零售总额/元	居民人均消费水平/元	每十万人医院床位数/张	每万人在校（高校）学生数	地方财政收支比	人均邮电业务总量/元
1995	4 854	1 653	1 702	2 225	234	24	0.91	82
1996	5 576	1 872	2 024	2 213	234	25	0.93	110
1997	6 053	2 017	2 208	2 791	235	26	0.94	143
1998	6 392	2 276	2 336	2 958	233	27	0.91	195
1999	6 534	2 371	2 473	3 129	239	33	0.87	265

注：① 数据来源：国家统计局编，1991—2000 年《中国统计年鉴》，中国统计出版社；1995—1999 年《中国发展报告》，中国统计出版社。

② 地方财政收支比的平均值取为中央财政的收支比。

从表 12-1 中的数据来看，各项评价指标的平均值在 10 年来都有了相当大的变化。例如：

① 1999 年的人均国内生产总值是 1990 年的 3.4 倍，是 1985 年的 7.7 倍；

② 1999 年的人均全社会固定资产投资额是 1990 年的 6.1 倍（按当年价格）是 1985 年的 9.9 倍；

③ 1999 年的人均社会消费品零售额是 1990 年的 3.4 倍，是 1985 年的 6.9 倍；

④ 1999 年的人均消费水平是 1990 年的 3.9 倍，是 1985 年的 7.2 倍；

⑤ 1999 年的万人拥有在校（高校）学生数是 1990 年的 1.8 倍，是 1985 年的 2.1 倍；

⑥ 1999 年的人均邮电业务量（费）是 1990 年的 19.5 倍，是 1985 年的 50 倍，可见信息在经济增长中的作用在逐年增大。

12.2.3　主要计算及评价（或排序）结果

本节使用“纵横向”拉开档次法（详见《综合评价理论与方法》）。

将无量纲的极大型的数据 $\{X_{ij}(t_k)\}$ 分别代入相应的

$$H_k = A_k^T A_k,\ (k=1990,\ \cdots,\ 1999)$$

式中，并计算 H_k 的最大特征值及其所对应（经归一化处理）的特征向量分别为（在计算过程中，计算结果均保留 3 位小数，因 H_k 为对称阵，故只给出上三角部分的数据）：

$H_{1990}=31$	30.043	30.349	29.285	23.888	27.942	20.844	27.830
	31	30.263	27.460	24.341	28.414	16.817	28.904
		31	28.151	23.955	29.434	18.310	29.584
			31	21.788	24.239	20.595	24.872
				31	23.741	10.388	20.609
					31	16.724	28.537

						31	15.447
							31

λ_{max} (1990) = 204.508

w (1990) = (0.137, 0.135, 0.138, 0.128, 0.111, 0.1311, 0.090, 0.129)^T

H_{1991} = (数据略)　　λ_{max} (1991) = 190.858

w (1991) = (0.149, 0.145, 0.148, 0.148, 0.039, 0.126, 0.109, 0 137)^T

H_{1992} = (数据略)　　λ_{max} (1992) = 174.085

w (1992) = (0.148, 0.129, 0.150, 0.098, 0.119, 0.115, 0.097, 0.145)

H_{1993} = (数据略)　　λ_{max} (1993) = 201.047 8

w (1993) = (0.137, 0.134, 0.137, 0.129, 0.110, 0.126, 0.095, 0.131)

H_{1994} = (数据略)　　λ_{max} (1994) = 191.076

w (1994) = (0.142, 0.141, 0.144, 0.131, 0.116, 0.131, 0.058, 0.137)^T

H_{1995} = (数据略)　　λ_{max} (1995) = 195.762

w (1995) = (0.140, 0.137, 0.141, 0.133, 0.105, 0.127, 0.083, 0.135)^T

H_{1996} = (数据略)　　λ_{max} (1996) = 195.647

w (1996) = (0.139, 0.134, 0.141, 0.133, 0.106, 0.127, 0.084, 0.136)^T

H_{1997} =

31	29.448	30.045	30.201	21.428	24.956	16.833	28.554
	31	28.769	28.305	22.166	25.703	12.468	27.266
		31	28.480	23.422	28.022	16.120	29.886
			31	19.641	21.998	17.254	27.262
				31	25.490	6.244	21.5800
					31	11.921	26.738
						31	16.460
							31

λ_{max} (1997) = 196.969

w (1997) = (0.138, 0.134, 0.141, 0.133, 0.112, 0.128, 0.078, 0.136)^T

H_{1998} = (数据略)　　λ_{max} (1998) = 197.211

w (1998) = (0.138, 0.135, 0.137, 0.133, 0.108, 0.128, 0.083, 0.137)^T

H_{1999} = (数据略) λ_{max} (1999) = 200.060

w (1999) = (0.137, 0.136, 0.140, 0.134, 0.106, 0.127, 0.084, 0.137)^T

而由

$H=\sum H_k$　$k=1990, \cdots, 1999$ =

310	293.423	299.903	289.139	201.922	251.462	188.579	282.326
	310	288.763	271.374	211.207	248.080	140.189	278.712
		310	270.441	214.945	270.793	174.267	266.507
			310	153.560	212.787	177.360	259.222
				310	216.001	56.134	195.339

310	138.257	257.079
	310	165.226
		310

求出的最大特征值及其所对应的（归一化了的）特征向量或权重系数向量分别为

$\lambda_{max}=1\ 930.045$

$w=（0.140，0.136，0.141，0.130，0.104，0.126，0.086，0.136）^T$

将无量纲化了的 X_{ij}（t_k）和 W_j 代入式

$Y_i^*（t_k）=\sum W_j X_{ij}（t_k）\quad i=1，2，\cdots，31；t_k=1990，\cdots，1999$

中即可求得各省区（宏观）经济运行状况的综合评价值 Y_i^*（t_k）。显然，Y_i^*（t_k）的值越大越好（因评价指标均为极大型且 $w_j>0$）。为便于直观比较，又不失一般性，将 Y_i^*（t_k）作平移、放大处理，即取

$Y_i^*（t_k）=［Y_i^*（t_k）+4］\times 10，i=1，2，\cdots，31；t_k=1990，\cdots，1999$

Y_i^*（t_k）的值和排序情况见表 12-2。

表 12-2　各省区市（宏观）经济运行状况的动态综合评价值及其排序

省份	1990 年		1991 年		1992 年		1993 年		1994 年	
	Y 值	排序	Y 值	排序	Y 值	排序	Y 值	排序	Y 值	排序
北京	70.317	2	73.086	1	68.867	1	67.111	2	66.620	2
天津	53.038	3	54.22	3	52.379	3	51.269	3	50.918	3
河北	36.304	19	36.22	18	36.548	18	36.329	18	36.763	16
山西	38.049	13	38.70	13	37.109	17	37.226	16	36.435	18
内蒙古	36.60	20	36.96	19	35.165	25	35.961	19	36.523	17
辽宁	46.02	4	46.39	4	45.252	5	46.998	4	46.954	4
吉林	40.69	9	40.75	10	38.877	12	40.284	10	40.841	10
黑龙江	41.22	7	41.190	7	39.533	10	39.976	12	40.169	11
上海	71.282	1	66.623	2	66.455	2	72.233	1	70.699	1
江苏	40.921	8	40.883	9	40.278	9	42.053	7	42.299	7
浙江	42.352	6	42.354	6	41.915	6	42.962	6	44.619	6
安徽	34.035	27	33.133	30	37.596	14	33.963	25	35.342	21
福建	38.723	12	39.017	11	39.271	11	40.221	11	42.192	8
江西	34.361	25	34.767	24	33.466	30	33.476	28	34.040	26
山东	36.684	17	37.390	17	37.433	15	37.778	14	37.193	15
河南	33.486	29	33.921	28	33.495	29	32.356	30	33.306	28
湖北	37.939	14	37.990	14	37.268	16	37.332	15	37.447	14

（续表）

省份	1990年		1991年		1992年		1993年		1994年	
	Y值	排序	Y值	排序	Y值	排序	Y值	排序	Y值	排序
湖南	35.725	22	35.539	21	35.985	20	35.232	21	35.048	22
广东	43.416	5	42.876	5	48.287	4	46.521	5	46.387	5
广西	32.864	30	33.304	29	34.476	27	33.924	26	35.011	23
海南	37.651	15	37.699	16	40.898	7	41.363	8	41.708	9
四川	34.259	26	34.865	23	34.816	26	34.085	24	34.200	25
贵州	31.283	31	31.757	31	32.139	31	31.479	31	31.067	31
云南	34.668	24	34.589	26	35.355	24	34.583	23	33.552	27
西藏	33.747	28	34.606	25	35.908	22	32.855	29	32.262	30
陕西	35.850	21	36.390	20	35.819	23	35.922	20	35.398	20
甘肃	35.076	23	34.261	27	34.270	28	33.895	27	33.038	29
青海	37.610	16	37.814	15	36.161	19	36.748	17	36.414	19
宁夏	36.530	18	35.491	22	35.928	21	35.183	22	34.854	24
新疆	40 046	10	40 919	8	40 530	8	40 286	9	39 107	12
全国	38 931	11	38 438	12	38 521	13	38 975	13	38 910	13
极差	40 000		41 329		40 754		39 632		39 632	

省份	1995年		1996年		1997年		1998年		1999年	
	Y值	排序	Y值	排序	Y值	排序	Y值	排序	Y值	排序
北京	65.819	2	65.021	2	65.870	2	66.936	2	66.956	2
天津	51.882	3	52.367	3	53.175	3	53.420	3	53.680	3
河北	36.676	17	36.902	17	37.175	17	37.149	16	37.690	16
山西	37.123	16	37.199	16	37.382	16	36.957	17	36.632	17
内蒙古	35.424	20	35.209	20	35.465	20	35.148	20	35.241	21
辽宁	34.313	5	45.185	5	45.381	5	45.649	5	45.187	5
吉林	39.860	12	39.743	12	39.313	11	39.429	12	38.752	12
黑龙江	40.353	10	40.368	9	40.455	9	40.200	10	39.586	10
上海	72.434	1	73.062	1	72.569	1	71.867	1	72.106	1
江苏	41.916	8	41.995	8	41.785	8	41.471	8	42.168	8
浙江	44.101	6	43.952	6	43.144	6	43.227	6	44.006	6
安徽	34.601	24	34.751	23	35.176	21	34.894	21	34.736	22

（续表）

省份	1995 年		1996 年		1997 年		1998 年		1999 年	
	Y 值	排序	Y 值	排序	Y 值	排序	Y 值	排序	Y 值	排序
福建	42.022	7	42.606	7	43.082	7	43.191	7	42.893	7
江西	34.578	25	34.485	27	34.702	25	34.298	27	34.227	27
山东	37.965	14	38.093	14	38.534	14	40.468	9	39.269	11
河南	34.220	27	34.515	25	34.928	22	34.682	24	34.644	24
湖北	37.667	15	37.897	15	38.297	15	37.964	15	38.006	15
湖南	35.828	18	35.686	19	35.675	19	35.424	19	35.639	20
广东	47.546	4	47.383	4	46.634	4	45.957	4	46.511	4
广西	34.538	26	34.604	24	34.390	27	34.660	25	34.037	28
海南	40.754	9	39.773	11	38.586	13	38.094	14	38.433	13
四川	34.845	22	34.897	22	34.745	24	34.847	22	34.666	23
贵州	31.229	31	31.395	30	31.256	30	31.253	31	31.176	31
云南	33.474	28	33.730	28	33.832	28	34.232	28	34.236	26
西藏	31.827	30	31.287	31	31.121	31	31.878	30	31.862	30
陕西	35.514	19	35.778	18	35.702	18	35.737	18	35.775	18
甘肃	32.826	29	33.175	29	33.187	29	33.127	29	33.260	29
青海	35.128	21	35.161	21	34.776	23	34.846	23	35.760	19
宁夏	34.707	23	34.494	26	34.572	26	34.544	26	34.516	25
新疆	39.192	13	39.017	13	38.714	12	38.833	13	38.396	14
全国	40.263	11	40.269	10	40.378	10	40.003	11	39.952	9
极差	41.205		41.773		41.448		40.014		40.930	

从表面上看，表 12-2 中所列各省区市历年的综合评价值似乎相差不大，而实际上是有相当大的差别（这一点可由表 12-3 看出），这是因为对历年的数据都进行了无量纲化处理，使各省区的历年数据都处于“信息浓度”相同的状态之中，这样得到的综合评价结果才具有客观性、动态可比性以及评价过程的透明性。

12.2.4　各省区经济发展状况的分类

为便于比较，给出最大序差的概念：

定义 4.1　记 r_{ik}为某省区经济运行状况综合评价结果的排序，则称

$$r_{\mathrm{max}i}=\max\{r_{ik}\}-\min\{r_{ik}\},\ (k=1990,\ \cdots,\ 1999;\ i=1,\ \cdots,\ 31)$$

为该省区经济运行状况综合评价值的最大序差。

为直观起见，将上述各省区历年的排序及最大序差单独列成表 12-3。

表 12-3　各省区市（宏观）经济运行状况动态综合评价值的排序及最大序差

省份	综合评价结果排序										最大序差	
	1990 年	1991 年	1992 年	1993 年	1994 年	1995 年	1996 年	1997 年	1998 年	1999 年	1990—1999 年	1995—1999 年
北京	2	1	1	2	2	2	2	2	2	2	1	0
天津	3	3	3	3	3	3	3	3	3	3	0	0
河北	19	18	18	18	16	17	17	17	16	16	3	1
山西	13	13	17	16	18	16	16	16	17	17	5	1
内蒙古	20	19	25	19	17	20	20	20	20	21	8	1
辽宁	4	4	5	4	4	5	5	5	5	5	1	0
吉林	9	10	12	10	10	12	12	11	12	12	3	1
黑龙江	7	7	10	12	11	10	9	9	10	10	5	1
上海	1	2	2	1	1	1	1	1	1	1	1	0
江苏	8	9	9	7	7	8	8	8	8	8	2	0
浙江	6	6	6	6	6	6	6	6	6	6	0	0
安徽	27	30	14	25	21	24	23	21	21	22	9	3
福建	12	11	11	11	8	7	7	7	7	7	5	0
江西	25	24	30	28	26	25	27	25	27	27	6	2
山东	17	17	15	14	15	14	14	14	9	11	8	5
河南	29	28	29	30	28	27	25	22	24	24	8	5
湖北	14	14	16	15	14	15	15	15	15	15	2	0
湖南	22	21	20	21	22	18	19	19	19	20	4	2
广东	5	5	4	5	5	4	4	4	4	4	1	0
广西	30	29	27	26	23	26	24	27	25	28	7	3
海南	15	16	7	8	9	9	11	13	14	13	9	5
四川	26	23	26	24	25	22	22	24	22	23	4	2
贵州	31	31	31	31	31	31	30	30	31	31	1	1
云南	24	26	24	23	27	28	28	28	28	26	5	2
西藏	28	25	22	29	30	30	31	31	30	30	6	1
陕西	21	20	23	20	20	19	18	18	18	18	3	1
甘肃	23	27	28	27	29	29	29	29	29	29	6	0
青海	16	15	19	17	19	21	21	23	23	19	8	4

（续表）

省份	综合评价结果排序										最大序差	
	1990 年	1991 年	1992 年	1993 年	1994 年	1995 年	1996 年	1997 年	1998 年	1999 年	1990—1999 年	1995—1999 年
宁夏	18	22	21	22	24	23	26	26	26	25	8	3
新疆	10	8	8	9	12	13	13	12	13	14	6	2
全国	11	12	13	13	13	11	10	10	11	9	4	3

从表 12-3 中可见，天津、浙江的最大序差均为 0，即在 1990—1999 这 10 年中，天津的经济运行状况始终位于第 3，浙江的经济运行状况始终位于第 6；上海、福建、广东、陕西 4 省市的排序是逐年上升的；而部分省份经济运行状况的变化，在总体变化中略带有“刚体平移”的特征，这是经过多年发展所形成的，想打破种格局将是很难的。

表 12-3 中的数据表明，1990—1999 年，尽管各省份的经济运行状况发生相当大的变化，但彼此之间的差别也是很大的，这一点可由各省份的最大序差的变化中得到证实。按最大序差的变化范围，将上述各省份的（宏观）经济运行状况做了分类（表 12-4）。

表 12-4　按最大序差的变化范围将所属地区的省份分类

范围	1990—1999 年			1995—1999 年		
	东部地区	中部地区	西部地区	东部地区	中部地区	西部地区
$r_{max} \leqslant 1$	北京、天津、辽宁、上海、浙江、广东		贵州	北京、天津、河北、辽宁、上海、江苏、浙江、福建、广东	山西、内蒙古、吉林、黑龙江、湖北	贵州、西藏、陕西、甘肃
$2 \leqslant r_{max} \leqslant 4$	河北、江苏	吉林、湖北、湖南	四川、陕西广西		安徽、江西、湖南	四川、云南、青海、宁夏、新疆
$r_{max} \geqslant 5$	福建、山东、广西、海南	山西、内蒙古、黑龙江、安徽、江西、河南	云南、西藏、甘肃、青海、宁夏、新疆	山东、海南	河南	

由表 12-4 看出，在 1990—1999 年期间，有 16 个省份的（宏观）经济运行状况}h，是处于“跳跃”（“前跳”或“后跳”）式发展（即 $r_{max} \geqslant 5$）中，属于稳步发展（即 $r_{max} < 1$）中的省份只有 7 个（即北京、天津、辽宁、上海、浙江、广东、贵州），属于亚稳步发展（即 $2 \leqslant r_{max} \leqslant 4$）中的省份也有 7 个（即河北、吉林、江苏、湖北、湖

南、四川、陕西)；而自 1995 年以来，有 18 个省份的（宏观）经济运行状况是处于稳步发展之中而只有 3 个省份处于“跳跃”式发展中，其中山东、河南是属于“前跳”型的，而海南是属于“后跳”型的。

从表 12-4 中可看出，属东部地区的各省份的经济是在稳步增长中求发展的，是我国经济发展的核心地区。

12.2.5 有关结论与思考

本节基于时序立体数据表的支持，对各省份在 1990—1999 年的（宏观）经济运行状况进行了动态的综合评价和排序。其作用或值得思考的有：

本节给出的综合评价结果是完全基于评价指标所提供的信息而产生的，是在动态变化中所体现的，毫无主观色彩的影响。

如果本节所列的评价指标（在统计数据可支持的情况下）是被认可的话，那么各省份经济运行状况的综合评价及其排序结果就是可信的。

10 年（1990—1999 年）来的（宏观）经济运行状况：

全国经济运行状况的平均水平是很高的（最低排名是第 13 位），近年仍有提高的趋势（1999 年位于第 9），这是一件好事。但从另一方面来看，也不能不承认这是各省份之间经济发展水平差距增大的一种迹象。

自 1995 年以来，各省份的（宏观）经济都是在地方财政收入小于财政支出的状态下运行的（表 12-5），这一现象不能不给人留以深层次的思考。

本节未对影响地区之间经济发展差异的具体因素进行理论或实证分析。

表 12-5　各省份 1990—1999 年的地方财政收支比数据

省份	1990 年	1991 年	1992 年	1993 年	1994 年	1995 年	1996 年	1997 年	1998 年	1999 年
北京	1.11	1.13	1.12	1.04	0.93	0.75	0.81	0.77	0.82	0.79
天津	1.12	1.23	1.35	1.47	0.69	0.66	0.70	0.73	0.73	0.72
河北	0.93	1.00	1.00	1.01	1.01	0.63	0.65	0.65	0.69	0.64
山西	0.94	0.92	0.90	0.95	0.60	0.64	0.63	0.65	0.63	0.59
内蒙古	0.54	0.59	0.54	0.60	0.73	0.43	0.45	0.46	0.46	0.43
辽宁	1.06	1.07	1.02	1.17	1.18	0.67	0.67	0.67	0.68	0.61
吉林	0.71	0.78	0.71	0.78	0.96	1.52	0.53	0.49	0.49	0.43
黑龙江	0.83	0.86	0.83	0.9	0.60	0.58	0.61	0.62	0.61	0.50
上海	2.08	2.08	1.95	1.87	0.89	0.84	0.84	0.81	0.81	0.79
江苏	1.35	1.14	1.21	1.35	1.46	0.68	0.72	0.70	0.70	0.71
浙江	1.27	1.28	1.24	1.34	1.37	0.65	0.65	0.65	0.69	0.71
安徽	0.89	0.60	0.74	1.01	1.16	0.62	0.64	0.68	0.66	0.60
福建	0.83	0.90	0.89	0.99	1.09	0.68	0.71	0.73	0.74	0.75

（续表）

省份	1990 年	1991 年	1992 年	1993 年	1994 年	1995 年	1996 年	1997 年	1998 年	1999 年
江西	0.80	0.75	0.73	0.44	0.53	0.58	0.58	0.59	0.55	0.51
山东	0.88	0.99	0.96	1.03	0.61	0.65	0.67	0.71	0.72	0.74
河南	0.94	0.93	0.89	0.47	0.54	0.60	0.63	0.65	0.64	0.58
湖北	0.92	0.96	0.95	1.00	0.80*	0.61	0.63	0.63	0.60	0.58
湖南	0.88	0.91	0.94	0.90	0.57	0.62	0.60	0.59	0.57	0.53
广东	0.87	1.04	1.01	1.04	0.72	0.73	0.80	0.80	0.78	0.79
广西	0.72	0.78	0.84*	0.90	0.87	0.56	0.58	0.58	0.60	0.59
海南	0.42	0.50	0.59	0.77	0.70	0.67	0.68	0.65	0.61	0.64
四川	0.84	0.91	0.89	0.73*	0.57	0.60	0.64	0.63	0.61	0.58
贵州	0.74	0.81	0.77	0.84	0.42	0.45	0.50	0.50	0.49	0.44
云南	0.85	0.87	0.87	0.90	0.38	0.42	0.48	0.48	0.51	0.46
西藏	0.01	0.02	0.07	0.06	0.05	0.06	0.07	0.08	0.08	0.09
陕西	0.78	0.78	0.78	0.84	0.48	0.50	0.56	0.56	0.56	0.52
甘肃	0.74	0.78	0.75	0.83	0.40	0.42	0.48	0.45	0.43	0.40
青海	0.42	0.47	0.43	0.50	0.56	0.30	0.29	0.30	0.29	0.25
宁夏	0.45	0.43	0.49	0.58	0.37	0.39	0.43	0.42	0.39	0.38
新疆	0.46	0.48	0.40	0.54	0.41	0.40	0.42	0.44	0.45	0.43

数据来源：国家统计局编，1991—2000 年《中国统计年鉴》，中国统计出版社。* 表示数据是由相邻两年数据经插值得到的。

第 13 章　灰色综合评价法

13.1　灰色综合评价法的思想和原理

在控制论中，人们常用颜色的深浅来形容信息的明确程度。用“黑”表示信息未知，用“白”表示信息完全明确，用“灰”表示部分信息明确、部分信息不明确。相应地，信息未知的系统称为黑色系统，信息完全明确的系统称为白色系统，信息不完全确知的系统称为灰色系统。灰色系统是介于信息完全知道的白色系统和一无所知的黑色系统之间的中介系统。带有中介性的事物往往具有独特的性能，更值得开发。

灰色系统是贫信息的系统，统计方法难以奏效。灰色系统理论能处理贫信息系统，适用于只有少量观测数据的项目。灰色系统理论是我国著私学者邓聚龙教授于 1982 年提出的。它的研究对象是“部分信息已知，部分信息不知”的“贫信息”不确定性系统，它通过对部分已知信息的生成、开发实现对现实世界的确切描述和认识。换句话说，灰色系统理论主要是利用已知信息来确定系统的未知信息，使系统由“灰”变“白”。其最大的特点是对样本量没有严格的要求，不要求服从任何分布。

社会、经济等系统具有明显的层次复杂性，结构关系的模糊性，动态变化的随机性，指标数不完全性和不确定性。比如，由于技术方法、人为因素等，造成各种数据误差、始缺，甚至虚假现象即灰色性。由于灰色系统的普遍存在，决定了灰色系统理论具有十分广阔的发展前景。随着灰色系统理论研究的不断深入和发展，其已经在许多领域取得不少成果。

考虑到我们要讨论的灰色综合评价问题，所以将主要讨论灰色关联度分析，也就是探讨基于灰色关联度分忻的综合评价方法。

社会系统、经济系统等抽象系统包含多种因素，这些因素之间哪些是主要的，哪些是次要的，哪些影响大，哪些影响小，哪些需要发展，哪些需要抑制，这些都是因素分折的内容。比如，在粮食生产系统中，影响粮食产量的因素很多。比如肥料、农药、种子、气象、劳动力、土壤、水利、耕作、技术、政策等，为了提高粮食产量，为了达到少投入多产出，为了达到经济效益、社会效益、生态效益的统一，有必要作因素的关联分析。

回归分析虽然是一种比较通用的方法，但大多只用于少因素的、线性的，对于多因素的，非线性的则难于处理。灰色系统理论提出了一种新的分析方法，即系统的关联度分析方法。这是根据因素之间发展态势的相似或相异程度来衡量因素间关联程度的方法。

进行关联度分析，首先要找准数据序列，即用什么数据才能反映系统的行为特征。当有了系统行为的数据列（即各时刻的数据）后，根据关联度计算公式便可算出关联程度。

关联度反映各评价对象对理想（标准）对象的接近次序，即评价对象的优劣次序，其中灰色关联度最大的评价对象为最佳。

灰色关联分析，不仅可以作为优势分析的基础，而且也是进行科学决策的依据。

由于关联度分析方法是按发展趋势作分析，因此对样本量的多少没有要求，也不需要有典型的分布规律，计算量小，即使是上十个变量（序列）的情况也可用手算，且不至出现关联度的量化结果与定性分析不一致的情况。换句话说，关联度分析方法的最大优点是它对数据量没有太高的要求，即数据多与少都可以分析。它的数学方法是非统计方法，在系统数据资料较少和条件不满足统计要求的情况下，更具有实用性。

概括地说，由于人们对评判对象的某些因素不完全了解，致使评判根据不足；或者由于事物不断发展变化，人们的认识落后于实际，使评判对象已经成为“过去”；或者由于人们受事物伪信息和反信息的干扰，导致判断发生偏差等。所有这些情况归结为一点，就是信息不完全，即“灰”。灰色系统理论是从信息的非完备性出发研究和处理复杂系统的理论，它不是从系统内部特殊的规律出发去讨论，而是通过对系统某一层次的观测资料加以数学处理，达到在更高层次上了解系统内部变化趋势、相互关系等机制。其中，灰色关联度分析是灰色系统理论应用的主要方面之一。基于灰色关联度的灰色综合评价法是利用各方案与最优方案之间关联度的大小对评价对象进行比较、排序。灰色综合评价法计算简单，通俗易懂。因此，现在也越来越多地被应用于社会、经济、管理的评价问题。

13.2　灰色综合评价法的模型和步骤

灰色理论应用最广泛的是关联度分析方法。关联度分析是分析系统中各元素之间关联程度或相似程度的方法，其基本思想是依据关联度对系统排序。下面介绍基于关联度分析的综合评价模型和步骤。

13.2.1　灰色关联度分析

在客观世界中，有许多因素之间的关系是灰色的，分不清哪些因素之间关系密切，哪些不密切，这样就难以找到主要矛盾和主要特征。关联度是表征两个事物的关联程度。具体地说，关联度是因素之间关联性大小的量度，它定量地描述了因素之间相对变化的情况。关联度分析是灰色系统分析、评价和决策的基础。

从思路上看，关联度分析是属于几何处理范畴的。它是一种相对性的排序分析，基本思想是根据序列曲线几何形状的相似程度来判断其联系是否紧密，曲线越接近，相应序列之间的关联度就越大，反之就越少。

作为一个发展变化的系统，关联度分析事实上是动态过程发展态势的量化分析。说得确切一点，是发展态势的量化比较分析。发展态势的比较，也就是历年来有关统计数据列几何关系的比较，实质上是几种曲线间几何形状的分析比较，即认为几何形状越接近，则发展变化态势越接近，关联程度越大。

假如考虑表 13-1 所示的三个数据行，一个是某地区 1997—2003 年总收入，另一个是这个地区 1997—2003 年招商引资收入，还有一个是该地区 1997—2003 年农业收入，将上述数列做成曲线，如图 13-1 所示。

表 13-1　某地区 1997—2003 年总收入、招商引资、农业收入　（单位：亿元）

项目	1997 年	1998 年	1999 年	2000 年	2001 年	2002 年	2003 年
总收入	18	20	22	40	44	48	60
招商引资	10	15	16	24	38	40	50
农业收入	3	2	12	10	22	18	20

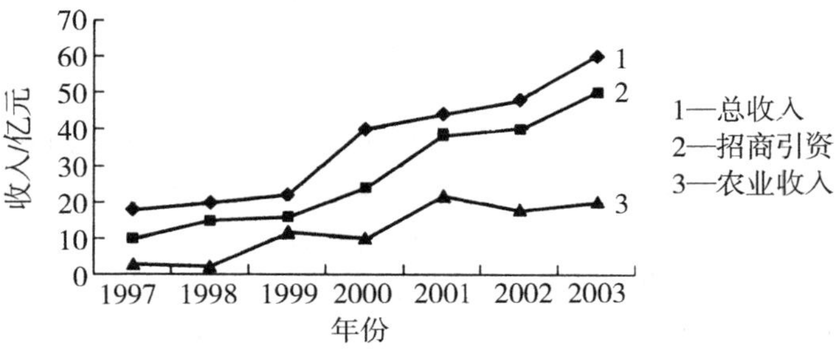

图 13-1　三个数据列关联分析

从图 13-1 可以看出，曲线 2 的形状与曲线 1 的形状较接近，而曲线 3 与曲线 1 相差较大，因此该地区对收入影响较大的是招商引资，在制定该地区经济发展规划时，显然应加大招商引资的力度。

这种因素分析的比较，实质上是几种曲线间几何形状的分析比较，而且对数据量也没有太高的要求，即数据或多或少都可以分析。但事实上，这种直观的几何形状的判断比较，是比较粗糙的，并且，如果好几条曲线形状相差不大，或者在某些区间形状比较接近，就很难用直接观察的方法来判断各曲线间的关联程度。

下面就介绍最常用的衡量因素间关联程度大小的量化方法。作关联分析先要制定参考的数据列（母因素时间数列），

关联分析中被比较数列（子因素时间数列）常记为 x_i，一般表示为：

$$x_i = \{x_i(1),\ x_i(2),\ \cdots,\ x_i(n)\},\ i=1,\ 2,\ \cdots,\ m$$

对于一个参考数据列 x_0，比较数列为 x_i，可用下述关系表示各比较曲线与参考曲线在各点的差：

$$\xi_i(k) = \frac{\min\limits_i \min\limits_k |x_0(k) - x_i(k)| + \zeta \max\limits_i \max\limits_k |x_0(k) - x_i(k)|}{|x_0(k) - x_i(k)| + \zeta \max\limits_i \max\limits_k |x_0(k) - x_i(k)|}$$

式中，$\xi_i(k)$ 是第 k 个时刻比较曲线 x_i 与参考曲线 x_0 的相对差值，这种形式的相

对差值称为 x_i 对 x_0 在 k 时刻的关联系数。ξ 为分辨系数，$\xi \in [0,\ 1]$，引入它是为了减少极值对计算的影响。在实际使用时，应根据序列间的关联程度选择分辨系数，一般取 $\zeta \leqslant 0.5$ 最为恰当。

若记：$\Delta\min = \min\limits_i \min\limits_k | x_0(k) - x_i(k) |$，$\Delta\max = \max\limits_i \max\limits_k | x_0(k) - x_i(k) |$

则 $\Delta\min$ 与 $\Delta\max$ 分别为各时刻 x_0 与 x_i 的最小绝对差值与最大绝对差值。从而有：

$$\xi_i(k) = \frac{\Delta\min + \xi\Delta\max}{| x_0(k) - x_i(k) | + \zeta\Delta\max}$$

如果计算关联程度的数列量纲不同，要转化为无量纲。无量纲化的方法，常用的有初值化与均值化。初值化是指所有数据均用第一个数据除，然后得到一个新的数列，这个新的数列即是各不同时刻的值相对于第一个时刻的值的百分比。均值化处理就是用序列平均值除以所有数据，即得到一个占平均值百分比的数列。另外，还有我们经常使用的规范化处理方式。

关联系数只表示各时刻数据间的关联程度，由于关联系数的数很多，信息过于分散，不便于比较，为此有必要将各个时刻的关联系数集中为一个值，求平均值便是作为这种信息集中处理的一种方法。于是，绝对关联度的一般表达式为：

$$r_i = \frac{1}{n}\sum_{k=1}^{n}\xi_i(k)$$

或者说 r_i 是曲线 x_i，对参考曲线 x_0的绝对关联度。

应该看到，绝对值关联度是反映事物之间关联程度的一种指标，它能指示具有一定样本长度的给定因素之间的关联情况。但它也有明显的缺点，就是绝对值关联度受数据中极大值和极小值的影响，一旦数据序列中出现某个极值，关联度就会发生变化。因此，绝对值关联度有时不能真正反映数据列之间的关联程度。另外计算绝对值关联度时，需要对原数据作无量纲化处理，比较烦琐，而且，分辨系数的取值不同，也会导致关联系数的不唯一。

不过，关联度分析的目的，是在影响某参考数列 x_0的诸因素 x_i 中找出主要因素，也就是按对 x_0的关联程度大小对 x_i 进行排序。

若 x_i 与 x_0，x_j 与 x_0 的关联度分别为 r_i，r_j，则：

$r_i > r_j$ 时，称 x_i 优于 x_j；

$r_i < r_j$ 时，称 x_i 劣于 x_j；

$r_i = r_j$ 时，称 x_i 等于 x_j；

$r_i \geqslant r_j$ 时，称 x_i 不劣于 x_j；

$r_i \leqslant r_j$ 时，称 x_i 不优于 x_j。

于是，我们就可以把影响母序列 x_0的因素 x_i 按上述定义的优劣排队，即按各自对 x_0的影响程度大小排序，从而完成我们的关联分析。

总的来说，灰色关联度分析是系统态势的量化比较分析，其实质就是比较若干数列所构成的曲线列与理想（标准）数列所构成的曲线几何形状的接近程度，几何形状越接近，其关联度越大。关联序则反映各评价对象对理想（标准）对象的接近次序，即评价对象的优劣次序，其中灰色关联度最大的评价对象为最佳。因此，利用灰色关联度可对评价对象的优劣进行分析比较。

13.2.2 实例分析

下面以一个煤炭企业管理水平的评价为例说明该模型方法。

影响生产的因素很多，因而评价煤矿生产管理水平比较困难。正确评价一个煤炭企业所属各矿井的管理水平以及相互之间的差距，不仅有助于加强矿井自身的企业管理，还能为企业管理部门考核矿井的管理水平提供可靠依据。对企业管理水平的评价经常使用的方法有：定性分析法、单项指标分析比较法、多目标分析法、模糊综合评判法等。但多数方法都不能反映矿井管理水平的综合情况，计算也比较烦琐。灰色关联度综合评价法能克服上述方法的不足，能把相互间互补的不可比的各项指标变成可比的，尤其是对多指标系统的评价更为有效。

13.2.2.1 煤矿管理水平指标体系的选择

矿井管理水平的多指标评价，通常是选择同类矿井，对共同的指标进行分析，从中评价管理水平的高低。要从众多指标中选择一个指标体系，这个指标体系应能够反映所评价矿井的基本情况，指标体系中各项指标的优劣程度应能较好地反映客观现实。根据上述思想，现选择能够体现煤炭生产特征和标志的如下6项指标。

产量：以评判期计划产量为100，希望实现完成的百分数越大越好。

掘进：以评判期计划掘进进尺为100，希望实现完成的百分数越大越好。

工效：以评判期计划全员工效为100，希望实现工效越高越好。

质量：以评判期商品煤计划含矸率为100，希望实际含矸率越低越好。

成本：以评判期计划吨煤成本为100，希望实际成本越低越好。

安全因素：以评判期事故率为100，希望实际事故率越低越好。

对于上述6项评价指标，采用的权重按上述指标出现的先后顺序依次为：

$W_i=(W_1, W_2, W_3, W_4, W_5, W_6)=(0.2, 0.2.0.1, 0.15, 0.15, 0.2)$

13.2.2.2 评价数据

某矿务局有5对矿井，年终考核各矿企业管理情况，5对矿井的各项指标实际数据列于表13-2中。

表13-2 评价原始数据

指标/%	一矿	二矿	三矿	四矿	五矿	理想对象
产量	123.2	112.2	92.2	118.4	87.5	123.2
掘进	90.4	114.4	91.1	120.5	85.5	120.5
工效	115.6	108.6	90.4	116.3	96.8	116.3
质量	100.5	85.2	100.7	85.7	120.5	85.2
成本	80.2	87.3	115.6	80.5	140.1	80.2
安全	0.858	0.914	0.946	0.606	0.806	0.606

13.2.2.3　指标计算

构造理想对象。把各评价对象中每一项指标的最佳值作为理想对象的指标值。最佳值从参加比选的被评对象中选取，对不同影响因素而言，有的指标以最大为好，有的指标则以最小为好，以最佳值为基础，便可构造理想对象的指标值。

现仅以一矿与理想对象的加权关联度计算为例，来说明其计算过程。

（1）计算指标关联系数

$\zeta_i(k)=(min\ min\ |C_k^*-C_k^i|+\rho max\ max\ |C_k^*-C_k^i|)/(|C_k^*-C_k^i|+\rho max\ max\ |C_k^*-C_k^i|)\quad \rho=0.5$

$\zeta11(1)=1$

$\zeta11(2)=0.538$

$\zeta11(3)=0.947$

$\zeta11(4)=0.698$

$\zeta11(5)=1$

$\zeta11(6)=0.54$

（2）计算加权关联度

$$r_{11}=\sum_{i=1}^{n}\xi_{11}(i)W_i=(1\times0.2+0.538\times0.2+0.974\times0.1+0.698\times0.15+1\times0.15+0.54\times0.2)=0.768$$

用同样方法可计算出其他几个矿井的加权关联度，如下：

$$r_{12}=0.785,\ r_{13}=0.558,\ r_{14}=0.973,\ r_{15}=0.527$$

根据以上关联度可建立关联序如下：

$$r_{14}>r_{12}>r_{11}>r_{13}>r_{15}$$

可见，四矿管理水平最高，二矿次之，一矿第三，三矿第四，五矿最差。

13.2.3　步骤总结

以上可见，灰色关联度分析具体步骤如下。

① 确定比较数列（评价对象）和参考数列（评价标准）；

② 确定各指标值对应的权重；

可利用层次分析法等确定各指标对应的权重：

③ 计算灰色关联系数；

④ 计算灰色加权关联度，建立灰色关联度；

⑤ 评价分析。

根据灰色加权关联度的大小，对各评价对象进行排序，可建立评价对象的关联序，关联度越大其评价结果越好。

最后指出，通过编制程序，其中的计算过程由计算机能很快完成。

13.3 灰色关联分析法的应用案例

13.3.1 在煤矿企业经济效益评价中的应用

目前煤矿企业无论是国家对企业的评价，还是企业内部自我评价，往往是利用某几个主要单项指标完成计划的相对数，或与历史同期相比的相对数来进行评价。但是一个企业甲指标完成较好，乙指标较差；另一企业甲指标较差，乙指标较好。这时得到的综合评价也很难明确评出谁比谁更好些。为解决这些问题，近几年来国内外学者提出了一些新方法，如模糊综合评判等，有的已应用于实际工作中。然而煤矿企业经济效益除了模糊性之外，还有一种更为广泛、内容更为深刻的特性，这就是系统的灰色性——信息的不完全性和非确知性。而系统的灰色性不但包括了随机性和模糊性，还包含了这两种不确定性以外的系统的更为广泛的特性。

（1）煤矿企业经济效益的灰色关联分析法

应用灰色关联分析法评价煤矿企业效益，首先要构成各个系统的技术经济指标数据列：

$$\{x_1\} = \{x_1(1),\ x_1(2),\ \cdots,\ x_1(n),\ \}$$
$$\{x_2\} = \{x_2(1),\ x_2(2),\ \cdots,\ x_2(n),\ \}$$
$$\vdots$$
$$\{x_m\} = \{x_m(1),\ x_m(2),\ \cdots,\ x_m(n),\ \}$$

式中：x_1，x_2，$\cdots$，x_m 分别表示 1 到 m 个系统；

n 表示技术经济评价指标数。

确定参考数据列，确定原则为：参考数据列各项元素是以各系统技术经济指标数据列里选出最佳值组成的，即参考数据列 $\{x_0\}$ 为：

$$\{x_0\} = \{x_0(1),\ x_0(2),\ \cdots,\ x_0(n)\}$$
$$= \{x_i(1),\ x_j(2),\ \cdots,\ x_k(m)\}$$

式中：i，j，$k \in [1,\ m]$ 的自然数域。

$\{x_0\}$ 中的 x_i（1），x_j（2），$\cdots$，x_k（m）是被比数据列中的最佳值，如企业利润指标，人们希望越高越好，生产成本指标越低越好。若 x_i（r）表示企业利润，x_j（s）表示生产成本那么：

$$x_i(r) = \max\{x_1(r),\ x_2(r),\ \cdots,\ x_n(r)\}$$
$$x_j(s) = \min\{x_1(s),\ x_2(s),\ \cdots,\ x_n(s)\}$$

因此，数据列 $\{x_0\}$ 的各项元素是最优技术经济指标的数据列。

确定各指标的重要性系数。

至此，余下的问题就是计算以各项技术经济指标为元素构成的数据列对参考数据列的关联度，所得关联度就是被比各企业经济效益优劣的次序。

（2）实例计算

对西山矿务局五个生产矿井 1989 年度的企业经济效益综合评价。

1989 年度西山矿务局五个生产矿井实际资料如表 13-3 所示。

表 13-3　1989 年度西山矿务局五个生产矿井技术经济指标实现值

指标	白家庄矿	杜儿坪矿	西铭矿	官地矿	西曲矿
原煤成本	99.89	103.69	97.42	101.11	97.21
企业利润	96.91	124.78	66.44	143.96	88.36
原煤产量	102.63	101.85	104.39	100.94	100.64
原煤销售量	98.47	103.16	109.17	104.39	91.90
商品煤灰分	87.51	90.27	93.77	94.33	85.21
全员效率	108.35	106.39	142.35	121.91	158.61
流动资金周转天数	71.67	137.16	97.65	171.31	204.52
资源回收率	103.25	100.00	100.00	99.13	100.22
百万吨死亡	171.20	51.35	15.90	53.72	20.78

注：表中数据为实际完成值与计划值相比的百分数。

第一步，确定最优参考数据列。

$\{x_0\}$ = {97.21，143.96，103.60，109.17，85.21，158.61，71.67，103.25，15.90}

第二步，确定各指标的重要性系数，如表 13-4 所示。

表 13-4　各指标的重要性——权重

指标	原煤成本	企业利润	产量	销售量	灰分	全员效率	周转天数	回收率	百万吨死亡
权重	0.111	0.143	0.098	0.112	0.108	0.096	0.068	0.072	0.192

第三步，计算各矿井中指标数据列对于最优参考数据列的关联度。各矿井指标数据列为：

$\{x_1\}$ = {99.89，96.91，102.63，98.47，87.51，108.35，71.67，103.25，171.20}

$\{x_2\}$ = {103.69，124.78，101.85，103.16，90.27，106.39，137.16，100.00，51.35}

$\{x_3\}$ = {97.42，66.44，103.60，109.17，93.77，142.35，97.65，100.00，15.90}

$\{x_4\}$ = {101.11，143.96，100.94，104.39，94.33，121.91，171.31，99.13，53.72}

$\{x_5\}$ = {97.21, 88.36, 100.64, 91.90, 85.21, 158.61, 204.52, 100.22, 20.78}

经计算各矿井的关联度及其优劣顺序如表 13-5 所示。

表 13-5 各矿井关联度及其优劣次序

单位	白家庄矿	杜儿坪矿	西铭矿	官地矿	西曲矿
关联度	0.774 9	0.841 9	0.891 6	0.809 7	0.873 4
优劣次序	5	3	1	4	2

(3) 结论

用灰色关联分析法评价煤炭企业经济效益是一种行之有效且简单易行的新方法。

灰色关联分析法只是对评判对象的优劣做出鉴别，并不反映某个企业经济效益的绝对水平。

13.3.2 在企业顾客满意度评价中的应用

随着中国加入 WTO 和全球经济一体化发展，市场竞争日趋激烈，企业越来越认识到争取市场、赢得并留住顾客的重要性，不断提高顾客满意度已成为企业之间竞争的焦点。

因此，科学、合理地测量和评价顾客满意度，正确认识自身的市场地位，必然是企业决策者最关心、最重视的课题之一。

企业顾客满意度是顾客对企业的产品和服务满意程度的综合反映，它受多种因素的影响，且各因素之间的联系难以精确定量和不完全确知，仅仅依靠定性方法和一般的数学评价方法，很难做出合理、准确的判断。用灰色系统理论评价企业顾客满意度具有一定的适用性和科学性。

灰色系统理论对信息不精确、不完全确知的小样本系统有明显的理论分析优势，这里讨论的顾客满意度评价就是采用灰色关联度分析法将评价因素之间的不完全确知关系进行“白”化。

(1) 评价指标体系选择

顾客满意（Customer Satisfactory，CS）理论研究的结果表明，顾客满意态度取决于顾客的事前期望与实际感受的关系。企业顾客满意度就是企业的顾客在购买企业产品或接受服务的过程中，由于在期望与实际感受上的差距所形成的满意态度的定量描述，它是多种因素综合影响的结果。一般而言，一个企业常常经营多种产品（服务），在此情况下可选取企业代表性的产品（服务）项目进行测量。以顾客对代表性产品相关因素的满意度来评价整个企业的顾客满意度。企业代表性产品评价指标体系选择与顾客满意形成过程如图 13-2 所示。

(2) 确定被评企业的指标值数列和参考评价标准数列

如选定某行业中 5 个企业，分别就其代表性产品的品牌、功能、质量、包装、价格、服务和信誉 7 个因素进行市场调查，让顾客对这 7 个因素的满意程度打分评价，每

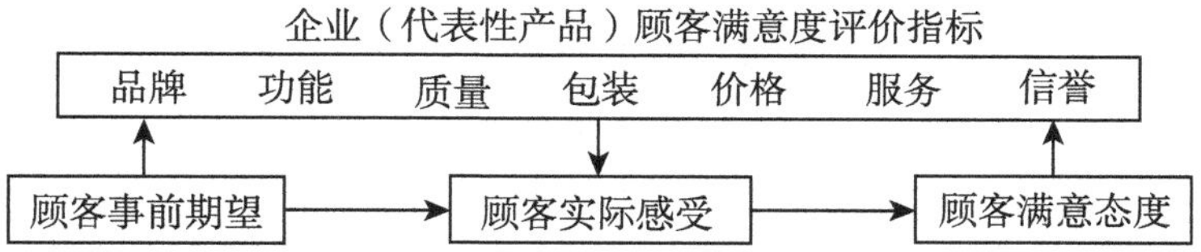

图 13-2　企业代表性产品评价指标体系与顾客满意度形成过程

个因素的得分数在 0~10 之间，满意程度越高其分值越高。对获得的原始分，先采用简单加权平均法统计企业在各评价因素上的综合得分，各企业的得分情况及参考数列见表 13-6。

表 13-6　企业得分情况及参考数列

企业	品牌	功能	质量	包装	价格	服务	信誉
企业 1	8	7	8	7	6	7	8
企业 2	6	7	8	7	7	6	5
企业 3	7	6	6	8	7	6	7
企业 4	6	5	7	8	8	7	6
标准	8	7	8	8	8	7	8

注：表中标准数列的取值为各企业在每一指标得分的最大值。

将表 13-6 做归一化处理，其方法是用标准数列中的最大值 8 去除以表中所有分值，以百分比表示顾客对企业各评价指标的满意程度，处理结果见表 13-7。

表 13-7　顾客对企业评价指标的满意度

企业	品牌	功能	质量	包装	价格	服务	信誉
企业 1	100	87. 5	100	87. 5	75	87. 5	100
企业 2	75	87. 5	100	87. 5	87. 5	75	62. 5
企业 3	87. 5	75	75	100	87. 5	75	87. 5
企业 4	75	62. 5	87. 5	100	100	87. 5	75
企业 5	50	75	75	100	100	50	62. 5
参考数列	100	87. 5	100	100	100	87. 5	100

（3）确定评价因素的权重

通过专家咨询并利用 AHP 法确定各评价因素的权重，按上述评价指标顺序排列的权重为：

$$W=(0.15, 0.1, 0.2, 0.1, 0.15, 0.2, 0.1)$$

(4) 计算灰色关联系数

根据灰色关联系数计算公式，对企业 1 而言，两级最小差与两级最大差分别为：

$$\min_i \min_k |X_0(k) - X_i(k)| = 0,\ \max_i \max_k |X_0(k) - X_i(k)| = 50$$

取 $\xi=0.5$，则有：

$$\xi_1(1) = 1,\ \xi_1(2) = 1,\ \xi_1(3) = 1,\ \xi_1(4) = 0.67,$$
$$\xi_1(5) = 0.5,\ \xi_1(6) = 1,\ \xi_1(7) = 1$$

即 $\xi_1(\mathrm{k}) = \{1.00,\ 1.00,\ 1.00,\ 0.67,\ 0.50,\ 1.00,\ 1.00\}$

同理算得：

$$\xi_2(k) = \{0.50,\ 1.00,\ 1.00,\ 0.67,\ 0.50,\ 1.00,\ 0.40\}$$
$$\xi_3(k) = \{0.67,\ 0.67,\ 0.50,\ 1.00,\ 0.67,\ 0.67,\ 0.67\}$$
$$\xi_4(k) = \{0.50,\ 0.50,\ 0.67,\ 1.00,\ 1.00,\ 1.00,\ 0.50\}$$
$$\xi_5(k) = \{0.34,\ 0.67,\ 0.50,\ 1.00,\ 1.00,\ 0.40,\ 0.40\}$$

(5) 计算灰色关联度，建立关联序

算得企业 1 的顾客满意灰色关联度为：

$$r_1 = 0.15 \times 1 + 0.1 \times 1 + 0.2 \times 1 + 0.1 \times 0.67 + 0.15 \times 0.5 +$$
$$0.2 \times 1 + 0.1 \times 0.67 = 0.892$$

同理算得，企业 2、企业 3、企业 4、企业 5 的顾客满意灰色关联度分别为：

$$r_2 = 0.747,\ r_3 = 0.669,\ r_4 = 0.759,\ r_5 = 0.588$$

各企业的顾客满意灰色关联度排序为：

$$r_1 > r_4 > r_2 > r_3 > r_5$$

(6) 企业顾客满意度评价分析

从以上计算过程和结果可以看出，企业 1 由于其品牌形象好、产品质量高和服务与信誉良好而得到顾客的好评，顾客满意度最高；企业 2 与企业 4 虽然品牌形象一般，但依靠产品质量保证和价格优势也获得了顾客的较好评价；企业 3 的品牌形象尚可，但在产品质量和服务水平上有待进一步提高；企业 5 的问题较多，应重点在产品质量、服务相信誉上进行改进以建立和提升形象，进而提高企业顾客满意度。

(7) 结论

上述讨论表明，企业顾客满意度的灰色关联度评价法具有操作简便、效率高、所需数据少和揭示问题清晰等特点，借助计算机可对大量的企业进行评价，是一个易于推行的方法。但同时需要说明以下几点。

① 用灰色关联度评价企业顾客满意度的关键是顾客调查环节，在对顾客进行合理分类并选择合适的调查方法的条件下，其评价的有效性才能真正体现。

② 评价因素权重实际上与顾客的类型有关，如高收入顾客群比较看重产品的品牌因素，而低收入顾客群则重视价格因素，即不同类型顾客对企业的满意度可能存在较大差异，因此，应在考虑顾客类型的前提下合理确定评价因素的权重。

③ 顾客对一个企业的产品或服务的事前期望，实际上是在参照了同行业中其他企业的情况得出的，如顾客在购物前收集其他企业同类产品的价格、质量和功能等方面的信息。因此，企业顾客满意度与企业之间的竞争直接相关。这里选择各企业在每一指标

上得分数的最大值作为评价标准，比用其他标准更合理、科学。

13.3.3　在企业竞争力评价中的应用

在激烈的市场竞争中，竞争力是企业战胜对手的根本武器，是企业生存和发展的唯一基础，任何企业都必须重视自己竞争力的培养。然而，企业要培养竞争力，首要的一点就是必须先识别自身的竞争地位。因为只有在识别了自身的竞争地位后，才能知道自己与竞争对手的差距，进而探索提高企业市场竞争力的途径。因此，准确地评价企业的竞争力显得尤为重要。

关于企业竞争力评价，目前已经涌现了不少的研究成果。比如利用模糊综合评价来评估企业的竞争力，采用神经网络作为评价企业竞争力的模型，等等。但值得注意的是，这些评价方法要么过于简单，信息丢失太多，使评价结果难以令人信服；要么过于复杂，可操作性不强，缺乏实用价值。

企业竞争力评价系统是一个灰色系统。首先因为影响企业竞争力的因素太多而且复杂，人们在评价时，只能选取有限的主要指标来进行分析。其次，所选取的评价指标的数据，有些是已知的——可以从现有的统计资料中获得，有些指标的数据却是未知的——无法从统计资料中获得。因此该系统具有信息不完全，或者“灰色”的特征。鉴于该系统的灰色特征，这里运用灰色系统理论评价此系统是非常适宜的。

（1）企业竞争力评价体系的设计

为了客观科学地评价企业的竞争力，观察企业在市场竞争中所处的位置，需要设计一套科学、完整及能够从全方位、多角度反映企业竞争力的指标体系。根据指标体系科学性、完整性、合理性的设计原则，选取一些既能反映企业竞争力内涵的主要方面，同时又能从现有的统计资料中获取数据的指标作为利用灰色理论评价企业竞争力的指标体系，见图 13-3。

该评价体系由 6 大类 18 项指标构成，较好地反映了企业竞争力的基本内涵。一个企业要有较强的竞争力，必须同时具有较强营运能力、经营安全能力、获利能力、市场控制能力、技术创新能力以及较高的员工素质。

（2）多层次灰色系统评价模型

灰色关联分析提供了一种定量分析两因素之间相互关联程度的方法。这里采用灰色关联分析来评价企业竞争力的基本思路是：以行业内最有竞争力（理想企业）的各指标值作为参考数列 X_0 的各实体 x_{0k}，被评价企业的各指标作为比较数列 X_i 的各实体 x_{ik} 求关联度 r_i，关联度越大，说明被评价企业与竞争力最强的企业越相似，其竞争力越强；反之，则竞争力越弱。因此，关联度的大小顺序，就是被评价企业竞争力强弱的次序。其评价步骤如下。

① 选择参考数列。

设：i 为第 i 个评价单元（企业）的序号，$i=1，2，\cdots，m$；k 为第 k 个评价指标的序号，$k=1，2，\cdots，n$；可 V_{ik} 为第 i 个评价单元的第 k 个指标的评价值。

取每个指标的最佳值的 V_{0k} 参考数列 V_0 的实体，于是有：$V_0=（V_{01}，V_{02}，\cdots，V_{0m}）$

式中：$V_{0k}=Optimum（v_{ik}）$，$i=1，2，\cdots，m$；$k=1，2，\cdots，n$

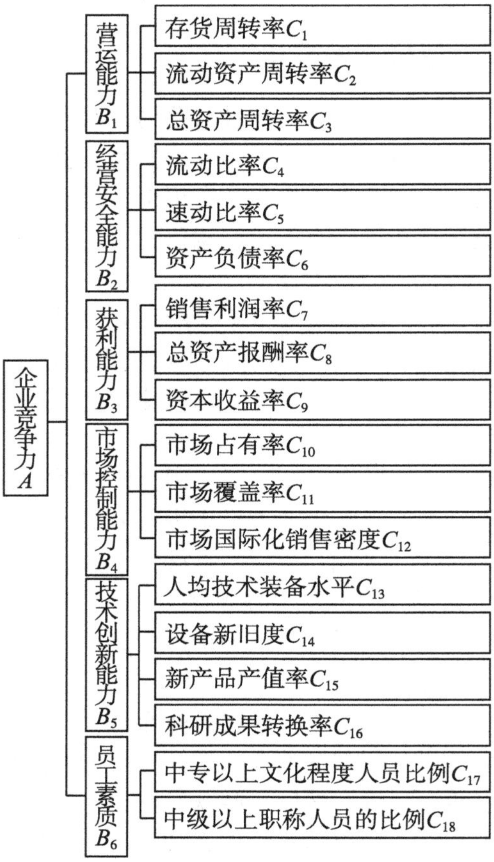

图 13-3　企业竞争力评价指标体系

对一个由 m 个评价单元（企业），n 个评价指标的系统，有下列矩阵：

$$V=(V_{ik})_{m\times n}=\begin{bmatrix} V_{11} & V_{12} & \cdots & V_{1n} \\ V_{21} & V_{22} & \cdots & V_{2n} \\ \vdots & \vdots & \vdots & \vdots \\ V_{m1} & V_{m2} & \cdots & V_{mn} \end{bmatrix}$$

选取的参考数列为：

$$V_0=(\nu_{01},\ \nu_{02},\ \cdots,\ \nu_{0m})$$

② 指标值规范化处理。

为了使各指标之间可以比较，需要对各指标值进行规范化处理，规范化的公式如下：

$$X_{ik}=\frac{V_{ik}-\min_{i}V_{ik}}{\max_{i}V_{ik}-\min_{i}V_{ik}}$$

进行规范化处理之后，得：

$$X=(X_{ik})_{m\times n}=\begin{bmatrix} V_{11} & V_{12} & \cdots & V_{1n} \\ V_{21} & V_{22} & \cdots & V_{2n} \\ \vdots & \vdots & \vdots & \vdots \\ V_{m1} & V_{m2} & \cdots & V_{mn} \end{bmatrix}$$

③ 计算关联系数。

把规范化后的数列 $X_0=(x_{01},\ x_{01},\ \cdots,\ x_{0n})$ 作为参考数列，$X_0=(x_{i1},\ x_{i1},\ \cdots,\ x_{in})$ $(i=1,\ 2,\ \cdots,\ m)$ 作为比较数列，关联系数的计算公式为：

$$\xi_{ik}=\frac{\min\limits_{i}\min\limits_{k}|X_{0k}-X_{ik}|+\rho\max\limits_{i}\max\limits_{k}|X_{0k}-X_{ik}|}{|X_{0k}-X_{ik}|+\rho\max\limits_{i}\max\limits_{k}|X_{0k}-X_{ik}|}$$

$$i=1,\ 2,\ \cdots,\ m;\qquad k=1,\ 2,\ \cdots,\ n$$

式中 ρ 是分辨系数，$\rho\in[0,\ 1]$。

利用公式计算关联系数 ξ_{ik} $(i=1,\ 2,\ \cdots,\ m;\ k=1,\ 2,\ \cdots,\ n)$，得下列关联系数矩阵：

$$E=(\xi_{ik})_{m\times n}=\begin{bmatrix} \xi_{11} & \xi_{12} & \cdots & \xi_{1n} \\ \xi_{21} & \xi_{22} & \cdots & \xi_{2n} \\ \vdots & \vdots & \vdots & \vdots \\ \xi_{m1} & \xi_{m2} & \cdots & \xi_{mn} \end{bmatrix}$$

式中：ξ_{ik} 为第 i 个评价单元（企业）第 k 个指标与第 k 个最佳指标的关联系数。

④ 计算单层次的关联度。

考虑到各指标的重要程度不一样，所以关联度计算方法采取权重乘以关联系数。根据专家法得到某一层的各指标相对于上层目标的优先权重为：

$$W=(w_1,\ w_2,\ \cdots,\ w_n)$$

式中：$\sum\limits_{k=1}^{t}w_k=1$，$t$ 表示该层中的指标个数。则关联度的计算公式是：

$$R=(r_i)_{1\times m}=(r_1,\ r_2,\ \cdots,\ r_m)=WE^t$$

⑤ 计算多层评价系统的最终关联度。

对一个由 L 层组成的多层评价系统，最终关联度的计算方法如下：将第 k 层各指标的关联系数进行合成，分别得它们所属的上一层即是 $k-1$ 层各指标的关联度；然后把这一层所得到的关联度作为原始数据，继续合成得到第 $k-2$ 层各指标的关联度，以此类推，直到求出最高层指标的关联度为止。

⑥ 企业竞争力大小排序。

依据关联度 r_i $(i=1,\ 2,\ \cdots,\ m)$ 大小进行排序，关联度的大小顺序即为企业竞争力优劣次序。

（3）应用实例

这里以 4 个家电企业（V_1，V_2，V_3，V_4）为实例，说明它的应用。

① 建立企业竞争力评价指标体系。企业竞争力评价指标体系如图 13-3 所示。该系统由三层指标组成，即第一层：目标层，企业竞争力（A）；第二层：要素层，包括营

运能力（B_1）、经营安全能力（B_2）、获利能力（B_3）、市场控制能力（B_4）、技术创新能力（B_5）、员工素质（B_6）；第三层：指标层，共 18 个指标（C_1，C_2，…，C_{18}）。

② 计算单层关联度。4 个家电企业（V_1，V_2，V_3，V_4）各指标的数据 v_{ik}，（$i=1$，2，3，4；$k=1$，2，3，…，18）及各指标的最佳值 v_{0k}列于表 13-8。

表 13-8　企业各指标值及满意值

指标	V_1	V_2	V_3	V_4	满意度
C_1	1.5	1.5	1.8	1.2	2.0
C_2	2.1	2.3	2.5	2.3	3.0
C_3	1.5	1.3	1.4	1.7	2.0
C_4	2.3	2.5	2.5	2.6	2.0
C_5	1.6	1.5	1.3	1.6	1.0
C_6	0.8	0.76	0.68	0.75	0.6
C_7	0.08	0.07	0.05	0.09	0.1
C_8	0.22	0.16	0.19	0.20	0.30
C_9	0.10	0.08	0.11	0.13	0.15
C_{10}	0.12	0.08	0.1	0.16	0.45
C_{11}	0.11	0.17	0.13	0.21	0.3
C_{12}	0.14	0.11	0.16	0.21	0.3
C_{13}	0.55	0.76	0.65	0.7	1.0
C_{14}	0.6	0.82	0.76	0.56	1.0
C_{15}	0.11	0.14	0.1	0.2	0.26
C_{16}	0.12	0.09	0.21	0.14	0.25
C_{17}	0.14	0.11	0.17	0.10	0.2
C_{18}	0.10	0.09	0.14	0.12	0.15

从表 13-8 可以得出参考数列

V_0=（2.0，3.0，2.0，2.0，1.0，0.6，0.1，0.3，0.15，0.45，0.3，0.3，1.0，1.0，0.26，0.25，0.2，0.15）

对表 13-8 中的各指标的值经规范化处理后，得到各指标与参考数列中各最佳值的关联系数£ 。（$i=1$，2，…，m；$k=1$，2，…，n）值列于表 13-9。

表 13-9　关联系数值

关联系数	V_1	V_2	V_3	V_4
ξ_1	0. 60	0. 60	0. 89	0. 45
ξ_2	0. 45	0. 52	0. 63	0. 52
ξ_3	0. 55	0. 45	0. 49	0. 72
ξ_4	0. 67	0. 50	0. 50	0. 45
ξ_5	0. 45	0. 50	0. 67	0. 45
ξ_6	0. 45	0. 52	0. 74	0. 54
ξ_7	0. 74	0. 61	0. 45	0. 96
ξ_8	0. 63	0. 45	0. 52	0. 55
ξ_9	0. 55	0. 45	0. 63	0. 85
ξ_{10}	0. 48	0. 45	0. 47	0. 52
ξ_{11}	0. 45	0. 57	0. 48	0. 69
ξ_{12}	0. 50	0. 45	0. 54	0. 69
ξ_{13}	0. 45	0. 65	0. 52	0. 57
ξ_{14}	0. 48	0. 72	0. 63	0. 45
ξ_{15}	0. 47	0. 54	0. 45	0. 77
ξ_{16}	0. 51	0. 45	0. 89	0. 56
ξ_{17}	0. 61	0. 48	0. 84	0. 45
ξ_{18}	0. 50	0. 45	1. 0	0. 67

③ 多层结构关联度合成。

利用专家调查法得到如下权重：

$$W_{AB}=(0.14,\ 0.14,\ 0.17.0.20,\ 0.18,\ 0.17)$$

$$W_{B_1C}=(0.3,\ 0.4,\ 0.3)$$

$$W_{B_2C}=(0.3,\ 0.4,\ 0.3)$$

$$W_{B_3C}=(0.3,\ 0.3,\ 0.4)$$

$$W_{B_4C}=(0.5,\ 0.3,\ 0.2)$$

$$W_{B_5C}=(0.3,\ 0.2,\ 0.3,\ 0.2)$$

$$W_{B_6C}=(0.6,\ 0.4)$$

利用公式 $R=WE^{\mathrm{T}}$ 可以得到 B 层各指标的关联度：

$$R_{B_1}=W_{B_1C}E_{B_1C}^{\mathrm{T}}=(0.5238,\ 0.5218,\ 0.6666,\ 0.559)$$
$$R_{B_2}=W_{B_2C}E_{B_2C}^{\mathrm{T}}=(0.516,\ 0.506,\ 0.64,\ 0.447)$$
$$R_{B_3}=W_{B_3C}E_{B_3C}^{\mathrm{T}}=(0.631,\ 0.498,\ 0.543,\ 0.793)$$
$$R_{B_4}=W_{B_4C}E_{B_4C}^{\mathrm{T}}=(0.475,\ 0.486,\ 0.487,\ 0.605)$$
$$R_{B_5}=W_{B_5C}E_{B_5C}^{\mathrm{T}}=(0.474.0.591,\ 0.595,\ 0.604)$$
$$R_{B_6}=W_{B_6C}E_{B_6C}^{\mathrm{T}}=(0.566,\ 0.486,\ 0.904,\ 0.538)$$

上式中E_{B_1C}，E_{B_2C}，E_{B_3C}，E_{B_4C}，E_{B_5C}，E_{B_6C}分别为表 13-9 中对应的数据所组成的矩进一步可求得最高层指标 A 的关联度。

$$R_A=(r_1,\ r_2,\ r_3,\ r_4)=W_{AB}[R_{B_1},\ R_{B_2},\ R_{B_3},\ R_{B_4},\ R_{B_5},\ R_{B_6}]$$
$$=(0.5294,\ 0.5117,\ 0.633,\ 0.601)$$

④ 企业竞争力排序。

按 R_A 中关联度的大小得到各企业竞争力的优劣次序为：$V_3>V_4>V_1>V_2$。

（4）结论

如前所述，企业竞争力系统实际上是一个信息不完备、不确切的系统。利用灰色系统理论评价企业竞争力，可以在信息不完备、不确切的条件下，扩大信息源，提高评价分析的可信度。

在计算关联度时，用加权平均合成法取代算术平均合成法，以考虑各指标的重要性程度的差别，这样更合理、更准确些。

第 2 篇

系统评价应用案例

第 14 章　教育系统评价

14.1　教育系统各类学校的评价

14.1.1　幼儿园保育教育质量评估指南

《幼儿园保育教育质量评估指南》（下简称《评估指南》）是中华人民共和国教育部 2022 年 2 月 10 日印发的。《评估指南》是为了深入贯彻全国教育大会精神，加快建立健全教育评价制度，促进学前教育高质量发展而制定的。《评估指南》聚焦幼儿园保育教育过程及影响保育教育质量的关键要素，围绕办园方向、保育与安全、教育过程、环境创设、教师队伍五个方面提出了 15 项关键指标和 48 个考查要点，旨在引导幼儿园全面贯彻党的教育方针，落实立德树人根本任务，尊重幼儿年龄特点和发展规律，坚持保育教育结合，以游戏为基本活动，不断提高幼儿园办园水平和保教质量。

14.1.1.1　幼儿园保育教育质量评估指标体系

（1）办园方向

① 党建工作。健全党组织对幼儿园工作领导的制度机制，以政治建设为统领，加强幼儿园领导班子建设，推进党的工作与保育教育工作紧密融合。落实幼儿园党的组织和党的工作全覆盖，加强教师思想政治工作，落实党风廉政建设责任制和意识形态工作责任制，坚持党建带团建，充分发挥工会、共青团等群团组织的作用。坚持社会主义办园方向，积极研究制订幼儿园发展规划和年度工作计划。

② 品德启蒙。全面贯彻党的教育方针，落实立德树人根本任务，坚持保育教育结合，将培育和践行社会主义核心价值观融入保育教育全过程，注重从小做起、从点滴做起，为培养德智体美劳全面发展的社会主义建设者和接班人奠基。注重幼儿良好品德和行为习惯养成，潜移默化贯穿于一日生活和各项活动，创设温暖、关爱、平等的集体生活氛围，建立积极和谐的同伴关系；帮助幼儿学会生活，养成自己的事情自己做的习惯，培育幼儿爱父母长辈、爱老师同伴、爱集体、爱家乡、爱党爱国的情感。

③ 科学理念。遵循幼儿身心发展规律和学前教育规律，尊重幼儿个体差异，坚持以游戏为基本活动，珍视生活和游戏的独特教育价值。充分尊重和保护幼儿的好奇心和探究兴趣，相信每一个幼儿都是积极主动、有能力的学习者，最大限度地支持和满足幼儿通过直接感知、实际操作和亲身体验获取经验的需要。不提前教授小学阶段的课程内容，不搞不切实际的特色课程。

（2）保育与安全

① 卫生保健。膳食营养、卫生消毒、疾病预防、健康检查等工作制度和岗位职责健全，并认真抓好落实。科学制定带量食谱，确保幼儿膳食营养均衡，引导幼儿养成良好饮食习惯。教职工具有传染病防控常识，认真落实传染病报告制度，具备快速应对和防控处置能力。按资质要求配备专（兼）职卫生保健人员，认真做好幼儿膳食指导、晨午检和健康观察、疾病预防、幼儿生长发育监测等工作。

② 生活照料。帮助幼儿建立合理生活常规，引导幼儿根据需要自主饮水、盥洗、如厕、增减衣物等，养成良好的生活卫生习惯。指导幼儿进行餐前准备、餐后清洁、图画书与玩具整理等自我服务，引导幼儿养成劳动习惯，增强环保意识、集体责任感。制定并实施与幼儿身体发展相适应的体格锻炼计划，保证每天户外活动时间不少于2h，体育活动时间不少于1h。重视有特殊需求的幼儿，尽可能创造条件让幼儿参与班级的各项活动，同时给予必要的照料。根据需要及时与家长沟通，帮助幼儿获得专业的康复指导与治疗。

③ 安全防护。认真落实幼儿园各项安全管理制度和措施，每学期开学前分析研判潜在的安全风险，有针对性地完善安全管理措施。保教人员具有安全保护意识，做好环境、设施设备、玩具材料等方面的日常检查维护，及时消除安全隐患。发生意外时，优先保护幼儿的安全。幼儿园切实把安全教育融入幼儿一日生活，帮助幼儿学习判断环境、设施设备和玩具材料可能出现的安全风险，增强安全防范意识，提高自我保护能力。

（3）教育过程

① 活动组织。认真按照《幼儿园教育指导纲要》《3～6岁儿童学习与发展指南》要求，结合本园、班实际，每学期、每周制定科学合理的班级保教计划。一日活动安排相对稳定合理，并能根据幼儿的年龄特点、个体差异和活动需要做出灵活调整，避免活动安排频繁转换、幼儿消极等待。以游戏为基本活动，确保幼儿每天有充分的自主游戏时间，因地制宜为幼儿创设游戏环境，提供丰富适宜的游戏材料，支持幼儿探究、试错、重复等行为，与幼儿一起分享游戏经验。发现和支持幼儿有意义的学习，采用小组或集体的形式讨论幼儿感兴趣的话题，鼓励幼儿表达自己的观点，提出问题、分析解决问题，拓展提升幼儿日常生活和游戏中的经验。关注幼儿学习与发展的整体性，注重健康、语言、社会、科学、艺术等各领域有机整合，促进幼儿智力和非智力因素协调发展，寓教育于生活和游戏中。关注幼儿发展的连续性，注重幼小科学衔接。大班下学期采取多种形式，有针对性地帮助幼儿做好身心、生活、社会和学习等多方面的准备，建立对小学的积极期待和向往，促进幼儿顺利过渡。

② 师幼互动。教师保持积极乐观愉快的情绪状态，以亲切和蔼、支持性的态度和行为与幼儿互动，平等对待每一名幼儿。幼儿在一日活动中是自信、从容的，能放心大胆地表达真实情绪和不同观点。支持幼儿自主选择游戏材料、同伴和玩法，支持幼儿参与一日生活中与自己有关的决策。认真观察幼儿在各类活动中的行为表现并做必要记录，根据一段时间的持续观察，对幼儿的发展情况和需要做出客观全面的分析，提供有针对性地支持。不急于介入或干扰幼儿的活动。重视幼儿通过绘画、讲述等方式对自己经历过的游戏、阅读图画书、观察等活动进行表达表征，教师能一对一倾听并真实记录幼儿的想法和体验。善于发现各种偶发的教育契机，能抓住活动中幼儿感兴趣或有意义

的问题和情境，能识别幼儿以新的方式主动学习，及时给予有效支持。尊重并回应幼儿的想法与问题，通过开放性提问、推测、讨论等方式，支持和拓展每一个幼儿的学习。理解幼儿在健康、语言、社会、科学、艺术等各领域的学习方式，尊重幼儿发展的个体差异，发现每个幼儿的优势和长处，促进幼儿在原有水平上的发展。不片面追求某一领域、某一方面的学习和发展。

③ 家园共育。幼儿园与家长建立平等互信关系，教师及时与家长分享幼儿的成长和进步，了解幼儿在家庭中的表现，认真倾听家长的意见和建议。家长有机会体验幼儿园的生活，参与幼儿园管理，引导家长理解教师工作对幼儿成长的价值，尊重教师的专业性，积极参与并支持幼儿园的工作，成为幼儿园的合作伙伴。幼儿园通过家长会、家长开放日等多种途径，向家长宣传科学育儿理念和知识，为家长提供分享交流育儿经验的机会，帮助家长解决育儿困惑。幼儿园与家庭、社区密切合作，积极构建协同育人机制，充分利用自然、社会和文化资源，共同创设良好的育人环境。

（4）环境创设

① 空间设施。幼儿园规模与班额符合国家和地方相关规定，合理规划并灵活调整室内外空间布局，最大限度地满足幼儿游戏活动的需要。除综合活动室外，不追求设置专门的功能室，避免奢华浪费和形式主义。各类设施设备安全、环保，符合幼儿的年龄特点，方便幼儿使用和取放，满足幼儿逐步增长的独立活动需要。提供必要的遮阳遮雨设施设备，确保特殊天气条件下幼儿必要的户外活动能正常开展。

② 玩具材料。玩具材料种类丰富，数量充足，以低结构材料为主，能够保证多名幼儿同时游戏的需要。尽可能减少幼儿使用电子设备。幼儿园配备的图画书应符合幼儿年龄特点和认知水平，注重体现中华优秀传统文化和现代生活特色，富有教育意义。人均数量不少于 10 册，每班复本量不超过 5 册，并根据需要及时调整更新。幼儿园不得使用幼儿教材和境外课程，防止存在意识形态和宗教等渗透的图画书进入幼儿园。

（5）教师队伍

① 师德师风。教职工有坚定的政治信仰，按照“四有”好教师标准履行幼儿园教师职业道德规范，爱岗敬业，关爱幼儿，严格自律，没有歧视、侮辱、体罚或变相体罚等有损幼儿身心健康的行为。关心教职工思想状况，加强人文关怀，帮助解决教职工思想问题与实际困难，促进教职工身心健康。

② 人员配备。幼儿园教职工按国家和地方相关要求配备到位，并做到持证上岗，无岗位空缺和无证上岗情况。幼儿园教师符合专业标准要求，保育员受过幼儿保育职业培训，保教人员熟知学前儿童身心发展规律，具有较强的保育教育实践能力。园长应具备五年以上幼儿园教师或者幼儿园管理工作经历，具有较强的专业领导力。

③ 专业发展。园长能与教职工共同研究制订符合教职工自身特点的专业发展规划，提供发展空间，支持他们有计划地达成专业发展目标。制订合理的教研制度并有效落实，教研工作聚焦解决保育教育实践中的困惑和问题，注重激发教师积极主动反思，提高教师实践能力，增强教师专业自信。园长能深入班级了解一日活动和师幼互动过程，共同研究保育教育实践问题，形成协同学习、相互支持的良好氛围。

④ 激励机制。树立正确激励导向，突出日常保育教育实践成效，克服唯课题、唯

论文等倾向，注重通过表彰奖励、薪酬待遇、职称评定、岗位晋升、专业支持等多种方式，激励教师爱岗敬业、潜心育人。善于倾听、理解教职工的所思所做，发现和肯定每一名教职工的闪光点和成长进步，教职工能够感受到来自园长和同事的关心与支持，有归属感和幸福感。

14.1.1.2 北京市幼儿园办园质量监督评估标准

为完善北京市幼儿园督导评估制度，加强幼儿园监督监管，提升办园水平和保教质量，保障幼儿身心健康、快乐成长，根据国家和北京市有关学前教育发展以及幼儿园管理等相关文件精神，结合本市实际，制定本办法。

本办法适用于全市面向3~6岁儿童提供保教服务的幼儿园（点）。评估对象包括教育部门办园、其他部门办园、地方企业办园、事业单位办园、部队办园、集体办园、民办幼儿园和社区办园点。其中，幼儿园分园、分址、分部和附设在中小学的幼儿园（班）作为独立主体参加督导评估。

评估的主要内容包括：人员条件、空间与设施、机构管理、保育教育、办园成效等方面，具体内容见下表。

（1）评估等级

评估总分设为1 000分，评估结果设A、B、C、D四个等级。

① A级（优秀）：评定分值总分在850分及以上，且同时满足下列条件：第一，刚性指标（指标中带“★”的内容）得分为满分（600分）；第二，家长满意度为85%及以上。

② B级（良好）：评定分值总分在700分及以上，刚性指标得分在550分及以上。

③ C级（合格）：评定分值总分在600分及以上，刚性指标得分在550分及以上。

④ D级（不合格）：评定分值总分在600分以下，或评定分值总分在600分及以上但刚性指标得分低于550分。

达到A、B两个等级的幼儿园，方可参与《北京市幼儿园办园质量监督评估标准》附加分项的评定。

幼儿园出现下列情形，视情节给予降级处理，直至降为不合格。

① 出现歧视、体罚、变相体罚、侮辱、虐待幼儿等行为的。

② 出现重大安全事故的。

③ 出现严重儿童伤害事件的。

④ 出现其他造成社会重大负面影响事件的。

（2）评估方法

各区组织具有丰富管理经验和教学经验的学前教育专家开展督导评估，也可通过委托第三方机构等方式完成。市级组建督导评估专家组，组织开展对区级督导评估结果的抽查复核工作。

评估周期：每三年为一个督导评估周期。督导评估采取综合督导评估与专职督查人员日常督查、责任督学经常性督导相结合的方式进行。在一个周期内，各区对辖区内各类幼儿园至少进行一次综合督导评估，市级对各区当年参加督导评估的幼儿园按一定比例抽查复核。

评估方式：督导评估采取网上评估与实地核查相结合的方式进行。督导评估专家组依据《北京市幼儿园办园质量监督评估标准》，结合幼儿园网上填报数据、家长满意度测评、日常监督监管等情况，开展实地核查，进行综合督导评估。

评估程序有以下几个环节。

① 幼儿园自评。幼儿园对照《北京市幼儿园办园质量监督评估标准》，利用幼儿园办园质量督导评估信息管理系统完成网上自评，并做好接受实地督导评估的工作准备。幼儿园网上自评应当在接受督导评估的当年 3 月底前完成。

② 区级全面评估。区政府教育督导室对幼儿园自评情况进行审核，对幼儿园开展网上（含家长满意度调查）和实地评估。各区政府教育督导室综合幼儿园自评、家长满意度调查和实地督导评估情况，在实地督导结束 30 个工作日内，向幼儿园反馈督导评估意见。各区于当年 10 月底前形成督导评估报告，报市政府教育督导室。

③ 市级抽查复核。市政府教育督导室每年根据各区当年评估结果，对各区幼儿园办园质量督导评估工作进行随机抽查复核，于当年 12 月底前完成。

④ 结果公示。督导评估结果向社会公示，公示期为 10 个工作日。对公示结果有异议的幼儿园，主管部门核实后予以答复。

各级管理部门要将督导评估结果作为对幼儿园进行日常管理、监督监管和完善政策的重要依据。教育行政部门要将督导评估结果作为对幼儿园开展绩效管理、生均补贴、表彰奖励、干部考核等的重要依据。专职督查人员、幼儿园责任督学要将督导评估结果作为对幼儿园实施动态监管的重要依据。

各区根据本办法，结合实际制定具体实施方案。

（3）评估指标体系（表 14–1）

包括：一级指标 5 个，二级指标 20 个，三级指标 54 个和各三级指标的内容说明（带“★”的为刚性指标）。

表 14–1　评估指标体系

一级指标	二级指标	三级指标	三级指标内容
1 人员条件 （200 分）	人员配备 （80 分）	班级规模 （20 分）	★班级规模适宜，小班（3～4 周岁）一般为 20～25 人；中班（4 周岁至 5 周岁）一般为 25～30 人；大班（5～6 周岁）一般为 30～35 人
		园长配备 （16 分）	★6 个班以下的幼儿园设 1 名园长；6～9 个班的幼儿园正副园长不少于 2 名；10 个班及以上的幼儿园正副园长不少于 3 名
		保教人员 （16 分）	★全日制机构保教人员与幼儿比（1∶7）～（1∶9），每班至少配备 2 名专任教师和 1 名保育员；半日制机构保教人员与幼儿比（1∶11）～（1∶13），每班至少配备 2 名专任教师
		卫生保健人员 （12 分）	★按照日托机构每收托 100 名儿童，全托机构每收托 50 名儿童至少设 1 名专职卫生保健人员的比例配备卫生保健人员。日托机构 100 名儿童以下，寄宿制机构 50 名儿童以下，设 1 名专职或兼职卫生保健人员
		其他人员 （16 分）	★机构至少设置 1 名安全员，根据幼儿规模至少配备 3 名专职保安人员
			★根据国家和北京市有关财会工作规定配备财会人员，至少配备会计 1 名、出纳 1 名

（续表）

一级指标	二级指标	三级指标	三级指标内容
1 人员条件 （200分）	人员配备 （80分）	其他人员 （16分）	★设置食堂的机构，炊事人员与儿童配备比例：提供每日三餐一点的托幼机构应当达到1∶50，提供每日一餐二点或二餐一点的1∶80
	任职资格 （100分）	园长资格 （20分）	★园长应当具有《教师资格条例》规定的教师资格、具备大专以上学历，有一定的幼儿园工作经历和一定的组织管理能力，并取得幼儿园园长岗位培训合格证书
		教师资格 （30分）	★教师100%具有《教师资格条例》规定的教师资格证书
		卫生保健人员资格 （20分）	★卫生保健人员100%取得卫生行政部门颁发的“医师执业证书”或“护士执业证书”，持有“北京市托幼机构卫生保健人员培训证”
		保育员资格 （10分）	★保育员100%接受过幼儿保育职业培训，并取得上岗证
		其他人员资格 （20分）	★安保人员100%取得保安资格
			★财会人员100%取得“会计资格证”
			★炊事人员100%取得“食品从业人员健康证”
	上岗条件 （20分）	健康合格证 （12分）	★教职工上岗前100%取得“托幼机构工作人员健康合格证”
		岗前培训 （8分）	★教职工100%接受符合其岗位特点的岗前培训以及有关教育政策、法律、法规、师德、未成人保护等方面基本培训
2 空间与设施 （100分）	空间条件 （40分）	生均运动空间 （16分）	★提供全日制服务的机构，应有相对独立的幼儿户外活动场地及安全防护措施，户外活动场地生均使用面积不低于$2m^2$
			★有一定的室内运动空间，能满足特殊天气情况下幼儿运动需求
		生均活动室空间 （24分）	★幼儿活动室具备采光、照明、通风等条件
			★生均使用面积不低于$1m^2$，若活动室与睡眠室共用，生均使用面积不低于$2m^2$
	设施设备 （60分）	生活设施设备 （18分）	★至少配备符合儿童年龄特点的桌、椅、儿童床（提供全日制服务的机构）等幼儿生活设施；生活设施应符合安全、环保要求，不存在可能对儿童造成伤害的安全隐患
		卫生设施设备 （18分）	★按照卫生、食药监要求配备盥洗、保健、消毒设施、食堂用具等设施设备，《北京市托幼机构卫生评价报告》评价为“合格”
			★取得“食品经营许可证”（设立食堂的机构）
		安全设施设备 （24分）	★消防设施符合消防安全技术要求，取得“消防验收合格证明”或取得“消防安全现场检查登记表”，场所符合消防安全技术要求，准予使用
			★实现公共活动区域视频监控全覆盖，在机构重点部位安装紧急报警装置

（续表）

一级指标	二级指标	三级指标	三级指标内容
3 机构管理 （200 分）	园务管理 （65 分）	组织架构 （6 分）	★按照国家及北京市相关规定设立党组织、园务委员会、教职工大会或教职工代表大会、教研组、班组、卫生保健组、家长委员会、膳食委员会、保育员组、信息资料组、总务组
		制度建设 （12 分）	★重视机构制度建设，建立岗位责任制、学习会议制度、考勤制度、奖惩制度、交接班制度、业务档案制度、工作人员工作质量评价考核制度、资料借阅制度等制度
			能够认真按照制度要求开展工作
			各项制度规范、合理，切合本园实际，能切实发挥制度管理的作用
		文化建设 （6 分）	注重文化育人，有明确办园理念
			营造体现办园理念的自然环境和人文环境，形成积极向上、宽容友善、充满爱心、健康活泼的园风园貌
			文化建设能够与机构管理、课程、教师培养等方面相互融合
		队伍建设 （24 分）	★干部、教职工队伍建设有规划、计划，队伍建设目标明确，培养措施具体
			★专任教师继续教育学分达标；注重为教职工提供学习与专业发展机会，重视各类教职工分类分层培养，将学习作为队伍专业发展、改进工作的重要途径；为教职工配备满足专业发展需求的教育教学资源
			★增强保教人员法治意识，严禁歧视、虐待、体罚和变相体罚等损害幼儿身心健康的行为；注重师德师风建设，有师德师风建设制度及机制；积极落实国家及北京市关于师德师风有关要求，开展师德师风建设活动
		财务管理 （12 分）	★建立符合需求的财务、会计制度，财务管理工作有序，账目清楚
			★执行收费项目和收费标准的公示制度，膳食费专款专用，每学期向家长公布账目
			★建立资产管理制度，账实相符，清楚有序
		信息管理 （5 分）	★按照相关部门要求及时报送、更新儿童信息管理系统中机构与幼儿信息
			确保报送信息准确
	卫生保健 （60 分）	卫生 保健管理 （60 分）	★《北京市托幼机构卫生保健工作综合评价报告》评价为“合格”
	保教管理 （40 分）	日常管理 （20 分）	★建立幼儿一日生活常规、保教人员工作规范以及保教管理者日常管理工作规范
			在日常各项保教工作中能从幼儿需求出发落实各项要求
			日常管理工作能切实促进各项保教工作提升

（续表）

一级指标	二级指标	三级指标	三级指标内容
3 机构管理（200分）	保教管理（40分）	教研工作（12分）	★机构建立健全教研制度
			根据实际确定教研专题、定期开展各类有一定质量教研活动
			教研工作实效性强，教研活动能促进教师专业成长和机构保教质量持续提升
		业务支持（8分）	★建立园长深入班级指导保育教育活动制度；园长深入班级，每周不少于6~8h，业务园长（保教管理者）每周不少于16h
			园长或机构负责人能结合深入班级情况在日常保教、教研等工作中给予支持与指导
	安全管理（20分）	安全制度（5分）	★建立安全责任制度、家长接送、日常巡查记录、出入登记、日常巡逻防控、安全隐患排查、日常巡逻防控等安全管理制度
			各项安全管理制度有落实，有记录
			安全管理制度科学、有效，能切实发挥作用
		设施管理（6分）	★注重设施日常维护与管理，紧急报警装置与当地公安系统联网，并经公安部门评审验收
			★安防监控系统有专人管理，视频记录应保存30天，并定期查看
		安全教育（5分）	★重视安全教育工作，有安全教育工作计划
			有计划地对幼儿及全体教职工开展多种形式的安全教育活动
		应急管理（4分）	★制定防火、防震、防暴等安全应急预案
			定期实施防火、防震、防暴等安全演练活动，指导教职工正确应对和妥善处置各类突发事件
			应急管理工作成效良好，幼儿及教职工能掌握一定应急逃生知识
	家园社区合作（15分）	家园共育（9分）	★重视家长工作，注重家园共育，建立健全家长委员会、家长工作制度
			积极发挥家长委员会的作用，定期组织保教开放活动
			通过多种方式向家长宣传正确的教育理念和科学育儿的知识
		社区合作（6分）	★重视利用自然环境和社会（社区）的教育资源，扩展幼儿生活和学习的空间
			积极向社区及社会传播科学的育儿理念和知识，努力为幼儿成长创造良好的社会环境

（续表）

一级指标	二级指标	三级指标	三级指标内容
4 保育教育 （300 分）	教育理念 （20 分）	教育理念 （20 分）	★认真落实立德树人根本任务，尊重幼儿身心发展规律，尊重幼儿个体差异
			注重在一日生活中坚持保教结合的基本原则，珍视游戏和生活的独特价值，以游戏为基本活动
			能在日常的保教实践中努力将教育理念转化为具体教育行为
	环境创设 （45 分）	精神环境 （15 分）	★注重为幼儿营造宽松、自主、平等的心理环境
			师幼关系等人际关系和谐
			幼儿有安全感和信任感
		物质环境 （30 分）	★依据幼儿年龄特点配备户外设施、材料以及室内玩教具
			设施、材料及玩教具安全适用，数量充足、种类丰富
			设施、材料及玩教具能满足幼儿活动需求，促进幼儿发展
	生活活动 （50 分）	幼儿 活动状态 （30 分）	★幼儿在生活活动中自主、有序，情绪稳定
			幼儿在生活活动中有自己动手、自我服务机会
			幼儿具有良好的生活、卫生习惯和基本的生活自理能力
		观察与指导 （20 分）	★保教人员注意观察幼儿的身体健康及情绪、生活自理、卫生习惯等变化
			保教人员能坚持保护促进，注重养成的原则
			关注生活活动中幼儿差异，给予有效支持与指导
	游戏活动 （75 分）	游戏环境 （25 分）	★能因地制宜地利用空间创设游戏环境，区域设置合理
			区域游戏材料丰富、适宜，能体现趣味性、操作性、层次性
			环境能满足幼儿发展需求，材料利用率较高，能够及时调整与更新
		幼儿 游戏状态 （25 分）	★幼儿能根据自己的兴趣和意愿选择游戏内容、材料和同伴
			幼儿在游戏过程中投入、专注，能积极与环境互动
			幼儿在游戏过程中能主动探究，积极解决问题
		观察与指导 （25 分）	★教师能有意识地观察与了解幼儿的兴趣与需要
			能在分析判断的基础上给予幼儿适宜地回应与支持
	教育活动 （50 分）	目标确定 （10 分）	★活动目标符合本班幼儿的年龄特点和实际发展水平，并有一定挑战性和适度的灵活性
			教育目标具体明确，操作性强
			注重活动组织实施过程中对目标进行动态调整

（续表）

一级指标	二级指标	三级指标	三级指标内容
4 保育教育 （300 分）	教育活动 （50 分）	内容选择 （8 分）	★教育内容选择注重尊重幼儿已有经验
			能密切联系生活，符合幼儿兴趣与发展需要
		方式方法 （10 分）	能根据教育目标、内容、幼儿发展水平等的不同灵活选择和运用集体、小组、个别等多种形式开展活动
			重视幼儿学习过程，尊重幼儿学习方式和特点，注重鼓励支持幼儿通过直接感知、实际操作和亲身体验进行学习探索
		互动情况 （14 分）	积极关注幼儿在活动开展过程中的表现，并能根据幼儿的反应灵活调整教育活动
			通过与师幼、幼幼、材料等多方互动有效支持与促进幼儿学习
		个体差异 （8 分）	★在幼儿学习活动的过程中能尊重、接纳幼儿个体差异，注重兼顾不同发展水平的幼儿
	户外活动 （40 分）	运动环境 （10 分）	★能根据幼儿年龄特点和季节特征安排户外活动，在正常情况下，幼儿户外活动时间每天不少于 2h（其中户外体育活动不少于 1h）
			户外活动中操节、集体游戏、自由游戏时间安排合理，注意动静结合
			有空间开发与利用的意识，能在特殊天气情况下利用室内空间在保证安全的前提下满足幼儿运动需求
		幼儿 运动状态 （15 分）	★幼儿喜欢参加体育活动，在运动中体验快乐
			幼儿动作发展良好，协调、灵敏
		观察与指导 （15 分）	★注重观察幼儿身体及活动状态
			根据幼儿状态及时调整活动强度、练习密度
			注意幼儿户外活动时自我保护意识及能力培养
	儿童发展 （20 分）	全面发展 （20 分）	★幼儿在身体、动作、情绪情感、认知、语言、社会性等方面发展情况达到本年龄阶段幼儿平均发展水平
5 办园成效 （200 分）	安全办园 （60 分）	安全状况 （60 分）	★近 3 年内未发生安全责任事故和重大意外事故，未受到上级行政处罚
	队伍发展 （80 分）	教师稳定性 （40 分）	★近 3 年内专任教师稳定率在 85%以上
		职称情况 （20 分）	★专任教师未评职称比例不低于规定比例；专任教师三级、二级、一级、高级等各类职称达到一定比例
		骨干教师 （20 分）	★教师发展呈现一定的梯队，园级、区级、市级骨干教师达到一定比例
	家长满意 （60 分）	家长满意度 （60 分）	★家长满意率达 85%以上

（续表）

一级指标	二级指标	三级指标	三级指标内容
附加分（50 分）	园所荣誉（15 分）		机构在办园过程中所获区级及以上国家党、政机关授予或教育行政部门认可的荣誉情况
	辐射带动（25 分）		机构在办园过程中参与市、区两级教育主管部门组织的帮扶项目情况
	特殊需要儿童（10 分）		特殊需要儿童服务情况

14.1.2　义务教育质量评价指标体系

14.1.2.1　义务教育质量评价指南

2021 年 3 月 18 日，《义务教育质量评价指南》（简称《评价指南》）由教育部、中央组织部、中央编办、国家发展改革委、财政部、人力资源社会保障部等 6 个部门联合印发，旨在着力构建以发展素质教育为导向的科学评价体系。《评价指南》提出防止学业负担过重等考察要点，明确了质量评价的指标体系，主要阐明了评什么、怎么评、谁来评等问题，指出义务教育质量评价包括县域、学校、学生三个层面，每个层面分别围绕 5 个方面提出了 12 项关键指标。

县域义务教育质量评价主要包括：价值导向、组织领导、教学条件、教师队伍、均衡发展等五方面内容，旨在促进地方党委政府坚持社会主义办学方向，加强对义务教育工作的领导，履行举办义务教育职责，促进县域义务教育优质均衡发展。

学校办学质量评价主要包括：办学方向、课程教学、教师发展、学校管理、学生发展等五方面内容，旨在促进学校落实德智体美劳全面培养要求，深入实施素质教育，充分激发办学活力，不断提高办学水平和育人质量。

学生发展质量评价主要包括：学生品德发展、学业发展、身心发展、审美素养、劳动与社会实践等五方面内容，旨在促进学生德智体美劳全面发展，培养适应终身发展和社会发展需要的正确价值观、必备品格和关键能力。

《评价指南》要求，在实施工作中要注重优化评价方式方法，不断提高评价工作的科学性、针对性、有效性。注重结果评价与增值评价相结合，既要关注合格程度，又要关注进步程度、努力程度；注重综合评价与特色评价相结合，既要关注整体成效和全面发展，又要关注特色发展和个性发展；注重自我评价与外部评价相结合，既要开展常态化自我评价，又要构建外部评价体系；注重线上评价与线下评价相结合，既要构建网络信息平台及数据库，又要采取实地调查、观察、访谈等线下方式。

《评价指南》明确，义务教育质量评价实行县和校自评、市级复核、省级评价、国家抽查监测，并强调要不断完善义务教育质量评价结果运用的机制，充分发挥评价结果对提高义务教育质量的引领和促进作用，将学生发展质量评价结果作为学校办学质量评价和县域义务教育质量评价的重要依据，将学校办学质量评价结果作为对学校奖惩、政策支持、资源配置和考核校长的重要依据，将县域义务教育质量评价结果与县级党政领导履行教育职责评价、义务教育优质均衡发展认定等工作挂钩。各地可结合实际，制定义务教育质量评价实施细则。

14.1.2.2 县域义务教育质量评价指标体系

县域义务教育质量评价指标体系包括：5 个重点内容（一级）；12 个关键指标（二级）；30 个考查要点（三级）（表 14-2）。

表 14-2 县域义务教育质量评价指标体系

重点内容	关键指标	考查要点
A1. 价值导向	B1. 全面贯彻党的教育方针	1. 加强党对教育工作的全面领导，坚持社会主义办学方向，落实立德树人根本任务，坚持德智体美劳“五育”并举，发展素质教育，培养担当民族复兴大任的时代新人 2. 树立科学教育质量观，遵循教育规律，坚持德育为先、全面发展、面向全体、知行合一，注重提高学生综合素质，培养学生正确价值观、必备品格和关键能力 3. 树立正确政绩观，办好每所学校，关心每名学生成长。坚决克服唯分数、唯升学倾向，不给学校下达升学指标，不单纯以升学率评价学校、校长和教师；不举办重点学校
	B2. 创建良好教育生态	4. 坚持正确舆论导向，做好党的教育方针、科学教育观念和教育教学改革典型经验宣传报道；不公布、不炒作中高考状元、升学率 5. 完善学校、家庭、社会协同育人机制，加强社区家长学校、家庭教育指导服务站点建设，净化社会和网络文化环境，营造良好育人氛围 6. 严格控制面向学校的各类审批、检查验收、创建评比等活动，规范各类“进校园”活动，减轻校长、教师非教育教学任务负担；强化中小学校在课后服务中的主渠道作用，规范面向中小学生的校外培训和社会竞赛活动，减轻学生过重课外负担
A2. 组织领导	B3. 健全领导机制	7. 县级党委政府每年定期听取义务教育工作汇报，及时研究解决义务教育重大问题，建立健全提高义务教育质量的统筹协调、部门联动工作机制 8. 加强县（市、区）教育部门领导班子和校长队伍建设，选配政治素质过硬、热爱教育事业、尊重教育规律、有较强组织协调能力的干部担任县级教育部门书记、局长（主任），按照《中小学校领导人员管理暂行办法》选优配强学校书记和校长 9. 处理好政府与学校的关系，落实学校办学自主权，充分激发学校办学活力，促进学校办出特色、办出水平
	B4. 强化考核督导	10. 把全面提高义务教育质量纳入党政领导干部考核督查范围 11. 强化教育教学督导，认真实施义务教育质量监测；严格监管课程实施和教材使用 12. 依据考核督导结果，建立奖励问责机制
A3. 教学条件	B5. 保障足够学位	13. 适应学龄人口变化，合理规划城乡学校布局，保障义务教育学位供给，切实消除大班额，不得新增大校额
	B6. 保障教学设施	14. 配齐配足教学实验设施设备、图书、音体美器材、计算机，加强学校教育信息化建设；配备团队活动、心理辅导、卫生保健等必要场所 15. 建立劳动教育、综合实践基地，统筹利用博物馆、展览馆、红色教育基地、乡村人文自然资源等，支持学校开展教育教学活动
	B7. 保障教学经费	16. 优化教育支出结构，加强对教育教学改革、教师队伍建设的经费保障，特别是保障教研、教师培训、课程资源开发、劳动教育等经费 17. 按标准落实义务教育生均公用经费，严格落实乡村小规模学校、乡镇寄宿制学校补助经费

（续表）

重点内容	关键指标	考查要点
A4. 教师队伍	B8. 保障教师编制配备	18. 依照标准足额核定教职工编制，实行动态管理；县级教育部门统筹合理调配各校编制，并向乡村小规模学校和乡镇寄宿制学校倾斜；不存在挤占、挪用、截留教职工编制的情况 19. 严格教师资格准入制度，按国家规定课程配足配齐所有学科教师，充分发挥教育部门和学校在教师招聘中的重要作用；完善城乡教师交流轮岗制度，推动城镇优秀教师向乡村学校、薄弱学校流动
	B9. 提高教师队伍素质	20. 加强师德师风建设，落实教师职业行为准则，大力宣传优秀教师先进事迹，严肃查处违反教师职业道德行为 21. 落实教师全员培训制度，确保教师完成规定培训学时；优化教师队伍结构，加强骨干教师队伍建设，提高教师队伍专业化水平和信息化应用水平 22. 健全教研制度，加强教研机构建设，落实教研员专业标准，配足配齐所有学科专职教研员，充分发挥专业支撑作用
	B10. 落实教师地位待遇	23. 依法保障教师工资收入水平，合理核定学校绩效工资总量，完善学校绩效工资分配办法，绩效工资增量主要用于奖励性绩效工资分配；落实乡村教师补贴政策 24. 落实教师优待政策，定期表彰奖励优秀教师
A5. 均衡发展	B11. 保障教育机会均等	25. 推进县域城乡义务教育一体化发展，加强乡村学校、薄弱学校建设，推进集团化、学区化办学，促进义务教育优质均衡发展 26. 健全控辍保学机制，适龄儿童少年应入尽入，实现义务教育有保障 27. 推进免试就近入学全覆盖，规范公办民办学校同步招生，严禁违规跨区域、考试掐尖招生，实行均衡编班 28. 保障进城务工人员随迁子女平等接受义务教育，落实家庭经济困难学生资助政策，加强残疾儿童、留守儿童、困境儿童教育关爱
	B12. 学校办学质量状况	29. 县域内学校办学质量总体状况及年度变化情况；县域内学校间办学质量差异状况及年度变化情况 30. 师生、家长、社会等方面对县域内义务教育质量的满意度

14.1.2.3　学校办学质量评价指标体系

学校办学质量评价指标体系包括：5 个重点内容（一级）；12 个关键指标（二级）；27 个考查要点（三级）（表 14-3）。

表 14-3　学校办学质量评价指标体系

重点内容	关键指标	考查要点
A1. 办学方向	B1. 加强党建工作	1. 健全党对学校工作领导的制度机制，以政治建设为统领，加强学校领导班子建设，推进党的工作与教育教学工作紧密融合，把思想政治工作贯穿学校教育教学全过程 2. 落实学校党的组织和党的工作全覆盖，落实党风廉政建设责任制和意识形态工作责任制；坚持党建带团建、队建，充分发挥学校工会、共青团、少先队等群团组织作用

（续表）

重点内容	关键指标	考查要点
A1. 办学方向	B2. 坚持立德树人	3. 全面贯彻党的教育方针，坚持科学教育质量观，落实德智体美劳全面培养要求，坚持全员、全过程、全方位育人，深入实施素质教育，促进学生全面发展、健康成长 4. 把立德作为育人首要任务，制定并有效实施落实《中小学德育工作指南》的具体工作方案，将培育和践行社会主义核心价值观融入教育教学全过程，教育引导学生爱党爱国爱人民爱社会主义
A2. 课程教学	B3. 落实课程方案	5. 开齐开足开好国家规定课程；规范使用审定教材，不得引进境外课程、使用境外教材 6. 加强课程建设，特别是德育、体育、美育、劳动教育等课程建设，重视法治教育、安全教育和心理健康教育，有效开发和实施地方课程、校本课程
	B4. 规范教学实施	7. 健全学校教学管理规程，统筹制定教学计划；按照课程标准实施教学，不存在随意增减课时、改变难度、调整进度等问题 8. 完善教师集体备课制度，健全教学评价制度，注重教学诊断与改进；校长深入课堂听课、参与教研、指导教学 9. 健全作业管理办法，统筹调控作业量和作业时间；严控考试次数，不公布考试成绩和排名；实现课后服务全覆盖，提高课后服务质量。防止学业负担过重
	B5. 优化教学方式	10. 积极学习应用优秀教学成果和信息化教学资源，鼓励教师改进和创新教育教学方法，注重启发式、互动式、探究式教学，推进信息技术与教育教学深度融合 11. 坚持因材施教、教好每名学生，精准分析学情，重视差异化教学和个别化指导，培养学生自主学习能力，帮扶学习困难学生 12. 强化实践育人，积极开展劳动教育和综合实践活动，培养学生的社会责任感、创新精神和实践能力
A3. 教师发展	B6. 加强师德师风建设	13. 按照“四有”好老师标准，健全师德师风建设长效机制，积极选树先进典型，严肃查处师德失范行为 14. 关心教师思想状况，加强思想政治工作和人文关怀，帮助解决教师思想问题与实际困难，促进教师身心健康
	B7. 重视教师专业成长	15. 实施教师专业发展规划，优化教师队任结构，注重青年教师培养；健全校本教研制度，支持教师参加专业培训、凝练教学经验 16. 教师达到专业标准要求，具备较强的育德、课堂教学、作业与考试命题设计、实验操作和家庭教育指导等能力，以及必备的信息化素养和信息技术应用能力；校长注重不断提高学校管理与教育教学领导力 17. 重视加强班主任队伍建设，班主任认真履行岗位职责
	B8. 健全教师激励机制	18. 完善校内教师激励体系，坚持公开公平公正，注重精神荣誉激励、专业发展激励、岗位晋升激励、绩效工资激励、关心爱护激励 19. 树立正确激励导向，突出全面育人和教育教学实绩，克服唯分数、唯升学的评价倾向，充分激发教师教书育人的积极性、创造性

（续表）

重点内容	关键指标	考查要点
A4. 学校管理	B9. 完善学校内部治理	20. 建设现代学校制度，健全并落实学校各项管理制度，加强作业、睡眠、手机、读物、体质等管理。定期召开教职工代表大会，发挥社区、家长委员会等参与学校管理的积极作用 21. 制定符合实际的学校发展规划，推进学校内涵发展、特色建设，增强学校办学活力
	B10. 保障学生平等权益	22. 落实免试就近入学政策，实行均衡编班，不分重点班、快慢班；落实控辍保学登记、报告和劝返等责任；不存在违规招生、迫使学生转学退学等问题 23. 落实进城务工人员随迁子女入学、残疾儿童随班就读、家庭经济困难学生资助等政策，加强对留守儿童、困境儿童及其他需要特别照顾学生的关爱帮扶和心理辅导
	B11. 加强校园文化建设	24. 建设体现学校办学理念和特色的校园文化，加强校风教风学风建设，增进师生相互关爱，增强学校凝聚力；密切家校协同育人，强化家庭教育指导 25. 优化校园空间环境，建设健康校园、平安校园、书香校园、温馨校园、文明校园，营造和谐育人环境
A5. 学生发展	B12. 学生发展质量状况	26. 加强学生综合素质档案建设和使用，客观反映学生德智体美劳全面发展整体水平及变化情况 27. 师生、家长、社会等方面对学校办学质量的满意度

14.1.2.4　学生发展质量评价指标体系

学生发展质量评价指标体系包括：5 个重点内容（一级）；12 个关键指标（二级）；27 个考查要点（三级）（表 14-4）。

表 14-4　学生发展质量评价指标体系

重点内容	关键指标	考查要点
A1. 品德发展	B1. 理想信念	1. 了解党史国情，珍视国家荣誉，铸牢中华民族共同体意识，爱党爱国爱人民爱社会主义，立志听党话、跟党走，从小树立为实现中华民族伟大复兴的中国梦而努力奋斗的志向 2. 会唱国歌，积极参加升国旗仪式；积极参加重要节日、纪念日主题教育活动，积极参加少先队、共青团活动 3. 热爱并努力学习中华优秀传统文化、革命文化和社会主义先进文化，传承红色基因，增强“四个自信”；积极向英雄模范和先进典型人物学习
	B2. 社会责任	4. 养成规则意识，遵守校规校纪，遵守法律法规、社会公德和公共秩序 5. 爱护公共财物，保护公共环境，热爱大自然；节粮节水节电，低碳环保生活；积极参加集体活动，主动为班级、学校、同学及他人服务
	B3. 行为习惯	6. 注重仪表、举止文明，诚实守信、知错就改，朴素节俭、不相互攀比 7. 孝敬父母，尊重师长、同学和他人，礼貌待人，与人和谐相处 8. 自己事情自己做，他人事情帮着做

（续表）

重点内容	关键指标	考查要点
A2. 学业发展	B4. 学习习惯	9. 保持积极学习态度，具有学习自信心和自主学习意识，善于合作学习，努力完成学习任务 10. 掌握有效学习方法，主动预习，认真听讲，积极思考，踊跃提问，及时复习，认真完成作业
	B5. 创新精神	11. 积极参加学校兴趣小组社团活动，有小制作、小发明、小创造等科学兴趣特长 12. 有好奇心、想象力和求知欲，有信息收集整合、综合分析运用能力，有自主探究、独立思考、发现问题、解决问题的意识与能力
	B6. 学业水平	13. 理解学科基本思想和思维方法，掌握学科基本知识、基本技能，达到国家规定的义务教育课程学业质量标准要求；校内、校外学业负担感受状况 14. 养成阅读习惯，具备一定阅读量和阅读理解能力；主动参与实验设计，能够完成实验操作
A3. 身心发展	B7. 健康生活	15. 营养健康饮食，讲究卫生，按时作息，保证充足睡眠，养成坐、立、行、读、写正确姿势；积极参加体育活动，坚持每天锻炼身体至少 1h，坚持做广播体操、眼保健操 16. 树立珍爱生命、安全第一意识，掌握安全、卫生防疫等基本常识，注重日常预防和自我保护，具备避险和紧急情况应对能力 17. 不过度使用手机，不沉迷网络游戏，不吸烟、不喝酒、不赌博，远离毒品
	B8. 身心素质	18. 体质健康监测达标，掌握 1~2 项体育运动技能，有效控制近视、肥胖、脊柱姿态不良等 19. 保持自尊自信、自立自强，乐观向上、阳光健康心态，合理表达、控制调节自我情绪；能够正确看待挫折，具备应对学习压力、生活困难和寻求帮助的积极心理素质和能力
A4. 审美素养	B9. 美育实践	20. 积极参加学校、社区（村）组织的文化艺术等各种美育活动 21. 经常欣赏文学艺术作品、观看文艺演出、参观艺术展览等
	B10. 感受表达	22. 掌握 1~2 项艺术技能，会唱主旋律歌曲 23. 具备健康向上的审美趣味、审美格调，能够在学习和生活中发现美、感受美、欣赏美、表达美
A5. 劳动与社会实践	B11. 劳动习惯	24. 具有尊重劳动、热爱劳动的观念，能够吃苦耐劳，尊重劳动者，珍惜劳动成果 25. 积极参加家务劳动、校内劳动、校外劳动，具有一定的生活能力和劳动技能
	B12. 社会体验	26. 积极参与社会调查、研学实践、志愿服务和公益活动 27. 在农业生产、工业体验、商业和服务业实践中，主动体验职业角色

14.1.2.5　陕西省义务教育质量评价实施细则

对县域、学校质量评价实行赋分制。县域义务教育质量评价总赋分为 1 000 分，分为四个等次。各等次的确认办法是：总分值 900 分及以上为“优秀”，850～899 分为“良好”，750～849 分为“合格”，749 分及以下为“待提升”。学校办学质量评价依据第四轮“316 工程”学校高质量发展督导评价义务教育学校指标体系，分为“A、B、C、D”四个等级，900 分及以上评价结果为 A 级，800～899 分评价结果为 B 级，600～799 分评价结果为 C 级，600 分以下评价结果为 D 级。

县（区）、学校评价周期内出现下列情形之一的，不得评为良好以上等次：

① 发生重大安全责任事故的；

② 发生重大群体性事件，并造成严重影响的；

③ 领导班子和教职工出现严重违纪违法问题的。

学生发展质量评价由省、市级教育行政部门统筹指导，各县（区）教育行政部门、学校结合学生综合素质评价的周期和等级执行，其中，小学阶段周期为 12 个学期，初中阶段周期为 6 个学期；学生综合素质评价分为 A（优秀）、B（良好）、C（合格）、D（不合格）四个等级。

学生发展质量评价按照学生自评、同伴互评、教师评价和家长、社会评语等程序，由学校结合日常教育教学工作进行。学生自评、同伴互评采用涂“五角星”或填写“我的写实记录”的方式进行；教师于每学期末，依据“学生发展质量评价指标要点”填写学生等级；家长及社会评语是学生在家长指导下参加社会活动后，由相关人员或部门作出综合性评语。

县域义务教育质量评价量化指标（试行）见表 14-5 和表 14-6。

表 14-5　县域义务教育质量评价量化指标（试行）

一级指标	二级指标及评估内容	评分标准	分值	得分
一、价值导向（200 分）	1. 全面贯彻党的教育方针。① 加强党对教育工作的全面领导，健全党组织对学校工作领导的制度机制。② 坚持社会主义办学方向，落实立德树人根本任务，坚持德智体美劳“五育”并举，发展素质教育，培养担当民族复兴大任的时代新人。③ 全面贯彻党的教育方针，树立科学教育质量观，遵循教育规律，坚持德育为先、全面发展、面向全体、知行合一，注重提高学生综合素质，培养学生正确价值观、必备品格和关键能力。④ 落实全面从严治党主体责任，及时研究解决工作中的重点和难点问题。⑤ 树立正确政绩观，办好每所学校，关心每名学生成长，坚决克服唯分数、唯升学倾向，不给学校下达升学指标，不单纯以升学率评价学校、校长和教师，不举办重点学校，学校不分重点班、快慢班	共 5 项，每项 20 分	共 100 分	

（续表）

一级指标	二级指标及评估内容	评分标准	分值	得分
一、价值导向（200分）	2. 创建良好教育生态。① 把握党对学校意识形态工作的领导权、主导权，维护教育系统安全稳定。② 坚持正确舆论导向，做好党的教育方针、科学教育观念和教育教学改革典型经验宣传报道，不公布、不炒作中高考状元、升学率。③ 完善学校、家庭、社会协同育人机制，加强社区家长学校、家庭教育指导服务站点建设，净化社会和网络文化环境，营造良好育人氛围。④ 严格控制面向学校的各类审批、检查验收、创建评比等活动，规范各类“进校园”活动，减轻校长、教师非教育教学任务负担，统筹减轻学校负担。⑤ 强化中小学校在课后服务中的主渠道作用，规范面向中小学生的校外培训和社会竞赛活动，减轻学生过重课外负担	共5项，每项20分	共100分	
二、组织领导（200分）	3. 健全领导机制。① 县级党委政府每年定期听取义务教育工作汇报，及时研究解决义务教育重大问题。② 建立健全提高义务教育质量统筹协调、部门联动工作机制，着力推进义务教育优质均衡发展。③ 加强县（市、区）教育部门领导班子和校长队伍建设，选配政治素质过硬、热爱教育事业、尊重教育规律、有较强组织协调能力的干部担任县级教育部门书记、局长（主任），按照中共中央办公厅《关于建立中小学校党组织领导的校长负责制的意见（试行）》《中小学校领导人员管理暂行办法》选优配强学校书记和校长。④ 处理好政府与学校的关系，落实学校办学自主权，充分激发学校办学活力，促进学校办出特色、办出水平	共4项，每项25分	共100分	
	4. 强化考核督导。① 把全面提高义务教育质量纳入党政领导干部考核督查范围。② 强化教育教学督导，认真实施义务教育质量监测。③ 严格监管课程实施和教材使用。课程开齐开足开好，教学秩序规范，综合实践活动有效开展；道德与法治、语文、历史课程必须使用由教育部统一编写的教材，其他课程必须使用国家和省级教育行政部门颁布的中小学教学用书目录内的教材，校本课程原则上不编写教材，义务教育学校不得使用境外教材。④ 依据考核督导结果，建立奖励问责机制，在义务教育学校资源配置、教师与补充、经费等方面予以保障，在政策制定方面予以支持。⑤ 完善督导检查结果公告制度和限期整改制度，对因工作落实不到位、造成不良社会影响的部门和有关责任人严肃问责	共5项，每项20分	共100分	

（续表）

一级指标	二级指标及评估内容	评分标准	分值	得分
三、教学条件（200 分）	5. 保障足够学位。① 适应学龄人口变化，合理规划城乡学校布局，保障义务教育学位供给。② 实施消除大班额计划，县级教育行政部门要建立消除大班额工作台账，切实消除大班额、不得新增大校额、逐步消除大校额	共 2 项，每项 20 分	共 40 分	
	6. 保障教学设施。① 加强重点功能部室建设，按标准规范学校功能部室及场地的设施设备配置，配齐配足教学实验设施设备、图书、音体美器材、计算机，设施设备利用率达到较高水平，并加强使用管理。② 加强信息化基础设施建设，各县（市、区）通过归口管理、年度考核、绩效评估、教育督导等措施提升信息化统筹推进力度，实现学校管理与教学信息化。③ 加强信息技术与教育教学深度融合应用，有条件的学校建设创新实验室、学科探究室等，满足学生自主探究、个性化学习和全面发展的需求。④ 配备团队活动、心理辅导、卫生保健等必要场所。⑤ 建立劳动教育、综合实践基地，统筹利用博物馆、展览馆、红色教育基地、乡村人文自然资源等，支持学校开展教育教学活动	共 5 项，每项 20 分	共 100 分	
	7. 保障教学经费。① 落实义务教育经费保障机制，建立健全教育经费稳定增长机制，确保教育经费投入与社会经济发展水平相适应。② 优化教育支出结构，加强对教育教学改革、教师队伍建设的经费保障，特别是保障教研、教师培训、课程资源开发、劳动教育等经费，按照不低于学校年度公用经费预算总额的 5%安排教师培训经费。③ 按标准落实义务教育生均公用经费。④ 严格落实乡村小规模学校、乡镇寄宿制学校补助经费	共 4 项，每项 15 分	共 60 分	
四、教师队伍（200 分）	8. 保障教师编制配备。① 统一教职工编制配置，依照标准足额核定教职工编制，实行动态管理。县级教育部门统筹合理调配各校编制，并向乡村小规模学校和乡镇寄宿制学校倾斜。② 不存在挤占、挪用、截留教职工编制的情况。③ 严格教师资格准入制度，按国家规定课程配足配齐所有学科教师，充分发挥教育部门和学校在教师招聘中的重要作用。④ 推进职称评聘改革，县域内城乡统一的义务教育学校岗位结构比例协调，职称（职务）评聘向基层薄弱学校和乡村教师倾斜，实现职称评审与岗位聘用制度有效衔接。⑤ 全面推进“县管校聘”教师管理改革，完善城乡教师交流轮岗制度，重点推动城镇优秀教师向乡村学校、薄弱学校流动	共 5 项，每项 16 分	共 80 分	

（续表）

一级指标	二级指标及评估内容	评分标准	分值	得分
四、教师队伍（200分）	9. 提高教师队伍素质。① 加强师德师风建设，落实教师职业行为准则。② 大力宣传优秀教师先进事迹，严肃查处违反教师职业道德行为。③ 落实教师全员培训制度，确保教师完成规定培训学时，教师5年360学时培训完成率达到100%。④ 优化教师队伍结构，提高教师队伍专业化水平和信息化应用水平。⑤ 加强骨干教师队伍建设，开展骨干校长、优秀校长、领航校长和教学能手、学科带头人、教学名师等遴选和培养工作。加强对优秀教师的政治引领和政治吸纳，健全“双培养”机制，带动全省义务教育教师队伍整体素质提高。⑥ 健全教研制度，加强教研机构建设，落实教研员专业标准，配足配齐所有学科专职教研员，充分发挥专业支撑作用	共6项，每项12分	共72分	
	10. 落实教师地位待遇。① 依法保障教师工资收入水平，合理核定学校绩效工资总量，完善学校绩效工资分配办法。② 落实乡村教师生活补助政策。③ 落实教师优待政策，定期表彰奖励优秀教师	共3项，每项16分	共48分	
五、均衡发展（200分）	11. 推进县域义务教育优质均衡发展。① 履行教育优先发展职责，建立和完善教育工作决策、管理、监督机制，统筹推进教育改革发展，推进县域城乡义务教育一体化发展。② 加强和改善对教育工作的领导，加强乡村学校、薄弱学校建设，推进集团化、学区化办学和优质数字教育资源共享，促进义务教育优质均衡发展。③ 制订切实可行的创建工作规划和实施方案，积极稳妥推进县域义务教育优质均衡发展创建工作。④ 按照“项项达标、校校达标”要求，完成义务教育优质均衡达标校创建工作任务	共4项，每项15分	共60分	
	12. 保障教育机会均等。① 完善控辍保学机制，落实“七长责任制”，适龄儿童少年应入尽入，实现义务教育有保障。② 严格实施义务教育学校免试就近入学政策，推进免试就近入学全覆盖。③ 规范公办民办学校同步招生，严禁违规跨区域、考试掐尖招生，实行均衡编班。④ 严格核定义务教育阶段民办学校招生规模。⑤ 促进教育公平，保障进城务工人员随迁子女平等接受义务教育。⑥ 落实家庭经济困难学生资助政策，确保应助尽助，实现全覆盖。加强残疾儿童、留守儿童、困境儿童教育关爱	共6项，每项10分	共60分	

（续表）

一级指标	二级指标及评估内容	评分标准	分值	得分
五、均衡发展（200 分）	13. 学校办学质量状况。① 县域内学校办学质量总体状况及年度变化情况，县域内义务教育学校在教师、校舍、仪器设备等方面的配置水平进一步提升，县级人民政府推进义务教育均衡发展和城乡一体化成效明显，县域义务教育均衡水平、学校管理、学生学业质量、综合素质发展水平、初中学生学业水平考试成绩等逐年提升。② 县域内学校间办学质量差异状况及年度变化情况。义务教育学校均衡差异系数逐年缩小，在义务教育质量监测中，相关科目学生学业水平达到Ⅲ级以上，且校际差异率逐年降低。③ 在推进义务教育优质均衡发展、破解人民群众关心的教育热点难点问题等方面有创新举措，成效显著。④ 师生、家长、社会等方面对县域内义务教育质量的满意度达到 85% 以上	共 4 项，每项 20 分	共 80 分	

表 14–6　学生发展质量评价指标要点

重点内容	关键指标	考查要点
一、品德发展	1. 理想信念	① 了解党史国情，珍视国家荣誉，铸牢中华民族共同体意识；会唱国歌，积极参加升国旗仪式，熟知并践行社会主义核心价值观。② 学生思想素质良好，爱党爱国爱人民爱社会主义，立志听党话、跟党走，从小树立为实现中华民族伟大复兴的中国梦而努力奋斗的志向。③ 积极参加重要节日、纪念日主题教育活动，积极参加少先队、共青团活动。④ 热爱并努力学习中华优秀传统文化、革命文化和社会主义先进文化，传承红色基因，增强“四个自信”，积极向英雄模范和先进典型人物学习
	2. 社会责任	① 具有良好的道德品质，养成规则意识，遵守校规校纪，遵守法律法规、社会公德和公共秩序。② 爱护公共财物，保护公共环境，热爱大自然，节粮节水节电，低碳环保生活。③ 担当社会责任，积极参加集体活动，开展各类公益、志愿者服务和社会实践教育活动（社会调查、研学实践、素质拓展、公益服务等），主动为学校、班级、同学及他人服务
	3. 行为习惯	① 注重仪表、举止文明，诚实守信、知错就改，朴素节俭、不相互攀比。② 孝敬父母，尊重师长、同学和他人，礼貌待人，与人和谐相处。③ 自己事情自己做，他人事情帮着做。④ 行为符合《中小学生守则》要求

（续表）

重点内容	关键指标	考查要点
二、学业发展	4. 学习习惯	① 保持积极学习态度，具有学习自信心和自主学习意识，善于合作学习，努力完成学习任务。② 掌握有效学习方法，主动预习，认真听讲，积极思考，踊跃提问，及时复习，认真完成作业
	5. 创新精神	① 积极参加学校兴趣小组、社团活动，有小制作、小发明、小创造等科学兴趣特长。② 有好奇心、想象力和求知欲，有信息收集整合、综合分析运用能力，具有数字素养和技能。③ 有自主探究、独立思考、发现问题、解决问题的意识与能力
	6. 学业水平	① 理解学科基本思想和思维方法，掌握学科基本知识、基本技能，达到国家规定的义务教育课程学业质量标准要求，学生综合素质评价合格率达到 98% 以上。② 养成阅读习惯，阅读量和阅读理解能力达到相应学段要求。③ 主动参与实验设计，能够完成实验操作。④ 校内、校外学业负担感受状况
三、身心发展	7. 健康生活	① 营养健康饮食，讲究卫生，按时作息，保证充足睡眠，养成坐、立、行、读、写正确姿势。② 积极参加体育活动，坚持每天锻炼身体至少 1h，坚持做广播体操、眼保健操。③ 树立珍爱生命、安全第一意识，掌握安全、卫生防疫等基本常识，注重日常预防和自我保护，具备避险、紧急情况应对能力和自救能力。④ 自控力较强，不过度使用手机，不沉迷网络游戏，不吸烟、不喝酒、不赌博，远离毒品
	8. 身心素质	① 体质健康监测达标，体质健康测试合格率近三年均达到 95% 以上，掌握 1~2 项体育运动技能，有效控制近视、肥胖、脊柱姿态等不良状况。② 具有良好的人际关系，懂得基本心理健康知识，掌握常用的心理调节方法，保持自尊自信、自立自强，乐观向上、心态阳光健康，能够合理表达、调控自我情绪。③ 意志力发展好，有较好的适应能力，能够正确看待挫折，具备应对学习压力、生活困难和寻求帮助的积极心理素质和能力
四、审美素养	9. 美育实践	① 积极参加学校、社区（村）组织的文化艺术等各种美育活动。② 经常欣赏文学艺术作品、观看文艺演出、参观艺术展览等
	10. 感受表达	① 在音乐、美术、舞蹈、戏剧、戏曲、影视、播音、书法等方面表现出明显的兴趣和特长。② 掌握 1~2 项艺术技能，会唱主旋律歌曲。③ 具备健康向上的审美趣味、审美格调，能够在学习和生活中发现美、感受美、欣赏美、表达美
五、劳动与社会实践	11. 劳动习惯	① 具有尊重劳动、热爱劳动的观念，能够吃苦耐劳，尊重劳动者，珍惜劳动成果。② 积极参加家务劳动、校内劳动、校外劳动。③ 具有一定的生活能力和劳动技能，掌握与年龄相当的 2 项劳动技能和 2 种综合实践活动能力
	12. 社会体验	① 积极参与社会调查、研学实践、志愿服务和公益活动，有动手操作体验经历。② 在农业、工业、商业和服务业实践中，主动体验职业角色

14.1.3　普通高中学校办学质量评价指标

2022 年 1 月教育部印发了《普通高中学校办学质量评价指南》，明确评价内容主要包括：办学方向、课程教学、教师发展、学校管理、学生发展等 5 个方面，共 18 项关键指标和 48 个考查要点（表 14–7）。

表 14–7　普通高中学校办学质量评价指标

重点内容	关键指标	考查要点
A1. 办学方向	B1. 加强党建工作	1. 落实党组织领导的校长负责制，健全党组织对学校工作领导的制度机制；以政治建设为统领，加强学校领导班子建设；推进党的工作与教育教学工作紧密融合，把政治标准和政治要求贯彻办学治校、教书育人全过程各方面 2. 落实学校党的组织和党的工作全覆盖，落实党风廉政建设责任制和意识形态工作责任制；坚持党建带团建，充分发挥学校工会、共青团等群团组织作用
	B2. 坚持德育为先	3. 全面贯彻党的教育方针，把立德作为育人首要任务，制定并有效实施《中小学德育工作指南》具体工作方案，将培育和践行社会主义核心价值观融入教育教学全过程，教育引导学生爱党爱国爱人民爱社会主义 4. 树立科学教育质量观和正确办学理念，落实德智体美劳全面培养要求，大力发展素质教育，坚持全员、全过程、全方位育人，注重因材施教，促进学生全面而有个性的发展
A2. 课程教学	B3. 落实课程方案	5. 制订课程实施规划，强化课程建设与管理，建立学分认定制度 6. 开齐开足开好国家规定课程，特别是技术（含信息技术和通用技术）、艺术（或音乐、美术）、体育与健康、综合实践活动、劳动、理化生实验等课程，重视加强法治教育、安全教育、心理健康教育和国防教育，有效开发和实施选修课程，积极开展丰富多彩的社团活动 7. 规范使用审定教材，未经省级教育行政部门审核通过，学校不得擅自引进境外课程、使用境外教材
	B4. 规范教学实施	8. 严格按照课程标准实施教学，健全学校教学管理规程，统筹制定教学计划；不存在随意增减课时、改变难度、调整进度等问题，严禁高三上学期结束前结课备考 9. 完善选课走班运行机制，制订选课走班指南，积极开发选课排课信息系统，提高教学资源使用效益；高一年级起根据学校选修课程开展选课走班，高二年级起根据学生选考科目开展选课走班 10. 完善教师集体备课制度，健全巡课、听课和教学评价制度，注重教学诊断与改进；校长深入课堂听课、参与教研、指导教学 11. 严格依据课程标准设计作业和命制试题，健全作业管理办法，统筹调控作业量和作业时间；严控考试次数，不公布考试成绩和排名；合理安排学生在校作息时间，充分保障学生睡眠和自主学习活动时间，严禁法定节假日、寒暑假集中补课或变相补课。防止学业负担过重

（续表）

重点内容	关键指标	考查要点
A2. 课程教学	B5. 优化教学方式	12. 积极学习应用优秀教学成果和信息化教学资源，鼓励教师改进和创新教育教学方法，注重启发式、互动式、探究式教学，加强跨学科综合性教学，推进信息技术与教育教学深度融合，促进学生自主、合作、探究学习 13. 坚持因材施教、努力教好每名学生，精准分析学情，重视差异化教学和个别化指导，培养学生自主学习能力，帮扶学习困难学生 14. 强化劳动实践育人，积极开展劳动教育和综合实践活动。劳动课程平均每周不少于 1 课时，设立学年劳动周，统筹利用校内外资源，开展好日常生活劳动、生产劳动和服务性劳动；积极开展研究性学习、党团活动、军训、社会考察，以及研学实践、职业体验、社区服务等综合实践活动
	B6. 加强学生发展指导	15. 建立健全学生发展指导制度，明确指导机构和工作职责，建立专兼职结合的指导教师队伍；利用高校、科研机构、企业等社会资源，积极构建协同指导机制 16. 加强对学生理想、心理、学习、生活和生涯规划等方面指导，注重提高学生选修课程、选考科目、报考专业和未来发展方向的自主选择能力；学校要指导学生根据国家发展需要和自身兴趣特长选择选考科目，不得违背学生个人志愿组织要求学生普遍选考特定科目，坚决避免功利化选科选考
	B7. 完善综合素质评价	14. 将思想品德、学业水平、身心健康、艺术素养、劳动与社会实践等作为评价主要内容，注重考查学生德智体美劳全面发展情况和兴趣特长，突出学生个性特点和主要事迹 18. 建立健全学生综合素质评价制度，常态化实施综合素质评价，严格写实记录、整理遴选、公示审核、形成档案等评价程序，建立健全信息确认、公示投诉、申诉复议、记录审核等监督保障制度，确保客观真实 19. 充分利用综合素质评价档案，对学生成长过程进行科学分析，及时诊断和改进教育教学工作，引导学生发现自我、建立自信、发扬优点、克服不足，明确努力方向
A3. 教师发展	B8. 加强师德师风建设	20. 加强教师思想政治工作，关心教师思想状况，强化人文关怀，帮助解决教师思想问题与实际困难，促进教师身心健康 21. 按照“四有”好老师标准，健全师德师风建设长效机制，积极选树先进典型，加强师德教育；严格落实《新时代教师职业行为十项准则》，严肃查处师德失范行为，建立通报警示教育制度
	B9. 重视教师专业成长	22. 实施教师专业发展规划，优化教师队伍结构，注重骨干教师和青年教师培养；健全校本教研制度，充分发挥教研组、备课组、年级组的作用，开展经常性教研活动；支持教师参加专业培训、凝练教学经验、创建优质课程 23. 教师达到专业标准要求，具备较强的育德、课堂教学、作业与考试命题设计、实验操作和家庭教育指导等能力，以及必备的信息技术应用能力；校长树立科学教育质量观念，坚持正确办学理念，注重不断提高学校管理能力与教育教学领导力 24. 注重提高教师学生发展指导、走班教学管理、学生综合素质评价等能力；重视加强班主任队伍建设，班主任认真履行岗位职责

（续表）

重点内容	关键指标	考查要点
A3. 教师发展	B10. 健全教师激励机制	25. 树立正确激励导向，突出全面育人和教育教学实绩，克服唯分数、唯升学的评价倾向，充分激发教师教书育人的积极性、创造性 26. 完善校内教师激励体系，把认真履行教育教学职责作为评价教师的基本要求，坚持公开公平公正，注重精神荣誉激励、专业发展激励、岗位晋升激励、绩效工资激励、关心爱护激励 27. 完善校内绩效工资分配办法，坚持绩效工资分配向班主任、教学一线和教育教学效果突出的教师倾斜，将教师参与考试命题工作纳入绩效考核
A4. 学校管理	B11. 完善学校内部治理	28. 加强现代学校制度建设，制定学校章程，定期召开教职工代表大会，注重发挥社区、家长委员会等参与学校管理的积极作用；健全并落实学校各项管理制度，强化学校安全管理，加强学生作业、睡眠、手机、读物、体质等管理 29. 制定符合实际的学校发展规划，推进学校内涵发展，增强学校办学活力；将办学理念和特色发展目标融入学校管理、课程建设、学生发展、教师发展和校园文化建设等方面，努力办出学校特色 30. 加强办学条件建设，校舍建筑和教学仪器设施设备配备达到国家规定标准；班额符合国家规定标准，有效控制办学规模；按编制标准配齐配足各学科专任教师，配备校医等必要的专业技术人员；按规定配置学生心理辅导室、卫生室等
	B12. 规范招生办学行为	31. 落实公办民办学校同步招生和属地招生政策，不存在违规招生行为和人籍分离现象；严禁收取与招生入学挂钩的赞助费以及跨学期收取学费；规范特殊类型招生，主动公开招生办法和录取结果；中外合作办学项目招收的学生不得转入普通班级 32. 落实进城务工人员随迁子女考试升学、残疾学生随班就读、家庭经济困难学生资助等相关政策，加强对需要特别照顾学生的关爱帮扶和心理辅导 33. 依法依规规范公办普通高中参与举办民办学校管理，严格落实民办学校“六独立”规定要求 34. 正确处理考试升学与发展素质教育的关系，将高考升学率作为全面实施素质教育的客观结果之一，不给年级、班级、教师下达升学指标，不将升学率与教师评优评先及职称晋升挂钩，不公布、不宣传、不炒作高考“状元”和升学率
	B13. 加强校园文化建设	35. 建设体现学校办学理念和特色的校园文化，加强校风教风学风建设，增进师生相互关爱，增强学校凝聚力；密切家校协同育人，强化家庭教育指导 36. 优化校园空间环境，建设健康校园、平安校园、书香校园、温馨校园、文明校园，营造和谐育人环境

（续表）

重点内容	关键指标	考查要点
A5. 学生发展	B14. 品德发展	37. 坚定理想信念，了解党史国情，珍视国家荣誉，铸牢中华民族共同体意识，爱党爱国爱人民爱社会主义，立志听党话、跟党走、为实现中华民族伟大复兴中国梦而努力奋斗；努力学习中华优秀传统文化、革命文化和社会主义先进文化，增强“四个自信”；积极参加升国旗仪式、主题教育和共青团活动，积极向英雄模范和先进典型人物学习 38. 具备社会责任感，遵守校规校纪，遵守法律法规、社会公德和公共秩序；尊重自然、保护环境，节粮节水节电，低碳环保生活；积极参加集体活动，主动为班级、学校、同学及他人服务 39. 养成良好行为习惯，注重仪表、举止文明，诚实守信、知错就改，朴素节俭、不相互攀比；孝敬父母、尊重他人、礼貌待人，与人和谐相处
	B15. 学业发展	40. 保持积极学习态度，掌握有效学习方法，能够自主学习、独立思考，善于合作学习，形成良好学习习惯，努力完成学习任务 41. 学业水平达到国家规定的质量标准，理解学科基本思想和思维方法，掌握学科基本知识、基本技能，形成学科素养；保持阅读习惯，具备一定阅读量和较好的阅读理解能力；主动参与实验设计，能够完成实验操作 42. 具有创新精神，注重知行合一、学以致用，有信息收集整合、综合分析运用能力，有自主探究和发现问题、提出问题、解决问题的意识与能力；积极参加学校社团活动，有兴趣特长，注重提高自身综合素质
	B16. 身心发展	43. 养成健康生活习惯，按时作息，保证充足睡眠；坚持参加体育运动，校内每天锻炼至少 1h，积极开展校外锻炼活动；掌握安全、卫生防疫等基本常识，具备避险和紧急情况应对能力；不过度使用手机，不沉迷网络游戏，不吸烟、不喝酒、不赌博，远离毒品 44. 体质健康监测达标，掌握 1~3 项体育运动技能，有效控制近视、肥胖；保持乐观向上、阳光健康心态，合理表达、调控自我情绪；能够正确看待困难和挫折，具备应对学习压力、生活困难和寻求帮助的积极心理素质和能力
	B17. 艺术素养	45. 积极参加学校、社区（村）组织的文化艺术等各种美育活动；经常欣赏文学艺术作品，积极观看文艺演出、参观艺术展览等 46. 掌握 1~2 项艺术技能，会唱主旋律歌曲。具备健康向上的审美趣味、审美格调，能够在学习和生活中发现美、感受美、欣赏美、表达美、创造美
	B18. 劳动实践	47. 具有尊重劳动、热爱劳动的观念，能够吃苦耐劳，尊重劳动人民，珍惜劳动成果；积极参加家务劳动、校内劳动、校外劳动，具有一定的生活能力和劳动技能 48. 积极参与社会考察、研学实践、志愿服务和公益活动；在农业生产、工业体验、商业和服务业实践中，主动体验职业角色；有一定的职业生涯规划意识和能力

14.2　高等学校的分类评价

大学评价历史源远流长，可以说，自大学诞生的那一刻起，就有了大学评价。随着时代的发展、社会的进步和科技的创新，大学评价早已从 19 世纪的情感心理评价迈入 20 世纪的科学计量评价。

截至目前，我国拥有全世界规模最大的高等教育体系，各类高校 3 000 余所，体量大、类型多、结构复杂，不能用一把尺子去评价，不能用一种方式去管理，更不能用一种模式去办学。因此，推进高校分类管理，探索开展分类评价，既是客观形势发展的现实需要，也是推进高校特色高质量内涵式发展的必然要求。

对高校进行分类评价，需要明确高校的具体分类。对高校进行分类，国际上主要采用卡内基高等教育机构分类法，即把高校分为博士授予大学、硕士授予院校、学士授予院校、学士/副学士授予院校、副学士授予院校等。国内学术界和实务界大体上比较认可将高校划分为研究型、应用型和技术技能型 3 类。

高校分类评价的目的在于确保高校能够根据自己的特性和使命，得到相应的资源和支持，从而有效履行其在教育和社会发展中的角色。例如，学术研究型高校可能侧重于高水平的科学研究，而应用技术型高校可能更多地关注实践应用能力的培养。此外，分类评价还可以帮助政府和其他利益相关者更精确地进行教育资源的分配和管理，以及高校领导人员的绩效考核。

14.2.1　中国大学评价指标体系（2015 年）

14.2.1.1　中国大学排行榜评价指标及权重（表 14-8）

表 14-8　2015 年中国大学排行榜评价指标及权重

一级指标	二级指标	三级指标	指标权重/%
人才培养	教学质量	教学水平	10.40
		杰出校友	16.00
	师资队伍	杰出师资	12.00
	培养基地	学科建设	9.6
科学研究	科研成果	高端科研成果	16.00
	科研基地	创新基地	9.6
	科研项目	基础科研项目	9.6

（续表）

一级指标	二级指标	三级指标	指标权重/%
社会影响	办学定位	办学层次	2.00
	社会声誉	校友捐赠	5.00
		生源竞争力	2.20
		媒体影响力	3.20
	国际影响	国际影响力	4.40

14.2.1.2 中国大学排行榜评价指标体系

包括 3 个一级指标，9 个二级指标。12 个三级指标和 29 个三级指标的说明。

（1）人才培养

① 教学质量包括以下几个方面。

教学水平包括教学工程、教学奖励、教学基地中心、教材及课程、创新创业教育成果、国际化办学和德育教育等。

教学工程：教育部本科教学工程项目（高等学校本科教学质量与教学改革工程）、卓越教育培养计划项目等。

教学奖励：国家级教学成果奖。

教学基地中心：全国大学生素质教育基地、国家级人才培养基地、国家级教学示范中心、工程实践教育中心、人才培养模式创新实验区、全国创业孵化示范基地、大学生校外实践教育基地等。

教材及课程：教育部推荐研究生教学用书、精品课程教材、规划教材、优秀教材等；精品课程、精品视频公开课、精品资源共享课、双语教学示范课程等。

创新创业教育成果：全国“挑战杯”创业计划大赛和课外学术科技作品大赛、全国大学生数学建模竞赛、中国青少年科技创新奖、全国英语演讲大赛获奖、创青春全同大学生创业大赛获奖、全国研究生数学建模竞赛获奖、国家级大学生创新创业训练计划项目、教育部研究生教育创新计划项目和国家建设高水平大学公派研究生项目等。

国际化办学：留学生人数、外籍教师数、来华留学示范基地、中国政府奖学金、教育部中外合作办学项目和主办的孔子学院等。

德育教育：团中央和全国学联主办的中国大学生“自强之星”称号获得者。

“杰出校友”包括世界级杰出校友、国家级杰出校友和部省级、地市级杰出校友等，校友指高校毕业生中杰出和优秀的政界、学界、商界、公益慈善和文化艺术体育等领域人才，增设国防院校特别人才贡献指标。

杰出科学家：诺贝尔奖、菲尔兹奖、沃尔夫奖、邵逸夫奖、阿贝尔奖等世界科学奖励获得者，中国科学院和中国工程院院士，国家最高科学技术奖、光华工程科技奖成就奖、国务院学位委员会委员、长江学者成就奖、何梁何利基金科学与技术成就奖等获得者，美国、法国、英国、加拿大、俄罗斯和发展中国家等科学院和工程院院士、中国杰出人文社会科学家人选，教育部长江学者特聘教授及讲座教授，长江学者创新团队带头人、国家杰出青年科学基金获得者、国家自然科学基金创新研究群体负责人等。

杰出政要：中国共产党中央委员会委员、候补委员，中央纪律检查委员会委员：国家级正副职领导，国务院各部委正副部长，各省（自治区、直辖市）正副书记、省长、新疆建设兵团书记、司令、政委等；中国八大民主党派（中国国民党革命委员会、中国民主同盟、中国民主建国会、中国民主促进会、中国农工民主党、中国致公党、九三学社、台湾民主自治同盟）国家级正副职领导；全国各省（自治区）地级市书记、市长，各直辖市地级区书记、区长等。

杰出企业家：《财富》世界500强企业董事长、总经理、总裁，福布斯、胡润等全球亿万富豪榜上榜企业家，胡润、福布斯、南方周末和新财富等中国富豪榜上榜企业家，国内外上市公司、中央直管企业、国有重点企业的董事长、总裁、总经理，国有商业银行、股份制商业银行董事长、行长等企业领导者，中国大学创业富豪排行榜上榜校友企业家（资产上亿元者），《公益时报》、胡润和福布斯等中国慈善榜、中国大学校友捐赠榜等上榜校友企业家（捐赠50万元以上者）等。

公益慈善模范人物：中央电视台感动中国年度人物获奖者，中央有关部门组织评选的100位为新中国成立做出突出贡献的英雄模范人物和100位新中国成立以来感动中国人物入选者，中央文明办、中华全国总工会、共青团中央和全国妇联等主办第一届至第四届全国道德模范获奖者，《公益时报》、胡润和福布斯等中国慈善榜上榜慈善家和中国大学校友捐赠榜等上榜校友（捐赠10万元以上者）等。

文艺体杰出人才：诺贝尔文学奖、中国金话筒奖、奥运会金牌、鲁迅文学奖、茅盾文学奖、中国电影金鸡奖与百花奖、中国香港电影金像奖、中国台湾电影金马奖、中国电视金鹰奖和中国电视剧飞天奖等获得者。

优秀博士论文获得者指全国优秀博士学位论文奖获得者（含提名奖）、教育部博士研究生学术新人奖获得者、全国各省（自治区、直辖市）的优秀博士学术论文获得者等。

② 师资队伍包括以下几方面。

“杰出师资”包括世界级、国家级和部级科学家、专家学者和教学名师等荣誉称号获得者。

自然科学领域：诺贝尔奖、菲尔兹奖、沃尔夫奖、邵逸夫奖、阿贝尔奖等世界科技奖励获得者，汤森路透全球高被引科学家，中国科学院与中国工程院院士，美国、法国、英国、加拿大、俄罗斯和发展中国家等国外院士，国家科学技术奖励第一完成人、国家“千人计划”入选者、中国两院院士增选第一轮有效候选人、何梁何利基金奖获得者、全国杰出专业技术人才、长江学者特聘教授及讲座教授、长江学者创新团队带头人、国家杰出青年科学基金获得者、中国科学院“百人计划”学者等。

人文社会科学领域：中国杰出人文社会科学家、中南海讲师、国家社会科学基金重大招标项目首席专家和教育部哲学社会科学研究重大课题攻关项目首席专家等。

教学名师：全国教书育人楷模、国家教学名师、国家级教学团队、全国优秀博士学位论文指导导师和教育部教学指导委员会委员等。

人才计划与奖励：国家“万人计划”学者、全国杰出专业技术人才、中国T程院光华工程科技奖获得者、国家“青年千人计划”人选者、中国青年科学家奖获得者、中国青年女科学家奖获得者、中国青年科技奖等获得者、教育部“新世纪优秀人才支持计划”获得者、高校青年教师奖获得者等。

③ 培养基地。

“学科建设”包括学科层次、世界及国家级高水平学科和研究生院等。

学科层次：教育部学位与研究生教育发展中心2012年学科评估结果、国家111计划学科创新基地（高等学校学科创新引智计划）、博士后科研流动站、国家一二级重点学科及培育学科、国家一二级学科博士点及硕士点、国家级特色专业建设点、教育部卓越法律、工程师和农林等人才教育培养计划学科专业等。

研究生院：教育部批准设立的研究生院。

（2）科学研究

① 科研成果。

“高端科研成果”包括世界级科研奖励、国际高水平学术论文、国家级和省部级科研奖励成果等。

世界级科研奖励：诺贝尔奖、菲尔兹奖、沃尔夫奖、邵逸夫奖、阿贝尔奖等世界级科学奖励。

高水平学术论文：ESI国际高被引学术论文，发表在《自然》（*Nature*）、《科学》（*Science*）和《细胞》（*Cell*）杂志上的学术论文，中国科学技术信息研究所最具影响力国际和国内百篇学术论文、《人大复印报刊资料》转载学术论文等。

国家级科研奖励：国家最高科学技术奖、自然科学奖、技术发明奖、科技进步奖、创新团队、中国十大科技进展奖、中国科学十大进展（原中国基础研究十大新闻）、中国高校十大科技进展奖、国家社会科学基金项目优秀成果奖、中国高校人文社会科学研究优秀成果奖、国家社会科学基金成果文库入选成果、国防院校科研特殊贡献等。

部省级科研奖励：教育部高等学校科学研究优秀成果奖（科学技术）（含自然科学奖、技术发明奖、科技进步奖、专利奖）、中国专利奖、中国标准创新贡献奖、国家图书奖、中国出版政府奖、国家科学技术学术著作出版基金资助项目，以及全国各省（自治区、直辖市）、新疆生产建设兵团科学技术奖励和哲学社会科学优秀成果奖等。

② 科研基地。

“创新基地”包括国家级、部级知识生产基地、技术创新与成果转化基地、学术平台等。

知识生产基地：国家实验室、国家重点实验室、国防重点实验室、国家重点实验室培育基地、教育部（含省部共建）重点实验室、国防重点学科实验室、教育部（含省部共建）人文社会科学重点研究基地、国家2011计划协同创新中心，以及全国各省（自治区、直辖市）、新疆生产建设兵团2011计划协同创新中心等。

技术创新与成果转化基地：国家T程研究中心、国家工程实验室、国家工程技术研究中心、国家地方联合工程研究中心和工程实验室、国家重大科学仪器设备开发专项、国家重大科研仪器设备研制专项、教育部 T 程研究中心（含省部共建）、国家技术转移机构、国家大学科技园、国际科技合作基地和国际合作联合实验室等。

期刊奖励与资助：国家期刊奖、中国科协精品科技期刊示范项目和英文版期刊国际推广项目 171、教育部中国高校精品优秀特色科技期刊奖、中国百种杰出学术期刊、国家自然科学基金重点学术期刊专项基金资助期刊、国家社会科学基金学术期刊资助期刊等。

出版社和高水平期刊：大学主办的出版社、国际三大索引（SCI、El、ISTP）来源期刊，国内核心期刊（北京大学中文核心期刊、南京大学中文社会科学引文索引（CSSCI）、中国科学技术信息研究所中国科技核心期刊。中国社会科学院文献信息中心中国人文社会科学核心期刊、中国科学院文献情报中心中国科学引文数据库（CSCD）来源期刊、中国人文社会科学学报学会中国人文社科学报核心期刊等）收录期刊等。

③ 科研项目。

“基础科研项目”包括国家级、部级重大科研基础性研究项目和基金项目。

国家级基础研究项目：国家重点基础研究发展计划（“973 计划”）、国家重点项目（科学研究计划项目、国家自然科学基金项目、国家社会科学基金项目、国家软科学研究计划项目等）。

部级基础研究项目：教育部科学技术研究项目、教育部人文社会科学研究项目、教育部博士点基金立项课题、中国博士后科学基金项目等。

（3）社会影响

“社会影响”，由办学层次、校友捐赠、生源竞争力、媒体影响力和国际影响力等组成；增设国防院校特别社会影响力指标，指标全部为第三方客观数据，未采用主观打分数据或自建数据库数据。

① 办学层次。“办学层次”是指高校是否人选国家“985 工程”、“985 工程”优势学科创新平台建设、“211 工程”；是否设有研究生院、是否入选国家中西部高校基础能力建设工程（“西部 211 工程”）、省部共建大学、中央直管大学（副部级大学）、全国毕业生就业典型高校；是否具有教授或者副教授评审权、是否具有推荐免试硕士生资格、是否拥有博士及硕士授予权。

②“校友捐赠”是指中国大学 1952 年（含）以后毕业校友、在读学生和教师捐赠的总额；校友仅统计单笔金额在 10 万元以上的捐赠，教师捐赠不受限制。

③“生源竞争力/考生认可”是指高校录取的各省（自治区、直辖市）高考文科和理科状元、高考录取提档线。

④“媒体影响力”是指国内新闻媒体对大学的新闻报道、高校微博等新媒体影响力等指标构成。

⑤“国际影响力”是指英国 THEs、QS 和 U. S. News 等世界三大权威大学排行榜评价结果，到访的时任外国元首和政府首脑、国际学术影响力（ESI 居世界前 1%的论文引文）等。

14.2.1.3 中国大学排行榜（2015）计算方法

2015 年中国大学排行榜最终综合评价和单项评价结果均归一化处理以百分制分数形式给出。计算方法如下。

三级评价指标得分的计算公式：三级评价指标得分 = 100×∑（各三级评价指标参数×系数）/MAX（∑（各三级评价指标参数×系数））。

一/二级评价指标得分的计算公式：二级评价指标得分 = 100×∑（各三级评价指标得分×权重）/MAX（∑（各三级评价指标得分×权重））。一级评价指标得分 = 60+40×∑各二级评价指标得分/MAX（∑各二级评价指标得分）。

综合排名得分的计算公式：最终综合排名得分 = 60+40×∑（三级评价指标得分×权重）/MAX（∑（三级评价指标得分×权重））。

14.2.1.4 数据来源（表 14-9）

中国大学排行榜评价指标数据全部采用第三方权威机构、政府部门和新闻媒体等公开和认定的数据，未采用缺乏公信力和权威性的自建数据库或人工调查指标数据，读者均可通过国家教育、科技、人事等主管部门网站，第三方评价机构、高校官方网站、权威媒体报道、报纸杂志书籍和高校相关职能部门等渠道获得。2015 年评价指标数据基本上为高校 2014 年度的相关数据，部分为 2013 年的数据或累积性数据。对于那些无法获取与核实的调查数据，基于宁缺毋滥的原则，本次报告暂不统计，等获取确切数据后再纳入评价报告中。由于本评价报告是对中国大学的综合选优排序，对评价指标数据覆盖不到的高校，艾瑞深中国校友会网大学研究团队暂不做评价，敬请谅解。

表 14-9 中国大学评价数据来源

指标类别	评价指标	数据来源
人才培养	杰出校友	国家和地方政府部门、科学院、工程院、高校和媒体报道等
		福布斯、胡润、新财富、南方周末和媒体报道等
		上海证券交易所、深圳证券交易所、上市公司和媒体报道等
	师资队伍	教育部、科学院、工程院和高校等
	学科建设	教育部和高校等
科学研究	科研成果	科技部、教育部、国家知识产权局、国家标准化管理委员会、国家新闻出版广电总局、高校和相关学会等
	科研项目	科技部、国家自然科学基金委员会和全国哲学社会科学规划办公室等
	科研基地	科技部和教育部等
综合声誉	校友捐赠	高校和媒体报道等
	学术声誉	基本科学指标数据库（ESI）
	国家定位	教育部等
	媒体关注	百度新闻数据库

14.2.1.5　中国民办高校排行榜评价指标体系（2015）

大学评价学理论研究表明，如采用同一套指标体系对不同类型和层次的高校进行评价，不仅将混淆高校办学定位、误导高校发展方向，同时还将向社会公众传递错误信息，值得警惕。因此，我们专门研发了区别于公立高校的民办高校评价指标体系。

民办高校作为我国的应用型大学，包括民办院校和独立学院，是中国高等教育“大众化”的重要力量，学校工作重在培养学生的职业技能和应用水平，因此评价民办高校办学水平的高低，如果过度强调科学研究指标在短期内是不合理的、不公正的，甚至是误导。

所以，民办院校评价指标侧重其办学条件、人才培养进行评价。

2015 年中国民办高校排行榜采用 3 级评价指标体系，一级指标由办学设施、人才培养和社会影响 3 大指标构成，二级指标覆盖办学投入、教学质量、师资队伍、教学科研、办学层次、生源竞争力、校友认可、媒体影响八个方面。(略)。

14.2.2　普通高等学校本科教学工作合格评估指标体系

本节是根据 2011 年教育部办公厅发布的文件《普通高等学校本科教学工作合格评估指标体系》改写的。

14.2.2.1　评估对象和评估条件

普通高等学校本科教学工作合格评估（以下简称合格评估）针对未参加过教学工作评估的各类新建普通本科学校（以下简称新建本科学校），包括经国家正式批准独立设置的民办普通本科学校。

学校参加合格评估的条件为：有 3 届以本校名义招生的普通本科毕业生，当年没有被限制招生或暂停招生；公办学校上一年度生均预算内教育事业费拨款须达到《财政部关于进一步提高地方普通本科高校生均拨款水平的意见》(财教〔2010〕567 号）规定的相应标准；已有 5 届本科毕业生的新建本科学校应参加合格评估。凡因未达到评估条件而推迟评估的学校，在学校推迟评估期间，教育部将采取暂停备案新设本科专业、减少招生人数等限制措施。

合格评估主要程序包括：学校自评、专家进校评估、结论审议与发布等环节。

14.2.2.2　合格评估指标体系和基本要求

合格评估指标体系和基本要求包括：一级指标 5 个，二级指标 13 个，主要观测点和基本要求说明（表 14-10)。

表 14-10　合格评估指标体系和基本要求

一级指标	二级指标	主要观测点	基本要求	备注
办学思路与领导作用	学校定位	学校定位与规划	学校办学定位明确，发展目标清晰，能主动服务区域（行业）经济社会发展；规划科学合理，符合学校发展实际需要； 注重办学特色培育	学校规划包括学校教育事业发展规划、学科专业建设规划、师资队伍建设规划和校园建设规划

（续表）

一级指标	二级指标	主要观测点	基本要求	备注
办学思路与领导作用	领导作用	领导能力 教学中心地位	各级领导班子遵循高等教育办学和教学规律，树立“办学以教师为本，教学以学生为本”的办学理念，认真落实学校发展规划和目标，教育教学管理能力较强。 有以提高质量为核心、落实教学工作中心地位的政策与措施，重视建立并完善内部教学质量保障体系； 各级教学管理人员责任明确，各职能部门服务人才培养情况好，师生基本满意。	
	人才培养模式	人才培养思路 产学研合作教育	坚持育人为本，德育为先，能力为重，全面发展； 突出应用型人才培养，思路清晰，效果明显； 关注学生不同特点和个性差异，注重因材施教。 积极开展产学研合作教育，在与企（事）业或行业合作举办专业、共建教学资源、合作培养人才、合作就业等方面取得较好效果	
教师队伍	数量与结构	生师比 队伍结构	全校生师比达到国家办学条件要求； 各专业的教师数量满足本专业教学需要； 合理的控制班级授课规模，有足够数量的教师参与学生学习辅导。 专任教师中具有硕士学位、博士学位的比例≥50%； 在编的主讲教师中90%以上具有讲师及以上专业技术职务或具有硕士、博士学位，并通过岗前培训； 教师队伍年龄、学历、专业技术职务等结构合理，有一定数量的具备专业（行业）职业资格和任职经历的教师，整体素质能满足学校定位和人才培养目标的要求	参照教育部教发［2004］2号文件限制招生规定
	教育教学水平	师德水平 教学水平	履行教师岗位职责，教书育人，从严执教，为人师表，严谨治学，遵守学术道德规范。 教师的课堂教学、实践指导总体上能满足人才培养目标的要求，教学效果较好，学生基本满意	

（续表）

一级指标	二级指标	主要观测点	基本要求	备注
	培养培训	培养培训	有计划开展了教学团队建设、专业带头人培养等工作，初见成效； 有提高教师教学水平和能力的措施； 有加强教师专业职业资格和任职经历培养的措施，效果较好； 重视青年教师培训和专业发展，有规划、有措施、有实效。	
教学条件与利用	教学基本设施	实验室、实习场所建设与利用 图书资料和校园网建设与利用 校舍、运动场所、活动场所及设施建设与利用	生均教学科研仪器设备值及新增教学科研仪器设备所占比例达到国家办学条件要求； 实验室、实习场所及其设施能满足教学基本要求，利用率较高。 生均藏书量和生均年进书量达到国家办学条件要求； 图书资料（含电子类图书）能满足教学基本要求，利用率高；重视校园网及网络资源建设，在教学中发挥积极作用； 生均教学行政用房面积达到国家办学条件要求； 教室、实验室、实习场所和附属用房面积以及其他相关校舍基本满足人才培养的需要，利用率较高；运动场，学生活动中心及相关设施满足人才培养需要	参照教育部教发［2004］2 号文件限制招生规定
	经费投入	教学经费投入	教学经费投入较好地满足人才培养需要。其中，教学日常运行支出占经常性预算内教育事业费拨款（205 类教育拨款扣除专项拨款）与学费收入之和的比例≥13%。生均年教学日常运行支出≥1 200 元人民币，且应随着教育事业经费的增长而逐步增长	指学校开展普通本专科教学活动及其辅助活动发生的支出，仅指教学基本支出中的商品和服务支出（302 类）（不含教学专项拨款支出），具体包括：教学教辅部门发生的办公费（含考试考务费、手续费等）、印刷费、咨询费、邮电费、交通费、差旅费、出国费、维修（护）费、租赁费、会议费、培训费、专用材料费（含体育维持费等）、劳务费、其他教学商品和服务支出（含学生活动费、教学咨询研究机构会员费、教学改革科研业务费、委托业务费等）。取会计决算数

（续表）

一级指标	二级指标	主要观测点	基本要求	备注
专业与课程建设	专业建设	专业设置与结构调整 培养方案	有明确的专业设置标准和合理的建设规划，能根据区域经济社会发展需要和本校实际调整专业，专业结构总体合理；注重特色专业的培育。 培养方案反映专业培养目标，体现了德、智、体、美全面发展的要求；构建了科学合理的培养应用型人才的课程体系，其中，人文社科类专业实践教学占总学分（学时）不低于20%，理工农医类专业实践教学比例占总学分（学时）比例不低于25%，师范类专业教育实习不少于12周； 培养方案执行情况良好	
	课程与教学	教学内容与课程资源建设 教学方法与学习评价	课程建设有规划、有标准、有措施、有成效； 根据培养目标的要求和学生的需求，开设了足够数量的选修课； 教学内容符合本专业人才培养目标，能够反映本学科专业发展方向和经济社会发展需要，教学大纲规范完备，执行严格； 注重教材建设，有科学的教材选用和质量监管制度；多媒体课件教学效果好，能有效利用网络教学资源。有鼓励教师积极参与教学方法改革的政策和措施，注重学生创新精神培养，教师能够开展启发式、参与式等教学，课程考核方式科学多样	
	实践教学	实验教学 实习实训 社会实践 毕业论文（设计）与综合训练	实验开出率达到教学大纲要求的90%； 有一定数量的综合性、设计性实验，有开放性实验室；实验指导人员结构合理，实验教学效果较好。能与企事业单位紧密合作开展实习实训； 时间和经费有保证；指导到位，考核科学，效果较好。把社会实践纳入学校教学计划，规定学时学分，对学生参加社会实践提出时间和任务要求；把教师参加和指导大学生社会实践计入其工作量。选题紧密结合生产和社会实际，难度、工作量适当，体现专业综合训练要求； 有50%以上毕业论文（设计）在实验、实习、工程实践和社会调查等社会实践中完成； 教师指导学生人数比例适当，指导规范，论文（设计）质量合格	

（续表）

一级指标	二级指标	主要观测点	基本要求	备注
质量管理	教学管理队伍	结构与素质	结构较为合理，队伍基本稳定，服务意识较强； 注重教学管理队伍培训，积极开展教学管理研究，有一定数量的研究实践成果	教学管理队伍包括学校分管教学的校领导、教务处等专职教学管理人员、院（系、部）分管教学工作的院长（主任）、教学秘书等教学管理人员
	质量监控	规章制度 质量控制	教学管理制度规范、完备，主要教学环节的质量标准执行较严格，教学运行平稳有序。学校建立了自我评估制度，并注意发挥高校教学基本状态数据库的作用，对教学质量进行常态监控	

14.2.2.3　对民办、医学类、艺术类高校部分评估指标的调整说明

（1）民办高校部分评估指标的调整说明

① 领导作用。增加一个观测点“领导体制”，基本要求为：领导体制健全，法人治理结构完善。学校董事会（或理事会）、校务委员会、党委会机构发挥了各自的职能；建立了学校发展决策咨询机构并很好发挥了作用；建立了学校师生员工民主管理监督、建言献策的机制。

② 教师数量与结构。观测点“生师比”合格标准中增加：自有专任教师数量不低于专任教师总数 50%。“专任教师计算方法”是：自有教师及外聘教师中聘期二年（含）以上并满足学校规定教学工作量的教师按 1∶1 计入，聘期一年至二年的外聘教师按 50%计入，聘期不足一年的不计入专任教师数。

（2）医学类高校部分评估指标的调整说明

① 教师队伍数量与结构。观测点“生师比”合格标准中增加：医学类专业（主要指五年制、授医学学士的专业，临床医学、口腔医学、预防医学、针灸推拿学等本科专业）要有一支双师型的临床教师队伍，教师队伍数量与学生数量的比例达到 1∶10。临床教师的计算以附属医院（直属）具有医师职称系列全部人员的 15%计；非直属附属医院教师按聘请校外教师折算，原则上不超过全校教师总数的四分之一。

观测点“队伍结构”合格标准中增加：医学类专业整体师资队伍结构必须由校本部基础教师和临床教师两大部分组成（临床教师必须有执业医师资格，且理论授课和课间见习教学教师须有主治医师及以上医疗职称）。

② 教学条件与利用。观测点“实验室、实习场所”合格标准增加：医学教育必须有附属医院和非直属附属教学医院承担学生临床阶段教学，且生均床位数达到 0.8 张以上。非直属附属医院指经当地行政部门批准、可完成临床教学全过程且有一届以上毕业生的教学医院。

③ 专业与课程建设。观测点“实习实训”合格标准增加：临床阶段教学中主干课

程课间见习与理论授课的比例不少于 1 : 1。观测点“毕业设计与综合训练”：对于医学生是指毕业实习和毕业综合考试。毕业实习时间不应少于 48 周。临床实习教学管理制度基本健全，有出科考试和毕业考试制度并实施；实习大纲规定的操作项目合理，多数学生基本完成规定项目；毕业实习每生实际管理病床 4~6 张。

（3）艺术类高校部分评估指标的调整说明

教师队伍数量与结构。观测点“队伍结构”合格标准中“专任教师中具有硕士学位、博士学位的比例≥50%”改为“专任教师中具有硕士学位、博士学位的比例≥35%”。艺术类院校中的主讲教师“具有二级及以上艺术类专业技术职务，通过岗前培训并取得合格证”视同为“具有讲师及以上职务或具有硕士及以上学位，通过岗前培训并取得合格证。

14.2.3 “双一流”建设成效评价办法

14.2.3.1 “双一流”的概念

为贯彻落实《中国教育改革和发展纲要》，实施科教兴国的战略，迎接世界新技术革命的挑战，国家决定实施“211 工程”，即面向 21 世纪，重点建设 100 所左右的高等学校和一批重点学科。

1998 年 5 月 4 日，时任国家主席江泽民在庆祝北京大学建校 100 周年大会上代表中国共产党和中华人民共和国中央人民政府向全社会宣告：“为了实现现代化，我国要有若干所具有世界先进水平的一流大学。”1999 年，国务院批转教育部《面向 21 世纪教育振兴行动计划》，“985 工程”正式启动建设。

2019 年 11 月 28 日，教育部官网发布声明：已将“211 工程”和“985 工程”等重点建设项目统筹为“双一流”建设。

14.2.3.2 建设成效评价指标

成效评价由大学整体建设评价和学科建设评价两部分组成。大学整体建设评价，分别按人才培养、教师队伍建设、科学研究、社会服务、文化传承创新和国际交流合作六个方面相对独立组织，综合呈现结果；学科建设评价，主要考察建设学科在人才培养、科学研究、社会服务、教师队伍建设四个方面的综合成效。

具体评价要求如下。

① 人才培养评价。将立德树人成效作为根本考察标准，以人才培养过程、结果及影响为评价对象，突出培养一流人才，综合考察建设高校思政课程、课程思政、教学投入与改革、创新创业教育、毕业生就业质量以及德智体美劳全面发展等方面的建设举措与成效。

② 教师队伍建设评价。突出教师思想政治素质和师德师风建设，克服“唯论文”“唯帽子”“唯职称”“唯学历”“唯奖项”“唯项目”倾向，综合考察教师队伍师德师风、教育教学、科学研究、社会服务和专业发展等方面的情况，以及建设高校在推进人事制度改革，提高专任教师队伍水平、影响力及发展潜力的举措和成效。

③ 科学研究评价。突出原始创新与重大突破，不唯数量、不唯论文、不唯奖项，实行代表作评价，强调成果的创新质量和贡献，结合重大、重点创新基地平台建设情

况，综合考察建设高校提高科技创新水平、解决国家关键技术“卡脖子”问题、推进科技评价改革的主要举措，在构建中国特色哲学社会科学学科体系、学术体系、话语体系中发挥的主力军作用，以及面向改革发展重大实践，推动思想理论创新、服务资政决策等方面成效。

④ 社会服务评价。突出贡献和引领，综合考察建设高校技术转移与成果转化的情况、服务国家重大战略和行业产业发展以及区域发展需求、围绕国民经济社会发展加强重点领域学科专业建设和急需人才培养、特色高端智库体系建设情况、成果转化效益以及参与国内外重要标准制定等方面的成效。

⑤ 文化传承创新评价。突出传承与创新中国特色社会主义先进文化，综合考察建设高校传承严谨学风和科学精神、中华优秀传统文化和红色文化，弘扬社会主义核心价值观的理论建设和社会实践创新，塑造大学精神及校园文化建设的举措和成效以及校园文化建设引领社会文化发展的贡献度。

⑥ 国际交流合作评价。突出实效与影响，综合考察建设高校统筹国内国外两种资源，提升人才培养和科学研究的水平以及服务国家对外开放的能力，加强多渠道国际交流合作，持续增强国际影响力的成效。

14.3　高等教育中的评价案例

14.3.1　课程教学质量评估

14.3.1.1　某大学教学质量评估指标体系（学生用）（表 14–11）

表 14–11　质量评估指标

评估教师姓名：　　　　　　评估课程名称：　　　　　　评估时间：

项目	序号	评估内容	权重 a_1	评价分值 x_i	得分值 $w_x=a_x x_i$
教学态度 0.20	1	为人师表，教书育人，严格要求学生，关心学生	0.04		
	2	积极改革，勇于创新，改进教学方法和教学手段	0.04		
	3	备课认真，准备充分，精心组织教学	0.04		
	4	作业批改及时，注意反馈信息	0.04		
	5	重视辅导答疑，解答清楚耐心、正确无误	0.04		
教学纪律 0.10	6	不随意调课、停课	0.02		
	7	无迟到、早下课现象	0.03		
	8	按教学进度和课表安排授课，不减少学时	0.02		
	9	课程实验教学如期按规定进行	0.03		

（续表）

项目	序号	评估内容	权重 a_1	评价分值 x_i	得分值 $w_x=a_x x_i$
教学内容 0.20	10	突出重、难点，讲授熟练、透彻、清晰	0.04		
	11	教学内容丰富，能及时反映新的发展成果	0.04		
	12	符合教学大纲，深度广度适当，进度适中	0.06		
	13	正确形成概念、定理，逻辑性强，学生易接受新知识	0.06		
教学方法 0.15	14	善于运用多种教学方法，充分调动学生学习积极性	0.04		
	15	听取学生意见，注重教学反馈，不断改进教学方法	0.05		
	16	调控教学，注重学生知识、能力、思想的培养	0.06		
教学效果 0.20	17	重视学生创新能力的培养和素质的提高	0.08		
	18	提高学生分析问题和解决问题的能力	0.04		
	19	理解和掌握所学内容，“三基”扎实	0.08		
教师基本功 0.15	20	语言表达准确、条理清楚	0.05		
	21	板书工整，布局合理	0.04		
	22	普通话标准、流畅，声音洪亮	0.03		
	23	仪表庄重，服装整齐	0.03		
备注	1	本着实事求是、认真负责的态度填写本表，不署名		评价总分	
	2	根据实际情况，在“评价分值”栏填写 1~100 对应分值			

14.3.1.2 某大学优质课程评估表（表 14-12）

表 14-12 优质课程评估表

课程名称：　　　　　　　　　　评估性质：自评（　）专家评（　）

评估项目	项目代码	评估要素	评估等级及要素内涵		评价等级
			A 级标准	C 级标准	
师资队伍	Ⅰ-1	教学梯队	有教学带头人，近二年高职教师100%担任本课程教学工作，形成合理的教学梯队	高职教师 80%担任本课程教学，梯队较为合理	
	Ⅰ-2	业务水平	近二年 70%以上教师参加教学研究和科学研究课题，在公开学术刊物上发表研究论文（专业课教师须在国内外核心期刊上发表论文）	50%以上教师参加教学和科学研究课题，公开发表论文	
	Ⅰ-3	青年教师培养	对青年教师配备导师，培养方向明确，计划具体，较好地坚持相互听课和观摩课制度，近二年 35 岁以下青年教师开课质量评价优良	建立青年教师导师制、听课和观摩课制度，青年教师开课质量良好	

（续表）

评估项目	项目代码	评估要素	评估等级及要素内涵		评价等级
			A 级标准	C 级标准	
教学条件	Ⅱ-4	教学文件	课程教学大纲、教学日历、教案及讲稿、教学活动制度等教学文件完备率100%，档案齐备	教学文件完备率达 80%，档案齐备	
	Ⅱ-5	教材建设	积极开展教材建设，合理选用教材和配套教学用书，注重引进国内外先进教材和参考书	注重教材建设，教材和教学用书选用合理	
	Ⅱ-6	实验实践条件	按计划开出实验项目，能开出设计性、综合性实验，实验人员能较好履行职责，实验设备完好；文管类课程图书资料齐全，能满足学生实践技能和创新能力培养要求；建立了较稳定、先进的校内外教学实习基地，满足课程教学需要	实验条件、图书资料、实习基地基本满足教学需要，能按计划开出实验项目，实验人员到位	
教学过程	Ⅲ-7	教书育人	对学生严格要求，严格管理，在教学过程中注重引导和培养学生严谨的科学精神、献身专业的思想和良好的道德品质，言传身教，为人师表	注重教书育人，对学生严格要求，严格管理	
	Ⅲ-8	教学内容	符合教学大纲要求，备课认真，学时安排合理，注重知识的科学性、基础性，注重恰当引入学科发展前沿知识和技术	符合教学大纲要求，备课认真，学时安排合理	
	Ⅲ-9	教学方法与手段	适合课程教学规律和特点，理论联系实际，利于培养学生思维能力、自主学习能力和创新意识、创新能力；合理、有效使用电化教学手段和多媒体、CAI 等现代教育技术	注重不断改进教学方法，合理使用先进教学手段和现代教育技术	
	Ⅲ-10	学习指导	根据课程特点合理布置作业，批改认真，辅导、答疑及时耐心，注重学生学习方法和课外学习活动的指导	合理布置作业，批改及时，坚持辅导、答疑	
	Ⅲ-11	实践技能培养	实践技能培养与考核体系完善，实验实习要求严格，实行现场（操作、上机）考核，注重培养学生严谨的科学态度、实际操作能力和创新精神	实验实习要求严格，注重实验实践技能培养	
	Ⅲ-12	课程考核	实行考教分离，使用试题（试卷）库命题，重视过程考核，考纪严明，评分客观公正	考教分离，命题规范，考纪严明，评分客观	

（续表）

评估项目	项目代码	评估要素	评估等级及要素内涵		评价等级
			A 级标准	C 级标准	
教学研究与改革	Ⅳ-13	教学研究与改革	有计划进行教学改革研究，在改革教学内容、教学方法、实践教学、考试方法、课外学习活动等方面成绩突出，成效显著	开展教学改革研究工作，有成效	
	Ⅳ-14	教学成果	整体教学效果评价优良，近二年有40%以上教师获得校级以上教学质量、教学竞赛或教学成果奖	获得过校级以上教学奖励	
课程特色	Ⅴ-15	课程特色	多年来形成公认的、对提高教学质量作用大、效果显著的项目，特色明显	课程建设有特色，有效果	

注：① 评分时，注明评估类型（即自评或专家评），记下评分等级（分 A、B、C 三等，介于 A、C 之间为 B 级）；② 评估要素共 15 项，其中特色项目不计入评分项目，认定为 A 方可评为优质课程；③ 标黑要素为核心要素，分别是教学梯队、教材、实验实践条件、教学内容、教学方法与手段、实践技能培养、教学研究与改革共 7 项；④ C=0，A≥9 或 C≤3，A≥11 且核心要素 A≥6 方可认定为优质课程。

14.3.1.3 国家高等学校精品课程评估指标（2004）

（1）精品课程评估指标说明

① 本评估指标根据《教育部关于启动高等学校教学质量与教学改革工程精品课程建设工作的通知》（教高〔2003〕1 号）文件精神制定而成。

② 精品课程是指具有特色和一流教学水平的优秀课程。精品课程建设要体现现代教育思想，符合科学性、先进性和教育教学的普遍规律，具有鲜明特色，并能恰当运用现代教学技术、方法与手段，教学效果显著，具有示范性和辐射推广作用。

③ 精品课程的评估要体现教育教学改革的方向，引导教师创新，并正确处理以下几个关系：在内容体系方面，要处理好经典与现代的关系；在教学方法上要协调传统教学手段和现代教育技术应用的关系，以充分调动学生的学习积极性和参与性为目的；坚持理论教学与实践教学并重，重视在实践教学中培养学生的实践能力和创新能力。

④ 本方案采取定量评价与定性评价相结合的方法，以提高评价结果的可靠性与可比性。评估方案分为综合评估与特色评估两部分，采用百分制记分，其中综合评估占70%，特色评估占 30%。

⑤ 总分计算：$M=\sum K_iM_i$，其中 K_i为评分等级系数，A、B、C、D、E 的系数分别为 1.0、0.8、0.6、0.4、0.2，M_i是各二级指标的分值。

（2）精品课程评估指标

① 综合评估占 70%（表 14-13）。

表 14-13　综合评估

教学队伍（20 分）	课程负责人与主讲教师 8 分：学术水平、教学水平与教师风范 教学队伍结构及整体素质 4 分：知识结构、年龄结构、人员配置与中青年教师培养 教学改革与教学研究 8 分：教研活动、教改成果和教学成果

（续表）

教学内容（25 分）	课程内容：2-1-A 理论课程内容设计，2-1-B 实验课程内容设计 教学内容组织与安排：教学内容安排 实践教学：实践教学内容与方法
教学条件（17 分）	教材及相关资料 7 分：教材建设与选用 实践教学条件 5 分：实践教学环境的先进性与开放性 网络教学环境 5 分：网络资源建设、网络教学硬件环境和软件资源
教学方法与手段（18 分）	教学方法 10 分：多种教学方法的使用及其教学效果 教学手段 8 分：现代教育技术的应用
教学效果（20 分）	同行评价 6 分：校内外专家评价和声誉 学生评教 6 分：学生评价意见 录像资料评审 8 分：课堂实录

② 特色评估占 30%。

课程特色 100 分：专家依据《2004 年度“国家精品课程”申报表》中所报特色打分。

（3）精品课程评估标准（表 14-14）

表 14-14　精品课程评估标准

一级指标	二级指标	主要观测点	评估标准	分值（M_i）	评价等级（K_i）				
					A	B	C	D	E
					1.0	0.8	0.6	0.4	0.2
教学队伍（20 分）	课程负责人与主讲教师	学术水平、教学水平与教师风范	课程负责人或主讲教师师德好，学术造诣高，教学能力强，教学经验丰富，教学特色鲜明	8 分					
	教学队伍结构及整体素质	知识结构、年龄结构、人员配置与中青年教师培养	教学团队中的教师责任感强、团结协作精神好；有合理的知识结构和年龄结构，并根据课程需要配备辅导教师；中青年教师的培养计划科学合理，并取得实际效果	4 分					
	教学改革与教学研究	教研活动、教改成果和教学成果	教学思想活跃，教学改革有创意；教研活动推动了教学改革，取得了明显的成效/省部级以上成果或受过教学表彰；发表了高质量的教改教研论文	8 分					

（续表）

一级指标	二级指标	主要观测点	评估标准	分值（M_i）	评价等级（K_i）				
					A	B	C	D	E
					1.0	0.8	0.6	0.4	0.2
教学内容（25分）	课程内容	2-1-A 理论课程内容设计	教学内容新颖，信息量大；及时把教改教研成果或学科最新发展成果引入教学；课程内容经典与现代的关系处理得当	11分					
		2-1-B 实验课程内容设计	课程内容的技术性、综合性和探索性的关系处理得当，有效地培养学生的创新思维能力和独立地分析问题、解决问题的能力						
	教学内容组织与安排	教学内容安排	理论联系实际，融知识传授、能力培养、素质教育于一体；课内课外结合；教书育人效果明显	8分					
	实践教学	实践教学内容与方法	设计出的各类实践活动能很好地满足学生的培养要求；实践教学在培养学生发现问题、分析问题和解决问题的能力方面有显著成效	6分					
教学条件（17分）	教材及相关资料	教材建设与选用	选用优秀教材（含国家优秀教材、国外高水平原版教材或有高水平的自编教材）；为学生的自主学习和研究性学习开列并提供了有效的文献资料；实验教材配套齐全，满足教学需要	7分					
	实践教学条件	实践教学环境的先进性与开放性	实践教学条件能够满足教学要求；能够进行开放式教学；效果明显（理工类课程，能开出高水平的选作实验）	5分					
	网络教学环境	网络资源建设、网络教学硬件环境和软件资源	网络教学资源建设初具规模，并能经常更新；运行机制良好；在教学中确实发挥了作用	5分					
教学方法与手段（18分）	教学方法	多种教学方法的使用及其教学效果	灵活运用多种先进的教学方法；能有效调动学生的学习积极性，促进学生积极思考，发展学生的学习能力	10分					
	教学手段	现代教育技术的应用	恰当、充分地使用现代教育技术手段，并在激发学生学习兴趣和提高教学效果方面取得实效	8分					

（续表）

一级指标	二级指标	主要观测点	评估标准	分值（M_i）	评价等级（K_i）				
					A	B	C	D	E
					1.0	0.8	0.6	0.4	0.2
教学效果（20 分）	同行评价	校内外专家评价和声誉	证明材料真实可信，评价优秀；有良好声誉（根据申报表 4-5 和 5-2 中所列材料）	6 分					
	学生评教	学生评价意见	学生评价材料真实可靠，结果优良（根据申报表 4-5 中所列材料）	6 分					
	录像资料评审	课堂实录	讲课有激情，精神饱满；有感染力，能吸引学生的注意力；能给学生思考、联想、创新的启迪	8 分					
课程特色	专家依据《2004 年度“国家精品课程”申报表》5-1 中所报特色打分			100 分					

14.3.2 研究生学位论文质量评估

14.3.2.1 某大学博士学位论文评审评价表（表 14-15）

表 14-15　论文评审表

一级指标	二级指标	评价要素	评判分数
选题与综述（权重 0.2）	论文选题的理论意义或实用价值（权重 0.6）	选题为学科前沿，具有开创性，对国民经济、科学技术发展具有较大的理论意义或实用价值，研究方向明确	
	对本学科及相关领域的综述与总结（权重 0.4）	综合全面反映该学科及相关领域的发展和最新成果，归纳总结正确	
论文成果的创新性（权重 0.6）	论文在理论或方法上的创新性	探索了有价值的新现象、新规律，提出了新命题、新方法； 纠正了前人在重要问题的提法或结论上的错误，从而对该领域科学研究起了重要的作用； 创造性解决自然科学或工程技术或人文社会科学中的关键问题； 论文成果具有较大的经济效益或社会效益	
论文体现的理论基础、专门知识及科学研究能力（权重 0.2）	论文体现的理论基础与专门知识（权重 0.4）	论文体现本学科及相关领域坚实宽广的理论基础与系统深入的专门知识	
	论文体现作者独立从事科学研究的能力（权重 0.4）	具有很强的独立从事科学研究工作的能力； 采用先进技术、设备、方法、信息，进行论文研究工作； 论文研究的难度较大、工作量饱满	
	写作与总结提炼能力（权重 0.2）	论文语言表达准确、层次分明、图表规范、学风严谨； 善于总结提炼	

（续表）

一级指标	二级指标	评价要素	评判分数
总体评价	优秀；良好；合格；不合格		
对该论文的具体评议意见	D、论文选题（是否为学科前沿，是否具有开创性）； E、论文的创新性与学术价值（如在方法、性能、指标、数据等方面）、成果的经济效益或社会效益； F、论文主要不足之处		

14.3.2.2　全国优秀博士学位论文的评选

全国优秀博士学位论文评选工作是由教育部和国务院学位委员会批准并组织进行的，旨在逐步建立有效的质量监督和激励机制，推动研究生教育工作重点切实转移到提高培养质量上来，培养和激励在学博士生的创新精神，促进高层次创造性人才脱颖而出。

评选标准为：一是选题为本学科前沿，有重要的理论意义或现实意义；二是在理论或方法上有创新；取得突破性成果，达到国际同类学科先进水平，具有较好的社会效益或应用前景；三是材料翔实，推理严密，文字表达准确。

14.3.3　学生毕业设计答辩成绩的评定

14.3.3.1　本科毕业设计评阅表（表 14-16）

表 14-16　本科毕业设计评阅表

毕业设计题目：　　　　　　　　　　　　　　　　　　专业班级：

学生姓名：

指导教师姓名：　　指导教师评定成绩：　　评阅人：　　评阅人评定成绩：

答辩委员会评定成绩

		评定项目	A	B	C	D
选题	1	选题符合专业培养目标，体现综合训练基本要求				
	2	题目难易度				
	3	题目工作量				
	4	题目与生产、科研、实验室建设等的实际结合程度				
毕业设计质量	5	综合运用知识的能力及问题难易度				
	6	应用文献资料的能力				
	7	实验设计能力				
	8	计算能力				
	9	外文应用能力				
	10	计算机应用能力				

（续表）

		评定项目	A	B	C	D
毕业设计质量	11	对实验结果的分析能力				
	12	插图（或图纸）质量				
	13	设计说明书撰写水平				
	14	设计的实用性与科学性				
	15	毕业设计的规范化程度和设计栏目齐全合理				
	16	创见性（只分“有”或“无”）				
17		综合评定成绩				
18 评语						

评阅人签名：　　　　　　年　月　日

14.3.3.2　学生毕业设计答辩成绩的模糊综合评定

设定学生毕业设计答辩的评价项目（指标）为：调查论证等 9 个，它们的权重设定、评价等级见下表。参加评定的老师专家共 25 位，对某一学生的毕业设计投票结果如表 14-17 所示。

表 14-17　学生毕业设计评价

评价结果（票数/隶属度）　评价等级 评价项目（权重）	优（100）	良（85）	中（70）	差（55）
调查论证（0.10） 独立查阅文献调研，正确翻译外文资料提出和较好论述课题方案，收集整理信息，获取知识能力	9/0.36	14/0.56	2/0.08	0/0.00
方案设计与技能（0.10） 正确提出设计和实验方案，独立设计或实验设备安装、调试和操作	3/0.12	14/0.56	7/0.28	1/0.04
分析解决问题能力（0.15） 运用所学知识和技能发现与解决实际问题，正确处理实验数据，对课题进行论证分析得出结论	5/0.20	1/0.60	5/0.20	0/0.00
纪律、工作态度和工作量（0.10） 按期完成规定任务，工作量饱满，难度大，工作努力，遵守纪律，工作作风严谨扎实	1/0.04	10/0.40	11/0.44	3/0.12
论文质量（0.10） 综述简练完整有见解，理论正确，论述充分，结论严谨合理，实验正确，分析处理问题科学，文字通顺，用语准确，符号图表规范	2/0.08	11/0.44	12/0.48	0/0.00
有无创新（0.10） 工作有无创新意识，对前人有改进和突破或有独到见解	5/0.20	14/0.56	6/0.24	0/0.00

（续表）

评价结果（票数/隶属度）＼评价等级 评价项目（权重）	优（100）	良（85）	中（70）	差（55）
讲解内容（0.10） 思路清晰，语言表达准确，概念清楚，论点正确，实验方法科学，分析归纳合理，结论严谨，设计有应用价值	4/0.16	6/0.24	13/0.52	2/0.08
仪容仪表及其他（0.10） 仪容整洁端庄，衣着得体大方，尊重师长，谦虚有礼，有较好的风度气质	3/0.12	8/0.32	12/0.48	2/0.08
回答问题（0.15） 回答问题有理有据，基本概念清楚，主要问题回答准确，逻辑性强。态度谦虚得体	5/0.20	12/0.48	6/0.24	2/0.08
综合隶属度	0.168	0.470	0.318	0.044
综合评价结果	综合得分：81.43			

注：隶属度=票数/25，例如 9/25=0.36

综合隶属度=各个隶属度×各项目权重之和，例如：0.36×0.1+0.12×0.1+……+0.2×0.15=0.168

综合得分=各个综合隶属度×各等级分数之和。即 0.168×100+0.470×85+0.318×70+0.044×55=81.43

14.3.4 高校教学科研人员的评价

教育部在 2016 年 8 月发布了《关于深化高校教师考核评价制度改革的指导意见》，为高校人员评价提供了基本指导。人员评价可以表现在多个方面，常见的有职称评定、绩效考核、岗位聘任、年终或周期性考核等。

14.3.4.1 人员的分类和评价标准

在对高校人员的具体评价中，考虑到学校差异、学科差异、院系差异、研究性质差异等因素，其评价的侧重点应有所不同。高校的教师都承担一定量的教学和科研任务。大体可以将教师划分为教学型、教学科研型和科研型三类。每一大类下可再划分出不同的小类。要针对不同人员，设立不同的评价标准，坚持有针对性的评价导向。

尽管我们把高校人员分为教学为主型、科研为主型、教学科研型，但他们一般都是既承担科研任务，也承担教学任务（包括研究生教学），同时也都发挥着服务社会的作用，而且在政治标准、师德标准和专业发展标准等方面都具有共性，因而在建构评价指标体系时，可使用统一的指标结构，人员的统一的评价标准设定为政治标准、师德标准、教学质量标准、科研水平标准、社会服务标准和专业发展标准六个方面，不同类型人员可以通过设定不同的指标权重来加以区别。

14.3.4.2 评价指标体系的设计

首先把上述的六个评价标准作为一级评价指标，评价指标体系的建立就是对一级评价指标的具体化。具体指标设计如下表所示，包括：一级指标 6 个、二级指标 22 个和评价要点说明（表 14–18）。

表 14–18　高校教学科研人员评价指标体系

一级指标	二级指标	评价要点
政治合格	政治方向和思想政治水平	政治方向、学术方向和育人导向是否正确；是否具有较高的政治素养和马克思主义理论水平；能否自觉服从和服务于党和国家的发展大局，在思想和行动上始终与党中央保持高度一致
	遵纪守法	能否严格遵守高校课堂教学纪律，是否在课堂上传播违法、有害观点和言论，有无违反法律法规和校纪校规现象
师德师风	思想道德	能否坚守精神家园和人格底线，以德施教、以德立身，关爱学生，静心教书，潜心育人。
	岗位素质	是否具备坚定的职业信念，爱岗敬业，履行职责，严谨治学，从严执教；有无教学事故
教学质量	个人素质	适宜的职业个性与特色；学科知识素养；运用新技术提高教学设计和教育教学技能；语言文字表达能力教学研究能力
	教学态度	敬业精神和责任心；课前准备情况；辅导、答疑和批改作业等方面的表现；对教学问题的反思意识和改进措施；对学校教学规章和纪律的遵守情况
	教学内容	教学内容的科学性；讲授学科知识的交叉性、包容性、前瞻性和创新性
	教学方法与效果	教学内容与学生需求的适应性，同生产、社会实践的关联性；教学方法与课程内容的适宜性；达到教学目的，激发学习兴趣，课堂接受率高
	教学研究与改革	获得教学改革立项、教学成果奖、各类教学竞赛的数量与级别；教学研究论文的数量与级别；参与教学团队、精品课程建设情况等
科研水平	科研项目	项目成果的创新性和实际应用价值
	学术著作、教材	出版社、发行量、社会影响
	学术论文	论文检索收录、转载、引用等质量指标
	研究报告	被各级政府部门和相关单位采用情况
	获奖	获奖数量、等级
	人才计划	省部级以上人才计划（国家高层次人才特殊支持计划、长江学者奖励计划、新世纪百千万人才工程等）
	学术交流	在国际会议、全国性会议上主题发言或交流
社会服务	决策咨询	为政府部门、企事业单位提供决策咨询和专业化服务
	科研成果转化	通过促进科研成果的转化，提高社会生产率，解决社会难题，服务地方经济社会发展
	文化科学知识传播与普及	为当地企事业单位、社区、居民进行知识讲座；弘扬优秀文化，推进精神文明建设；宣传党的路线方针政策等

（续表）

一级指标	二级指标	评价要点
专业发展	专业理想与发展规划	能否牢固树立正确的学术理念和终身学习的理念，明确专业发展的目的、价值追求；具有个人专业发展具体规划
	专业知识拓展与深化	能否不断地更新补充专业知识，扩大知识范围；从对知识的理解、掌握到对知识的批判和创新；以广泛的文化基础知识为背景，以精深的学科知识为主干，以相关学科知识为补充，以教育科学知识和心理科学知识为支撑，不断优化知识结构
	专业能力提升	能否在具备扎实知识功底的基础上，不断更新专业理念，开展教学改革与研究，提升教学和学术发展能力，提高教育教学质量和科研成果的质量

14.3.4.3 人员评价指标体的权重分配

一些指标是不易量化的，如政治标准、师德标准、专业发展标准等，因而主要以定性评价为主，对政治标准、师德标准建议实行“一票否决”；对于专业发展则建议各高校根据实际情况做出具体要求。因此，对于政治标准、师德标准的指标不再具体设置权重，而主要针对教学质量指标、科研水平指标、社会服务指标和专业发展指标进行权重分配。

① 科研为主型人员的指标体系的权重分配如下：在一级指标权重分配上，教学质量指标权重占15%，科研水平指标权重占65%，社会服务指标权重占10%，专业发展指标权重占10%。二级指标权重：科研项目占20%（其中经费占5%，结题与鉴定情况占5%），学术著作占10%，学术论文占45%（其中论文检索收录占10%，转载占10%，引用率占10%），研究报告被采用情况占5%，获奖占10%，人才计划占5%，学术交流占5%。由于科研为主型人员的教学、社会服务和专业发展一级指标的权重在总体上所占比重不大，不再列出二级指标权重。

② 教学科研型人员评价指标体系的权重分配如下：一级指标的权重分配：教学质量占40%，科研水平占40%，社会服务占10%，专业发展占10%。二级指标的权重分配：在教学质量方面，个人素质占15%，教学态度占25%，教学内容占15%，教学方法与效果占30%，教学研究与改革占15%；在科研水平方面，科研项目占20%，学术著作占10%，学术论文占45%，研究报告占5%，获奖占10%，人才计划占5%，学术交流占5%；在社会服务、专业发展方面的权重占比相对较小，不再列出二级指标权重。

③ 教学为主型人员评价指标体系的权重分配如下：一级指标权重分配为：教学质量占65%，科研水平占15%，社会服务占10%，专业发展指标权重占10%。二级指标权重分配，由于影响教学质量的因素较多，指标体系的建构和权重分配要“抓住关键、突出重点”。教学质量的二级指标权重分配具体如下：个人素质占15%，教学态度占20%，教学内容占20%，教学方法与效果占30%，教学研究与改革占15%。在科研水平、社会服务和专业发展，三者在一级指标中权重较小，不再列出二级指标权重。

14.3.4.4　高校教师教学质量评价的基本方法

对教学质量的评价不易使用量化指标，这是我国高校普遍面临的难题之一。教学质量评价是分层次、分类型进行的，有研究生教学、本科教学、高等职业和高等专科教育、成人教学等，这里仅就高等学校教育中教师教学质量评价的一般方法进行探讨。

（1）分类分级的教学质量评价方法

一般高等学校对教师的教学通常采用统一的标准进行评价。但是，综合性、多科性高校一般都分文科、理科和工科，不同专业的课程设置不同；各专业的课程设置又分公共基础课、专业基础课和专业课，不同类型的课程在教学目标、教学方法、教学实践等方面的要求不尽相同，其实施过程、方法、教学组织形式也有差异，同一个标准很难适应不同专业、不同课程的具体需要，用同样一份评价表也很难衡量所有的课程；同时，教师的情况也具有复杂性，在职称上有初级、中级和高级职称的区别，因而评价要求和评价指标也应该是不同的，只有采用分类的评价方法，才能更公正、客观地对教师进行教学质量评价。

① 采用多元化的评价标准，制定科学、适用的、形式内容各异的评价表。综合类高校可将课程分成文科类、理科类和工科类，评价表依此分为三种类型。对每个类型，要分成两部分进行考核：一是基本要求，包括教学设计、教学内容、教学方法、教学态度等内容，这部分是各门课程所共有的，具有一般性。二是根据不同课程的特点，对其教学方法、教学环节、考试方式和教学目标的实现等进行评价。在考核表的具体设计中，对不同课程，可设计多元化的考核表，如对语言类课程，要设计考核口语表达能力、流利程度、发音的准确性、学生对于语言使用技能的掌握程度等专项；对计算机类和具有实践环节的课程要设计考核学生动手能力、实际操作能力和创新能力的培养等。

② 制订不同的评价标准，实行教师发展性评价。分级教学评价的主要想法是针对高校不同教龄（老年、中年、青年）、不同职称的教师（初级、中级、高级）根据其不同的知识结构、科研水平、教学经验以及教学对象，制定不同的评价方法。

对具有初级职称（助教）的青年教师（包括具有博士学位，刚参加工作不久的青年讲师）的教学评价。青年教师一般刚刚完成从学生到教师的转换，具有从事教学工作时间短、教学经验不足的特点。对青年教师教学工作的考核与评价，应主要注重考核其教学基本功、传授知识的准确性和熟练性、教学内容难易程度的适宜性等。其中，教学基本功包括仪态、板书、声音、表达能力、使用多媒体教学的能力，等等。

对具有中级职称教师（讲师）的教学评价。讲师一般已从教师的成长期逐步过渡到成熟期，可以独立承担教学任务，按照教学大纲完成教学任务。对讲师的考核和评价，除必须满足对助教的那些要求以外，应该着重考核其教学方法的灵活性和多样性，教学内容的系统性、适宜的深度和广度、对教材的选用和处理、对学生学习能力、发现问题和解决问题的能力及创新能力的培养，以及独立承担两门以上课程的能力和基本的科研能力。

对具有高级职称教师（副教授、教授）的教学评价。副教授和教授处于教师的升华期，具有趋于成熟的教学理论和方法，具有较为深厚的理论基础、较高的学术水平、较强的科研能力和创新能力。对他们的评价应该更多地关注其教学中的创新点，其自身独到的学术见解，对传授知识的适时更新，对学科前沿信息和科研新成果的传授等。同时，对其在研究生培养和学科建设方面的工作，也应该成为评价的重要部分。

（2）教考分离的教学质量评价方法

教考分离，即将教学和考核分开进行，任课教师只负责教学，具体包括授课、批改作业和课后辅导等，不直接参加考试命题；考试由第三方或教学单位统一组织，具体包括教学大纲与考核要求的制定、出试卷、制定标准答案以及评分标准、评卷等。在执行中，对于重要基础课如大学英语、高等数学、大学物理等课程，由于其覆盖面大。可完全采用上述方法，在评卷中可采用流水作业，由任课教师共同批卷，以保证成绩的公正性。对于专业课和专业基础课，由于这些课程覆盖面较小，可以部分采用上述方法，如可以成立学科组，由本学科的学科带头人或权威专家把关，进行集体命题和评卷。

（3）教学质量的多元化综合评价方法

对教师的教学质量评价宜采用多元化评价方式，即评价方式的多元化、评价参与者的多元化和评价内容的多元化。比如，可以采取教师自评、相关课程教师互评、学生评价，以及主管领导、专家和管理人员督导性评价相结合的方法。

14.3.5 第二届高等学校教学名师奖评选指标体系（表 14-19）

表 14-19 第二届高等学校教学名师奖评选指标体系

评选项目		分值	标准指标
教师风范		10	政治坚定，师德高尚；事业心强，富有协作精神；治学严谨，学风端正，教书育人，为人师表
授课情况与教学水平	授课情况	10	长期承担本专科教学任务，坚持讲授基础课程
	教学思想与内容	5	教学思想先进，符合时代要求；课程内容安排合理，条理性强，符合认知规律；能及时把国内外教改成果以及学科最新发展成果引入教学，教学内容能与国际同类课程媲美，信息量大；教学内容理论联系实际，注重学生综合素质和能力培养
	教学艺术与方法	5	因材施教，方法灵活；课程讲授能激发学生的学习兴趣，促进学生积极思维和调动学生潜在的能力，给学生以深刻的创新熏陶；积极开展教学法研究与应用，科学、合理、有效使用现代教育技术，效果好，有自己研制的多媒体课件；注重引导学生自主学习；中文授课部分使用普通话
	教学成就	10	主持重大教改项目，在教学内容、教学方法改革方面取得突出成绩，作出重要贡献，获得省部级以上奖励；发表多篇高质量的教改教研论文或出版具一定影响的教改教研专著
	教材建设	5	自编、主编高水平、有特色、版本新的教材，获省部级以上奖励
	教学效果	10	教学效果好，主讲课程在全国同领域内有较大影响；形成独特而有效的教学风格，在国内起到示范作用；学生评价优秀
教学梯队建设与贡献		10	自觉指导和帮助中青年教师不断提高授课水平，重视教学队伍建设，作为课程主持人或主讲教师对形成合理教学梯队、形成本校该领域教学的历史地位作出重要贡献

（续表）

评选项目		分值	标准指标
科学研究与学术水平	学术地位	10	学术造诣高，在同领域具有较高学术地位和知名度
	科研能力	10	主持或承担多项高级别科研项目，科研成果多，获省部级以上奖励（特殊学科的，酌情考虑）
	学术成就	10	出版多部科研专著或发表多篇高质量的科研论文，科研成果的学术意义或社会经济效益大
外语水平		5	有用外语发表的学术论文，外语交流能力强，能使用外语讲授课程知识要点（特殊学科的，酌情考虑）

14.4　教育信息化评价

本节根据闫慧《教育信息化测度指标体系的设计》（载《情报杂志》2004 年第 7 期）改写。

14.4.1　教育信息化概述

教育信息化是将信息作为教育系统的一种基本构成要素，并在教育各个领域广泛地利用信息技术促进教育现代化的过程。教育信息化的概念是在 20 世纪 90 年代伴随着信息高速公路的兴起而提出来的。我国政府从 1994 年起开始拨专款用于教育科研网建设，1996 年起开始创办网上大学，目前很多高校都开展了远程教育活动。国家还重点建设“校园网”，实施“校校通”计划。

14.4.2　教育信息化测度指标体系

（1）教育信息化基础设施指数 B1

① 教育信息化基础设施建设的投资占教育总投资的比重（%）c1。

② 每百人计算机拥有量（台/百人）c2。

③ 每百人电视机、收音机具有电脑所不能代替的作用 c3。

④ 每百人电话拥有量（部/百人）c4。

⑤ 每万人多媒体教室拥有量（间/万人）c5。

（2）教育信息资源指数 B2

① 教育软件的投资占教育总投资的比重（%）c6。

② 教育网络资源数据库总容量（G）c7。

③ 教育管理数据库总容量（G）c8。

④ 教育网络站点数（个）c9。

⑤ 每人文献资源拥有量（册/人）c10。

⑥ 每万人教育电台数和广播电台数拥有量（个/万人）c11。

⑦ 每人电话通话次数（次/人）c12。

⑧ 每千人教育广播、电视播出时间（小时/千人）c13。

（3）教育网络建设指数 B3

① 人均带宽拥有量（千比特/人）c14。

② 每万人互联网用户数（互联网用户数/万人）c15。

③ 每百人电子邮件账号拥有量（个/百人）c16。

（4）教育信息化主体水平指数 B4

① 每百名学生信息技术课程教师拥有量（位/百人）c17。

② 每百名学生专门信息技术人才拥有量（位/百人）c18。

③ 设置信息技术课程的学校数量占学校总数量的百分比（%）c19。

（5）教育信息消费水平指数（信息指数）B5

教育系统个人消费中信息消费的比例（%）c20。

14.4.3 高校教育信息化水平评价指标体系

高校教育信息化的测度和评价主要内容包括信息基础设施、信息资源、应用系统、经费投入、综合管理、应用效果、人员素质、信息技术教育等。基础设施反映高校教育信息化的硬件支撑条件和环境，信息资源和应用系统及网站的开发与利用反映了高校信息化的软件条件和环境，而作为高校教育信息化系统主角的高校学生和教职员工的信息技术水平及素养，则在很大程度上决定了教育信息化水平的高低，综合管理则是教育信息的外部环境支撑条件，经费投入和信息技术教育是保证教育信息化水平不断提高和发展的有力保障，而应用效果则反映了教育信息化系统的运行效率和效果。该指标体系共有 8 个一级指标，32 个二级指标，其中既有定性指标，也有定量指标。

（1）基础设施

每百名学生拥有电脑数量；每百名工作人员拥有电脑数量；校园网规模（主要是覆盖率）；校园网性能（速度、安全性及稳定性）；学生宿舍电话普及率；多媒体教室状况（包括设施水平和数量）；餐饮等后勤服务系统信息化水平（一卡通、磁卡系统等）；校园电子结算和储蓄系统（校园卡、其他银行卡等）。

（2）信息资源

基本信息数据库（期刊、论文和其他专业数据库）；多媒体软件及课件；电子图书（各类电子图书、光盘资源等）；网上教学资源（适用于网上教学信息资料、数据）。

（3）应用系统及网站

办公自动化系统水平（OA 系统的技术先进性、实用性）；远程教育系统；图书管理系统；图书网上借阅及查询系统；高校门户网站（数量、规模、信息资源丰富程度）；各类专门信息服务网站（定位、数量、规模、信息资源丰富程度）；各类专门管理信息系统（财务、教务管理等）。

（4）信息技术教育

信息技术培训水平（培训次数、内容）；信息技术培训效果（培训人次数、考试合格情况等）。

（5）人员素质

信息技术专业人才比率；学生信息技术水平（网络、电脑和各类软件的使用情况）；普通工作人员信息技术水平；电脑及相关系统的使用情况。

（6）经费投入

人均信息化经费数量（经费投入情况）；信息化经费年增长率（经费增长情况）。

（7）综合管理

高校领导对教育信息化的重视程度；网络及信息安全控制措施（有关的安全防范措施完善程度等）；信息及网络管理部门水平（专业人才比率及水平、事故排除率）；各类管理规章制度完备程度。

（8）应用效果

学生信息技术利用程度；办公自动化程度。

14.4.4　教育信息化评估指标的内涵和评估标准

王磊在“教育信息化评估指标体系及其基本要素研究”①中，将教育信息化评估指标体系确定为：按内容可以分为基础设施、信息资源、教育网站、远程教育、资金投入、组织机构、综合管理、社会环境、教育信息化对国民经济和社会发展的贡献率、研究与开发等十大类指标，并作为一级指标；按性质划分，分为定性指标和定量指标，仔细研究二级指标和三级指标，确定哪些指标为定性指标，哪些指标为定量指标，对于可以定量化的指标，尽可能地定量化，以减少人为因素的干扰；按重要程度划分，分为核心指标和非核心指标，网络设备、教育网站、基本信息资源、信息素养和人才资源、开发应用、资金投入等，可以作为核心指标。具体指标的其内涵和评估标准见表 14-20。

表 14-20　教育信息化评估指标的内涵和评估标准

一级指标	二级指标	指标内涵	评估标准 A	评估标准 B	评估等级
基础设施	网络设备	网络设备的规格、性能等	主交换机为三层交换机，二级交换机为百兆交换机。交换机和服务器等设备能完全满足各项网络服务的需要。局域网主干为千兆、百兆到桌面。地市网络中心能提供各种方式满足不同速率的接入要求	主交换机为百兆交换机，二级交换机为百兆或十兆交换机或集线器。交换机和服务器等设备能完全满足各项网络服务的需要。局域网主干为千兆、十兆到桌面。地市网络中心能提供各种方式，满足不同速率的接入要求	
	上网速率	局域网连入 CERNET 的速率 A1	网络中心 A1≥2. 5Gbps 地市网络中心 A1≥1 000Mbps	2Mbps≤A1≤10Mbps. 地市网络中心 A1≥1	

（续表）

一级指标	二级指标	指标内涵	评估标准 A	评估标准 B	评估等级
基础设施	网络覆盖率	校园网在本校内的覆盖情况、人均上网信息点数量A2［Z1］	所有楼宇均上网，并按国家有关标准布设信息点，A2≥0.25	有50%的楼宇均上网，并按国家有关标准布设信息点，A2≥0.1	
	网络结构	局域网的拓扑结构	局域网的拓扑结构先进合理，稳定性强，安全性高	局域网的拓扑结构基本符合网络建设和运行的需要	
	学生计算机台数	生均计算机台数A3［Z2］	A3I>0.2台	0.1≤A3≤0.15台	
	教职工计算机台数（个人拥有）	人均计算机台数A4	A4>0.5台	0.2≤A4≤0.4台	
	工作用计算机	人均工作用计算机台数A5	A5≥0.3台	0.1≤A5≤0.2台	
	多媒体教室	多媒体教室的功能和数量	多媒体教室能满足多媒体教学及现代远程教育的需要。各专业所有课程中有40%以上的必修课在多媒体教室上课	多媒体教室能基本满足多媒体教学及现代远程教育的需要。各专业所有课程中有15%以上的必修课在多媒体教室上课	
	多媒体制作系统	硬件系统如图形工作站；数字摄像设备；视音频采集、压缩设备等以及相应软件系统	硬件系统和软件系统数量充足、功能齐全，能充分满足多媒体软件、课件的制作及学校教学的需要	硬件系统和软件系统能基本满足多媒体软件、课件的制作及学校教学的需要	
	卫星数字传输系统	有相应的传输设备，可下载和上传有关信息，并应用于实际工作中	有完备的、高规格的卫星数字传输系统，能及时下载和上传有关信息，这些已在作中工发挥实际作用	有相应的传输设备，并开始下载有关信息	
	视音频点播	视音频点播系统及应用	有功能强大的、具有交互功能的视音频传输系统，在局域网中运行良好	具有视音频传输功能，已在局域网中开始应用	
信息资源	基本信息数据库	本区域内公用和特定信息的收集、整理，数据库建设	已全部完成本区域内全部公用和特定信息的收集、整理、数据库建设	完成大部分信息的收集、整理工作，已建成部分数据库	
	多媒体软件及课件	多媒体软件及课件制作的数量、质量及应用效果（提供材料）	有30%以上的教师会制作多媒体课件，必修课中有80%制作多媒体软件及课件，每门课程至少80%内容制成多媒体课件。这些课件应用于教学中，效果良好	有10%～20%的教师会制作多媒体课件，必修课中有50%～60%制作多媒体软件及课件，每门课程至少50%，内容制成多媒体课件。这些课件应用于教学中，效果良好	

（续表）

一级指标	二级指标	指标内涵	评估标准 A	评估标准 B	评估等级
信息资源	电子图书	数字化图书的比重 A7	A7＞30%	10%≤A7≤20%	
教育网站	教育网站	网页的内容、形式、可读性、交互性等	网页内容丰富，具有明显特色，可视可读性强，交互性强，可跨平台浏览，能及时更新网页内容。网站所有内容没有违法行为。访问量大，能向用户及时提供各种优质的服务。所有二级单位有主页。地市网络中心必须建有本地市教育科研网网站	网页内容比较丰富，具有一定可视性、可读性、交互性，能及时更新网页内容。访问量一般，能向用户及时提供有关服务。60%以上的二级单位有主页。地市网络中心必须建有本地市教育科研网网站	
	服务	对用户的服务质量	能向用户提供各种优质的服务。地市网络中心须按有关规定向接入单位提供优质服务	能向用户提供有关服务。地市网络中心须按有关规定向接人单位提供良好服务	
现代远程教育	教学制度	实施远程教育专业的教学计划、管理制度等（提供文字材料）	有完整的、具有特色、适合网络化教学的教学计划、课程教学大纲、学籍、成绩考核、奖惩、毕业证书等管理制度，并在校内开始实行	有教学计划、教学大纲及有关规章制度，并在校内开始实行	
	教育规模	接受远程教育的学生（自然人数）比例 A8	A8≥50%	20%≤A8≤30%	
	教育设施	远程教育的场所及相关设施	有足够的实施远程教育的场所及相关的配套设施有基于网络和有关数据库的、完善的综合办公系	有实施远程教育的场所	
应用系统	各类应用系统的开发与应用	办公系统、信息管理系统等	有基于网络和有关数据库的综合办公系统及信息管理系统，这些系统要包括教学、科研、行政、学生和毕业生就业及经过二次开发后运行良好，符合工作需要，及时完成学历、文凭、电子注册	有基于网络和有关数据库的综合办公系统及信息管理系统，这些系统运行良好，符合工作需要，及时完成学历、文凭、电子注册	
信息技术教育	信息技术培训计划及措施	切实、可行的培训计划及措施（提供材料）	有切实、可行的培训计划及有效措施，实施后效果良好	有培训计划及相应措施，有较好的培训效果	

（续表）

一级指标	二级指标	指标内涵	评估标准 A	评估标准 B	评估等级
信息技术教育	信息技术达标合格率	45岁以下职工计算机、多媒体及网络等学科的获证书人数占总职工人数的比率A9	A9≥50%	30%≤A9≤50%	
	信息技术课程	信息技术有关课程列入教学计划的情况	信息技术相关课程作为必修或选垮课列入教学计划，每门课程均根据专业需要有相应的教学大纲，已全部开始实施，效果良好	主要课程已列入教学计划，并有教学大纲，部分课程已开始实施	
人才队伍	信息技术课程教师	每百名学生（自然人数）信息技术课程教师A10（本科以上）	A10≥0.5	0.1≤A10≤0.3	
	网络信息技术专门人才	本科以上从事网络信息技术，具有一定专长的高级人才，每千人平均数	A11≥6	2≤A11≤4	
组织机构	机构设置	机构设置及职能情况	有教育信息化主管部门，机构常设，职能健全，在本区域内教育信息化建设中能发挥重要作用	有教育信息化的组织机构，职能明确，在本区域内教育信息化建设中能发挥重要作用	
	机构人员	机构管理人员和技术人员	有专职的管理人员：系统管理、网站开发、信息服务等方面均有专职的技术人员，不但能满足正常工作需要，还能从事网络技术方面的开发工作。地市网络中心须有专职负责各接入单位有关工作的管理与技术人员	有兼职的管理人员，有负责系统管理、网站开发、信息服务等方面的技术人员，能基本满足正常工作需要。地市网络中心须有兼职负责各接入单位有关工作的管理与技术人员。	
	网络中心	网络（信息）中心或其他有关机构的办公、学习、科研等情况（近三年）	该机构在本区域内有相对良好的办公、学习条件。人均每年发表有关论文或技术文章3篇以上，或厅局级以上科技成果0.5项以上	该机构在本区域内有相对较好的办公、学习条件。人均每年发表有关论文或技术文章1篇以上，或厅局级以上科技成果0.2项以上	

（续表）

一级指标	二级指标	指标内涵	评估标准 A	评估标准 B	评估等级
经费投入	人均经费	近三年人均教育信息化总经费 A12（提供有关证明）	800 元≤A12	400 元≤A12≤600 元	
	经费增长率	近三年人均教育信息化经费增长率 A13（提供有关证明）	10%≤A13	6%≤A13≤8%	
管理	规章制度综	包括网络管理、信息管理、运行管理、安全管理等方面的规章制度（提供材料）	有完善健全的系列规章制度，这些规章制度试行后，效果良好	有主要的系列规章制度，并已经考试实施，效果良好	
	管理措施	措施的制订和实施情况（提供相关材料）	有得力有效的教育信息化建设和管理措施，效果良好	采取了一系列有效措施	
	安全管理	网络信息安全的响应和解决机制	有完善的关于网络信息安全的响应和解决机制，能确保网络信息系统安全、高效的运行	有初步的安全响应方法	

第 15 章　科研与科技评价

15.1　人文社会科研系统的评价（成果、论文、机构等）

15.1.1　人文科学和社会科学的区别

人文社会科学包括人文学科和社会科学两个方面，人文学科与社会科学之间既有区别又有联系。区别主要表现在两个方面：一是研究对象的不同。人文学科研究的是人的观念、精神、情感和价值，是“人”的精神世界及其所积淀下来的文化。一般来说，经济学、政治学、法律学、社会学等属于社会科学，而文学、哲学、历史等则属于人文学科。二是研究方法的不同。人文学科的研究方法主要是意义分析的方法，是一种解释的方法，而社会科学则较多地引进了自然科学的方法，即实证的方法居多。基于此，人文社会科学成果的评价应该从人文学科和社会科学两个角度分别展开。

针对学术成果的评价方法，理论界普遍认为，应该是定性评价与定量评价相结合，其中定性评价采用同行评议为主，定量评议采用文献计量为主。

15.1.2　人文社会科学研究成果的评价标准

人文社会科学的评价标准应从以下四个方面考虑。

（1）政治标准

与自然科学和工程技术不同，许多人文社会科学研究是以解决本国、本民族的实际问题为出发点的。而不同的民族和国家，社会制度、文化背景、心理习惯、价值观念等都有差异，这些差异导致评价标准的不同，人文社会科学研究必然要面向本土，适合本国国情，坚持正确的政治方向和学术方向。

（2）学术标准

学术标准具体包括：创新性、科学性、逻辑性、规范性四方面。

创新性。人文社会科学领域里所说的创新性，是指研究成果在认识和探索人类及某一社会现象的本质及其发展规律时，对人文社会科学知识宝库做出的新贡献。学术界对社会科学成果的创新性做了积极探讨。周起森认为，创新性包括：选题方面有创新；开拓材料范围或开辟新的研究领域、扩大认识对象的范围；修正前人错误的或不完全正确、不全面的认识；提出与科学发展阶段同步的新见解；技术手段、研究方法有创新；革新著述方式。这一认识其实是从内容上对创新性进行分类。李存娜认为，社会科学成果的创新性包括直接创新和间接创新两大方面。所谓直接创新，是从成果的内在特征或本质层面进行创新，它是成果创新性的核心部分，具体包括新见解、新理论、补充不足、纠正错误等。所谓间接创新，是从成果的外在特征或形式层面进行创新，它包括新领域、新方法、新材料、新技术等。

科学性。学术成果的科学性主要包括：第一，研究问题的真实性，即发现和（或）解决的问题是真问题而不是假问题。第二，观点（结论）的正确性，即对那些可检验的观点（结论）而言，要能够经得起实践的检验；对那些不可检验的观点（结论）而言，要具有逻辑上的自洽性（自圆其说，自成一家之言）。第三，论证的正确性，即论证的逻辑是合理的，事实论据是真实可靠的，理论论据是正确的和有说服力的。

逻辑性。逻辑性标准主要用于评价人文社会科学理论的内部结构和关系，具体包含两层含义。第一，逻辑的自洽性。第二，逻辑的简明性。

规范性。学术论文的规范性主要包括：第一，是论证规范性，第二，为了适应文献计量法在论文评价中不断增强的趋势，学术论文规范性还应该注意引用的规范性和参考文献的规范性。同时，越来越多的社会科学论文也开始逐渐强调论文结构的规范性，即论文写作模式按照“综述—问题—论证—结论”的结构进行。

（3）学风标准

科研实践中，由于种种因素的影响，学术不端现象时有发生。学术不端与学术创新势不两立。不把精力和时间放在深入研究问题上，而是通过粗制滥造、假冒伪劣、抄袭剽窃等手段来制造学术“成果”，不会有学术上的创新。鉴于此，学风标准也应该是评价人文社会科学成果的一个主要标准。

（4）效益标准

对于人文社会科学成果而言，效益性包括经济效益和社会效益两大方面。

经济效益。指社会科学研究成果作用于实践后，给社会经济带来直接或间接的效益。社会科学研究成果的经济效益主要体现在：对经济建设和改革实践中遇到的问题，从理论和实践结合上做出准确论述，为国家、地方政府部门制定方针政策和战略决策提供理论依据。在调查研究的基础上，为政府机构决策提供对策、建议和实施方案。总结国内外经济建设的经验教训，为国家当前和未来的经济发展制定科学的政策和战略。

社会效益。社会科学研究成果既能体现经济效益，也可以通过为人们提供科学文化知识，更新人们的政治观念、价值观念、法制观念，转变人们的思维方式、生活方式，强化思想道德建设，以此提高全民族的科学文化素质和思想道德素质，从而产生社会效益。

教育部第七届高等学校人文社会科学研究优秀成果奖评奖中将科研成果按照形式仅分为四类，即学术论文、著作、研究报告和普及性读物，

15.1.3　学术论文类的评价

15.1.3.1　学术论文的定性评价指标体系

基于人文学科和社会科学的差异性，对论文类成果定性评价指标体系的设计从社会科学和人文学科两个角度分别展开。学术论文类成果的评价指标体系从 5 个方面着手，

即学术规范性、研究科学性、价值性、创新性和难易性。其中，前三项指标主要用于评价学术成果的价值程度；后两项指标主要用于评价学术成果的创新程度。社会科学论文类成果同行评议指标体系设计如表 15-1 所示。

表 15-1 社会科学论文类成果同行评议的指标体系

一级指标	二级指标	评价要点
学术规范性	内容结构规范性	学术规范性研究是研究成果科学性的基本要求。此项指标评价强调首先应注重成果内容结构规范性，按照“综述—问题提出—观点论证—研究结论”框架形成；其次强调引用文献准确，恰当，标注规范；最后强调参考文献全面、真实
	引用文献规范性	
	参考文献规范性	
研究科学性	选题合理性	选题具有理论价值或实践价值；研究方法科学先进；研究成果目标明确、结构合理、逻辑性强；参考资料占用全面、论据充分可信
	方法科学性	
	逻辑严密性	
	论据充分性	
价值性	学术价值： 科学进步价值 学科建设价值	某一知识体系的丰富、完善和发展；开拓性地创立一套新理论或新体系；填补了学科理论 E 的空白；开创了新学科；较大地推动了某一学科的建设和发展等
	社会价值： 社会反响 社会效益	形成了某种社会思潮，改变了社会意识形态，对社会公民的思想产生了重大影响；解决了社会发展中的重大问题，提出富有创建的思路和对策，有效地预测了社会经济发展未来趋势等
创新性	理论突破性	是否具有重大发现或理论创新，填补研究领域空白；是否提出新观点、新视角，促进学科发展；是否引入新颖研究方法，取得有效成果；是否发现新资料、新史料、新证据、新数据
	观点新颖性	
	方法创新性	
	资料整理新颖性	
难易性	论题的复杂程度	论题的论证过程是否复杂、涉及面是否广泛；资料收集是否全面，资料整理难度大小；论题受关注程度大小，研究人员多少（越容易受关注的问题，由于研究人员多，各种观点也多，因此越不容易出现创新）
	资料收集或处理的难度	
	论题的受关注程度	

15.1.3.2 学术论文的定性评价指标权重

确定评价指标体系之后，还需要根据各指标相对于评价总目标的重要性为各指标分配权重。权重的确定方法较多，主要有主观赋权法（如 AHP 法、德尔菲法等）和客观赋权法（如主成分分析法、因子分析法、TOPSIS 等）。不同的权重确定方法各有优缺点和适用领域。就论文类学术成果评价而言，AHP 方法（层次分析法）是较为恰当的选择。AHP 法是一种定性与定量分析相结合的多准则的决策方法，同时也是一种被广泛应用于确定指标权重的方法。为了获得各个判断矩阵的数据，可采用了调查问卷的方式。本文向有关专家发放 300 份调查问卷，回收 286 份，通过数据的处理，得到社会科学和人文科学论文类成果同行评议指标体系的权重分配如下：

（1）社会科学论文类成果同行评议指标体系的权重分配

① 学术规范性 0.06（内容结构规范性 0.50、引用文献规范性 0.25、参考文献规范性 0.25）。

② 研究科学性 0.20（选题合理性 0.12、方法科学性 0.12、逻辑严密性 0.38、论据充分性 0.58）。

③ 价值性 0.27（学术价值：科学进步价值 0.30、学科建设价值 0.30；社会价值：社会反响 0.15、社会效益 0.25）。

④ 创新性 0.39（理论突破性 0.54、观点新颖性 0.12、方法创新性 0.22、资料整理新颖性 0.12）。

⑤ 难易性 0.08（论题的复杂程度 0.62、资料收集或处理的难度 0.24、论题的受关注程度 0.12）。

（2）人文学科论文类成果同行评议指标体系的权重

① 学术规范性 0.05（引用文献规范性 0.50、参考文献规范性 0.50）。

② 研究科学性 0.18（选题合理性 0.15、方法科学性 0.15、逻辑严密性 0.30、论据充分性 0.40）。

③ 价值性 0.27（学术价值：科学进步价值 0.30、学科建设价值 0.30；社会价值：社会反响 0.15、社会效益 0.25）。

④ 创新性 0.32（理论突破性 0.50、观点新颖性 0.20、方法创新性 0.15、资料整理新颖性 0.15）。

⑤ 难易性 0.07（论题的复杂程度 0.60、资料收集或处理的难度 0.25、论题的受关注程度 0.15）。

15.1.3.3　学术论文的定量评价指标的选择

在我国将文献计量学应用于人文社会科学领域学术评价，主要是从 20 世纪中后期开始的。由于语言障碍等诸多原因，美国《社会科学引文索引》（SSCI）不包括我国大多数社会科学优秀期刊，无法对我国的人文社会科学学术发展进行文献统计。从 20 世纪 90 年代中期开始，我国图书文献信息界在引进和自行开发数据库、开始计算机辅助文献计量分析的研究等方面，进行了一些大胆探索，取得了一些成果。目前，我国自行开发的社会科学类引文数据库主要有：中国社会科学院文献信息中心的《中国社会科学引文数据库》（2013 年来源期刊 733 种）和南京大学的《中文社会科学引文索引》（2014—2015 年来源期刊 533 种）以及中国知网（www.cnki.net）开发的《中国引文数据库》。

在文献计量分析中，最重要和最基础的是引证关系。学术评价中常见的文献计量指标有被引次数、他引次数、影响因子、扩散因子、学科影响广度、被引半衰期、Web 下载量、基金论文比、即年指标、载文量地区分布、合著情况、参考文献数量、H 指数、g 指数。间接反映论文质量的定量指标有课题来源、发表层次、政府采纳、获奖情况、被转载情况、会议入选、成果容量、媒体报道。

通过分析以及征求专家意见，确定论文类成果定量评价指标如表 15-2 所示。

表 15-2　论文类成果的定量评价指标体系

指标	权重	评价要点
发表期刊的档次	0.25	依据影响因子的大小赋分
他引次数	0.20	依据他引次数的多少赋分
第一作者的 H 指数	0.10	依据 H 指数的大小赋分
政府采纳	0.15	按照采纳部门的行政级别赋分
获奖情况	0.15	按照获奖级别赋
被转载情况	0.15	按照被转载级别赋分

指标的说明：

发表期刊的档次：发表层次通常可理解为期刊的级别。目前，国内外对期刊进行分级评估体系很多，国际很有影响的如 SCI、SSCI、EI 等来源期刊，国内有影响的比如南京大学”CSSCI 来源刊”、武汉大学“中国学术期刊评估”、中国科学技术信息研究所《中国科技期刊引证报告》、北京大学《核心期刊要目总览》、中国社会科学院《中国人文社会科学核心期刊要览》等。目前，该指标得到大多数评价体系的认可，同时，在高校科研评价实践中应用得最为广泛。

他引次数：某一论文或著作被其他作者撰写的论文或著作引用的次数。

第一作者的 H 指数：在一定期间内，某作者发表的论文至少有 H 篇的被引频次不低于 h 次。

政府采纳：它是指政府对成果的采纳情况，包括采纳部门的级别、成果被采纳的程度、采用后的效益等。政府采纳通常作为反映成果“社会价值”的指标。

获奖情况：它是指论文获奖的层级。获奖是对论文质量的再次认可和确认．一般被认为是体现论文“社会反响”的指标。获奖级别可分为国际、国家级、省级、校级等。

被转载情况：文献转载或摘录指标是文献在其发表后的传播过程中形成的计量标志，同时也是衡量研究成果质量好坏的一个重要标志。

15.1.4　著作类成果的评价

15.1.4.1　著作类的定性评价指标体系及权重

国家社会科学基金项目成果评估指标体系中，针对专著类成果的评价指标构成包括：创新程度、完备程度、难易程度和成果价值四项一级指标。其中，创新程度指标权重最高，为 35%。具体表述为：提出新的学说或系统理论观点，研究取得突破性进展；提出新的研究方法，使研究取得突破性进展；对重要领域或重要问题做出系统描述、分析和概括，总结出规律性认识；通过新的系统论证，丰富和发展了某种重要学说。学术界一致认为，著作属于基础理论性研究成果，创新性是其首要评价标准。

（1）著作类成果定性评价指标体系

对于著作类成果，采用的评价方法与学术论文相类似，即采用定性评价和定量评价相结合。社会科学著作类成果定性评价指标概括如表 15-3 所示。

表 15-3　社会科学著作类成果定性评价指标

一级指标	二级指标	评价要点
学术规范性	引用文献规范性	引用文献准确、恰当，标注规范；参考文献全面、真实
	参考文献规范性	
研究科学性	方法科学性	研究方法科学先进；研究成果目标明确、结构合理、逻辑性强；参考资料占用全面、论据充分可信；研究内容阐述全面、精当，知识结构系统完整
	逻辑严密性	
	论据充分性	
	内容完备性	
价值性	学术价值 科学进步价值 学科建设价值	对某一知识体系的丰富、完善和发展；开拓性地创立一套新理论或新体系；填补了学科理论上的空白；开创了新学科；较大地推动了某一学科的建设和发展等
	社会价值 社会反响 社会效益	形成了某种社会思潮，改变了社会意识形态，对社会公民的思想产生了重大影响；解决了社会发展中的重大问题，提出富有创建的思路和对策，有效地预测了社会经济发展未来趋势等
创新性	理论突破性	具有重大发现或理论创新，填补研究领域空白；提出新观点、新视角，促进学科发展；引入新颖研究方法，取得有效成果；发现新资料、新史料、新证据、新数据等
	观点新颖性	
	方法创新性	
	资料整理新颖性	
难易性	论题的复杂程度	论题的论证过程是否复杂、涉及面是否广泛；资料收集是否全面，资料整理难度大小；论题受关注程度大小，研究人员多少（越容易受关注的问题，由于研究人员多，各种观点也多，因此，越不容易出现创新）
	资料收集或处理的难度	
	论题的受关注程度	

（2）著作类成果评价指标权重

与学术论文评价方法类似，采用层次分析法，同时结合专家咨询问卷，对各个层次指标重要程度进行比较，形成两两判断矩阵，得出各指标的权重系数，具体如下：

① 社会科学著作类成果定性评价指标的权重分配如下。

学术规范性 0.08（引用文献规范性 0.50、参考文献规范性 0.50）。

研究科学性 0.18（方法科学性 0.10、逻辑严密性 0.20、论据充分性 0.35、内容完备性 0.35）。

价值性 0.25（学术价值：科学进步价值 0.30、学科建设价值 0.30；社会价值：社会反响 0.10、社会效益 0.30）。

创新性 0.40（理论突破性 0.50、观点新颖性 0.15、方法创新性 0.25、资料整理新颖性 0.10）。

难易性 0.09（论题的复杂程度 0.60、资料收集或处理的难度 0.25、论题的受关注程度 0.15）。

如上所述，社会科学著作类成果与论文类成果的评价指标体系大同小异，不同之处仅在指标的合成、分解以及权重的分配方面。著作的创新性指标与价值性指标的权重相对较大，其中，创新性权重最大，占 40%；价值性指标权重次之，占 25%，从而体现出著作类成果评价应凸显的创新标准和价值标准。另外，研究科学性指标占 18%，难易性指标占 9%，学术规范性指标占 8%。

按照“指标通用、分类设置权重”的思路，在综合考虑人文学科著作类成果特点的基础上，结合专家调查的意见，得到人文学科著作类成果定性评价指标体系权重，具体如下所示。

② 人文学科著作类成果定性评价指标体系权重。

学术规范性 0.06（引用文献规范性 0.50、参考文献规范性 0.50）。

研究科学性 0.16（方法科学性 0.10、逻辑严密性 0.20、论据充分性 0.35、内容完备性 0.35）。

价值性 0.32（学术价值：科学进步价值 0.30、学科建设价值 0.30；社会价值：社会反响 0.25、社会效益 0.15）。

创新性 0.38（理论突破性 0.50、观点新颖性 0.15、方法创新性 0.25、资料整理新颖性 0.10）。

难易性 0.08（论题的复杂程度 0.60、资料收集或处理的难度 0.25、论题的受关注程度 0.15）。

15.1.4.2 著作类成果定量评价指标体系

著作类成果定量评价指标体系概括如表 15-4 所示。

表 15-4 著作类成果定量评价指标体系

一级指标	权重	二级指标	三级指标
引用	0.25	CSSCI 引用率	总被引频次、年均被引次数
		CNKI 中国引文数据库引用率	总被引频次、年均被引次数
基金	0.15	国家出版基金	是否获资助
		省部级出版基金	是否获资助
获奖	0.20	获奖情况	国家级获奖
			省部级获奖
			厅局级获奖
出版社	0.05	出版社层次或声誉	国家级出版社
			省部级出版社
			其他出版社
网络书评	0.10	当当网	书评、商品评价星级、评论数
		卓越网	书评、商品评价星级、评论数
		豆瓣网	书评、商品评价星级、评论数

（续表）

一级指标	权重	二级指标	三级指标
图书馆利用	0.05	图书馆馆藏与借阅	借阅率、流通率、复本量、浏览量
		电子图书馆（如超星图书馆）馆藏与借阅	是否入藏、点击量、打印量、下载量
	0.05	书店销售数据	销售数量、销售排行
		版本印次	发行版本、多个语言版本、印刷次数
作者 H 指数	0.10	作者学术水平	作者 H 指数

15.1.5　研究报告类成果的评价

15.1.5.1　研究报告类成果的特点

所谓人文社会科学研究报告，是指“受到一定研究基金资助、面向‘社会问题’或‘人类现象’而进行的具有较强针对性的人文社会科学研究成果”。与论文类和著作类成果不同，研究报告类成果是指未出版、未发表的研究报告或调查报告。一般情况下，研究报告类成果追求一定的社会价值与社会影响，被有关部门采纳是其质量体现与价值实现的主要途径。

尽管研究报告通常也具有一定的学术价值，但社会价值或社会效益才应是研究报告价值实现的重心，其表现形式有多种：对经济建设和改革实践中遇到的问题，从理论和实践的结合上做出准确论述，为国家、各级政府部门制定方针政策和战略决策提供理论依据；在调查研究的基础上，为政府机构决策提供对策、建议和实施方案；总结国内外经济建设的经验教训，为国家当前和未来的经济发展制定科学的政策和战略；为人们提供科学文化知识，更新人们的政治观念、价值观念、法制观念，转变人们的思维方式、生活方式，强化思想道德建设，以此提高全民族的科学文化素质和思想道德素质。

15.1.5.2　研究报告类成果的评价指标体系

由于研究报告类成果尚未出版或发表，因此，无法采用定量评价方法进行评价。依据国外的一般做法，应由不同评价主体依据一定的评价标准与指标体系直接对成果进行主观定性评价，之后将各种评价结果加权平均，进而得出研究报告类成果的评价分值。

本书拟从决策者、社会公众、同行专家等不同评价主体角度出发，分别对研究报告进行定性评价。不同的评价主体侧重于不同的评价内容。决策者，主要负责对成果的使用价值及决策咨询效果评价；社会公众，主要负责对成果的实际效果及社会反响进行评价；同行专家，主要负责评价成果的科学价值及创新性。具体如表 15-5、表 15-6、表 15-7 所示。

（1）决策者的评价指标体系（表 15-5）

表 15-5　决策者的评价指标体系

指标	权重	指标要点	评分标准 A：85~100 分；B：70~85 分 C：60~70 分；D：50 分以下
重要程度	0.2	研究所涉及问题的重要程度	A. 涉及国家重大经济、社会或文化发展问题 B. 涉及省、市重要经济、社会或文化发展问题 C. 涉及区、县或一般性经济社会或文化发展问题 D. 无关于社会、经济、文化发展
适用范围	0.15	决策建议所面向的范围和适用对象	A. 对国家宏观战略决策产生重要影响 B. 对部门、地区、企、No 决策或管理产生重要影响 C. 对个人决策、管理产生影响 D. 无政策建议或虽有而无影响
采纳借鉴程度	0.20	研究结论或建议被采纳的程度	A. 作为决策或解决问题的整体方案 B. 作为决策或解决问题的重要依据 C. 结论或建议得到肯定并部分得到采纳或借鉴 D. 无采纳借鉴价值
效益水平	0.25	研究所产生实际效益的大小	A. 取得重大经济或社会效益 B. 有较大（包括潜在）经济或社会效益 C. 有一定经济或社会效益 D. 无经济或社会效益
可获得性	0.1	成果上报程序的繁简程度，成果上报至决策者所需时间长短	A. 成果上报程序简单，上报时间短 B. 成果上报比较复杂，但所需时间短 C. 成果上报比较复杂，所需时间也较长 D. 成果上报极其复杂，所需时间过长
吸收程度	0.1	成果对决策者个人在知识积累或提升、事物认知或态度的改进等方面的影响程度	A. 有很大提升或改进 B. 有较大提升或改进 C. 有所提升或改进，但程度较小 D. 毫无提升或改进

（2）社会公众的评价指标体系（表 15-6）

表 15-6　社会公众的评价指标体系

指标	权重	指标描述	评分标准 A：85~100 分；B：70~85 分 C：60~70 分；D：50 分以下
重要程度	0.10	研究报告所涉及问题与公众个人生活的相关程度	A. 对个人生活有重大影响的问题 B. 对个人生活有较大影响的问题 C. 对个人生活有所影响，但较小的问题 D. 对个人生活无影响的问题
适用范围	0.15	研究结论、总结的规律所面向的范围及适用对象	A. 对全国各个地区的公众普遍适用 B. 决策建议对多数地区的公众普遍适用 C. 决策建议对少数地区的公众普遍适用 D. 决策建议只适用于极少数的特定对象

（续表）

指标	权重	指标描述	评分标准 A：85~100 分；B：70~85 分 C：60~70 分；D：50 分以下
公众参与度	0.20	公众是否参与到研究项目中来，与项目实施相关人员是否有互动，对项目的具体情况是否了解，参与、交流或了解的程度如何	A. 有可观数量的公众参与到项目中并与目组有较多的关于项目的交项流 B. 有少数公众参与到项目实施中并对项目有一定了解 C. 有公众参与到项目实施中但与项目组无交流 D. 既没有公众参与到项目中，也与项目组无任何相关的交流、互动
采纳借鉴程度	0.20	研究中的方法、结论或建议被采纳的程度	A. 被人们作为日常准则、行为规律 B. 被人们作为日常行为、判断的重要依据 C. 为人们所肯定并有部分在日常生活中得到采纳或借鉴 D. 无采纳借鉴价值
效益水平	0.25	研究所产生实际效益的大小	A. 使人们的经济社会生活获得极大的改善与提高 B. 使人们的经济社会生活有较大的（包括潜在的）改善与提高 C. 使人们的经济社会生活有一定的改善与提高 D. 使人们的经济社会生活无改善与提高
成果可获得性	0.10	成果使用者接触研究成果的便利程度	A. 可从全国性的报纸、电视、广播、网络、手机报等多种媒介获得相关信息 B. 可从地区性报纸、电视、广播、网络等多种媒介获得相关信息 C. 只能通过网络检索或与项目负责人交流而获得部分信息 D. 成果保密性强，几乎无法获得成果相关信息

（3）同行专家评价的指标体系（表 15-7）

表 15-7 同行专家的评价指标体系

一级指标	权重	指标描述	评分标准 A：85~100 分；B：70~85 分 C：60~70 分；D：50 分以下
价值性	0.45	从研究报告的政策咨询价值、科学进步价值、学科建设价值等角度考虑	A. 具有高度的学科建设价值，或科学进步价值，或政策咨询价值 B. 具有较大的学科建设价值，或科学进步价值，或咨询建设价值 C. 学科建设价值，或科学进步价值，或政策咨询价值一般 D. 不具有学科建设价值，或科学进步价值或政策咨询价值
创新性	0.20	从理论创新、方法创新、观点创新等角度考虑	A. 具有突出的理论创新、方法创新或观点创新 B. 具有较大的理论创新、方法创新或观点创新 C. 理论创新、方法创新或观点创新程度一般 D. 无理论创新、方法创新或观点创新

（续表）

一级指标	权重	指标描述	评分标准 A：85~100 分；B：70~85 分 C：60~70 分；D：50 分以下
难易程度	0.15	研究问题的复杂程度、资料或数据收集难易程度、项目实施的难易程度等	A. 问题复杂，调研规模大，数据收集、处理难度极大 B. 问题较复杂，调研难度和数据收集、处理难度较大 C. 问题不太复杂，调研难度和数据收集、处理难度不大 D. 问题不复杂，调研难度和数据收集、处理难度小
合作程度	0.06	研究开展过程是否具有实质性的国际性、跨部门或跨学科性的合作，其合作程度如何	A. 项目有实质内容的国际合作 B. 项目有跨部门 C. 或跨学科的合作 D. 项目无任何合作
成果交流	0.04	成果是否在科学会议或团体会议中交流，在何种级别的会议交流，会议反响程度	A. 成果在全国性的科学会议或团体会议中展示并引起重大反响 B. 成果在全国性的科学会议或团体会议中展示并引起较大关注 C. 成果在地区或本学科领域展示并引起关注 D. 成果无任何展示或交流
人才培养	0.1	通过研究项目的实施，促进人才培养的程度	A. 在项目研究中培养出学科带头人 B. 因项目研究培养出更多的博士生和研究生 C. 提升项目参与者的研究和实践能力 D. 无人才培养和提升效果

需要说明的是，此处给的权重只是为区分不同指标的重要性而粗略地给出的，在实际操作中，应该根据评价成果的具体情况做出调整。

（4）不同主体评价结果的处理

在分别确定决策者、社会公众、同行专家针对研究报告类成果评价指标体系之后，还需要根据各评价主体的评分相对于总体目标的重要性为各评价主体分配权重，最终形成研究报告的整体评价指标体系。具体如表 15-8 所示。

表 15-8　不同评价主体评价分值的权重分配

指标	权重	指标分值的处理
决策者	0.45	根据决策者对研究成果给出分值，并结合其权重计算出其对成果的最终分值
社会公众	0.20	根据社会公众对研究成果给出分值，并结合其权重计算其对成果的最终分值
同行专家	0.35	根据同行专家对研究成果给出分值，并结合其权重计算出其对成果的最终分值

依据表 15-8，将不同评价主体的最终得分进行加总，便可得出研究报告最终得分，

据此就可确立成果的等级，比如，依据得分的不同，可将研究报告的等级设置为优秀、良好、合格和不合格四类。

15. 1. 6　人文社会科学成果评价机制的改革与完善

15. 1. 6. 1　社会科学成果评价机制中存在的问题

从总体上看，现行评价机制还不成熟，存在的问题主要表现在以下六个方面。

（1）学术评价行政化

由于学术评价本身具有决策、激励、导向和规范四大功能，行政权力过大，容易导致许多研究者把许多精力放在如何迎合行政部门的要求，导致学术功利化和浮躁化现象普遍存在，进而扼杀了许多研究者的积极性和创造性，同时对许多有研究潜力的年轻人才也造成很大负面影响，影响了社会科学繁荣发展的进程。

（2）评价标准模糊化

所谓评价标准，是评价主体在评价活动中应用于评价对象的价值尺度和界限。评价标准是评价活动方案的核心部分，是评价主体对客体价值认识的反映，它表明评价主体重视什么、忽视什么，具有引导被评价者向何处努力的功能。评价标准是学术评价结论能否达到客观公正要求的基础和保障，然而，在现行评价体制中，到底依据什么标

准来判断社会科学成果的质量高低，尚无统一的标准，或者标准比较模糊。许多评价活动中，制定的评价标准主要包括创新性标准、价值性标准、客观性标准等，表面上看起来评价标准比较明确，但是，往往在实践中，许多评价主体对于如何把握创新程度、价值程度及客观程度的问题显得无所适从。另外，针对不同的评价目的，同一个评价对象的评价标准也应该不尽相同，但是，实际中显然对此考虑较少。此外，由于成果评价本身的复杂性，导致量化评价标准盛行，以量取胜等成为管理部门钟爱的评价标准和普遍做法。

（3）评价主体失位化

评价主体是评价活动的具体操作者，国内外大量理论研究表明，社会科学成果的评价主体应是学术同行专家。然而，在实际评价活动中，往往由于选择标准不明、评审专家库信息不全，选出的评价专家或同行多数不是真正的小同行或同行专家，而是大同行或外领域专家，或是低于被评价者的水平，导致“外行评内行”现象的时有发生。同时，在我国特殊的文化背景下，即使是真正的同行专家作为评价主体，鉴于人情关系、利益关系等诸多因素的影响，同行专家也很难保证做到真正的公平公正。

（4）评价方法过分量化

学术评价体系中，最主要的两种方法是同行评议法和文献计量法。在西方学术界，同行评议始终是最主要的评价方法，而以所谓“核心期刊”发文数、影响因子、引用率等为主要指标的量化评价方法虽然越来越受到重视，但依旧属于辅助手段。然而，综观我国各个研究单位的学术评价机制，不论是年度考核还是职称晋升，项目数量、经费数量、论文数量、图书数量、获奖层次等成为判别优劣与否的主要指标，而针对研究成果的创新程度、价值程度等却很少考虑。即使是对成果进行实质性评价，往往也流于形式。这种过分的数量化评价方式是粗放式管理的典型表现，无法发挥学术评价的正向激

励作用，反而助长了学术不端行为和学术研究的急功近利趋势。

（5）评价程序失范化

客观公正的评价结果要靠规范的评价制度来保障。对于社会科学成果评价机制来讲，更应该强调评价程序的完备性和规范化。然而，在许多单位的学术评价过程中，评价程序和制度的失范或随意成为普遍现象，朝令夕改、因人设规现象时有发生，大大影响了学术评价活动的严肃性。从完整意义上看，评价程序贯穿在评价的一系列环节上，评价程序一般涉及：成果查新、成果分类、方法选择、指标选取、专家遴选、专家轮换、专家回避、结果公示、意见反馈、异议申诉等。目前，很少单位能够全面考虑上述评价环节，从而制定出完整的评价程序和评价制度。

（6）评价工具落后化

评价工具的先进与否在很大程度上影响评价效率的高低和评价结果的理想度。对于社会科学成果评价，目前公认的方法是“以同行评议为主、以文献计量为辅”，但这两种方法中同行评议法的具体实施措施比较落后，如同行专家的选择，往往是评价管理机构根据以往经验人为随机地选择，这就容易导致评价专家出现“外行化”“低水平化”现象。再如，对于评价结果的得出，往往采取的是专家打分算术平均法，由于不同专家在学术水平、学术背景、参照体系等方面存在差异性，从而使他们对评分标准的认识和尺度掌握存在一定的差异，如果直接对评委的评分进行简单平均，肯定会引起一定的误差，然而对此，很少有评价管理机构能够考虑到要对评价结果依不同专家而进行调整。

15.1.6.2　改进社会科学成果评价机制的原则及思路

（1）改进评价机制的原则

按照“提升质量，推动创新”的指导思想，建立高校哲学社会科学评价体系应该遵循以下原则：一是服务学术发展，促进学术繁荣。社会科学评价的目的是以评价促创新、以评价促发展。二是尊重学术规律，分级分类评价。深刻认识社会科学研究及其评价的复杂性，根据其特点和规律，采取适宜的评价方式实施分类评价，以此提高评价的针对性和有效性。三是注重同行专家评价。评价体系应该突出同行专家评价的主导地位，注重发挥“小同行”的重要作用，保障评价结果的客观性。四是克服科研评价功利性取向。充分发挥学术评价的“质量和创新”导向功能，努力克服评价激励的功利性，最大限度地激发研究人员的工作积极性。

（2）改进高校哲学社会科学成果评价机制的思路

① 构建多元化评价主体。评价主体多元化能够有效地打破学术评价的行政主导现状，最大限度地保障研究成果评价的公正性和公平性。现阶段，构建多元化评价主体应该着重从以下两方面入手：一是构建完善的学术委员会制度。应该逐步改进学术委员会的运行机制和效率，增强学术委员会在学术评价中的“话语权”。二是培育第三方评价机构。建立学术评价中介组织，开展中介性的学术评价，是社会科学评价走向社会化、民主化和制度化的内在要求和必然趋势。第三方评价由于其“旁观者”角色和“中介性”立场，因而可以较为合理、公正地开展学术评价，理应成为社会科学评价主体之一。

② 建立以“质量和创新”为导向的评价标准。与基于事实判断的自然科学不同，

社会科学评价体现为基于一定事实认定基础之上的共识性价值判断，这就使社会科学评价具有价值判断和事实判断双重属性。因此，在对社会科学各学科实施分类评价时，首先要掌握各学科发展的学术规律，建立健全以质量和创新为导向的分类评价标准，有差异地运用学术标准和价值标准、规范性标准和创新性标准、内容评价标准和形式评价标准、本土化标准和国际性标准等，根据不同学科、不同的成果，确定不同的评价标准，避免“一刀切”和评价标准简单化。

③ 根据评价对象的特点，建立有针对性的分类评价指标体系。社会科学评价可以坚持“以学科分类为基础，以成果为对象”，对论文、著作、教材、研究报告、普及读物、非纸质出版物等研究成果，按照成果类型和所属学科特点，采取有差异的分类评价指标体系。基础性研究成果评价要以理论创新为主，评价指标的设置以“定性评价为主、定量评价为辅”；应用性成果评价要以解决重大问题为主，评价指标的设置以“定量评价为主、定性评价为辅”；综合性成果评价要兼顾理论创新和解决重大问题，评价指标设置要以“定量评价与定性评价并重”；咨询服务性评价要以服务质量为主，评价指标设置以“定量评价为主、定性评价为参考”；普及性成果评价要以成果普及面和普及效果为主，评价指标的设置以“定量评价为主、定性评价为参考”。通过上述措施，实现对社会科学不同领域的不同类型成果，采取有差异的标准和指标体系进行评价，提高评价的针对性、客观性和公正性。

④ 综合运用适宜的评价方法。要深刻认识社会科学研究评价的复杂性和多样性，充分探究社会科学各学科的学术规律和学科特点，同时根据不同研究成果的特点和所属学科的规律，综合运用同行评议法、文献计量法、科学计量法、代表作评价法、实践检验法等，坚持同行评议和社会评价相协调、定性评价和定量评价相结合、过程评价和结果评价相衔接、当前评价和长远评价相补充，努力从成果形式、成果内容和成果影响力多角度出发，对科研成果进行全方位学术评价，增强评价结果的科学性和公信度。考虑到社会科学的特点，要逐步推广代表作评价方法，并使代表作评价法与其他评价方法有机结合，形成适宜社会科学特点的研究成果评价方法和评价机制。同时，社会科学成果评价应该综合利用定性和定量两种评价方法，即以定量指标作为一种信息工具，与同行评议相互补充、相互启发、相互比较，为同行评议提供辅助性的评价信息，要特别防止科研管理机构对定量指标作用的盲目拔高和误用。

15.1.6.3　健全社会科学成果评价机制的制度保障

（1）进一步完善现有的社会科学评价制度

目前，在社会科学评价制度中已经建立了代表作制度、答辩制度、回避制度、公示制度、反馈制度、申诉制度、举报制度和回溯评价制度等。除此之外，还应健全以随机、回避、轮换为基本原则的专家遴选制度，大力推行匿名评审、署名评价；建立健全评价专家信誉制度、问责制度，规范评价主体的评价行为；建立评价结果的公布和共享制度。同时，积极探索“非共识”研究项目和成果的评价等制度，形成完备的评价制度体系。

（2）逐步建立有制约的同行评议制度

突出专家与同行在社会科学分类评价中的主导地位，注重发挥“小同行”的重要作用。要着重解决同行专家“缺位”和“失位”问题，逐步从宽泛的同行评议制度转变为有制约的同行评议制度，不仅要进一步完善随机专家遴选制度，而且要扩大备选专家规模，增加同行专家与被评价对象之间的相关度，同时，要建立健全同行专家评价结果的“后评估制度”和“惩戒制度”，从而有效地规避个别同行专家评价的随意性。

（3）积极推动学术单位体向学术共同体转变

在社会科学分类评价过程中，应该大力积极推动学术单位体向学术共同体的转变。改变目前学术评价中“以政代学”的弊端，进一步彰显大学作为学术共同体的独特价值，坚持“以育人为根本，以学术为志业”的核心理念，完善大学内部治理机构，尊重学术发展的自身规律，努力构建行政权力、学术权力和监督权力既相互制约又相互协调的运行格局。

（4）建立科学合理的评价监督机制

建立健全评审结果的公示制度，接受社会对评审结果的监督。建立学术评审申诉制度，设立专门机构受理对评价结果的质疑和投诉。加强对学术评价机构、评审专家的监督，建立评审专家的信誉制度，促进评价制度的不断完善，杜绝在学术评价中徇私舞弊。逐步提高学术共同体评价的透明度，确保科研评价利益相关者的知情权和监督权，倡导学术争鸣、百花齐放。要明确学术不端的判定标准和处理程序，科学划分各类评价主体在处理学术不端方面的权责范围。

（5）逐步建立并完善社会科学评价工具系统

为了适应“定性评价与定量评价相结合”的评价方法的要求，应该逐步建立并完善各项评价工具系统。首先，充分利用互联网和信息化发展的最新技术，逐步建立全国统一的、适宜于进行“精细化学术评价”的专家评审信息系统，彻底改变目前同行专家“缺位”和“失位”的现状。专家评审信息系统从专家人库、专家遴选、成果评价、评价结论公示、同行评议、专家信誉动态化、专家奖惩制度、被评人申诉制度等角度建立和不断完善，从而确保专家在维护自身信誉的情况下，主动开展诚信公正的评价。其次，还应该建立健全社会科学成果查新系统、文献计量分析系统、期刊等级系统等。最后，借鉴国外经验，针对传统同行评议存在缺乏交流、时滞明显等缺点，试行社会科学成果发表的“开放存取期刊”制度及开发相应的开放同行评议系统。

15.1.7 高校人文社会科学研究机构的评价

在高校人文社会科学的评价活动中，科研机构的评价是整体评价活动的重要组成部分。开展科研机构的评价工作就是为了引导和鼓励科研机构更好地开展工作，从中发现问题和不足，在此基础上改进存在的问题和不足，从而更好地实现知识生产和创新。高校科研机构评价是高校科研管理的重要组成部分，在高等教育管理中具有重要作用。

15.1.7.1 研究机构分类评价的标准

人文社会科学分类评价过程应该遵循的评价标准：学术评价标准、社会评价标准和组织评价标准。学术评价标准是科研机构存在和发展的根本，社会评价标准为科研机构的发展提供了更加广阔的发展空间和前景，组织评价标准则为科研机构的发展提供了制度性保障。在进行科研机构评价的过程中，只有将这三个方面有机地统一起来，才能对于一个科研机构进行客观而公正的评价工作。当然，需要指出的是，各个学科由于其自身特点的不同，在上述两个方面会有所差异，这涉及基础理论性研究与现实应用性研究之间的差异。但是，这个差异并没有影响到两者之间在评价过程中所坚持的评价标准。

对于高校人文社会科学的研究机构而言，学术评价标准更是最为根本的评价指标。一个科研机构只有将学术创新放在首要的地位，才能够在激烈的竞争中立于不败之地。无论是人文学科还是社会科学研究机构，其研究成果是否提出了新的学术观点和新的思想，或开辟了新的研究领域，更新了研究方法，这些都是研究成果的学术创新的体现。

社会评价标准，社会评价是指人文社会科学研究机构在服务社会、推进社会文化建设方面所发挥的作用。社会科学研究机构的社会评价就是看该机构是否有助于增进人们对于特定社会问题的解决。对于一个社会科学研究机构而言，其能够真正推动社会社会问题的解决，其社会服务功能才算真正实现。

组织评价是评估高校人文社会科学研究机构自身组织和制度建设的程度。高校人文社会科学机构承担着科学研究、社会服务、人才培养等多重职能。科研机构的多重职能离不开机构自身的组织建设和制度建设。科研机构的规章制度、人员配备、团队建设等因素都反映着科研机构的组织建设水平。随着近些年来我国高校人文社会科学研究机构在人员规模、资源投入、科研任务等方面的快速增加，机构的组织建设水平更加凸显出其重要价值。

15.1.7.2　研究机构分类评价指标体系

高校人文社会科学研究机构进行评价时，首先要对于高校人文社会科学研究机构所承担的基本职能进行科学合理的划分，并在此基础上对于其职能进行评价考核工作，高校人文社会科学机构承担着学术研究、社会服务、研究队伍、人才培养和机构建设五个方面的基本职能。

（1）学术研究

学术研究是高校人文社会科学机构职能中最核心与最根本的职能。在科研机构评价指标体系中，最重要的评价指标就是学术研究。学术研究涵盖了多方面的内容，这里将其划分为四个二级评价指标：科研成果、科研课题、学术交流与合作、获奖与转载（表 15-9）。

表 15-9　高校人文社会科学研究机构学术研究的指标体系

一级指标	二级指标	三级指标	指标说明
学术研究	科研成果	著作	国际知名出版社、国家级出版社、行业出版社、地方出版社
		论文	SSCI/A&HCI 收入、CSSCI、北大核心期刊、一般刊物
		调研报告	被国家级、省部级、地厅级、县处级

（续表）

一级指标	二级指标	三级指标	指标说明
学术研究	科研课题	横向课题	资助规模 50 万元以上、10 万元以上、5 万元以上、1 万元以上、1 万元以下
		纵向课题	国家社会科学基金重大攻关、重大、一般、后期自助；教育部重大攻关、重点、一般；省级重大项目、一般、后期；校级重点项目、一般项目
	学术交流与合作	学术会议	举办或参加国际会议；举办或参加国内会议；举办或参加省市级会议
		学术访问	邀请国外、国内著名学者讲学；前往国外、国内讲学
		合作研究	与国外高校或研究机构；国内知名高校和研究机构；国内一般高校、研究机构
	转载与获奖	转载	新华文摘全文转载、索引；人大复印资料全文转载、索引
		获奖	教育部高校人文社会成果优秀奖一等奖、二等奖、三等奖；省级人文社会科学成果一等奖、二等奖、三等奖

（2）社会服务

社会服务是高校人文社会科研机构发挥社会责任的重要体现。社会服务的衡量标准主要体现为科研机构能够积极有效地与国家机关、企事业单位、社会组织等合作，为社会问题的解决提供智力支持；科研机构的研究成果能够被国家机关、企事业单位、社会组织等接受，形成政策影响力。研究机构社会服务的指标体系如表 15-10 所示。

表 15-10　高校人文社会科学研究机构社会服务的指标体系

一级指标	二级指标	指标说明
社会服务	政策咨询	中央级单位（党中央、国务院，全国人大、全国政协、中纪委等中央机构）、省部级单位（省、自治区、直辖市、中央各部委、中央特大企业等省部级单位）、地厅级单位（市、厅、局、司等单位）和县处级单位
	成果采纳	中央级单位（党中央、国务院，全国人大、全国政协、中纪委等中央机构）、省部级单位（省、自治区、直辖市、中央各部委、中央特大企业等省部级单位）、地厅级单位（市、厅、局、司等单位）和县处级单位

（3）研究队伍

研究队伍建设和人才培养工作是高校人文社会科学机构所承担的另一项重要职责，也是一个科研机构得以顺利发展的重要保障。建立一个强有力的研究队伍决定着科研机构的发展前景。具体而言，强有力的研究队伍是通过以下指标体现出来的：学术带头人和研究团队。研究机构研究队伍的指标体系如表 15-11 所示。

表 15-11　高校人文社会科学研究机构研究队伍的指标体系

一级指标	二级指标	指标说明
研究队伍	学术带头人	国家海外高层次人才引进人选者、教育部长江学者、“新世纪百千万人才工程”国家级人选入选者、教育部“新世纪优秀人才支持计划”人选者、省级高层次人才计划人选者、学校高层次人才计划入选者
	研究团队	国家级创新团队、省部级创新团队、学校级创新团队

（4）人才培养

衡量和考察一个科研机构培养的人才数量与质量，标志着该机构从事知识再生产的能力。世界著名的研究机构在人才培养方面都非常重视，并以持续培养出知名的研究和应用人才而提升自身地位。作为高校人文社会科学的研究机构，人才培养更是其理所承担的职能。研究机构人才培养的指标体系如表 15-12 所示。

表 15-12　高校人文社会科学研究机构人才培养的指标体系

一级指标	二级指标	三级指标	指标说明
人才培养	博士后	出站报告	国家级、省部级、校级资助
		国际交流水平	国外留学生
	博士	课程建设	国家级、省部级、校级精品课
		学位论文	百优博士论文、提名，省级优秀论文、提名，学校优秀论文、提名
		国际交流水平	联合培养博士生、国外留学生
	硕士	课程建设	国家级、省部级、校级精品课
		学位论文	省级优秀论文、提名，学校优秀论文、提名
		国际交流水平	联合培养硕士生、国外留学生

（5）机构建设

人员建设主要是指科研机构人员在年龄结构、职称分布、学历结构等方面的基本状况。为了保持科研机构的可持续性发展，科研机构应该在年龄结构上实现老、中、青的合理配置，防止科研机构人员在年龄结构上的老龄化。在职称分布上，应该实现中级和高级职称的合理搭配，通过这种方式，既实现高级职称引导和带领低级职称，又为低级职称的研究人员提供一定的激励机制。

对于人文社会科学机构硬件建设，需要提供充分的文献数据库和图书资料收藏，其中包括印刷类和电子类资料。当然，对于一些具有应用性的学科而言，比如心理学实验室或者工作室也是不可或缺的。除科研机构的硬件配备之外，规章制度建设也是科研机构评价的重要内容。对于一个科研机构而言，规章制度建设具有重要功能。制定一套健全合理的规章制度，对于规范科研机构的运行、提高科研机构的运行效率，都具有重要的推进作用。研究机构建设的指标体系如表 15-13 所示。

表 15-13 高校人文社会科学研究机构建设的指标体系

一级指标	二级指标	三级指标
机构建设	人员结构	职称结构
		年龄结构
		学历结构
	硬件建设	图书资料收藏
		文献数据库
		实验室、实验中心（社会科学）
	规章制度建设	规章制度的制定
		规章制度的执行

15.1.7.3 人文学科和社会科学研究机构评价的权重差异

上述指标体系是高校人文社会科学研究机构进行评价时的一般性指标体系。根据人文学科和社会科学之间存在的差异，相应的科研机构的评价也需要在指标上进行调整，从而更好地适应于不同学科门类的特点。这种差异体现在评价周期差异、评价内容差异和评价方法差异等方面。结合不同类型人文社会科学科研机构的特点，在采用上述指标体系中，需要赋予不同的指标以不同的权重。上述评价指标及其权重的具体情况如表 15-14 所示。

表 15-14 高校人文社会科学研究机构分类评价的差异性

分类评价	人文学科研究机构	社会科学研究机构
评价周期	5 年左右	3 年左右
评价标准	侧重学术评价	学术评价、社会评价
评价方法	同行评议	同行评议、计量评价

（1）高校人文学科研究机构的评价指标及其权重

① 学术研究 0.4（科研成果 0.1、科研课题 0.1、学术交流与合作 0.1、转载与获奖 0.1）。

② 社会服务 0.1（政策咨询 0.05、成果采纳 0.05）。

③ 研究队伍 0.2（学术人物 0.1、团队建设 0.1）。

④ 人才培养 0.2（博士后 0.07、博士 0.07、硕士 0.06）。

⑤ 机构建设 0.1（人员结构 0.05、硬件建设 0.025、规章制度建设 0.025）。

（2）高校社会科学研究机构的评价指标及其权重

① 学术研究 0.25（科研成果 0.062 5、科研课题 0.062 5、学术交流与合作 0.062 5、转载与获奖 0.062 5）。

② 社会服务 0.25（政策咨询 0.125、成果采纳 0.125）。

③ 研究队伍 0.2（学术人物 0.1、团队建设 0.1）。

④ 人才培养 0.2（博士后 0.07、博士 0.07、硕士 0.06）。

⑤ 机构建设 0.1（人员结构 0.05、硬件建设 0.025、规章制度建设 0.025）。

在评价周期方面，人文学科和社会科学需要加以区别。人文学科机构的知识生产周期相对比较长，知识更新速度比较慢，因此，在评价周期方面以 5 年左右为宜。而社会科学在生产周期和更新速度方面则相对快一些，因此，在评价周期方面以 3 年左右为宜。

评价内容方面，人文学科由于其研究内容和对象的特点，因此，其评价指标应更加突出学术标准，社会科学研究机构需同时突出学术标准和社会标准。在评价指标的权重方面，人文学科和社会科学需要加以区分。

在评价方法方面，人文学科需要偏重于同行评议方法，社会科学机构需要同行评议方法和计量评价方法并重。

15.1.7.4　研究机构的评价方法

结合国外发达国家在这方面的相关实践，本研究认为，人文社会科学机构的评价方法需要综合运用定性和定量评价方法，并且根据不同类型科研机构的特点，选取适宜的评价方法。本节主要就同行评议方法和计量评价方法在人文社会科学机构评价中的优势与不足进行简要分析。

（1）同行评议方法的优势与不足

同行评议方法是对于科研活动进行评价的重要方法，是由同行专家对其同行的研究工作给予客观科学评价的一种方法。在世界范围内，同行评议法是比较成熟的被广泛采用的科研评价方法。同行评议方法不仅在科研决策的管理活动中，而且在成果发表、职称评定、人员招聘、经费分配等方面已经成为主导性评价方法，应该说，同行评议方法在推动科研管理规范化和科学化方法发挥着积极的作用。

同行评议方法的优点在于同行专家拥有本领域研究的专业知识和水准，熟悉和掌握本学科研究的前沿问题，这保证了同行专家的鉴别能力。

考虑到我国在人文社会科学研究评价中，同行评议方法实行的时间还不长，范围还没有全覆盖，因而需要贯彻落实同行评议的方法。在具体的实践中，为了需要避免同行评议方法流于形式，或者被人为扭曲利用，需要通过制度设计更好地实现同行评议的效果。

同行评议方法包括通信评审和现场评审两种基本类型。从实践效果来看，通信评审和现场评审各有利弊。在进行科研机构评价时，需要根据具体情况进行选择。目前来看，通过将这两种评审方式结合起来，能够更好地发挥专家评审的效果。具体来说，一是在评审专家的选择上，确保专家人选的全面性和客观性。从学术发展的规律来看，只有通过相互批评和争鸣，才能够保证其发展。因此，对于一个科研机构的评价而言，只有听取本领域各方面专家的意见，才能够对于科研机构的现状形成准确而客观的认识。确保评审专家的独立性、客观性至关重要。二是确保评审过程严密组织，评审程序合理有序。在通信评审中，需要做好评审对象信息的保密工作，使专家真正基于科研机构的状况进行评价。避免因为信息的泄露而导致关系人情等非评价因素对于科研机构评价的影响。在现场评审过程中，需要科研机构将自身的详细信息，比如，研究人员、经费使用、机构建设等向评审专家公开透明，保证专家所获取信息的真实可靠，从而保证现场评审的成效。

（2）计量评价方法的优势与不足

计量评价方法是指通过对于科研机构的科研情况、人才培养、社会影响等方面的情况进行划分，在每一个领域中，通过客观的评价指标给予科研机构以评价。

科研机构评价是一项综合性的工作，它涵盖人员、成果、项目等多方面的内容。为了对科研机构进行更加精准的评价，需要采取综合性的评价方法，将定性和定量方法、同行评议方法和计量评价方法结合起来。考虑到人文社会科学自身的特殊性，在评价方法选择方面，应该以同行评议为主，辅之以计量评价，避免对高校人文社会研究机构进行纯粹数量化评价。近年来，片面追求成果数量，而忽视成果质量；过度强调研究机构的科研成果，而忽视其社会服务职责等弊端已经并不鲜见。就此而言，我们需要避免将计量评价方法简单地搬到人文社会科学的评价中，给予人文社会科学研究一个更加宽松的环境是保障其发展的基础条件。

15.1.8 高校人文社会科学研究项目的评价

项目制是当前我国高校人文社会科学研究的重要组织形式，科学合理的项目评价对于优化资源配置、提高项目质量具有重要的意义。当前高校人文社会科学研究项目评价中还存在一定的问题，完善项目分类评价标准和指标体系、优化项目评价机制是一项重要而紧迫的任务。

15.1.8.1 研究项目评价的分类和特点

研究项目是指在一定的资源和要求约束下，为解决目标问题在规定时间内所进行的一系列活动。研究项目的属性主要有：研究类型、研究阶段、所属学科、指令强度、项目来源、项目级别、人员组成及资助情况等。

（1）研究项目的分类

根据不同的属性，可以对项目进行不同的划分：根据研究类型，可以分为基础研究项目和应用研究项目；根据研究阶段，可以划分为项目申报、实施和结项等；根据所属学科，可以分为人文学科项目和社会科学项目，更具体的还可以细分为哲学项目、社会学项目、经济学项目等；根据指令强度，可以分为指令性项目、指导性项目和自选项目等；根据项目来源，可以分为纵向项目和横向项目、国际项目和国内项目等；根据项目级别，可以分为国家级、省部级和地厅级项目等；根据人员组成，可以分为个人项目和团队项目；根据资助情况，可以分为资助项目和自筹项目等。

除了这些划分方式，还可以根据项目的申报方式，分为招标项目、专项项目和单列项目等。此外，还有一些其他项目形式，如委托项目、人才项目、基地项目、后期资助项目、跨学科项目，以及针对特定人群的如青年项目、针对特定地区的如西部项目等。

项目是在一个或长或短的时段中实施的，一个完整的项目流程包括项目申报、项目实施和项目结项三个阶段。项目申报主要是根据申报要求撰写项目申报材料、进行申报答辩等，项目实施是按照项目计划开展研究工作，项目结项是根据结项要求提交项目成果等。

（2）研究项目评价的特点与难点

人文社会科学研究与自然科学研究在研究对象、研究方式、成果呈现等方面存在较为显著的差异。自然科学研究项目的评价只依据自然事物的客观本质，评价结果不依评价主体的意志为转移。而无论是人文学科研究的价值理念与思维方式，还是社会科学研究的人的行为与社会制度都与人紧密相关，都不具有自然界那样强烈的客观性，而是具有鲜明的主体性。

研究方法与研究对象联系紧密，研究对象越客观，就越需要也越能够采用客观规范的技术手段进行信息、数据的采集与整理。人文社会科学研究项目的产出主要是观念、思想等，自然科学主要是信息、技术等，后者作用于实际的过程更为直接、快速。人文社会科学研究成果主要是通过影响、改变人们的思想观念与行为方式来产生社会影响，这一过程较为缓慢。

15.1.8.2　研究项目的评价标准

高校人文社会科学研究项目的评价标准指的是评审专家即受托方综合项目自身的质量要求与委托方的评价目的，对高校人文社会科学研究项目的必要性与可行性、实施过程与结果等进行评判的标尺。

综合教育部人文社会科学研究项目和国家社会科学基金项目的评价实践，高校人文社会科学研究项目的评价标准主要包括政治标准、学术标准、效益标准、项目执行标准和学风标准。

（1）政治标准

研究项目要坚持正确的指导思想和价值观，坚持马克思主义立场、观点、方法，坚持服务于祖国和人民。项目的研究内容不能违反党的路线、方针、政策，不能损害国家和人民的利益。政治标准是高校人文社会科学研究项目评价的首要标准。

（2）学术标准

研究项目评价的学术标准主要包括创新性、科学性和研究基础。

创新性。创新是科学研究的灵魂，是研究的重要目标，研究项目要在前人研究的基础上有所提高、有所发展，要着力研究新问题、发现新材料、开发新方法、构建新思路、提供新对策、构建新理论。

科学性。一个项目具有科学性是指这个项目的选题、论证、思路等符合学术共同体的理解，在今天的大科学时代，科学性主要体现为专业性。研究项目的科学性包括选题科学、论证科学、方法科学等：选题科学是指选题合乎科学规律，不是伪科学、反科学问题；论证科学是指问题表述、逻辑结构等合乎科学规范；方法科学是指研究方法、思路、流程等合乎科学要求。

研究基础。研究项目是探索性活动，不仅需要具备创新性、价值性和科学性，还需要项目主持人及项目组成员具备一定的研究基础，人文社会科学研究项目的基础包括项目主持人的研究成果与研究经验、项目团队的合作能力以及研究资料等。

（3）效益标准

效益主要分为学术价值和社会价值两大方面。

学术价值。学术价值又称作理论价值，研究项目学术价值的重要表现就是对学科、专业发展的促进作用，如夯实学科理论基础、开辟学科研究新领域、解决专业难题等。

社会价值。社会价值又称作应用价值、实践价值，社会价值又可以分为经济效益和社会效益，经济效益是指项目产生的直接或间接收入，社会效益是指项目对国家政治、文化、社会与生态文明建设等的积极作用。

（4）项目执行标准

经费预算与使用。目前，高校很多人文社会科学研究项目都属于纵向项目，项目经费属于财政拨款。政府各级各类项目主管部门都制定了项目经费管理办法，对项目经费的使用做出了详细的规定，其中，主要是经费的支出范围、比例与进度等。

研究进展与任务完成。高校人文社会科学研究项目通常都具有明确的研究目标与计划，有严格的时间约束，因此，在项目的实施过程中，项目主持人及项目组成员都要有明确的时间观念，根据研究目标，严格执行研究计划，推进研究工作。研究进展是指项目研究任务的完成情况，具体包括资料收集、学术交流、项目调研、社会实验以及成果发表与推广等。

（5）学风标准

项目研究必须严格遵守学术道德，不得违反学术纪律，研究成果不能侵犯他人的知识产权。知识产权是人们对通过智力劳动创造出来的智力成果和知识财产所依法享有的民事权利，主要分为著作权和工业产权两类。著作权也称为版权、文学产权，工业产权也称为产业产权。

15.1.8.3 研究项目评价指标体系

研究项目评价指标体系是从评价标准出发，对项目的评价内容加以具体化，综合考虑操作的合理性而制定的一套具有不同层次并赋有权重的指标结构，指标有直接指标与间接指标、定性指标与定量指标之分。

（1）基础研究项目评价指标体系

基础研究项目申报评审说明：第一，政治标准属于准人性标准，不纳入申报评审指标体系。第二，申报评审指标体系中的经费预算一般是单独采取规范性审核，不纳入申报评审指标体系。第三，项目申报材料中的项目主持人与项目组成员、前期基础、研究条件等信息的评审一般采取准入性审核，如有重要信息违规造假则一票否决，因此，也不纳入申报评审指标体系。第四，一级指标权重和二级指标权重为参考权重，两者是综合指标的重要程度、专家咨询结果以及高校现行人文社会科学研究项目评价指标体系权重而得出的。第五，项目分值一般是通过评审专家根据评审指标体系评分量表对指标赋值后统计总分得出。

① 基础研究项目申报评审指标体系如表 15-15 所示。

表 15-15 高校人文社会科学基础研究项目申报评审指标体系

一级指标	一级权重	二级指标	二级权重	评价要点
创新性	0.30	选题新颖	0.6	选题比较新颖前沿，现状把握充分，研究视野有所拓展、深化
		方法新颖	0.4	研究方法、研究思路新颖

（续表）

一级指标	一级权重	二级指标	二级权重	评价要点
科学性	0. 20	论证严密性	0. 7	目标明确，方法合适，思路清晰、重点难点明确
		论述规范性	0. 3	表述科学、格式规范
研究基础	0. 20	研究人员	0. 7	项目主持人学术训练良好，有高水平研究成果
		研究资料	0. 3	占有比较全面和前沿的研究资料
价值性	0. 30	学术价值	0. 6	对科学进步、学科发展有较大潜在作用
		社会价值	0. 4	对国家政治文明、社会和谐、文化传承有潜在作用

② 基础研究项目中期检查指标体系如表 15-16 所示。

表 15-16　高校人文社会科学基础研究项目中期检查指标体系

一级指标	一级权重	二级指标	二级权重	评价要点
创新性	0. 25	方法创新	0. 5	中期成果使用了新材料，开发了新方法
		内容创新	0. 5	中期成果提出了新观点，构建了新理论
科学性	0. 20	内容科学性	0. 7	中期成果的研究内容、论证等符合科学要求
		形式规范性	0. 3	中期成果的表述、引用等符合学术共同体的规定
价值性	0. 25	学术价值	0. 6	中期成果对科学进步、学科发展有较大作用
		社会价值	0. 4	中期成果对国家政治文明、社会和谐、文化传承有作用
经费使用	0. 10	支出范围	0. 5	经费支出的范围符合相关规定和经费预算
		支出进度	0. 5	经费支出的进度符合相关规定和经费预算
研究进展	0. 20	目标进展	0. 3	研究目标的推进情况符合项目计划
		工作量	0. 3	资料收集、学术交流、项目调研、成果发表等的数量与质量符合项目计划
		问题改进	0. 4	项目存在问题明确，后续改进计划可行

③ 基础研究项目结项鉴定指标体系。

研究项目结项鉴定有两大特点：一是结项鉴定实质就是成果评价，因为鉴定的主要对象就是项目的研究成果；二是结项鉴定又不同于一般的成果评价，还要考察项目的执行情况，如研究任务的完成情况、经费使用情况以及研究过程是否存在知识产权争议等。

基础研究项目结项鉴定指标体系如表 15-17 所示。

表 15-17 高校人文社会科学基础研究项目结项鉴定指标体系

一级指标	一级指标权重	二级指标	二级指标权重	评价要点
创新性	0.25	方法创新	0.4	最终成果使用了新材料，开发了新方法
		内容创新	0.6	最终成果提出了新观点，构建了新理论
科学性	0.20	内容科学性	0.7	最终成果的研究内容、论证等符合科学要求
			0.3	最终成果的表述、引用等符合学术共同体的形式规范性
价值性	0.25	学术价值	0.6	最终成果对科学进步、学科发展有较大作用
		社会价值	0.4	最终成果对国家政治文明、社会和谐、文化传承有作用
经费使用	0.10	支出范围	0.5	经费支出的范围符合相关规定和经费预算
		支出进度	0.5	经费支出的进度符合相关规定和经费预算
任务完成	0.20	预定目标	0.6	完成了预定的研究目标
		预定工作量	0.4	资料收集、学术交流、项目调研、成果发表等的数量与质量符合项目计划

（2）应用研究项目评价指标体系

① 应用研究项目申报评审指标体系如表 15-18 所示。

表 15-18 高校人文社会科学应用研究项目申报评审指标体系

一级指标	一级指标权重	二级指标	二级指标权重	评价要点
创新性	0.20	选题新颖性	0.5	选题富有现实性、针对性
		方法新颖性	0.5	研究材料、方法、思路新颖
科学性	0.30	理论先进性	0.4	指导理论比较科学、先进
		路径合理性	0.6	目标明确，方法合适，流程清晰，重点难点明确
研究基础	0.20	研究人员	0.6	主持人理论基础扎实，有丰富的研究经验和实践经验；项目团队知识结构、能力结构合理
		研究条件	0.4	具备较好的技术条件，占有比较全面和前沿的研究资料
价值性	0.30	学术价值	0.4	对科学进步、学科发展有潜在作用
		社会价值	0.6	有较大的潜在经济效益，对国家政治文明、社会和谐、文化传承有较大的潜在作用

② 应用研究项目中期检查指标体系如表 15-19 所示。

表 15-19　高校人文社会科学应用研究项目中期检查指标体系

一级指标	一级指标权重	二级指标	二级指标权重	评价要点
创新性	0.20	方法创新	0.4	中期成果使用了新材料，开发了新方法
		内容创新	0.6	中期成果提出了新对策，构建了新模型
科学性	0.20	理论先进性	0.3	指导理论比较科学、先进
		路径合理性	0.7	目标明确，方法合适，流程清晰，重点、难点明确
价值性	0.30	学术价值	0.4	中期成果对科学进步、学科发展有积极作用
		社会价值	0.6	中期成果有较大的经济效益，对国家政治文明、社会和谐、文化传承有较大作用
经费使用	0.10	支出范围	0.5	经费支出的范围符合相关规定和经费预算
		支出进度	0.5	经费支出的进度符合相关规定和经费预算
研究进展	0.20	目标进展	0.3	研究目标推进良好，研究流程执行顺利
		工作量	0.3	资料收集、学术交流、项目调研、社会实验、成果发表等的数量与质量符合项目计划
		问题改进	0.4	项目存在问题明确，后续改进计划可行

③ 应用研究项目结项鉴定指标体系如表 15-20 所示。

表 15-20　高校人文社会科学应用研究项目结项鉴定指标体系

一级指标	一级指标权重	二级指标	二级指标权重	评价要点
创新性	0.20	方法创新	0.4	最终成果使用了新材料、开发了新方法
		内容创新	0.6	最终成果提出了新对策、构建了新模型
科学性	0.20	理论先进性	0.3	指导理论比较科学、先进
		路径合理性	0.7	目标明确，方法合适，流程清晰，重点难点明确
价值性	0.30	学术价值	0.4	最终成果对科学进步、学科发展有作用
		社会价值	0.6	最终成果有较大的经济效益，对国家政治文明、社会和谐、文化传承有较大作用
经费使用	0.10	支出范围	0.5	经费支出的范围符合相关规定和经费预算
		支出进度	0.5	经费支出的进度符合相关规定和经费预算
任务完成	0.20	预定目标	0.6	完成了预定的研究目标
		预定工作量	0.4	资料收集、学术交流、项目调研、社会实验、成果发表等的数量与质量符合项目计划

（3）人文学科与社会科学研究项目评价指标体系差异

人文学科研究项目与社会科学研究项目的差异主要有：第一，在研究的问题上，人文学科研究项目具有鲜明的历史性、文化性，偏重理论研究，重在丰富和加深我们对人类自身的认识，解答人类自身的困惑。社会科学研究项目具有鲜明的社会性、时代性，偏重实践研究，重在加深对社会的认识，解决当前的社会问题。第二，在研究方法上，人文学科研究项目采用的研究方法大多比较传统，如文献考证、逻辑分析等，在工作形式上，文献阅读、观点研讨往往占据了很多时间。社会科学研究项目采用的方法比较广泛，除了传统的方法，还有比较现代化的实验分析、数据分析等。第三，在影响领域方面，人文学科研究项目相对偏重于文化领域，而社会科学研究项目相对偏重于经济、政治领域。第四，人文学科研究项目的学术成果比重更大，成果类型以论文、著作等为主。第五，人文学科研究项目的个体性更强，社会科学研究项目的规范性更强。

上述差异使人文学科与社会科学研究项目在评价指标体系上也存在一些差异：在创新性指标方面，人文学科研究项目偏重考察理论创新，社会科学研究项目偏重考察实践创新；在价值性指标方面，人文学科研究项目相对偏重考察对文化建设的作用，社会科学研究项目相对偏重考察对经济、政治、社会建设的作用；在科学性指标方面，相比于人文学科研究项目，社会科学研究项目对形式规范性要求更加严格；在研究基础指标方面，人文学科研究项目相对偏重考察项目主持人及项目组成员的理论水平，社会科学研究项目相对偏重考察运用理论解决现实问题的能力；在经费情况指标方面，人文学科研究项目经费的支出范围相对简单，社会科学研究项目则比较多样一些；在研究进展指标方面，人文学科研究项目相对偏重考察选题理解思路的正确性，社会科学研究项目相对偏重考察选题实践方案的合理性；在学风情况指标方面，人文学科研究项目评价考察的知识产权主要涉及著作权，社会科学研究项目评价中工业产权的比重相对更大一些。

15.1.8.4 研究项目的评价方法

我国高校人文社会科学研究项目评价方法，根据项目的研究阶段，可以划分为申报评审方法、中期检查方法和结项鉴定方法。

（1）申报评审方法

高校人文社会科学研究项目申报评审属于典型的同行评议，在申报评审中，文献计量运用较少。研究项目评价实践中，具体的申报评审方法主要有通信评审、会议评审、项目答辩等。

通信评审。通信评审是项目评价中广泛采用的一种评价方法，它指的是委托方将评价材料如项目申请书活页等寄给评审专家，评审专家在不知道被评价人身份的前提下独立进行评价，并将评价意见反馈给委托方。

会议评审。通过通信评审的项目进入会议评审，会议评审一般是项目申报评审的终评，在评审比较简单或者评审工作量不大时，有时不进行通信评审，而直接进行会议评审。项目通过了会议评审就意味着通过了同行评议，通过的项目提交给委托方后若经确定就是拟立项项目，因此，会议评审在整个同行评议过程中起着重要作用。

项目答辩。项目答辩一般是针对高校人文社会科学研究比较重要的项目，项目答辩一般是由项目主持人或项目组主要成员通过多媒体演示等方式向评审专家组展示申报材料的主要内容，专家组可以就项目内容向项目主持人及项目组成员进行提问。通过项目答辩，评审专家组可以更好地把握项目主持人等对项目研究目标与内容的理解、对研究方法与思路的设计，可以掌握项目更多的有效信息，这有利于提高评审质量。

（2）中期检查方法

项目中期检查指的是在项目实施过程中，项目委托方对项目的开展情况所做的检查。作为委托方的项目管理措施，中期检查具有监督、宣传和服务三种作用：其一，监督项目的方向、进度、经费使用等，保障项目按计划顺利开展。其二，发现有较大价值的研究成果，以便于对外宣传、推广。其三，发现项目实施中存在的问题，以利于解决问题，推进项目实施。在当前的高校人文社会科学研究项目评价实践中，中期检查的主要方法是项目主持人自查并将自查结果提交给委托方审查。

（3）结项鉴定方法

与研究项目申报评审一致，结项鉴定也属于典型的同行评议，主要的鉴定方式有通信鉴定和会议鉴定。相比于申报评审，结项鉴定具有一些自身特点：第一，申报评审中通信评审和会议评审是前后相继的两个评审阶段，而通信鉴定和会议鉴定是针对不同项目的两种鉴定方式。一般来说，重大项目采取会议鉴定，其他项目采取通信鉴定。第二，在评价工作的组织如评审专家的遴选上，申报评审由教育部社科司等相关部门统一组织，而结项鉴定是由教育部社科司等部门统筹安排，同时针对不同级别的项目实行分层组织。大体来说，重大项目由教育部社科司等部门组织鉴定，其他项目中，地方高校以省（自治区、直辖市）教育厅（教委）为单位、中央部委所属高校以学校为单位，由各单位社科研究管理部门负责组织鉴定。第三，申报评审具有择优性，会有一定数量较大比例的申报项目被淘汰，即使这些项目自身质量不错，申报评审也要优中选优。而结项鉴定不设淘汰率，只要项目的成果和其他方面达到了鉴定要求就可以结项，如果没达到就不能结项。第四，结项鉴定有免予鉴定的规定，如果项目成果突出可以按规定免予鉴定。

（4）项目后评价

高校人文社会科学研究项目的一个特点是项目的价值尤其是社会价值的显现比较缓慢，加强项目社会价值评价需要重视项目后评价。项目后评价是指在项目已经完成并运行一段时间后，对项目的目的、执行过程、效益、作用和影响进行系统客观的分析和总结。项目后评价的基本内容包括项目目标评价、项目实施过程评价、项目效益评价、项目影响评价和项目持续性评价。项目后评价的主要方法是对比法，即根据后评价调查得到的项目实际情况，对照项目立项时所确定的目标与指标找出偏差和变化，并寻找原因与对策。项目后评价对比法包括前后对比和横向对比：前后对比是项目实施前后相关指标的对比，用于直接估量项目实施的效果；横向对比是同一学科内类似项目相关指标的对比，用以评价项目的绩效或竞争力。项目后评价对于提高高校人文社会科学应用研究项目的社会价值评价具有十分积极的作用。

15.2　全国科技进步统计监测指标体系和应用

科技进步是指在科学技术水平的提高和利用科技成果的基础上，对经济社会一切方面不断改善和完善的过程。全国科技进步统计监测系统是根据科技进步系统的内涵建立的一套监测评价指标体系，应用数学方法，充分利用现有的科技、社会、经济统计基础数据，对科技进步系统的状况进行定量和定性评价分析，为实现科技管理的科学化、定量化和规范化服务。

在《全国科技进步统计监测指标体系》的基础上，国家统计局对31个省份的科技进步水平进行了比较分析应用。

15.2.1 监测评价指标体系

包括5个一级指标、10个二级指标、27个三级指标。五个一级指标即：科技进步环境，科技活动投入，科技活动产出，高新技术产业化和科技促进经济社会发展。全国科技进步统计监测指标体系如下。

15.2.1.1 科技进步环境

(1) 科技人力资源

万人专业技术人员数（人/万人）。

平均受教育年限（年/人）。

(2) 科研物质条件

科研与综合技术服务业新增固定资产占全社会新增固定资产比重（%）。

万名就业人员专利申请量（项/万人）。

15.2.1.2 科技活动投入

(1) 科技活动人力投入

万人R&D科学家和工程师数（人/万人）。

企业R&D科学家和工程师占全社会R&D科学家和工程师比重（%）。

(2) 科技活动财力投入

R&D经费支出与GDP比例（%）。

国家财政科技拨款占国家财政支出比重（%）。

地方财政科技拨款占地方财政支出比重（%）。

企业R&D经费支出占产品销售收入比重（%）。

企业消化吸收经费与技术引进经费比例（%）。

15.2.1.3 科技活动产出水平

万名R&D活动人员科技论文数（篇/万人）。

获国家级科技成果奖系数（项/万人）。

万名就业人员发明专利授权量（项/万人）。

万人技术成果成交额（万元/万人）。

15.2.1.4 高新技术产业化

(1) 高新技术产业化水平

高技术产业增加值占工业增加值比重（%）。

高新技术产品出口额占商品出口额比重（%）。

新产品销售收入占产品销售收入比重（%）。

（2）高技术产业效益

高技术产业就业人员劳动生产率（万元/人）。

高技术产业增加值率（%）。

15.2.1.5　科技促进经济社会发展

（1）经济增长方式转变

就业人员劳动生产率（万元/人）。

亿元投资新增 GDP（亿元/亿元）。

综合能耗产出率（形千克标准煤）。

（2）环境改善

工业废水排放达标率（%）。

固体废物综合利用率（%）。

（3）社会生活信息化

百人固定电话和移动电话用户数（户/百人）。

万人国际互联网络用户数（户/万人）。

15.2.2　科技进步水平指数

在全国科技进步统计监测中应用了指数法来消除量纲影响，因此，各级监测值均可称为“指数”。各级指数的取值范围一般在 0~100%，它反映了达到监测标准的程度，也就是达标率。指数值越大，说明离标准越接近，水平就越高；反之，指数值越小，说明离标准越远，水平也就越低。由于在确定监测标准时参考了多方面的依据，并形成相互关联性较强的监测标准体系，因而有些地区在某方面超常发展，其三级指数值有可能超过 100%，它说明这一三级指数已经达到了监测标准并超过监测标准，在本研究的三级指标评价中，我们如实的进行了反映。但在计算二级指数时，为了避免这些指标会掩盖其他指标的不足，均取 100%为上限值。

15.2.2.1　各级指数计算方法

各级指数计算方法如下。

各三级指标除以相应的监测标准，得到三级指标的监测值，即三级指标相应的指数，计算方法为：

$$d_{ijk}=x_{ijk}/x_k\times 100\%$$

其中：x_{ijk}为第 i 个一级指标下、第 j 个二级指标下的第 k 个三级指标；x_k为第 k 个三级指标相应的标准值；当 $d_{ijk}\geqslant 100$ 时，取 100 为其上限值。

二级指标监测值（二级指数）d_{ij}。由三级指标监测值加权综合而成，即

$$d_{ij}=\sum w_{ijk}d_{ijk}\quad k=1,\ \cdots,\ n_j$$

其中：w_{ijk}为各三级指标监测值相应的权数；n_j为第 j 个二级指标下设的三级指标的个数。

一级指标监测值（一级指数）由二级指标监测值加权综合而成，即

$$d_i=\sum w_{ij}d_{ij}\quad i=1,\ \cdots,\ n_i$$

其中：w_{ij}为各三级指标监测值相应的权数；n_i为第 i 个一级指标下设的二级指标的

个数。

总监测值（总指数）由一级指标加权综合而成，即

$$d=\sum w_i d_i \quad i=1, \cdots, n$$

其中：w_i为各三级指标监测值相应的权数；n 为一级指标个数。

15.2.2.2 指数值与位次的关系

某一地区的各级指标的位次是根据相应的指数值来确定的。一般地，指数值高，位次就靠前，指数值低，位次就靠后。根据指数值和位次之间的关系，可对某一地区的科技进步态势作如下几种类型的判断。

① 指数值提高，位次提高，说明该地区科技进步水平有明显的提高。

② 指数值提高，位次不变，说明该地区科技进步水平虽有提高，但仍然没有达到“超越”的速度。

③ 指数值下降，位次不变，说明该地区科技进步水平有所下降，但下降幅度小于相邻地区。

④ 指数值下降，位次下降，说明该地区科技进步水平已明显下降，且下降幅度大于相邻地区。

在本监测报告中，对每一个指数均绘出三个排序图，一是 2006 年监测值的排序，二是 2005 年监测值的排序，三是 2006 年监测值减去 2005 年监测值的排序，它表示了某地区监测值提高的百分点，据此可以判断该地区“进步”幅度的大小。

15.2.3 全国及各地区科技进步统计监测结果

15.2.3.1 全国科技进步各指标的监测结果举例（表 15-21）

表 15-21 全国科技进步统计监测主要指标比较

序号	指 标	标准值	2003 年	2004 年
1	万人专业技术人员数/（人/万人）	500	242.52	242.57
2	平均受教育年限/（年/人）	12	6.77	6.87
3	科研与综合技术服务业新增固定资产占全社会新增固定资产比重/%	3	0.64	0.66
4	万名就业人员专利申请量/（项/万人）	100	3.38	3.71
5	万人 R&D 科学家和工程师数/（人/万人）	10	6.72	7.13
6	企业 R&D 科学家和工程师占全社会 R&D 科学家和工程师比重/%	70	40.17	35.32
7	R&D 经费支出与 GDP 比例/%	2.5	1.13	1.23
8	国家财政科技拨款占国家财政支出比重/%		3.80	3.80
9	地方财政科技拨款占地方财政支出比重/%	5	1.92	2.00
10	企业 R&D 经费支出占产品销售收入比重/%	6	0.75	0.71
11	企业消化吸收经费与技术引进经费比例（以技术引进为 100）	300	6.68	14.67

（续表）

序号	指 标	标准值	2003 年	2004 年
12	万名 R&D 活动人员科技论文数/（篇/万人）	5 000	2 520. 15	2 689. 14
13	获国家级科技成果奖项数/项	5	235. 00	205. 00
14	万名就业人员发明专利授权量/（项/万人）	3	0. 15	0. 24
15	万人技术成果成交额/（万元/万人）	200	84. 50	102. 65
16	高技术产业增加值占制造业增加值比重/%	30	10. 50	10. 90
17	高技术产品出口额占商品出口额比重/%	40	25. 15	27. 90
18	新产品销售收入占产品销售收入比重/%	40	14. 61	15. 25
19	高技术产业就业人员劳动生产率/（万元/人）	14	10. 58	10. 80
20	高技术产业增加值率/%	50	24. 57	22. 84
21	就业人员劳动生产率/（万元/人）	8	1. 54	1. 99
22	亿元投资新增 GDP/（亿元 /亿元）	0. 8	0. 28	0. 46
23	综合能耗产出率/（元/千克标准煤）	42	8. 01	8. 23
24	工业废水排放达标率/%		89. 18	90. 70
25	固体废物综合利用率/%		55. 80	56. 48
26	百人固定电话和移动电话用户数/（户/百人）	67	41. 50	49. 74
27	万人国际互联网络用户数/（户/万人）	250	619. 35	723. 14

15. 2. 3. 2　全国各地区科技进步综合水平监测结果

根据综合科技进步水平指数，可将全国 31 个省份的科技进步总体水平划分为六类。

第一类：为综合科技进步水平指数高于 60% 的地区，包括上海、北京和天津。

第二类：为综合科技进步水平指数低于 60%，但高于全国平均水平（45. 61%）的地区，包括广东、江苏、辽宁和浙江。

第三类：为综合科技进步水平指数低于全国平均水平，但高于监测标准 40% 的地区，包括陕西、山东、重庆和福建。

第四类：为综合科技进步水平指数在监测标准 40% 以下，但高于三分之一的地区，包括黑龙江、湖北、湖南、吉林、四川、山西、海南、河北、新疆、河南、安徽、甘肃和内蒙古。

第五类：为综合科技进步水平指数低于监测标准的三分之一，但达到四分之一以上的地区，包括青海、广西、江西、宁夏、贵州和云南。

第六类：为综合科技进步水平指数低于监测标准四分之一的地区，为西藏。

将 2005 监测与 2004 监测比较，全国综合科技进步水平指数比上年提高了 4. 10 个百分点。高于这一增幅的有 5 个地区，其中天津增幅最大，比上年提高 9. 82 个百分点。北京和广东低于上年水平。

与 2004 综合科技进步水平指数的排序比较，位于前 13 位的地区与上年相同，只是位次发生一些变化：近年来上海不断缩小与北京的差距，终于在本监测年度超越北京，坐上了第一把交椅；福建、山东和重庆的位次变化为山东、重庆和福建。位次变动较大的地区有：湖南由第17位升至第14位，河南由第24位升至第21位，甘肃由第26位升至第23位；内蒙古由第19位降至第24位，广西由第23位降至第26位。

从综合科技进步水平指数的分布状况看，地区之间的差距较上年呈现略微缩小的态势。地区综合科技进步水平指数的离散系数为30.89%，比上年降低了0.79个百分点。

15.2.3.3 全国各地区科技进步一级指标监测结果

（1）科技进步环境评价

在科技进步环境指数的排序中，北京、上海、天津、辽宁、江苏、广东、浙江、山东排在前8位，同时也是高于全国平均水平（全国科技进步环境指数为51.06%）的地区。将2006年监测与2005年监测相比较，全国科技进步环境指数提高了2.39个百分点，高于这一增幅的有17个地区，其中海南的增幅在10个百分点以上。西藏、湖南、新疆、陕西、北京等5个地区低于上年水平。

（2）科技活动投入评价

在科技活动投入指数的排序中，上海、北京、天津、陕西、广东、浙江、辽宁、江苏排在前8位，同时也是高于全国平均水平（全国科技活动投入指数为47.74%）的地区。将2006监测与2005监测相比较，全国科技活动投入指数提高了5.66个百分点，高于这一增幅的有湖北、上海、重庆和山东。陕西、北京、青海和海南的科技活动投入指数低于上年水平。参照2005科技活动投入指数的排序，位次变动较大的地区只有青海，由上年的第18位下降至第26位。

（3）科技活动产出评价

在科技活动产出指数的排序中，上海、北京、天津、海南、辽宁排在前5位，同时也是高于全国平均水平（全国科技活动产出指数为42.26%）的地区。将2006监测与2005监测相比较，全国有16个地区的科技活动产出指数高于上年水平，宁夏和海南增幅较大，超过了10个百分点，但也有15个地区的科技活动产出水平低于上年，其中浙江、重庆、贵州、天津的降幅均超过了10个百分点。

（4）高新技术产业化评价

在高新技术产业化指数的排序中，上海、北京、天津、广东、江苏排在前5位，同时也是高于全国平均水平（全国高新技术产业化指数为43.88%）的地区。将2006监测与2005监测比较，全国高新技术产业化指数提高了2.17个百分点，高于这一增幅的有9个地区，其中湖北的增幅超过了10个百分点，但全国也有15个地区的高新技术产业化水平低于上年，其中天津的降幅超过10个百分点。

（5）科技促进经济社会发展评价

在科技促进经济社会发展指数的排序中，上海、天津、北京、广东、江苏、浙江、山东、福建、辽宁、黑龙江、吉林、河北排在前12位，同时也是高于全国平均水平（全国科技促进经济社会发展指数为49.94%）的地区。将2006监测与2005监测相比较，有24个地区高于上年水平，其中北京增幅最大，达到8.65个百分点。

全国各省份科技进步水平监测和结果排名次序如表15-22所示。

表 15-22　全国科技进步水平监测结果排名

序号	省区	2004 年	2005 年	2005 年	2006 年	2006 年	2006 年	2005 年	2006 年	2005 年	2006 年	2005 年	2006 年
1	北京	1	2	1	1	1	2	2	2	3	2	3	3
2	天津	3	3	3	3	6	3	3	3	1	3	2	2
3	河北	19	19	14	9	19	20	22	29	29	28	11	12
4	山西	17	17	12	13	17	16	20	26	28	29	14	14
5	内蒙古	24	24	18	10	25	24	25	31	17	22	23	15
6	辽宁	6	6	7	4	5	7	7	5	12	13	10	9
7	吉林	15	15	17	21	15	15	18	20	20	11	12	11
8	黑龙江	12	12	22	27	9	10	17	15	27	26	8	10
9	上海	2	1	2	2	2	1	1	1	2	1	1	1
10	江苏	5	5	5	5	7	8	12	12	5	5	5	5
11	浙江	7	7	10	7	8	6	9	16	15	14	6	6
12	安徽	22	22	23	24	24	21	24	19	21	20	16	24
13	福建	11	11	16	15	11	13	29	28	6	6	7	8
14	江西	27	27	28	28	22	23	31	27	22	19	17	21
15	山东	9	9	9	8	10	9	14	13	13	10	9	7
16	河南	21	21	21	25	23	22	21	23	25	25	19	18
17	湖北	13	13	25	22	14	11	5	7	18	7	13	16
18	湖南	14	14	11	26	20	19	10	10	19	21	20	23
19	广东	4	4	6	6	4	5	11	6	4	4	4	4
20	广西	26	26	24	23	27	29	28	25	14	18	15	17

（续表）

序号	省区	2004年	2005年	2005年	2006年	2006年	2006年	2005年	2006年	2005年	2006年	2005年	2006年
21	海南	18	18	27	12	30	30	6	4	7	12	18	13
22	重庆	10	10	15	18	13	12	4	8	8	9	22	20
23	四川	16	16	13	17	12	14	26	17	11	8	21	22
24	贵州	29	29	31	30	26	25	16	30	16	15	30	30
25	云南	30	30	30	29	29	27	23	14	23	24	26	28
26	西藏	31	31	26	31	31	31	27	24	10	17	31	31
27	陕西	8	8	8	11	3	4	13	9	9	16	24	19
28	甘肃	23	23	29	20	21	17	15	18	24	23	28	27
29	宁夏	28	28	19	19	16	18	30	22	31	30	27	26
30	青海	25	25	20	14	18	26	19	21	26	27	29	29
31	新疆	20	20	4	16	28	28	8	11	30	31	25	25

15. 2. 4　全国县市科技进步考核

15. 2. 4. 1　概述

根据《关于开展 2011 年全国县市科技进步考核的通知》（国科发农〔2011〕172 号）。为了充分发挥科技在加快县（市）转变经济发展方式，促进工业化、信息化、城镇化、农业现代化同步发展中的作用，让科技进步的福祉惠及广大基层。按照《科技兴县（市）专项工作管理办法》（国科发农〔2007〕476 号）有关规定和《关于开展 2011 年全国县市科技进步考核的通知》（国科发农〔2011〕172 号）部署，科技部组织开展了 2011 年全国县（市）科技进步考核工作。在各地对本地区县（市）科技进步情况进行考核的基础上，科技部本着公开、公正、公平的原则，组织专家重点对"三个一票否决"指标进行了复核，经社会公示，研究确定北京市密云县等 2 293 个（2013 年 2 467 个）县（市）通过 2011 年度全国县（市）科技进步考核（名单详见附件）和河北省石家庄市等 183 个地级市（地区、州、盟）（含新疆兵团的师）科技进步考核通过名单。希望各地认真总结经验，开拓创新，努力开创"十二五"基层科技工作新局面，为全面建设小康社会和创新型国家作出新的贡献。

15. 2. 4. 2　考核内容

（1）科技在县（市）经济社会发展中的地位

① 党委政府重视情况（表 15-23 至表 15-25）。

表 15-23　党委或政府召开科技工作会议和听取汇报情况

序号	会议名称或听取汇报的主题	时间	地点	主要参加领导及部门	解决的重大科技问题	备注
						一票否决指标

说明：本指标反映党委和政府对科技进步工作的重视和领导情况；描述解决的重大科技问题，不超过 100 字。

表 15-24　促进科技进步和加强人才工作各类政策的制定与落实情况

序号	名称（文号）	制定时间	制定部门	执行情况及其主要成效

说明：包括考核年度之前和期间本级制定，在考核期内执行的各类政策；描述执行情况及其主要成效，不超过 100 字；所填文件按重要性排序，不超过 10 个。

表 15-25　党政领导科技进步目标责任制的建立和实施情况

内容	上级对本级党政领导科技进步目标责任制	本级对下级党政领导科技进步目标责任制
实施方式		

（续表）

内容	上级对本级党政领导科技进步目标责任制	本级对下级党政领导科技进步目标责任制
主要内容		
主要成效		

说明：描述实施方式、主要内容和主要成效等，分别不超过 100 字。未建立目标责任制的不填写。

② 科技管理机构情况（表 15-26 至表 15-28）。

表 15-26　机构设置情况

序号	指标	内容	备注
1	科技管理机构名称（与公章一致）		一票否决指标（填报 2013 年情况）
2	科技管理机构设置状况	独立机构　非独立机构	
3	科技管理机构单位性质	行政　事业　其他	
4	下属乡镇街道科技管理体系	健全　不健全	

表 15-27　机构建设情况

序号	指标	指标值	
		2011 年	2012 年
1	科技管理部门编制人数/人		
2	科技管理部门实际人数/人		
3	科技管理部门中本科及本科以上学历人数所占比例/%		
4	科技管理部门直接管理的本级科学技术支出/万元		
5	科技管理部门行政经费/万元		

表 15-28　机构领导班子情况

序号	姓名	职务	任现职时间	年龄	学历	学位	分管工作	2011 年以来突出工作成绩

说明：包括科技管理部门中当前在岗的所有正职和副职领导；学历和学位填写已获得学历和学位；突出工作成绩反映 2011 年以来的情况，不限于科技局长任内，字数不超过 100 字。

③ 科技经费投入情况（表 15-29 和表 15-30）。

表 15-29　2011—2012 年科技经费主要投入表（决算数）

序号	指标	指标值		备注
		2011 年	2012 年	
1	本级科学技术支出/万元			
2	本级科学技术支出占当年本级财政一般预算支出比例/%			一票否决指标
3	本级科学技术支出增长比例/%			
4	本级科学技术支出增长率高于本级财政经常性收入增长率的数量/%			
5	企业享受研发经费加计扣除优惠政策获得的税收减免额/万元			
6	高新技术企业税收优惠额/万元			

表 15-30　2013 年科技经费主要投入表（预算数）

序号	指标	指标值	备注
1	本级科学技术支出/万元		
2	本级财政一般预算支出/亿元		
3	本级科学技术支出占当年本级财政一般预算支出比例/%		一票否决指标

（2）科技在县（市）经济社会发展中的作为

①科技促进县（市）主导产业发展情况（表 15-31，表 15-32）

表 15-31　主要内容

序号	科技促进主导产业发展项目名称	主要内容	工作成效

说明：重点描述县（市）引进、消化、吸收、集成先进适用技术、科技成果和再创新等举措，推动主导产业发展的项目 3~5 个。描述主要内容和工作成效，分别不超过 100 字。

表 15-32　相关指标

序号	指标	指标值		备注
		2011 年	2012 年	
1	获上级部门科技项目数/项			
2	获上级部门科技项目经费额/万元			
3	10 万人专利申请数/（件/10 万人）			
4	10 万人授权专利数/（件/10 万人）			

（续表）

序号	指标	指标值		备注
		2011 年	2012 年	
5	10 万人授权发明专利数/（件/10 万人）			
6	高新技术产业产值占工业总产值的比重/%			

② 科技促进创业就业和科技服务体系建设情况（表 15-33 至表 15-36）。

表 15-33 科技促进创业就业情况

序号	行动或项目名称	启动时间	主要内容	工作成效

说明：重点介绍推动科技特派员创业、促进科技型中小企业及现代服务业发展、开展科技人员与管理人员创业培训、开展劳动者就业技能培训等情况。描述主要内容和工作成效，分别不超过 100 字。

表 15-34 新型农村科技服务体系建设情况（非农业地区不填写）

序号	机构或工作名称	启动时间	主要内容	工作成效

说明：新型农村科技服务体系建设包括乡镇或区域性农业技术推广、科技特派员、农业科技专家大院、农业科技园区、农民专业合作经济组织、农村信息化等内容；描述主要内容和工作成效等，分别不超过 100 字。选择有代表性的 1~5 个填写。

表 15-35 科技创新服务机构和平台建设及运行情况

序号	机构或工作名称	主管部门	主要内容	工作成效

说明：科技创新服务机构和平台包括生产力促进中心、工程技术中心、技术市场、科技企业孵化器、科技创业园、科技信息网络服务平台等；描述主要建设内容和工作成效，分别不超过 100 字；工作成效可以是科技创新服务量和服务性收入、孵化毕业企业数量、孵化企业销售收入等。选择有代表性的 3~5 个填写。

表 15-36 相关指标

序号	指标	指标值		备注
		2011 年	2012 年	
1	技术开发和服务机构数/家			

（续表）

序号	指标	指标值		备注
		2011 年	2012 年	
2	万人拥有专业技术人员数/人			
3	科技特派员人数/人			
4	国家或省级认定的科技企业孵化器数/个			
5	孵化器年末在孵企业数/家			
6	国家或省级认定的科技园区和特色产业基地数/个			

③ 企业技术创新和产学研合作情况（表 15–37，表 15–38）。

表 15–37　主要内容

序号	行动或项目名称	组织部门和时间	主要参与单位	主要内容和成效

说明：产学研合作包括本地区举办产学研合作项目对接活动、推进产业技术创新战略联盟建设等；描述主要内容和成效，不超过 100 字。选择有代表性的 3~5 个填写。

表 15–38　相关指标

序号	指标	指标值		备注
		2011 年	2012 年	
1	累计认定并有效的高新技术企业数/家			
2	年技术市场成交合同金额/万元			
3	规模以上企业建立研发机构的比例/%			
4	规模以上工业企业科技活动经费支出占产品销售收入的比例/%			

④ 科普工作情况（表 15–39）。

表 15–39　科普工作情况

序号	科普工作内容	开展时间	参与对象	参加人数（人）	主要成效

说明：科普工作主要包括科普基础设施建设及使用，组织大型科普活动，开展多种形式的科普教育，提高人民科学文化素质等情况；描述工作内容和主要成效，分别不超过 100 字。选择有代表性的 3~5 个填写。

⑤ 本地区科技工作特色。

表 15-40　本地区科技工作特色

序号	项目名称	主要内容	工作成效

说明：本地区科技工作特色是指按照主体功能区规划要求，开展的促进本地区科技进步的各项特色工作，包括：相关科技政策的制定与落实、科技体制改革、科技企业发展、科技防灾减灾等内容。描述主要内容和工作成效，分别不超过 100 字。选择有代表性的 0~5 个填写。

⑥ 党委政府其他部门依靠科技促进经济社会发展的各项举措与成效。

表 15-41　党委政府其他部门依靠科技促进经济社会发展的各项举措与成效

序号	部门名称及公章	工作名称	主要举措及成效

说明：主要举措可以是教育、工信、农业、商贸、卫生、环保等多个党政部门充分发挥科技作用，促进经济社会协调发展，开展的科技兴农、科技兴贸、科技强警等工作举措。填写 3~5 个工作开展较好的部门，描述其主要举措及成效，不超过 400 字。须加盖相应部门公章。

⑦ 乡镇、街道党委政府依靠科技促进经济社会发展的做法及经验。

表 15-42　乡镇、街道党委政府依靠科技促进经济社会发展的做法及经验

序号	乡镇及街道名称	工作名称	做法及经验

说明：做法及经验主要指乡镇党委政府、街道办等充分发挥科技作用，促进经济社会协调发展开展的各项科技工作。填写 1~3 个工作开展较好的乡镇或街道，描述其做法和经验，分别不超过 400 字。须加盖乡镇党委政府或街道办公章。

（3）三项一票否决指标的要求

党委政府对科技进步工作的重视和领导情况：要求由党委或政府召开，研究解决由科技管理部门负责或参与的科技进步工作重大问题的专题会议和听取科技管理部门科技工作专题汇报的次数，每年总计不少于四次，并切实、有效和及时解决了科技进步工作中的重大问题。

科技管理机构建设情况：要求本级政府中设立独立科技行政管理部门。对于市（地、州、盟），要求所属县（市、区、旗）全部设有独立科技行政管理部门；对于县（市、区、旗），要求所属乡镇（街道）全部设置专门科技工作机构或配置专人负责科技工作。

本级科学技术支出占当年本级财政一般预算支出比例：要求地级市本级科学技术支

出所占比例不低于 1.4%；县（市、区）本级科学技术支出所占比例：东部不低于 1.3%；中部不低于 1.1%；西部及国家级贫困县不低于 1.0%。符合条件的专项转移支付收入可申请扣除。

15.2.4.3　考核程序

① 各县（市、区）均须先根据科技部制定的《科技兴县（市）专项工作管理办法》，对照科技进步考核指标中三项一票否决指标的要求，自查本地区是否能达到一票否决指标规定的要求。如果三项一票否决指标均能达到要求，填写《县（市、区、旗）科技进步考核表》，准备证明材料，经市级科技管理部门审核并签署意见后上报；否则须填写考核表，经市级科技管理部门审核并签署意见后上报省级科技管理部门。

② 各市（地、州、盟）根据科技部制定的《科技兴县（市）专项工作管理办法》，对照科技进步考核指标中三项一票否决指标的要求，一方面自查本地区是否能达到一票否决指标规定的要求，另一方面自查本市所属县（市、区、旗）中能否有 60%的地区通过考核。如果均达到要求，填写《市（地、州、盟）科技进步状况申报表》，准备证明材料，报送省级科技管理部门；否则只填写申报表，报送省级科技管理部门。

③ 各省、自治区、直辖市、计划单列市科技管理部门负责审核各地市和县（市、区）提供的各种考核材料是否齐全，各种数据是否真实准确可靠。考核可采用实地考察、数据审核、听取汇报等方法。

④ 各省、自治区、直辖市、计划单列市科技管理部门组织科技进步考核组，对材料齐全、各种数据准确可靠的地市和县（市、区），首先考核其三项一票否决指标能否达到要求，如果其中有一项指标未达到要求，即视为未通过考核。然后对三项一票否决指标均达到要求的地区，进行定性指标评分和定量指标计分，并计算其总得分。考核专家组还需要对每个考核地区的科技进步工作提出具体意见和建议，并由省级科技管理部门反馈到参加考核地区。

⑤ 根据考核得分情况，各省、自治区、直辖市、计划单列市科技管理部门提出通过考核的县（市、区）建议名单。同时，对达到三项一票否决指标要求，并且所辖 60%县（市、区）通过省级科技管理部门考核的地市，作为通过考核地市的建议名单。在此基础上，综合考虑考核得分以及科技工作总体情况提出全国科技进步先进县（市、区）建议名单；综合考虑科技工作总体情况和所辖县（市、区）参与考核情况提出全国科技进步先进市（地、州、盟）建议名单；如果某个县（市）被抽查证明材料失实，省级科技管理部门不得推荐其所在地市为先进市（地、州、盟）。

⑥ 各省、自治区、直辖市、计划单列市科技管理部门的考核工作完成后向科技部报送下列材料：考核工作总结；所辖区域内市（地、州、盟）和县（市、区）名单；通过考核和获得先进地区建议名单；通过考核地区的考核表和证明材料一份；未通过考核地区的考核表一份；包含所有参与考核地区考核指标值和通过考核县（市、区）得分数据的电子文本。

⑦ 科技部组织复核、抽查，并确定通过考核的地市和县（市、区）名单以及全国科技进步先进市和县（市、区）名单。

15.2.4.4　考核计分表（略）

15.2.4.5　考核计分方法

① 考核指标体系中包含 30 项考核指标，标准分总和 1 000 分。考核指标分为定性指标和定量指标两类。定性指标包括指标 1 至指标 14，标准分总和 400 分。定量指标包括指标 15 至指标 30，标准分总和 600 分。

② 各省、自治区、直辖市、计划单列市科技管理部门组织科技进步考核专家组，专家组一般由科技管理、经济管理、财政管理、统计管理等领域内的 7~9 名专家和管理人员组成。被考核地区在定性指标上的得分由考核组成员用定性指标计分表，根据被考核地区提供的考核材料和必要的实地考察，判别在各个定性考核指标上达到的水平，对照定性指标计分表上的要求进行打分。对非一票否决指标，打分在 0~10。如果某个被考核地区在某个考核指标上非常优秀，最高可以给该指标打 10 分；如果某个被考核地区在某个考核指标上非常差，最低可以打 0 分。对一票否决指标，如果刚好达到要求，打 6 分，如果高于基本要求，最好可以打 10 分。该地区在某指标上的得分为考核组各成员对该指标打分的平均值乘以该指标的计分系数。

③ 被考核地区在定量指标上得分计算方法是：以省、自治区、直辖市、计划单列市各指标的平均值为基准，如果某个地区在某项指标上的取值达到其平均值，可以得该指标的标准分的 60%；如果某个地区在该指标上的取值在所有参评单位中最优，则得标准分的 100%；如果某个地区在该指标上的取值为 0 或小于 0，得 0 分；如果取值是别的情况，其得分计算公式为：

标准分×｛0.6+［0.4×（实际值−平均值）/(最高值−平均值）］｝，当指标实际值≥平均值

标准分×0.6×实际值/平均值，　当 0＜指标实际值＜平均值

当指标实际值≤0

定量指标的打分计算公式已经编制在计算机信息系统中，应用该信息系统可以对定量指标自动打分。

第16章　社会发展与公共服务评价

16.1　医院的分级与绩效考核

16.1.1　医院分级管理办法

为改善与加强医疗卫生工作的宏观管理，调整与健全三级医疗预防体系，充分合理地利用卫生资源，提高医院科学水平和医疗卫生服务质量，更好地为障人民健康服务，特制定本办法。

医院按功能、任务不同划分为一、二、三级。按照医院分级管理标准确定为甲、乙、丙三等，三级医院增设特等，共三级十等。一级医院：是直接向一定人口的社区提供预防、医疗、保健、康复服务的基层医院、卫生院。二级医院：是向多个社区提供综合医疗卫生服务和承担一定教学、科研任务的地区性医院。三级医院：是向几个地区提供高水平专科性医疗卫生服务和执行高等教学、科研任务的区域性以上的医院。企事业单位及集体、个体举办的医院的级别，可比照划定。

16.1.1.1　医院等级的评审

医院评审委员会是在同级卫生行政部门领导下，独立从事医院评审的专业性组织。医院评审委员会分为部级、省级和地（市）级评审委员会三级。部级评审委员会负责评审三级特等医院，制订与修订医院分级管理标准及实施方案，并对地方各级评审结果必要的抽查复核。省级评审委员会负责评审二、三级甲、乙、丙等医院。地（市）级评审委员会负责评审一级甲、乙、丙等医院。

评审程序包括：自查申报、资格评审、考核检查、评审结论、审定批准。

评审周期。每一评审周期为三年。医院应在评审周期结前18个月提出申请，呈报资料。评审委员会接到申请后，在本评审周期结束前三个月完成评审。

中国人民解放军系统医院，按总后卫生部部署实施分级管理与评审。

16.1.1.2　医院分级评审标准

（1）一级医院

① 床位。住院床位总数20~99张。

② 科室设置。临床科室：至少设急诊室、内科、外科、妇（产）科、预防保健科。医技科室：至少设有药房、化验室、X光室、消毒供应室。

③ 人员。每床至少配备0.7名卫生技术人员。至少有3名医师、5名护士和相应的药剂、检验、放射等卫生技术人员。至少有1名具有主治医师以上职称的医师。

④ 房屋。每床建筑面积不少于$45m^2$。

⑤ 设备。基本设备：心电图机、洗胃器、电动吸引器、呼吸球囊、妇科检查床、冲洗车、气管插管、万能手术床必要的手术器械、显微镜、离心机、X光机、电冰箱、药品柜、恒温培养箱、高压灭菌设备、紫外线灯、洗衣机、常水、热水、蒸馏水、净化过滤系统。病房每床单元设备：床1张、床垫1至2条、被子1~2条、褥子1~2条、被套2条、床单2条、枕芯2个、枕套4个、床头柜1个、暖水瓶1个、面盆2个、痰盂或痰杯1个、病员服2套。有与开展的诊疗科目相应的其他设备。

⑥ 制订各项规章制度、人员岗位责任制，有国家制定或认可的医疗护理技术操作规程，并成册可用。

⑦ 注册资金到位，数额由各省、自治区、直辖市卫生行政部门确定。

（2）二级医院

① 床位。住院床位总数100~499张。

② 科室设置。临床科室：至少有急诊科、内科、外科、妇产科、儿科、眼科、耳鼻喉科、口腔科、皮肤科、麻醉科、传染科、预防保健科，其中眼科、耳鼻喉科、口腔科可合并建科，皮肤科可并入内科或外科，附近已有传染病医院的，根据当地《医疗机构设置规划》可不设传染科。医技科室：至少设有药剂科、检验科、放射科、手术室、病理科、血库（可与检验科合设）、理疗科、消毒供应室、病案室。

③ 人员。每床至少配备0.88名卫生技术人员。每床至少配备0.4名护士。至少有3名具有副主任医师以上职称的医师。各专业科室至少有1名具有主治医师以上职称的医师。

④ 房屋。每床建筑面积不少于$45m^2$。病房每床净使用面积不少于$5m^2$。日平均每诊人次占门诊建筑面积不少于$3m^2$。

⑤ 设备。基本设备：给氧装置、呼吸机、电动吸引器、自动洗胃机、心电图机、心脏除颤器、心电监护仪、多功能抢救床、万能手术床、无影灯、麻醉机、胃镜、妇科检查床、冲洗车、万能产床、产程监护仪、婴儿保温箱、裂隙灯、牙科治疗椅、涡轮机、牙钻机、银汞搅拌机、显微镜、电冰箱、恒温箱、分析天平、X光机、离心机、钾钠氯分析仪、尿分析仪、B超、冷冻切片机、石蜡切片机、敷料柜、洗衣机、器械柜、紫外线灯、手套烘干上粉机、蒸馏器、高压灭菌设备、下收下送密闭车、常水热水净化过滤系统、冲洗工具、净物存放、消毒灭菌密闭柜、热源监测设备（恒温箱、净化台、干燥箱）。病房每床单元设备：除增加床头信号灯1台外，其他与一级综合医院相同。有与开展的诊疗科目相应的其他设备。

（3）三级医院

① 床位。住院床位总数500张以上。

② 科室设置。临床科室：设急诊科、内科、外科、妇产科、儿科、中医科、耳鼻喉科、口腔科、眼科、皮肤科、麻醉科、康复科、预防保健科。医技科室：至少设有药剂科、检验科、放射科、手术室、病理科、输血科、核医学科、理疗科（可与康复科合设）、消毒供应室、病案室、营养部和相应的临床功能检查室。

③ 人员。每床至少配备1.03名卫生技术人员。每床至少配备0.4名护士。各专业科室的主任应具有副主任医师以上职称。临床营养师不少于2人。工程技术人员（技师、助理工程师及以上人员）占卫生技术人员总数的比例不低于1%。

④ 房屋。每床建筑面积不少于 $60m^2$。病房每床净使用面积不少于 $6m^2$。日平均每门诊人次占门诊建筑面积不少于 $4m^2$。

⑤ 设备。基本设备：给氧装置、呼吸机、电动吸引器、自动洗胃机、心电图机、心脏除颤器、心电监护仪、多功能抢救床、万能手术床、无影灯、麻醉机、麻醉监护仪、高频电刀、移动式 X 光机、X 光机、B 超、多普勒成像仪、动态心电图机、脑电图机、脑血流图机、血液透析器、肺功能仪、支气管镜、食道镜、胃镜、十二指肠镜、乙状结肠镜、结肠镜、直肠镜、腹腔镜、膀胱镜、宫腔镜、妇科检查床、产程监护仪、万能产床、胎儿监护仪、婴儿保温箱、骨科牵引床、裂隙灯、牙科治疗椅、涡轮机、牙钻机、银汞搅拌机、显微镜、生化分析仪、紫外线分光光度计、酶标分析仪、尿分析仪、分析天平、细胞自动筛选器、冲洗车、电冰箱、恒温箱离心机、敷料柜、器械柜 冷冻切片机、石蜡切片机、高压灭菌设备、蒸馏器、紫外线灯、手套烘干上粉机、洗衣机、冲洗工具、下收下送密闭车、常水热水净化过滤系统、净物存放、消毒灭菌密闭柜、通风降温、烘干设备、热源监测设备（恒温箱、净化台、干燥箱）。病房每床单元设备；与二级综合医院相同。有与开展的诊疗科目相应的其他设备。企事业单位及集体、个体举办的医院的级别，可比照划定。各级医院之间应建立与完善双向转诊制度和逐级技术指导关系。

16.1.1.3　三级综合医院评审标准

（1）医院功能与任务（50 分）

① 医疗服务（20 分）。能提供全面连续的医疗护理、预防保健和康复医疗服务。在高质量综合性医疗服务的基础上，提供高水平的专科服务。承担危急重症和疑难病诊治任务，开展双向转诊。有足够的医疗服务辐射能力，年出院病人中应有一定比例来自医院所在地以外的地区或省。按国家有关规定，参加当地急诊医疗网，在卫生行政部门领导下，能配合急救中心迅速做出应急反应，承担灾害事故的紧急救援任务，并能接受成批伤病员进行院内急救。开展心理卫生、遗传咨询门诊服务和支持、指导社区医疗、护理、康复医疗服务。

② 教学科研（15 分）。承担高等医学院的临床教学和实习，能培养高级临床医学人才。并承担二级医院技术骨干的临床专业进修任务。承担国家、省（自治区，直辖市）科研课题。

③ 业务技术指导（10 分）。履行对下级医疗机构技术指导是医院的职责和义务，建立经常性技术指导与合作关系，帮助开展新技术、新项目，解决疑难问题，培养卫生技术和管理人才。完成当地卫生行政部门的卫生或支农工作。

④ 预防保健（5 分）。开展健康教育。承担当地卫生行政部门交办的预防保健，主要慢性非传染性疾病（心、脑血管疾病、恶性肿瘤）的临床流行病学调查和防治工作。参与城市初级卫生保健工作。

（2）科室设置（30 分）

医院科室设置应与其功能、任务和规模相适应。职能科室的设置应符合精简、高效的原则，适应管理工作的需要。业务科室应在《医疗机构设置规划》的指导下和整体发展的基础上，加强专科建设，部分一级科室实行二级分科，突出专科优势。

① 临床科室（20 分）。一级专业科室应符合《医疗机构基本标准》及当地＜医疗

设置规划＞的规定。二级专业科室。

内科：应至少设 7 个科室，下列科室为必设科室：心血管、消化、呼吸、血液、神经内科、肾内、内分泌等专业科室。

外科：应设普外、心胸外科、神经外科、泌尿外科、骨科等专业科室。

妇产科：应设妇科、产科、计划生育等专业科室。

儿科：应设儿内、新生儿等专业科室。

重点专科。

重点专科应依据《医疗机构设置规划》设立。

全院应有 3 个以上的重点专科。

每重点专科有 20 张病床。

应设综合重症加强监护病房（ICU 或称综合加强医疗病房）或专科重症加强监护病房（或称专科加强医疗病房）。

② 医技科室及其他业务科室（10 分）。除符合《医疗机构基本标准》外，还应设信息统计室 图书馆（室）。

③ 人员配备（30 分）。医院应配备与其功能、任务和规模相适应的卫生技术人员及其他专业技术人员，除引应符合《医疗机构基本标准》外，还应满足下列条件：实际从事临床护理工作的在编护理人数不少于卫生技术人员总数的 50%，病床床位与病房护士之比不少于 1∶0.4，具有大专以上护理专业毕业文凭者不少于护士总数的 20%，护理部正、副主任，内、外、妇、儿、急诊科、手术室及重点科室护士长应具有副主任护师以上技术职务，主管护师、护士结构合理（10 分）。主任、副主任医师、主治医师、住院医师机构合理（6 分）。各一级科室和重点二级科室主任应具有主任医师技术职务，一般二级科室主任应具有副主任医师以上技术职务（7 分）。营养人员（具有营养士以上技术职务的人员）与床位比为 1∶200（4 分）。输血科专业人员根据医院床位数、手术例数、用血量及工作实际情况确定（3 分）。医学院校附属医院以及教学医院，适当增加人员比例。

④ 医院管理（表 16-1）。（140 分）

表 16-1　医院管理

项目	内容
组织管理（25 分）	医院应有健全的科学管理体系，各项管理工作均有专职或兼职人员负责。 认真贯彻执行国家有关法律、法规和国务院发布的《医疗机构管理条例》及卫生部发布的《医疗机构管理条例实施细则》《全国医院工作条例》《医院工作制度》《医院工作人员职责》，并结合医院实际，认真制订和不断完善医院工作制度，各级务类人员岗位职责和岗前教育制度，并组织实施，加强标准化管理。 医院实行目标管理，应制定中、长期发展规划和年度计划。作好执行进度发协调，检查、考核与评价。 建立健全院内、外的监督制度，定期对医院工作和医疗服务质量进行评价。 院长应全面掌握医院管理的知识和技能，了解国内医院管理动态，强化科学管理意识；医院领导必须接受国家、省（自治区、直辖市）卫生行政部门的管理专业岗位培训并获得培训证书。职能科室的领导也要接受岗位培训 有在职人员培训计划和经费。 医院职工对院领导班子结构、合作和工作满意度≥80%。

（续表）

项目	内容
信息管理（22 分）	有健全的信息管理组织和有关工作制度。 图书馆的中、外文医学图书和期刊能满足医教研需要。 档案管理按《科技事业单位档案管理升级办法》（国家二级）标准执行。 对医疗、病案统计、财务、人事、药库、和图书情报等信息实行电子计算机管理。 各种统计、分析、编码及信息都必须符合国家和部颁标准。 医院的各项信息必须真实、完整、准确并及时分析、反馈与利用。
财务管理（15 分）	严格执行国家的有关财会制度，加强财经律。 严格执行收费标准，实行主要服务项目明码标价。 贯彻“勤俭办院”的方针，加强经营管理 逐步开展成本核算。
设备管理（19 分）	有健全的设备管理和维修组织，配备一定的工程技术人员。 医院设备实行计划管理，建立健全医疗设备定期采购、保养、维修与更新制度。保证医疗工作需要。保证设备处于完好状态，提高使用效率，避免重复购置。 医院应重点保证《医疗机构基本标准》规定达到的设备和其他基本要装备、急救设备、监护设备的配备，购置贵重仪器设备要经过论证。有关大型设备按卫生部有关规定执行。 贵重设备要建立档案，专人管理。
总务管理（19 分）	健全的总务管理制度岗位职责和工作制度。 一般物质实行定额管理，有健全的采购、验收、入库、发放、报废等制度。 主动、及时为医教研和职工生活服务。做到三下（下收、下送、下修），保证三通（水通、电通、气通），及时处理三漏（漏水、漏电、漏气），做到两满意（职工、病人）。 有意外情况下的供电措施，确保应急需要。
建筑管理（8 分）	医院建设要有总体规划，新建、改建、扩建要进行可行性论证、资料保存完整，符合卫生部《综合医院建筑标准》等建筑规范。 医院的门诊部、住院部、医技科室、手术室、消毒供应室、急诊科等部门的建筑布局及人、物流向合理。室内采光、色彩设计符合卫生学要求。 医院旧建筑有定期维修计划，不得在危房中从事医疗活动。
安全管理（15 分）	有健全的医院安全保卫管理组织。 有健全的医院安全保卫管理制度、措施及实施记录并定期对安全管理进行评价。 对易发生危险的设备及部门有特殊的管理措施，如高压力系统、高压氧舱、氧气供应室、危险品仓库、同位素室、配电室、手术室、细菌室等消防设备齐全，标志醒目，定期检查更换，使用方便。 严格执行医疗用毒性药品、麻醉药品、精神药品管理制度。
环境管理（17 分）	保持医院清洁卫生。 门诊、病房等医疗去禁止吸烟；保持整洁、安静。 搞好院内绿化、美化和道路硬化。 污水 污物 放射性物质等处理，有毒气体排放及消烟均应符合有关规定。

⑤ 医疗管理与技术水平（表 16-2）。（480 分）

表 16-2　医疗管理与技术水平

项目	内容
医疗管理（105 分）	建立健全医疗管理组织，人员配备合理，有相应的工作制度。有一位副院长分管业务工作。 制定切实可行的全院医疗业务建设规划和工作计划，并组织实施。 建立健全医疗工作制度诊疗技术规范、操作规程和医疗质量标准，并组织实施。 建立健全医疗质量管理组织，制订质量管理方案，完善质量管理内部约束机制，进行全员质量教育，提高质量意识，定期对医疗护理、医技、药品病案质量管理进行监督、检查、评价，提出改进意见。必备的医疗质量管理组织有：医疗质量管理委员会、病案管理委员会（可以与医疗质量管理委员会合并）、药事管理委员会、医院感染管理委员会、输血管理委员会。 坚持三级医师查房及各种病例讨论制度。建立健全病历质量检查考核制度，加强院、科、主治医师三级的检查考核。病历书写要求清晰、规范、完整、正确、及时、有要点、有分析、注重内涵质量，完整地记录各级医师查房、抢救 会诊、讨论意见不得弄虚作假。 高度重视医疗安全，增强全院人员医疗安全意识。加强医疗缺陷管理，制定措施加以防范，及时发生和纠正差错事故苗头。对已发现的差错、事故要及时上报，正确处理，吸取教训，总结经验，改进工作。 管人员的技术培训、考核，建立医务人员技术档案。
	门诊管理，改善服务态度，简化手续、方便群众，努力消除“三长一短”（挂号、收费、取药时间长、就诊时间短）现象，并有相应措施，内外妇儿科每天应有副主任医师以上人员出门诊，其中内科和外科门诊应每天保证二名副主任医师以上人员在岗，承担指导低年资医师帮助解决疑难问题的任务。本院医师出门诊人数应占在岗门诊医师总人数的 65%以上。加强急诊科建设，执行急诊首诊负责制，按卫生部和各省、自治区、直辖市规定，在组织领导、布局和人员、床位、设备、药品、器械、通信设备以及车辆配备等方面进行落实，保证医疗、抢救和转送病人的需要。 坚持危重抢救病人床旁交班制度，严密观察病情变化，坚守岗位。 医技科室树立和坚持为临床第一线服务的思想，加强管理，保证质量，提高工作效率。缩短预约和发报告的时间。检验科必须建立室内质量控制系统，并参加卫生部临床检验中心或本地区临床检验中心的室间质评活动（甲等医院必须参加卫生部临床检验中心的室间质评活动）。 床学研究和临床用药的监督与指导。
护理管理（75 分）	贯彻卫生部关于加强护理工作管理的有关规定，建立健全护理管理体制。 医院护理工作实行院长领导下的护理部主任负责制。药积极创造条件设护理副院长，实行三级或二级管理。 切实落实卫生部《医院工作人员职责》的有关规定，充分发挥中级以上技术职务人员在护理工作中的作用，各级人员按技术职务上岗。 开展整体护理，有整体护理实施方案，通过模式病房逐步向全院推广。 建立整体护理病历，并不断完善。 完善各科疾病护理常规和护理技术操作规程，并认真执行。 指定并完善护理质量管理方案，加强护理质量管理。 护理部应有专门负责教育和继续教育的副主任，各病房应有负责教学的护理人员。 加强护理人员的培训，考核，建立业务技术档案，年培训率不低于 15%；有分级培养目标、培养计划，并组织实施；对护理专业大专以上毕业生的培养，使用计划药落实到个人。 加强护理管理人员的培训。护士长以上的管理人员必须接受国家和省（自治区、直辖市）卫生行政部门组织的管理专业岗位培训并获得结业证书。

（续表）

项目	内容
“三基”“三严”培训与管理（45 分）	医院要坚持对卫生技术人员进行基础理论、基本知识、基本技能（简称“三基”）训练，培养严格要求、严格组织、严谨态度（简称“三严”）。 “三基”培训必须全员参与，“三基”考核必须人人达标。 要把“三严”作风贯彻到各项医疗业务活动和管理工作的始终。 医护人员人人掌握手心复苏急救术。
医院感染管理（40 分）	贯彻执行卫生部关于加强医院感染的有关规定，健全医院感染管理组织，严格控制医院感染。 有医院感染控制方案及管理制度，关有监测记录、效果、评价及改进设施。 建立严格的消毒、隔离和法定报告传染病登记报告制度。 有医院感染的教育培训制度，医护人员必须树立无菌观念，严格进行正确的无菌技术操作。 有合理使用抗生素的管理办法。 特殊区域的管理应达到卫生部《医院感染管理规范》的要求。 消毒供应室应达到卫生部《医院消毒供应室验收标准（试行）的要求》。 消毒物品、物体表面、手、空气现场采样检验要达到规定的要求。
输血管理（15 分）	严格执行卫生部《采供血机构和血液管理办法》及有关规定，输血工作纳入本地区血液三统一管理。不得自找血源、自采自供血源。 建立健全输血工作制度、技术操作规程和质量标准，建立质量考核指标和质量管理信息反馈系统。 临床输血要严格执行用血登记制度和用血报批手续，输血前必须执行输血前的检验和核对制度。 严格掌握输血适应症，有合理用血和成分输血的管理办法。 有严格控制输血感染的方案及管理制度，建立输血反应及输血感染疾病的登记报告和调查处理制度。 输血科应达到卫生部有关规定的要求。
技术水平（200 分）	临床科室（60 分） 医技科室（60 分） 重点专科（60 分） 能开展“附件一”所列之重点专科诊疗技术，每个重点专科要达到国内或省级先进行列。 科主任或学科带头人应具有副主任医师技术职务，在国内本专业学术领域有一定的知名度。 专业人才形成梯队。 能开展与重点相应的实验研究。 部（委）省级以上科研成果。 国际间的学术交流。 每年在国家级（本专业领域核心期刊）或省级学术刊物发表的论文≥2 篇。 护理（20 分） 重点专科护理达到国内先进水平。 开展整体护理，并能对下级医院提供技术指导。 能承担中、高等卫生学校互利专业的临床教学。 开展护理科研，每年护理科研或革新项目≥2 项。 每年在省以上刊物发表的论文≥3 篇。

（3）教学、科研管理与水平（105 分）

① 教学、科研管理。（45 分）

有与功能和任务想适应的、健全的教学和科研管理组织，医院领导要有人分工负责教学、科研管理工作。

有切实可行的教学科研规划和工作计划，并组织实施与评价。

有健全的教学和科研工作规章制度，做到有监督、有检查、有评价。

有比较稳定的教师队伍，并建立备课、评教评学和检查性听课制度。

教学资料（电化教学材料、自编统编等）、教学设备（仪器设备、图表标本模型、实验动物等）以及所提供的教室、示教室、病种、病人数量均能满足临床教学的需要。

执行卫生部有关“教学医院”的管理规定。

② 教学、科研水平。（60 分）

医院要具有与其功能和任务相适应的教学和科研水平。

完成高等医学院校的临床实习任务

独立培养硕士或博士研究生。

毕业后教育，继续教育和进修教育正规严格效果好。

每年承担部委、省级以上科研课题≥2 项。

在统计年度内，在国家级学术刊物（本专业领域核心期刊）发表论文≥20 篇；参加国际学术交流≥1 次。

按评审前三年统计，有省科技进步（成果）奖≥1 项；部委、省科技进步（成果）奖≥2 项。

（4）思想政治工作与医德医风建设（65 分）

① 贯彻党的路线方针、政策坚持社会主义的办院方针，坚持为人民服务的宗旨，把社会效益放在首位。（10 分）

② 有相应的管理体系和教育体制度。（5 分）

③ 坚持进行爱国主义、社会主义、集体主义教育、职业道德教育和法制教育。（5 分）

④ 加强医德医风建设，贯彻《医务人员医德规范及实施办法》，建立健全廉洁行医措施，坚决抵制不正之风，奖惩分明。（13 分）

⑤ 以病人为中心，优质服务。（13 分）

⑥ 提倡敬业精神，对技术精益求精，对工作认真负责。（6 分）

⑦ 建立健全群众和社会监督制度，患者、合同单位对医院的满意度≥85%。（13 分）

（5）统计指标（100 分）

① 入院诊断与出院诊断符合率≥95%。

② 手术前后符合率≥90%。

③ 临床主要诊断与病理符合率≥50%。

④ X 线电子计算机体层成像装置（CT）检查阳性率≥60%（无 CT 者，此项不占分）。

⑤ 磁共振成像装置（MRI）检查阳性率≥70%（无 MRI 者，此项不占分）。

⑥ 大型 X 光机检查阳性率≥50%。

⑦ X 光摄甲片率≥40%。

⑧ 临床化学室间质评全年平均及格（VIS≤120）。

⑨ 血液室间质评全年平均及格（改良偏离指数 DI≤2）。

⑩ 免疫室间质评全年平均成绩在全国平均成绩之上。

⑪ 细菌室间质评全国鉴定正确率≥80%。

⑫ 尸检率≥10%（新生儿尸检除外）。

⑬ 急诊危重病人抢救成功率≥80%。

⑭ 病房危重病人抢救成功率≥84%。

⑮ 无菌手术切口甲级愈合率≥97%。

⑯ 同一病例一周内再住院率（检查时确定病种，同级医院比较）处于同级医院较低水平。

⑰ 住院产妇死亡率≤0.02%。

⑱ 活产新生儿死亡率≤0.5%。

⑲ 麻醉死亡率≤0.02%。

⑳ 门诊处方合格率≥95%。

㉑ 门诊病历书写格式合格率≥90%。

㉒ 甲级病案率≥90%（无丙级病案）。

㉓ 陪护率≤5%（不包括爱婴医院产科病房）。

㉔ 一人一针一管一灭菌执行率 100%。

㉕ 住院病人治疗饮食就餐率 100%。

㉖ 住院病人就餐率≥80%。

㉗ 医院感染率≤10%。

㉘ 医院感染漏报率≤20%。

㉙ 无菌手术切口感染率≤0.5%。

㉚ 病床使用率适宜范围 85%~93%。

㉛ 平均住院日≤18 天。

㉜ 病床周转次数≥17 次/年。

㉝ 万元以上医疗设备、仪器完好率≥95%。

㉞ 完成指令性任务 100%。

㉟ 卫生技术人员“三基”考核合格率（合格标准为 80 分）100%。

㊱ 护理技术操作合格率（合格标准为 90 分）100%。

㊲ 基础护理合格率（合格标准为 90 分）100%。

㊳ 特护 一级护理合格率（合格标准为 80 分）90%。

㊴ 护理文件书写合格率（合格标准为 80 分）≥95%（根据护理模式改革的需要，护理文件由各地自定）。

㊵ 开展整体护理病房数≥20%。

㊶ 急救物品完好率 100%。
㊷ 常规器械消毒灭菌合格率 100%。
㊸ 一次性注射器、输液（血）器用后毁形率 100%。
㊹ 年褥疮发生次数 0（特殊情况例外）。

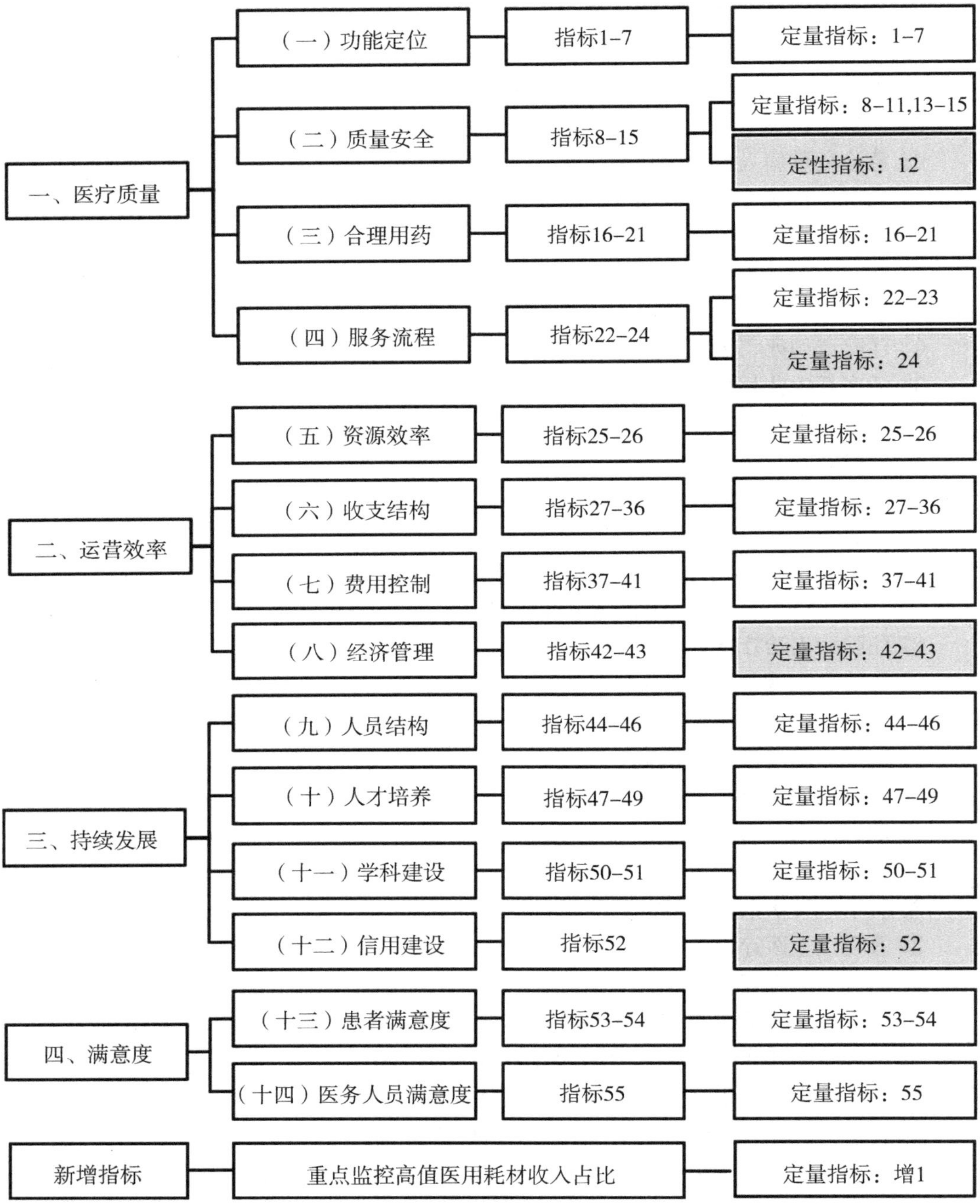

图 16–1　绩效评价指标框架

㊺ 成分输血使用率 70%计算公式：

年度各种成份血使用量（袋）+年度全血使用量（袋）×100%。

㊻ 单病种治愈好转率达卫生部颁发的病种质量控制标准。

㊼ 单位病种病死率低于卫生部颁布的病种质量控制标准。

㊽ 单位病种术后十日死亡率低于卫生部颁布的病种质量标准。

㊾ 法定报告传染漏报率 0。

㊿ 医疗责任事故发生次数 0。

16.1.2　国家三级公立医院绩效考核

本节内容是根据《国家三级公立医院绩效考核操作手册（2023 版）》改写的。

为深入贯彻落实《国务院办公厅关于加强三级公立医院绩效考核工作的意见》（国办发〔2019〕4 号）要求，保证三级公立医院绩效考核工作规范化、标准化、同质化，通过现场调研、会议座谈、平台反馈、自评报告等多渠道搜集相关单位意见建议。在《国家三级公立医院绩效考核操作手册（2022 版）》（以下简称《操作手册（2022 版）》）的基础上，结合最新政策文件，组织专家研究，修订形成《国家三级公立医院绩效考核操作手册（2023 版）》。

16.1.2.1　三级公立医院绩效评价指标体系

考核指标体系中，包含一级指标 4 个、二级指标 14 个、三级指标 55 个（定量 50 个，定性 5 个）、新增指标 1 个。

表 16-3　三级公立医院绩效考核指标

序号	相关指标	指标属性	指标导向
1	门诊人次数与出院人次数比	定量	监测比较
2	下转患者人次数（门急诊、住院）	定量	逐步提高↑
3	日间手术占择期手术比例	定量	监测比较
4	出院患者手术占比▲	定量	逐步提高↑
5	出院患者微创手术占比▲	定量	逐步提高↑
6	出院患者四级手术比例▲	定量	逐步提高↑
7	特需医疗服务占比	定量	监测比较
8	手术患者并发症发生率▲	定量	逐步降低↓
9	I 类切口手术部位感染率▲	定量	逐步降低↓
10	单病种质量控制▲	定量	监测比较 逐步降低↓
11	大型医用设备检查阳性率	定量	监测比较
12	大型医用设备维修保养及质量控制管理	定性	监测比较

（续表）

序号	相关指标	指标属性	指标导向
13	通过国家室间质量评价的临床检验项目数▲	定量	逐步提高↑
14	低风险组病例死亡率▲	定量	逐步降低↓
15	优质护理服务病房覆盖率	定量	逐步提高↑
16	点评处方占处方总数的比例	定量	逐步提高↑
17	抗菌药物使用强度（DDDs）▲	定量	逐步降低↓
18	门诊患者基本药物处方占比	定量	逐步提高↑
19	住院患者基本药物使用率	定量	逐步提高↑
20	基本药物采购品种数占比	定量	逐步提高↑
21	国家组织药品集中采购中标药品使用比例	定量	逐步提高↑
22	门诊患者平均预约诊疗率	定量	逐步提高↑
23	门诊患者预约后平均等待时间	定量	逐步降低↓
24	电子病历应用功能水平分级▲	定性	逐步提高↑
25	每名执业医师日均住院工作负担	定量	监测比较
26	每百张病床药师人数	定量	监测比较
27	门诊收入占医疗收入比例	定量	监测比较
28	门诊收入中来自医保基金的比例	定量	监测比较
29	住院收入占医疗收入比例	定量	监测比较
30	住院收入中来自医保基金的比例	定量	监测比较
31	医疗服务收入（不含药品、耗材、检查检验收入）占医疗收入比例▲	定量	逐步提高↑
32	辅助用药收入占比	定量	监测比较
33	人员支出占业务支出比重▲	定量	逐步提高↑
34	万元收入能耗支出▲	定量	逐步降低↓
35	收支结余▲	定量	监测比较
36	资产负债率▲	定量	监测比较
37	医疗收入增幅	定量	监测比较
38	门诊次均费用增幅▲	定量	逐步降低↓
39	门诊次均药品费用增幅▲	定量	逐步降低↓

（续表）

序号	相关指标	指标属性	指标导向
40	住院次均费用增幅▲	定量	逐步降低↓
41	住院次均药品费用增幅▲	定量	逐步降低↓
42	全面预算管理	定性	逐步完善
43	规范设立总会计师	定性	逐步完善
44	卫生技术人员职称结构	定量	监测比较
45	麻醉、儿科、重症、病理、中医医师占比▲	定量	逐步提高↑
46	医护比▲	定量	监测比较
47	医院接受其他医院（尤其是对口支援医院、医联体内医院）进修并返回原医院独立工作人数占比	定量	逐步提高↑
48	医院住院医师首次参加医师资格考试通过率▲	定量	逐步提高↑
49	医院承担培养医学人才的工作成效	定量	逐步提高↑
50	每百名卫生技术人员科研项目经费▲	定量	逐步提高↑
51	每百名卫生技术人员科研成果转化金额	定量	逐步提高↑
52	公共信用综合评价等级	定性	监测比较
53	门诊患者满意度▲	定量	逐步提高↑
54	住院患者满意度▲	定量	逐步提高↑
55	医务人员满意度▲	定量	逐步提高↑
增 1	重点监控高值医用耗材收入占比	定量	监测比较

注：指标中加“▲”的为国家监测指标。

指标导向是指该指标应当发生变化的趋势，供各地结合实际确定指标分值时使用，各地可根据本地实际确定基准值或合理基准区间。

增 1 为落实《国务院办公厅关于印发治理高值医用耗材改革方案的通知（国办发〔2019〕37 号）而增设指标。

对每一个指标有详细说明，包括：【指标属性】【计量单位】【指标定义】【计算方法】【指标意义】。

每个指标均以 10 分为满分，总分应为 560 分。

16.1.2.2　三级公立医院绩效考核

三级公立医院绩效考核自评报告如下。

（1）医院基本情况

医院提供考核年度与数据分析密切相关的主要信息，如医院性质、编制床位数、实际开放床位、编制人数、合同制人数、医药护技人数，麻醉、儿科、重症、病理、中医和感染性疾病科医师的占比等。

（2）考核指标自评情况

① 简述医院在绩效考核工作中如何组织实施。

② 对照三级公立医院绩效考核指标（表 16-4），分析医院管理工作亮点，指标结果情况以及存在问题等。

表 16-4　三级公立医院绩效考核指标统计

一级指标	二级指标	三级指标	指标性质	指标结果			自评得分
				2022 年	2021 年	2020 年	
一、医疗质量	（一）功能定位	1. 门诊人次数与出院人次数比	定量				
		2. 下转患者人次数（门急诊、住院）	定量				
…	…	…	…	…			
	（十四）医务人员满意度	55. 医务人员满意度▲	定量				
新增指标		重点监控高值医用耗材收入占比	定量				
总分							

注：每个指标均以 10 分为满分，总分应当为 560 分。"—"线对应的指标，只需填写自评得分，不需填报数值。

（3）绩效考核工作意见建议

通过自评，针对绩效考核实施过程遇到的困难和问题，提出对下一步绩效考核工作的意见建议。

16. 1. 2. 3　2022 年度三级公立医院绩效考核结果

三级公立医院绩效考核，是检验和评价公立医院高质量发展成效的权威标尺，2024 年 1 月 8 日，国家卫健委公布 2022 年度三级公立医院绩效考核结果。全国共有 2 112 家三级公立医院参加本次考核，其中有西医综合医院 1 521 家，中医综合医院 568 家，肿瘤专科医院 50 家，无财务年报组医院 181 家，精神专科医院 132 家等。排名结果前 15 家医院是：1 北京协和医院、2 浙江大学医学院附属第一医院、3 四川大学华西医院、4 浙江大学医学院附属第二医院、5 山东大学齐鲁医院、6 上海交通大学医学院附属瑞金医院、7 南京鼓楼医院、8 北京大学第三医院、9 浙江大学医学院附属邵逸夫医院、10 复旦大学附属中山医院、11 中南大学湘雅医院、12 复旦大学附属华山医院、13 中国医科大学附属第一医院、14 江苏省人民医院、15 中山大学第一附属医院。

16.2　养老机构和老年人能力等级评定

16.2.1　养老机构等级划分与评定

当前我国老年人口日益增多，养老需求也在不断提高，各类养老机构不断增加，但服务品质参差不齐。为贯彻落实《“十四五”国家老龄事业发展和养老服务体系规划》有关要求，指导各地民政部门更好落实《民政部关于加快建立全国统一养老机构等级评定体系的指导意见》（民发〔2019〕137 号），实施好《养老服务机构等级划分与评定》（GB/T 37276—2018）国家标准，民政部社会福利中心、全国社会福利服务标准化技术委员会联合发布《〈养老机构等级划分与评定〉国家标准实施指南》（2023 版），供地方开展养老机构等级评定工作时参考使用。也为广大老年人选择养老服务提供依据。本章是根据上述国家标准等内容改写的。

养老机构共分为五个等级，从低到高依次为一级、二级、三级、四级、五级。等级标志由五角星图案构成，用一颗五角星表示一级，两颗五角星表示二级，三颗五角星表示三级，四颗五角星表示四级，五颗五角星表示五级。级数越高，表示养老机构等级越高，养老机构的服务内容更加丰富、服务质量更加优质、人才队伍更加健全、管理制度更加规范、设施设备和环境更加完善。等级标志实行统一管理。等级标志的有效期为三年（自颁发证书之日起计算），到期应向评定机构申请复核。

下一步，民政部将指导各地以《〈养老机构等级划分与评定〉国家标准实施指南（2023 版）》为评价工具，组织开展养老机构等级评定工作，更好推动国家标准落地见效。《〈养老机构等级划分与评定〉国家标准实施指南》（试行）即日起废止。

截至 2023 年 12 月 31 日，北京市具备星级资格的养老机构共有 382 家，其中五星级 13 家、四星级 19 家、三星级 60 家、二星级 273 家、一星级 17 家。

16.2.1.1　等级评定基本要求

（1）养老机构应具备有效执业证明

有效的营业执照、事业单位法人证书、民办非企业单位登记证书；有效期内的组织机构代码证；消防审验合格证明或消防备案证明；房产证明或租赁使用证明；养老机构内设的餐饮服务机构应具备食品经营许可证；养老机构内设的医疗机构应具备医疗机构执业许可证或医疗机构执业备案；养老机构使用的特种设备，应具备相应的特种设备使用登记证，包括但不限于锅炉使用登记证、压力管道（含气瓶）使用登记证、电梯安全检验标志；养老机构提供其他需经许可的服务，应具有相应证明。

（2）养老机构工作人员应具备相应资质

养老机构院长、副院长应具有初中及以上文化程度，具有 2 年及以上相关工作经验，并经相应培训合格；养老机构内设部门的负责人应具有相关专业知识，定期参加相关培训；养老护理员应经职业技能培训后上岗，医生应持有医师资格证书和医师执业证书，护士应持有护士执业证书，特种设备管理人员应具备相应上岗资质，其他专业技术人员应持有与岗位相适应的专业资格证书、执业证书或经过技能培训后上岗；所有工作人员均应持有健康证明。

（3）养老机构内应设置的场所应满足以下要求

老年人居室内每张床位使用面积不低于 6m^2，单人居室使用面积不低于 10m^2，中度失能老年人的房间不超过 4 张床位，重度失能老年人的房间不超过 6 张床位；老年人居室内应设置紧急呼叫装置；养老机构主要出入口、门厅、走廊、居室无障碍，能够满足轮椅、担架进入、通行的需求，卫生间、浴室无障碍，能够满足轮椅进入的需求；养老机构出入口安装视频监控系统；卫生间应设置便器，配有安全防护和无障碍设施，通风良好，无异味；浴室有安全防护措施（防滑地面、安全扶手），并留有助浴空间，洗浴用水水温可调节；室内活动场所应明亮、配置有活动用品；就餐区域桌椅牢固稳定且可移动；公共区域设有明显的公共信息图形标志，并符合 GB/T 10001.1 和 GB/T 10001.9 的规定；设接待区/室。

（4）养老机构提供服务项目的服务质量应达到要求

按照 GB/T 35796 的要求，养老机构内提供的服务项目应包括：出入院服务、生活照料服务、膳食服务、清洁卫生服务、洗涤服务、文化娱乐服务。服务质量应达到以下要求：

三年内无重大责任事故发生；按照老年人的能力进行入院评估，制定照护计划；应与所有入住的老年人签订服务协议（特困老年人送养协议或社会老年人服务协议）；应有为入住老年人提供服务的记录，记录内容包括但不限于合同中确认的服务项目；入住老年人每年体检率 100%；养老机构工作人员每年体检率 100%；入住老年人Ⅱ度及以上压疮新发生率低于 5%；每日至少组织老年人开展 2 次适宜的活动；护理人员掌握手卫生重点环节，遵守无菌操作原则，无菌物品存放符合规范，紫外线消毒登记维护正确，落实床单位和终末消毒，正确处理医疗垃圾。

（5）建立基本管理制度并达到以下要求

建立行政管理制度，包括但不限于办公室管理制度、印章管理制度、会议管理制度、值班管理制度、出入院管理制度、咨询接待制度、合同管理制度、信息管理制度、接收和使用捐赠管理制度、固定资产管理制度；

建立人力资源管理制度，包括但不限于考核/奖惩制度、学习培训制度、薪酬与福利管理制度、岗位说明、员工守则、志愿者管理制度；

建立财务管理制度，包括但不限于基本财务制度、专项资金管理制度；

建立后勤管理制度，包括但不限于库房物品管理制度、食品采购制度、物资采购制度、维修管理制度、绿化及环境卫生管理制度；

建立服务管理制度，包括但不限于老年人能力评估制度、自带药品管理制度、服务规范、外包服务管理制度；

按照 MZ/T 032 的要求建立安全管理制度，包括但不限于风险防控及应急预案、食品安全制度、设施设备安全管理制度、职业健康管理制度、餐饮卫生管理制度、图形符号及标志标识管理制度、废弃物处置管理制度、医疗废物管理制度；

建立评价与改进制度，包括但不限于服务质量自评与考核制度，服务投诉处理制度；

对机构内各项管理制度、安全记录建档并留存；

出台养老机构综合责任险的地区，应为所有使用中床位购买养老机构综合责任险。

16. 2. 1. 2　等级评定分级申请条件

养老机构运营满一年可申请相应等级评定。参加等级评定，除了满足基本条件件外，申请星级还必须满足以下要求，有一项不符合则终止评定（即一票否决制）。申请条件表见表 16-5

表 16-5　养老机构各评定等级申请条件表

应具备的条件	一级	二级	三级	四级	五级
机构入住率不低于；	50%	60%	60%	60%	60%
24h 内护理员数量与重度失能老年人比例不低于	1 : 10	1 : 8	1 : 6	1 : 5	1 : 4
24h 内护理员数量与中度失能老年人比例不低于	1 : 25	1 : 20	1 : 15	1 : 10	1 : 5
24h 内护理员数量具有初级及以上证书不低于	50%	50%	80%	80%	80%
院长（四级以上副院长）应具有的文化程度	—	—	大专或以上	大专或以上	大专或以上
配有专职医生和专职护士（每 200 名老年人至少（护理服务部门负责人应具有医学或护理学或社会工作专业背景;)	—	—	—	1 名医生 1 名护士	1 名医生 2 名护士
配有社会工作者指导开展社会工作服务	—	—	至少有 1 名	至少有 1 名	有 1 专职 1 兼职
老年人居室设独立卫生间占比不低于	—	—	50%；	60%	90%
每年至少开展满意度测评	1 次	1 次	1 次	每半年	每半年
应提供服务项目（包括但不限于） 服务项目编号： 1 出入院服务、2 生活照料服务、3 护理服务、4 膳食服务、5 清洁卫生服务、6 洗涤服务、7 文化娱乐服务、8 通信服务、9 交通服务、10 委托服务、11 医疗服务、12 内设医疗机构或与医疗机构签订医疗服务协议 13、协助医疗服务、14 康复服务、15 心理/精神支持服务、16 居家上门服务、17 教育服务、18 安宁服务、19 社会参与服务、20 法律援助服务	1~9	1~10	1~11	1~16	1~20
使用电子化信息管理系统	—	—	—	—	使用

16. 2. 1. 3　等级评定方法

等级评定总分为 1 000 分，包括环境 120 分、设施设备 130 分、运营管理 150 分、服务 600 分。评分时按“优秀”“良好”“一般”“较差”打分并计算得分，评定内容与分值见表 16-6、表 16-7。

表 16-6 养老机构等级评定内容与得分

项目	分值					
	评定项目	分项	优秀	良好	一般	较差
环境（120 分）	交通便捷度	10	8~10	5~7	2~4	0~1
	周边服务设施（含机构面积）	10	8~10	5~7	2~4	0~1
	公共信息图形标志	10	8~10	5~7	2~4	0~1
	院内无障碍	50	36~50	26~35	6~25	0~5
	室内温度	15	12~15	7~11	3~6	0~2
	室内光照	15	12~15	7~11	3~6	0~2
	室内噪声	5	4~5	2~3	1	0
	绿化	5	4~5	2~3	1	0
设施设备（130 分）	居室（含照料单元）	20	15~20	9~14	3~8	0~2
	卫生间、洗浴空间	20	15~20	9~14	3~8	0~2
	就餐空间（含厨房）	15	15~12	7~11	3~6	0~2
	洗涤空间	10	8~10	5~7	2~4	0~1
	接待空间（含门厅）	5	4~5	2~3	1	0
	活动场所	10	8~10	5~7	2~4	0~1
	储物间（含库房）	5	4~5	2~3	1	0
	医疗卫生用房	15	12~15	7~11	3~6	0~2
	停车区域	5	4~5	2~3	1	0
	评估空间	5	4~5	2~3	1	0
	康复空间	10	8~10	5~7	2~4	0~1
	社会工作室/心理咨询空间（含管理服务用房及设施）	10	8~10	5~7	2~4	0~1
运营管理（150 分）	行政办公管理	10	8~10	5~7	2~4	0~1
	人力资源管理	20	15~20	9~14	3~8	0~2
	服务管理	30	22~30	13~21	4~12	0~3
	财务管理	15	12~15	7~11	3~6	0~4
	安全管理	35	26~35	15~25	5~14	0~4
	后勤管理	15	12~15	7~11	3~5	0~2
	评价与改进	30	22~30	13~21	4~12	0~3

（续表）

项目	分值					
	评定项目	分项	优秀	良好	一般	较差
服务（600 分）	出入院服务	50	36~50	26~35	6~25	0~5
	生活照料服务	120	85~120	49~84	13~48	0~12
	清洁卫生服务	40	29~40	17~28	5~16	0~4
	洗涤服务	25	19~25	11~18	4~10	0~3
	医疗护理服务	60	43~60	25~42	7~24	0~6
	文化娱乐服务	50	36~50	26~35	6~25	0~5
	心理/精神支持服务	35	26~35	15~25	5~14	0~4
	安宁服务	30	22~30	13~21	4~12	0~3
	委托服务	20	15~20	9~14	3~8	0~2
	康复服务（申请 3 级及以上养老机构须提供此项服务）	50	36~50	26~35	6~25	0~5
	教育服务（申请 4 级及以上养老机构须提供此项服务）	20	15~20	9~14	3~8	0~2
	居家上门服务（申请 5 级养老机构须提供此项服务）	30	22~30	13~21	4~12	0~3

表 16-7　各级养老机构评定得分要求

评定等级	总分	每项得分不低于该项总分百分比	每项最低分				最低得分要求（分）
			环境（120 分）	设施设备（130 分）	运营管理（150 分）	服务（600 分）	
五级	1 000	90%	108	117	135	540	900
四级	1 000	80%	96	104	120	480	780
三级	1 000	60%	72	78	90	360	570
二级	1 000	50%	60	65	75	300	450
一级	1 000	40%	48	52	60	240	360

评定人员应熟悉有关法律和政策，熟悉养老服务工作，并经等级评定培训合格；具有维护评定工作客观、公平、公正的职业道德与操守；参与等级评定工作之前应向有关方面申明利益相关性。

各级养老机构等级的评定，首先应符合按上一节的申请要求，并按《养老机构等级划分与评定》国家标准实施指南（2023 年版）内容进行打分，各级机构的分值应符合要求。养老机构可根据自身情况向评定机构提出申请，并提交自评报告及相关材料，评定机构根据细则开展评定，并出具评定报告。

16.2.1.4 等级评定指标内容（表 16-8）

表 16-8 《养老机构等级划分与评定》国家标准实施指南（2023 简单版）

序号	评定项目	分项总分	次分项总分	三级项分值	四级项分值	得分
1	环境	120				
1.1	交通便捷度		10			
1.2	周边服务设施（含机构面积）		10			
1.2.1	机构面积			3		
1.2.2	配套设施			7		
1.3	公共信息图形标志		10			
1.4	院内无障碍		50			
1.4.1	室外及建筑出入口无障碍			8		
1.4.2	建筑内部交通空间无障碍			14		
1.4.3	建筑内部主要用房及空间无障碍			16		
1.4.4	室外活动空间无障碍（含室外活动场地）			12		
1.5	室内温度		15			
1.5.1	温湿度控制			5		
1.5.2	通风调节			10		
1.6	室内光照		15			
1.6.1	自然采光			5		
1.6.2	人工照明			10		
1.7	室内噪声		5			
1.8	绿化		5			
2	设施设备	130				
2.1	居室（含照料单元）		20			
2.1.1	居室空间 注：当机构设有多种类型的居室时，须评价每一类居室空间，均符合要求时才可得分			9		
2.1.2	居室卫生间			4		
2.1.3	照料单元			3		
2.1.4	认知症友好化设计 注：当机构不收住认知症老年人时，此项不参与评分			2		

（续表）

序号	评定项目	分项总分	次分项总分	三级项分值	四级项分值	得分
2. 1. 5	居室和照料单元的整体氛围			2		
2. 2	卫生间、洗浴空间		20			
2. 2. 1	公共卫生间			10		
2. 2. 2	洗浴空间（包括公共洗浴空间和老年人居室内的洗浴空间）			10		
2. 3	就餐空间（含厨房）		15			
2. 3. 1	公共就餐空间			8		
2. 3. 2	厨房空间			7		
2. 4	洗涤空间		10			
2. 4. 1	公共洗衣空间			6		
2. 4. 2	污洗空间			4		
2. 5	接待空间（含门厅）		5			
2. 6	活动场所		10			
2. 6. 1	活动场所应满足老年人基本的活动需求，设有符合以下条件的活动空间： 阅读区（室）：配置适合老年人阅读的图书、近期杂志、当日/期报纸； 棋牌活动区（室）：配置象棋、麻将等老年人常用棋牌游具； 健身区（室）：配置适合老年人使用的健身器械或乒乓球、台球、沙狐球台等设施； 书画区（室）：配置适宜老年人使用的书画桌椅与画材，满足书画的挂放； 音乐、舞蹈活动区（室）：满足播放多媒体需求； 电子阅览区（室）：设置可联网的电脑； 教室：具有投影设施或黑（白）板 注：符合 2 项得 1 分，符合 3~4 项得 2 分，符合 5~6 项得 3 分，符合 7 项得 4 分				4	
2. 6. 2	活动场所丰富多元，满足老年人多样化的活动需求，设有符合以下条件的活动空间： 设有影音室或放映室； 设有代际互动区或儿童活动室； 设有厨艺教室或家庭厨房； 设有其他供老年人开展兴趣活动的空间（如手工室、茶艺室、园艺室等） 注：符合 1 项得 0. 5 分，符合 2 项及以上得 1 分				1	

（续表）

序号	评定项目	分项总分	次分项总分	三级项分值	四级项分值	得分
2.6.3	设有能够满足机构内人员集体活动（如联欢会）的大型文娱健身用房（多功能厅）。				2	
2.6.4	大型文娱健身用房（多功能厅）功能配置应符合以下条件： 临近设有适合老年人使用的公用卫生间； 临近设有储藏间、茶水间或后台空间； 配置电视或投影设备，设备完好，能够正常使用； 配置舞台，有灯光、音响设备，能够正常使用 注：符合 2 项得 0.5 分，符合 3 项及以上得 1 分				1	
2.6.5	活动场所容易到达、彼此临近，视线通透，便于形成良好的活动氛围，促进老年人参与活动，符合以下条件： 界面较为通透，如采用开放式布局，或以柱廊、玻璃门等与走廊分隔，便于老年人在走廊中看到并参与活动； 大部分活动场所彼此临近，布局在同层临近区域，或可以通过电梯便捷到达； 主要活动场所靠近老年人居住用房，严寒地区老年人不需经过户外空间即可到达，多雨地区老年人可经过避雨连廊到达； 沿活动场所走廊设置休憩座椅、活动设施（如棋牌桌、沙狐球桌等），且座椅处通行净宽≥1.40m 注：符合 1~2 项及以上得 0.5 分，符合 3~4 项得 1 分				1	
2.6.6	活动场所座椅配置符合以下全部条件： 安全、稳固； 绝大多数座椅（含沙发）有靠背，便于起坐； 桌椅、沙发种类丰富，可供老年人选择，形式有居家、温馨感				1	
2.7	储物间（含库房）		5			
2.8	医疗卫生用房		15			
2.9	停车区域		5			
2.10	评估空间		5			
2.11	康复空间		10			
2.12	社会工作室/心理咨询空间（含管理服务用房及设施）		10			

（续表）

序号	评定项目	分项总分	次分项总分	三级项分值	四级项分值	得分
2. 12. 1	社会工作空间			2		
2. 12. 2	心理咨询空间			2		
2. 12. 3	员工办公及生活区域			2		
2. 12. 4	消防设施			4		
3	运营管理	150				
3. 1	行政办公管理		10			
3. 1. 1	组织规划			2		
3. 1. 2	行政办公制度			6		
3. 1. 2. 1	有行政信息公开措施，通过小黑板、公告栏或电子显示屏发布信息				0. 5	
3. 1. 3	信息管理平台			2		
3. 2	人力资源管理		20			
3. 2. 1	员工基本管理			2		
3. 2. 2	员工岗位职责			1. 5		
3. 2. 3	员工学历及资质情况			3. 5		
3. 2. 4	员工招录、管理的相关制度			2		
3. 2. 5	员工薪酬及福利管理制度			1. 5		
3. 2. 6	员工劳动保障及劳动保护			3		
3. 2. 7	员工培训			4. 5		
3. 2. 8	志愿者、实习生管理			2		
3. 3	服务管理		25			
3. 3. 1	老年人权益保护			4		
3. 3. 2	服务管理制度			14		
3. 3. 4	服务质量要求			7		
3. 4	财务管理		15			
3. 4. 1	财务管理制度			12		
3. 4. 2	财务管理人员要求			3		
3. 5	安全管理		35			
3. 5. 1	安全管理制度			4		

（续表）

序号	评定项目	分项总分	次分项总分	三级项分值	四级项分值	得分
3. 5. 2	突发事件应对			3		
3. 5. 3	安全管理人员配备			3		
3. 5. 4	安全培训			4		
3. 5. 5	消防管理			7		
3. 5. 6	特种设备管理（如无特种设备，自动得分）			4		
3. 5. 7	建筑安全管理			2		
3. 6	后勤管理		15			
3. 6. 1	后勤管理制度			15		
3. 7	评价与改进		30			
3. 7. 1	投诉处理			7		
3. 7. 2	满意度测评			9		
3. 7. 3	质量考核			4		
3. 7. 4	改进制度			10		
4	服务	600				
4. 1	出入院服务		50			
4. 1. 1	服务内容			6		
4. 1. 2	服务人员			8		
4. 1. 3	服务要求			36		
4. 2	生活照料服务		120			
4. 2. 1	服务内容			10		
4. 2. 2	服务人员			20		
4. 2. 3	服务要求			90		
4. 3	膳食服务 注：外包膳食服务的机构，外包服务协议中应体现以下内容或外包服务供应商满足以下要求。未达要求不得分		70			
4. 3. 1	服务内容			9		
4. 3. 2	服务人员			16		
4. 3. 3	服务要求			45		
4. 4	清洁卫生服务		40			

（续表）

序号	评定项目	分项总分	次分项总分	三级项分值	四级项分值	得分
4. 4. 1	服务内容			4		
4. 4. 2	服务人员			8		
4. 4. 3	服务要求			28		
4. 5	洗涤服务 注：外包洗涤服务的机构，外包服务协议中应体现以下内容。未体现的内容不得分。		25			
4. 5. 1	服务内容			3		
4. 5. 2	服务人员			5		
4. 5. 3	服务要求			17		
4. 6	医疗护理服务		60			
4. 6. 1	服务内容			7		
4. 6. 2	服务人员			9		
4. 6. 3	服务要求			37		
4. 6. 4	传染病防治			7		
4. 7	文化娱乐服务		50			
4. 7. 1	服务内容			5		
4. 7. 2	服务人员			9		
4. 7. 3	服务要求			36		
4. 8	心理/精神支持服务		35			
4. 8. 1	服务内容			4		
4. 8. 2	服务人员			9		
4. 8. 3	服务要求			22		
4. 9	安宁服务		30			
4. 9. 1	服务内容			6		
4. 9. 2	服务人员			6		
4. 9. 3	服务要求			18		
4. 10	委托服务		20			
4. 10. 1	服务内容			2		
4. 10. 2	服务人员			4		
4. 10. 3	服务要求			14		

（续表）

序号	评定项目	分项总分	次分项总分	三级项分值	四级项分值	得分
4.11	康复服务（申请3级及以上养老机构须提供此项服务）		50			
4.11.1	服务内容			15		
4.11.2	服务人员			12		
4.11.3	服务要求			23		
4.12	教育服务（申请4级及以上养老机构须提供此项服务）		20			
4.12.1	服务内容			2		
4.12.2	服务人员			4		
4.12.3	服务要求			14		
4.13	居家上门服务（申请5级养老机构须提供此项服务）		30			
4.13.1	服务内容			9		
4.13.2	服务人员			4		
4.13.3	服务要求			17		

注：简单版省略了各项指标的“操作说明”和四级以上的评价项目内容。实际操作时按设施指南（2023版）。

16.2.2 老年人能力评估规范

随着我国人口老龄化程度日益加深，为了满足老年人养老服务的需求，在2013年民政行业标准《老年人能力评估》（MZ/T 039—2013）实施的基础上，结合国内外老年人能力评估工作的新进展，编制《老年人能力评估规范》（GB/T 42195—2022）国家标准，由国家市场监督管理总局、国家标准化管理委员会批准发布，于2022年12月30日开始实施。本文件为老年人能力评估提供统一、规范、可操作的工具，为科学划分老年人能力等级，推进基本养老服务体系建设，优化养老服务供给，规范养老服务机构运营，加强养老服务综合监管等提供依据。老年人要及时对自己的能力状况进行自我评估，做到“心中有数”和“自知之明”，明白自己今后的行为方向。

16.2.2.1 老年人能力等级划分和评估指标

（1）能力等级的划分（表16-8）

表16-8 能力等级的划分

能力等级	等级名称	等级划分
0完好	能力完好	总分90

（续表）

能力等级	等级名称	等级划分
1 轻度失能	能力轻度受损失	总分 66~89
2 中度失能	能力中度受损	总分 46~65
3 重度失能	能力重度受损	总分 30~45
4 完全失能	能力完全丧失	总分 0~29

说明 1：处于昏迷状态者，直接评定为能力完全丧失（完全失能）。若意识状态改变．虚重新进行评估。

说明 2：有以下情况之一者，在原有能力级别上应提高一个级别：① 确诊为痴呆（F00~F03）；② 精神科专科医生诊断的其他精神和行为障碍疾病（F04~F99）；③ 近 30 天内发生过 2 次及以上照护风险事件（如跌倒、噎食、自杀、自伤、走火等）。

注：说明 2 中 F00~F99 是 ICD-10（国际疾病分类第 10 次修订本）精神和行为障碍诊断编码号。

（2）评估指标体系（表 16-9）

表 16-9　评估指标体系

一级指标（4 个）	二级指标（26 个）
自理能力	进食、修饰、洗澡、穿/脱上衣、穿/脱裤子和鞋袜、小便控制、大便控制、如厕
基础运动能力	床上体位转移、床椅转移、平地行走、上下楼梯
精神状态	时间定向、空间定向、人物定向、记忆、理解能力、表达能力、攻击行为、抑郁症状、意识水平
感知觉与社会参与	视力、听力、执行日常事务、使用交通工具外出、社会交往能力

16. 2. 2. 2　评估指标内容与评分

（1）自理能力

① 进食：使用适当的器具将食物送入口中并咽下。

4 分：独立使用器具将食物送进口中并咽下，没有呛咳；3 分：在他人指导或提示下完成，或独立使用辅具，没有呛咳；2 分：进食中需要少量接触式协助，偶尔（每月一次及以上）呛咳；1 分：在进食中需要大量接触式协助，经常（每周一次及以上）呛咳；0 分：完全依赖他人协助进食，或吞咽困难，或留置营养管。

② 修饰：指洗脸、刷牙、梳头、刮脸、剪指（趾）甲等。

4 分：独立完成，不需要协助；3 分：在他人指导或提示下完成；2 分：需要他人协助，但以自身完成为主；1 分：主要依靠他人协助，自身能给予配合；0 分：完拿依赖他人协助，且不能给予配合。

③ 洗澡：清洗并擦干身体。

4 分：独立完成，不需要要协助；3 分：在他人指导或提示下完成；2 分：需要他人协助，但以自身完成为主；1 分：主要依靠他人协助，自身能给予配合；0 分：完全依赖他人协助，且不能给予配合。

④ 穿/脱上衣：指穿/脱上身衣服、系扣、拉拉链等。

4 分：独立完成，不需要他人协助；3 分：在他人指导或提示下完成；2 分：需要他人协助，但以自身完成为主；1 分：主要依靠他人协助，自身能给予配合；0 分：完全依赖他人协助，且不能给予配合。

⑤ 穿/脱裤子和鞋袜：指穿/脱裤子、鞋袜等。

4 分：独立完成，不需要他人协助；3 分：在他人指导或提示下完成；2 分：需要他人协助，但以自身完成为主；1 分：主要依靠他人协助，自身能给予配合；0 分：完全依赖他人协助，且不能给予配合。

⑥ 小便控制：控制和排出尿液的能力。

4 分：可自行控制排尿，排尿次数、排尿控制均正常；3 分：白天可自行控制排尿次数，夜间出现排尿次数增多、排尿控制较差，或自行使用尿布、尿垫等辅助用；2 分：白天大部分时间自行控制排尿，偶出现（每天<1 次，但每周>1 次）尿失禁，夜间控制排尿较差，或他人少量协助使用尿布、尿垫等辅助用物；1 分：白天大部分时间不能控制排尿（每天≥1 次，但尚非完全失控），夜间出现尿失禁，或他人大量协助使用尿布、尿垫等辅助用物；0 分：小便欠禁，完全不能控制排尿，或留置导尿管。

⑦ 大便控制：控制和排出粪便的能力。

4 分：可正常自行控制大便排出；3 分：有时出现（每周<1 次）便秘或大便失禁，或自行使用开塞露、尿垫等辅助用物；2 分：经常出现（每天<1 次，但每周>1 次）便秘或大便失禁，或他人少量协助使用开塞露、尿垫等辅助用物；1 分：大部分时间均出现（每天≥1 次）便秘或大便失禁，但尚非完全失控，或他人大量协助使用开塞露、尿垫等辅助用物；0 分：严重便秘或者完全大便失禁，需要依赖他人协助排便或清洁皮肤。

⑧ 如厕：上厕所排泄大小便，并清洁身体。

注：评估中强调排泄前解开裤子、完成排泄后清洁身体、穿上裤子。

4 分：独立完成，不需要他人协助；3 分：在他人指导或提示下完成；2 分：需要他人协助，但以自身完成为主；1 分：主要依靠他人协助，自身能给予配合；0 分：完全依赖他人协助，且不能给予配合。

总计得分：

（2）基础运动能力评估

① 床上体位转移：卧床翻身及坐起躺下。

4 分：独立完成．不需要他人协助；3 分：在他人指导或提示下完成；2 分：需要他人协助，但以自身完成为主；1 分：主要依靠他人协助，自身能给予配合；0 分：完全依赖他人协助，且不能给予配合。

② 床椅转移：从坐位到站位，再从站位到坐位的转换过程。

4 分：独立完成，不需要他人协助；3 分：在他人指导或提示下完成；2 分：需要他人协助，但以自身完成为主；1 分：主要依靠他人协助，自身能给予配合；0 分：完全依赖他人协助，且不能给予配合。

③ 平地行走：双脚交互的方式在地面行动，总是一只脚在前。

注：包括他人辅助和使用辅助具的步行。

4 分：独立平地步行 50m 左右，不需要协助，无摔倒风险 ；3 分：能平地步行 50m

左右，存在摔倒风险，需要他人监护或指导，或使用拐杖、助行器等辅助工具；2 分：在步行时需要他人少量扶持协助；1 分：在步行时需要他人大量扶持协助；0 分：完全不能步行。

④ 上下楼梯：双脚交替完成楼梯台阶连续的上下移动。

3 分：可独立上下楼梯（连续上 10~15 个台阶），不需要他人协助；2 分：在他人指导或提示下完成；1 分：需要他人协助，但以自身完成为主；0 分：主要依靠他人协助，自身能给予配合，或者完全依赖他人协助，且不能给予配合。

总计得分：

（3）精神状态评估

① 时间定向：知道并确认时间的能力。

4 分：时间观念（年、月）清楚，日期（或星期几）可相差一天；3 分：时间观念有些下降，年、月、日（或星期几）不能全部分清（相差二天以上）；2 分：时间观念较差，年、月、日不清楚，可知上半年或下半年或季节；1 分：时间观念很差，年、月、日不清楚，可知上午、下午或白天、夜间；0 分：无时间观念。

② 空间定向：知道并确认空间的能力。

4 分：能在日常生活范围内单独外出，如日常居住小区内独自外出购物等；3 分：不能单独外出，但能准确知道自己日常生活所在地的地址信息；2 分：不能单独外出，但能知道较多有关自己日常生活的地址信息；1 分：不能单独外出，但知道较少自己居住或生活所在地的地址信息；0 分：不能单独外出，无空间观念。

③ 人物定向：知道并确认人物的能力。

4 分：认识长期共同一起生活的人，能称呼并知道关系；3 分：能认识大部分共同生活居住的人，能称呼或知道关系；2 分：能认识部分日常同住的亲人或照护者等，能称呼或知道关系等；1 分：只认识自己或极少数日常同住的亲人或照护者等；0 分：不认识任何人（包括自己）。

④ 记忆：短时、近期和远期记忆能力。

4 分：总是能保持与社会、年龄所适应的记忆能力，能完整地回忆；3 分：出现轻度的记忆紊乱或回忆不能（不能回忆即时信息，3 个词语经过 5min 后仅能回忆 0~1 个）；2 分：出现中度的记忆紊乱或回忆不能（不能回忆近期记忆，不记得上一顿饭吃了什么）；1 分：出现重度的记忆紊乱或回忆不能（不能回忆远期记忆，不记得自己老朋友）；0 分：记忆完全紊乱或完全不能对既往事物进行正确的回忆。

⑤ 理解能力：理解语言信息和非语言信息的能力（可借助平时使用助听设备等），即理解别人的话。

4 分：能正常理解他人的话；3 分：能理解他人的话，但需要增加时间；2 分：理解有困难，需频繁重复或简化口头表达；1 分：理解有严重困难，需要大量他人帮助；0 分：完全不能理解他人的话。

⑥ 表达能力：表达信息能力，包括口头的和非口头的，即表达自己的想法。

4 分：能正常表达自己的想法；3 分：能表达自己的需求，但需要增加时间；2 分：表达需要有困难，需频繁重复或简化口头表达；1 分：表达有严重困难，需要大量他人帮助；0 分：完全不能表达需要。

⑦ 攻击行为：身体攻击行为（如打/踢/推/咬/抓/棒东西）和语言攻击行为（如骂人、语言威胁、尖叫）。

（注：长期的行为状态）。1 分：未出现；0 分：近一个月内出现过攻击行为。

⑧ 抑郁症状：存在情绪低落、兴趣减退、活力减退等症状，甚至出现妄想、幻觉、自杀念头或自杀行为。（注：长期的负性情绪。）

1 分：未出现；0 分：近一个月内出现过负性情绪。

⑨ 意识水平：机体对自身和周围环境的刺激做出应答反应的能力程度，包括清醒和持续的觉醒状态。（注：处于昏迷状态者，直接评定为重度失能）。

2 分：神志清醒，对周围环境能做出正确反应；1 分：嗜睡．表现为睡眠状态过度延长。当呼唤或推动老年人的肢体时可唤醒，并能进行正确的交谈或执行指令，停止刺激后又继续入睡，意识模糊，注意力涣散，对外界刺激不能清晰的认识，空间和时间定向力障碍，理解力迟钝，记忆力模糊和不连贯；0 分：昏睡，一般的外界刺激不能使其觉醒，给予较强烈的刺激时可有短时的意识清醒，醒后可简短回答提问，半刺激减弱后又很快进入睡眠状态；或者昏迷：意识丧失，随意运动丧失，对一般刺激全无反应。

总计得分：

（4）感知觉与社会参与评估

① 视力：感受存在的光线，并感受物体的大小、形状的能力。在个体的最好矫正视力下进行评估。

2 分：视力正常；1 分：能看清楚大字体，但看不清书报的标准字体；视力有限，看不清报纸大标题，但能辨认物体；0 分：只能看到光、颜色和形状，完全失明。

② 听力：能辨别声音的方位、音调、音量和音质的有关能力（可借助平时使用助听设备等）。

2 分：听力正常；1 分：在轻声说话或说话距离超过 2m 时听不清；日常交流有些困难，需在安静的环境或大声说话才能听到；0 分：讲话者大声说话或说话很慢才能部分听见；完全失聪。

③ 执行日常事务：计划、安排并完成日常事务，包括但不限于洗衣服、小金额购物、服药管理。

4 分：能完全独立计划、安排和完成日常事务，无需协助；3 分：在计划、安排和完成日常事务时需要他人监护或指导；2 分：在计划、发排和完成日常事务时需要少量协助；1 分：在计划、安排和完成日常事务时需要大量协助；0 分：完全依赖他人进行日常事务。

④ 使用交通工具外出。

3 分：能自己骑车或搭乘公共交通工具外出；2 分：能自己搭乘出租车，但不搭乘其他公共交通工具外出；1 分：当有人协助或陪伴，可搭乘公共交通工具外出；0 分：只能在他人协助下搭乘出租车或私家车外出；完全不能出门，或者外出完全需要协助。

⑤ 社会交往能力。

4 分：参与社会，在社会环境有一定的适应能力，待人接物恰当；3 分：能适应单纯环境，主动接触他人，初见面时难让人发现智力问题，不能理解隐喻语；2 分：脱离社会，可被动接触，不会主动接触他人，谈话有很多不适词句，容易上当受骗；1 分：勉强可与他人接触。谈吐内容不清楚，表情不恰当；0 分：不能与人交往。

总计得分：

16.2.2.3　组织实施

（1）评估主体

开展评估工作的机构应为依法登记的企事业单位或社会组织。开展评估工作的机构应至少配置 5 名专/兼职评估人员。评估人员应具有全日制高中或中专以上学历，具有 5 年以上从事医疗护理、健康管理、养老服务、老年社会工作等实务经历，并具有相关专业背景，理解评估指标内容，掌握评估要求；应保护被评估人员和评估人员的尊严、安全和个人隐私。

（2）评估流程

① 首次评估应由老年人本人或其代理人申请，受理申请后，由评估机构采取集中或入户等形式实施评估。

② 每次评估应有 2 名评估人员同时在场，至少一人具有医护专业背景。评估时，老年人身体发生不适，或者精神出现问题，应终止评估。

③ 评估人员应通过询问老年人本人及照顾者，或者查询相关信息，填写老年人能力评估基本信息表的内容，并签字。

④ 评估人员按照上一节评估指标和评分的内容，进行逐项评估，填写每个项目得分，确定一级指标得分和老年人能力评估总得分。

⑤ 评估人员根据 4 个一级指标的得分，依据确定老年人能力等级，并填写老年人能力评估报告，经 2 名评估人员确认并签字，同时请信息提供者签字。

16.2.2.4　二个标准的讨论

在 2013 年民政行业标准 MZ/T 039—2013《老年人能力评估》实施的基础上，结合国内外老年人能力评估工作的新进展，编制国家标准《老年人能力评估规范》（GB/T 42195—2022），由国家市场监督管理总局、国家标准化管理委员会批准发布，于 2022 年 12 月 30 日开始实施。下面对这二个标准的评估指标体系进行比较。

（1）二个指标体系的比较（表 16-10）

表 16-10　二个老年人能力评估指标体系比较

评价标准	一级指标（4 个）	二级指标（21/26 个）
民政行业标准（MZ/T 039—2013）	日常生活活动	进食、洗澡、修饰、穿衣、大便控制、小便控制、如厕、床椅转移、平地行走、上下楼梯（9 项）
	精神状态	认知功能、攻击行为、抑郁症状（3 项）
	感知觉与沟通	意识水平、视力、听力、沟通交流（4 项）
	社会参与	生活能力、工作能力、时间/空间定向、人物定向、社会交往能力

（续表）

评价标准	一级指标（4个）	二级指标（21/26个）
国家标准（GB/T 42195—2022）	自理能力	进食、修饰、洗澡、穿/脱上衣、穿/脱裤子和鞋袜、小便控制、大便控制、如厕（8项）
	基础运动能力	床上体位转移、床椅转移、平地行走、上下楼梯（4项）
	精神状态	时间定向、空间定向、人物定向、记忆、理解能力、表达能力、攻击行为、抑郁症状、意识水平（9项）
	感知觉与社会参与	视力、听力、执行日常事务、使用交通工具外出、社会交往能力

（2）二个标准等级综合评估方法比较

① 民政行业标准《老年人能力评估》（MZ/T 039—2013）的等级综合评估方法。

民政行业标准《老年人能力评估》（MZ/T 039—2013）的老年人能力划分为4个等级：能力完好、轻度失能、中度失能、重度失能。没有“完全失能”等级。各级的评估方法如表16-11所示。

表16-11　民政行业标准《老年人能力评估》（MZ/T 039—2013）的等级综合评估方法

老年人能力等级标准	能力完好：日常生活活动、精神状态、感知觉与沟通分级均为0，社会参与的分级为0或1； 轻度失能：日常生活活动分级为0，但精神状态、感知觉与沟通中至少一项的分级为1或2，或社会参与的分级为2；或日常生活活动分级为1，精神状态、感知觉与沟通、社会参与中至少有一项的分级为0或1。 中度失能：日常生活活动分级为1，但精神状态、感知觉与沟通、社会参与均为2，或有一项为3；或日常生活活动分级为2，且精神状态、感知觉与沟通、社会参与中有1~2项的分级为1或2。 重度失能：日常生活活动的分级为3；或日常生活活动、精神状态、感知觉与沟通、社会参与分级均为2；或日常生活活动分级为2，且精神状态、感知觉与沟通、社会参与中至少有一项分级为3
特殊情况说明	有认知症/痴呆、精神疾病者，在原有能力级别上提高一个等级 近30天内发生过2次及以上跌倒、噎食、自杀、走失者，在原有能力级别上提高一个等级 处于昏迷状态者，直接评定为重度失能　□
老年人能力 等级	0能力完好　1轻度失能　2中度失能　3重度失能　□
评估员签名________、________　日期______年______月______日 信息提供者签名________　日期______年______月______日	

② 国家标准《老年人能力评估规范》（GB/T 42195—2022）的等级综合评估方法（表16-12）。

表 16-12　国家标准《老年人能力评估规范》（GB/T 42195—2022）的等级综合评估方法

能力等级	等级名称	等级划分
0 完好	能力完好	总分 90
1 轻度失能	能力轻度受损失	总分 66~89
2 中度失能	能力中度受损	总分 46~65
3 重度失能	能力重度受损	总分 30~45
4 完全失能	能力完全丧失	总分 0~29

说明 1：处于昏迷状态者，直接评定为能力完全丧失（完全失能）。若意识状态改变．虚重新进行评估。

说明 2：有以下情况之一者，在原有能力级别上应提高一个级别：① 确诊为痴呆（F00~F03）；② 精神科专科医生诊断的其他精神和行为障碍疾病（F04~F99）；③ 近 30 天内发生过 2 次及以上照护风险事件（如跌倒、噎食、自杀、自伤、走火等）。

注：说明 2 中 F00~F99 是 ICD-10（国际疾病分类第 10 次修订本）精神和行为障碍诊断编码号。

16.3　国家森林城市评价指标

本章根据 2019 年 10 月 1 日实施的《国家森林城市评价指标》（GB/T 37342—2019）改写。

近年来，中国的城市化进程发展迅速，但城市化所带来的环境负面影响也逐渐暴露。城市森林建设是改善城市生态环境、提高城市居民生活质量的重要手段之一。针对此类问题，国家出台了《国家森林城市评价指标》（GB/T 37342—2019）。国家森林城市（National Forest City）是指在市域范围内形成以森林和树木为主体，城乡一体、稳定健康的城市森林生态系统，服务于城市居民身心健康，且各项建设指标达到规定标准并经国家林业局批准授牌的城市。国家林业主管部门将对“国家森林城市进行动态考核，在授予称号年后三年组织专家进行复查，复查不合格将提出警告，5 年后复查仍不合格，取消其“国家森林城市”称号。

根据 2019 年 10 月 1 日实施的《国家森林城市评价指标》（GB/T 37342—2019），国家森林城市共有 5 大体系（包括森林网络、森林健康、生态福利、生态文化、组织管理）36 项评价指标，分地级及以上城市和县级城镇两部分。

16.3.1　地级及以上城市评价指标

16.3.1.1　森林网络

① 林木覆盖率：年降水量 400mm 以下的城市，林木覆盖率达 25%以上；年降水量 400~800mm 的城市，林木覆盖率达 30%以上；年降水量 800 mm 以上的城市，林木覆盖率达 35%以上；湿地及水域面积占国土总面积 10%以上的城市，林木覆盖率达 25%以上；林木覆盖率计算方法见 16.3.3 节。

② 城区绿化覆盖率：城区绿化覆盖率达 40% 以上。绿化覆盖率计算方法见 16.3.3 节。

③ 城区树冠覆盖率：城区树冠覆盖率达 25%以上，下辖的县（市）城区树冠覆盖率达 20%以上。树冠覆盖率计算方法见 16.3.3 节。

④ 城区人均公园绿地面积：城区人均公园绿地面积达 $12m^2$ 以上。

⑤ 城区林荫道路率：城区主干路、次干路路林荫道路率达 60%以上。林荫道路率计算方法见附录 A。

⑥ 城区地面停车场绿化：城区新建地面停车场的乔木树冠覆盖率达 30%以上。

⑦ 乡村绿化：乡镇道路绿化率达 70%以上，村庄林木绿化率达 30%以上，村旁、路旁、水旁、宅旁基本绿化美化。

⑧ 道路绿化：铁路、县级以上公路等道路绿化与周边自然、人文景观相协调，适合绿化的道路绿化率达 80%以上。道路绿化率的计算方法见附录 A。

⑨ 水岸绿化：注重江、河、湖、库等水体沿岸生态保护和修复，水体岸线自然绿化率达 80%以上，适宜绿化的水岸绿化率达 80%以上。

⑩ 农田林网：按照《生态公益林建设技术规程》（GB/T 18337）要求建设农田林网。

⑪ 重要水源地绿化：重要水源地森林植被保护完好，森林覆盖率达 70%以上，水质净化和水源涵养作用得到有效发挥。

⑫ 受损弃置地生态修复：受损弃置地生态修复率达 80%以上。

16.3.1.2　森林健康

① 树种多样性：城市森林树种丰富多样，形成多树种、多层次、多色彩的森林景观，城区某一个树种的栽植数量不超过树木总数的 20%。

② 乡土树种使用率：城区乡土树种使用率达 80%以上。乡土树种使用率计算方法见附录 A。

③ 苗木使用：注重乡土树种苗木培育，使用良种壮苗，提倡实生苗、容器苗、全冠苗造林，严禁移植天然大树。

④ 生态养护：避免过度人工干预，注重森林、绿地土壤的有机覆盖和功能提升，城区绿地有机覆盖率达 60%以上。绿地有机覆盖率计算方法见 16.3.3。

⑤ 森林质量提升：注重森林质量精准提升，每年完成需提升面积的 10%以上，培育优质高效城市森林。

⑥ 动物生境营造：保护和选用留鸟引鸟、食源蜜源植物。大型森林、湿地等生态斑块通过生态廊道实现有效连接。

⑦ 森林灾害防控：建立完善的有害生物和森林火灾防控体系。

⑧ 资源保护：划定生态红线。未发生重大涉林犯罪案件和公共事件。

16.3.1.3　生态福利

城区公园绿地服务：公园绿地 500m 服务半径对城区覆盖达 80%以上。

生态休闲场所服务：建有森林公园、湿地公园等大型生态休闲场所 20km 服务半径市域覆盖率达 70%以上。

公园免费开放：财政投资建设的公园向公众免费开放。

乡村公园：每个乡镇建设休闲公园 1 处以上，每个村庄建设公公共休闲绿地 1 处以上。

绿道网络：建设遍及城乡的绿道网络，城乡居民每万人拥有的绿道长度达 0.5km 以上。

生态产业：发展森林旅游、休闲、康养、食品等绿色生态产业．促进农民增收致富。

16.3.1.4　生态文化

生态科普教育：所辖区（县、市）均建有 1 处以上参与式、体验式的生态课堂、生态场馆等生态科普教育场所。在城乡居民集中活动的场所，建有森林、湿地等生态标识系统。

生态宣传活动：广泛开展森林城市主题宣传，每年举办市级活动 5 次以上。

古树名木：古树名木管理规范，档案齐全，保护措施科学到位，保护率达 100%。

市树市花：设立市树、市花。

公众态度：公众对森林城市建设的知晓率、支持率和满意度达 90%以上。

16.3.1.5　组织管理

建设备案：在国家森林城市建设的主管部门正式备案 2 年以上。

规划编制：编制规划期限 10 年以上的国家森林城市建设总体规划，并批准实施 2 年以上。

科技支撑：建立长期稳定的科技支撑体系，专业技术队伍健全，技术规程完善。

示范活动：积极开展森林社区、森林单位、森林乡镇、森林村庄、森林人家等多种形式示范活动。

档案管理：档案完整规范，相关技术图件齐备，实现科学化、信息化管理。

16.3.2　县级城市评价指标

16.3.2.1　森林网络

林木覆盖率：年降水量 400mm 以下的县市，林木覆盖率达 25%以上；年降水量 400~800mm 的县市，林木覆盖率达 30%以上；年降水量 800mm 以上的县市，林木覆盖率达 35%以上；湿地及水域面积占国土总面积 10%以上的县市，林木覆盖率达 25%以上；林木覆盖率计算方法见 16.3.3。

城区绿化覆盖率：城区绿化覆盖率达 40%以上。绿化覆盖率计算办法见 16.3.3。

城区树冠覆盖率：城区树冠覆盖率达 25%以上。树冠覆盖率计算方法见 16.3.3。

城区人均公园绿地面积：城区人均公园绿地面积达 $12m^2$ 以上。

城区林荫道路率：城区主干路、次干路路林荫道路率达 60%以上。林荫道路率计算方法处附录 A。

城郊成片森林、湿地：建设 $20hm^2$ 以上的成片森林或湿地 2 处以上。

乡镇绿化：乡镇建成区绿化覆盖率达 30%以上。建有 2 $000m^2$ 以上公园绿地 1 处以上。

村庄绿化：林木绿化率达30%以上。村旁、路旁、水旁、宅旁全部绿化美化．建设1处以上公共休闲绿地。

道路绿化：铁路、乡级以上道路绿化注重与周边自然、人文景观相协调，适宜绿化的道路绿化率达85%以上。道路绿化率的计算方法见16.3.3。

水岸绿化：注重江、河、湖、库等水体沿岸生态保护和修复，水体岸线自然绿化率达85%以上。适宜绿化的水岸绿化率达85%以上。

农田林网：按《生态公益林建设技术规程》（GB/T 18337.3）要求建设农田林网。

受损弃置地生态修复：受损弃置地生态修复率达80%以上。

16.3.2.2 森林健康

树种多样性：城市森林树种丰富多样，形成多树种、多层次、多色彩的森林景观，城市某一个树种的栽植数量不能超过树木总数的20%。

乡土树种使用率：城区乡镇建成区、农村居民点乡土树种使用率达80%以上。乡土树种使用率计算方法见16.3.3。

苗木使用：注重乡土树种的培育，使用良种壮苗，提倡实生苗、容器苗、全冠苗造林。严禁移植天然大树。

生态养护：避免过度的人工干预，增加绿地有机覆盖，实现森林、绿地的近自然管护。

森林质量提升：注重森林质量精准提升，每年完成需提升面积的10%以上，培育优质高效城市森林。

动物生境营造：保护和选用留鸟引鸟、食源蜜源植物、大型森林、湿地等生态斑块通过生态廊道实现有效连接。

森林灾害防控：建立完善的有害生物和森林火灾防控体系。

资源保护：有效保护乡村风水林和风景林，未发生重大涉林犯罪案件和公共事件。

16.3.2.3 生态福利

城区公园绿地服务：公园绿地500m半径对城区覆盖率达80%以上。

生态休闲场所服务：建有大型森林公园、湿地公园等大型生态休闲场所10km服务半径对县覆盖达70%以上。

公园免费开放：财政投资建设的公园向公众免费开放。

绿道网络：城镇建有绿道网络．居民每万人拥有的绿道长度0.5km以上。

生态产业：发展森林旅游、休闲、康养、食品等绿色生态产业，促进农民增收致富。

16.3.2.4 生态文化

生态科普教育：建有参与式、体验式的生态课堂、生态场馆等生态科普教育场所5处以上。在城镇居民比较集中活动的场所建有森林、湿地等生态标识系统。

生态宣传活动：广泛开展森林城主题宣传，每年举办县级活动5次以上。

古树名木：古树名木管理规范，档案齐全，保护措施科学到位，保护率达100%。

公众态度：公众对森林城市建设知晓率、支持率和满意度达90%以上。

16.3.2.5　组织管理

建设备案：在国家建设森林城市主管部门正式备案 2 年以上。

规划编制：编制规划期限 10 年以上的国家森林城市建设总体规划，并批准实施 2 年以上。

示范活动：积极开展森林社区、森林单位、森林乡镇、森林村庄、森林人家等多种形式示范活动。

档案管理：档案完整规范，相关技术图件齐备，实现科学化、信息化管理。

16.3.3　部分指标的计算方法

林木覆盖率：行政区域内林木面积与土地总面积的百分比。林木面积包括郁闭度 0.2 以上的乔木林面积和竹林面积、灌木林面积、农田林网面积、“四旁”植树面积、城区乔木、灌木面积。

绿化覆盖率：绿化覆盖率是城区内绿化植物垂直投影面积占区域内土地总面积的百分比。

树冠覆盖率：树冠覆盖率是城区内树冠垂直投影面积占区域内土地总面积的百分比。

林荫道路率：林荫道路率是城区主干路、次干路林荫道路的里程占道路总里程的百分比。

道路绿化率：道路绿化率是已绿化道路长度占适宜绿化道路总长度的百分比。

乡土树种使用率：乡土树种使用率是乡土树种种植株数占树木种植总数的百分比。

绿地有机覆盖率：城区绿地有机覆盖率是林下植被面积和有机覆盖物覆盖面积之和占绿地总面积的百分比。

16.3.4　获国家森林城市名单（部分）

2004—2010 年：贵州省贵阳市，辽宁省沈阳市，湖南省长沙市，四川省成都市，内蒙古自治区包头市，河南省许昌市，浙江省临安市，河南省新乡市，广东省广州市，新疆维吾尔自治区阿克苏市，浙江省杭州市，山东省威海市，陕西省宝鸡市，江苏省无锡市，湖北省武汉市，内蒙古自治区呼和浩特市，辽宁省本溪市，贵州省遵义市，四川省西昌市，江西省新余市，河南省漯河市，浙江省宁波市。

2011 年：辽宁省大连市，吉林省珲春市，江苏省扬州市，广西壮族自治区梧州市，四川省泸州市．浙江省龙泉市，河南省洛阳市，新疆维吾尔自治区石河子市。

2012 年：内蒙古自治区呼伦贝尔市，辽宁省鞍山市，江苏省徐州市，浙江省衢州市，浙江省丽水市，河南省三门峡市，湖北省宜昌市，湖南省益阳市，广西壮族自治区柳州市，重庆市永川区。

2013 年：江苏省南京市，山西省长治市和晋城市，内蒙古自治区赤峰市，辽宁省抚顺市，浙江省湖州市，安徽省池州市，福建省厦门市，山东省临沂市，河南省平顶山市、济源市，广西壮族自治区贺州市和玉林市，四川省广安市和广元市，云南省昆明市，宁夏回族自治区石嘴山市。

2014 年：山东省淄博市、枣庄市，河北省张家口市，江苏省镇江市，浙江省温州市，安徽省合肥市、安庆市，江西省吉安市、抚州市，河南省郑州市、鹤壁市，湖北省襄阳市、随州市，湖南省郴州市、株洲市，广东省惠州市，四川省德阳市。

2015 年：河北省石家庄市，内蒙古自治区鄂尔多斯市，辽宁省营口市、葫芦岛市，浙江省绍兴市、义乌市，安徽省黄山市、宣城市，福建省漳州市、龙岩市，江西省南昌市、宜春市，山东省济南市、青岛市和泰安市，湖北省荆门市、咸宁市，湖南省永州市，广东省东莞市，云南省普洱市，青海省西宁市。

2016 年：吉林省长春市，福建省三明市，黑龙江省双鸭山市，江苏省常州市，浙江省金华市、台州市，安徽省六安市，湖北省十堰市，湖南省常德市，山东省烟台市、潍坊市，河南省焦作市、商丘市，广西壮族自治区来宾市和崇左市，四川省绵阳市，陕西省西安市、延安市。

2017 年：河北省承德市，吉林省通化市，安徽省铜陵市，福建省福州市、泉州市，江西省上饶市、赣州市、景德镇市，山东省日照市、莱芜市，湖南省张家界市，广东省佛山市、江门市，广西壮族自治区百色市，四川省攀枝花市、宜宾市、巴中市，云南省临沧市，陕西省安康市。

2018 年：北京市平谷区，河北省秦皇岛市，江苏省南通市，浙江省舟山市、桐庐县、安吉县和江山市，安徽省芜湖市，福建省莆田市，江西省萍乡市、武宁县和崇义县，山东省济宁市、聊城市、滕州市、邹城市和曲阜市，河南省濮阳市、驻马店市和南阳市，湖北省黄石市和宜都市，湖南省湘西土家族苗族自治州，广东省深圳市和中山市，广西壮族自治区贵港市，重庆市荣昌区，湖南省湘潭市。

2019 年：北京市延庆区，河北省唐山市、保定市和廊坊市，吉林省敦化市，江苏省盐城市，浙江省东阳市和永康市，安徽省马鞍山市、淮北市和宿州市，福建省南平市、宁德市和平潭综合实验区，山东省胶州市，河南省安阳市、信阳市，湖北省荆州市、恩施市，广东省汕头市、梅州市，广西壮族自治区防城港市，四川省眉山市，云南省曲靖市、景洪市，陕西省榆林市、汉中市和商洛市。

2022 年：北京市石景山区、门头沟区、通州区、怀柔区、密云区，河北省邢台市、邯郸市，辽宁省辽阳市，江苏省连云港市，安徽省滁州市，山东省滨州市，河南省开封市，广东省韶关市、阳江市、茂名市，重庆市涪陵区、北碚区、大足区、梁平区，四川省达州市，贵州省六盘水市、铜仁市、黔南布依族苗族自治州，陕西省咸阳市，甘肃省平凉市，西藏自治区林芝市。

16.4 城市体检评估规程

本节是根据土地管理行业标准《国土空间规划城市体检评估规程》（TD/T 1063—2021）内容改写。本文件由中华人民共和国自然资源部提出。

开展城市体检评估，有助于及时揭示城市空间治理中存在的问题和短板。提高城市治理现代化水平，推动建设安全韧性，绿色低碳，开放协调，创新智慧、包容共享并独具魅力的美好城市。为确保国土空间规划城市体检评估的规范性和可操作性。制定

《城市体检评估规程》。

该文件适用于直辖市、省会城市、计划单列市、地级城市和县级城市行政辖区的城市体检评估。其他城市可参照执行。城市体检评估依据国土空间规划，按照“一年一体检，五年一评估”的方式，对城市发展体征及规划实施效果定期进行的分析和评价，是促进城市高质量发展，保障国土空间规划有效实施的重要工具。

城市体检评估由城市人民政府组织，城市自然资源主管部门负责具体实施。可采取自体检评估和第三方体检评估相结合的方式进行。

评估工作流程包括：制定工作方案 → 构建评估指标体系 →规范和夯实数据基础 →分析评价 → 编制成果→ 汇交成果→成果应用。

16.4.1　体检评估指标体系和指标说明

16.4.1.1　体检评估指标体系

（1）指标分级

按安全、创新、协调、绿色、开放、共享分为 6 个一级指标，进一步划分为 23 个二级指标和 122 项三级指标。

（2）指标分类

根据指标特性，分为基本指标 33 项和推荐指标 89 项。基本指标是与国土空间规划紧密关联的底线、用地、设施、管理类指标，必须选用，以“ A”标记，并依其在指标体系中的顺序编号。推荐指标是从其他方面直接或间接反映国土空间治理水平，主要涉及空间结构优化、人居环境改善等方面的指标，应选尽选，以“B”标记，并依其在指标体系中的顺序编号。基本指标和推荐指标见表 16-13、表 16-14。推荐指标中有 48 项标注“▲”的指标为国务院审批城市的必选指标（国务院审批城市的必选指标为 81 项）。

表 16-13　体检评估基本指标

序号	指标项	对应指标体系编号
1	人均年用水量/m^3	A-01
2	地下水水位/m	A-02
3	永久基本农田保护面积/万亩	A-03
4	耕地保有量/万亩	A-04
5	生态保护红线面积/km^2	A-05
6	森林覆盖率/%	A-24
7	森林蓄积量/亿 m^3	A-25
8	历史文化保护线面积/km^2）】A-06	
9	建设用地总面积/km^2	A-21
10	城乡建设用地面积/km^2	A-22

（续表）

序号	指标项	对应指标体系编号
11	城乡工业用地占城乡建设用地的比例/%	A-15
12	城区建筑密度/%	A-23
13	超高层建筑数量/幢	A-11
14	每万元 GDP 地耗/m^2	A-26
15	土地出让收入占政府预算收入比例/%	A-16
16	常住人口数量/万人	A-19
17	城区常住人口密度/（万人/km^2）	A-20
18	城镇人均住房面积/m^2	A-32
19	15min 社区生活圈覆盖率/%	A-29
20	每千人口医疗卫生机构床位数/张	A-30
21	每千名老年人养老床位数/张	A-31
22	人均公园绿地面积/m^2	A-33
23	城区道路网密度/（km/km^2）	A-17
24	工作日平均通勤时间/min	A-28
25	城市对外日均人流联系量/万人次	A-27
26	人均应急避难场所面积/m^2	A-07
27	消防救援 5min 可达覆盖率/%	A-08
28	城区透水表面占比/%	A-09
29	城市内涝积水点数量/处	A-10
30	“统一平台”建设及应用的县级单元比例/%	A-18
31	闲置土地处置率/%	A-13
32	存量土地供应比例/%	A-14
33	违法违规调整规划、用地用海等事件数量/件	A-12
	注：1 亩=666.67m^2。	

表 16-14　推荐评估指标体系

一级	二级	编号	指标项	指标类别
安全	水安全	A-01	人均年用水量/m^3	基本
		A-02	地下水水位/m	基本
		B-01	重要江河湖泊水功能区水质达标率/%	推荐
		B-02	用水总量/亿 m^3	推荐▲

（续表）

一级	二级	编号	指标项	指标类别
安全	水安全	B-03	水资源开发利用率/%	推荐▲
		B-04	湿地面积/km^2	推荐▲
		B-05	河湖水面率/%	推荐▲
		B-06	地下水供水量占总供水量比例/%	推荐
		B-07	再生水利用率/%	推荐▲
	粮食安全	A-03	永久基本农田保护面积/万亩	基本
		A-04	耕地保有量/万亩	基本
		B-08	高标准农田面积占比/%	推荐
		A-05	生态保护红线面积/km^2	基本
	生态安全	B-09	生态保护红线范围内城乡建设用地面积/km^2	推荐▲
	文化安全	A-06	历史文化保护线面积/km^2	基本
		B-10	自然和文化遗产/处	推荐
		B-11	破坏历史文化遗存本体及其环境事件数量/件	推荐▲
	城市韧性	A-07	人均应急避难场所面积/m^2	基本
		A-08	消防救援 5min 可达覆盖率/%	基本
		A-09	城区透水表面占比/%	基本
		A-10	城市内涝积水点数量/处	基本
		A-11	超高层建筑数量/幢	基本
		B-12	综合减灾示范社区比例/%	推荐▲
		B-13	年平均地面沉降量/mm	推荐
		B-14	经过治理的地质灾害隐患点数量/处	推荐
		B-15	防洪堤防达标率/%	推荐
	规划管控	A-12	违法违规调整规划、用地用海等事件数量/件	基本
创新	投入产出	B-16	社会劳动生产率/（万元/人）	推荐▲
		B-17	研究与试验发展经费投入强度/%	推荐
		B-18	万人发明专利拥有量/件	推荐
		B-19	高等学校数量/所	推荐▲
		B-20	每 10 万人中具有大学文化程度人口数量/人	推荐
		A-13	闲置土地处置率/%	基本
		A-14	存量土地供应比例/%	基本
	发展模式	B-21	批而未供土地处置率/%	推荐▲

（续表）

一级	二级	编号	指标项	指标类别
创新	发展模式	B-22	新增城市更新改造用地面积/km^2	推荐▲
		A-15	城乡工业用地占城乡建设用地的比例/%	基本
		B-23	城乡居住用地占城乡建设用地的比例/%	推荐▲
		B-24	城乡职住用地比例（1：X）	推荐▲
		A-16	土地出让收入占政府预算收入比例	基本
	智慧城市	B-25	城市建设用地综合地价/（元/m^2）	推荐▲
		A-17	城区道路网密度/（km/km^2）	基本
		A-18	“统一平台”建设及应用的县级单元比例/%	基本
协调	集聚集约	A-19	常住人口数量/万人	基本
		B-26	实际服务管理人口数量/万人	推荐▲
		B-27	人口自然增长率/%	推荐▲
		B-28	常住人口城镇化率/%	推荐▲
		A-20	城区常住人口密度/（万人/km^2）	基本
		A-21	建设用地总面积/km^2	基本
协调	集聚集约	A-22	城乡建设用地面积/km^2	基本
		B-29	城镇开发边界范围内城乡建设用地面积/km^2	推荐▲
		B-30	城区建筑总量/亿 m^2	推荐▲
		A-23	城区建筑密度/%	基本
	城乡融合	B-31	人均城镇建设用地面积/m^2	推荐▲
		B-32	人均城镇住宅用地面积/m^2	推荐▲
		B-33	人均村庄建设用地面积/m^2	推荐▲
		B-34	等级医院交通 30min 行政村覆盖率/%	推荐▲
		B-35	行政村等级公路通达率/%	推荐
		B-36	农村自来水普及率/%	推荐
		B-37	城乡居民人均可支配收入比/%	推荐
	陆海统筹	B-38	大陆自然海岸线保有率（自然岸线保有率）/%	推荐▲
		B-39	近岸海域水质优良（一、二类）比例/%	推荐▲
		B-40	海洋生产总值占 GDP 比例/%	推荐
	地上地下统筹	B-41	人均地下空间面积/m^2	推荐▲

（续表）

一级	二级	编号	指标项	指标类别
绿色	生态保护	A-24	森林覆盖率/%	基本
		A-25	森林蓄积量/亿 m^3	基本
		B-42	林地保有量/hm^2	推荐
		B-43	草地面积/km^2	推荐
		B-44	新增生态修复面积/km^2	推荐▲
		B-45	本地指示性物种种类/种	推荐
	绿色低碳生产	A-26	每万元 GDP 地耗/m^2	基本
		B-46	每万元 GDP 水耗/m^3	推荐
		B-47	每万元 GDP 能耗/tce	推荐
		B-48	单位 GDP 二氧化碳排放降低比例/%	推荐
		B-49	分布式清洁能源设施覆盖面积/km^2	推荐
		B-50	工业用地地均增加值/亿元/km^2	推荐▲
		B-51	综合管廊长度/km	推荐
	绿色低碳生活	B-52	城镇生活垃圾回收利用率/%	推荐▲
		B-53	农村生活垃圾处理率/%	推荐▲
		B-54	绿色交通出行比例/%	推荐▲
		B-55	新建改建建筑中绿色建筑比例/%	推荐
开放	网络联通	B-56	定期国际通航城市数量/个	推荐
		B-57	定期国内通航城市数量/个	推荐
		B-58	1h 到达中心城市国际机场或干线机场的县级单元比例/%	推荐
	对外交往	A-27	城市对外日均人流联系量/万人）	基本
		B-59	铁路年客运量/万人次	推荐▲
		B-60	机场年旅客吞吐量/万人次	推荐
		B-61	国内年旅游人数/（万人次/年）	推荐
		B-62	入境年旅游人数/（万人次/年）	推荐
		B-63	国际会议、展览、体育赛事数量/次	推荐
	对外贸易	B-64	机场年货邮吞吐量/万 t	推荐
		B-65	港口年集装箱吞吐量/万标箱	推荐
		B-66	对外贸易进出口总额/亿元	推荐

（续表）

一级	二级	编号	指标项	指标类别
共享	宜业	B-67	城镇年新增就业人数/万人	推荐
		A-28	工作日平均通勤时间/min	基本
		B-68	45min 通勤时间内居民占比/%	推荐▲
		B-69	都市圈 1h 人口覆盖率/%	推荐
		B-70	轨道交通站点 800 米半径服务覆盖率/%	推荐
	宜居	A-29	15min 社区生活圈覆盖率/%	基本
		B-71	社区卫生服务设施步行 15min 覆盖率/%	推荐▲
		A-30	每千人口医疗卫生机构床位数/张	基本
		B-72	市区级医院 2 千米覆盖率/%	推荐▲
		B-73	每万人拥有幼儿园班数/班	推荐▲
		B-74	社区小学步行 10min 覆盖率/%	推荐▲
		B-75	社区中学步行 15min 覆盖率/%	推荐▲
		A-31	每千名老年人养老床位数/张	基本
		B-76	社区养老设施步行 5min 覆盖率/%	推荐▲
		B-77	殡葬用地面积/km^2	推荐
		B-78	社区文化活动设施步行 15min 覆盖率/%	推荐▲
		B-79	菜市场（生鲜超市）步行 10min 覆盖率/%	推荐▲
		A-32	城镇人均住房面积/m^2	基本
		B-80	年新增政策性住房占比/%	推荐▲
		B-81	公共租赁住房套数/套	推荐▲
	宜乐	B-82	社区体育设施步行 15min 覆盖率/%	推荐▲
		B-83	足球场地设施步行 15min 覆盖率/%	推荐
		B-84	每 10 万人拥有的博物馆、图书馆、科技馆、艺术馆等文化艺术场馆数量/处	推荐▲
		B-85	每万人拥有的咖啡馆、茶室等数量/个	推荐
	宜游	B-86	公园绿地、广场步行 5min 覆盖率/%	推荐▲
		A-33	人均公园绿地面积/m^2	基本
		B-87	人均绿道长度/m	推荐▲
		B-88	森林步行 15min 覆盖率（%）	推荐
		B-89	年空气质量优良天数/d	推荐

16.4.1.2　评估指标说明

由于篇幅限制，本章只列出部分指标说明（表 16-15），需要详细内容者，可参考中华人民共和国自然资源部提出的《国土空间规划城市体检评估规程》（TD/T 1063—2021）。

表 16-15　体检评估指标说明（部分）

编号	指标项	范围	指标内涵	数据计算及来源（包括但不限于）
A-01	人均年用水量/m^3	全域	指一年内各类用水总量与常住人口的比值	数据来源于水利等行政主管部门、统计年鉴
A-02	地下水水位/m	全域	指浅层地下水埋藏深度的平均值，即从地面到地下水位的距离平均值	数据来源于自然资源专项调查
A-03	永久基本农田保护面积/万亩	全域	指为保障国家粮食安全，落实“藏粮于地、藏粮于技”战略，按照一定时期人口和社会经济发展对农产品的需求，依法确定不得擅自占用或改变用途，实施特殊保护的耕地面积	数据来源于永久基本农田划定成果及历年调整补划成果
A-04	耕地保有量/万亩	全域	指区域内的耕地总面积	数据来源于全国国土调查及年度变更调查
A-05	生态保护红线面积/km^2	全域	指划定的生态保护红线范围面积	数据来源于生态保护红线划定成果
A-06	历史文化保护线面积/km^2	全域	指根据《自然资源部国家文物局关于在国土空间规划编制和实施中加强历史文化遗产保护管理的指导意见》统筹划定的包括文物保护单位保护范围和建设控制地带、水下文物保护区、地下文物埋藏区、城市紫线等在内的历史文化保护线范围总面积（据实备注分项面积）	数据来源于行政主管部门
A-07	人均应急避难场所面积/m^2	城区	指按照避难人数为 70% 的常住人口计算全市应急避难场所人均面积	应急避难场所总面积主要以行政主管部门数据为准，结合地理国情普查和监测、遥感监测、全国国土调查及年度变更调查等数据校核；人口数据来源于统计年鉴。相关标准可参照《国务院安委会办公室关于印发〈国家安全发展示范城市评分标准（2019 版）〉的通知》和《城市社区应急避难场所建设标准》（2017）等

（续表）

编号	指标项	范围	指标内涵	数据计算及来源（包括但不限于）
B-01	重要江河湖泊水功能区水质达标率/%	全域	指原则上按照国务院批复的《全国重要江河湖泊水功能区划（2011—2030 年）》中确定的名录内的水功能区，经评价，其中水质达标的水功能区数量占全部监测水功能区数量的比例	数据来源于行政主管部门
B-02	用水总量/亿 m^3	全域	指全年各类用水量的总和，包括农业用水、工业用水、生活用水和生态环境用水等	数据来源于统计年鉴或行政主管部门
B-03	水资源开发利用率/%	全域	指用水总量占多年平均水资源总量的比例	水资源开发利用率=用水总量/多年平均水资源总量×100%。数据来源于统计年鉴、水资源公报和水务统计年鉴

16. 4. 2　评估要求和评价标准

16. 4. 2. 1　体检评估要求

（1）年度体检要求

年度体检报告主要包括总体结论、规划实施成效、存在问题及原因分析、对策建议等。体检成果要对上一年体检发现问题的整改情况进行说明。附件包括城市体检指标表（必选项）、年度重点任务完成清单（自选项）、年度规划实施分析图（必选项）、年度规划实施社会满意度评价报告（自选项）、年度体检基础数据库建设情况说明（必选项）等。

（2）五年评估要求

五年评估报告主要包括总体结论、规划实施成效、存在问题及原因分析、对策建议等。附件包括评估指标表（必选项）、五年重点任务完成清单（必选项）、五年规划实施分析图（必选项）、五年规划实施杜会满意度评价报告（必选项，参见附录 E）、五年评估基础数据库建设情况说明（必选项）等。

16. 4. 2. 2　评价标准

将评价年上报值与基期年现状值、上一年度上报值、目标年规划值相比较，考察每项指标规划实施的进度完成情况，根据变化趋势以及与目标值的差距，划分为“符合目标方向，完成较好”和“进度缓慢，需要重点推进”等不同状态，为预警反馈提供评定依据。

以基期年 2019 年，评价年 2021 年，目标年 2025 年为例，具体体检评估指标的填报形式如表 16-16 所示。

表 16-16　体检评估指标表示例

一级	二级	编号	指标	范围	2019 基期年现状值	2025 年目标值	2020 年上报值	2021 年上报值	进度完成情况
绿色	生态保护	A-24	森林覆盖率（%）	全域	41	44	43	43.5	符合目标方向，完成较好
共享	宜居	A-31	每千名老年人养老床位数（张）	全域	5.5	7	5.8	5.9	进度缓慢，需要重点推进

16.4.3　评估成果报送及应用

16.4.3.1　评估成果报送

体检评估成果由体检评估报告及附件组成。报告应简明扼要、重点突出，篇幅宜控制在 20 000 字以内。应逐步提高体检评估成果可视化表达水平，注重运用城市体征测量仪、表情图等先进手段，优化提升城市画像能力。

体检评估成果以省级为单位，经省级自然资源主管部门汇总，通过国土空间规划“一张图”实施监督信息系统，在线汇交至全国统一的国土空间基础信息平台。体检评估指标表需另提交表格文件。

16.4.3.2　成果应用

上级自然资源主管部门应将体检评估成果，与规划审批、用途管制等自然资源管理业务挂钩，并为执法督察、绩效考核等提供参考。

各城市应将体检评估成果应用于规划编制、实施、调整优化等规划管理工作中，支撑国民经济和社会发展规划、政府工作报告、投资项目计划等综合事务决策，促进城市空间治理水平提升。

16.5　旅游景区质量等级的划分与评定

本节的内容是根据国家标准《旅游景区质量等级的划分与评定》（GB/T 17775—2003）内容改写。本标准的制定旨在加强对旅游景区的管理，提高旅游景区服务质量，维护旅游景区和旅游者的合法权益，促进我国旅游资源开发、利用和环境保护。本标准在制定过程中，总结了国内旅游景区的管理经验，借鉴了国内外有关资料和技术规程，并直接引用了部分国家标准或标准条文。同时，根据《旅游景区质量等级的划分与评定》（GB/T 17775—1999）自 1999 年至今近 3 年的实施情况，在原标准基础上对一些内容进行了修订，使其更加符合旅游景区的发展实际。

本标准中旅游景区是以旅游及其相关活动为主要功能或主要功能之一的空间或地域，具有参观游览、休闲度假、康乐健身等功能，具备相应旅游服务设施并提供相应旅游服务的独立管理区。该管理区应有统一的经营管理机构和明确的地域范围。包括风景区、文博院馆、寺庙观堂、旅游度假区、自然保护区、主题公园、森林公园、地质公园、游乐园、动物园、植物园及工业、农业、经贸、科教、军事、体育、文化艺术等各类旅游景区。

旅游景区质量等级划分为五级，从高到低依次为5A、4A、3A、2A、1A级旅游景区。

16.5.1 A级景区检查评定组织方式、工作流程和工作方法

16.5.1.1 组织方式

各级旅游景区质量等级评定机构具体负责权限内的景区创建、指导与检查评定工作。

根据景区资源特色、类型、市场定位等要素，应组建结构合理、知识互补的评定检查组。原则上，评定检查组应由来自行业、院校、企业三部分人员组成。在工作过程中，评定检查组人员应有合理分工，形成分工协作，各有侧重的工作职责。

16.5.1.2 工作流程

旅游景区质量等级评定是一项严肃的技术认证工作，应严格按照以下工作步骤开展工作。

步骤一：前期准备工作。

接到指导、评定检查任务后，评定检查员应做好前期案头准备工作。

通过阅读《旅游景区质量等级申请报告》，对景区建设、经营管理情况形成初步的印象。通过查阅相关材料，了解申报景区在全省、区域旅游产业布局中的地位、资源特色、市场影响力。

《旅游景区简况》一表中以下内容尤其值得关注。

“基本数据”中，接待人数、门票价格、营业收入三者的关系一定程度上反映出景区的市场吸引力；累计投入和年平均收入的关系反映出景区规划、建设的科学性以及经营、管理的能力。

“旅游资源概述”的相关描述反映景区旅游资源的吸引力和景观质量的水平。

“发展概况”的相关内容反映景区管理体制、经营管理专业化程度和可持续能力。

“旅游活动”的相关内容反映景区的综合实力和开发状况。

步骤二：召开“旅游景区质量等级评定情况通报会”（首次会）。

检查评定组到达景区后，应召开“旅游景区质量等级评定情况通报会”（首次会），通过听取景区创建工作的情况介绍，互动式提问等环节，深入了解景区资源类型与特色、开发建设、创建工作过程、管理思路、市场营销策略、人力资源状况、服务质量环境保护、未来发展战略等基本情况。

步骤三：现场检查工作。

依据国家标准，通过实地检查，感受和体验景区旅游产品和服务产品的质量，对景区质量等级建设工作形成总体的评价性意见。

步骤四：资料审核工作。

评定检查组对景区各项管理制度、审批文件、达标证书、工作记录、培训记录、投诉及重大事故处理记录等文件、资料进行检查。

步骤五：意见汇总、评分工作。

召开评定检查组内部工作会议，汇总每位评定检查员的意见、感受，形成一致性结论，并对照标准逐项评分。

步骤六：召开“旅游景区质量等级评定意见反馈会”（末次会）。

召开“旅游景区质量等级评定意见反馈会”（末次会），按照分工，依据标准三个细则的相关要求，向景区反馈检查意见，并从提升产品质量的角度，提出切实可行的整改建议。

步骤七：撰写检查报告。

委托专人，将景区检查评定情况撰写成“评定检查整改建议报告书”，上报省旅游景区质量等级评定委员会。

16.5.1.3　工作方法

旅游景区质量等级评定工作应体现规范性、专业性、引导性和实效性的工作效能，为确保国家标准的严格执行，发挥标准对景区质量建设的指导作用，在现场辅导和现场评定检查过程中，应认真领会标准的精髓和实质，力争将标准的每一项要求转化为具体的检查动作，通过关注各个检查要点的情况，感知和体验景区硬件、软件所达到的专业化水平，对景区质量形成综合性评估意见。即是说，一系列具有内在逻辑关系的“动作束”，构成评定工作的完整体系。

16.5.1.4　会议相关要求（内容略）

旅游景区质量等级评定情况通报会（首次会）。

旅游景区质量等级评定意见反馈会（末次会）。

16.5.2　旅游景区质量等级的划分与评定（表 16-17）

表 16-17　《旅游景区质量等级的划分与评定》（GB/T 17775—2003）要点

	评分细则	分值	5A	4A	3A	2A	A	评定项目
细则一	服务质量与环境质量（216 个评分点）	1 000 分	950 分	850 分	750 分	600 分	500 分	旅游交通、游览、旅游安全、卫生、邮电、购物、综合管理、资源和环境保护
细则二	景观质量（9 个评分点）	100 分	90 分	85 分	75 分	60 分	50 分	资源吸引力、市场吸引力
细则三	游客意见（17 个评分点）	100 分	90 分	80 分	70 分	60 分	50 分	旅客抽样满意度调查

（续表）

	评分细则	分值	5A	4A	3A	2A	A	评定项目
游客量（万人次年）	海内外旅游者/海外旅游者		60/5	50/3	30	10	3	

16.5.3 旅游景区质量等级的评定指标体系

评定指标体系包括五级指标，一级指标 12 个、二级指标 44 个、三级指标 118 个、四级指标 22 个、五级指标 23 个。下面所列为一、二、三级各指标的名称、分值（四、五指标及详细释义，略）：

（1）旅游交通 130 分

可进入性 70 分。

外部交通工具抵达景区的便捷程度 20 分，依托城市（镇）抵达旅游景区的便捷程度 20 分，抵达公路或客运航道（干线）等级 10 分，抵达公路或客运航道（支线）10 分，外部交通标 10 分。

自配停车场地 30 分。

面积 10 分，地面 8 分，停车场管理 8 分，停车场或码头美观，有特色或有文化性 2 分，停车场或码头与景观的协调性 2 分。

内部交通 30 分。

游览线路 10 分，游步道 20 分。

（2）游览 235 分

门票 10 分。

设计制作精美 3 分，有突出特色 3 分，背面有游览简图，咨询、投诉、紧急救援电话 4 分。

客服中心 70 分。

位置 10 分，标识醒目 5 分，造型、色彩、外观与景观的协调性 10 分，规模 10 分，设施与服务 35 分。

标识系统 49 分。

设置 17 分，布局 5 分，设计制作 16 分，维护 4 分。

中英文对照 4 分，中外文（非英文）对照 3 分。

宣教资料 15 分。

导游服务 37 分。

导游人员数量 5 分，导游语种 9 分，具有高级导游员或讲解员 3 分，设语音导游 5 分，导游词科学、准确、有文采 5 分，导游效果（清晰、生动、吸引人）5 分，导游服务有针对性，强调个性化 5 分。

游客公共休息设施和观景设施 26 分。

布局合理 8 分，造型与景观环境的协调性 5 分，制作 5 分，材质 5 分，维护 3 分。

公共信息图形符号设置 18 分。

位置与数量 6 分，图形符号设计 6 分，视觉效果 4 分，维护保养 2 分。

特殊人群服务项目 10 分。

（3）旅游 80 分

安全保护机构、制度与人员 10 分。

设有安全保护机构 2 分，有健全的安全保护制度 2 分，专职安全保护人员 4 分，流动安全保护人员数量 2 分。

安全处置 17 分。

高峰期游客安全处置 7 分，特殊情况的安全处置 7 分，安全巡查 3 分。

安全设备设施 27 分。

危险地带安全防护设施 8 分，消防、防火等设备 6 分，监控设施 5 分，游览游乐服务设施安全 5 分，特殊旅游项目的安全确认 3 分。

安全警告标志、标识 8 分。

安全宣传 6 分。

医疗服务 8 分。

设立医务室 4 分，有专职医护人员 1 分，备日常药品 1 分，备急救箱 1 分，备急救担架 1 分。

救护服务 4 分。

救护设备 2 分，建立紧急救援体系 2 分。

（4）卫生 140 分

环境卫生 20 分。

场地秩序 5 分，游览场所地面 5 分，建筑物及各种设施设备 5 分，气味 5 分。

废弃物管理 40 分。

污水排放 5 分，垃圾管理 35 分。

吸烟区管理 5 分。

餐饮服务 10 分。

服务质量 5 分，食品卫生，厨具质量 5 分。

厕所 65 分。

布局合理 2 分，位置合理 2 分，数量充足 8 分，厕所采用水冲或使用生态厕所的比例 8 分，残疾人厕位 5 分，厕所设备 15 分，厕所内部有文化氛围 3 分，厕所外观、色彩、造型与景观环境的协调 8 分，厕所服务 5 分，三星级以上厕所比例 5 分，厕所卫生 4 分。

（5）邮电 20 分

邮政纪念服务 8 分。

邮政服务 2 分，纪念服务 6 分。

电信服务 12 分。

公用电话设置 4 分，公用电话亭及标志 4 分，能接收移动电话信号 4 分。

（6）旅游购物 50 分

购物场所建设 15 分。

购物场所管理10分。

商品经营从业人员管理10分。

旅游商品15分。

（7）综合管理200分

机构与制度20分。

管理机构健全，职责分明3分，规章制度健全12分，规章制度贯彻得力5分。

企业形象32分。

产品形象5分，质量目标、质量方针或口号、企业标志运用4分，企业标志注册3分，员工服饰5分，员工服务10分。

规划25分。

规划制定10分，规划审批5分，规划实施10分。

培训20分。

培训制度、机构、人员、经费明确，落实4分。

年度培训范围4分，质量、营销、安全、导游、卫生、环保、统计等业务培训全面7分，效果5分。

游客投诉及意见处理20分。

投诉数量及性质4分。

投诉处理10分，征询游客意见6分。

旅游景区宣传36分。

通过国际互联网宣传21分，通过电视宣传10分，通过报刊宣传6分。

电子商务30分。

查询5分，预定20分，支付5分。

社会效益16分。

带动当地社会就业8分，对当地经济带动作用8分。

（8）资源和环境的保护145分

空气质量10分。

噪声指标5分。

地表水质量达国标规定10分。

景观、生态、文物、古建筑保护45分。

保护费用投入15分，保护措施（采取适合的保护措施，如防火、防盗、防捕杀、古建筑修缮、古树名木保护等）15分，保护效果15分。

环境氛围69分。

出入口20分，区内建筑及设施与景观的协调性36分，周边环境与景观的协调性13分。

采用清洁能源的设施、设备3分。

采用环保型材料3分。

（9）资源吸引力65分

观赏游憩价值25分。

历史文化科学价值 15 分。

珍稀或奇特程度 10 分。

规模与丰度 10 分。

完整性 5 分。

（10）市场影响力 35 分

知名度 10 分。

世界知名 8~10 分、全国知名 5~7 分、省内知名 3~4 分、地市知名 0~2 分

美誉度 10 分。

市场辐射力 10 分。

主题强化度 5 分。

（11）年接待游客数量（万人以上/其中海外）

60/5　50/3　30　10　3

（12）游客抽样调查满意率

90 分，80 分，70 分，60 分，50 分。

（13）游客意见评分细则

① 旅游景区质量等级对游客意见的评分，以游客对该旅游最区的综合满意度为依据。

② 游客综台满意度的考察，主要参考《旅游景区游客意见调查表》的得分情况。

③《旅游景区游客意见调查表》由现场评定检查员在景区员工陪同下，直接向游客发放、回收并统计。

④ 在质量等级评定过程中，《旅游景区游客意见调查表》发放规模，应区分旅游景区的规模、范围和申报等级，一般为 30~50 份，采取即时发放、即时回收、最后汇总统计的方法回收率不应低于 80%。

⑤《旅游景区游客意见调查表》的分发，应采取随机发放方式。原则上，发放对象不能少于三个旅游团体。并注意游客的性别、年龄、职业、消费水平等方面的均衡。

⑥ 游客综合满意度的计分方法。

游客综合满意度总分为 100 分。

计分标准如下。总体印象满分为 20 分。其中很满意为 20 分，满意为 15 分，一般为 10 分，不满意为 0 分；其他 16 项每项满分为 5 分，总计 80 分，各项中，很满意为 5 分，满意为 3 分，一般为 2 分，不满意为 0 分。

计分办法，先计算出所有《旅游景区游客意见调查表》各单项的算术平均值，再对这 17 个单项的算术平均值加总，作为本次游客意见评定的综合得分，如存在某一单项在所有调查表中均未填写的情况，则该项以其他各项（除总体印象项外）的平均值计入总分。

⑦ 旅游景区质量等级游客意见综合得分最低要求为：5A 级旅游景区 90 分；4A 级旅游景区 80 分；3A 级旅游景区 70 分；2A 级旅游景区 60 分；1A 级旅游景区 50 分。

16.6 星级酒店评定标准

本节的内容摘自《中华人民共和国星级酒店评定标准》（GB/T 14308—1997）。本标准由国家旅游局提出。本标准规定了旅游饭店星级的划分条件、评定规则及服务质量和管理制度要求。适用于正式营业的各种经济性质的旅游饭店（Tourist Hotel）。按不同习惯它也被称为宾馆、酒店、旅馆、旅社、宾舍、度假村、俱乐部、大厦、中心等。星级分为五个等级，即一星级、二星级、三星级、四星级、五星级（含白金五星级）。星级越高，表示旅游饭店的档次越高。各级的简单概况介绍如下。

一星饭店。设备简单，具备食、宿两个最基本功能，能满足客人最简单的旅行需要，提供基本的服务

二星饭店。设备一般，除具备客房、餐厅等基本设备外，还有商品部、邮电、理发等综合服务设施，服务质量较好，收费低廉，经济实惠。

三星饭店。设备齐全，不仅提供食宿，还有会议室、游艺厅、酒吧间、咖啡厅、美容室等综合服务 设施。每间客房面积约 20m²，家具齐全，并有电冰箱、彩色电视机等。服务质量较好，收费标准较高。能满足中产以上旅游者的需要。

四星饭店。设备豪华，综合服务设施完善，服务项目多，服务质量优良，讲究室内环境艺术，提供优质服务。这种饭店国际上通常称为一流水平的饭店，收费一般很高。

五星饭店。这是旅游饭店的最高等级。设备十分豪华，设施更加完善，除了房间设施豪华外，服务设施齐全。各种各样的餐厅，较大规模的宴会厅、会议厅、综合服务比较齐全。是社交、会议、娱乐、购物、消遣、保健等活动中心。环境优美，服务质量要求很高，是一个亲切快意的小社会。收费标准很高。

据国家文化和旅游部发布的 2017 年第四季度全国星级饭店统计公报显示，全国星级饭店共有 10 962 家，其中五星级酒店 822 家。

饭店开业一年后可申请星级，经星级评定机构评定批复后，可以享有五年有效的星级及其标志使用权。开业不足一年的饭店可以申请预备星级，有效期一年。除非本标准有更高要求，饭店的建筑、附属设施、服务项目和运行管理必须符合安全、消防、卫生、环境保护等现行的国家有关法规和标准。

16.6.1 星级酒店的必备条件

必备项目检查表规定了各星级应具备的硬件设施和服务项目。评定检查时，逐项打“√”确认达标后，再进入后续打分程序。各星级必备项目示例见表 16-18。

表 16-18 二星级必备检查项目

序号	项目	是否达标
1	一般要求	
1.1	建筑物结构良好，功能布局基本合理，方便宾客在饭店内活动	

（续表）

序号	项目	是否达标
1.2	应有适应所在地气候的采暖、制冷设备，各区域通风良好	
1.3	各种指示用和服务用文字应至少用规范的中文及第二种文字同时表示，导向系统的设置和公共信息图形符号应符合相关标准规定	
1.4	应有至少 20 间（套）可供出租的客房	
1.5	应提供回车线或停车场，5 层以上（含 5 层）的楼房有客用电梯	
1.6	员工应具备基本礼仪礼节，穿着整齐清洁，可用普通话提供服务，效率较高	
1.7	设施设备应定期维护保养，保持安全、整洁、卫生和有效	
1.8	应有突发事件处置的应急预案	
1.9	应有与本星级相适应的节能减排方案并付诸实施	
2	设施	
2.1	应有与饭店规模相适应的总服务台，位置合理，提供客房价目表及城市所在地的旅游交通图、旅游介绍等相关资料	
2.2	应有就餐区域，提供桌、椅等配套设施，照明充足，通风良好	
2.3	客房内应有清洁舒适的床以及桌、椅、床头柜等配套家具	
2.4	至少 50%的客房内应有卫生间，或每一楼层提供数量充足，男女分设，方便使用的公共盥洗间。客房卫生间及公共盥洗间均采取有效的防滑措施	
2.5	应 24h 供应冷水，至少 12h 供应热水	
2.6	客房应有适当装修，照明充足，有遮光效果较好的窗帘。有防噪音及隔音措施	
2.7	客房内应配备电话、彩色电视机等设施，且使用效果良好	
2.8	设有两种以上规格的电源插座	
2.9	客房内应备有服务指南、住宿须知等资料	
2.10	客房门安全有效，门锁应为暗锁，有防盗装置，客房内应在显著位置张贴应急疏散图及相关说明	
2.11	公共区域应有男女分设的公共卫生间	
2.12	应有公用电话	
2.13	应有应急照明设施	
2.14	公共区域应有适当装修，墙面整洁、光线充足。紧急出口标识清楚，位置合理，无障碍物	
2.15	门厅及主要公共区域应有残疾人出入坡道	
3	服务	
3.1	应有管理或安保人员 24h 在岗值班	

（续表）

序号	项目	是否达标
3.2	应 24h 提供接待、问询、结账和留言等服务	
3.3	应提供贵重物品保管及小件行李寄存服务	
3.4	客房、卫生间应每天全面整理一次，隔日或应宾客要求更换床单、被套及枕套，并做到每客必换	
3.5	客房内应提供热饮用水	
3.6	应提供早餐服务	
3.7	应为残障人士提供必要的服务	
	总体是否达标结论	

五星级的划分条件

（1）五星级基本条件

① 饭店布局和功能划分合理，设施使用方便、安全。

② 内外装修采用高档材料，工艺精致，具有突出风格。

③ 指示用标志清晰、实用、美观，公共信息图形符号符合规定。

④ 有中央空调（别墅式度假饭店除外），各区域通风良好。

⑤ 有与本星级相适应的计算机管理系统。

⑥ 有公共音响转播系统；背景音乐曲目、音量适宜，音质良好。

⑦ 设施设备养护良好，无噪声，达到完备、整洁和有效。

⑧ 各项管理制度健全，与饭店规模和星级相一致。

⑨ 各种指示用和服务用文字至少用规范的中英文同时表示。

⑩ 能用普通话和英语提供服务，必要时能够用第二种外国语提供服务。

（2）前厅

① 空间宽敞，与接待能力相适应，不使客人产生压抑感。

② 气氛豪华，风格独特，装饰典雅，色调协调，光线充足。

③ 有与饭店规模、星级相适应的总服务台。

④ 总服务台各区段有中英文标志，接待人员 24h 提供接待、问询和结账服务。

⑤ 提供留言服务。

⑥ 提供一次性总账单结账服务（商品除外）。

⑦ 提供信用卡结算服务。

⑧ 18h 提供外币兑换服务。

⑨ 提供饭店服务项目宣传品、客房价目表、中英文所在地交通图、全国旅游交通图、所在地和全国旅游景点介绍、主要交通工具时刻表、与住店客人相适应的报刊。

⑩ 24h 接受客房预订。

⑪ 有饭店和客人同时开启的贵重物品保险箱，保险箱位置安全、隐蔽，能够保护客人的隐私。

⑫ 设门卫应接员，18h 迎送客人。

⑬ 设专职行李员，有专用行李车，24h 提供行李服务。有小件行李存放处。

⑭ 有管理人员 24h 在岗值班。

⑮ 设大堂经理，24h 在岗服务。

⑯ 在非经营区设客人休息场所。

⑰ 提供代客预订和安排出租汽车服务。

(3) 客房

① 至少有 40 间（套）可供出租的客房。

② 70%客房的面积（不含卫生间和门廊）不小于 $20m^2$。

③ 装修豪华，具有文化氛围，有舒适的床垫、写字台、衣橱及衣架、茶几、座椅或沙发、床头柜、床头灯、台灯、落地灯、全身镜、行李架等高级配套家具。室内满铺高级地毯，或用优质木地板或其他高档材料装饰。采用区域照明且目的物照明度良好。

④ 客房门能自动闭合，有门窥镜、门铃及防盗装置。显著位置张贴应急疏散图及相关说明。

⑤ 有面积宽敞的卫生间，装有高级抽水马桶、梳妆台（配备面盆、梳妆镜和必要的盥洗用品）、浴缸并带淋浴喷头（另有单独淋浴间的可以不带淋浴喷头），配有浴帘。采取有效的防滑措施。采用豪华建筑材料装修地面、墙面和天花，色调高雅柔和，采用分区照明且目的物照明度良好。有良好的无明显噪声的排风系统，温度与客房无明显差异。有 110V/220V 不间断电源插座、电话副机。配有吹风机。24h 供应冷、热水。

⑥ 有方便使用的电话机，可以直接拨通或使用预付费电信卡拨打国际、国内长途电话，并备有电话使用说明和所在地主要电话指南。

⑦ 提供互联网接入服务，并备有使用说明。

⑧ 有彩色电视机，播放频道不少于 16 个，画面和音质优良。备有频道指示说明。播放内容应符合中国政府规定。

⑨ 有可由客人调控且音质良好的音响装置。

⑩ 有防噪声及隔音措施，效果良好。

⑪ 有至少两种规格的电源插座，方便客人使用，并提供插座转换器。

⑫ 有沙帘及遮光窗帘。

⑬ 有单人间。

⑭ 有套房。

⑮ 有至少 4 个开间的豪华套房。

⑯ 有与本星级相适应的文具用品。有服务指南、价目表、住宿须知、所在地旅游景区（点）介绍和旅游交通图、与住店客人相适应的报刊。

⑰ 客房、卫生间每天全面清理 1 次，每日或应客人要求更换床单、被单及枕套，客用品和消耗品补充齐全，并应客人要求随时进房清理，补充客用品和消耗品。

⑱ 床上用棉织品（床单、枕心、枕套、棉被及被衬等）及卫生间针织用品（浴巾、浴衣、毛巾等）材质良好、工艺讲究、柔软舒适。

⑲ 提供开夜床服务，放置晚安致意品。

⑳ 24h 提供冷热饮用水及冰块，并免费提供茶叶或咖啡。

㉑ 客房内设微型酒吧（包括小冰箱），提供适量酒和饮料，备有饮用器具和价目单；

㉒ 客人在房间会客，可应要求提供加椅和茶水服务。

㉓ 提供叫醒、留言及语音信箱服务。

㉔ 提供衣装干洗、湿洗、熨烫及修补服务，可在 24h 内交还客人。18h 提供加急服务。

㉕ 有送餐菜单和饮料单，24h 提供中西式送餐服务。送餐菜式品种不少于 8 种，饮料品种不少于 4 种，甜食品种不少于 4 种，有可挂置门外的送餐牌。

㉖ 提供擦鞋服务。

(4) 餐厅及吧室

有布局合理、装饰豪华的中餐厅。

有布局合理、装饰豪华、格调高雅的专业外国餐厅，配有专门厨房。

有独具特色、格调高雅、位置合理的咖啡厅（或简易西餐厅），能提供自助早餐、西式正餐。咖啡厅（或有一餐厅）营业时间不少于 18h 并有明确的营业时间。

有 3 个以上宴会单间或小宴会厅。能提供宴会服务。

有专门的酒吧或茶室或其他供客人休息交流且提供饮品服务的场所。

餐具按中外习惯成套配置，材质高档，工艺精致，有特色，无破损磨痕，光洁、卫生。

菜单及饮品单装帧精美，完整清洁，出菜率不低于 90%。

(5) 厨房

位置合理、布局科学，传菜路线不与其他公共区域交叉。

墙面满铺瓷砖，用防滑材料满铺地面，有地槽、有吊顶。

冷菜间、面点间独立分隔，有足够的冷气设备。冷菜间内有空气消毒设施。

冷菜间有二次更衣场所及设施。

粗加工间与其他操作间隔离，各操作间温度适宜，冷气供应充足。

有必要的冷藏、冷冻设施，生熟食品及半成食品分柜置放。有干货仓库并定期清理过期食品。

洗碗间位置合理。

有专门放置临时垃圾的设施并保持其封闭，排污设施（地槽、抽油烟机和排风口等）保持畅通清洁。

厨房与餐厅之间，有起隔音、隔热和隔气味作用的进出分开、自动闭合的弹簧门。

采取有效的消杀蚊蝇、蟑螂等虫害措施。

(6) 公共区域

会议康乐设施：有会议康乐设施设备，并提供相应服务。

有足够的停车场。

3 层以上建筑物有数量充足的高质量客用电梯，轿厢装饰高雅，另配有服务电梯。

有公用电话。

各公共区域均有男女分设的间隔式公共卫生间。

有商店，出售旅行日常用品、旅游纪念品、工艺品等商品。

有商务中心，代售邮票，代发信件，代办电报、电传、传真、复印、国际长途电话，提供打字和电脑出租等服务。

代购交通、影剧、参观等票务。

提供市内观光服务。

有紧急救助室。

有应急供电系统和应急照明设施。

主要公共区域有闭路电视监控系统。

走廊地面满铺地毯或其他高档材料，墙面整洁、有装修装饰，24h 光线充足，无障碍物。紧急出口标识清楚醒目，位置合理。

16.6.2　星级酒店的设施设备要求

设施设备要求的总分为 600 分。一星级、二星级饭店不作要求，三星级、四星级、五星级饭店规定最低得分线：三星级 220 分，四星级 320 分，五星级 420 分。具体评分标准如下。

（1）地理位置、周围环境、建筑结构及功能布局 30 分

地理位置及周围环境 8 分，停车场（包括地下停车场、停车楼）5 分，建筑结构及功能布局 17 分。

（2）共用系统 52 分

智能化管理系统 8 分，信息管理系统 9 分，互联网 8 分，空调系统 5 分，应急供电 6 分，移动电话信号覆盖所有客房及公共区域 2 分，节能措施与环境管理 14 分。

（3）前厅 62 分

地面装饰 8 分，墙面装饰 6 分，天花 5 分，艺术装饰 2 分，家具（台，沙发等）5 分，灯具与照明 5 分，整体装饰效果 4 分，公共卫生间 9 分，客用电梯 10 分，贵重物品保险箱 2 分，前厅整体舒适度 6 分。

（4）客房 191 分

普通客房 26 分，装修与装饰 11 分，家具 7 分，灯具和照明 11 分，彩色电视机 6 分，客房电话 5 分，微型酒吧（包括小冰箱）5 分，客房便利设施及用品 12 分，客房、设备物品（少一项，扣 1 分），客房卫生间 50 分，套房 14 分，有残疾人客房，配备相应的残障设施 2 分，设无烟楼层 2 分，客房舒适度 35 分，客房走廊及电梯厅 5 分。

（5）餐饮 59 分

对各个餐厅（不包括食街和快餐厅）分别打分，然后根据餐厅数量取算术平均值的整数部分）32 分，厨房 12 分，餐饮区域整体舒适度 8 分。

（6）安全设施 16 分

客房安全设施 8 分，公共区域 6 分，食品安全 2 分。

（7）员工设施 7 分

有独立的员工食堂 1 分，有独立的更衣间 1 分，有员工浴室 1 分，有倒班宿舍 1

分，有员工专用培训教室，配置必要的教学仪器和设备 1 分，有员工活动室 1 分，有员工电梯（或服务电梯）1 分。

（8）特色类别 183 分

商务会议型旅游饭店设施 70 分，休闲度假型旅游饭店设施 65 分，其他 48 分。

总分 600 分。

16.6.3 星级酒店的运营质量评价

饭店运营质量的要求见表 16−19，总分 600 分。饭店运营质量的评价内容分为，总体要求、前厅、客房、餐饮、其他、公共及后台区域等 6 个大项。评分时按“优”“良”“中”“差”打分并计算得分率。公式为：得分率=该项实际得分/该项标准总分×100%。一星级、二星级饭店不作要求。三星级、四星级、五星级饭店规定最低得分率：三星级 70%，四星级 80%，五星级 85%。如饭店不具备表 16−19 中带“＊”的项目，统计得分率时应在分母中去掉该项分值。

表 16−19　饭店运营质量评价表（简化）

序号	标准	评价			
1、总体要求					
1.1	管理制度与规范	优	良	中	差
1.2	员工素养	优	良	中	差
2、前厅					
2.1	前厅服务质量	优	良	中	差
2.2	前厅维护保养与清洁卫生	优	良	中	差
3、客房					
3.1	客房服务质量	优	良	中	差
3.2	客房维护保养与清洁卫生	优	良	中	差
4、餐饮					
4.1	餐饮服务质量	优	良	中	差
4.2	餐饮区域维护保养与清洁卫生	优	良	中	差
5、其他服务项目					
5.1	＊会议、宴会	优	良	中	差
5.2	＊健身房	优	良	中	差
5.3	＊游泳池	优	良	中	差
5.4	＊更衣室	优	良	中	差
5.5	＊商务中心、商店、休闲娱乐项目	优	良	中	差
6、公共、后台区域					

（续表）

序号	标准	评价			
6.1	周围环境	优	良	中	差
6.2	楼梯、走廊、电梯厅	优	良	中	差
6.3	公共卫生间	优	良	中	差
6.4	后台区域	优	良	中	差
总分		600			

综合上述内容，各星级酒店的申请评定，包括三方面内容：必备的条件、设施设备的要求和运营质量的评价。必备条件的每各项目都要达到要求，设施设备的要求和运营质量的评价需要通过评价人员的打分，打分计算结果要符合各级的要求，如表 16-20 所示。

表 16-20　各星级酒店的申请要求

星级	各星级必备的条件	设施设备的得分要求 周围环境、共用系统、前厅客房、餐饮、安全设施、员工设施 （总分：600 分）	运营质量的评价 总体要求、前厅、客房、餐饮、其他、公共及后台区域。 （得分率大于）
一级	一般要求、设施、服务，25 项目	—	
二级	一般要求、设施、服务，32 项目	—	
三级	一般要求、设施、服务，42 项目	＞220 分	＞70%
四级	总体要求、前厅、客房、餐厅及吧室、厨房、会议康乐设施、公共区域，79 项目	＞320 分	＞80%
五级	总体要求、前厅、客房、餐厅及吧室、厨房、会议康乐设施、公共区域，88 项目	＞423 分	＞85%

16.6.4　星级的评定规则

16.6.4.1　星级评定的责任分工

旅游饭店星级评定工作由全国旅游饭店星级评定机构统筹负责，其责任是制定星级评定工作的实施办法和检查细则，授权并督导省级以下旅游饭店星级评定机构开展星级评定工作，组织实施五星级饭店的评定与复核工作，保有对各级旅游饭店星级评定机构所评定饭店星级的否决权。

省、自治区、直辖市旅游饭店星级评定机构按照全国旅游饭店星级评定机构的授权和督导，组织本地区旅游饭店星级评定与复核工作，保有对本地区下级旅游饭店星级评定机构所评饭店星级的否决权，并承担推荐五星级饭店的责任。同时，负责将本地区所评星级饭店的批复和评定检查资料上报全国旅游饭店星级评定机构备案。

其他城市或行政区域旅游饭店星级评定机构按照全国旅游饭店星级评定机构的授权

和所在地区省级旅游饭店星级评定机构的督导，实施本地区旅游饭店星级评定与复核工作，保有对本地区下级旅游饭店星级评定机构所评饭店星级的否决权，并承担推荐较高星级饭店的责任。同时，负责将本地区所评星级饭店的批复和评定检查资料逐级上报全国旅游饭店星级评定机构备案。

16.6.4.2 星级的申请

申请星级的饭店，均须执行《旅游统计调查制度》，承诺履行向全国旅游饭店星级评定机构提供不涉及本饭店商业机密的经营管理数据的义务。

旅游饭店申请星级，应向相应评定权限的旅游饭店星级评定机构递交星级申请材料；申请四星级以上的饭店，应按属地原则逐级递交申请材料。申请材料包括：饭店星级申请报告、自查自评情况说明及其他必要的文字和图片资料。

16.6.4.3 星级的评定规程

（1）受理

接到饭店星级申请后，相应评定权限的旅游饭店星级评定机构应在核实申请材料的基础上，于14天内做出受理与否的答复，对申请四星级以上饭店，其所在地旅游饭店星级评定机构在逐级递交或转交申请材料时应提交推荐报告或转交报告。

（2）检查

受理申请或接到推荐报告后，相应评定权限的旅游饭店星级评定机构应在一个月内以明查和暗访的方式安排评定检查。检查合格与否，检查员均应提交检查报告，对检查未予通过的饭店，相应星级评定机构应加强指导，待接到饭店整改完成并要求重新检查的报告后，于一个月内再次安排评定检查。对申请四星级以上的饭店，检查分为初检和终检。

初检由相应评定权限的旅游饭店星级评定机构组织，委派检查员以暗访或明查的形式实施检查，并将检查结果及整改意见记录在案，供终检时对照使用；初检合格，方可安排终检。

终检由相应评定权限的旅游饭店星级评定机构组织，委派检查员对照初检结果及整改意见进行全面检查；终检合格，方可提交评审。

（3）评审

接到检查报告后的一个月内，旅游饭店星级评定机构应根据检查员意见对申请星级的饭店进行评审。评审的主要内容有：审定申请资格，核实申请报告，认定本标准的达标情况，查验违规及事故、投诉的处理情况等。

（4）批复

对于评审通过的饭店，旅游饭店星级评定机构应给予评定星级的批复，并授予相应星级的标志和证书。对于经评审认定达不到标准的饭店，旅游饭店星级评定机构不予批复。

旅游饭店星级的标志须置于饭店前厅最明显位置。

16.6.5 服务质量要求

16.6.5.1 服务基本原则

① 对客人礼貌、热情、亲切、友好。

② 对所有客人，不分种族、民族、国别、贫富、亲疏，一视同仁。

③ 密切关注并尽量满足客人的需求，高效率地完成对客服务。

④ 遵守国家法律法规，保护客人的合法权益。

⑤ 尊重客人的道德信仰与风俗习惯，不损害民族尊严。

16.6.5.2　服务基本要求

① 员工仪容仪表要求。着工装、佩工牌上岗，仪容仪表端庄、大方、整洁；服务过程中表情自然、亲切、热情适度，提倡微笑服务；遵守饭店的仪容仪表规范。

② 言行举止要求。站、坐、行姿符合各岗位的规范与要求，主动服务，有职业风范；以协调适宜的自然语言和身体语言对客服务，让客人感到尊重舒适。

③ 语言要求。语言文明、简明、清晰，符合礼仪规范；对客人提出的问题暂时无法解决时，应予耐心解释并于事后设法解决，不推诿和应付。

④ 业务能力与技能要求：服务人员应掌握相应的业务知识和技能，并能熟练运用。

16.6.6　管理制度要求

① 有员工手册。

② 有饭店组织机构图和部门组织机构图。

③ 管理制度。主要针对管理层如层级管理制度、质量控制制度、市场营销制度、物资采购制度等。一项完整的饭店管理制度包括制度名称、制度目的、管理职责、项目运作规程（具体包括执行层级、管理对象、方式与频率、管理工作内容）、管理分工、管理程序与考核指标等项目。

④ 部门化运作规范。包括管理人员岗位工作说明书、管理人员工作关系表、管理人员工作项目核检表、专门的质量管理文件、工作用表和质量管理记录等内容。

⑤ 服务和专业技术人员岗位工作说明书。对服务和专业技术人员的岗位要求、任职条件、班次、接受指令与协调渠道、主要工作职责等内容进行书面说明。

⑥ 服务项目、程序与标准说明书。针对服务和专业技术人员岗位工作说明书的要求，对每一个服务项目完成的目标、为完成该目标所需要经过的程序，以及为各个程序的质量标准进行说明。

⑦ 工作技术标准说明书。对国家和地方主管部门和强制性标准所要求的特定岗位的技术工作如锅炉、强弱电、消防、食品加工与制作等，必须有相应的工作技术标准的书面说明，相应岗位的从业人员必须知晓。

⑧ 其他可以证明饭店质量。

第 17 章　经济与企业管理评价

17.1　企业经营管理中的系统评价

本章主要参考杜栋等《现代综合评价方法与案例精选（第 3 版）》。

17.1.1　企业的资金合理使用

假设某一企业经过发展，有一笔利润资金，要企业高层领导决定如何使用。企业领导经过实际调查和员工建议，现有如下方案可供选择：作为奖金发给员工；扩建员工宿舍、食堂等福利设施；办员工进修班；修建图书馆、俱乐部等；引进新技术设备进行企业技术改造。

从调动员工工作积极性、提高员工文化技术水平和改善员工的物质文化生活状况来看，这些方案都有其合理因素。应用层次分析法首先要把问题条理化、层次化，构造出一个层次分析结构的模型。

17.1.1.1　构造层次分析模型

目标层：资金合理地使用 A。

准则层：调动员工积极性 B_1、提高企业技术水平 B_2、改善员工生活 B_3。

方案层：发奖金 C_1、扩建员工福利设施 C_2、办员工进修班 C_3、建图书馆等 C_4、引进新技术设备 C_5。

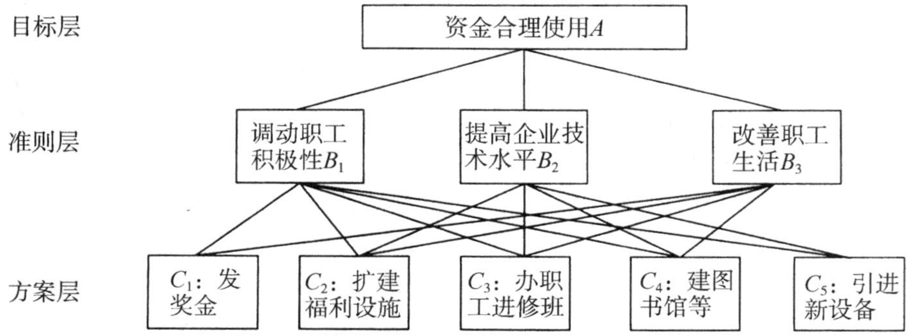

图 17-1　资金合理使用的层次分析结构

17.1.1.2 构造判断矩阵

判断矩阵由多位专家咨询填写调查表形成的。假定企业领导对这个问题的态度是，首先提高企业技术水平，其次改善员工物质生活，最后调动员工积极性。则判断层对目标层的判断矩阵 $A-B$ 为：

$$A=\begin{bmatrix} A & B_1 & B_2 & B_3 \\ B_1 & 1 & 1/5 & 1/3 \\ B_2 & 5 & 1 & 3 \\ B_3 & 3 & 1/3 & 1 \end{bmatrix} \quad \text{或} \quad A=\begin{bmatrix} 1 & 1/5 & 1/3 \\ 5 & 1 & 3 \\ 3 & 1/3 & 1 \end{bmatrix}$$

相应地，可以分别列出判断矩阵 B_1（相对于调动职工劳动积极性准则，各种使用留成利润措施方案之间相对重要性比较）、B_2（相对于提高企业技术水平准则，各种使用企业留成利润措施方案之间相对重要性比较）、B_3（相对于改善职工物质及其文化生活准则，各种使用企业留成利润措施方案之间相对重要性比较）如下：

$$B_1=\begin{bmatrix} 1 & 2 & 3 & 4 & 7 \\ 1/3 & 1 & 3 & 2 & 5 \\ 1/5 & 1/3 & 1 & 1/2 & 1 \\ 1/4 & 1/2 & 2 & 1 & 3 \\ 1/7 & 1/5 & 1/2 & 1/3 & 1 \end{bmatrix},\ B_2=\begin{bmatrix} 1 & 1/7 & 1/3 & 1/5 \\ 7 & 1 & 5 & 3 \\ 3 & 1/5 & 1 & 1/3 \\ 5 & 1/2 & 2 & 1 \end{bmatrix}$$

$$B_3=\begin{bmatrix} 1 & 1 & 3 & 3 \\ 1 & 1 & 3 & 3 \\ 1/3 & 1/3 & 1 & 1 \\ 1/3 & 1/3 & 1 & 1 \end{bmatrix}$$

构造出上述的比较判断矩阵后，即可对判断矩阵进行单排序计算。在各层次单排序计算的基础上还需要进行各层次总排序计算。不过这其中存在一个判断矩阵的一致性检验问题。

17.1.1.3 各层次单排序

方根法是一种简便易行的方法，在精度要求不高的情况下使用。除了方根法，还有和法、特征根法、最小二乘法等，这里不再介绍。

针对该例，利用这种方法，容易对各判断矩阵的各层次单排序进行计算以及求得一致性检验结果，具体如下。

对于判断矩阵 A 来说，其计算结果为：

$$W=\begin{bmatrix} 0.105 \\ 0.637 \\ 0.258 \end{bmatrix},\ \lambda_{max}=3.038,\ CI=0.019,\ RI=0.58,\ CR=0.033$$

对于判断矩阵 B_1来说，其计算结果为：

$$W=\begin{bmatrix} 0.491 \\ 0.232 \\ 0.092 \\ 0.138 \\ 0.046 \end{bmatrix},\ \lambda_{max}=5.126,\ CI=0.032,\ RI=1.12,\ CR=0.028$$

对于判断矩阵 B_2来说，其计算结果为：

$$W=\begin{bmatrix}0.550\\0.564\\0.118\\0.263\end{bmatrix},\ \lambda_{max}=4.117,\ CI=0.039,\ RI=0.90,\ CR=0.043$$

对于判断矩阵 B_3 来说，其计算结果为：

$$W=\begin{bmatrix}0.406\\0.406\\0.094\\0.094\end{bmatrix},\ \lambda_{max}=4,\ CI=0,\ RI=0.90,\ CR=0$$

17.1.1.4 层次总排序

依次沿递阶层次结构由上而下逐层计算，即可计算出最低层因素相对于最高层（总目标）的相对重要性或相对优劣的排序值，即层次总排序。也就是说，层次总排序是针对最高层目标而言的，最高层次的总排序就是其层次总排序。

层次总排序要进行一致性检验，检验是从高层到低层进行的。但也有最新的研究指出，在 AHP 法中不必检验层次总排序的一致性。也就是说，在实际操作中，总排序一致性检验常常可以省略。

针对本例，各使用企业利润方案相对于合理使用企业利润，促进企业新发展总目标的层次总排序计算如表 17-1 所示。

表 17-1 企业利润合理使用方案总排序

层次 B / 层次 C	B_1	B_2	B_3	总排序 W
	0.105	0.637	0.258	$\sum_{j=1}^{3} b_j c_{ij}(i=1,2,3,4,5)$
C_1	0.491	0	0.406	0.157
C_2	0.232	0.055	0.406	0.164
C_3	0.092	0.564	0.094	0.393
C_4	0.138	0.118	0.094	0.113
C_5	0.046	0.263	0	0.172

17.1.1.5 决策

通过数学运算可计算出最低层各方案对最高总目标相对优劣的排序权值，从而对备选方案进行排序。

对于这个工厂合理使用企业留成利润，促进企业新发展这个总目标来说，所考虑的五种方案的相对优先顺序为：C_3，开办职工进修班为 0.393；C_5，引进新技术设备，进行企业技术改造为 0.172；C_2，扩建职工宿舍等福利措施为 0.164；C_1，作为奖金发给职工为 0.157；C_4，修建图书馆等为 0.113。企业领导可以根据上述分析结果，决定各种考虑方案的实施先后次序，或者决定分配企业留成利润的比例。

最后指出，通过编制程序，其中的计算过程由计算机能很快完成。

17.1.2　在企业兼并目标选择决策中的应用

企业兼并目标选择决策是企业管理中具有决策性意义的工作，它对企业日后生存、发展、获利直接产生至关重要的影响。随着我国企业兼并的迅速发展，产权关系的逐步理顺，兼并市场的发育不断完善，企业兼并的竞争度和选择性将大大增强，此时生产经营好的企业如何找到最合适的扩张对象，将是一个理智的、科学的、严密的分析过程。传统的可行性研究方法中着重论证兼并的可行性，而对兼并对象的最佳选择缺乏有力的分析工具。这是因为兼并目标选择中受众多因素的影响，其中一些是可以度量的，一些是凭主观判断的，也就是说兼并目标选择问题是一个多目标、多层次、结构复杂、因素众多的大系统问题，需要一种将决策者经验判断予以量化，将定性和定量分析相结合并对决策对象进行优劣排序的多目标决策分析方法。层次分析法正是解决这一问题的有效方法。下面以存在 3 个兼并备选企业的情形为例进行讨论。

17.1.2.1　评价指标及其判断矩阵

根据我国企业兼并现状和发展趋势的分析，企业兼并备选目标的评价主要包括以下 6 个方面：① 财务经济状况（F_1）；② 产品市场需求状况（F_2）；③ 发展环境（F_3）；④ 技术进步潜力（F_4）；⑤ 组织管理状况（F_5）；⑥ 工艺—技术相关性（F_6）。这 6 个因素直接关系到企业兼并类型的确定和方案的实施。

根据上述因素，由厂长或董事会根据各企业的各项评价因素的具体指标值以及实地考察后的个人主观评价，综合分析后构造出判断矩阵，假设如表 17-2 所示。

表 17-2　各项评价因素的指标值

	F_1	F_2	F_3	F_4	F_5	F_6	重要性排序
财务经济状况 F_1	1	3	7	5	1	1	0.288
产品市场需求 F_2	1/3	1	9	1	1	1	0.160
技术进步潜力 F_3	1/7	1/9	1	1/7	1/5	1/4	0.029
发展环境 F_4	1/5	1	7	1	1/4	1/3	0.093
组织管理 F_5	1	1	5	4	1	3	0.263
工艺—技术相关性 F_6	1	1	4	3	1/3	1	0.167

对于此矩阵，计算可得：$\lambda_{max}=6.6190$，$CI=0.1238$，$RI=1.24$，故 $CR=CI/RI=0.0998<0.10$。

通过对第一层次因素指标的分析，可得各评价指标的权重系数，见表 17-2 最后一列数值。重要性排序为：财务经济状况（0.288），组织管理状况（0.263），工艺—技术相关性（0.167），产品市场需求状况（0.160），技术进步潜力（0.093），发展环境（0.029）。

17.1.2.2 备选企业的综合评价

然后，进一步评价 3 个备选企业不同指标下的优劣评价顺序，分 6 个指标分别构建判断矩阵，并计算出每个指标下 3 个企业的排列的优劣顺序。具体如表 17-3 所示。

表 17-3 三个备选企业兼并目标综合评价值

评价指标	财务经济状况 F_1	产品市场需求状况 F_2	发展环境 F_5	技术进步潜力 F_4	组织管理状况 F_5	工艺—技术相关性 F_6	综合评价总排序
权重系数	0.288	0.160	0.029	0.093	0.263	0.167	—
企业 A	0.672	0.705	0.110	0.667	0.60	0.088	0.402
企业 B	0.063	0.084	0.581	0.111	0.709	0.669	0.357
企业 C	0.265	0.211	0.309	0.222	0.231	0.243	0.241

17.1.2.3 决策及分析

从最终综合评价结果可知，企业 A 的综合评价值最好，为 0.402，高于企业 B 和企业 C，所以，企业 A 是最佳兼并目标。

通过分析可以看出，层次分析法为企业兼并目标的选择的战略决策提供了有效的工具，具有一定的应用前景。兼并方通过自我评估，在不同环境条件下产生了各自的微观兼并动机，有的是为扩大市场，提高市场占有率；有的是为实现多种产品经营，降低风险等。不同的动机形成不同的目标选择标准，这在具体的可行性研究过程中是纷繁复杂的工作。而利用 AHP 方法使得上述过程变得简洁易行。值得注意的是，在具体的企业兼并活动运作过程中，层次分析法的应用应与企业兼并的系列决策配套执行。

17.1.3 在风险投资项目决策中的应用

17.1.3.1 风险投资分析

风险投资是指通过一定的机构和方式向各类机构或个人筹集风险资本，然后将其投入具有高度不确定性的企业或项目，并以一定的方式参与所投资风险企业或项目的管理。期望通过实现项目的高成长率并最终通过出售股权等方式获得高额中长期收益的一种投资体系。其一般多以投资基金方式运作，运作的程序包括项目估价、项目决策、谈判和签订协议、辅导管理及退出四个阶段，其中以项目的评估与决策最为关键，因为它是整个风险投资程序的至关重要的第一阶段，也是提高风险资金利用效率和决定风险投资项目成功与否的关键。

风险投资项目的不确定性主要表现在以下几个方面，如项目的技术是否具有超前意识，是否可以实现，投资产品是否具有广阔的市场前景，市场占有率会有多大，产品的市场竞争能力如何等。而对于风险投资公司来说，在进行项目评估和选择时最希望看到如下情况：选择合适的企业家进行合作；风险企业在合适的时间拥有合适的技术；生产合适的产品；存在或能引导、创造合适的市场；能带着丰厚的回报和良好的声誉从风险企业退出。因此，风险投资公司在对项目进行评估时，需要从创业者素质、市场潜力、产品技术、公司管理、财务、国家政策环境等方面对投资项目进行综合评价。即项目目标的选择是一个多目标、多层次、结构复杂、因素众多的大系统，需要一种可将决策者的经验予以量化，将定性和定量相结合，并对决策对象进行优劣排序、筛选的多目标决策分析方法。层次分析法正是解决上述问题的有效方法。

17.1.3.2　备选项目的评价指标及层次结构模型

根据对风险投资因素的分析，各个备选项目的评价主要包括以下几个方面。

（1）技术（F_1）

指的是技术开发方面的各种不确定因素，如技术难度、技术适用性、技术成熟性、技术配套性、技术生命周期等。

（2）市场潜力（F_2）

指难以确定的市场需求、产品竞争力、上市时机、市场扩展速度、潜在竞争者影响、产品替代性等。

（3）管理（F_3）

即人员素质与经验、领导判断与决策的科学化、企业组织合理性、项目管理机制等。

（4）领导者素质（F_4）

指创业者的专业知识水平、领导水平、能力、性格等。

确定了这些影响项目选择的评价准则，也就构造出如图 17-2 所示的层次结构分析模型。

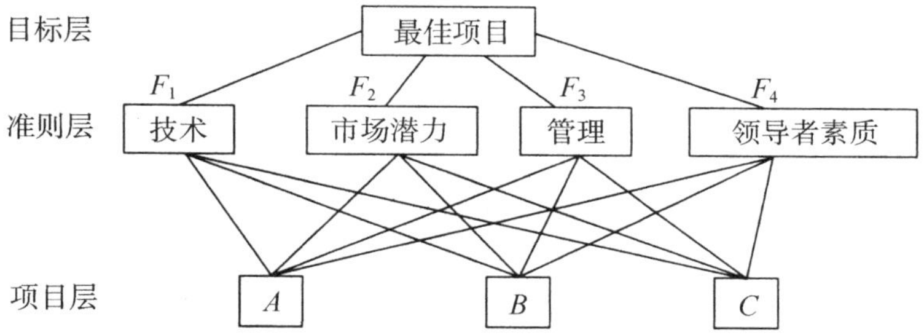

图 17-2　最佳项目层次结构

17.1.3.3　建立判断矩阵及排序

这里，建立判断矩阵及其一致性检验（表 17-4 至表 17-8）。

表 17-4　准则层判断矩阵

风险项目综合评价	F_1	F_2	F_3	F_4	重要性排序值
技术 F_1	1	1/5	3	1/9	0.077 4
市场潜力 F_2	5	1	6	1/4	0.251 8
管理 F_3	1/3	1/6	1	1/8	0.043 9
创业者素质 F_4	9	4	8	1	0.626 9

表 17-5　技术（F_1）的层次单排序

技术 F_1	A	B	C	排序结果
A	1	2	5	0.581 6
B	1/2	1	3	0.309 0
C	1/5	1/3	1	0.109 5

注：$\lambda_{max}=3.003\ 7$，$CI=0.001\ 85$，$CR=0.003\ 6<0.10$。

表 17-6　市场潜力（F_2）的层次单排序

市场潜力 F_2	A	B	C	排序结果
A	1	3	1	0.428 6
B	1/3	1	1/3	0.142 8
C	1	3	1	0.428 6

注：$\lambda_{max}=2.999\ 9$，$CI<0$，$CR=0.10$。

表 17-7　管理（F_3）的层次单排序

管理 F_3	A	B	C	排序结果
A	1	1	2	0.4
B	1	1	2	0.4
C	1/2	1/2	1	0.2

注：$\lambda_{masx}=3$，$CI=0$，$CR=0<0.10$。

表 17-8　创业者素质（F_4）的层次单排序

创业者素质 F_4	A	B	C	排序结果
A	1	1/7	1/3	0.088
B	7	1	3	0.669 4
C	3	1/3	1	0.242 6

注：$\lambda_{max}=3.006$，$CI=0.003$，$CR=0.006<0.10$。

这样，我们可以得到层次总排序结果（表 17-9）。

表 17-9　综合评价总排序

评价指标	技术 F_1	市场潜力 F_2	管理 F_3	创业者素质 F_4	综合评价总排序
权重系数	0.077 4	0.251 8	0.043 9	0.626 9	
A	0.581 6	0.428 6	0.4	0.088	0.225 6
B	0.309 0	0.142 8	0.4	0.669 4	0.496 8

（续表）

评价指标	技术 F_1	市场潜力 F_2	管理 F_3	创业者素质 F_4	综合评价总排序
C	0. 109 5	0. 428 6	0. 2	0. 242 6	0. 277 5

17. 1. 3. 4　评价结果及分析

从表 17-9 可以看出，项目 B 的综合评价最好，获评价值 0. 496 8，高于 A 和 C，所以，B 项目是最佳选择。从分析可以看出，层次分析法为风险投资项目的评价与决策提供了有效的工具，其分析结果对于决策者来说，是一项非常有价值的参考。当然，影响风险投资项目评价决策还有许多其他不确定性因素，这里也只是选择了一些有代表性的影响因素进行了分析，在实际工作中，仍然要结合具体的情况对项目做出评价选择。该方法亦应与其他评价决策方法相结合，以尽可能地真正反映出风险投资项目的真实情况，从而为做出正确决策提供依据。

17. 1. 4　在企业技术创新能力评价中的应用

企业是国民经济的支柱，又是技术创新的主体，企业技术创新能力如何，直接关系到国民经济的发展前景。技术创新是指企业家抓住市场的潜在盈利机会，以获取商业利益为目标，重新组织生产条件和要素，建立起效能更强、效率更高和费用更低的生产经营系统，从而推出新的产品、新的生产（工艺）方法、开辟新的市场、获得新的原材料或半成品供给来源或建立企业的新的组织，包括科技、组织、商业和金融等一系列活动的综合过程。

17. 1. 4. 1　评价指标体系及层次排序模型

企业技术创新能力评价指标体系是对企业技术创新能力进行准确、翔实的评价，体现企业技术创新活动的优势和不足，从而使企业有针对性地进行技术创新活动，并为之提供决策的依据。评价指标体系的设立应从多方面、多角度、多层次予以考虑，同时，在建立评价指标体系时还要遵循以下几个基本原则：简明易操作性、信息的相关性与准确性、层次性与集结性。

根据以上建立企业技术创新能力评价指标的目的和构建指标体系所遵循的原则，这里把技术创新能力分解为：资源投入能力、创新管理能力、研究开发能力和创新产出能力。

（1）资源投入能力

是指企业投入技术创新资源的数量和质量。资源投入能力可以从 R&D 投入强度、R&D 人员素质、R&D 设备净值、非 R&D 投入额和技术购买额指标反映。

（2）创新管理能力

是衡量企业从整体上、战略上安排技术创新和组织管理创新活动的能力。它主要由创新战略、创新机制的效率、管理人员比例、管理人员素质指标反映。

（3）研究开发能力

是衡量企业的基础研究、应用研究和开发研究以及对引进技术的消化吸收和再创新的能力。它包括专利拥有数、自主创新产品率、开发时间和对引进技术的改造指标。

（4）创新产出能力

从产出的角度衡量企业技术创新的效益，评价企业技术创新能力要素组合的效果。它分别从成本降低率、净收益率和产品市场占有率指标反映。

进而我们可以得出层次排序模型（图 17-3）。

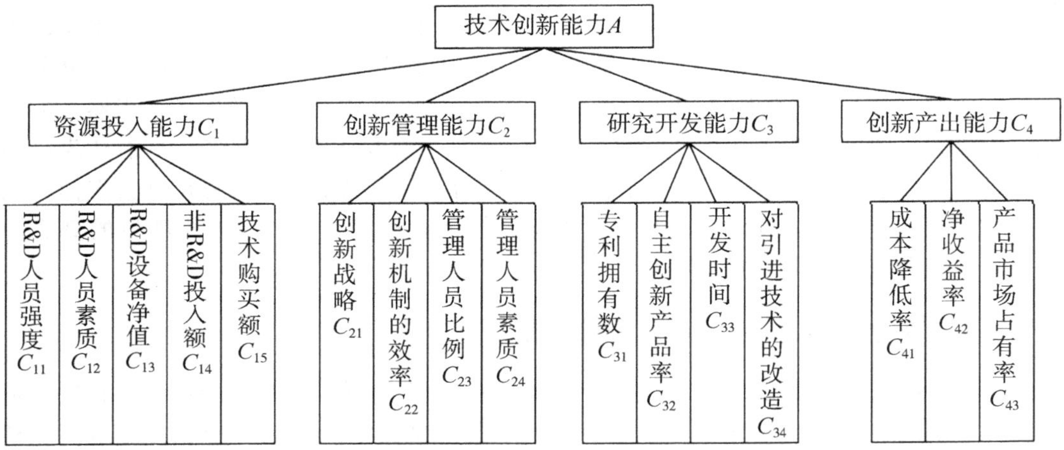

图 17-3 技术创新能力层次结构图

17.1.4.2 判断矩阵的权值

这里为了简单起见，我们直接给出相关判断矩阵的权值（其一致性通过了检验）。如下：

W_{Ci} =（C_l，C_2，C_3，C_4）=（0.207 1，0.121 0，0.503 6，0.168 3）

W_{C1j} =（C_{11}，C_{12}，C_{13}，C_{l4}，C_{15}）=（0.321 1，0.221 9，0.093 5，0.257 7，0.106 9）

W_{C2j} =（C_{2l}，C_{22}，C_{23}，C_{24}）=（0.403 4，0.257 5，0.176 7，0.169 1）

W_{C3j} =（C_{31}，C_{32}，C_{33}，C_{34}），=（0.271 9，0.261 6，0.208 8，0.264 6）

W_{C4j} =（C_{41}，C_{42}，C_{43}）=（0.183 4，0.314 2，0.495 6）

最后，可以得到如表 17-10 的数据。

表 17-10 技术创新能力层次总排序权值

指标	权数 W_{Cij}	子指标	权数 W_{Cij}	W_{ij}
资源投入能力 C_1	0.207 1	R&D 投入强度	0.321 1	0.066
		R&D 人员素质	0.221 9	0.046
		R&D 设备净值	0.093 5	0.019
		非 R&D 投入额	0.257 7	0.053
		技术购买额	0.106 9	0.022

（续表）

指标	权数 W_{Cij}	子指标	权数 W_{Cij}	W_{ij}
创新管理能力 C_2	0.121 0	创新战略	0.403 4	0.049
		创新机制的效率	0.257 5	0.031
		管理人员比例	0.176 7	0.021
		管理人员素质	0.169 1	0.020
研究开发能力 C_3	0.503 6	专利拥有数	0.271 9	0.137
		自主创新产品率	0.261 6	0.132
		开发时间	0.208 8	0.105
		对引进技术的改造	0.264 6	0.133
创新产出能力 C_4	0.168 3	成本降低率	0.183 4	0.031
		净收益率	0.314 2	0.053
		产品市场占有率	0.495 6	0.083

17.1.4.3　结果及讨论

通过表 17-10 可以看出，企业技术创新能力相关因素的重要性排序结果为：专利拥有数，对引进技术的改造，自主创新产品率，开发时间，产品市场占有率，R&D 投入强度，非 R&D 投入额，净收益率，创新战略，R&D 人员素质，创新机制的效率，成本降低率，技术购买额，管理人员比例，管理人员素质，R&D 设备净值。

技术创新能力评价是一个非常复杂的问题，尤其是评价指标体系的设立以及各指标权重系数的确定。不同组织形式的企业、不同行业的企业以及不同地区的企业的技术创新能力评价指标体系都不尽相同。在运用 AHP 法分析企业技术创新能力相关因素重要性时，要结合本企业的实际情况，构建出能够反映企业自身特点的评价指标体系。在进行专家评判时，应尽量多地征求不同专家的意见，避免少数人的主观偏好对结果准确性的影响。只有这样才能达到通过 AHP 分析来辅助决策者，保持其思维过程和决策原则的一致性。

17.1.5　企业经济效益综合评价

在社会主义市场经济条件下，企业经济效益已成为投资者和生产经营者越来越关注的问题。那么，应如何科学地、准确地评价企业经济效益的优劣呢？企业的经济效益受众多因素的影响，若采用传统的指标和方法进行评价，很难从总体上对经济效益做出全面的、客观的、综合的结论。例如，要比较不同企业或同一企业不同时期的经济效益，往往会出现一个企业甲指标完成较好，乙指标完成较差，而另一个企业甲指标完成较差，乙指标完成较好，这时要明确到底谁比谁更好些就十分困难，为此，可采用层次分析法对企业经济效益进行综合评价。

17.1.5.1　评价指标体系

利用层次分析法对企业经济效益进行综合评价时，首先要确定反映企业经济效益的指标体系，并根据总目标的要求和指标的性质建立经济效益综合评价的层次结构。反映企业经济效益的指标体系可选用财政部 1995 年起采用的企业经济效益评价指标体系。该体系从企业盈利能力、偿债能力和对国家或社会的贡献能力三个方面对企业经济效益进行评价，共涉及 10 项指标。

企业盈利能力指标包括销售利润率、总资产报酬率、资本收益率和资本保值增值率 4 项指标。销售利润率反映企业总体盈利水平；总资产报酬率和资本收益率既反映全部资产获利能力又反映投资者投入资本的收益水平；资本保值增值率主要反映投资者投入资本的保全性。

企业偿债能力指标包括资产负债率、流动比率、应收账款周转率和存货周转率 4 项指标。资产负债率反映企业负债水平的高低情况；流动比率反映企业的短期支付能力；应收账款周转率反映企业销售出去产品能否及时回收货款；存货周转率反映企业存货是否既满足生产经营需要，又能及时变现。

对国家或社会贡献指标包括社会贡献率和社会积累率两项指标。社会贡献率反映企业运用全部资产为国家或社会创造或支付价值的能力；社会积累率反映企业社会贡献总额中多少用于上缴国家财政。

根据上述指标，建立的经济效益综合评价层次结构如图 17-4 所示。

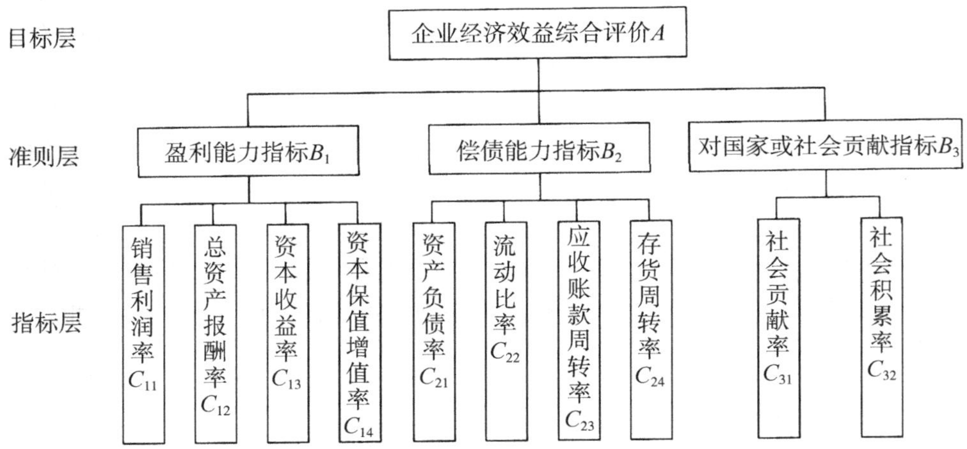

图 17-4　企业经济效益层次分析结构图

17.1.5.2　构造判断矩阵及指标权重

根据专家评判及其统计数据，构造出的判断矩阵如表 17-11 至表 17-14，一致性检验结果附后。

表 17-11　判断矩阵 $A-B$

A	B_1	B_2	B_3	权重
B_1	1	2	5	0. 581 5
B_2	1/2	1	3	0. 309
B_3	1/5	1/3	1	0. 109 5

注：$\lambda_{max}=3.0037$，$CI=0.00196$，$RI=0.58$，$CR=0.0033<0.10$

表 17-12　判断矩阵 B_1-C

B_1	C_{11}	C_{12}	C_{13}	C_{14}	权重
C_{11}	1	2	2	3	0. 423 6
C_{12}	1/2	1	1	2	0. 227 1
C_{13}	1/2	1	1	2	0. 227 1
C_{14}	1/3	1/2	1/2	1	0. 122 3

注：$\lambda_{max}=4.0104$，$CI=0.0035$，$RI=0.90$，$CR=0.0039<0.10$。

表 17-13　判断矩阵 B_2-C

B_2	C_{21}	C_{22}	C_{23}	C_{24}	权重
C_{21}	1	1/5	1/3	1/3	0. 078 1
C_{22}	5	1	3	3	0. 522 3
C_{23}	3	1/3	1	1	0. 199 8
C_{24}	3	1/3	1	1	0. 199 8

注：$\lambda_{max}=4.0435$，$CI=0.0145$，$RI=0.90$，$CR=0.0161<0.10$。

表 17-14　判断矩阵 B_3-C

B_3	C_{31}	C_{32}	权重
C_{31}	1	1	0. 5
C_{32}	1	1	0. 5

注：$\lambda_{max}=2$，$CI=0$，$RI=0$。

17. 1. 5. 3　层次单排序和总排序

由判断矩阵可求得层次单排序为：

$(a_1,\ a_2,\ a_3)=(0.5815,\ 0.309,\ 0.1095)$

$b_l=(0.4234,\ 0.2271,\ 0.2271,\ 0.1223)$

$b_2=(0.0781,\ 0.5223,\ 0.1998,\ 0.1998)$

$b_3=(0.5,\ 0.5)$

同理，可求得层次总排序为：

$W_1=(0.2463,\ 0.1321,\ 0.1321,\ 0.0711)$

$W_2=(0.0241,\ 0.1614,\ 0061\ 7,\ 0.0617)$

$W_3 =$ （0.054 8，0.054 8）

最后给出经济效益综合评价模型

$$R = W \times y$$

式中：$R =$ （r_1，r_2，…，r_n）为 n 个企业的经济效益综合评价结果向量；

$W =$ （W_1，W_2，…，W_m）为 m 个评价指标的权向量；

$Y =$ （Y_{ij}）$_{n \times m}$。为 n 个企业各项指标的无量纲化数据矩阵。

按 r_j 的大小将企业排序，r_j 越大企业的综合经济效益越好。

这里给出的经济效益综合评价方法既可以用于横向比较，即对不同企业的经济效益进行排序，也可用于纵向比较，即对某一企业若干年的经济效益情况进行排序。该方法具有合理有效、易于操作的特点。

17.1.6 工业企业经营状况评价指标体系的构建

企业经营状况的评价对于企业未来的发展起到指导性的作用，如何全面、客观、有效的评价企业的经营发展状况就成为企业经营发展过程中的一项关键工作。同时，由于工业企业是一个相互关联、相互制约的众多因素构成的复杂系统。要对其经营状况作出全面、科学和客观的综合评价，也将是一项相当困难和复杂的工作。现有研究文献在选取和构建企业经营评价指标体系时，多存在这样的情况：其一，从评价内容看，注重企业内部评价而忽略企业外部评价；其二，从评价时效看，注意结果评价而忽略过程性考核；其三，从评价指标看，多采取财务指标而忽略或少采取生产、销售等指标；其四，从评价时间看，多采取中短期指标而忽略长期发展潜力指标。本书将针对以上不足，构建了一套综合性的评价指标体系，从不同的角度对工业企业经营状况进行系统、科学的分析和考核，从而揭示企业的社会效益、经济和管理水平，为企业的决策和运营提供依据。

17.1.6.1 工业企业经营评价的总体思路

中国市场经济的建立，要求企业不仅致力于生产力的不断增进、物质资源的有效配置，获取更多的利润，而且更注意社会责任感，承担必要的社会义务，协调经济效益与社会效益的统一。因此，从生存发展的角度、社会责任的角度来理解，企业所追求的目标应是同时注重企业经济效益和社会效益的提高。企业目标不仅是企业评价的基本依据，而且应在综合评价中得到充分体现。

从系统的观点来看，企业是社会大系统中的子系统，它的经营要受社会大系统的影响，也受本身现时运作因素的作用，更受到企业系统内部深层次潜（动）力系统的影响。如果说企业内部运作和外部影响是企业经营评价不可缺少的因素，那么企业发展潜力（可持续发展）应该更是一个决定性因素，因为它决定企业未来发展趋势，甚至生死存亡。

以上分析，企业经营状况取决于 3 个方面：企业内部运状况；企业外界影响状况；发展潜力状况。在内部运作方面报告企业内部效率和运营效果时，要关注有重要影响的企业过程。外界影响方面则关注企业行业影响、销售服务效率和对社会发展的贡献。发展潜力要把注意力引向企业未来成功的基础。

17.1.6.2 评价指标体系构建

（1）指标体系构建原则

企业经营综合评价指标体系，就是一系列相互联系的能敏感地反映经营状况及存在问题的指标构成的有机整体，在构建指标体系时，应在下述原则下完成：

系统性原则。企业经营是内部因素与外部环境相互联系、相互作用下的行为表现。因此，应考虑各种因素的相关性、整体性和目标性，且指标间应具备有序性，构成一个完整的指标体系。

动态性原则。评价指标体系在一定程度上反映企业经营的动态变化，从发展变成的角度来考察企业经营状况，揭示企业经营的行为表现。

相对独立性原则。构建指标时应尽量减少各指标间的重叠区域．将相关性减到最低限度。

目标导向性和销售导向原则。指标总体应反映企业整体目标；企业已由“生产时代”转向“销售时代”，指标体系应以经营成果的获得——销售实现为基准。

可比性和可测性原则。指标体系应立足于中国现行财务会计制度、统计制度和有关法规，易测且易进行纵横向比较。

（2）企业经营综合评价指标体系

以内部运作、外界影响、发展潜力为一级指标，其他二级和三级指标如表 17-15。

表 17-15　企业经营综合评价指标

内部运作	财务收益	净资产收益率 销售利润
	生产效果	净产值劳动生产率 产品质量损失率 流动资产周转率
	经营安全	资产负债率 已获利息倍数
	沟通与决策	企业信息化水平 高层决策绩效
外界影响	市场	市场占有率 产品销售率
	客户	销售合同履约率 售后服务及时率
	社会责任	环境保护指标 社会贡献率
发展潜力 D	增长实现	销售增长率 利润增长率
	竞争基础	工程技术人员比重 先进设备比例 培训费
	应变能力	价格消化能力 标准化系数 政策环境消化能力
	创新能力	新产品销售率 技术进步贡献率 研究开发投资率

部分指标解释如下：

企业信息化水平：企业内部联网程度，沟通是否畅通、是否迅捷准确；

高层决策绩效：战略方向是否正确、决策知识化程度、决策效率、决策成功率。

售后服务及时率=按规定时间提供售后服务的次数/消费者要求服务的次数。

价格消化能力=原材料涨价额/总成本降低额。

环保指标=企业污染实际排放量/国家规定排放量。

政策环境消化能力=因政策环境变化增加的负担/总成本降低额。

标准化系数=标准件、通用件数/总零件数。

培训费率=职工培训费支出/职工工资总额。

先进设备比例=20 世纪 90 年代国际、国内先进设备价值额/设备总价值额。

研究开发投资率=研究开发费/销售额。

17.1.6.3 确定评价标准

确定综合评价依据的标准。一般评价标准有 5 种。

(1) 计划标准

以能完成企业制订的计划指标作为评价的标准。但是，计划指标不一定是最优标准，完成企业计划只是最起码的要求。

(2) 历史标准

以本企业实际完成的指标，同上年实际水平或历史水平做比较，作为评价的标准。但是，即使超过同行业的社会平均水平，也不一定是同行业的先进水平考试，而且仅表明企业经营状况已有所提高。

(3) 社会标准

即以本行业的社会平均水平，作为评价标准。如超过同行业的社会平均水平，表明企业经营状况已开始在国内进入先进行列。

(4) 同行业先进标准

既以本行业上年实际达到的先进水平，作业评价标准。如超过同行业先进水平，表明企业经营状况更加提高。

(5) 国际先进标准

即以国际上工业发达国家已达到的先进水平，作为评价标准。

一种评价标准可视为一种评价模式。

评分等级如表 17-16 所示。

表 17-16 企业在不同评价标准下经营状况的好坏

等级	最好	很好	较好	一般	较差	差	很差
评分	0.95~1	0.85~0 95	0.75~0.85	0.55~0.75	0.45~0.55	0.2~0.4	<0.2

17.1.7 物流中心的选址

17.1.7.1 应用层次分析法的物流中心选址

物流中心是处于枢纽或重要位置、具有完整的物流环节，并能将物流集散、信息和控制等功能实现一体化运作的物流节点。物流中心必须具有较大规模的物资集散或转运地点，如大型物资仓库、港口码头和空港等。由于物流中心规模庞大，地处要道，其建设和经营不仅会影响到周边地区，甚至整个城市的经济发展，并且对所处区域的生态环境等都会带来重大影响，因此，要考虑的因素往往很多，许多通常的方法使得选址过程十分复杂，难以采用。

采用层次分析法进行物流中心选址，即结合物流中心的职能及选址原则，考虑经济效益和社会效益，对多个选址方案进行逐一评价，寻求最佳的选址方案。该方法针对大量的不确定性、模糊性、随机性因素及其相互关系，提出了一种量化决策方法，并将定性与定量方法有机地结合起来，使复杂的决策问题清晰化，减少了定量计算的工作量和难度，节约了人力、物力，具有较强的实用性。

影响物流中心选址的因素很多，但这些因素可概括为经济效益和社会效益两个主要方面。满足经济效益是保证物流节点稳定运行和发挥最大效能的前提条件，而满足社会效益则是可持续发展的重要环节。在物流中心选址时，应适当设置在远离市中心区的地方，使得大城市的流通机能、道路交通状况能够得到改善，城市机能得以维持和增进。

(1) 物流中心选址的层次结构模型

按层次分析法对影响物流中心的影响因素进行归纳，其层次结构示意图如图 17-5 所示。

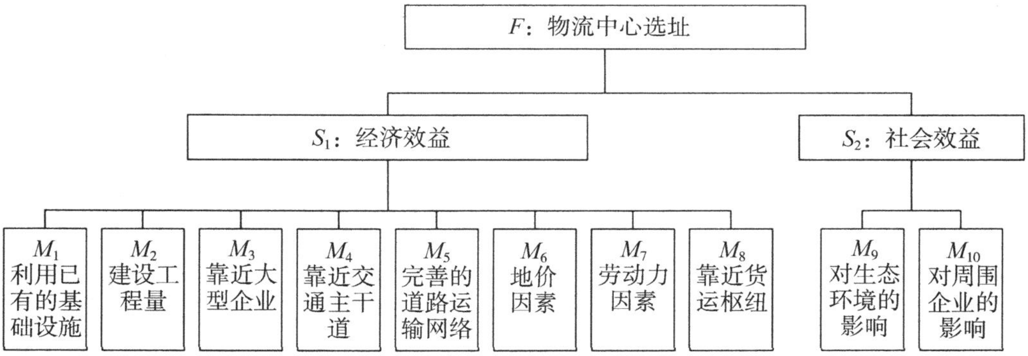

图 17-5　物流中心选址层次结构

(2) 判断矩阵及排序

物流中心选址受到两个因素的影响，这里认为两个因素同等重要，故判断矩阵为

$$A=\begin{bmatrix}1 & 1\\1 & 1\end{bmatrix}$$

特征向量 $w=$ [0.5，0.5]，最大特征根 $\lambda_{max}=2$。

根据图 17-5，我们可以分别建立起判断矩阵。这里仅给出判断矩阵 S_1-M（表 17-17）与 S_2-M（表 17-18）。

表 17-17 判断矩阵 S_1-M

S_1	M_1	M_2	M_3	M_4	M_5	M_6	M_7	M_8
M_1	1	1/3	1/5	1/7	1/7	1/7	3	1/5
M_2	3	1	1/3	1/7	1/7	1/5	5	1/3
M_3	5	3	1	1/3	1/3	1/3	6	1
M_4	7	7	3	1	1	2	7	2
M_5	7	7	3	1	1	2	7	2
M_6	7	5	3	1/2	1/2	1	6	2
M_7	1/3	1/5	1/6	1/7	1/7	1/6	1	1/5
M_8	5	3	1	1/2	1/2	1/2	5	1

表 17-18 判断矩阵 S_2-M

S_2	M_9	M_{10}
M_9	1	3
M_{10}	1/3	1

求得特征向量 $W=[0.032, 0.053, 0.104, 0.246, 0.246, 0.181, 0.023, 0.116]^T$，最大特征根 $\lambda_{max}=8.508$。CI=0.072，RI=1.41，CR=0.051<0.10。

通过计算，特征向量 $W=[0.75, 0.25]^T$，最大特征根 $\lambda_{max}=2$。

最后，我们得到层次总排序，以求得各因素 M 对总目标 F 的权值计算为：

$W=[0.016, 0.026, 0.052, 0.123, 0.123, 0.0905, 0.0115, 0.058, 0.375, 0.125]^T$

即在物流中心选址中，重要性排序为：对生态环境的影响，对周围企业的影响，靠近交通主干道/完善的道路运输网络，地价因素，靠近货运枢纽，靠近大型企业，建设工程量，利用已有的基础设施，劳动力因素。

在具体应用时，应当根据具体情况进行分析，并提出具体方案。在选择了具体方案之后，还应当继续排序和一致性检验，从而得出最终的方案。

17.1.7.2 应用模糊综合评价法的物流中心选址

应用模糊综合评判方法进行物流中心选址，模糊评判模型采用层次式结构，把评判因素分为三层，也可进一步分为多层。这里介绍计算模型，由于对权重集进行归一化处理，采用加权求和型，将评价结果按照大小顺序排列，决策者从中选出估计值较高的地点作为物流中心即可，方法简便。

（1）物流中心选址的评价指标

在物流规划过程中，物流中心选址要考虑许多因素，根据因素特点划分层次模块，各因素可由下级因素构成，因素集分为三级，三级评价指标和权重如下：

1 自然环境 u_1　　0. 1 1. 1 气象条件　0. 25，1. 2 地质条件　0. 25，1. 3 水文条件　0. 25，1. 4 地形条件　0. 25
2 交通运输 u_2　　0 2
3 经营环境 u_3　　0 3
4 候选地 u_4　　0. 2 4. 1 面积　0. 1，4. 2 形状　0. 1，4. 3 周边干线　0. 4，4. 4 地价　0. 4
5 公共设施 u_5　　0. 2 5. 1 三供　0. 4 5. 1. 1 供水　1/3，5. 1. 2 供电　1/3，5. 1. 3 供气　1/3 5. 2 废物处理　0. 3 5. 2. 1 排水　0. 5，5. 2. 2 废物处理　0. 5 5. 3 通信　0. 2 5. 4 道路设施　0. 1

（2）候选地址的模糊综合评判

假设某区域有 8 个候选地址，决断集 $V=$（A、B、C、D、E、F、G、H）代表 8 个不同的候选地址，数据进行处理后得到诸因素的模糊综合评判如表 17-18 所示。

因素集 U 分为三层：

第一层为 $U=$ {u_4，uz，1，u_4s，u_5}

第二层为 $u_1=$ {41：ui_2：413：44}；$u_4=$ {41，u_4p_2；L_{43}，ua}；$us=$ {$4s_1$，$45z$；us. us}

第三层为 $u_{51}=$ {us_{11}. us_{12}，us_{13}}；$usz_2=$ {$4s_{21}$. uz}

假设某区域有 8 个候选地址，决断集 $V=$ {A，B，C，D，E，F，G，H} 代表 8 个不同的候选地址，数据进行处理后得到诸因素的模糊综合评判如表 17-19 所示。

表 17-19　某区域的模糊综合评判

因素	A	B	C	D	E	F	G	H
气象条件	0. 91	0. 85	0. 87	0. 98	0. 79	0. 60	0. 60	0. 95
地质条件	0. 93	0. 81	0. 93	0. 87	0. 61	0. 61	0. 95	0. 87
水文条件	0. 88	0. 82	0. 94	0. 88	0. 64	0. 61	0. 95	0. 91
地形条件	0. 90	0. 83	0. 94	0. 89	0. 63	0. 71	0. 95	0. 91
交通运输	0. 95	0. 90	0. 90	0. 94	0. 60	0. 91	0. 95	0. 94
经营环境	0. 90	0. 90	0. 87	0. 95	0. 87	0. 65	0. 74	0. 61
候选地面积	0. 60	0. 95	0. 60	0. 95	0. 95	0. 95	0. 95	0. 95
候选地形状	0. 60	0. 69	0. 92	0. 92	0. 87	0. 74	0. 89	0. 95

（续表）

因素	A	B	C	D	E	F	G	H
候选地周边干线	0.95	0.69	0.93	0.85	0.60	0.60	0.94	0.78
候选地地价	0.75	0.60	0.80	0.93	0.84	0.84	0.60	0.80
供水	0.60	0.71	0.77	0.60	0.82	0.95	0.65	0.76
供电	0.60	0.71	0.70	0.60	0.80	0.95	0.65	0.76
供气	0.91	0.90	0.93	0.91	0.95	0.93	0.81	0.89
排水	0.92	0.90	0.93	0.91	0.95	0.93	0.81	0.89
固体废物处理	0.87	0.87	0.64	0.71	0.95	0.61	0.74	0.65
通信	0.81	0.94	0.89	0.60	0.65	0.95	0.95	0.89
道路设施	0.90	0.60	0.92	0.60	0.60	0.84	0.65	0.81

（3）分层作综合评判

$u_{51}=\{u_{511}, u_{512}, u_{513}\}$，权重 $A_{51}=\{1/3, 1/3, 1/3\}$，由表 17-18 对 u_{511}，u_{512}，u_{513}的模糊评判构成的单因素评判矩阵：

$$R_{51}=\begin{pmatrix} 0.60 & 0.71 & 0.77 & 0.60 & 0.82 & 0.95 & 0.65 & 0.76 \\ 0.60 & 0.71 & 0.70 & 0.60 & 0.80 & 0.95 & 0.65 & 0.76 \\ 0.91 & 0.90 & 0.93 & 0.91 & 0.95 & 0.93 & 0.81 & 0.89 \end{pmatrix}$$

用模型 M（•，+）（矩阵运算）计算得：

$B_{51}=A_{51} \quad R_{51}=(0.703, 0.773, 0.8, 0.703, 0.857, 0.943, 0.703, 0.803)$

类似地：$B_{52}=A_{52}$，$R_{52}=(0.895, 0.885, 0.785, 0.81, 0.95, 0.77, 0.775, 0.77)$

$$B_5=A_5 \quad R_5=(0.4 \quad 0.3 \quad 0.2 \quad 0.1)$$

$$\begin{pmatrix} (0.703 & 0.773 & 0.8 & 0.703 & 0.857 & 0.943 & 0.703 \\ 0.895 & 0.885 & 0.785 & 0.81 & 0.95 & 0.77 & 0.775 \\ 0.81 & 0.94 & 0.89 & 0.60 & 0.65 & 0.95 & 0.95 \\ 0.90 & 0.60 & 0.92 & 0.60 & 0.60 & 0.84 & 0.65 \end{pmatrix}$$

$$=(0.802, 0.823, 0.826, 0.704, 0.818, 0.882, 0.769, 0.811)$$

$$B_4=A_4 \quad R_4=(0.1 \quad 0.1 \quad 0.4 \quad 0.4)$$

$$\begin{pmatrix} 0.60 & 0.95 & 0.60 & 0.95 & 0.95 & 0.95 & 0.95 & 0.95 \\ 0.60 & 0.69 & 0.92 & 0.92 & 0.87 & 0.74 & 0.89 & 0.95 \\ 0.95 & 0.69 & 0.93 & 0.85 & 0.60 & 0.60 & 0.94 & 0.78 \\ 0.75 & 0.60 & 0.80 & 0.93 & 0.84 & 0.84 & 0.60 & 0.80 \end{pmatrix}$$

$$=(0.8, 0.68, 0.844, 0.899, 0.758, 0.745, 0.8, 0.822)$$

$$B_1=A_1 \quad R_1=(0.25 \quad 0.25 \quad 0.25 \quad 0.25)$$

$$\begin{pmatrix} 0.91 & 0.85 & 0.87 & 0.98 & 0.79 & 0.60 & 0.60 & 0.95 \\ 0.93 & 0.81 & 0.93 & 0.87 & 0.61 & 0.61 & 0.95 & 0.87 \\ 0.88 & 0.82 & 0.94 & 0.88 & 0.64 & 0.61 & 0.95 & 0.91 \\ 0.90 & 0.83 & 0.94 & 0.89 & 0.63 & 0.71 & 0.95 & 0.91 \end{pmatrix}$$

$$=(0.905,\ 0.828,\ 0.92,\ 0.905,\ 0.668,\ 0.633,\ 0.863,\ 0.91)$$

(4) 高层次的综合评判

$U=\{u_1, u_2, u_3, u_4, u_5\}$，权重 $A=\{0.1, 0.2, 0.3, 0.2, 0.2\}$，则综合评判

$$B=A\quad R=A\begin{pmatrix} B_1 \\ B_2 \\ B_3 \\ B_4 \\ B_5 \end{pmatrix}$$

$$=(0.1\quad 0.2\quad 0.3\quad 0.2\quad 0.2)$$

$$\begin{pmatrix} 0.905 & 0.828 & 0.92 & 0.905 & 0.668 & 0.633 & 0.863 & 0.91 \\ 0.95 & 0.90 & 0.9 & 0.94 & 0.60 & 0.91 & 0.95 & 0.94 \\ 0.90 & 0.90 & 0.87 & 0.95 & 0.87 & 0.65 & 0.74 & 0.61 \\ 0.8 & 0.68 & 0.844 & 0.899 & 0.758 & 0.745 & 0.8 & 0.822 \\ 0.802 & 0.823 & 0.826 & 0.704 & 0.818 & 0.882 & 0.769 & 0.811 \end{pmatrix}$$

$$=(0.871,\ 0.833,\ 0.867,\ 0.884,\ 0.763,\ 0.766,\ 0.812,\ 0.789)$$

由此可知，8 块候选地的综合评判结果的排序为：D，A，C，B，G，H，F，E，选出较高估计值的地点作为物流中心。

17.2 某机械厂改扩建项目经济评价

《建设项目经济评价方法与参数》自 1987 年由国家计委发布试行以来，在全国范围内得到了广泛的应用，它不仅成为各类规划设计单位、工程咨询公司进行投资项目经济评价和评估的指导性文件，而且也是各级计划部门审批项目建议书和可行性研究报告、各级金融机构审批贷款项口的重要依据。

建设项目经济评价包括财务评价和国民经济评价。财务评价是在国家现行财税制度和价格体系的条件下，计算项目范围内的效益和费用，分析项目的盈利能力、清偿能力，以考察项目在财务上的可行性；国民经济评价是在合理配置国家资源的前提下，从国家整体的角度分析计算项目对国民经济的净贡献，以考察项目的经济合理性。经济评价的内容、深度和侧重点根据项目决策工作不同阶段的要求有所不同。财务评价和国民经济评价结论都可行的项目可以通过，反之应予否定。

为了读者更好理解和运用《建设项目经济评价方法与参数》，该文件提供了六个应用案例，本章是根据《建设项目经济评价方法与参数》（第二版）案例四的内容改写的。

17.2.1 企业现状

某机械厂是机械行业大型骨干企业，现有职工 7 000 人，其中生产工人 4 900 人，工程技术人员 800 人；拥有设备 1 700 台，其中金切设备 1 000 台；全厂建筑面积 250 000m^2，其中生产性面积 80 000m^2；固定资产原值 12 000 万元，净值 6 600 万元，流动资金 6 500 万元；资本金 104 00 万元，其中现有银行存款（即累计盈余资金）3 000 万元。企业资产负债率 42.6%。

企业现生产 A、B 两种产品，年销售收入 23 250 万元，利润总额 1 200 万元。企业主要车间的组成有：铸铁、有色铸造、锻工、冲压、热处理、表面处理、A 产品和 B 产品加工装配，公用设施中供水、蒸汽、天然气、供电、压缩空气等和福利设施基本齐全。

A 产品是该企业的老产品，结构性能落后，根据市场需求预测，5 年之内将被淘汰。B 产品是在 A 产品结构的基础上改进型产品，结构性能优于 A 产品，市场销路好，在同类产品中竞争能力强。但其生产工艺比较落后，产品加工精度低，产品质量有待进一步提高。A 产品与 B 产品混线生产。

17.2.2 改扩建方案

17.2.2.1 改扩建任务

企业决定在“八五”期间改扩建，引进国外先进技术，生产 BY 产品，淘汰 A 产品，实现产品更新换代。

改造 B 产品生产线，调整不合理的工艺流程，采用新工艺，降低产品原材料消耗，更新部分旧设备，提高产品加工精度；加强检测手段，保证产品质量，减少废品损失。改扩建方案实施后，将会提高劳动生产率，加快资金周转速度，使企业获得更大的经济效益。

17.2.2.2 拟建规模

A 产品四年以后被淘汰；B 产品年产 2 500 台，在改建期第 2 年和第 3 年产量降低至 1 500 台；BY 产品设计生产能力为 6 000 台，第 5 年达纲。产品产量发展计划见表 17-20。

表 17-20 产品产量表

序号	产品名称	改建前	改建期				达到设计能力生产期				
		现状	第 1 年	第 2 年	第 3 年	第 4 年	第 5 年	第 6 年	第 7 年	第 8~10 年	第 11~15 年
1	改建前										
1.1	A 产品	500									
1.2	B 产品	2 500									
2	无项目										
2.1	A 产品		500	300	200	100					

（续表）

序号	产品名称	改建前	改 建 期				达到设计能力生产期				
		现状	第 1 年	第 2 年	第 3 年	第 4 年	第 5 年	第 6 年	第 7 年	第 8～10 年	第 11～15 年
2.2	B 产品		2 500	2 500	2 500	2 500	2 500	2 500	2 500	2 500×3	
3	有项目										
3.1	A 产品		500	300	100						
3.2	B 产品		2 500	1 500	1 500	2 500	2 500	2 500	2 500	2 500×3	2 500×5
3.3	BY 产品		1 000	2 000	3 000	5 000	6 000	6 000	6 000	6 000×3	6 000×5

17.2.2.3　改扩建方案的主要内容

拆除部分铸铁、锻工车间和 A、B 产品的总装车间；改造有色铸造、冲压、小件机加工、理化、工具机修等车间；扩建大件机加工、表面处理、锅炉房等车间；新建 B 和 BY 产品总装车间、废水处理站；新建和改建原料及配套件库、成品库；改建室外工程。其他公用工程和福利设施利用工厂现有能力。

新增生产工人 600 人（全部是合同工），利用企业现有职工 7 000 人，共计 7 600 人。

新增设备 560 台，其中进口设备 50 台，利用现有设备 1 500 台，共计 2 060 台。本项目改建中拆除旧设备 200 台。

新增建筑面积 15 000m^2，改建面积 16 000m^2，利用现有面积 228 500m^2（包括公用设施和生活福利设施面积），共计 259 500m^2。本项目改建中拆除危旧房屋 5 500m^2。

17.2.2.4　计算期的确定

企业进行改扩建称为“有项目”，不进行改扩建称为“无项目”。

“有项目”和“无项目”计算期定为 15 年。“有项目”改建期 4 年，达到设计能力生产期为 11 年。“无项目”寿命期仅为 10 年，第 11 年至第 15 年效益和费用视为“0”处理。

17.2.3　投资估算与资金筹措

17.2.3.1　“无项目”新增固定资产投资

预计企业不进行改建时，为维持 B 产品生产需进行环境治理，改造锅炉房、新建废水处理站等，需追加投资 1 000 万元。利用企业现有固定资产原值 12 000 万元。

17.2.3.2　“有项目”新增固定资产投资总额

（1）固定资产投资估算依据机电部现行的机械工业工程建设概（预）算编制办法及规定进行编制。按国家规定在建设期内考虑涨价因素，国内投资按工程项目分年用款额每年递增 6%，引进设备按分年用款额每年递增 3%，分别计算到建设期末。

（2）固定资产投资方向调节税。根据《中华人民共和国固定资产投资方向调节税暂行条例》规定，按建筑工程实际完成投资额的 10%纳税（含应分摊的基本预备费和涨价预备费）。

（3）改建期利息。本项目国内贷款 13 500 万元，贷款年利率为 8.46%；国外贷款 1730 万美元，其中软贷款 950 万美元，贷款年利率为 2%，硬贷款 780 万美元，贷款年利率为 9%；国内外贷款利息当年支付，以单利计算。

外汇兑换率按国家外汇管理局 1992 年 10 月公布的外汇牌价，1 美元兑换 5.50 元人民币。调剂汇率为 1 美元兑换 6.0 元人民币。

本项目新增固定资产投资总额为 30 155 万元（含外汇 2 463 万美元）。投资构成见表 17-21。

表 17-21 固定资产投资总额构成表

序号	投资名称	国内投资		国外贷款		合计	
		人民币/万元	其中：外汇额度/万美元	外币/万美元	折合人民币/万元	人民币/万元	其中：外汇/万元
1	固定资产投资	16 712	541	1 730	9 515	26 227	2 271
2	投资方向调节税	352				352	
3	改建期利息	2 424		192	1 152	3 576	192
合计		19 488	541	1 922	10 667	30 155	2 463

新增固定资产投资总额估算见附表。

17.2.3.3 新增流动资金

采用详细估算法计算流动资金需要量，达纲年需流动资金 12 150 万元，其中利用原有流动资金 6 500 万元，新增流动资金 5 650 万元。

17.2.3.4 利用企业现有资产价值

利用企业现有固定资产原值 12 000 万元，净值 6 600 万元。项目改建中拆除工程价值原值 500 万元（净值 100 万元），实际利用价值 11 500 万元，净值 6 500 万元。

利用企业现有流动资金 6 500 万元，其中贷款 5 600 万元。

17.2.3.5 资金筹措

本项目新增固定资产投资来源有三个渠道，一是中国工商银行技术改造专项贷款 13 500 万元，贷款年利率为 8.46%，7 年之内还清；二是国外政府贷款 1 730 万美元，其中软贷款为 950 万美元，贷款年利率 2%，20 年还清，宽限期 10 年；硬贷款 780 万美元，贷款年利率为 9%，10 年还清，宽限期 5 年；三是企业自筹资金 7 140 万元，其中利用现有银行存款 3 000 万元，其余 4 140 万元采用滚动方式积累资金，即利用边生产边改建过程中获得利润或折旧再投入。

改建期间偿还国外政府贷款利息 192 万美元，由企业用调剂外汇解决。

由于 BY 产品是替代进口，主管部门给予优惠政策。项目中用于购买软件的外汇以及生产中用于购买进口零部件的外汇，均由主管部门拨给外汇指标。

新增流动资金 5 650 万元，向工商银行新增借款 2 676 万元，贷款年利率为 8.64%，企业自筹 2 974 万元，自筹流动资金用盈余资金逐年补充。新增投资使用计划与资金筹措见附表。

17.2.4　财务评价

17.2.4.1　新增投资与增量投资

(1) 固定资产投资

新增投资为 26 227 万元。

增量投资 = “有项目” 投资 − “无项目” 投资 = 26 227 万元 + 12 000 万元 − (1 000 万元+12 000 万元) = 25 227 万元

(2) 流动资金

“无项目” 不需追加流动资金，“有项目” 新增流动资金与增量流动资金相等，为 5 650 万元。

17.2.4.2　产品成本估算

本项目分别计算 “有项目” 和 “无项目” 总成本、经营成本。总成本费用估算分别见附表。

(1) 成本中各项费用计算的说明

① 原材料及燃动力价格的确定。原材料及燃动力价格以改建期初的市场价格为基础，考虑物价上涨因素计算到改建期期末。

国内外购件价格依据协作厂家的合同价估算。进口零部件价格依据外商报价估算。

“有项目” 与 “无项目” 逐年外购材料费估算见附表。

“有项目” 与 “无项目” 逐年外购燃料及动力费估算见附表。

② 工资及福利费。该项费用按职工总数乘以年工资及福利费指标计算，并考虑了可能增加的比例。“无项目” 时，由于企业效益逐年减少，年工资指标不变。

“有项目” 达纲年工资及福利费 = 3 000 元/人，年×7 600 人 = 2 280 万元。

“无项目” 工资及福利费 = 2 500 元/人，年×7 000 人 = 1 750 万元。

③ 基本折旧费及待摊费。

“有项目” 折旧费及待摊费计算：新增固定资产投资折旧费按工程分类计算，建筑工程按折旧率 3.33%计算，通用设备平均按年折旧率 7.02%计算。

利用原有固定资产折旧费，按企业现行的折旧年限或折旧率分别计算。利用原有固定资产原值 = 企业固定资产原值 − 改建中拆除、变卖、报废或闲置资产的原值。更新改造投资主要用于利用旧设备更新，新设备折旧率为 10%。固定资产折旧费的估算见附表 4-7。

建设单位管理费、出国考察费、培训费等属递延资产，技术转让费属无形资产，项目建成投产后，分年摊入成本费用。

为简化计算，未分摊预备费。

“无项目” 年折旧费 = 追加固定资产折旧费 + 原有固定资产折旧费。

追加固定资产的折旧率 6.30%，年折旧费为 588 万元。

“无项目” 时没有待摊费。

④ 修理费。按现行财务制度规定，修理费用分别列入制造费或管理费用中。由于该项费用占的比重较大，为计算方便单独列项计算。估算方法按修理费占固定资产原值

的提取率计算。提取率视项目情况确定。

⑤ 财务费用。按财务制度规定，将生产经营期发生的长期贷款利息、流动资金借款利息及汇兑损益均以财务费用的形式计入总成本费用。

汇兑损益是指偿还国外长期贷款的本息用调剂外汇（1：6）与折算汇率（即 1：5.5）之间的差额。

流动资金利息："有项目"和"无项目"各年流动资金利息，分别按年借款额乘以年利率计算，年利率为 8.64%。

"有项目"达纲年流动资金借款利息=（新增流动资金借款+利用原有流动资金借款）×年利率=（2 676 万元+5 600 万元）×8.64%=715 万元。

⑥ 其他费用。项目评价为了便于计算，将制造费用和管理费用、销售费用等费用作了适当的归并，均列入其他费用中。

（2）单位产品成本

"有项目"达纲年 BY 产品单位制造成本为 74 868 元/台，B 产品单位制造成本 63 000 元/台；"无项目"B 产品单位制造成本 65 700 元/台。企业改扩建后 B 产品单位制造成本降低 4.29%。达纲年单位制造成本见表 17-22。

表 17-22　达纲年单位制造成本　（单位：元/台）

序号	项目	"有项目"		"无项目"
		BY 产品	B 产品	B 产品
1	原材料费	67 163	55 390	57 030
	其中：国内外购件	50 000	45 000	45 000
	进口零部件	12 087		
2	燃料及动力费	1 000	1 000	1 800
3	工资及福利费	1 590	1 500	2 000
4	制造费用	5 115	5 110	4 870
5	制造成本（1+2+3+4）	74 868	63 000	65 700

17.2.4.3　销售收入、销售税金及附加、利润及分配

（1）产品价格

"有项目"和"无项目"中 A 产品和 B 产品的价格采用同一价格。

"有项目"BY 产品，根据市场需求分析，以国内外同类产品价格为依据，考虑了国产化的进程和涨价因素，确定该产品价格。产品价格预测见表 17-23。

（2）销售收入

增量销售收入="有项目"销售收入-"无项目"销售收入

"有项目"达纲年销售收入为 7 000 万元，"无项目"第五年销售收入为 20 000 万元。达纲年增量销售收入为 57 000 万元。

（3）销售税金及附加

本项目缴纳的增值税，税率为 14%；城市维护建设税，按增值税额的 7%计取；教

育费附加按增值税额的 2%计算。

表 17-23　主要产品价格预测表　　（单位：万元/台）

序号	项目	改　建　期				达到设计能力生产期	
		第 1 年	第 2 年	第 3 年	第 4 年	第 5 年	第 6~15 年
1	有项目						
	A 产品	6.5	6.5	6.5			
	B 产品	8.0	8.0	8.0	8.0	8.0	8.0（第 6~15 年）
	BY 产品	12.0	12.0	10.5	9.5	9.5	9.5
2	无项目						
	A 产品	6.5	6.5	6.5	6.5		
	B 产品	8.0	8.0	8.0	8.0	8.0	8.0（第 6~10 年）

增量销售税金及附加=“有项目”销售税金及附加-“无项目”销售税金及附加“有项目”达纲年销售税金及附加为 3 124 万元，“无项目”第 5 年销售税金及附加 840 万元，增量销售税金及附加 2 284 万元。销售收入和销售税金及附加估算见附表 4-9。

（4）利润及分配

达纲年（正常年第 10 年）利润总额为 7 339 万元，按 33%缴纳所得税为 2 422 万元。按税后利润 25%缴纳特种基金为 1 229 万元。在可供分配利润中，提取 15%盈余公积金（含公益金）为 553 万元。

17.2.4.4　财务盈利能力分析

（1）增量投资利润率和增量投资利税率

增量投资利润率和增量投资利税率是反映财务盈利能力的两项静态指标，它是计算期内平均增量利润额或利税额与增量总投资之比。

增量投资利润率=5 664/(25 227+352+3 576+5 650) ×100%=16.27%

增量投资利税率=7 775/(25 227+352+3 576+5 650) ×100%=22.34%

资本金利润率=年利润总额（总量平均值)/资本金×100%=（5 880/10 400）×100%=56.54%

（2）财务内部收益率

财务内部收益率（增量全部投资），所得税后为 14.83%，所得税前为 24.82%；财务内部收益率（增量自有资金）所得税后为 28.30%，均超过基准收益率。

（3）财务净现值

计算期内增量全部投资财务净现值（I_c=12%），所得税后为 4 261 万元，所得税前为 19 821 万元。增量自有资金财务净现值（I_c=12%）所得税后为 8 579 万元。

（4）投资回收期

增量全部投资回收期所得税后为 8.47 年，所得税前为 6.79 年。

17.2.4.5 清偿能力分析

项目的清偿能力分析是依据借款还本付息计算表、资金来源和运用表、资产负债表、计算资产负债率、流动比率、速动比率及固定资产投资借款偿还期来考察项目的财务状况及贷款的清偿能力。

国内借款还本付息计算见附表，国外借款还本付息计算见附表。

偿还借款本金的资金来源，是企业改扩建后的利润折旧及摊销费。偿还国外长借款本息的汇兑损失已计入财务费用中。

国内借款偿还期约为 7 年。国外借款可按贷款条件支付，在项目计算期结束时，仍有财力支付第 16 年至第 20 年软贷款本金和利息。

资金来源和运用见附表。通过计算可以看出，项目计算期各年能收支平衡，并有盈余。

根据改扩建项目的特点，资金来源与运用表中增设了建设起点年，将企业现有银行存款 3 000 万元填写在建设起点年内累计盈余资金栏目。

资产负债表见附表。从表中计算结果可以看出，资产负债率在建设期大于 0.5，达纲以后其各年负债率小于 0.5。流动比率计算期各年均大于 1.2。速动比率在第 8 年以后大于 1。表明项目的净资产可以抵补负债。

结合改扩建项目的特点，增设了建设起点年企业资产与负债及所有者权益，各项数据的处理详见资产负债表。

通过上述分析，说明企业具有较强的清偿能力。

17.2.4.6 财务不确定性分析

（1）盈亏平衡分析

本项目改造后总生产能力的盈亏平衡计算如下式（按正常年份第 10 年计算）：

BEP = 固定成本/（销售收入−税金−变动成本）×100%

= 9 577/（77 000−3 124−56 960）×100% = 56.62%

计算结果表明达到总生产能力的 56.62%时，项目即可保本。

（2）敏感性分析

在项目计算期内可能发生变化的因素有产品价格、经营成本和固定资产投资。各单因素变化正负 10%时对财务内部收益率影响的程度见表 17-24。

表 17-24 财务评价敏感性分析表

序号	项目	基本方案	销售收入		经营成本		投资	
			−10%	+10%	−10%	+10%	−10%	+10%
1	FIRR（%）	24.8	4.81	46.10	42.39	8.66	27.30	23.00
2	较基本方案增减（%）		−19.99	+21.30	+17.59	−16.14	+2.50	−1.80

计算结果表明，销售收入和经营成本变化对财务内部收益率影响较大。固定资产投资变化对财务内部收益率影响较小。允许销售收入降低的最大幅度约 7%，经营成本提高的最大幅度约 8.4%，变化幅度超过这个极限，项目将不可行。

17. 2. 5　国民经济评价

国民经济评价是在财务评价的基础上进行的，采用国家发布的参数。社会折现率为12%，影子汇率换算系数为 1. 08。贸易费率为 6%。

17. 2. 5. 1　效益和费用范围的调整

（1）剔除已计入财务效益和费用中的转移支付

① 固定资产投资方向调节税、产品销售税金、购买进口零部件的关税和增值税、产品成本中的土地使用税、房产税、车船使用税和印花税等均是国民经济内部的“转移支付”，并不发生实际资源的增加和耗用，因此，不计为项目的费用。

② 教育费附加和劳动保险费在国民经济评价中不作费用处理，因已在影子工资中作了考虑。

③ 剔除涨价预备费。

（2）关于间接效益和间接费用的计算

用影子价格计算的项目效益和费用已将很多“外部效果”内部化了。本项目对技术扩散的效果以及项目造成的环境污染等不进行定量计算。

17. 2. 5. 2　效益和费用数值的调整

（1）对增量固定资产投资调整

①“有项目”新增固定资产投资。

建筑工程费用的调整：用影子换算系数 1. 1 对财务评价的建筑工程费用进行调整，由 2 831 万元调到 3 114 万元。

设备购置费的调整：进口设备的影子价格按到岸价格乘以影子汇率乘以贸易费率；国内设备影子价格换算系数为 1；引进设备和国内设备的国内运杂费换算系数取 1. 93；设备购置费由 13 716 万元调为 14 894 万元。

安装工程费用调整：安装工程费换算系数取 1，调整后仍为 1 053 万元。

工具器具及生产家具费调整：工具器具及生产家具费影子换算系数取 1，调整后仍为 541 万元。

工程建设其他费用。工程建设其他费用中的人民币部分不作调整。外汇部分用影子汇率进行换算，技术转让费由 2 805 万元调整为 3 148 万元，出国人员考察费和国内运输及安装所需保险费由 83 万元调整为 89 万元。其他费用由 3 582 万元调整到 3 931 万元。

预备费。剔除国内费用的涨价预备费。基本预备费的人民币部分不作调整，外汇部分用影子汇率换算，预备费由 4 504 万元调整到 3 361 万元。

综上计算，国民经济评价新增固定资产投资为 26 894 万元。

②“无项目”追加投资。“无项目”追加固定资产投资 1 000 万元中，建筑工程费 750 万元，设备购置费 250 万元。建筑工程费换算系数为 1. 1，设备购置费换算系数为 1。调整后追加投资为 1 075 万元。利用固定资产价值不作调整。

③ 增量固定资产投资计算。

增量投资 = “有项目”投资 − “无项目”投资 − （26 894 万元 + 12 000 万元） −

(1 075 万元+12 000 万元) = 25 819 万元

(2) 增量流动资金的调整

采用财务评价确定的资金周转次数，按影子价格换算的达纲年经营费用计算的流动资金为 11 659 万元，其中利用原有为 6 240 万元，新增（增量）为 5 419 万元。调整后投资分年用款计划见表 17-25。

表 17-25　投资分年用款计划　（单位：万元）

项目	第一年	第二年	第三年	第四年	合计
分年投资比例（%）	18	39	36	7	100
固定资产投资	4 647	10 069	9 295	1 808	25 819
分年投资比例（%）	23	26	34	17	100
流动资金	1 246	1 409	1 842	922	5 419

(3) 增量经营费用的调整

① 外购材料费。主要外购材料 A、B、C、D、E、F 六种材料属于外贸货物，间接进口产品，由于原供应厂和用户难以确定，按直接进口考虑。即到岸价格乘以影子汇率，加国内运输费用和贸易费用。其他材料费为非外贸货物，由于难以获得分解成本所需要的资料，参照国内市场价格定价。

国内外购件换算系数为 1；进口零部件剔除关税和增值税，按到岸价格乘以影子汇率和贸易费率，另计算国内运费。

剔除材料费中的涨价费用。

② 外购燃料及动力费。燃料煤热值为 2. 091kJ/kg，项目距供煤单位较近，直接用项目所在某城市煤的影子价格 157t/元；电的影子价格 2 623 元/万kW · h；重油的影子价格 574 元/t；天然气为 7 730 元/万 m^3。水、压缩空气及其他动力费不作调整，剔除涨价费用。

③ 工资及提取的职工福利基金换算系数为 1。

④修理费按调整后的固定资产投资计算，提取率不作调整。

⑤ 其他费用中扣除土地使用税和房地产税等，其他不作调整。

(4) 增量销售收入

产出品影子价格的确定：

A 产品即将淘汰，其价格不作调整 6. 5 万元/台。

B 产品和 BY 产品均为外贸货物，替代进口产品。按到岸价格作为影子价格。

B 产品：1. 2705 万美元×5. 5 元/美元×1. 08× 1. 06=8. 0 万元/台。

BY 产品：1. 429 4 万美元×5. 5 元/美元×1. 08×1. 06=9. 0 万元/台。

17. 2. 5. 3　经济效益与费用分析

支付国外借款本金用影子汇率进行计算。

增量（全投资）经济内部收益率为 21. 74%，增量（国内投资）经济内部收益率为

26.81%，均超过了社会折现率 12%。

在社会折现率 I_s = 12% 的条件下，计算期内增量（全投资）经济净现值为 18 195 元，增量（国内投资）经济净现值为 21 569 万元。

17.2.5.4　经济外汇流量分析

本项目 BY 产品为代替进口产品，通过增量外汇流入和流出分析，计算出经济外汇净现值（I_s = 12%）为 35 105 万美元，经济节汇成本 5.02 元/美元，低于影子汇率 5.94 元/美元，经济外汇效果良好。

国内资源流量分析见附表。

17.2.5.5　敏感性分析

分析各种不确定性因素对增量（全部投资）经济内部收益率的影响。在项目计算期可能发生变化的因素有产品价格、经营费用和固定资产投资。各单因素变化正负 10%对项目经济内部收益率的影响程度见表 17–26。

表 17–26　国民经济评价敏感性分析表

序号	项目	基本方案	销售收入		经营成本		投资	
			−10%	+10%	−10%	+10%	−10%	+10%
1	FIRR（%）	2 174	6.00	36.20	34.50	9.36	23.47	20.27
2	较基本方案增减（%）		−15.74	+14.46	+12.76	−12.36	+1.73	−1.47

计算结果表明，销售收入和经营成本变化对经济内部收益率影响较大。固定资产投资变化对经济内部收益率影响较小。允许销售收入降低的最大幅度约 7%，经营成本提高的最大幅度约 8.9%，变化幅度超过这个极限，项目将不可行。

17.2.6　经济评价结论

综上分析，企业不进行改建，经济效益逐年减少，五年以后每年仅获利 74 万元。改扩建方案实施后，达纲年（正常年份）销售收入为 77 000 万元，获利 7 339 万元，缴纳所得税 2 422 万元。增量全部投资财务内部收益率所得税后为 14.83%，所得税前为 24.82%；财务净现值（I_c = 12%），所得税后为 4 261 万元，所得税前为 19 821 万元；增量自有资金财务内部收益率所得税后 28.30%，财务净现值（I_c = 12%）所得税后为 8 579 万元；达纲年资产负债率 55.9%；国内投资借款偿还期 7 年，国外借款亦可按期偿还。增量全部投资经济内部收益率为 21.74%，经济净现值（I_s = 12%）为 18 195 万元，增量国内投资经济内部收益率为 26.81%，经济净现值（I_s = 12%）为 21 569 万元。经济节汇成本为 5.02 元/美元。各项经济指标的计算结果，表明本项目财务效益是可行的，经济效益是合理的。

第 18 章 “三农”与乡村发展评价

18.1 社会主义新农村建设评价指标体系①

18.1.1 概述

18.1.1.1 问题的提出及意义

改革开放以来，我国的经济进入快速发展时期，农业经济快速发展，中国工业与农业的关系、城市和乡村的关系，正经历着前所未有的历史性转变，我国农村面貌发生了巨大变化。但是，与全面建设农业现代化的目标相比，仍然有很大差距。2005 年 10 月，党的十六届五中全会提出了社会主义新农村建设要求，即“生产发展、生活宽裕、乡风文明、村容整洁、管理民主”。新农村建设目标和内容如何量化与评价，是理论和实践都迫切需要解决的问题。开展社会主义新农村建设评价指标体系研究及应用，对于正确认识和评价新农村建设的发展现状，量化评价新农村建设成效，确定政府在新农村建设中公共财政投资的优先序，分析不同地区新农村建设的模式和道路，制定可操作性的政策具有重要的指导意义。

通过本项研究，构建社会主义新农村建设评价指标体系，确定新农村建设量化技术和测评方法，科学地判断我国新农村建设发展的水平，发现问题，找出差距，为合理制定新农村建设的各项政策提供参考依据。通过指标的具体应用，研究新农村建设发展中各系统、各地区和省市的差异性，为研究制定各地新农村发展的战略重点和方向提供科学依据。在典型调查的基础上，构建了针对性更强的村级新农村建设指标。为不同地区新农村建设构建指标监测体系。

为此，在财政部支持下，中国农业科学院、科技部农村技术发展中心、中国农业大学等单位共同承担了亚州开发银行技术援助项目“社会主义新农村建设评价指标体系研究及应用”，项目历时两年时间，在内蒙古、重庆、辽宁、陕西、江苏和山东等 6 省（区、市）进行深入调研，完成了新农村建设指标体系与应用研究报告，并结集出版。

18.1.1.2 项目研究的国内情况

新农村建设与农业现代化与小康社会密切相关。国内对农业现代化与小康社会进行了大量的研究，并且一些研究成果已经被政府部门广泛采用。农业部农村经济研究中心对农业现代化指标进行了一项研究，把农业现代化的指标体系分为农业外部条件指标、

---

① 本章的内容根据聂凤英主编的《社会主义新农村建设评价指标体系研究及应用》进行摘编

农业内部条件指标和农业生产效果指标三组，制定了一个指导全国的基本实现农业现代化的指标体系，该体系还制定了阶段性指标，分为起步指标、初步指标和基本实现标准。中国农业科学院农业信息研究所梅方权教授提出了农业现代化四阶段论，并提出一套评价指标体系，该体系包括反映：① 投入和消费水平；② 农村经济发展水平；③ 农业生产发展水平；④ 农业基础设施与投入；⑤ 农业生产技术与教育；⑥ 农业组织与经营管理；⑦ 农业资源与环境条件等 7 类 22 项指标，成为指导和评价各地农业进行现代化建设的通用指标，在山东、浙江、广东、天津、北京等 12 个省、市和一批农业现代化试点县实际中广泛应用。在此基础上，各地根据实际情况的不同，提出了更加具体的指标体系，如：江苏省制定的农业现代化指标体系包括 5 个总体指标共 16 个群体指标；辽宁省包括 7 类 26 项指标，河北省则包括 5 类 23 项指标等。梅方权同时提出了农业现代化发展的阶段性特征和经历的四个阶段：准备阶段、起点阶段、基本实现阶段和发达阶段，为各地制定农业现代化发展战略提供理论依据。

20 世纪 90 年代以后，国内开展对小康社会进行量化分析和建立指标体系的研究。1992 年国家统计局提出的小康指标体系，分为宏观经济条件、生活质量和生活效果 3 个领域，共 12 个指标。具体量化指标又分全国标准、城市标准和农村标准 3 类。1995 年 1 月，国家计划委员会（国家发展改革委员会）与国家统计局联合提出并征求 12 个部委意见，修改完成了全国人民生活小康水平的基本标准。该标准由经济水平、物质生活、人口素质、精神生活、生活环境等五个部分共 16 项分指标组成。包括：人均国内生产总值，人均收入水平（城镇人均可支配收入、农民人均纯收入），人均居住水平（城镇人均使用面积、农民人均钢砖木结构住房面积），人均蛋白质摄入量，城乡交通状况（城市每人拥有铺路面积、农村通公路行政村比重），恩格尔系数，成人识字率，人均预期寿命，婴儿死亡率，教育娱乐支出比重，电视机普及率，森林覆盖率，农村初级卫生保健基本合格以上县百分比等。至此，小康概念的量化取得了共识。

18.1.1.3 评价对象

由于各地发展水平和新农村建设主体对象的不同，指标体系可分设为全国性、区域性和村级三方面进行评价。一是针对全国整体发展水平的评价，二是针对区域新农村建设水平的评价，三是以监测指标的应用为基础，并根据典型调查数据，构建了针对性更强的村级新农村建设指标。

本研究选取我国 31 个省份作为样本，地域单元的整体选择根据我国三大区域的划分，即东部地区、中部地区和西部地区，其中，东部地区包括北京、天津、上海、河北、辽宁、江苏、浙江、福建、山东、广东、海南等 11 个省市；中部地区包括山西、吉林、黑龙江、安徽、江西、河南、湖北、湖南等 8 个省；西部地区包括内蒙古、重庆、四川、贵州、广西、云南、西藏、陕西、甘肃、青海、宁夏、新疆等 12 个省份。

时间点主要选取 2005 年、2006 年的国家统计数据，使用的指标数据主要是从《中国统计年鉴》《中国农村统计年鉴》《中国人口统计年鉴》《中国劳动统计年鉴》《中国环境年鉴》《中国卫生统计摘要》，以及国家统计局网站、农业部网站资料等资料。

18.1.1.4 构建评价指标体系的原则

新农村建设评价指标体系要以新农村建设的内涵和发展规律为主，进行全方位、多视角的分析。借鉴参考其他研究方法，构建新农村建设评价指标有以下几个原则。

（1）综合性和针对性原则

建立的指标体系应既具有综合性又具有针对性。新农村建设是一个复杂且动态的过程，构建新农村建设指标体系一方面所建立的指标体系要体现综合性，能以多维的角度构造出全面而综合的新农村建设，也就是说，不仅包括生产发展、生活富裕，还应包括乡风文明、村容整洁和管理民主；另一方面，所建立的指标体系还应具有针对性，应该针对新农村建设面临的主要问题和实际情况，确定关键性、决定性要素。

（2）代表性和独立性原则

建立的指标需既具有广泛的代表性又具有相对的独立性。新农村建设的内涵十分丰富，可供选取的指标非常多，但是构建新农村建设的评价指标体系指标不能过多，因此要求所设立的指标具有覆盖面广、代表性强、具有独立性的特点，即指标之间互不涵盖，缺一不可，用尽可能少的指标全面、综合、准确地反映新农村建设的主要发展特征和发展状况。

（3）可获取性和可操作性原则

构建指标体系的目的在于应用，对于一些指标，从理论上看很有意义，但缺乏现实可行性，很难用具体确切的指标来描述，不具有可操作性。另外，指标的设立还应充分考虑数据资料的可获取性或可测性。虽然某项指标很重要，如果没有相应的数据支撑，设立这样的指标也就没有意义。所以指标体系应具有可获取性和可操作性。

（4）可量化和可比性原则

指标必须能够适应不同区域的发展状况，各项指标的含义、统计口径和适用范围对不同区域必须一致，具有可比性；所有选择的指标要能够根据测量标准进行量化。即确定的新农村建设评价指标体系既要能够体现新农村建设发展进程的阶段性，又要体现我国各地区之间新农村建设发展进程的差异，即纵向和横向的双重比较。为此，这里都选择可以进行对比的指标统计口径，比如基本上采用人均、比重等相对数，而尽量避免绝对数；同时，在指标的选择和确定方面尽可能地考虑一些国际通用的，特别是普遍认可的指标。

18.1.2　新农村建设评价指标体系

本研究在进行了广泛的国际比较和深刻理解建设社会主义新农村内涵的基础上，根据党的十六届五中全会提出了社会主义新农村建设要求，即“生产发展、生活宽裕、乡风文明、村容整洁、管理民主”。构建了一套比较完整的监测指标体系。指标体系分为生产发展、生活宽裕、乡风文明、村容整洁和管理民主5个子系统，共29项指标。

18.1.2.1　生产发展指标体系

根据2007年中央一号文件《中共中央国务院关于积极发展现代农业扎实推进社会主义新农村建设的若干意见》中对新农村建设中农村生产发展的目标和要求，生产发展指标体系中主要包括：资源与条件类指标，具体有耕地变动率、农村社会固定资产投资、农用机械总动力和万人农业科技人员数等4项，这主要是从农业生产发展的角度根据目前的自然资源条件来确定未来农业生产的潜力；其次是综合产出能力类指标，具体有农业劳动生产率、人均农村经济总收入和人均地区生产总值等 3 项，其中农业劳动生产率是判断农业产出水平的指标，而人均农村经济总收入和人均地区生产总值是衡量农村经济整体发展水平的指标；最后是非农产业发展类指标，主要用来评价非农产业的发展水平（表 18-1）。

表 18-1 生产发展指标体系

一级指标	二级指标	三级指标
生产发展	资源与条件	耕地变动率
		农村社会固定资产投资
		农用机械总动
		万人农业科技人员数
	综合产出能力	农业劳动生产率
		人均农村经济总收入
		人均地区生产总值
	非农产业	非农产业就业比重

（1）耕地变动率

① 指标含义及其意义。耕地变动率是反映耕地数量变化情况的重要指标，我国要实现粮食基本自给和保障居民食物安全，特别是在人口众多的条件下，不能主要依靠进口来满足我国巨大的粮食消费需求，这就必须要保证一定的耕地面积。具体计算方法为：

$$耕地变动率/\% = (当年耕地面积-上年耕地面积)/上年耕地面积\times100$$

目前，自然资源对提高我国农产品供给能力的约束不断加剧。从耕地资源来看，耕地数量快速减少，质量不断下降。我国耕地面积从 1996 年的 19.5 亿亩。下降至 2006 年的 18.27 亿亩，10 年累计减少 1.23 亿亩，平均每年减少 1 230 万亩；人均耕地面积从 1996 年的 1.59 亩下降到 2006 年的 1.39 亩。质量上，由于水土流失严重、不适当过量施用化肥等原因，导致耕地质量下降。农田水利、土地整理等农业基础设施建设滞后，稳产高产农田比例偏低。特别是在耕地“占补平衡”中，普遍存在“占多补少”“占优补劣”问题，也导致耕地数量减少和总体质量下降，削弱了农产品的生产能力。未来随着工业化、城镇化的快速推进，工业与农业、城市与农村争地的矛盾将更加尖锐，农产品生产的资源约束日益增强，今后更要加强对耕地的管理，控制耕地的下降速度，为粮食安全和农业发展保证一定数量的耕地资源。因此，将全国以及各地区耕地的变动情况作为新农村建设评价指标之一。

② 我国及各地区耕地变动率测算。近年来，我国耕地面积不断下降，其中 2003 年下降幅度最大，下降了 2.01%，其他年份基本上保持下降 1%以内。从各地区耕地面积变动情况来看，2005 年全国耕地变动率为 0.3%，仅有内蒙古和新疆地区耕地面积有所增加，变动率分别为 1.78%和 0.94%，其他省份耕地面积均呈下降趋势，其中广东省

下降最多，变动率为 -2.77%。

③ 实现值标准的确定。自然资源是农业生产最重要的基础，是农产品有效供给最重要的保障。中央连续几年的一号文件都提出要落实最严格的耕地保护制度，守住 18 亿亩耕地的“红线”，根据《全国农业和农村经济发展第十一个五年规划（2006—2010 年）》以及我国人口自然增长的要求，如果按照 2010 年保证 18 亿亩耕地来计算，我国耕地面积的年均下降速度不能超过 0.3%，只有这样才能保证农产品的有效供给，特别是保证粮食综合生产能力的稳步提高，满足我国居民对农产品的消费需求。但是鉴于如果耕地下降速度达到 0.3%就已经达到了耕地警戒线，因此取相对较小的 0.1%的耕地下降速度作为新农村建设的实现值。

（2）农用机械总动力

① 指标含义及其意义。农用机械总动力指主要用于农、林、牧、渔业的各种动力机械的动力总和。包括耕作机械、排灌机械、收获机械、农用运输机械、植物保护机械、牧业机械、林业机械、渔业机械和其他农业机械（内燃机按引擎马力折成瓦特计算、电动机按功率折成瓦特计算）。其中不包括专门用于乡、镇、村、组办工业、基本建设、非农业运输、科学试验和教学等非农业生产方面用的动力机械与作业机械。具体计算方法为：

平均主要农业机械总动力 = 主要农业机械总动力/耕地面积

农业机械化的发展，大大提高了农业劳动生产率，加快了传统农业向现代农业转变的步伐。因此，将农业机械总动力作为新农村建设评价指标之一。

② 我国及各地区农业机械总动力测算。1978 年我国的农业机械总动力仅为 1.17 亿 kW，到 2005 年底已达到 6.84 亿 kW，比 1978 年增长了 5.8 倍，而且呈现出持续稳定增长的发展势头。从 2005 年各地区的情况来看，每公顷农业机械总动力水平存在一定差异，最高的天津市已达到 12.62kW，而最低的重庆市仅为 1.89kW，这两个地区差距很大，这体现了农业机械化在全国各地区发展还很不均衡。

③ 实现值标准的确定。同世界发达国家相比，我国的农业机械化水平还比较低。例如美国早在 20 世纪 60—70 年代就已经实现了粮食和各种经济作物从种植到收获等各环节的全面机械化。因此，参照世界农业机械化的发展情况，并根据我国农业发展的实际情况，来确定新农村建设这一指标的实现标准。如前所述，我国要实现农业生产发展，农业的机械化至关重要，因此应以农业机械化水平较高的省份为参考，最终将 $10kW/hm^2$ 作为新农村建设的实现标准，从目前的情况看，只有天津、河北和山东达到了这一水平。

（3）万人农业科技人员数

① 指标含义及其意义。万人农业科技人员指每万个农村居民所拥有的农业科研人员数量。农业科研人员指从事农林牧渔生产或与这些生产有关的科研人员。具体计算方法为：

万人农业科技人员 = 农业科技人员数/乡村人口

农业科技人才是农业科技成果的原创者和农业科技进步的直接推动者，农业科技人才的数量、结构和质量直接关系到我国农业科技水平的高低，关系到农业基础地位的发挥，关系到国民经济的持续、健康发展和小康社会目标的整体实现。鉴于农业科技人才对农业科技进步的重要推动作用，因此选择万人农业科技人员数作为新农村建设评价指标之一。

② 我国及各地区万人农业科技人员测算。新中国成立以来，随着社会经济的不断发展，我国农业专业技术人才数量从建国初期的 470 余人，发展到 2004 年末的 95 999 人，初步形成一支专业素质较高、学科门类比较齐全、布局比较合理的农业专业技术人才队伍。但从 1989—2002 年我国万人农业科技人员数看，是逐年下降的，从 2003 年后才有所回升。

③ 实现值标准的确定。据测算，发达国家每万人中农业科技人员数量普遍较高，如德国达到 13. 5 人、美国为 7. 2 人、日本为 5 人。目前我国每万人中农业科技人员的平均水平仅为 1. 01 人，水平最高的地区也才达到 5 人，而科技人才的培养需要一段时间，是循序渐进的过程，因此短时间内这一指标的实现标准不能定得过高，结合目前我国的实际发展情况，以相对发展较好的北京、上海为参照，将新农村建设中万人农业科技人员数得实现标准定为 3 人。

(4) 农村社会固定资产投资

① 指标含义及其意义。固定资产投资是在一定时期内以货币形式表现的全社会建造和购置固定资产的工作量以及与此有关的费用的总称。该指标是反映固定资产投资规模、结构和发展速度的综合性指标，又是考核投资效果的重要依据。农村固定资产投资是指农村进行建造和购置固定资产的经济活动，即固定资产再生产活动，主要包括固定资产更新（局部或全部更新）、改建（对原有设施改造或更新）、扩建（扩大规模建设）、新建（平地起家，从无到有建设）等活动。具体计算方法为对各地区农村固定资产投资总和。

在新农村建设生产发展类指标中选择这一指标主要是考虑到生产发展不仅要实现农业生产的发展，而且要促进农村经济的繁荣，实现农村地区经济社会的全面发展，也就是在新农村建设的评价过程中，既要确定农业资源的增长潜力，还要参考农村整体经济投入的增长潜力。

② 我国及各地区农村社会固定资产投资测算。近年来，我国农村社会固定资产投资额不断增加，从 1995 年的 4 375. 6 亿元增加到 2005 年的 13 678. 5 亿元，增长了 2. 12 倍。从 2005 年各地区的情况来看，农村社会固定资产投资的差异尤为明显。总体上可以分为两个梯队，第一梯队主要有山东、江苏、浙江、广东、河南、河北、四川和辽宁等 8 省，这些地区的农村社会固定资产投资总额都在 500 亿元以上，明显高于其他地区，这充分体现了地区经济发展水平以及对农业农村发展的重视程度。第二梯队为其他各省（区、市），农村社会固定资产投资总额都在 500 亿元以下，其中最少的是青海省，仅为 19 亿元。

③ 实现值标准的确定。从新农村建设的全局考虑，迫切需要增加对农村基础设施的投入以改变农村的总体面貌，为农业增产、农村繁荣提供良好的物质基础，促进农业、农村经济健康稳定增长。特别是随着国家对三农问题的重视程度不断加深，中央和地方都将不断加强对农业和农村的投资力度。虽然目前我国农村社会固定资产投资的全

国平均水平还比较低，仅为 442.2 亿元，但是从未来经济发展的总体态势判断，各地区的农村社会固定资产投资都将大幅度提高，同时考虑到新农村建设的需要，参照目前投入较高省份的标准，将 1 500 亿元作为新农村建设的实现值。

(5) 农业劳动生产率

① 指标含义及其意义。农业劳动生产率指标是指农业劳动力在单位时间内生产的农产品数量。它是反映农业劳动生产效率、生产效益的基本指标，是反映人从农业角度征服自然的有效性指标。具体计算方法为：

农业总产值/劳动投入量=谷物当量/农业劳动力数量

这种方法是以谷物当量为单位计算的农业劳动生产率。其中谷物当量是将一些重要的农产品按照一定的系数折算为谷物当量，具体包括粮食、棉花、油料、甘蔗、甜菜、水果、肉类、奶类、禽蛋、水产品等。

改革开放以来，我国国民经济保持持续高速的增长态势，市场对资源的配置要求农业要由传统农业向现代农业转变，而由传统农业向现代农业转变的最大特征就是农业生产效率的提高（柯炳生，2006）。在衡量农业生产效率的众多指标中，农业劳动生产率是最为重要且实用的指标。因此，选择农业劳动生产率指标作为新农村建设指标监测体系中生产发展类指标之一。

② 我国及各地区农业劳动生产率测算。改革开放以来，我国农业劳动生产率有了明显提高。1978 年，我国农业劳动生产率仅为 1.38t/人，到 2005 年，达到 4.83t/人，增长了 2.34 倍，年均递增 4.57%。从总体来看，二十多年来，在国家农业政策以及科技进步等多种因素作用下，我国农业劳动生产率呈稳步增长态势。

③ 实现值标准的确定。改革开放以来，我国农业劳动生产率虽然显著提高，但从世界范围来看仍处于较低水平。根据 FAO 数据对世界各国农业劳动生产率进行估算，可以得出我国农业劳动牛产率仅相当于美国的 1/80，欧盟国家的 1/38，日本的 1/5.8，韩国的 1/2.8，世界平均水平的 1/2.4。我国一直是世界农业大国，多种农产品产量均位居世界前列，因此在新农村建设过程中，我国的农业劳动生产率应至少达到世界平均水平，即将 10t/人作为新农村建设的实现标准。

(6) 人均农村经济总收入

① 指标含义及其意义。农村经济总收入是指一年内各地区农村收入的总和，具体包括农业收入、林业收入、牧业收入、渔业收入、工业收入、建筑业收入、运输业收入、商饮业收入、服务业收入和其他收入。它是反映各地区农村经济总收益的综合指标，体现了各地区农村经济的发展情况。具体计算方法为：

人均农村经济总收入=农村经济总收入/人口数

近年来我国农村二、三产业发展迅速，越来越多的农业劳动力脱离了农业生产转向非农产业，越来越多的农村中二、三产业的收入比重小断提高。特别是在东部发达地区，随着工业化和城镇化的快速推进，在其经济总量不断增长的同时，农业产业所占比重已越来越小，而相应地二、三产业的比重增长迅速。因此从农村地区经济发展的角度来看，需要选择一个评价农村经济总量的指标，用来衡量各地区农村经济的整体发展水平。

② 我国及各地区人均农村经济总收入测算。2005 年，我国人均农村经济总收入的平均水平为 23 770. 5 元/人。从各地区发展情况来看，各地区的发展参差不齐，两极分化的趋势明显。其中上海市尤为突出，人均农村经济总收入达到 510 684. 5 元/人，其次为浙江和北京，均在 100 000 元/人以上，其他多数省份都在 20 000 元/人以下，最低的西藏为 0 元/人。从这一指标的评价结果来看，目前我国各地区之间农村经济的发展水平差距非常大，地区经济的整体发展程度决定了农村经济总收人水平，进而间接决定了农民的人均收入水平。

③ 实现值标准的确定。鉴于我国各地区自然资源禀赋不同，相应地经济发展水平不同，导致各地区农村经济总收入差异较大，因而不能根据某一地区或某几个地区的发展程度来确定新农村建设的实现值，而只能从国家整体经济发展的角度来考察这一指标。根据《中华人民共和国国民经济和社会发展第十一个五年规划（2006—2010年）》中提出的“十一五”时期经济社会发展的主要目标是宏观经济平稳运行，国内生产总值年均增长 7. 5%，按照这一水平计算，未来 5～10 年内，我国人均农村经济收入的平均水平可以达到 49 000 元/人左右，考虑到农村经济的发展可能略快于国内经济的整体发展速度，因此将 50 000 元/人作为新农村建设的实现标准。

（7）人均地区生产总值

① 指标含义及其意义。国内生产总值（GDP）指按市场价格计算的一个国家（地区）所有常住单位在一定时期内生产活动的最终成果。国内生产总值有三种表现形态，即价值形态、收入形态和产品形态。从价值形态看，它是所有常住单位在一定时期内生产的全部货物和服务价值超过同期投入的全部非固定资产货物和服务价值的差额，即所有常住单位的增加值之和；从收入形态看，它是所有常住单位在一定时期内创造并分配给常住单位和非常住单位的初次收入之和；从产品形态看，它是所有常住单位在一定时期内最终使用的货物和服务价值减去货物和服务进口价值。地区生产总值即各地区的国内生产总值，它是反映一个地区经济发展的重要指标，因此在新农村建设生产发展类指标中选取这一指标。具体计算方法为：

人均地区生产总值=地区生产总值/人口数

随着我国国民经济总量水平的显著提高，各地区的经济普遍发展，综合经济实力大大增强，都呈现出良好的发展态势。由于地区经济发展水平对于农村经济的发展起决定性作用，因此新农村建设的发展水平也在一定程度上体现了地区的经济实力，二者互为因果，由此选择了人均地区生产总值这一指标作为新农村建设评价指标之一。

② 我国及各地区人均生产总值测算。2005 年，我国人均国内生产总值为 14 002 元/人。从各地区发展情况来看，人均地区生产总值最高的为上海市，达到 51 485. 8 元/人，最低的贵州省为 1 979. 1 元/人，各地区之间的差异显著。这一指标的测算结果表明，在全国经济共同发展的过程中，不同地区的经济发展水平之间的差距进一步拉大，东部经济较发达地区和西部经济欠发达地区人均 GDP 水平相差十几倍甚至几十倍。这一特点在农村经济领域体现更为突出，我国人均农村经济总收入指标各地区之间的差异较地区人均 GDP 指标的差异还要大。

③ 实现值标准的确定。从未来我国经济发展的总体趋势来看，根据《中华人民共

和国国民经济和社会发展第十一个五年规划（2006—2010 年）》中提出的“十一五”时期经济社会发展的主要目标是宏观经济平稳运行，国内生产总值年均增长 7.5%，预计 5 年内我国人均地区生产总值将突破 20 000 元/人，10 年内将达到 29 000 元/人。预计 5 年后国民经济的增长速度可能逐渐趋缓，因此取一中间值将 25 000 元/人作为新农村建设的实现标准。

（8）非农产业就业比重

① 指标含义及意义。非农产业就业比重指农村劳动力在非农产业实现就业人员数所占比重。它是反映经济发展的一项重要指标，具体计算方法为：

非农产业就业比重=（1-乡村农林渔业就业比重）×100%

随着我国生产力的不断发展，农业劳动生产率不断提高，单位面积土地和生产单位农产品所需的劳动力逐步减少，同时经济的进步促进了二、三产业的发展，非农产业对劳动力的需求逐渐增加，因此在社会经济发展过程中农业劳动力逐渐向第二、第三产业转移。1980—2000 年，我国农业劳动力向非农产业转移年均 0.94 个百分点。2005 年，全国非农产业就业比重达到 40.51%。今后随着非农产业的不断发展，转移的劳动力将日益增加，非农产业就业比重还将继续提高。农村劳动力的转移问题对于新农村建设至关重要，因此选取非农产业就业比重作为新农村建设指标监测体系中生产发展类的基本指标之一。

② 我国各地区非农产业就业比重的测算。改革开放以来，我国经济持续发展，非农产业就业比重不断增加。各地区之间也存在一定差异，全国最高的上海已达 75.75%，最低的新疆仅为 14.82%，差距很大。从整体发展水平来看，仍然是东部地区非农产业就业比重较高，而西部地区相对较低。

③ 实现值标准的确定。在发达国家，非农产业就业比重往往高于 90%，如美国这一比重已达 95%以上，我国非农产业就业比重远低于发达国家，并且与中等发达国家或地区相比也存在一定差距。目前，我国正处在工业化的关键时期，二、三产业迅速发展，非农产业就业比重还将继续增加。考虑到我国新农村建设涉及范围之广、涉及人口之众多，尤其农村剩余劳动力过多，转移的潜力还很大，因此选取我国东部地区的平均水平 60%及以上作为我国实现新农村建设非农产业就业比重的实现值。目前，我国实现这一目标的只有北京、上海、江苏和浙江四个地区。

18.1.2.2 生活宽裕指标体系

生活宽裕是在一定历史阶段新农村建设生活水平和质量的综合反映，主要体现在农民生活物质充裕，实现丰衣足食、安居乐业。生活宽裕主要包括：农民收入提高、生活殷实；生活方式科学合理、生活质量不断提高；生活环境的改善等。为了有效合理地反映新农村建设生活宽裕状况，并结合指标数据的可获得性，主要从收入与消费、生活条件、健康与医疗、社会保障和信息化等五个方面来进行衡量，其中，收入与消费包括农民人均纯收入和农村居民消费恩格尔系数，是反映农民生活质量与水平最有效的指标；生活条件包括农村人均合格住房面积、农村累计改水受益率和通汽车村数比重；健康与医疗包括农民人均预期寿命和农村基本医疗条件达标率；社会保障包括农村居民社会保险覆盖率和农村居民新型合作医疗保险覆盖率；信息化指农村信息化程度。（表 18-2）

表 18-2 生活富裕指标

一级指标	二级指标	三级指标
生活宽裕	收入与消费	农民人均纯收入
		农村居民消费恩格尔系数
	生活条件	农村人均合格住房面积
		农村累计改水受益率
		通汽车村数比重
	健康与医疗	农民人均预期寿命
		农村基本医疗条件达标率
	社会保障	农村居民社会保险覆盖率
		农村居民新型合作医疗保险覆盖率
	信息化	信息化程度

（1）农民人均纯收入

① 指标含义及其意义。农民人均纯收入是指按农村人口平均的“农民纯收入”，它是反映一个国家或地区农村居民收入水平的重要指标。其中，“农民纯收入”指的是农村居民当年从各个渠道获得的总收入，相应地扣除获得收入所支出的费用后的收入总和。按收入的性质划分，农村居民总收入包括工资性收入、家庭经营收入、财产性收入和转移性收入。具体计算方法为：

$$农民人均纯收入=纯收入/常住人口$$

其中：纯收入=总收入+一次性工伤补贴+保险公司赔付+农村外部亲友赠送-家庭经营费用支出-生产性固定资产折旧-税费支出-亲友赠送-调查补贴。

农民人均纯收入是反映农民生活富裕状况的一个基本指标，根据这一指标，可以大致判断农民的生活状况和富裕程度，是新农村建设成效的一个重要体现方面。而且指标界定明确，口径统一，可以在年度之间、地区之间进行比较，利于做出较为准确、全面的评价。按照国家统计局的统计统计制度规定，这里的收入均采用名义收入计算。

② 我国及各地区农民人均纯收入测算。改革开放 20 多年来，我国农民人均纯收入大幅度提高。2005 年我国农民人均纯收入为 3 254. 9 元，是 1978 年的 24. 36 倍。从 2004 年以来，连续三年增幅超过 6%。

从 2005 年来看，全国各地区农民人均纯收入最高的是上海，达 8 217. 8 元，最低是贵州，为 1 877. 0 元（图 18-1）。

③ 实现值标准的确定。全面实现小康社会的一个重要指标是：到 2020 年，全国（GDP 比 2000 年翻两番，人均（GDP 达到 3 400 美元。农民实现小康的重要指标是 2020 年人均纯收入达到 8 000 元以上，因此，参照小康社会的实现标准，将 8 000 元/人同样作为新农村建设的实现标准。

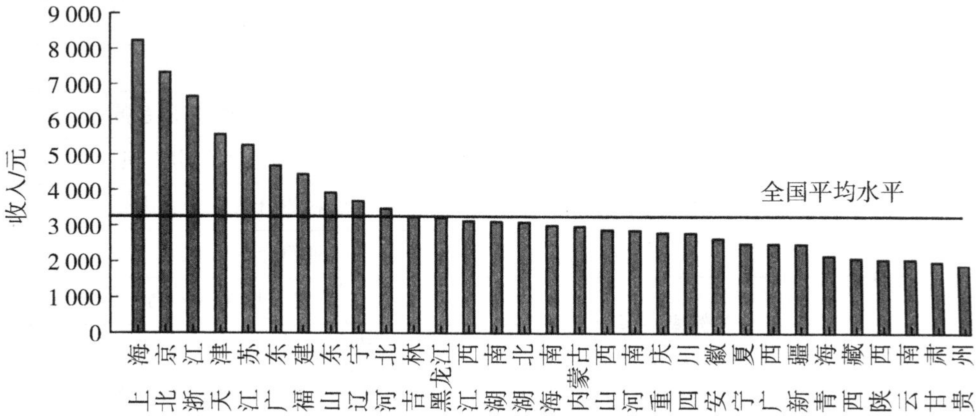

图 18-1　2005 年我国各地区农村人均纯收入情况（元）

数据来源：《中国统计年鉴》（2006）。

（2）农村居民消费恩格尔系数

① 指标含义及其意义。1857 年，世界著名的德国统计学家恩格尔在研究人们的消费结构变化时阐明了这样一个定律：随着家庭和个人收入增加，收入中用于食品方面的支出比例将逐渐减小，这一定律被称为恩格尔定律，反映这一定律的系数被称为恩格尔系数。具体计算方法为：

恩格尔系数/%＝食品支出总额/家庭或个人消费支出总额×100

恩格尔定律主要表述的是食品支出占总消费支出的比例随收入变化而变化的一定趋势。一个国家或家庭生活越贫困，恩格尔系数就越大；反之，生活越富裕，恩格尔系数就越小。

② 我国及各地区农村居民恩格尔系数测算。从 2005 年来看，全国农村居民恩格尔系数平均为 45.5%，各地区农村居民恩格尔系数最高的是西藏，达 68.8%，最低是北京，为 32.7%。比全国平均水平高的有 14 个地区。分别是西藏、海南、四川、云南、贵州、重庆、湖南、广西、江西、湖北、广东、甘肃、福建和安徽；比全国平均水平低的有 17 个地区，分别是河南、青海、山西、宁夏、江苏、吉林、内蒙古、陕西、新疆、河北、辽宁、山东、天津、浙江、上海、黑龙江和北京。

③ 实现值标准的确定。国际上常常用恩格尔系数来衡量一个国家和地区人民生活水平的状况。联合国粮农组织规定，恩格尔系数大于 60%为绝对贫困；50%～60%为勉强度日（我国称之为温饱）；40%～50%为小康；40%以下为富裕，其中，30%～40%为比较富裕，20%～30%为非常富裕，20%以下为极端富裕。

根据中华人民共和国 2005 年国民经济和社会发展统计公报，2005 年我国城镇居民家庭恩格尔系数为 36.7%，农村居民家庭恩格尔系数为 45.5%，按照粮农组织划定的标准，我国城镇居民生活已经达到富裕程度，农村居民生活也已达到小康水平。我国恩格尔系数的全面小康标准为 40%，在这里也选取 40%的恩格尔系数为新农村建设的实现值。

用线性插值法计算农村居民消费恩格尔系数指数，将恩格尔系数为 40%和 50%所对应的指数值分别定为 100 和 60，则有指数计算公式：

0	恩格尔系数≥60%
恩格尔系数指数=260-400×恩格尔系数	40%≤恩格尔系数≤60%
100	恩格尔系数≤40%

(3) 农村人均合格住房面积

① 指标含义及其意义。农村人均合格住房使用面积指人均占有的钢筋混凝土结构、砖木结构的住房面积，它是衡量居住质量的关键指标，度量了人均居住空间是否充裕。一方面，人均合格住房使用面积是衡量人类满足最基本的居住需要的关键指标，另外也反映了私人和公共部门的投资水平。在低收入地区，用于住房等投资水平较低，人均合格住房面积较小，同时，由于居住条件导致的健康问题等也影响了居民的日常生活，因此，人均合格住房使用面积是反映农村居民生活和经济发展的重要指标。

② 我国及各地区农村人均合格住房使用面积测算。从 2005 年来看，全国农村人均合格住房使用面积平均为 25. 3m^2。各地区农村人均合格住房使用面积最高的是上海，达 56. 3m，最低是西藏，为 2. 2m。

③ 实现值标准的确定。目前国际上还没有对人均合格住房使用面积的一致标准，据“第二届中国人居环境高峰论坛”的数据显示，2004 年我国城镇人均住宅建筑面积达到 23. 7m，农村人均住房面积达到 27. 2m，达到世界中高收入水平，根据统计数据，2005 年我国农村人均合格住房面积 25. 28m，其中上海（56. 31m）、江苏（38. 21m）、浙江（54. 95m）等地明显高于这一水平，西藏、青海、新疆则远低于这一水平，这里选取较发达地区（上海、江苏、浙江、北京、江西、福建、山东、湖北、湖南、河北）农村人均合格住房使用面积的最低值 27. 2m，即相当于世界中高收人水平国家标准，作为新农村建设的实现值，假设 5m^2 为维持生存所需的最低人均住房面积。采用极值标准化法计算各省区该指标的实现程度，具体计算公式如下：

设各省区农村人均合格住房使用面积为 S_i，

0	$S_i \leqslant 5$
实现程度=$(S_i-5)/(27.5-5)\times 100$	$5 \leqslant S_i \leqslant 27.2$
100	$S_i \geqslant 27.2$

(4) 农村累计改水受益率

① 指标含义及其意义。按照世界卫生组织的定义，农村改水受益率是指农村中能够持续使用改进水源的人口所占农村总人口的比例，改进水源包括自来水、手压机井、雨水收集以及其他初级的改水形式。农村改水受益率是国际上通用的反映农村饮水安全和卫生条件的一项重要指标，提高农村改水受益率是联合国千年发展目标之一。具体计算方法为：

农村改水受益率/%=（农村已改水受益人口数/农村人口数总数）×100

② 全国及各省农村改水受益率测算。多年来，我国一直将提高农村改水受益率作为带动农村环境卫生综合整治的重要工作，农村改水受益率有了显著提高，多年来一直

保持较高的增长速度，农村改水受益率从 1990 年的 60%提高到了 2005 年的 94.06%，其中东部地区的农村改水受益率为 97.46%，中部地区为 96.28%，西部地区为 88%，东北地区为 98.08%。从各地区的情况来看，2005 年，全国大部分省份的农村改水受益率达到了 90%以上，北京、天津、上海的农村改水受益率已达到 100%；内蒙古、湖北、广东、海南、四川、贵州、云南、陕西、甘肃、青海、新疆 11 个省、自治区的农村改水受益率仍低于全国水平，其中最低的省份为新疆 58.03%。

③ 实现值标准的确定。确定农村累计改水受益率的标准主要依据世界发达国家和中等发达国家的水平以及我国目前农村改水受益率的发展程度。我国新农村建设农村改水受益率的标准值定为 100%。

（5）通汽车村数比重

① 指标含义及意义。发展经济离不开交通运输，建设新农村更离不开交通。该指标具体反映建设新农村中国家对农村交通基础设施的投入情况，也反映了农村居民生活的舒适度，即通汽车村数除以村委会数。

② 我国各地区通汽车村数比重指标测算。2005 年我国村通车比重大多数主要集中在 96%~100%，平均 96.48%，98%以上地区最多，达到 15 个；而有 8 个省（自治区、直辖市）村通车比重在 96%以下。东部地区这一指标都具有显著代表性，再考虑其经济发展水平以及在我国新农村建设中的带头作用，98%实现值应该成为各地新农村建设标准。

（6）农民人均预期寿命

① 指标含义及其意义。预期寿命是指，假若当前的年龄别死亡率保持不变，一个人预期能继续生存的平均年数。出生时预期寿命是最常用的预期寿命指标。它是度量当前健康状况的一个重要指标。出生时预期寿命，统计的是该国该地区当前居民的预期寿命，是根据统计前 5 年的平均数用线性方法计算而得。出生时预期寿命是一个综合性较强的指标，既能反映社会、经济的进步状况和医疗水平的发展状况，也能从一个侧面反映人们的营养状况和生活质量的改善情况。

② 我国及各地区农民平均预期寿命测算。由于各统计资料（包括农村人口统计年鉴）均无农村人口预期寿命数据，因此用各省人口平均预期寿命作为农村人口预期寿命的近似值，该数据值虽然大于农村人口预期寿命实际值，但由于实现值标准相应提高，所以对各省实现程度的测算和相对排序影响不大。

从 2005 年来看，全国农民平均预期寿命平均为 72 岁，各地区农民平均预期寿命最高的是天津 75.3 岁，最低是西藏 65 岁。比全国平均水平高的有 13 个地区；比全国平均水平低的有 18 个地区。

根据世界银行《2003 年世界发展报告》，2000 年低收入国家的出生时预期寿命为 59 岁，中等收入国家为 69 岁，中低收入国家为 64 岁，高收入国家为 78 岁，我国为 71.4 岁。我国的预期寿命显著地高于同等发展水平的发展中国家。2005 年我国人口平均寿命为 72 岁，而到 2010 年人口平均预期寿命将达 72.5 岁，这是卫生事业发展“十一”规划纲要提出的要求。预计 2020 年我国的预期寿命可达到 75 岁。这里选取 2010 年全国人口平均寿命值 72.5 岁作为新农村建设实现值，2000 年低收入国家的出生时预期寿命 59 岁实现程度为 0。

通常情况下，预期寿命的提高速度与其水平之间存在着负相关关系，即当预期寿命较低时，其提高的潜力较大，提高速度一般较快，而当预期寿命达到一定水平时，进一步提高的潜力较小，提高速度大大减小，因此参照联合国开发计划署提出的预期寿命指数的构造思想，采用指数修正法计算各地区农村人口平均预期寿命指数即实现程度：

$$\text{人口平均预期寿命指数}=\begin{cases}0 & \text{预期寿命}\leqslant 59\\ \left(\left(\text{预期寿命}-59\right)/\left(72.5-59\right)\right)^2\times 100 & 59\leqslant\text{预期寿命}\leqslant 72.5\\ 100 & \text{预期寿命}\geqslant 72.5\end{cases}$$

(7) 农村基本医疗条件达标率

① 指标含义及其意义。农村基本医疗条件达标率衡量了农村的基本医疗卫生条件。其中，每千农业人口乡村医生和卫生员数和每千农业人口乡镇卫生院床位数是衡量一个地区医疗卫生条件的常用指标，它反映了一个地区农村居民基本的健康保障水平。医疗服务的可获得性不仅是人的健康需求，而且体现了社会、经济的进步，是反映医疗体系进步、社会公平和可持续发展的重要指标。

目前世界卫生组织用于反映医疗卫生条件的常用指标是医疗设施覆盖率，结合中国实际情况，这里选取每千农业人口乡村医生和卫生员数和每千农业人口乡镇卫生院床位数作为替代的衡量指标，并在计算各省区新农村建设医疗条件实现程度时赋予相等权重。即：

基本医疗条件达标率=（每千农业人口乡村医生和卫生员数+每千农业人口乡镇卫生院床位数)/2

② 我国及各地区农村基本医疗条件达标率测算。从 2005 年来看，我国农村平均每千农业人口，乡村医生和卫生员数为 1.05 人，每千农业人口乡镇卫生院床位数为 0.78 张，折算为农村基本医疗条件达标率为 0.92。

③ 实现值标准的确定。结合各地区统汁数据，这单选取 2005 年山东、北京、上海、江苏等医疗体系发达地的最低值每千农业人口乡村医生和卫生员数 1.3 人，每千农业人口乡镇卫生院床位数 1 张，作为新农村建没的实现值。以各省区实际值/实现值作为实现程度，大于实现值的实现程度为 100%，由于对两个数据赋予相等权重，最后结果取两个实现程度的平均值，即达标值为 1.15。

(8) 农村居民社会保险覆盖率

① 指标含义及其意义。农村居民社会保险覆盖率是指农村参加社会保险的人数占农村总人口的比重。在我国农村居民社会保险主要是指农村居民养老保险。农村居民养老保险是社会稳定机制的一部分，是保障全体社会成员基本生存需要的手段，是促进经济、社会持续协调发展的有效工具。建立健全养老保险制度，逐步完善社会保障体系，是新农村建设的重要组成部分。

② 我国及各地区农村居民社会保险覆盖率测算。从 2005 年来看，全国农村居民社会保险覆盖率平均为 12.2%，各地区农村居民社会保险覆盖率最高的是上海 59.8%。

③ 实现值标准的确定。根据劳动和社会保障部的工作规划，取 2015 年前后的计划值农村居民社会养老保险覆盖率 30% 为新农村建设的实现值，以各地社会养老保险实

际值/实现值作为社会养老保险覆盖率的实现程度，农村居民社会养老保险覆盖率超过30%的实现程度为100%。

(9) 农村居民新型合作医疗保险覆盖率

① 指标含义及其意义。农村居民新型合作医疗覆盖率指参加农村新型合作医疗的人口占农村总人口的比重。在我国，农村新型合作医疗是农村医疗保险的重要形式，它通过农民自愿筹资，国家和集体扶持，建立乡村医疗卫生站，医疗费用由国家、集体、农民共同负担，以解决农民看病难、就医难问题，是一种以大病统筹为主的农民医疗互助共济制度。

② 我国及各地区农村居民新型合作医疗覆盖率测算。从2005年来看，全国农村居民新型合作医疗覆盖率平均为38.2%，各地区农村居民新型合作医疗覆盖率最高的是江苏88.8%。

③ 实现值标准的确定。截至2005年底，江苏农村新型合作医疗覆盖率88.8%，广东为87.4%，上海86.7%，北京79.32%，浙江73.9%，天津69.4%，湖北65.3%，新疆64.4%，其余省、区低于50%。因此，根据规划纲要的发展目标，结合各地实际情况，选取农村新型合作医疗覆盖率95%为新农村建设的实现值，以各地新型合作医疗覆盖率实际值/实现值作为新型合作医疗覆盖率的实现程度。

(10) 农村信息化程度

① 指标含义及意义。信息技术是使资源达到优化配置的必不可少的手段，根据我国农村信息化发展的现实水平和统计体系的现状，这里用农村计算机普及率、农村居民电视普及率和通电话村数比重三个指标来衡量。具体计算方法为将信息化程度转化为通电话村数比重、电视普及率、计算机普及率，再按各1/3的权重折算为信息化程度指数。即：

信息化程度=计算机普及率/3+电视普及率/3+通电话村数比重/3

② 我国各地区信息化建设情况。计算机普及率。计算机作为信息服务的载体，是农村信息化过程中必备的硬件条件，因此引入计算机普及率这一指标来衡量我国新农村建设中信息化程度的指标，即农村家庭每百户拥有电脑数量。《2007年中国农村互联网调查报告》显示，截至2006年底，农村拥有的家庭电脑数量为2.7台/百户，城镇电脑拥有量47.2台/百户；农村电脑普及率低，已成为阻碍我国农村信息化发展的瓶颈。从国外发展情况来看，结合我国的具体实际，农村电脑拥有量也不可能一步到位，只有随着农村经济发展以及农民收入水平的不断提高，才能最终走上信息化发展道路。由于计算机普及在农业信息化发展中的重要作用，我们把农村家庭每百户电脑拥有量10台以上作为建设新农村的实现值，尽管大多数地区还没有达到这一标准，考虑其重要程度，实现值还是应该制定的高一些，这一标准也明显低于日本和韩国的平均水平。

电视机拥有率。根据调查，农民获取有关农村政策信息的主要渠道中，80.9%的农民是通过电视获知新农村建设这一信息的，其他的渠道则相对较少。可见，电视机在新农村信息化当中有着不可替代的作用和独特优势。这里用农村居民每百人拥有的彩色电视机的数量作为衡量指标。央视调查中心的收视率调查显示，城里人每天看电视的时间为120min，农村人每天看电视的时间是166min，比城里人长46min。2002年农村家庭平均每百户彩色电视机拥有量 60.45 台，而 2005 年增加到平均每百户 84 台，其中东部地区平均 109.55 台，中部地区平均 81.3 台和西部地区平均 77.9 台。

根据各地区的发展差异，考虑各地的具体情况，最终以 2005 年我国农村居民平均每百户拥有的彩色电视机 84 台以上为标准。

通电话村数比重。通电话村数比重主要衡量我国行政村电话的普及情况，用村通电话数除以村委会数而得。根据电信部门的统计，2003 年我国的电话机数已突破 2 亿部，到 2005 年 2 月，我国固定电话达到 31 967.5 万户，成为世界上规模最大的电信市场。在地方政府和邮电部门的努力下，村村通电话步伐进一步加快，2005 年全国已通电话的行政村比重占全国行政村总数的 94.75%，到 2010 年，我国农村将实现村村通电话，乡乡能上网，农村通信条件得到极大改善。由此，结合 2005 年村通电话比重情况，综合分析东、中、西部的具体情况，把 95%作为各地区新农村建设中信息化程度的一个实现指标。

18.1.2.3 乡风文明指标体系

“乡风文明”主要是指社会主义新农村的文化建设。它属于农村精神文明建设的内容，包括文化、风俗、法制、教育、社会治安等诸多方面。通过分析指标的代表性和资料的可获得性，最终筛选出文化娱乐、农民文化水平及小区和谐三类指标（表 18-3），其中文化娱乐又具体包括每万人乡镇村文化站数和文教娱乐消费支出比重两个指标。

表 18-3 乡风文明指标体系

一级指标	二级指标	三级指标
乡风文明	文化娱乐	每万人乡镇村文化站数
		文教娱乐消费支出比重
	文化水平	农村居民劳动力文化程度
	小区和谐	农村社区和谐指数

（1）每万人乡镇村文化站数

① 指标含义及意义。每万人乡镇村文化站数指乡村每万人所拥有的农村文化机构数。它是从农村文化设施基本建设的角度反映农村居民文化娱乐条件的有效性指标。具体计算方法为：

每万人乡镇村文化站数=农村文化机构数/乡村人口

=（乡镇文化站数+集镇文化中心数）/乡村人口数

新农村建设中乡风文明重要任务就是开展各种农村文化娱乐活动，丰富农村文化生活，寓教于乐，提高农民素质，倡导勤劳、诚信、民主的风尚，实现娱乐、宣传和教育等多重目标。农村文化机构是开展农村文娱活动的有效载体，是农村文化繁荣的关键因素。因此，选取每万人乡镇村文化站数作为衡量乡风文明的重要指标。

② 我国各地区每万人乡镇村文化站数的测算。20 世纪 90 年代以来，我国农村文化站呈减少趋势，农村文化娱乐活动处于滑坡阶段。2005 年，全国每万人文化站数大于 1

的省份有上海、北京、内蒙古、四川等 4 个省份；另外，比全国平均水平高的省份还有 16 个省份；低于全国平均水平的省份有 11 个省份。

③ 实现值标准的确定。据统计，目前我国乡镇人口在 1 万~6 万不等，考虑到乡镇文化站的门槛人口和经济效益，我们选取每万人 1 个文化站作为新农村建设的标准值，即每个乡镇至少一个文化机构。目前实现这一标准值的省份有北京、上海、内蒙古和四川。

（2）文教娱乐消费支出比重

① 指标含义及意义。文教娱乐消费支出比重指农村居民家庭平均每人用于文教、娱乐用品及服务的支出占生活消费总支出的比重。文教娱乐消费涵盖文化娱乐用品、文化娱乐服务、教育三大项，可以有效反映新农村建设主体——农村居民的文化素养及精神风貌。具体计算方法为：

文教娱乐消费支出比重/% = 文教娱乐用品及服务支出/生活消费总支出×100

在我国，当前国民经济的快速发展深刻影响着农村居民的消费结构，人们用于文教娱乐的消费支出在不断增加。1993—2005 年，农村人均文教娱乐用品及服务支出年均增速为 14. 5%，比同期人均纯收入增幅高 3. 4 个百分点，所占比重从 1993 年的 7. 6%提高到 2005 年 11. 6%。在不断发展的农村，文教娱乐支出不仅反映出农民的生活质量状况的好坏，更反映出了农民对教育、文化娱乐的渴望程度。从发达国家的经验看，文教娱乐消费比重是随着生活水平的改进和文明程度的增加而不断提高的。在新农村建设过程中，民生状况好转，文教娱乐消费支出比重的提高可以更好地反映农民的精神追求，因此，选取文教娱乐消费支出比重作为衡量乡风文明的指标之一。

② 我国各地区文教娱乐消费支出比重的测算。20 世纪 90 年代以来，随着我国经济发展，农村居民文教娱乐消费支出比重不断增加。从各地区发展情况来看，2005 年农村居民文教娱乐消费支出比重最高的为陕西省，达到 15. 68%，最低的为青海省，为 5. 54%；高于全国平均水平的省份有 16 个，其中东部地区有 6 个，中部地区有 5 个，西部地区有 5 个；低于全国平均水平的省份有 15 个。

③ 实现值标准的确定。2002 年党的十六大提出全面建设小康社会的新目标，在新的监测指标体系中，文教娱乐消费支出比重的临界值定为 18%。2005 年起我国开始逐步实行免费农村义务教育，将农村基础教育纳入国家财政保障范围，这项政策有助于减轻农民负担，改善农民生活状况，并在一定程度上会影响到文教娱乐消费比重的变动。预计新农村建设中，随着人们生活水平的提高，文教娱乐消费支出比重增长速度会有所放缓。这一指标也将更为有效地反映新农村建设中农民的多元文教娱乐需求。我们选取高于全国平均水平的前 16 位省份水平的平均值作为这一指标的实现值为 13%。目前实现这一目标的省份有北京、浙江、江苏、陕西、山西、山东、辽宁和甘肃。

（3）农村劳动力文化程度

① 指标含义及意义。农村劳动力文化程度指平均每个农村劳动力受教育年限。农村劳动力文化水平很大程度上决定了农民的文化素质，不仅反映农民受教育状况，也与农民接受新观念、提高文明程度密切相关，是乡风文明建设的重要指标。农村居民劳动力文化程度的提高可以促进农村经济发展、改善农村居民生活，有利于改进农村居民精

神面貌，有利于乡村文明之风、科学之风的形成。因此，选取农村劳动力文化程度作为乡风文明的指标之一。

② 我国各地区农村劳动力文化程度的测算。随着社会经济的快速发展，我国农村劳动力文化程度逐步提高，农村人口平均受教育年限逐渐增加。2005 年，全国农村劳动力平均文化程度为 8.14 年。高于全国平均水平的省份有 10 个，低于全国平均水平的省份有 21 个。

③ 实现值标准的确定。根据我国教育发展目标、农村劳动力向城市流动以及人口年龄结构变化预测，农村人口平均受教育年限有可能在 2020 年达到 9 年。因此选取 9 年作为我国新农村建设农村劳动力文化程度实现值。目前，全国范围内仅有北京实现这一目标。

（4）农村小区和谐指数

① 指标含义及意义。农村小区和谐指数主要指和谐社会在农村的实现程度，涉及农村小区居民之间的和谐关系、农村居民良好的精神风貌及农村小区内部完整健全规范制度和治安状况等。该指标是反映农村社会和谐、法制健全及村民对未来有良好预期的重要指标，是衡量乡风文明建设的重要指标。该指标主要根据全国各地有关年内发生各类民事纠纷起数、各类违反社会治安管理条例起数和各类刑事犯罪案件起数的调查等 3 个指标进行测算。

乡风文明建设的重要意义就是正视各种困扰农村小区和谐的问题，从根本上提高农村小区内的文明程度，营造小区安定、和谐的良好氛围，对农村社会稳定发展及全社会和谐发展具有重要的意义，是建设和谐社会重要内容，也是新农村建设的基本任务。因此，将农村小区和谐指数作为乡风文明的指标之一。

② 我国各地区农村小区和谐指数的测算。随着经济社会稳定发展，人民生活水平逐步提高，农村小区和谐发展也取得了一定进展。2005 年，全国农村小区和谐指数平均水平为 80.52%，高于全国平均水平的有 23 个地区，低于全国平均水平的地区有 8 个。

③ 实现值标准的确定。社会和谐是我国特色社会主义事业建设的本质属性，是社会主义新农村建设的最终目标。随着国家法律制度的逐步完善，法律观念将在农村逐渐树立，执法与监督机制也会得到完善，这将有效减少农村各类民事纠纷起数及犯罪案件数，使农村社会环境更有序和谐。因此选取农村小区和谐指数的实现值为 98%。

18.1.2.4 村容整洁指标体系

村容整洁是展现农村新貌的窗口，是实现人与环境和谐发展的具体体现。从发展经济学的角度来看，改变农村社会现有环境状况，大力推进农村的基础设施建设，提倡村容整洁，有利于优化投资环境，改善农民生产生活条件，有利于提高农民的环境卫生意识，带来思想观念和生活方式的革命。由此可见，衡量村容整洁的标准主要应包括居民生活环境条件和基础设施建设两个方面，这就要求大力推进农村路桥等基础设施建设，改善农村卫生条件，优化居民的生产生活环境。在实际研究中，考虑到指标的代表性和数据的可获得性，我们选用了清洁能源使用比重、农村卫生厕所普及率、粪便无害化处理率作为衡量农村环境卫生条件的指标；选用了农村道路硬化比重为衡量农村交通设施建设的指标（表 18-4）。

表 18-4　村容整治指标体系

一级指标	二级指标	三级指标
村容整洁	环境条件	清洁能源使用比重
		农村卫生厕所普及率
		农村累计粪便无害化处理率
	交通设施	农村道路硬化比重

（1）清洁能源使用比重

① 指标含义及其意义。清洁能源主要是指在能源的生产及其消费过程中，对生态环境低污染或无污染的能源，例如天然气、清洁煤、沼气、地热、太阳能和核能等。清洁能源使用比重可以用来衡量农村居民的生活质量和生活水平，在计算方法上，由于农村清洁能源的种类较多，统计不准确，因此，选择除使用柴草以外的农户所占比重作为评价指标。具体计算方法为：

清洁能源使用比重/%＝（1-使用柴草户数比重）×100

发展清洁能源是生态农业建设的重要内容，是建设新农村的重要组成部分，也是促进循环经济应用和农业可持续发展的客观需要。因此，选择清洁能源使用比重作为新农村建设指标监测体系中村容整洁类指标之一。

② 我国及各地区清洁能源使用比重测算。从全国和各地区清洁能源使用情况来看，2005 年全国清洁能源使用比重平均为 61. 12%，使用比重最高的为天津，达到 99. 70%，最低的为吉林，7. 58%。比全国平均水平高的有 16 个地区，比全国平均水平低的有 15 个地区。

③ 实现值标准的确定。根据全国和各地区清洁能源使用情况以及新农村建设的要求确定，清洁能源的使用率至少应达到全国平均水平。按照 2005 年的测算，新农村建设中清洁能源的使用比重应大于 60%。

（2）农村卫生厕所普及率

① 指标含义及其意义。农村卫生厕所普及率是指农村使用各种类型卫生厕所的农户数占农村总户数的百分比。卫生厕所是指有完整下水道系统的水冲式、三格式粪池式、净化沼气池式、多瓮漏斗式公厕以及粪便及时清理并进行高温堆肥无害化处理的非水冲式厕所。农村卫生厕所普及率也是国际上通用的反映农村卫生设施情况的一项重要指标，提高农村卫生厕所普及率是联合国千年发展目标之一。具体计算方法为：

农村卫生厕所普及率/%＝（使用卫生厕所农户数/农村总户数）×100

农村改厕包括环境综合整治、健康教育等许多方面，可以整体推动环境质量和健康水平的提高，改善生存、旅游和投资环境，使广大农民素质得到提高，环境保护意识增强，自觉参与到环境保护工作中来。

② 全国及各省农村卫生厕所普及率的测算。20 世纪 90 年代以来，我国农村卫生厕

所普及率有了大幅提高，仅从 1990 年到 2000 年的 10 年间，全国农村卫生厕所普及率就从 1990 年的 10%上升到了 2000 年的 44.84%。2005 年，全国农村卫生厕所普及率已达到 55.31%，其中东部地区为 61.04%，中部地区为 58.67%，西部地区为 46.01%，东北地区为 55.63%。上海的农村卫生厕所普及率已达到 96.51%，处于全国领先水平，贵州仅为 27.11%，比全国平均水平低 28.2 个百分点。

③ 实现值标准的确定。确定农村卫生厕所普及率的标准主要依据世界发达国家和中等发达国家的水平以及我国目前农村卫生厕所普及率的发展程度。根据世界卫生组织 2006 年的统计数据计算得出。可获得数据的 17 个中等发达国家 2005 年卫生厕所普及率的平均水平为 88.2%，可获得数据的 14 个发达国家 2005 年农村卫生厕所普及率的平均水平为 97.1%。尽管十多年来我国农村卫生厕所普及率一直保持显著增长，但同世界发达国家和中等发达国家相比仍有较大差距。随着新农村建设的提出以及我国农村经济的不断发展，经济落后和边远地区的农村卫生厕所普及率将会进一步提高，但考虑到我国各地区现实存在的经济和技术上的差异，故农村卫生厕所普及率的标准值不宜定得过高，应达到中等发达国家的平均水平，据此将我国新农村建设农村卫生厕所普及率的标准值定为 88%。

(3) 农村累计粪便无害化处理率

① 指标含义及其意义。农村累计粪便无害化处理率指农村使用无害化处理设施（卫生户厕，卫生公厕，高温堆肥）的农户数占农村总户数的百分比。粪便无害化处理指粪便经三格、双瓮、沼气、粪尿分集完整水冲及其他类型卫生厕所的密闭发酵和高温堆肥等有效方法，使粪便内的寄生虫卵和致病菌杀灭，达到基本无害，防止污染水源和土壤。具体计算方法为：

农村累计粪便无害化处理率/% = ［农村使用无害化处理设施（卫生户厕，卫生公厕，高温堆肥）的农户数/农村总户数］×100

农村改厕最基本的一点是粪便无害化处理。我国有使用粪肥的传统，粪便未经无害化处理而直接作为肥料施于农田，是造成农村环境有机物污染的主要来源。研究表明，粪便无害化处理可减少土壤污染，使其蛔虫卵减少 70%，钩蚴减少 89%，减少污染带来的一个直接效益便是肠道传染病发病率的下降。同时，粪便无害化处理可以保护水资源，水质监测合格率得到较大提高，确保饮用水的安全卫生，具有良好的环境生态效益。

② 全国及各省农村粪便无害化处理率的测算。近年来，随着我国农村环境卫生工作的不断开展以及农村经济水平的提高，农村累计粪便无害化处理率得到了稳步上升，2005 年全国农村累计粪便无害化处理率达到了 59.46%，其中东部地区为 64.75%，中部地区为 62.36%，西部地区为 50.88%，东北地区为 60.65%。从全国各地区情况来看，有 15 个省份超过了全国平均水平；有 15 省份未达到全国平均水平，其中四川和贵州的农村累计粪便无害化处理率还不到 30%。全国农村累计粪便无害化处理率最高的地区为上海 96.5%，最低的省份为四川 29.57%，相差了 66.93 个百分点。

③ 实现值标准的确定。按照目前我国农村累计粪便无害化处理率的递增速度，使用统汁学预测方法，到 2020 年我国小康目标实现时，预计农村累计粪便无害化处理率

将达到 97.07%。

（4）农村路面硬化比重

① 指标含义及其意义。农村路面硬化比重指每村所拥有的农村路面硬化长度与全村道路长度的比重。路面硬化是指各自然村对村内路面进行过水泥、沥青等材料铺设的路面。具体计算方法为：

农村路面硬化比重＝各地区调查的每村路面硬化长度/该村道路总长度

没有良好的经过硬化的交通和统一规划布局的房屋建筑，集中化的生活社区就难以形成，生活垃圾就难以集中处理，水电、燃气、暖气等必要的生活设施就难以铺设修建，农民生活的一些硬件设施很难彻底改善，随之而来的一些在松散生活条件下的不良习惯也很难彻底改变，村容整洁的目标也就无法实现，因此将农村道路硬化比重设置为村容整洁类指标之一。

② 全国及各省农村路面硬化比重的测算。根据农业部全国农村固定观察点的调查，2005 年全国农村平均每村的路面硬化比重为 59.52%，其中 11 个省份高于全国平均水平；19 个省份低于全国平均水平。东部经济发达地区的农村路面硬化比重普遍高于北方和西部欠发达地区，处于领先水平的地区为北京市和浙江省，农村路面硬化比重达到了 100%，最低的为内蒙古，到 2005 年为止各村路面硬化的比重为 5%。

③ 实现值标准的确定。由于目前我国各地区农村路面硬化比重的差距较大，部分欠发达地区道路建设投资有限，故基于以上数据分析，将我国新农村建设中农村路面硬化比重的标准值定为 90%。

18.1.2.5 管理民主指标体系

社会主义新农村建设是中国在新时期实施的重大战略部署。其中所论述的管理民主是衡量新农村建设的重要方面，实现人民当家做主，保证村民享有广泛的权利和自由，要求扩大村民的政治参与，扩大基层民主，增强村民的政治主体地位，发挥村民在民主选举。民主决策、民主管理和民主监督的主体作用，不断完善各项政治管理体制和民主运行机制制度，建立科学民主的公正、透明的行政决策机制和管理体制，完善政（村）务公开办事制度，加强制约和监督。针对农村的现实选择村民自治制度完善率、村党支部双推双选率、三级政（村）务公开率三项指标，主要体现农村基层政治民主化、制度化、公开化、法制化（表 18-5）。

表 18-5　管理民主类指标体系

一级指标	二级指标	三级指标
管理民主	政务公开化	三级政（村）务公开满意度
	民主法制化	村民自治制度完善度
		村党组织双推双选率

（1）三级政（村）务公开满意度

村务公开，就是将涉及村民切身利益或村民普遍关注的村中事务告知村民，使村民在了解真实情况的基础上，再去参与村中事务的决策和管理，真正实现当家做主。村务公开的主要目的，就是让村民真正参与到民主监督、民主管理中来。根据衡量小康社会的综合指标体系中村级政务公开满意度为 85%这一指标，又考虑到新农村建设较之于全面建设小康社会更有侧重，因此，我们将新农村建设中三级政（村）务公开度的目标值定为 95%以上，高于小康社会的衡量标准。部分县的抽样调查显示，近年来农民对乡村政务的满意度多在 70%~95%，这里取上限 95%作为基层政府的工作目标。

（2）村民自治制度完善度

① 指标含义及其意义。村民自治的含义包含四个方面：民主选举，即直选；民主决策，即通过村民会议决定重大事项，通过村民代表会议研究日常工作；民主管理，通过制订村民自治章程或村规民约，建章立制实现规范化管理；民主监督，即实行村务、财务公开，民主评议干部，建立重大事项汇报制度。村民自治制度是我国农村政治制度建设的重要方面，全国已广泛实行，但各地村民自治制度建设还很不完善，需要通过完善制度建设充实体现村民自治。

② 全国及各地区村民自治完善度的测算。截至 2005 年，全国 60 多万个村委会已全面实施了《村委会组织法》，以民主选举、民主决策、民主管理、民主监督为主要内容村民自治制度不断完善。有 28 个省份制定颁布了村委会组织法实施办法，所有省份制定颁布了新的村委会选举办法，80%以上的村建立了村民会议或村民代表会议制度，制定了村规民约或村民自治章程，90%以上的农村推行了村务公开制度。各地基层选举的民主化、规范化程度不断提高，民主决策、民主管理、民主监督的种种制度和规定普遍建立，村民自治正朝广度和深度发展，进一步推进了农村基层民主政治建设，保障了广大农民当家作主的权利，极大地调动了广大农民建设社会主义的积极性、主动性和创造性，密切了干群关系，促进了农村发展，维护了农村稳定。

③ 实现值标准的确定。新农村建设中，以 2005 年村委会中有 90%的村建立了村民会议或村民代表会议制度作参考，并将 95%作为各地村容（民）自治完善度的实现值。

（3）村党组织双推双选率

这项指标是社会民主程度的一项重要指标，可用年满 18 岁的公民投票率指标来测算。

农民参选情况如何，是衡量选举结果的关键。随着我国基层民主的广泛推进，广大农民的民主意识和参政能力都大大提高了。2005 年，全国多数省份进行了或正在进行新一届村民委员会换届选举工作，涉及 20 多万个村委会，占全国村委会的一半之多，各地农民平均参选率在 80%以上，依法依规操作成为各地村委会选举的行动指南，而且进行了大量的制度创新。他们不仅能熟练地掌握了选举的程序和步骤，而且积极参选和监督选举，充分行使自己的民主权利。海南省的参选率达到 95.6%，江苏、四川、新疆等地选举一次成功的村占到总数的 90%以上。因此，参考 2005 年全国新一届村民委员会换届选举情况，把农民参选率在 95%以上这一指标作为新农村建设当中管理民主化的一个重要实现值。

18.1.3　评价方法和指标权重的确定

18.1.3.1　评价指标无量纲化处理

评价指标体系中各个指标的观测值有不同的单位，通过无量纲化处理可得到各指标的实现程度。具体计算方法有：

① 功效系数变换方法，即首先确定评价指标的新农村建设实现值作为满意值 X_h，某一低水平值为不允许值 X_s，X_{ij} 为原始数据，i 代表第 i 个地区省份，j 代表第 j 个指标。

变换公式 $X_{ij}=(X_{ij}-X_s)/(X_h-X_s)$，$x_{ij}$ 为无量纲化后的数据，且 $x_{ij}\in[0,1]$，用这一方法计算的指标有农村人均合格住房使用面积、农民平均预期寿命。

② 插值法变换，找到适用的插值公式，计算指标的标准化值，用于恩格尔系数的标准化计算。

③ 指数化变换方法，即将指标的新农村建设实现值作为标准值，各地区的观察值与标准值对比计算出指数作为实现程度，除上述指标外，其余指标均用此法。

18.1.3.2　指标权重的确定方法

（1）专家评测法

专家评测法即聘请新农村建设领域的若干专家（这里聘请 20 位），对各指标的重要程度进行评定，给出权重数。具体实施过程包括首先各个专家单独对对各指标的重要程度进行评定，然后对各个专家的评定结果进行综合整理后再反馈给各个专家，让其再次评定，最后对评定结果进行整理，得到趋于一致的结果即为各指标的权重。经过专家评测的结果如表 18-6 所示（权重 1）。

（2）层次分析法

层次分析法是一种用来确定某一目标的各影响因素权值的综合分析方法，它将定性与定量、模糊与精确综合起来，具有科学、客观、简易的特点，可操作性强，比较适合评价体系复杂、类型多样的新农村建设发展情况。

表 18-6　新农村建设发展状况评价指标体系及权重

一级指标	二级指标	三级指标	权重 1	权重 2	实现值
生产发展 0.36	资源与条件 0.35	耕地变动率	0.06	0.05	
		农村社会固定资产投资	0.17	0.16	
		农用机械总动	0.08	0.07	
		万人农业科技人员数	0.08	0.07	
	综合产出能力 0.45	农业劳动生产率	0.16	0.15	
		人均农村经济总收入	0.16	0.16	
		人均地区生产总值	0.15	0.14	
	非农产业发展 0.20	非农产业就业比重	0.15	0.20	

（续表）

一级指标	二级指标	三级指标	权重 1	权重 2	实现值
生活宽裕 0.27	收入与消费 0.33	农民人均纯收入	0.11	0.19	
		农村居民消费恩格尔系数	0.13	0.14	
	生活条件 0.21	农村人均合格住房面积	0.1	0.08	
		农村累计改水受益率	0.1	0.08	
		通汽车村数比重	0.06	0.05	
	健康与医疗 0.18	农民人均预期寿命	0.11	0.10	
		农村基本医疗条件达标率	0.1	0.08	
	社会保障 0.2	农村居民社会保险覆盖率	0.11	0.10	
		农村居民新型合作医疗保险覆盖率	0.11	0.10	
	信息化 0.08	信息化程度	0.1	0.08	
乡风文明 0.13	文化娱乐 0.41	每万人乡镇村文化站数	0.1	0.11	
		文教娱乐消费支出比重	0.3	0.30	
	文化水平 0.29	农村居民劳动力文化程度	0.32	0.29	
	社区文明 0.30	农村社区和谐指数	0.29	0.30	
村容整洁 0.12	环境条件 0.80	清洁能源使用比重	0.19	0.14	
		农村卫生厕所普及率	0.32	0.41	
		农村累计粪便无害化处理率	0.26	0.25	
	交通设施 0.20	农村道路硬化比重	0.23	0.20	
管理民主 0.12	政务公开化 0.41	三级政（村）务公开满意度	0.45	0.41	
	民主法制化 0.59	村民自治制度完善度	0.35	0.45	
		村党组织双推双选率	0.2	0.14	

如前所述，我国新农村建设发展状况评价指标体系分为三个层次，第一层为我国新农村建设发展状况的总目标 A，第二层包括生产发展 B_1、生活宽裕 B_2、乡风文明 B_3、村容整洁 B_4 和管理民主 B_5 共五项指标，第三层由 29 个单项评价指标组成。

由于二级指标在确定第三层指标的权重时起关键作用，且数量较少，所以采用专家直接打分法，每位专家直接给出每个二级指标的精确得分，然后取平均值作为每个二级指标的权重。

对第三层各因素的相对重要性用数值给出判断，并写为矩阵形式，即得出判断矩阵。

根据层次分析法和专家评价法的评价结果，综合考虑各指标的重要性，取两种评价方法的均值作为各评价指标的最终权重（表 18-6，权重 2）。

18.1.4 新农村建设评价结果分析

通过对 2005 年我国新农村建设各评价指标的测算，就可以对我国新农村建设的整体发展情况进行科学、客观和完整的定量评价和分析，并对我国各区域之间的差异进行比较，旨在对我国新农村建设的发展状况和地区差异有一定的综合认识和判断，从而制定有效的新农村建设的保障措施，促进新农村建设的发展。

18.1.4.1 分系统评价新农村建设发展水平

（1）生产发展类指标

在生产发展类指标中，全国平均实现程度为 49.69%，其中得分最高的为江苏省，实现程度为 84.37%，最低的为云南省，实现程度为 24.08%。比全国平均水平高的有 10 个地区，分别是江苏、浙江、北京、天津、山东、上海、广东、辽宁、河北和福建；比全国平均水平低的有 21 个地区，分别是吉林、河南、湖北、黑龙江、内蒙古、江西、湖南、新疆、山西、安徽、宁夏、四川、海南、重庆、青海、广西、西藏、陕西、贵州、甘肃和云南。

（2）生活宽裕类指标

在生活宽裕类指标中，全国平均实现程度为 67.53%，其中得分最高的为上海市，实现程度为 99.12‰，最低的为西藏，实现程度为 25.16%。比全国平均水平高的有 11 个地区，分别是上海、北京、浙江、天津、江苏、辽宁、山东、广东、福建、河南和河北；比全国平均水平低的有 20 个地区，分别是安徽、湖北、吉林、宁夏、山西、湖南、黑龙江、陕西、江西、广西、重庆、四川、内蒙古、甘肃、海南、青海、新疆、云南、贵州和西藏。

（3）乡风文明类指标

在乡风文明类指标中，全国平均实现程度为 89.80%，其中得分最高的为北京市，实现程度为 98.46%，最低的为西藏，实现程度为 50.97%。比全国平均水平高的有 13 个地区，分别是北京、江苏、上海、辽宁、山东、山西、浙江、陕西、内蒙古、甘肃、重庆、江西和吉林；比全国平均水平低的有 18 个地区，分别是天津、河北、福建、安徽、四川、黑龙江、海南、湖南、河南、广西、湖北、云南、广东、贵州、宁夏、新疆、青海和西藏。

（4）村容整洁类指标

在村容整洁类指标中，全国平均实现程度为 64.87%，其中得分最高的为浙江省，实现程度为 94.88%，最低的为西藏，实现程度为 26.62%。比全国平均水平高的有 15 个地区，分别是浙江、北京、上海、天津、山东、江西、青海、福建、湖北、广西、云南、江苏、广东、河南和安徽；比全国平均水平低的有 16 个地区，分别是河北、辽宁、山西、湖南、甘肃、海南、吉林、黑龙江、重庆、陕西、宁夏、新疆、贵州、四川、内蒙古和西藏。

(5) 管理民主类指标

在管理民主类指标中，全国平均实现程度为 85.93%，其中得分最高的为北京市和上海市，实现程度为 97.84%，最低的为西藏，实现程度为 67.62%。比全国平均水平高的有 18 个地区，分别是北京、上海、江苏、天津、浙江、海南、山东、广东、河北、福建、吉林、安徽、重庆、山西、黑龙江、四川、辽宁和新疆；比全国平均水平低的有 13 个地区，分别是湖北、河南、湖南、内蒙古、江西、宁夏、甘肃、陕西、云南、广西、贵州、青海和西藏。

从五类评价指标的评价结果来看，生产发展类指标和生活宽裕类指标的实现程度普遍偏低，分别为 49.69%和 67.53%，并且各地区之间差异非常大，在生活宽裕类指标中，排名第一的上海与排名最后的西藏，实现程度相差 73.96%。这说明目前距离生产发展和生活宽裕的目标实现还有很大差距，特别是经济较为落后的地区以目前的新农村建设发展水平来看还有很长的路要走。村容整洁类指标的实现程度虽然较生产发展和生活宽裕类指标略高，全国平均为 64.87%，但是距离该目标的实现也还有一定差距，并且地区间差异也比较大，排名第一的浙江与排名最后的西藏，实现程度相差 68.27%。而相对的乡风文明类指标和管理民主类指标的实现程度比较高，分别为 89.80%和 85.93%，地区之间差异也相对较小。

18.1.4.2 全国及各省市新农村建设发展水平评价

全国新农村建设综合实现程度为 65.89%，各指标之间的实现实现程度差异也比较大。其中生产发展、生活宽裕和村容整洁类中多项指标的实现程度比较低，这方面是今后新农村建设的重点。

从 2005 年各地区的发展情况来看，我国新农村建设综合评价排名第一位的是北京，排名最末的是西藏，北京新农村建设综合评价指数和西藏相差 53.66%。全国有 10 个省（区、市）实现程度高于全国平均水平，21 个省（区、市）实现程度均低于全国平均水平。总体来看，我国新农村建设综合指数在省际之间存在一定差异，并且生产发展和生活宽裕类指标差异较大，乡风文明、村容整清和管理民主类指标羊异相对较小。

18.1.4.3 典型区域新农村建设发展水平评价

按照我国从经济发展和地理方位等多种因素对东中西部地区的划分，在各省评价结果的基础上，以各省农业用地面积比重为权重，可以折算得出我国东中西部地区各指标的实现程度（表 18-7）。

表 18-7 2005 年东中西部地区新农村建设实现程度

指标	实现程度（%）			
	全国	东部地区	中都地区	西部地区
生产发展类	49.7	67.9	44.5	35.4
耕地变动率	33.3	23.1	86.7	70.6
万人农业科技人员数	49	31.5	48.3	50.2

（续表）

指标	实现程度（%）			
	全国	东部地区	中都地区	西部地区
农用机械总动力	52.6	74.6	48.3	36.1
农村社会固定资产投资	29.5	63.4	20.2	9.3
农业劳动生产率	48.26	66.7	60.1	42.7
人均农村经济总收入	47.5	73.9	20	10.8
非农产业比重	67.5	79.9	56.2	42.8
人均地区生产总值	56	81.4	47.9	44.1
生活宽裕类	49.3	56.3	44.7	36.8
农民人均纯收入	40.7	56	40.5	30.4
农村居民消费恩格尔系数	78.1	86.3	79	66.4
农村人均合格住房面积	91.4	95.2	76.1	33.4
农村累计改水受益率	92.3	96.7	96.9	82.7
通汽车村数比重	98.5	99.8	99.3	95.4
平均预期寿命	92.7	99.1	82.4	52.4
农村基本医疗条件达标率	79.4	82.6	75.8	75.4
农村居民社会保险覆盖率	40.5	47.3	19.8	18.4
农村居民医疗覆益率	40.2	51.6	28.1	24.7
信息化程度	69.7	82.1	66.3	57.6
乡风文明类	89.8	91.4	89.3	84.4
每万人乡镇村文化站	78.9	84.6	79.2	84.5
文教娱乐消费支出比重	88.9	89.1	89.5	77.2
农村劳动力文化程度	93.2	93.5	92.5	85.5
农村社区和谐指数	91.5	94.3	89.7	90.5
村容整洁类	65.3	70.4	61	50.1
清洁能源使用比重	100	90.9	68.7	77.4
农村卫生厕所普及率	61.93	65.9	65.7	48.1
农村累计粪便无害化处理率	58.83	63.8	60.2	49.3

（续表）

指标	实现程度（%）			
	全国	东部地区	中都地区	西部地区
农村路面硬化比重	53.86	73.7	47.1	36
管理民主类	85.9	91.2	85.8	80.2
三级政（村）务公开满意度	83.1	88.1	83.4	79.5
村容（民）自治制度完善度	87.1	93.1	87	79.4
村党组织双推双选率	90.4	93.9	89.2	84.5
综合实现程度	65.9	70.9	57.3	49.3

从三大区域之间新农村建设的发展情况来看，东中西部地区的综合实现程度分别为70.9%、57.3%和49.3%，东部地区实现程度明显高于中部和西部地区，这说明我国的新农村建设在东部地区的基础好，具有较高的发展水平。我国的东部地区多处在沿海经济发达省份，地域、历史的原因和国家给予政策优惠等都促进了该地区经济发展水平居全国前列，在此期间，广大农村和农民也参与经济增长，分享经济增长带来的成果，经济的快速发展有效地带动了农村经济的发展。相对而言，中西部地区新农村建设发展水平偏低。这些地区也是我国经济欠发达地区和不发达地区，农业人口比重较大，并且集中了我国大量的农村贫困人口，经济基础比较薄弱，这些都影响到新农村建设的发展进程。从各类指标来看，三大区域之间生产发展类指标和生活宽裕类指标彼此差异较大。例如生产发展类指标中，东中西部地区的实现程度分别为67.9%、44.5%和35.4%。东部地区和西部地区就相差了32.5%。而乡风文明、村容整洁和管理民主类指标彼此差异相对较小，这说明生产发展和生活宽裕是缩小东中西部差距、全面实现新农村的重点。

18.1.5 村级评价指标设置与评价

前面完成的我国新农村建设指标体系主要是用来衡量全国新农村建设发展状况，评价各省级新农村建设的进程。我国新农村建设的实践者是广大的农村和牧区，也是新农村建设的最基本单元，由于统计数据的局限，前面的新农村指标体系无法衡量基层的新农村建设情况。因此，本项目依据典型调查数据，参考全国新农村建设指标，进一步构建了村级新农村建设指标。

2007 年 5—8 月，针对新农村建设各地区发展情况的差异，课题组选取了山东、重庆、辽宁、陕西、江苏和内蒙古六省（区、市）作为典型调研对象，进行了新农村建设的典型调研。通过调研更加证明了各地区之间新农村建设发展水平的巨大差异，同时在发展模式、发展重点、发展特色上也各不相同。

18.1.5.1 村级评价指标体系

为了更好的评价典型村的发展程度，课题组专门设计了村级评价指标体系，村级指标与全国和各地区评价指标相比更为简洁，更容易反映各村新农村建设发展的实际，同时还相应设计了农民对新农村建设的意向类指标，通过农民的意向在一定程度上能够反映农民自身对新农村建设的态度和看法，以及目前农民在生产和生活方面的现状和问题。进一步根据调研组的调研情况，确定了各指标的权重（表 18-8）。

表 18-8　村级评价指标体系及权重

一级指标	二级指标	权重
生产发展类 0.36	农业劳动生产率	0.3
	农民参与培训比重	0.1
	村集体收入	0.2
	非农收入所占比重	0.25
	生产资金困难户所占比重	0.15
生活宽裕类 0.27	人均纯收入	0.22
	砖混住房户数比重	0.1
	养老保险覆盖率	0.15
	医疗保险覆盖率	0.15
	电话普及率	0.12
	自来水（和井水）普及率	0.08
	生活满意户所占比重	0.18
乡风文明类 0.13	村民文化程（初中及以上）	0.29
	外出旅游人数比重	0.16
	社会治安满意度	0.3
	全村是否拥有文化娱乐设施及场所	0.25
村容整洁类 0.12	清洁能源使用比重	0.24
	路面硬化比重	0.4
	生活垃圾无害化处理率	0.36
管理民主类 0.12	村干部选举参与投票率	0.28
	村务公开满意度	0.4
	村民代表决议率	0.32

18.1.5.2　村级新农村建设评价

根据这些指标及其权重就可以对所调查各村新农村建设的实现程度进行测算，得出调研各村的综合实现程度（表 18-9、表 18-10）。

表 18-9 调研村发展状况评价

地区	调研村	生产发展得分	生活富裕得分	乡风文明得分	村容整洁得分	管理民主得分	综合得分
内蒙古	阿旗绍根村	52.62	59.51	56.16	29.89	44.59	51.70
	阿旗太本村	52.04	73.03	58.33	44.94	44.98	57.28
	左旗查干套海	58.57	57.68	56.84	26.71	57.28	54.70
	左旗红光村	28.39	69.01	58.75	27.89	56.95	47.24
重庆	南岸区迎龙镇双谷村	50.97	83.44	70.00	52.27	21.34	59.03
	武隆县仙女山镇桃园村	38.22	67.95	54.44	75.20	17.46	50.48
	武隆县仙女山镇龙宝塘村	49.83	62.91	60.70	44.33	23.65	51.21
	荣昌县清升镇楠木沟村	36.95	60.28	56.02	46.52	24.96	45.69
	荣昌县清升镇三层岩村	41.20	57.93	57.25	40.32	26.17	46.16
辽宁	彰武县四堡子乡四堡子村	72.18	83.99	50.88	50.64	30.45	65.31
	彰武县四堡子乡冷家村	60.77	83.01	70.51	43.12	33.17	62.95
	铁岭市昌图县宝力镇刘美村	72.20	81.69	52.31	29.89	29.63	62.29
	铁岭市昌图县宝力镇英桃村	70.39	70.21	55.09	32.37	26.89	58.84
陕西	咸阳市三原县渠岸乡大村王村	50.74	62.14	44.6T	71.60	26.77	52.92
	三原县大程乡荆中村	40.56	64.43	72.12	61.78	27.44	52.35
	商洛市丹凤县棣花镇万湾村	53.27	61.83	60.16	65.71	18.10	53.93
	商洛市丹凤县武关镇段湾村	43.14	78.72	63.81	91.00	44.60	61.80
江苏	阳澄湖镇清水村	64.73	97.86	71.92	82.72	99.29	81.91
	经济开发区上浜村	58.34	99.28	73.58	100.00	100.00	82.37
	元和镇朱泾村	60.00	97.75	74.42	76.63	98.87	79.72
	北桥镇灵峰村	66.75	99.28	66.96	89.92	100.00	83.33
山东	巨野县核桃园镇马庄	51.32	67.45	58.24	43.50	69.82	58.56
	金乡县羊山镇王所楼	46.13	69.23	68.64	25.40	23.15	50.28
	巨野县麒麟镇高庙村	56.46	58.39	50.57	39.82	73.60	57.01
	巨野县麒麟镇杨官电村	52.99	61.32	51.87	29.64	74.75	55.65

表 18-10 各调研村评价排序

序号	地区	调研村	生产发展得分	生活富裕得分	乡风文明得分	村容整洁得分	管理民主得分	综合得分
1	江苏	北桥镇灵峰村	24.03	26.81	8.71	10.79	13.00	83.33

（续表）

序号	地区	调研村	生产发展得分	生活富裕得分	乡风文明得分	村容整洁得分	管理民主得分	综合得分
2	江苏	经济开发区上浜村	21.00	26.81	9.57	12.00	13.00	82.37
3	江苏	阳澄湖镇清水村	23.30	26.42	9.35	9.93	12.91	81.91
4	江苏	元和镇朱泾村	21.60	26.39	9.67	9.20	12.85	79.72
5	辽宁	彰武县四堡子乡四堡子村	25.98	22.68	6.61	6.08	3.96	65.31
6	辽宁	彰武县四堡子乡冷家村	21.88	22.41	9.17	5.17	4.31	62.95
7	辽宁	铁岭市昌图县宝力镇刘美村	25.99	22.06	6.80	3.59	3.85	62.29
8	陕西	商洛市丹凤县武关镇段湾村	15.53	21.26	8.30	10.92	5.80	61.80
9	重庆	南岸区迎龙镇双谷村	18.35	22.53	9.10	6.27	2.77	59.03
10	辽宁	铁岭市昌图县宝力镇英桃村	25.34	18.96	7.16	3.88	3.50	58.84
11	山东	巨野县核桃园镇马庄	18.48	18.21	7.57	5.22	9.08	58.56
12	内蒙古	阿旗太本村	18.73	19.72	7.58	5.39	5.85	57.28
13	山东	巨野县麒麟镇高庙村	20.33	15.77	6.57	4.78	9.57	57.01
14	山东	巨野县麒麟镇杨官屯村	19.08	16.56	6.74	3.56	9.72	55.65
15	内蒙古	左旗查干套海	21.08	15.57	7.39	3.21	7.45	54.70
16	陕西	商洛市丹凤县棣花镇万湾村	19.18	16.69	7.82	7.89	2.35	53.93
17	陕西	咸阳市三原县渠岸乡大村王村	18.27	16.78	5.81	8.59	3.48	52.92
18	陕西	三原县大程乡荆中村	14.60	17.39	9.38	7.41	3.57	52.35
19	内蒙古	阿旗绍根村	18.94	16.07	7.30	3.59	5.80	51.70
20	重庆	武隆县仙女山镇龙宝塘村	17.94	16.99	7.89	5.32	3.07	51.21
21	重庆	武隆县仙女山镇桃园村	13.76	18.35	7.08	9.02	2.27	50.48
22	山东	金乡县羊山镇王所楼	16.61	18.69	8.92	3.05	3.01	50.28
23	内蒙古	左旗红光村	10.22	18.63	7.64	3.35	7.40	47.24
24	重庆	荣昌县清升镇三层岩村	14.83	15.64	7.44	4.84	3.40	46.16

（续表）

序号	地区	调研村	生产发展得分	生活富裕得分	乡风文明得分	村容整洁得分	管理民主得分	综合得分
25	重庆	荣昌县清升镇楠木沟村	13.30	16.28	7.28	5.58	3.25	45.69

从对六省调研村新农村建设的综合评价来看，实现程度较高的是江苏省，其次为辽宁，而内蒙古、重庆、陕西和山东的发展水平相对落后。各省内几个村的实现程度差异不明显，例如江苏省所调查的 4 个村实现程度均在 80%左右，彼此之间差异非常小。从各类指标来看，各村生产发展和生活宽裕类指标的实现程度与这几个省的发展水平基本接近，而乡风文明、村容整洁和管理民主类指标的实现程度与省级测算差异非常大，尤其是管理民主，除江苏省实现程度较高外，其余各省实现程度很低，这说明了农民对管理民主的理解和看法与从省级角度的理解可能有所不同。

18.1.5.3 主要结论

（1）生产发展：差距很大

① 各地区经济发展水平差异很大。

② 非农产业就业比重不断提高。

③ 农业投入水平整体较低。

④ 农业科技水平还比较低。

⑤ 农民的期盼。

（2）生活宽裕：参差不齐

① 农民收入差距悬殊，农民增收难度大。

② 农村医疗服务水平低，农民看病难、看病贵问题依然突出。

③ 村庄基础设施还比较落后。

④ 农村社会公共服务质量有待进一步提高。

（3）乡风文明：任重道远

① 农村公共文化薄弱，文化设施普遍较差。

② 各地区农村劳动力文化程度差异很大。

③ 各地区农村社区和谐指数明显较高。

（4）村容整洁：积欠太多

① 村容整洁任重道远。

② 与当地经济发展程度正相关，东部最好，中部次之，西部最差。

③ 民环境公德意识是影响村容整洁水平的重要因素。

④ 国家对村容整洁有所忽视，投入不足。

（5）管理民主：成效显著

① 农民民主意识薄弱，区域之间差距明显。

② 市场经济的发展促进村民民主意识的觉醒。

③ 村民对村集体事物的参与度与经济发展水平高度相关。

18.2 某省精准脱贫验收指标和标准

18.2.1 贫困人口退出验收标准

18.2.1.1 贫困人口退出验收指标（表 18-11）

表 18-11 贫困人口退出验收指标

指标类别	验收指标	验收内容和指标解释
收入	人均纯收入稳定超过国家扶贫标准	
两不愁	不愁吃、不愁穿	
	有安全饮水	
三保障	义务教育有保障	
	基本医疗有保障	
	住房安全有保障	

18.2.1.2 验收内容和指标解释

（1）人均纯收入稳定超过国家扶贫标准

2018 年贫困人口退出的收入标准为稳定超过 3 500 元。

人均可支配收入指调查户在调查期内获得的、可用于最终消费支出和储蓄的总和，即调查户可以用来自由支配的收入。可支配收入既包括现金收入．也包括实物收入。计算公式为：人均可支配收入=（工资性收入+经营净收入+财产净收入+转移净收入）/家庭常住人口。人均纯收入稳定超过脱贫收入标准的，视为收入达标。

在计算收入时，扣除以下因素：临时性救济金和一次性生活补助，基本医保、大病保险、商业补充保险报销资金和医疗救助资金，三、四类低保金，政府给予的有固定用途、不能用于日常消费的到户补助项目资金，学前、高中和中职学生补贴，一次性赠予和人情往来收入等。

（2）不愁吃、不愁穿

贫困家庭成员不为吃穿发愁，家有余粮或有钱购粮，所有成员四季有衣换，能满足日常生活需求。

（3）有安全饮水

水量够用，每人每天不低于 20L；取水方便，供水到户或人力取水往返时间不超过 20min，水质和供水保证率符合《农村饮水安全评价准则》有关规定，用水方式包括自来水、集中供水点、水窖或其他储水设备，小电井、引水和大口井等。

（4）义务教育有保障

建档立卡贫困家庭适龄学生能接受九年义务教育，并享受“两免一补”和“营养餐”教育资助政策，无因贫失学辍学（因病休学和因残疾、智障而不能上学、休学或辍学的除外）。

（5）基本医疗有保障

建档立卡贫困人口全部参加城乡居民基本医疗保险并享受参保费用个人缴费部分资助政策：是指建档立卡人口全部参加城乡居民基本医疗保险，对因参军就学、务工、婚姻等各种原因已在异地参保的建档立卡贫困人口不计算在内。对建档立卡贫困人口参加城乡居民基本医疗保险的个人缴纳部分，由当地政府相关部门给予全部或部分资助，资助标准由市州或县市区政府确定。

符合大病保险和医疗救助政策条件的建挡立卡贫困人口享受相关特惠政策。① 基本医保特惠政策：是指建档立卡贫困人口患者在定点医疗机构住院不设起付线、不收押金，合规医疗费用基本医保报销比例比普通人群提高 5 个百分点；② 大病保险倾斜报销政策：是指 2018 年 6 月 1 日起，建档立卡贫困人口大病医疗起付线降到 2 000 元，合规医疗费用分段递增报销 72%～90%，③ 实际报销比例达到 85%：是指 2018 年 1 月 1 日起，建档立卡贫困人口住院合规医疗费用在基本医保和大病保险报销后，当次实际报销比例达到 85%；门诊慢特病年度限额内报销比例达 85%。④ 医疗救助特惠政策：是指自 2017 年 9 月 30 日起，建档立卡贫困人口个人负担合规医疗费用，经基本医保、大病保险报销后，合规医疗费用年累计超过 3 000 元部分，由民政部门通过医疗救助政策全部兜底解决。对于属于建档立卡贫困人口的低保对象、特困供养人员，按照就高不就低的原则可选择原救助政策实施救助。不得重复救助。建档立卡贫困家庭中没有患病人口，视为该项指标选到退出验收标准；建档立卡贫困家庭中有患病人口，按政策规定享受了以上特惠政策。此项指标达到标准方可退出。

（6）住房安全有保障

农户自建房屋。依据《农村危险房屋鉴定技术导则（试行）》进行鉴定，鉴定为 A 级、B 级的，属安全住房。该项指标达到退出标准。并出具农村房屋安全鉴定报告和住房安全达标认定书。

实施农村危房改造的。依据《农村危房改造最低建设要求（试行）》验收达标．该项指标达到退出标准．并出具农村危房改造验收报告和住房安全达标认定书。面积控制要求：重建住房建筑面积原则上 1～3 人户控制在 40～60m^2 以内，且 1 人户不低于 20m^2、2 人户不低于 30m^2、3 人户不低于 40m^2：3 人以上户人均建筑面积不超过 18m^2，不得低于 13m^2。

实施易地扶贫搬迁的。安置住房依据《甘肃省易地扶贫搬迁项目建设管理办法》，由发展改革部门组织建设、国士资源、财政等部门进行项目竣工验收，验收通过即认定为达到安全住房标准。

以下情况视为有安全住房：异地有安全住房．包括有商品房、小产权房等情况的；长期租赁住房，包括连续两年每年外出 8 个月以上等情况的；纳入特困人员集中供养等其他住房保障项目的；子女分户拆户拒不履行赡养义务，且有安全住房并能满足居住需求的。

18.2.2 贫困村退出验收指标内容和标准

18.2.2.1 贫困村退出验收指标（表 18-12）

表 18-12 贫困村退出验收指标

指标类别	验收指标	验收内容和指标解释
贫困发生率	低于 3%	
产业发展	有主导产业 有农民专业合作组织 有集体经济收入	
基础设施	建制村通硬化路 自然村通动力电 人居环境干净整洁	
基本公共服务	义务教育阶段适龄学生有学上 有村卫生室 基本养老保险全覆盖 最低生活保障应保尽保	

18.2.2.2 验收内容和指标解释

（1）贫困发生率低于 3%

贫困发生率/%＝（贫困村贫困人口数÷贫困村农村人口数）×100。贫困村农村人口指本村常住人口。贫困发生率大于等于 3%，该项指标达不到退出验收标准。

（2）产业发展

① 有主导产业。指贫困村有在经济发展中起主导作用的种养或者光伏产业、乡村旅游产业等其他产业。种养产业，包括牛羊、蔬菜、马铃薯、果品、中药材等六大特色产业，以及猪、鸡、驴、蜂、玉米、小麦、杂粮杂豆、油料等地方优势产业。具体标准及统计口径：贫困村种养主导产业指该产业具有一定的规模、农户普遍参与，是农民收入的重要来源之一。

② 有农民专业合作组织。指贫困村有农民专业合作社或有农民专业合作社覆盖。具体标准及统计口径：合作社有完整的工商注册手续，能有效带动贫困户。

③ 有集体经济收入。指贫困村有集体经济收入，集体经济收入来源包括：经营收入、发包及上交收入、补助收入、投资收益和其他收入。经营收入是指村集体经济组织进行各项生产服务等经营活动取得的收入，包括农产品销售收入、物资销售收入、租赁收入、服务收入、劳务收入。发包及上交收入是指村集体经济组织因发包集体资产资源取得的承包农户和单位上交的承包金及村（组）办企业上交的利润。补助收入是指村集体经济组织获得的财政等有关部门拨付的除有特定用途以外的补助资金，不包括村干部报酬，村级办公经费，土地征收补偿费、一事一议奖补资金等有特定用途的补助资金，以及集体经济发展扶持资金等资本性投入。投资收益是指村集体经济组织对外投资取得的收益扣除投资损失后的数额，如村集体经济组织

投资入股到经营主体取得的分红收入、债券利息收入、与其他单位联营所分得的利润等。其他收入是指村集体经济组织与经营管理活动无直接关系的各项收入，如银行存款利息收入、固定资产及库存物资盘盈收入和捐赠收入等。具体标准及统计口径：贫困村有稳定的集体经济收入渠道，2020 年，全省 7 262 个贫困村，村集体经济年收入力争达到 2 万元以上。认定时贫困村的集体经济收入具体额度由市级农牧部门根据当地经济发展水平确定。

（3）基础设施

① 建制村通硬化路。指具备条件的贫困村（行政村）村委会或学校有与邻近的任一国省道或县乡道等路线便捷相衔接的硬化路（在建设条件特别困难，高海拔高寒或交通需求量小的地区，有通沙石路铺砖路等）。

② 自然村通动力电。自然村（游牧地区除外）有 1 户居民已通动力电，或有三相变压器或三相四线 0. 4kV 低压线路可为该村有通动力电需求且按程序提出申请的用户通动力电。

③ 人居环境干净整洁。贫困村脏乱差问题得到治理，村庄环境干净整洁有序。

（4）基本公共服务

① 义务教育阶段适龄学生有学上。建有必要的村小和教学点，保证建档立卡贫困家庭义务教育阶段适龄学生实现就地就近入学；“两免一补”和“营养餐”资助政策覆盖所有建档立卡贫困家庭义务教育阶段学生。

② 有村卫生室。行政村有卫生室（乡镇卫生院所在村可不设），有标准化村卫生室的，房屋建筑面积不低于 $60m^2$，设有诊断、治疗和药房功能，该项指标达到标准：有村卫生室但建筑面积不达标，能够通过工作机制，利用派驻医生驻村服务、巡回诊疗等方式，承担并完成村级常见病诊疗和公共服务的，视同达到该指标。全村贫困人口家庭医生（“一人一策”）签约率达到 95%以上。

③ 基本养老保险全覆盖。城乡居民养老保险贫困人口参保率/% = 实际参加城乡居民养老保险的贫困人口数÷城乡居民养老保险应参加贫困人口数×100。其中，“城乡居民养老保险应参加贫困人口数”是指贫困人口中年满 16 周岁（不含在校学生）的非国家机关和事业单位工作人员及不属于职工基本养老保险制度覆盖范围并符合参保条件的城乡居民。从县（区）、乡（镇）城乡居民基本养老保险信息系统中提取相关数据，并按照规定的规式和指标解释的人群口径进行计算。

④ 最低生活保障应保尽保。指按照属地管理原则．共同生活的家庭成员人均收入低于当地当年最低生活保障标准，且符合当地最低生活保障家庭财产状况规定的家庭，全部纳入保障范围，实现应保尽保。其中，对农村生活困难、靠家庭供养且无法单独立户的成年无业重度残疾人，经本人或其法定监护人申请，可按照单人户纳入低保范围。

18.2.3 贫困县退出验收指标和标准

18.2.3.1 贫困县退出验收指标（表 18-13）

表 18-13 贫困县退出验收指标

指标类别	验收指标
综合贫困发生率	低于 3%（脱贫人口错退率低于 2%，贫困人口漏评率低于 2%）
贫困村退出比例	拟摘帽县已退出贫困村占全部贫困村的比例，2018 年达到 80%（含）以上，2019 年达到 90%（含）以上，2020 年当年摘帽县和往年已摘帽的县所有贫困村全部退出为达标。
群众认可度	达到 90%以上

18.2.3.2 验收内容和指标解释

（1）综合贫困发生率低于 3%（脱贫人口错退率低于 2%，贫困人口漏评率低于 2%）

① 综合贫困发生率。指建档立卡未脱贫人口、错退人口、漏评人口三项之和，占申请退出贫困县的农业户籍人口的比重，3%以下为达标。

② 脱贫人口错退率。脱贫人口错退率/%＝抽样错退人口数/抽样脱贫人口数×100，即抽样错退人口数占抽样脱贫人口数的比重。错退人口，指收入没有稳定超过国家扶贫标准、没有稳定实现“两不愁、三保障”的建档立卡脱贫人口。计算方法：错退人口数＝错退率×累计脱贫人口总数。

③ 贫困人口漏评率。贫困人口漏评率/%＝调查核实的漏评人口数/抽查村（组）未建档立卡的农业户籍人口数×100，即调查核买的漏评人口数占抽查村（组）未建档立卡农业户籍人口的比重。漏评人口，指符合贫困识别标准但未纳入建档立卡的农业户籍人口。计算方法：漏评人口数＝漏评率×（全县农业户藉人口−建档立卡贫困人口）。

（2）贫困村退出比例

贫困村退出比例指拟摘帽县已退出贫困村占全部贫困村的比例，2018 年达到 80%（含）以上，2019 年达到 90%（含）以上，2020 年当年摘帽县和往年已摘帽的县所有贫困村全部退出为达标。

（3）群众认可度

群众认可度/%＝调查户中认可户数/调查户总数×100，即认可人数占调查总人数的比重。群众认可，指脱贫户、县乡村干部、县乡人大代表、县政协委员及贫困户、一般农户等对脱贫攻坚政策、帮扶措施及成效、脱贫退出等认可、认账。

18.2.4 贫困户纳入程序和退出程序

18.2.4.1 贫困户纳入程序（两公示一公告）

① 农户自愿申请，填写申请书。

② 召开村民代表大会对申请为贫困户的农户进行民主评议，形成初选名单。

③ 初选名单由村“两委”和驻村工作队逐户入户核实并填写《贫困户信息采集表》。

④ 村“两委”将入户核实情况和贫困户名单在本村内进行第一次公示，公示期7天。公示期满无异议的将名单报乡镇人民政府。

⑤ 乡镇人民政府对各村上报的初选名单进行审核，确定全乡镇贫困户名单。乡镇人民政府在核查确认后，将确认的贫困户名单的各村进行第二次公示，公示期7天。公示期满无异议的报市扶贫办。

⑥ 市扶贫办对乡镇人民政府上报的贫困户名单进行复审。市扶贫办复审结束后在市政府网进行公告，公告期7天。公告期满无异议后录入建档立卡子系统。

18.2.4.2 贫困户退出程序（一公示一公告）

① 民主评议。村“两委”组织召开村民代表会议，根据年度减贫目标对应退出贫困户进行民主评议，提出贫困户退出名单。

② 村“两委”、驻村工作队和帮扶责任人根据退出名单逐户入户核实，并填写《贫困户信息采集表》《海南省建档立卡贫困户脱贫申请验收表》。

③ 村“两委”将入户核实情况和贫困户退出名单在本村内进行公示，公示期7天。公示期满无异议的，将名单报乡（镇）政府。公示期内提出异议的，村“两委”和驻村工作队要对反映的情况进行核实，并将核查材料连同异议材料一并上报乡（镇）政府。

④ 确认退出。乡（镇）政府要对各村上报的贫困户退出名单进行审核确认，主要审核以下内容：上报材料的真实性；是否履行相关程序；异议对象的核查情况。乡（镇）政府审核确认后，要将确认的退出名单在相应村进行公告，公告期7天，公告期满后退出。

⑤ 报市扶贫工作办公室备案并按程序在建档立卡信息采集系统中标注脱贫。

18.2.5 中国农村扶贫开发的主要任务

到2020年全国范围的农村扶贫开发任务包括如下内容。

基本农田和农田水利。到2015年，贫困地区基本农田和农田水利设施有较大改善，保障人均基本口粮田。到2020年，农田基础设施建设水平明显提高。

特色优势产业。到2015年，力争实现1户1项增收项目。到2020年，初步构建特色支柱产业体系。

饮水安全。到2015年，贫困地区农村饮水安全问题基本得到解决。到2020年，农村饮水安全保障程度和自来水普及率进一步提高。

生产生活用电。到2015年，全面解决贫困地区无电行政村用电问题，大幅度减少西部偏远地区和民族地区无电人口数量。到2020年，全面解决无电人口用电问题。

交通。到2015年，提高贫困地区县城通二级及以上高等级公路比例，除西藏外，西部地区80%的建制村通沥青（水泥）路，稳步提高贫困地区农村客运班车通达率。到2020年，实现具备条件的建制村通沥青（水泥）路，推进村庄内道路硬化，实现村村通班车，全面提高农村公路服务水平和防灾抗灾能力。

农村危房改造。到2015年，完成农村困难家庭危房改造800万户。到2020年，贫困地区群众的居住条件得到显著改善。

教育。到 2015 年，贫困地区学前三年教育毛入园率有较大提高；巩固提高九年义务教育水平；高中阶段教育毛入学率达到 80%；保持普通高中和中等职业学校招生规模大体相当；提高农村实用技术和劳动力转移培训水平；扫除青壮年文盲。到 2020 年，基本普及学前教育，义务教育水平进一步提高，普及高中阶段教育，加快发展远程继续教育和社区教育。

医疗卫生。到 2015 年，贫困地区县、乡、村三级医疗卫生服务网基本健全，县级医院的能力和水平明显提高，每个乡镇有 1 所政府举办的卫生院，每个行政村有卫生室；新型农村合作医疗参合率稳定在 90%以上，门诊统筹全覆盖基本实现；逐步提高儿童重大疾病的保障水平，重大传染病和地方病得到有效控制；每个乡镇卫生院有 1 名全科医生。到 2020 年，贫困地区群众获得公共卫生和基本医疗服务更加均等。

公共文化。到 2015 年，基本建立广播影视公共服务体系，实现已通电 20 户以下自然村广播电视全覆盖，基本实现广播电视户户通，力争实现每个县拥有 1 家数字电影院，每个行政村每月放映 1 场数字电影；行政村基本通宽带，自然村和交通沿线通信信号基本覆盖。到 2020 年，健全完善广播影视公共服务体系，全面实现广播电视户户通；自然村基本实现通宽带；健全农村公共文化服务体系，基本实现每个国家扶贫开发工作重点县（以下简称重点县）有图书馆、文化馆，乡镇有综合文化站，行政村有文化活动室。以公共文化建设促进农村廉政文化建设。

社会保障。到 2015 年，农村最低生活保障制度、五保供养制度和临时救助制度进一步完善，实现新型农村社会养老保险制度全覆盖。到 2020 年，农村社会保障和服务水平进一步提升。

人口和计划生育。到 2015 年，力争重点县人口自然增长率控制在 8‰以内，妇女总和生育率在 1.8%左右。到 2020 年，重点县低生育水平持续稳定，逐步实现人口均衡发展。

林业和生态。到 2015 年，贫困地区森林覆盖率比 2010 年底增加 1.5 个百分点。到 2020 年，森林覆盖率比 2010 年底增加 3.5 个百分点。

18.2.6 中国扶贫标准的变化和调整

据国民经济社会发展水平和贫困人口基本生活需求确定扶贫标准，是中国实施大规模、有计划、有组织扶贫以来一直的做法。脱贫攻坚以来，中国的贫困人口识别和退出以户为单位，主要衡量标准是“一收入”“两不愁三保障”。中国的贫困人口退出标准是综合性多维标准，不仅衡量收入水平，还考量贫困人口生存权发展权的实现程度，体现了中国经济社会发展实际和全面建成小康社会的基本要求。

中国第一次制定扶贫标准是 1986 年，为 206 元，对应的贫困人口数量为 1.25 亿人，主要解决温饱问题。2001 年制定第一个十年农村扶贫开发纲要时，将扶贫标准提高到 865 元，对应的贫困人口数量为 9 422.8 万人。2011 年制定第二个十年农村扶贫开发纲要时，将扶贫标准提高到 2 300 元（2010 年不变价），对应的贫困人口数量为 1.22 亿人。

中共十八大以来，经过 8 年持续奋斗，到 2020 年底，中国如期完成新时代脱贫攻坚目标任务，现行标准下 9 899 万农村贫困人口全部脱贫（图 18-2），832 个贫困县全部摘帽（图 18-3），12. 8 万个贫困村全部出列，区域性整体贫困得到解决，完成消除绝对贫困的艰巨任务。经过脱贫攻坚战，贫困人口的收入和福利水平大幅提高，“两不

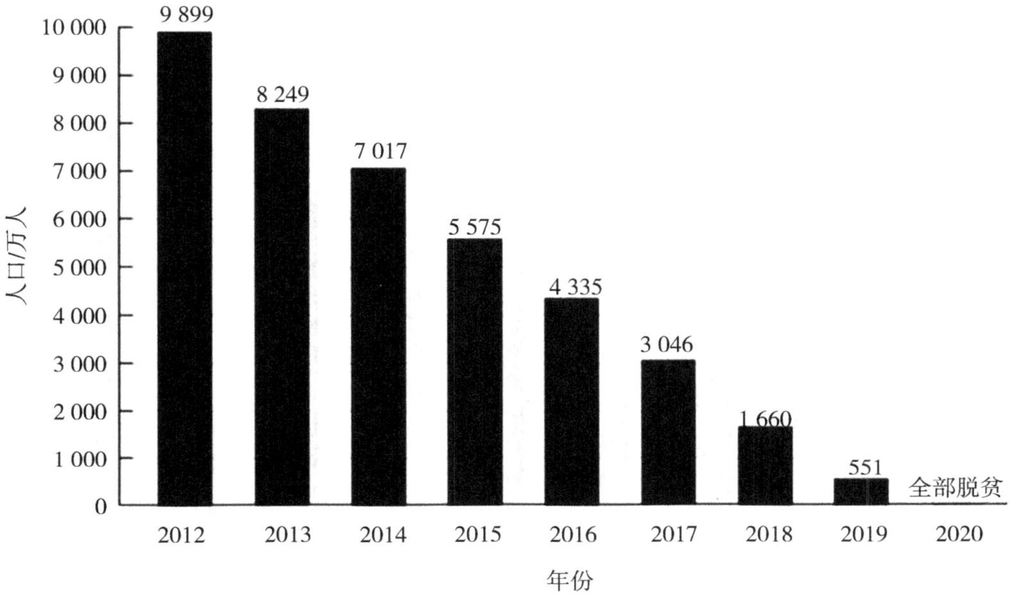

图 18-2　脱贫攻坚战以来中国农村贫困人口变化情况

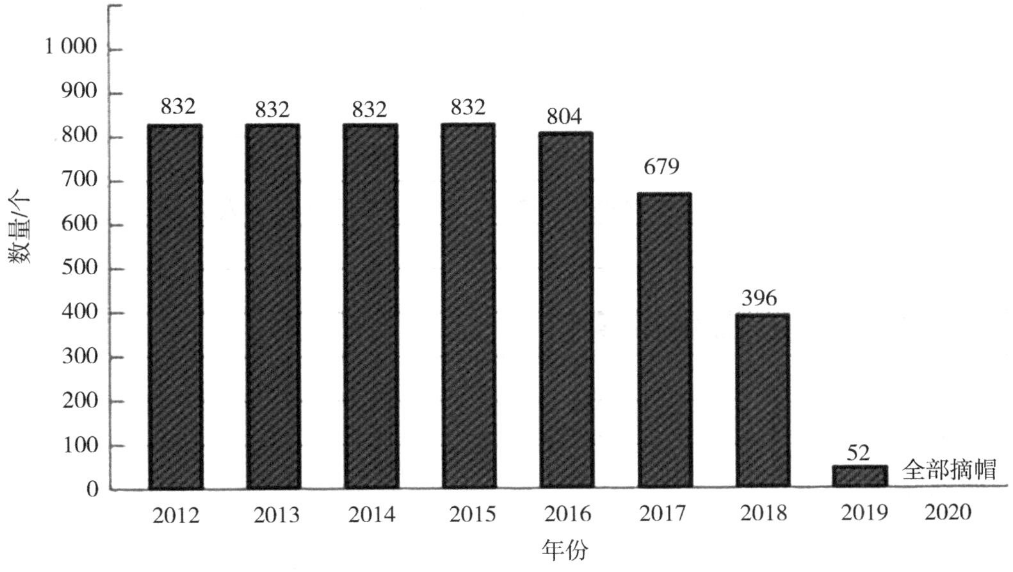

图 18-3　脱贫攻坚战以来贫困县数量

愁三保障”全面实现，教育、医疗、住房、饮水等条件明显改善，既满足了基本生存需要，也为后续发展奠定了基础。脱贫攻坚的阳光照耀到每个角落，贫困群众的生活发生了巨大变化。贫困人口收入水平持续提升（图 18-4）。贫困地区农村居民人均（年）可支配收入，从 2013 的 6 079 元增长到 2020 年的 12 588 元，年均增长 11.6%，增长持续快于全国农村，增速比全国农村高 2.3 个百分点。

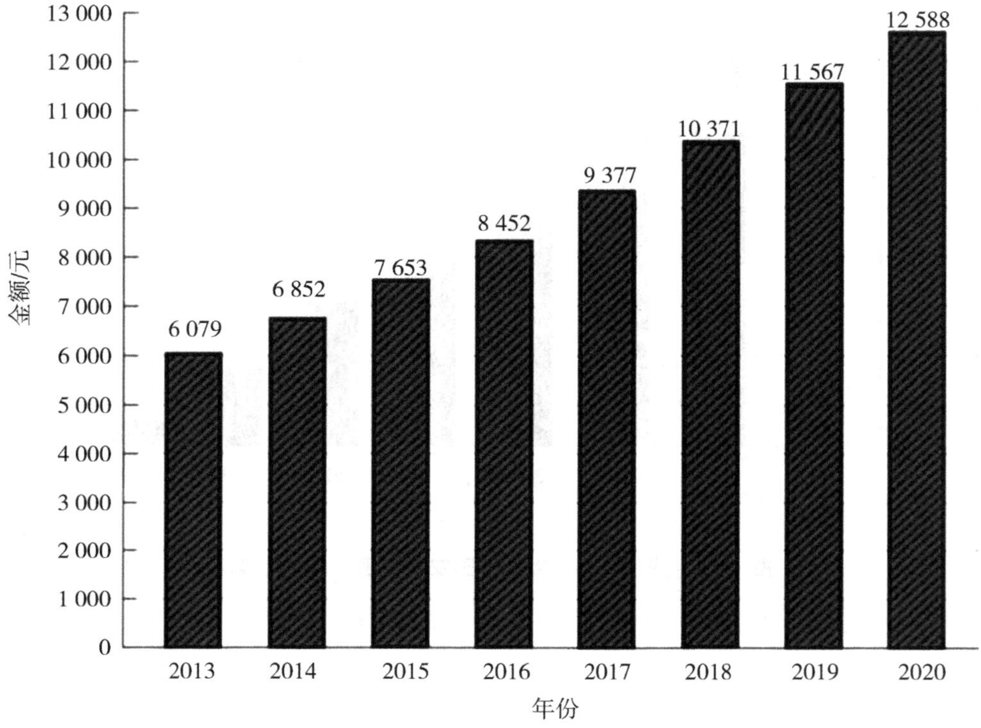

图 18-4　贫困地区农村居民人均可支配收入

注：本节内容摘自国务院新闻办公室 2021 年 4 月 6 日发布《人类减贫的中国实践》白皮书。

18.3　高标准农田建设评价

18.3.1　概述

高标准农田（Well-Facilitated Farmland）被定义为：土地平整、集中连片、设施完善、农电配套、土壤肥沃、生态良好、抗灾能力强，与现代农业生产和经营方式相适应的旱涝保收、高产稳产，划定为基本农田实行永久保护的耕地。包括经过整治的原有基本农田和经整治后划入的基本农田。

《国家农业综合开发高标准农田建设规划（2011—2020）》综合考虑各地区农业自

然条件和灌溉条件等情况，根据中低产田面积、粮食产量、粮食商品率等因素，确定粮食主产区和非粮食主产区的建设任务和目标，把粮食主产区，特别是增产潜力大、总产量大、商品率高的重点粮食主产区放在高标准农田建设的突出位置。

（1）粮食主产区

共规划建设高标准农田 28 000 万亩，占建设高标准农田面积的 70%。实施重点中型灌区节水配套改造 911 处，占实施重点中型灌区节水配套改造总数的 57.8%。其中：

① 东北区。建设高标准农田 9 385 万亩，占全国建设高标准农田面积的 24.46%。实施重点中型灌区节水配套改造 164 处，占实施重点中型灌区节水配套改造总数的 10.4%。

② 黄淮海区。建设高标准农田 11 960 万亩，占全国建设高标准农田面积的 29.90%。实施重点中型灌区节水配套改造 386 处，占实施重点中型灌区节水配套改造总数的 24.5%。

③ 长江中下游区。建设高标准农田 6 655 万亩，占全国建设高标准农田面积的 16.64%。实施重点中型灌区节水配套改造 361 处，占实施重点中型灌区节水配套改造总数的 22.9%。

（2）非粮食主产区

共建设高标准农田 12 000 万亩，占建设高标准农田面积的 30%。实施重点中型灌区节水配套改造 664 处，占实施重点中型灌区节水配套改造总数的 42.2%。

根据 2013 年国家标准《高标准农田建设通则》（征求意见稿），全国高标准农田建设的工程类型划分为 8 个一级类型区、21 个二级类型区。

2016 年 10 月发布国家标准《高标准农田建设评价规范》（以下简答《规范》）为高标准农田建设“评什么、怎么评”提供统一的评价尺度和方法。是强化高标准农田建设监测监管、促进国家高标准农田建设任务落实的一项重要手段。《规范》规定了高标准农田建设评价的目的、任务、内容、程序、方法和成果要求等，适用于各级行政区内高标准农田建设完成后的整体评价工作。《规范》提出，高标准农田建设评价时点为每年年末和规划期末，评价对象为各级行政区内高标准农田建设总体情况，评价内容包括：建设任务、建设质量、建设成效、建设管理和社会影响等 5 个方面，评价指标划分为三个层次。为体现各地高标准农田建设特点，《规范》将三级评价指标分为必选指标和备选指标，并给出了 84 个评价指标的含义、采集方法、评价标准和评分规则等，其中必选指标 29 个。

《规范》首次提出了“建设质量”概念，并将工程质量目标和耕地质量因子分解到土地平整工程、土壤改良工程、灌溉与排水工程、田间道路工程、农田防护与生态环境保持工程、农田输配电工程等 6 大工程中，共提出了 23 个评价指标，其中必选指标 11 个。

《规范》的发布实施，为落实“到 2020 年确保建成 8 亿亩、力争建成 10 亿亩集中连片、旱涝保收、稳产高产、生态友好的高标准农田”提供了重要的技术支撑，为构建“中央指导、省负总责、县为主体”的高标准农田建设监管机制，落实“统一建设标准、统一监管考核、统一上图入库”的高标准农田建设管理要求提供了重要的工作依据和抓手。《规范》发布实施后，国土资源部将会同有关部门全面推进高标准农田建设评价及考核工作。

18.3.2 准备工作

18.3.2.1 成立评价工作组和专家组

评价工作组应承担评价方案编制、选择评价指标与权重、组织评价、撰写评价报告等具体工作；专家组应对评价方案、评价指标及权重进行审定，对调查过程中难以量化的指标进行集中评议，对评价成果进行审核。专家组成员应来自财政、土地、农业、水利、林业、经济、统计等专业。

18.3.2.2 现场调查和资料收集

选择评价指标之前和实施评价时，均应开展现场调查工作。现场调查应深入项目区，收集高标准农田建设的有关资料，并开展评价指标数据的现场采集。现场调查方式包括现场查看、群众访谈、问卷调查、专家集中评议、相关单位和技术人员座谈等。收集有关的文件、资料主要包括：

国家、省有关法律法规、技术标准、项目管理制度文件；

项目立项和设计文件：可行性研究文件，立项批复文件，规划设计文件（含初步设计、招标设计和施工图设计等），设计变更文件等；

项目工程施工文件：施工招投标文件，合同文件（包括工程量清单），施工总结，竣工图，监理文件，工程检验试验资料，工程质量评定资料等；

项目验收和管理文件：合同段工程交工验收资料，土地重估与登记资料，竣工验收资料，工程结算报告，审计报告，运行管理文件等；

工程质量控制与施工质量验收成果：工程质量控制、工程施工质量验收资料，工程复核报告、项目建设前后耕地质量评价成果等；

其他资料。

18.3.2.3 制订评价工作流程

评价工作程序主要包括：成立评价工作机构、明确评价范围与内容、选择评价指标与权重、现场调查与资料收集、数据采集与检验、建设任务评价、建设质量评价、建设成效评价、建设管理评价、社会影响评价、综合评价、编写评价报告、提出对策及建议等。评价工作程序详见图 18-5。

18.3.3 评价指标和指标权重

18.3.3.1 选择评价指标

高标准农田建设评价指标分为三个层次：一级指标、二级指标和三级指标。一级指标为：建设任务、建设质量、建设成效、建设管理和社会影响等五个方面。二级指标 18 个。为体现各地高标准农田建设特点，三级评价指标分为必选指标和备选指标，其中必选指标 29 个，各地可结合本地区特点，增加体现地方特色的备选指标。并给出了 84 个评价指标的含义、采集方法、评价标准和评分规则等。

按照评价对象、内容和目标的不同，选择评价指标，并按照一级指标、二级指标和三级指标的划分建立评价指标体系。评价指标体系详见表 18-14。

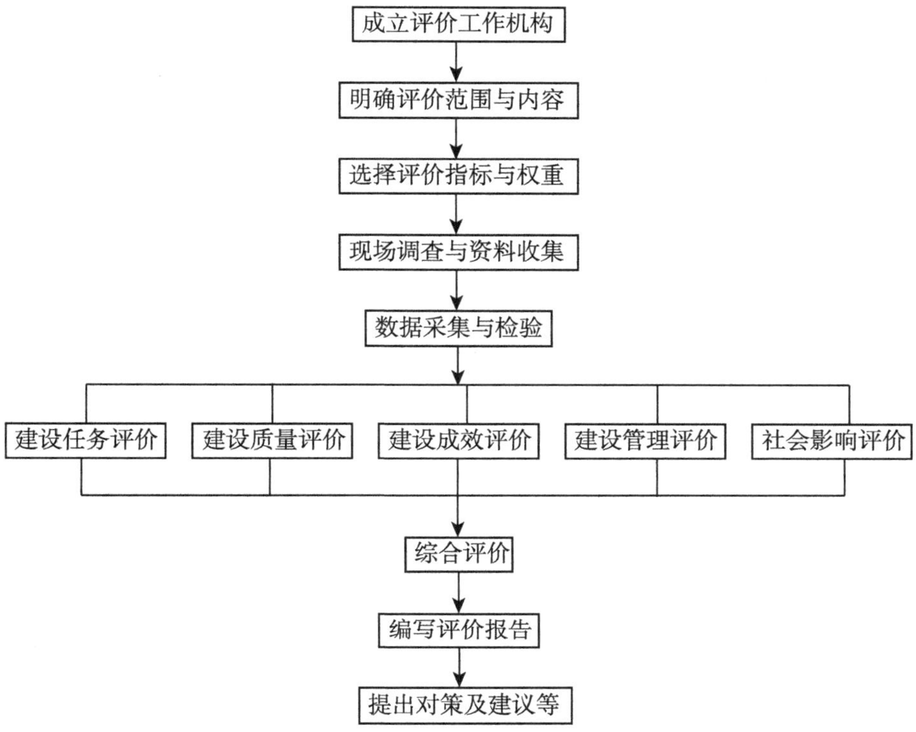

图 18-5 高标准农田建设评价流程

表 18-14 高标准农田建设评价指标体系

一级指标	二级指标	三级指标	
		必选指标	备选指标
建设任务	计划完成情况	高标准农田建设面积	财政投入资金，社会投资，灌溉渠、排水沟、道路、建筑物等各类工程量
建设质量	土地平整工程	土层厚度，地面坡度，地表砾石含量	田块标准化，田面平整度，梯田修筑标准
	土壤改良工程	土壤质地，土壤有机质含量	土壤养分，障碍因子，土壤 pH（改良标准）
	灌溉与排水工程	灌溉设计保证率，排水标准，建（构）筑物使用年限	灌溉水利用效率，基础设施配套率
	田间道路工程	道路通达度，道路使用年限	路面修筑标准与平整度
	农田防护与生态环境保持工程	农田防护标准	农田林网密度与保存率
	农田输配电工程		输电线路配套程度，变配电装置配套率

（续表）

一级指标	二级指标	三级指标	
		必选指标	备选指标
建设成效	经济效益	新增粮食产能，建成旱涝保收高标准农田面积	新增农业产值，减少农业生产成本
	社会效益	农业综合机械化率提高值	受益总人数，农民人均增加年净收入，单位面积增加年净收入，转移农村劳力数
	生态效益	新增农田灌溉达标面积，新增农田排水达标面积	新增农田林网面积，水土流失治理面积，新增农田防洪面积，盐碱地治理面积，血吸虫治理面积，化肥农药使用减少量，土壤污染治理面积
	资源环境	耕地质量等别（等级）提高值，基础设施占地率，工程质量寿命	新增耕地面积，建设用地面积变化情况，建设用地整治增加耕地面积，单位面积节约水量，新增供水能力，增加林木蓄积量，耕作层土壤剥离利用量
建设管理	前期工作	工作程序合规性，规划编制	设计方案合理性
	项目管理	竣工验收，资金管理	制度执行，标准执行，新技术应用，定位观测
	后期管护利用	土地确权登记，上图入库，基本农田划定，田间工程运行管护	管护主体责任落实（办理转移交手续），管护资金到位，土地权属管理
	公众参与	公众满意度	项目区群众参与方案论证，参与工程施工
社会影响	农村人口变化		
	农村生活改善		
	农村生产发展		
注 1：三级指标层中的必选指标为评价时的必选项，备选指标为可选项，各地可根据地方实际增加或删减备选指标。 注 2：本评价指标体系主要适用于县级评价工作，开展其他评价时，三级评价指标可增加或删减。 注 3：各项评价指标的含义见附录 C。			

18.3.3.2 评价指标权重（表 18-15）

表 18-15 高标准农田建设评价指标权重计算表

一级指标权重	二级指标	二级指标权重	二级指标			实际得分	总分
			编号	指标	权重		
建设任务 20~30 分	计划完成情况						

（续表）

一级指标权重	二级指标	二级指标权重	二级指标			实际得分	总分
			编号	指标	权重		
建设质量 30~40 分	土地平整工程						
	土壤改良工程						
	灌溉与排水工程						
	田间道路工程						
	农田防护与生态环境保持工程						
	农田输配电工程						
建设成效 20~15 分	经济效益						
	社会效益						
	生态效益						
	资源环境						
建设管理 10~20 分	前期工作						
	项目管理						
	后期管护利用						
	公众参与						
社会影响 10~15 分	农村人口变化						
	农村生活改善						
	农村生产发展						
注 1：一级指标给出权重值范围，评价时可视评价对象的不同确定，一级指标的总分值为 100 分。 注 2：二级指标和三级指标的权重视指标的重要程度，由专家评议法或层次分析法确定。 注 3：各级评价指标的实际得分 = 计算权重×指标得分，总分为一级指标的实际得分。 注 4：三级指标层中各项指标的实际得分见附录 C 中评分标准。							

根据不同对象的评价目的，分别选择评价指标的权重。不同层级评价指标的选择要求如下。

① 下一级评价时，应以建设任务和建设质量的评价为主，其权重之和应不低于 70%；

② 上一级级评价时，应以建设任务、建设质量和建设成效的评价为主，其权重之

和应不低于 80%；

③ 当不同层级下的评价指标出现 2 个以上时，其权重值应视指标的重要程度，由专家打分法或层次分析法进行确定；

④ 必选指标和备选指标同时出现在同一级指标层下时，备选指标的权重值之和应不大于必选指标的权重值之和。

注：下一级评价主要指市、县级评价，上一级评价主要指省级评价。

18.3.3.3 指标含义、数据来源、评价方法与评分规则

表 18-16 给出了 84 个指标含义、数据来源、评价方法与评分规则。由于篇幅有限，下面只列出其中的 4 个指标，其余的可参考《高标准农田建设评价规范》。

表 18-16 高标准农田建设评价指标、指标含义、数据来源、评分方法与评分规则表

编号	评价指标	指标含义	数据来源	评价方法与评分规则
A01	高标准农田建设面积*/hm^2	对于财政投资项目，应履行有关建设程序，并经竣工验收后认定的高标准农田面积；对于社会投资项目，需经有关部门验收认定的高标准农田面积	项目设计文件，竣工验收文件，工程复核报告，耕地质量评定报告	采用目标比较法进行评价，将实际完成的高标准农田面积与有关规划或计划下达的高标准农田面积进行对比，计算高标准农田建设任务完成情况。对于项目评价，将竣工验收并认定的高标准农田面积与批准的项目设计文件（或计划文件）确定的面积值进行比较。对于年度和规划期评价，从项目竣工验收文件中获得，或从项目报备数据库、国土资源综合信息监管平台等数据库中获得，并与高标准农田建设有关规划和年度计划进行比较，同时抽样调查项目，开展现场调查。 评分采用五分制，即根据目标完成程度，评分为五分：5 分、4 分、3 分、2 分、1 分。下同
A02	财政投入资金/万元	各级财政投入高标准农田建设的资金总量	项目设计文件，竣工验收文件，工程复核报告，财务审计报告	采用目标比较法进行评价，将竣工验收审定的投资与财政计划投入的资金进行对比，计算财政资金计划使用情况和效率。对于项目评价，将实际完成的投资额与批准的项目设计文件（含变更文件）所确定的预算投资额进行比较。对于年度或规划期评价，将各个项目实际投资总额与年度或规划期内计划用于高标准农田建设的总资金进行比较，同时抽样调查项目，开展现场调查。 评分采用五分制，即根据目标完成程度，评分为 5 分。
A03	项目区群众参与规划方案论证	在项目前期工作和工程施工过程中，土地权益人参与规划方案论证情况	项目公告，调查问卷	选择项目区，通过问卷调查，分析项目区土地权益人参与规划方案制定、论证的总体情况。调查人员为项目区的成年人（18 岁以上）。对于年度和规划期的评价，应抽样调查项目进行评价。 按照调查人员参与规划方案制定的人数占被调查总人数的比值进行评价，评分采用五分制。

（续表）

编号	评价指标	指标含义	数据来源	评价方法与评分规则
A04	项目区群众参与工程施工	在工程施工过程中，项目区土地权益人参与工程施工的人数比例	项目公告，调查问卷	选择项目区，通过问卷调查，分析项目区土地权益人参与工程施工的总体情况。调查人员为项目区 18～60 岁的劳动力。对于年度和规划期的评价，应抽样调查项目进行评价。 按照调查人员参与工程施工的人数占被调查总人数的比值进行评价，评分采用五分制。
注 1：评价指标后带“ * ”，为必选指标。必选指标评价采用五分制，备选指标评价采用二分制。 注 2：评价分值采用五分制时，5 分、4 分、3 分、2 分、1 分对应的百分值为 100～81 分、80 分～61 分、60 分～41 分、40 分～21 分、20 分～0 分。 注 3：评价分值采用二分制时，1 分、0 分对应的百分值为 100 分、0 分。				

18.3.4 评价方法

18.3.4.1 评价方法

在评价过程中，可分别采用以下方法：

目标比较法。对高标准农田建设后的实际产能提升效果与预计产能提升目标进行比较，分析预计目标的完成程度。本法适用于建设任务和建设成效的评价。

专家评议法。邀请相关领域的专家，对专业性强、难以直接量化的指标进行评议。本法适用于建设质量的总体评价，以及建设管理、建设成效和社会影响的评价。

问卷调查法。针对项目区利益相关方有关的事项，通过问卷调查，对调查结果进行统计、分析和评定。本法适用于建设质量、建设成效和社会影响的评价。

资料查阅法。通过查阅项目建设管理和后期利用的有关资料，包括规划设计文件、建设管理文件、施工检验资料和当地统计资料等，获取有关评价指标的数据。本法适用于建设任务、建设质量和建设成效的评价。

现场调查法。通过现场检查、量测和检验等方法，对工程质量、耕地质量和经济效益等进行复核性评价。本法适用于建设质量、建设成效的评价。

抽样调查法。从评价对象的全部项目中，抽取一部分项目进行考察和分析，并用这部分项目的数量特征去推断全部项目的数量特征。其中，评价对象的全部称为“总体”；从总体中抽取出来进行评价的部分构成群体的“样本”。本办法适用于基本单元如农户、地块等数量较多项目的评价。抽样样本应包含不同类型的高标准农田建设项目。

18.3.4.2 指标数据的采集与检验

① 评价中涉及高标准农田建设数量、建设质量、建设成效等量化指标时，可通过查阅资料、现场量测、遥感图像量算和取样检验等方式，获取真实准确的评价数据。

② 取样检测的方法获取。对于建设成效，可通过查阅当地统计资料、类似项目区模拟、实地观测、入户调查等方法获取；引用社会资料时，可通过当地公开的统计资料获取，并充分考虑项目所在地各时期的技术水平、价格水平和社会经济状况等；其他标

准规定的获取方法。

③ 采用取样检验时，应符合工程施工技术、工程质量检验与评定等标准的规定。

④ 公众满意度调查。公众满意度调查对象应为使用高标准农田的利益相关方，包括项目区农户、农村集体经济组织、土地经营者和基层政府。调查对象应具有代表性，区域分布合理。

公众满意度调查应由项目所在地基层政府组织，评价工作组具体承担，项目所在地村级集体经济组织、农户和土地经营者积极配合。

对于农村集体经济组织以上的调查区域，可采取全数调查方式；对于农户、地块等项目基本单元数量较多时，可采取简单随机抽样、概率与规模成比例抽样等抽样方法进行抽样调查，样本数量应保证对总体有代表性，抽样比应不低于10%。

开展公众满意度调查之前，应围绕评价内容，设计调查问卷。调查问卷内容主要包括建设任务、工程质量、耕地质量、建设成效和公众参与情况等。问卷内容应简单明了，通俗易懂，充分反映被调查者的真实意愿。

调查工作完成后，应及时进行各项数据的分析整理，并依据公众满意度调查结果，校正和修改建设任务、建设质量、建设成效等评价成果。

18.3.5 实施评价

18.3.5.1 建设任务评价

(1) 评价内容

依据高标准农田建设的有关规划和年度计划提出的建设任务进行评价，评价建设完成的高标准农田面积、各类工程数量和资金投入量等。

(2) 评价要求

通过资料查阅、现场调查等方法，开展建设任务评价。

查阅高标准农田建设项目竣工验收资料和国土资源综合信息监管平台及相关信息系统，统计高标准农田建设面积、资金投入量和灌溉渠、排水沟、道路和建筑物等工程量。

按比例抽查项目，开展现场调查，现场核实高标准农田建设任务完成情况。开展数量调查时，可与建设质量评价相结合。抽样比一般应不低于10%。

高标准农田建设区域应通过国土资源综合信息监管平台进行校验，当出现下列情况之一时，建设任务评价项目不得分。

① 项目建设区域不清晰。

② 未将高标准农田建设信息及时录入国土资源综合信息监管平台及相关信息系统。

③ 现场检查项目发现建成的高标准农田被建设占用、弃耕、退耕或退化的。

18.3.5.2 建设质量评价

(1) 评价内容

建设质量评价内容包括工程质量和耕地质量。

工程质量评价内容包括土地平整、土壤改良、灌溉与排水、田间道路、农田防护与生态环境保持、农田输配电等单项工程建设标准及工程质量构成要素。

耕地质量评价内容应与工程质量评价相结合，实现对土壤、水资源和环境的综合支撑能力提升等方面进行评价。

（2）评价要求

通过资料查阅、现场调查、专家评议等方法，开展建设质量评价。

查阅高标准农田建设项目竣工验收资料，依据相关规定提出的工程建设内容和技术要求，对工程质量评价成果进行复核。

查阅高标准农田建设前后耕地质量评价资料，依据规定，对耕地质量评价成果进行复核。

按比例抽查项目，开展现场调查和专家评议，现场抽查、检验工程质量和耕地质量。抽样比应不低于 10%。填写高标准农田建设质量调查复核表，详见附录 F。

当单项工程质量评价中附录 C 规定的最低限值要求时，该单项工程建设质量评价项目不得分。

18.3.5.3 建设成效评价

（1）评价内容

建设成效评价内容包括建成后的经济、社会、生态和资源环境等效益。

经济效益包括新增粮食产能、建成旱涝保收高标准农田面积、新增农业产值、减少农业生产成本等。

社会效益包括农业机械化率提高值、受益总人数、农业人均增加年收入、转移农村劳力数等。

生态效益包括环境治理、防灾减灾、节能减排等方面，涉及新增与改善农田灌溉排水面积、新增农田防护林网面积、水土流失治理面积、盐碱地治理面积、农药化肥使用减少量等。

资源环境效益包括耕地质量等别（等级）提高值、基础设施占地面积、工程质量寿命、增加耕地面积、增加水资源供应量、耕作层土壤剥离利用量等。

（2）评价要求

通过资料查阅、问卷调查、专家评议等方法，开展建设成效评价。

通过查阅项目规划设计文件、竣工验收资料，结合当地统计资料，复核高标准农田建设项目的经济效益、社会效益、生态效益和资源环境效益。

按比例抽查项目，设计调查问卷，向项目区群众发放，全面调查项目区社会效益、经济效益、生态效益和资源环境效益。对于各类效益指标，也可选取典型地块，开展现场调查、量测和试验，现场获取各类评价指标的特征值。

对于重要的评价指标，可采用专家集中评议的方法确定。对于因建设活动引起土壤条件、耕作条件发生变化时，可依据长期耕种、地力相对稳定的邻近地块的调查值或实测值，代替项目区的评价指标值。

当评价项目内基本单元数量较多时，应按不低于 10%的抽样比抽选样本，进行评价指标数据的采集。实际评价时，也可采用定性与定量相结合的方式进行评价。

18.3.5.4 建设管理评价

(1) 评价内容

建设管理评价内容包括建设工程的前期工作、实施管理和后期管护利用等。使用社会资金开展高标准农田建设管理评价时，可只对后期管护利用情况进行评价。

① 前期工作包括合法性、合规性和设计方案合理性等内容，并符合下列要求：应全面执行国家及地方法律、法规、部门规章、规范性文件；项目建设应符合高标准农田建设有关规划，项目立项应有批复文件；项目可行性研究和设计等成果编制应符合相关标准规定，并有专家审查意见。

② 实施管理包括项目建设制度与标准执行、资金管理、工程进度与质量，新技术应用、施工管理、竣工验收等内容，并符合下列要求：项目实施应执行“五项制度”，包括法人制、招投标制、工程监理制、合同制、公告制；资金管理和资金筹措应符合立项文件规定，资金到位及时，资金使用和拨付符合规定；工程进度计划合理，无工程质量和安全事故发生；积极使用新技术、新工艺、新材料、新设备；高标准农田建设内容和标准应符合项目规划设计、施工组织设计、管理制度、合同执行和档案资料等方面要求；项目验收程序合法，验收结论正确，遗留问题已处理。

③ 管护利用包括土地确权登记、上图入库、基本农田划定、土地权属管理、田间工程运行管理、工程管护资金与管护责任落实等内容，并符合下列要求：高标准农田项目竣工验收后应及时办理移交手续，并明晰产权，落实管护主体；高标准农田建成后应上图入库，并划入基本农田进行保护；变更后的土地权属应及时变更登记，土地权属调整方案应符合当地农民利益；工程管护资金应足额到位，管理人员和管理制度健全；各项工程应保持完好，运行状况良好，运行观测资料完整。

(2) 评价要求

通过资料查阅、专家评议等方法，开展建设管理评价。

依据相关规定，查看基本农田划定、有关高标准农田建设规划编制情况。

通过查阅项目建设管理文件及设计、施工、监理、竣工验收和运行管理等资料，对项目前期工作、施工管理、后期管护利用等进行评价，全面评价建设管理情况。

对于设计方案合理性、新技术应用和标准执行等内容，可采用专家打分的方式，进行全面评价；对于制度执行、上图入库与基本农田划定、后期管护方案等内容，可选用量化指标进行全面评价。对于重要的评价指标，可采用专家集中评议的方法确定。

抽查项目的数量应不低于项目总量的10%。

18.3.5.5 社会影响评价

(1) 评价内容

评价内容宜包括农村地区人口变化、农民年收入增加、贫困人口减少、农民生活方式转变、农业生产方式转变、农村社会进步等方面。

(2) 评价要求

开展社会影响评价指标可结合当地社会发展需要补充，并与建设成效评价相结合。

按比例抽查项目，进行典型调查和分析，对农村地区人口变化、农民收入增加等情况进行定量分析。抽样比一般应不低于5%。

开展社会影响评价，应结合公众满意度调查、建设成效评价等工作开展。

18.3.5.6 综合评价

通过建设前后的目标进行对比分析，全面评价高标准农田建设目标的实现程度，综合分析原设定目标的合理性、准确性和必要性。

通过内、外部条件分析，综合评价高标准农田建设的可持续性。内部条件包括管理人员工作能力、资金到位情况、组织管理水平等；外部条件包括相关政策、法律法规、技术标准、技术进步、地方政府支持、群众意愿等。

编写高标准农田建设评价报告。内容包括：基本情况、工作组织和程序、评价指标选择与评分标准、建设任务完成情况、耕地质量等别（等级）复核情况、建设成效评价、建设管理评价、社会影响评价、目标和可持续性评价、综合结论等。

18.3.6 成果审查与成果应用

评价报告编写完成后，同级人民政府应召集国土、农业、水利、林业、交通、经济等领域专家，依据本标准规定，对评价指标、评价内容和评价结论等进行全面审查。

审查专家应给出个人意见，并从建设任务、建设质量、建设成效、建设管理和社会影响等方面给出综合评价结论，提出项目可持续性的建议。

根据专家审查意见，修改完善评价报告。专家意见与原评价结论存在较大分歧时，应重新开展评价工作，修正原评价内容和结论。

依据评价结论，评价工作组应向本级政府提出高标准农田建设管理和后期利用的政策建议。

依据评价结论，结合中央对省、省对市县高标准农田建设评价结果，国家有关部门督促各地规范、有序开展高标准农田建设工作，促进各类建设资金的高效使用。

结合评价结论，为高标准农田建设、耕地保护目标责任制、粮食安全省长责任制、自然资源资产核算等考核工作提供依据。

根据工程质量评价成果，提出工程管护的建议；根据耕地质量评价结论，提出耕地质量管护措施，指导开展土壤改良工作。

18.4 全国农业现代化监测评价指标体系

本章是根据中国农业科学院完成的《全国农业现代化发展水平评价报告（2016年）》附件 2 的内容改写。

为贯彻落实《全国农业现代化规划（2016—2020 年）》关于“建立农业现代化监测评价指标体系，分级评价各地农业现代化进程和规划实施情况，定期发布结果”的要求，科学评价我国农业现代化发展水平，加快全国农业现代化建设步伐，特制订本指标体系。

监测评价对象：监测评价全国及各省农业现代化发展水平。

18.4.1 指标构建的依据

18.4.1.1 指标构建原则

一是体现引领性。贯彻落实党中央国务院关于推进农业现代化的部署要求，突出构建现代农业产业体系、生产体系、经营体系等“三大体系”. 突出产出高效、产品安全、资源节约、环境友好目标导向，发挥评价指标对农业现代化建设的引领作用。

二是体现指导性。突出结果和过程的有机结合，既有度量农业现代化发展水平的结果性指标，又有突出推进农业现代化建设重点工作的过程性指标，为推进农业现代化工作提供指导借鉴。

三是体现操作性。原则上选择社会公认的、反映农业现代化发展水平的指标，突出权威性、透明性；指标数据符合国家统计制度特点，均能从现有统计数据获得。

四是体现连续性。在已开展的相关农业现代化监测评价工作的基础上，大稳定、小调整，确保一个方法、一个标准对外，尽量减少办法调整对各地农业现代化评价工作带来的影响。

18.4.1.2 指标选择

从产业体系、生产体系、经营体系、质量效益、绿色发展和支持保护等 6 个方面，选取 23 个指标对农业现代化水平进行评价。前 3 个方面侧重对农业现代化建设的过程评价，后 3 个方面侧重对农业现代化建设的结果评价（表 18-17）。

表 18-17 农业现代化监测评价指标体系

一级指标	测算指标	数据来源
产业体系	口粮生产稳定度	中国统计年鉴
	养殖业产值占农业总产值比	中国统计年鉴
	农产品加工业与农业总产值之比	农业部农产品加工局农产品加工业运行信息月报
	农林牧渔服务业增加值占农林牧渔业增加值比重	中国农村统计年鉴
生产体系	农作物耕种收综合机械化率	农业部农机化司行业统计数据
	农业科技进步贡献率	各省（区、市）近年公布数据
	农业信息化率	中国统计年鉴
经营体系	土地适度规模经营比重	经管部门土地规模经营统计资料
	畜禽养殖规模化水平	畜牧部门行业统计资料
	水产养殖规模化率	各省（区、市）上报数据、中国渔业统计
	初中及以上农业劳动力比例	中国农村统计年鉴

（续表）

一级指标	测算指标	数据来源
质量效益	农业劳动生产率	中国农村统计年鉴、中国农村经营管理统计年报
	农业土地产出率	中国农业统计资料
	农民人均可支配收入	中国统计年鉴
	农产品质量安全例行监测合格率	农业部行业统计数据
	万元农业 GDP 耗水	中国统计年鉴
	万元农业 GDP 耗能	中国能源统计年鉴
绿色发展	农药减量化	中国农村统计年鉴
	化肥减量化	中国统计年鉴
	农作物废弃物利用率	农业部行业统计
支持保护	农林水事务支出占农林牧渔业增加值的比重	中国统计年鉴
	单位农林牧渔业增加值的农业贷款投入	各地中国人民银行分支机构统计资料
	农业保险深度	中国保险年鉴

18.4.2 评价方法

18.4.2.1 定量评价

评价指标数据属于统计部门统计范围内的，直接采用统计年鉴数据；属于行业部门统计范围内的，采用行业统计数据。确保评价指标数据真实有效，年度间口径一致、相互衔接。

测算指标得分为指标现状值与全面现代化目标值的比值乘以权重，综合得分为各测算指标得分之和。

各测算指标基本实现农业现代化目标值与全面实现农业现代化目标值的比值乘以权重之和，即为基本实现农业现代化的标准值。

基本实现农业现代化目标值、全面实现农业现代化目标值测算依据：一是参照国际经验；二是以 2035 年基本实现农业现代化、2050 年全面实现农业现代化为标杆，结合当前发展水平及趋势，确定目标值。

18.4.2.2 评价模型、数据标准化及权重设定

农业现代化发展水平评价采用多指标综合测度法，其数学表达式如下：

$$AT_i = \sum W_i B_i \qquad i = 1-n$$

式中 AT_i 为农业现代化发展水平综合指数，W_i 为指标权重，B_i 为指标计算值，T_i 为评价区域，n 为指标个数。

数据标准化：采用比重法对指标值进行标准化：

S_i= 100×（实际值/目标值）　　　（正指标，0<S_i≤100）

S_i= 100×（目标值/实际值）　　　（逆指标，0<S_i≤100）

其中，S_i为某一指标的标准化值。

权重设定：各评价指标权重由技术、管理、政策等方面专家分别打分，加权平均确定。

18.4.2.3　农业现代化阶段划分

在参考国内外农业现代化评价研究的基础上。根据发达国家的历程和农业发展的特点，可将农业现代化划分为起步阶段、发展阶段、转型跨越阶段、基本实现阶段及全面实现阶段（表 18-18）。

表 18-18　农业现代化阶段划分（相对于 2050 年为目标）

分值范围	农业现代化阶段
0~60 分	发展起步阶段
60~75 分	转型跨越阶段
75~85 分	基本实现阶段
85 分以上	全面实现阶段

18.4.3　指标解释及计算方法

18.4.3.1　产业体系指标

（1）口粮生产稳定度

指标内涵：本指标反映口粮产量的稳定程度。以过去五年平均水平为基数，将本年度产量与过去产量进行比较，根据增减幅度计算得分。口粮包括小麦和水稻。数据来源：中国统计年鉴。

目标值设定（计算方法）：以过去 5 年平均水平为基数。将本年度产量与过去五年平均产量进行比较。基准分为 4 分，每增加 0.1 个百分点加 0.1 分，每减少 0.1 个百分点减 0.1 分。上限为 5 分，下限为 2 分。综合考虑，将基本实现农业现代化目标值设定为 4 分，全面实现农业现代化目标值为 5 分。2016 年口粮生产稳定度得分为 5 分。

（2）养殖业产值占农业总产值比重

指标内涵：本指标是农业产业结构调整的重要指标，养殖业发展水平代表着农业的发展水平。养殖业指畜牧业和渔业，二者产值合计为养殖业产值。

数据来源：中国统计年鉴。

目标值设定（计算方法）：《全国农业现代化规划（2016—2020）》将养殖业产值比重从 2015 年的 38%提高至 2020 年的 40%以上。美国畜牧业产值占农业总产值的 40%以上，日本、韩国和德国畜牧业产值都占农业产值的 60%以上，荷兰、丹麦在 80%以上。综合考虑国际经验及我国实际，将基本实现农业现代化目标值定为 45%，全面实现农业现代化目标值定为 60%。2016 年养殖业产值占农业总产值的比重是 38.63%。

（3）农产品加工业与农业总产值之比

指标内函：本指标是农产品加工业产值与农业总产值的比值是反映农业加工水平的国际通用指标。

计算公式：农产品加工业产值与农业总产值比值=农产品加工业产值/农业总产值。农产品加工业的统计范围为年主营业务收入 2 000 万元及以上的农副食品加工业，食品制造业，酒、饮料和精制茶制造业，烟草制品业，纺织业，皮革、毛皮、羽毛及其制品和制鞋业，木材加工和木、竹、藤、棕、草制品业，家具制造业，造纸和纸制品业，橡胶和塑料制品业、医药制造业等 11 个大类行业，扣除部分中类和小类行业。

数据来源：农业部农产品加工局农产品加工业运行信息月报。

目标值设定（计算方法）：2016 年，全国农产品加工业产值与农业总产值之比为 1.65，已超过发达国家该指标值的下限，但与农产品加工业水平较高的国家相比，仍存在明显差距。考虑到农产品加工业发达国家的农产品加工业产值已经达到农业产值的 4 倍，江苏和山东的部分示范区 2014 年该比值也已达 4 以上，该项指标值的基本实现农业现代化的目标值设为 3.5，全面实现农业现代化的目标值设为 4.5。

（4）农林牧渔服务业增加位占农林牧渔业增加值的比重

指标内涵；指农林牧渔服务业增加值与农林牧渔业增加值的比值，是反映农业社会化服务水平的重要指标。

计算公式：农林牧渔服务业增加值占农林牧渔业增加值的比重=农林牧渔服务业增加值/农林牧渔业增加值×100%。农林牧渔服务业增加值=农林牧渔业增加值-农业增加值-林业增加值-渔业增加值-牧业增加值。

数据来源：中国农村统计年鉴。

目标值设定（计算方法）：2016 年，全国农林牧渔服务业增加值为 2 302 亿元，占全国农林牧渔业增加值（65 968 亿元）的比重为 3.5%。“十二五”期间，年均增长 0 1 个百分点。综合考虑确定该指标基本实现农业现代化的目标值为 4.8%，全面实现农业现代化的目标值为 8%。

18.4.3.2 生产体系

（1）农作物耕种收综合机械化率

指标内涵：指各种农作物机耕、机播（栽、插）、机收的综合作业水平，是反映农业机械化发展水平的重要指标。农作物耕种收综合机械化率按农作物机耕、机播（栽、插）、机收率分别占 40%、30%、30%的权重加权求和计算。

计算公式：农作物耕种收综合机械化率=机耕率×40%+｛机播（栽、插）率×30%｝机收率×30%。其中，机耕率指机耕面积占各种农作物播种面积中应耕作面积的百分比，农作物播种面积中应耕作面积等于农作物播种面积减去免耕播种面积；机播（栽、插）率指机播（栽、插）面积占各种农作物播种总面积的百分比；机收率指机收面积占各种农作物收获总面积的百分比。

数据来源：农业部农机化司行业统计数据。

目标值设定（计算方法）：2016年，全国农作物耕种收综合机械化率为64.2%。根据《全国农业现代化规划（2016—2020年）》，预计2020年全国农作物耕种收综合机械化率将达到70%左右。目前，日本农业生产机械化率已达90%以上，美国农业已100%实现机械化。综合考虑，确定该指标基本实现农业现代化的100%实现机械化。综合考虑，确定该指标基本实现农业现代化的目标值为75%，全面实现农业现代化的目标值为90%。

(2) 农业科技进步贡献率

指标内涵：农业科技进步贡献率是农业总产值增长率中扣除新增投入量产生的总产值增长率之后的余额。

数据源：地方历年公开数据，如该省无2015年数据，接照每年0 8%的增速估算2015年数据。

目标值设定（计算方法）：2015年，我国农业科技进步贡献率为56%。根据《全国农业现代化规划（2016—2020年）》，2020年要达到60%。通过分析各省水平并结合发达国家农业科技贡献率水平（80%以上），确定该指标基本实现农业现代化的目标值为65%，全面实现农业现代化的目标值为75%。

(3) 农业信息化率

指标内涵：综合运用农村互联网普及率、农业物联网等信息技术应用比例、农产品网上零售额占农业总产值比重、信息进村入户村级信息服务站覆盖率等四个指标衡量，数据来源为行业统计。在试测算阶段，暂时选取农村互联网普及率代表信息化发展水平，

数据来源：中国统计年鉴。

目标值设定（计算方法）：2015年，全国固定宽带农村家庭普及率为23.92%。根据《"宽带中国"战略及实施方案》目标规划，到2020年，宽带网络全面覆盖城乡，固定宽带家庭普及率达到70%。确定该指标基本实现农业现代化的目标值为70%全面实现农业现代化的目标值为80%。

18.4.3.3 经营体系指标

(1) 土地适度规模经营比重

指标内涵：指土地适度规模经营面积与耕地总面积的比值是反映农业生产经营专业化、标准化、规模化、集约化程度的重要指标。

计算公式：土地适度规模经营比重=土地适度规模经营面积/耕地总面积×100%。适度规模经营面积包括通过租赁、入股等方式流转土地经营权形成的土地流转型适度规模经营面积以及通过提供以生产托管为主的社会化服务形成的服务带动型规模经营面积。

数据来源：经管部门土地规模经营统计资料。

目标值设定（计算方法）：2016年，我国土地适度规模经营比重达到31%。国务院印发的《全国农业现代化规划（2016—2020年）》，将2020年土地适度规模经营比重设为40%，年均增长2个百分点。考虑到适度规模经营增长速度在持续一定时间后增长

空间将收窄，增速将放缓。确定该指标基本实现农业现代化目标值为 45%，全面实现农业现代化目标值为 55%。

（2）畜禽养殖规模化水平

指标内涵：指生猪、肉牛、肉羊、奶牛、肉鸡、蛋鸡规模化养殖量与其相应养殖总量比值的加权合计，是反映现代畜牧业规模化养殖水平的重要指标。

计算公式：畜牧规模化养殖比重 = $\sum A_jX_j$，其中，A 为某畜产品规模化养殖比重，X 为某畜产品比重（权重），i 为某畜产品代码（1 = 生猪，2 = 肉牛，3 = 肉羊，4 = 奶牛，5 = 肉鸡，6 = 蛋鸡）；A_j = 某畜产品规模化养殖量/某畜产品养殖总量×100%，X_j/% = 某畜产品产值/(生猪、肉牛、肉羊、奶牛、肉鸡、蛋鸡产值之和）×100。生猪、肉牛、肉羊、奶牛、肉鸡、蛋鸡规模化养殖量是指年出（存）栏 500 头、50 头、100 只、100 头、10 000 只、2 000 只以上的规模化养殖场年出（存）栏生猪年出栏量、肉牛年出栏量、肉羊年出栏量、奶牛年存栏量、肉鸡年出栏量和蛋鸡年存栏量。

数据来源：畜牧部门的行业统计资料。

目标值设定（计算方法）：2015 年，全国畜禽养殖规模化水平达到 60. 4%，但与国际上发达国家还有较大差距。以生猪为例，美国 2009 年 1 000 头以上规模猪场出栏量占出栏总量的 93. 5%，其中 5 000 头以上规模猪场的出栏量所占比重达 60%以上。《全国农业现代化规划（2016—2020 年）》提出，2020 年畜禽养殖规模化水平将达到 65%。综合考虑，确定该指标基本实现农业现代化目标值为 70%，全面实现农业现代化目标值为 80%。

（3）水产养殖规模化率

指标内涵：指主要养殖方式规模化面积与水产养殖总面积的比值，是反映现代渔业发展水平的重要指标。

目标值设定（计算方法）：2016 年，全国水产养殖规模化率约 42%，综合确定该指标基本实现农业现代化目标值为 65%，全面实现农业现代化目标值为 70%。

（4）初中及以上农业劳动力比例

指标内涵：初中及以上农业劳动力数量与农业劳动力总数的比值，是反映农业劳动力素质的重要指标，该指标由《中国农村统计年鉴》各地区家庭劳动力文化程度中平均每百个劳动力初中程度、高中程度、大专及大专以上四项加总得到。

目标值设定（计算方法）：2010 年美国农林牧渔业劳动力中高中及以上比例为 74%；日本 18~65 岁的适龄劳动力 100%至少初中学历水平，高中学历是 86%；法国农民一般都具有农业技术高中毕业以上的文化程度。2015 年我国初中及以上农业劳动力比例为 69%，北京最高为 88%。考虑到九年义务教育的推广以及当前农业劳动力从业现状，确定该指标基本实现农业现代化目标值为 80%，全面实现农业现代化目标值为 95%。

18. 4. 3. 4 质量效益指标

（1）农业劳动生产率

指标内涵：指平均每个农业劳动力创造的农林牧渔业增加值。

计算公式：劳均农林牧渔业增加值 = 农林牧渔业增加值/第一产业就业人员数。数据来源：农林牧渔业增加值从中国农村统计年鉴中采集，第一产业就业人员数来自各省统计年鉴和中国农村经营管理统计年报。

目标值设定（计算方法）：2016 年，我国劳均农林牧渔业增加值 30 480 元。从国外情况看，韩国 1985 年农业工人人均增加值已达 4 142 美元（约合 28 538 元），1995 年达到 7 195 美元（约合 49 574 元）；日本 1980 年农业工人人均增加值为 11 358 美元（约合 78 257 元）；美国 1980 年为 12 167 美元（约合 83 830 元）。《全国农业现代化规划（2016—2020 年）》提出 2020 年劳均农林牧渔业增加值超过 4. 7 万元，综合考虑确定该指标基本实现农业现代化目标值为 5 万元，全面实现农业现代化目标值为 6. 5 万元。

（2）农业土地产出率

指标内涵：以单位面积耕地的农林牧渔业增加值来反映。

计算公式：单位耕地面积农林牧渔业增加值=农林牧渔业增加值/耕地面积。

数据来源：中国农业统计年鉴。

目标值设定（计算方法）：我国 2016 年每公顷耕地的农林牧渔业增加值为 4. 89 万元。综合考虑，确定该指标基本实现农业现代化目标值为 6 万元/hm^2，全面实现农业现代化目标值为 8 万元/hm^2。

（3）农民人均可支配收入

指标内涵：指按人口平均的农村居民家庭可支配收入（即农村住户当年从各个来源得到的总收入相应地扣除所发生的费用后的收入总和），是衡量农村居民生活水平的核心指标。数据来源：中国统计年鉴。

目标值设定（计算方法）：2016 年，全国农民人均可支配收入 12 363 元。考虑到我国正处于工业化的中后期阶段，农民收入将快速增长，按照《全国农业现代化规划（2016—2020 年）》提出的增长水平，2020 年全国农民人均可支配收入将达到 15 000 元以上。江苏省、浙江省将该指标基本实现农业现代化的目标值定为 23 000 元、24 000 元。综合考虑地区间的差异，确定该指标基本实现农业现代化目标值为 25 000 元，全面实现农业现代化目标值为 40 000 元。

（4）农产品质量安全例行监测合格率

指标内涵：指农业部组织开展的农产品质量安全例行监测中合格农产品所占比重，是反映农产品质量安全的重要指标。

计算公式：农产品质量安全例行监测合格率/%=合格农产品样本数/抽检农产品样本总数×100。

数据来源：农业部行业统计数据。

目标值设定（计算方法）：2016 年农产品质量安全例行监测总体合格率大于 97. 5%。根据《全国农业现代化规划（2016—2020 年）》，“十三五”期间主要农产品质量安全抽检合格率要稳定保持在 97%以上。综合考虑确定该指标基本实现农业现代化目标值为 97%以上，全面实现农业现代化目标值为 97%以上。

18. 4. 3. 5 绿色发展

（1）万元农业 GDP 耗水

指标内涵：指农业用水量与农林牧渔业增加值的比值，是反映生态保护水平的重要指标。

数据来源：中国统计年鉴。

目标值设定（计算方法）：计算公式为万元农业 GDP 耗水=农业用水量/农林牧渔业增加值。2016 年全国万元农业 GDP 耗水为 571m^3。近 5 年全国农业周水量基本保持稳定，平均为 3 857 亿 m^3，农林牧渔业增加值逐年增长，因此全国万元农业 GDP 耗水逐年下降，年均下降 6.1%，但“十三五”期间我国农业 GDP 增速将减缓，如按万元农业 GDP 耗水年均下降 5%计算，则到 2020 年全国万元农业 GDP 耗水将下降至 474m^3。2012 年国务院发布的《关于实行最严格水资源管理制度的意见》指出，中国将实行最严格水资源管理制度，严格实行用水总量控制。到 2020 年全国用水量控制在 6 700 亿 m^3，到 2030 年，控制在 7 000 亿 m^3，用水效率达到或接近世界先进水平。《全国农业现代化规划（2016—2020 年）》也提出到 2020 年全国农业灌溉用水总量基本稳定，制定了东部沿海发达地区、大城市郊区、国有垦区和国家现代农业示范区基本实现农业现代化的发展目标。根据《浙江省现代农业发展“十三五”规划（2016—2020 年）》，以年均 1.5%的增速，到 2020 年农林牧渔业增加值将达 2010 亿元，如农业用水量与 2015 年保持不变，则到 2020 年其万元农业 GDP 耗水为 421m^3 量与 2015 年保持不变，则到 2020 年其万元农业 GDP 耗水为 421m^3。通过国际统计年鉴相关数据的计算，水资源短缺、节水灌溉技术非常发达的以色列万元农业 GDP 耗水为 200~400m^3。综合考虑，结合我国的特点，确定该指标基本实现农业现代化目标值为 500m^3，全面实现农业现代化目标值为 450m^3。

（2）万元农业 GDP 耗能

指标内涵：指能源消耗总量与农林牧渔业增加值的比值，是反映转变农业发展方式、节能降耗的重要指标。计算公式：万元农业 GDP 耗能=能源消耗总量/农林牧渔业增加值。其中，能源消耗总量是指农业生产全过程的能源消耗量。计算公式为：能源消耗总量=农、林、牧、渔业能源实物消费量×能源折标准煤参考系数。数据来源：中国能源统计年鉴。

目标值设定（计算方法）：2015 年，我国万元农林牧渔业增加值耗能为 0.12t 标准煤。“十二五”期间全国农业增加值年均增幅为 4%，据此推算出 2020 年我国农林牧渔业增加值将达到 76 532 亿元。2013 年、2014 年、2015 年三年数据显示，农业能源消耗总量以年均 1%的速度增加，以 2015 年全国农业能源消耗总量为基数，可以推算，到 2020 年，农业生产全过程的能量消耗总量为 7 942 万t 标准煤。据此，到 2020 年，万元农林牧渔增加值耗能为 0.10t 标准煤。综合考虑提高农业增加值和可持续发展水平，确定该指标基本实现农业现代化目标值为 0.10t 标准煤/万元，全面实现农业现代化目标值为 0 08t 标准煤/万元。

（3）农药减量化

指标内涵：农药过量用施与农药残留严重是影响农产品质量安全和农业产地环境的重要因素，农药零增长是未来农业绿色发展的重要举措之一。计算公式：农药减量化=（本年度农药用量-上年度农药用量）/上一年度农药用量×100%。数据来源：中国农村统计年鉴。

目标值设定（计算方法）：2016 年，我国农药用量比上年减少 1.45%，但各省发展不平衡。综合考虑，将基本实现定为-1%，全面实现定为-2%，对于农药用量增加的省份给予一定的基本值。

（4）化肥减量化

指标内涵：化肥过量施用是造成农业面源污染的首要因素，化肥零增长在我国已经取得一定成就，化肥减量施用将在未来绿色发展中发挥重要作用。计算公式：化肥减量化=（本年度化肥用量-上年度化肥用量）/上一年度化肥用量×100%。数据来源：中国统计年鉴。

目标值设定（计算方法）：2016 年，我国化肥用量比上年减少 0.30%，各省发展存在差异。综合考虑，将基本实现定为-0.5%，全面实现定为-1%，对于化肥用量增加的省份给予一定的基本值。

（5）农业废弃物利用率（当前用秸秆综合利用率代替）

指标内涵：指种植业废弃物综合利用率和畜禽养殖废弃物综合利用率的加权合计。其中，种植业废弃物综合利用率包括秸秆和农膜回收利用率；畜禽养殖废弃物综合利用率主要是畜禽粪污利用率。计算公式：农业废弃物综合利用率=农作物秸秆综合利用率×30%+农膜回收率×20%+畜禽养殖粪污综合利用率×50%。试测算阶段，暂时选取农作物秸秆综合利用率指标代替。数据来源：农业部行业统计。

目标值设定（计算方法）：国家发展改革委、农业部共同组织各省有关部门和专家，对全国“十二五”秸秆综合利用情况终期评估结果显示，2015 年全国主要农作物秸秆理论资源量为 10.4 亿 t 可收集资源量为 9.0 亿 t，利用量为 7.2 亿 t，2016 年秸秆综合利用率为 81.7%。《“十三五”生态环境保护规划的通知》提出力争到 2020 年，实现全国秸秆综合利用率达 85%以上。综合考虑确定该指标基本实现农业现代化目标值为 85%，全面实现农业现代化目标值为 90%。

18.4.3.6 支持保护

（1）农林水事务支出占农林牧渔业增加值的比重

指标内涵：指农林水事务支出与农林牧渔业增加值的比值。主要反映财政对农业的支持和保护力度。

计算公式：农林水事务支出占农林牧渔业增加值的比重=农林水事务支出/农林牧渔业增加值×100%。

数据来源：中国统计年鉴。

目标值设定（计算方法）：2015 年，农林水事务支出占农林牧渔业增加值的比重为 26.5%。目前，美国、英国、加拿大、澳大利亚等农业发达国家财政支农支出占农业增加值的比重在 30%~50%，巴基斯坦、泰国、印度、巴西等发展中国家为 10%~20%。综合考虑确定该指标基本实现农业现代化目标值为 30%，20%。综合考虑确定该指标基本实现农业现代化目标值为 30%，全面实现农业现代化目标值为 40%。

（2）单位农林牧渔业增加值的农业贷款投入

指标内涵：指涉农贷款与农林牧渔业增加值的比值，是反映现代金融对农业发展支持程度的重要指标。计算公式：单位农林牧渔业增加值的农业贷款投入=涉农贷款余额/农林牧渔业增加值。数据来源：贷款数据从各地中国人民银行分支机构的统计资料中采集。

目标值设定（计算方法）：2011 年，我国各项贷款余额 58 万亿元，单位 GDP 贷款余额为 1.23 元（2015 年增加到 1.37 元）。2015 年农林牧渔业贷款余额 3.35 万亿元，单位农林牧渔业增加值贷款余额为 0.53 元。随着农民合作社等新型经营主体逐步成为农业发展的主力军，农业信贷需求不断增加，按照金融资本配置应与现代产业建设需求相匹配的原则，确定该指标基本实现农业现代化目标值为 0.6 元，全面实现农业现代化目标值为 1 元。

（3）农业保险深度

指标内涵：指农业保费收入与农林牧渔业增加值的比值，是反映农业风险防范能力的重要指标。

计算公式：农业保险深度% = 农业保费收入/农林牧渔业增加值×100。数据来源：中国保险年鉴。

目标值设定（计算方法）：2016 年农业保险深度为 0.63%。根据《中国保险业发展“十三五”规划纲要》，2020 年全国保险深度将达到 5%，将完善农业保险制度，扩大保险覆盖面。从国外情况看，目前美国、加拿大、日本的农业保险深度分别为 5.2%、4.1%、1.8%。考虑到我国农业保险起步晚、发展快、需求大的实际，确定该指标基本实现农业现代化目标值为 0.8%，全面实现农业现代化目标值为 1.2%。

18.4.4　全国农业现代化监测评价指标测算

全国农业现代化监测评价指标测算如表 18-19 所示。

表 18-19　全国农业现代化监测评价指标测算

一级指标	测算指标	权重	单位	2035 年基本实现目标值	2016 年指标值	2016 年标准值（2035 年）	2016 年评价值（2035 年）	2050 年全面实现目标值	2016 年标准值（2050 年）	2016 年评价值（2050 年）
1 产业体系	（1）口粮食生产稳定度	6		4	5	1	6	5	1	6
	（2）养殖业产值占农业总产值比	4	%	45	38.63	0.86	3.44	60	0.64	2.56
	（3）农产品加工业与农业总产值之比	4	%	3.5	1.65	0.47	2.8	4.5	0.37	1.48
	（4）农林牧渔服务业增加值占农林牧渔业增加值	4	%	4.4	1.65	0.38	1.52	8	0.21	0.84
2 生产体系	（5）农作物耕种收综合机械化率	5	%	75	64.2	0.86	4.28	90	0.71	3.55
	（6）农业科技进步贡献率	6	%	65	56*	0.86	5.16	75	0.75	4.5
	（7）农业信息化率	3	%	70	23.92*	0.34	1.02	80	0.3	0.9

（续表）

一级指标	测算指标	权重	单位	2035 年基本实现目标值	2016 年指标值	2016 年标准值（2035 年）	2016 年评价值（2035 年）	2050 年全面实现目标值	2016 年标准值（2050 年）	2016 年评价值（2050 年）
3 经营体系	（8）土地适度规模经营比重	5	%	45	31	0. 69	3. 45	55	0. 56	2. 8
	（9）畜禽养殖规模化水平	5	%	70	60. 4	0. 86	4. 3	80	0. 76	3. 8
	（10）水产养殖规模化率	4	%	65	42	0. 65	2. 6	70	0. 6	2. 4
	（11）初中及以上农业劳动力比例	3	%	80	69	0. 86	2. 58	95	0. 73	2. 19
4 质量效益	（12）农业劳动生产率（万元）	5		5	3. 05	0. 61	3. 05	6. 5	0. 47	2. 35
	（13）农业土地产出率（万元/hm^2）	5		6	4. 89	0. 82	4. 08	8	0. 61	3. 05
	（14）农民人均可支配收入	6	元	25 000	12 363	0. 49	2. 94	40 000	0. 31	1. 86
	（15）农产品质量安全例行监测合格率	2	%	97	97. 5	1	2	97	1	2
5 绿色发展	（16）万元农业 GDP 耗水	6	m^3	500	571	0. 88	5. 28	450	0. 79	4. 74
	（17）万元农业 GDP 耗能（吨标准煤）	6		0. 1	0. 12	0. 83	4. 98	0. 08	0. 67	4. 02
	（18）农药减量化	4	%	−1	−1. 45	0. 69	2. 76	−2	0. 73	2. 93
	（19）化肥减量化	4	%	−0. 5	−0. 30	0. 6	2. 4	−1	0. 3	1. 2
	（20）农作物废弃物利用率	3	%	85	81. 7	0. 96	2. 88	90	0. 91	2. 73
6. 支持保护	（21）农林牧渔事务支出占农林牧渔业增加值的比重	4	%	30	26. 5	0. 88	3. 52	40	0. 66	2. 64
	（22）单位农林牧渔业增加值的农业贷款投入	4	元	0. 6	0. 53	0. 88	3. 52	1	0. 53	2. 12
	（23）农业保险深度	2	%	0. 8	0. 63	0. 78	1. 56	1. 2	0. 53	1. 06

（续表）

一级指标	测算指标	权重	单位	2035 年基本实现目标值	2016 年指标值	2016 年标准值（2035 年）	2016 年评价值（2035 年）	2050 年全面实现目标值	2016 年标准值（2050 年）	2016 年评价值（2050 年）
合计							76.12			61.72

18.4.5 全国农业现代化发展水平评价排序结果（2016 年）

全国农业现代化发展水平评价排序结果（2016 年）如表 18-20 所示，在全国平均水平以上的有：上海、江苏、山东、天津、浙江、北京、安徽、江西、湖北、辽宁、吉林、河北、黑龙江等 13 个省份。在全国平均水平以下的有：山西、内蒙古、河南、海南、四川、陕西、福建、新疆、广东、重庆、湖南、甘肃、宁青海、广西、贵州、云南、西藏等 18 个省份。

表 18-20 全国农业现代化发展水平评价排序结果（2016 年）

省份	分值	省份	分值	省份	分值
上海	76.61	河北	66.31	广东	58.98
江苏	76.43	黑龙江	64.70	重庆	57.98
山东	72.11	全国	64.02	湖南	57.73
天津	71.64	山西	63.43	甘肃	56.81
浙江	69.45	内蒙古	61.73	宁夏	53.70
北京	69.44	河南	61.41	青海	53.44
安徽	69.03	海南	61.10	广西	53.13
江西	67.75	四川	60.49	贵州	50.78
湖北	67.42	陕西	60.20	云南	49.13
辽宁	67.38	福建	60.13	西藏	46.71
吉林	66.64	新疆	59.20		

2016 年各省市农业现代化发展水平评价结果如表 18-21 所示。

表 18-21 各省市农业现代化发展水平评价结果（2016 年）

省份	分值	省份	分值	省份	分值
全国	64.02	山西	63.43	黑龙江	64.70
北京	69.44	内蒙古	61.73	上海	76.61
天津	71.64	辽宁	67.38	江苏	76.43
河北	66.31	吉林	66.64	浙江	69.45

（续表）

省份	分值	省份	分值	省份	分值
安徽	69.03	广东	58.98	西藏	46.71
福建	60.13	广西	53.13	陕西	60.20
江西	67.75	海南	61.10	甘肃	56.81
山东	72.11	重庆	57.98	青海	53.44
河南	61.41	四川	60.49	宁夏	53.70
湖北	67.42	贵州	50.78	新疆	59.20
湖南	57.73	云南	49.13		

18.5 乡村振兴诊断系统分析

党的十九大提出实施乡村振兴战略，是新时代做好“三农”工作的总抓手。全面建设社会主义现代化强国，最艰巨最繁重的任务在农村。实施乡村振兴战略，是实现我国农业农村现代化目标的必然要求，具有重大现实意义和深远历史意义。根据《乡村振兴促进法》，国家对乡村振兴战略实施目标责任制和考核评价制度，如何构建科学的乡村振兴的评价指标体系和评价方法，是全国各级人民政府十分关注的重要问题。

18.5.1 关于城乡的划分

目前在中国，将地域划分为城镇和乡村。城镇包括城区和镇区。但城镇和乡村是怎样划分？在中国城市和农村的最基层单位分别是居民委员会和村民委员会，它们哪些是属于城镇，哪些是属于村庄？哪些是属于乡村振兴的对象？在涉及乡村振兴、中国城镇化建设和农业农村现代化等问题都必须首先确定，在统计口径上要保持一致。

1955 年 11 月国务院颁布了关于城乡划分标准。2008 年 7 月国务院发布《统计上划分城乡的规定》，规定以我国的行政区划为基础，以民政部门确认的居民委员会和村民委员会辖区为划分对象，以实际建设为划分依据（实际建设是指已建成或在建的公共设施、居住设施和其他设施），2010 年 6 月 2 日起实施的国家统计局发布的《统计用区划代码》和《统计用城乡划分代码》，具体规定了我国乡、镇、街道、村民委员会、居民委员会及类似单位的统计用区划代码和城乡划分代码。统计用区划代码的结构采用五层 12 位数字表示，城乡分类代码用 3 位数字表示。各层代码由左起表示：1~2 位表示省级码段；3~4 位表示地级码段；5~6 位表示县级码段；7~9 位表示乡级码段；10~12 位表示村级码段；13~15 位表示城乡分类代码。城乡分类代码说明如下：111 表示主城区；112 表示城乡结合区；121 表示镇中心区；122 表示镇乡结合区；123 表示特殊区域；210 表示乡中心区；220 表示村庄。注意：城乡分类代码第 13 位为 1，表示城镇；第 13 位为 2，表示乡村。

2021 年全国各省区市行政区划分类统计见表 18-22。

表 18-22 2021 年全国各省区市行政区划分类统计

代码	省市名	各级行政区划数量			城乡分类数量								城镇小计	城乡合计	城镇比（%）
		地级	区县	乡镇	城区		镇区			乡村					
					111	112	121	122	123	210	220				
00	全国	342	2 989	41 404	76 370	30 865	53 332	55 065	6 183	11 742	391 878	625 435	625 438		35.47
11	北京市	1	16	383	3 858	463	237	191	332	21	2 794	5 081	7 896		64.35
12	天津市	1	16	297	2 072	499	133	319	73	11	2 083	3 096	5 190		59.65
13	河北省	11	200	2 334	3 660	2 895	2 677	8 161	660	1 066	35 193	18 053	54 312		33.24
14	山西省	11	120	1 362	1 948	706	1 668	1 361	125	525	15 803	5 808	22 136		26.24
15	内蒙古	12	106	1 194	1 538	144	1 545	437	195	345	10 451	3 859	14 655		26.33
21	辽宁省	14	100	1 444	4 189	795	1 093	567	192	299	9 381	6 836	16 516		41.39
22	吉林省	9	69	1 055	1 364	335	1 065	593	99	232	8 170	3 456	11 858		29.14
23	黑龙江	13	127	1 736	2 270	336	1 167	566	572	369	8 738	4 911	14 018		35.03
31	上海市	1	16	234	4 692	447	362	135	101	9	702	5 737	6 448		88.97
32	江苏省	13	106	1 484	5 129	2 133	2 769	2 694	406	42	9 035	13 131	22 208		59.13
33	浙江省	11	91	1 331	4 010	3 250	2 170	2 148	85	329	13 390	11 663	25 382		45.95
34	安徽省	16	119	1 721	1 935	539	2 551	1 782	150	373	11 570	6 957	18 900		36.81
35	福建省	9	84	1 171	1 968	853	1 762	1 555	129	379	11 049	6 267	17 695		36.42
36	江西省	11	100	1 800	2 769	800	2 597	2 361	347	1 066	12 415	8 874	22 355		39.70
37	山东省	16	153	1 855	5 546	5 008	3 471	7 437	293	123	40 902	21 755	62 780		34.65
41	河南省	18	181	2 555	3 919	1 932	3 403	6 342	150	1 091	36 142	15 746	52 979		29.72
42	湖北省	14	105	1 493	3 554	1 361	2 093	2 804	446	377	17 365	10 258	28 000		36.64

（续表）

代码	省市名	各级行政区划数量			城乡分类数量								城镇小计	城乡合计	城镇比（%）
		地级	区县	乡镇	城 区		镇 区			乡村					
					111	112	121	122	123	210	220				
43	湖南省	14	136	2 056	2 500	900	4 129	2 915	129	623	18 735	10 573	29 931	35. 32	
44	广东省	21	118	1 761	4 793	2 730	1 928	2 545	261	18	14 813	12 257	27 088	45. 25	
45	广西	14	111	1 284	1 099	409	1 245	1 287	111	421	12 079	4 151	16 651	24. 93	
46	海南省	5	23	249	312	122	302	239	61	23	2 271	1 036	3 330	31. 11	
50	重庆市	2	38	1 058	1 528	432	959	570	72	166	7 537	3 561	11 264	31. 61	
51	四川省	21	185	3 068	2 811	1 190	3 840	1 919	297	735	23 622	10 057	34 414	29. 22	
52	贵州省	9	87	1 522	1 425	618	2 083	1 468	129	399	11 924	5 723	18 046	31. 71	
53	云南省	16	129	1 470	1 136	412	1 305	753	81	596	10 441	3 687	14 724	25. 04	
54	西藏	7	78	713	117	14	197	62	0	560	4 641	390	5 591	6. 98	
61	陕西省	10	107	1 336	2 474	795	2 499	1 787	148	17	12 626	7 703	20 346	37. 86	
62	甘肃省	14	88	1 408	939	221	1 954	940	98	411	13 315	4 152	17 878	23. 22	
63	宁夏	8	45	404	295	166	352	275	34	232	3 281	1 122	4 635	24. 21	
64	青海省	5	22	259	450	51	325	163	35	106	1 881	1 024	3 011	34. 01	
65	新疆	15	108	1 386	2 070	309	1 451	689	372	778	9 529	4 891	15 198	32. 18	

为了确保各部门、各专业、各地区使用最新的区划和城乡代码，国家统计局负责设计管理的部门将每年对《统计用区划代码和城乡划分代码库》统一进行更新、维护，再将调整后的新代码库提供给各部门、各专业和各地区使用。乡村振兴促进法中所称乡村，具体可以明确为国家统计局的城乡划分代码中第 13 位是 2 的行政村是属于乡村。

根据国家统计局 2021 年的行政地名代码数据库，作者下载了这个数据库的全部内容，并对全国各省市地区的城乡类型进行统计，见表 18-22“2021 年全国各省区市行政区划分类统计”。通过汇总分析，得到很多有用的数据，例如：全国一共有 625 323 个城乡基层单位，其中 221 740 个属于城镇（一般是居民委员会），403 583 个属于乡村（一般是村民委员会），城镇比 35.46%，或乡村比 64.54%（其中城镇比 = 城镇数/城乡总数×100，乡村比 = 乡村数/城乡总数×100）。其中城镇比最高的前 5 个分别是：上海（88.96%）、北京（64.35%）、天津（59.65%）、江苏（59.13%）、浙江（45.95%）；城镇比最低的 5 个分别是：西藏（6.98%）、甘肃（23.22%）、宁夏（24.21%）、广西（24.93%）、云南（25.04%）。

从国家统计局的数据库可以看到，2021 年很多单位名称为村民委员会，但它的属性已经是城镇（代码第 13 位是 1）不是村庄，例如：北京房山区韩村河村委会区划代码 110111115001 分类代码 121（镇中心区），江苏华西新市村村委会分类代码 121，山西省大寨村委会分类代码 121。应该认为它们已经不是乡村振兴的对象，它们的发展目标应该是不断提高城镇化水平。随着城镇化率的不断增加，村庄的数量将不断减少，这是发展大趋势。

这就明确了乡村振兴的对象，也就明确了乡村振兴系统的边界。如果把这个系统，称为“微观/精准的乡村振兴系统”（包括 11 742 个乡中心区，391 848 个村庄）。乡村振兴的内容和任务很多，包括在全国、省市和县域三个层面的有关乡村振兴就称为“宏观的乡村振兴系统”。本书的研究重点在“微观/精准的乡村振兴系统”，究竟用什么评价指标体系和评价方法来评价宏观层面的乡村振兴的发展情况，还需要进一步探讨，笔者认为宏观层面乡村振兴的目标任务应该和农业农村现代化的目标任务是一致的。2024 年中央一号文件《关于学习运用“千村示范、万村整治”工程经验有力有效推进乡村全面振兴的意见》，指出 6 个方面 28 个问题，其中涉及宏观乡村振兴系统有 1、2、3、4、5、6、7、13、14、15、19、20、25、26、27 等 15 个问题；涉及微观乡村振兴系统的有其他的 13 个问题。

18.5.2 诊断对象的分类

根据国家统计局 2021 年的数据库，全国范围县级 2 985 个，乡镇级 41 423 个，行政村级 403 583。不同类型乡村的振兴应当采取不同的策略和路径，相应的乡村振兴的诊断也应当采用不同的评价指标和方法。在《乡村振兴战略规划（2018—2022 年）》中，根据不同村庄的发展现状、区位条件、资源禀赋等，分为集聚提升、融入城镇、特色保护、搬迁撤并等四类。2019 年农业农村部发布中国美丽乡村建设十大模式，分别为：产业发展型、生态保护型、城郊集约型、社会综治型、文化传承型、渔业开发型、草原牧场型、环境整治型、休闲旅游型、高效农业型。还有很多文章从不同角度提出乡村类型的划分。

本书根据乡村不同的主导产业决定不同乡村类型，划分为以下八个类型：农业种植业主导型。细分为：粮食、蔬菜、水果、食用菌、棉花等类型；农业副业主导型。细分为：畜业、禽业、中药、花卉苗木、茶叶、副食品、其他副业等；二三产业主导型。细分为：农产品加工业、工业、商业、……（不包括旅游业）；草原畜牧业主导型（不包括非草原的畜禽业）；渔业和水产业主导型；美丽乡村休闲旅游主导型；城郊类村庄，即乡村分类代码为210的乡中心区（不包括城镇中的城乡结合区、镇中心区和镇乡结合区）；文化传承和传统村落类村庄。细分为：文化传承村、传统村落、特色民俗村、现代新村、历史古村等类型。

根据全国乡村振兴重大工程重大项目资料，作者整理了《全国乡村振兴示范典型数据库》（30多个项目，近2万条记录），尤其是其中的《全国"一村一品"示范村镇》《全国乡村特色产业亿元村》，等。这些村庄的分类已经基本明确，可供分类参考。

18.5.3 诊断评价制度和考核程序

根据《乡村振兴促进法》，上级人民政府应当对下级人民政府实施乡村振兴战略的目标完成情况等进行考核，考核结果作为地方人民政府及其负责人综合考核评价的重要内容。各级人民政府应当向本级人民代表大会或者其常务委员会报告乡村振兴促进工作情况。

考评对象分为县、乡镇及行政村，重点考评乡镇和行政村。不同的考评对象将"量身"设定一系列考评标准和指标。一般考核程序是：制定年度考核方案和评分细则。（每年制订一次，县乡村振兴局负责）；乡镇自评，各村居委会按照考核办法，自行评分；上级部门核实和评分；结果确定和通报；考评结果运用，考核结果为优秀的乡镇，由县委县政府通报表扬。对年度考核等次"一般"的乡镇党委、政府，由县乡村振兴领导小组对其主要负责同志进行约谈，对履职不力造成重大不良影响，以及连续两年考核等次"一般"的乡镇党委、政府负责同志，予以追责问责并进行相应处理。

18.5.4 乡村振兴诊断指标体系

18.5.4.1 乡村振兴诊断应遵循的原则

乡村振兴考核应遵循以下原则：坚持党管农村工作；坚持农业农村优先发展；坚持农民主体地位；坚持乡村全面振兴；坚持城乡融合发展；坚持人与自然和谐共生；坚持改革创新、激发活力；坚持因地制宜、循序渐进。

构建乡村振兴诊断指标体系遵循以下原则：全面系统与突出重点相结合，评价指标的数量要适当，指标的权重要体现不同的重要性；动态与相对静态相结合，在不同的时段，某些评价指标的内容、权重和目标值要进行适当地调整；通用与特殊相结合，不同类型的村庄要有不同的评价指标；定量与定性相结合，在评价指标体系中，有些有统计数值，有些只能用定性判断。

乡村振兴是一个复杂的过程系统，诊断按时间顺序分为：事前诊断、中间诊断、验收诊断和跟踪诊断。不同阶段的诊断任务和诊断内容应该有所不同。事前诊断的主要任务是根据中央的总体要求（5 个一级指标），分析本地的情况，明确本地存在问题，提出今后的乡村振兴的实施规划；中间诊断的主要任务是根据乡村振兴的实施规划，围绕评价的二、三级指标，检查本时间段（一般是一年）内做了哪些工作，取得了什么绩效；存在哪些需要继续努力的“短板”？根据中央对乡村振兴是分阶段部署的，对已经达到振兴的乡村，应该进行严格的验收诊断。

18.5.4.2 根据总体要求设定的评价指标体系

本文在广泛参考了有关的评价指标体系的基础上，构建了一个包括 5 个一级指标，15 个二级指标，40 个三级指标的一般评价指标体系，见表 18-23 所示。其他类型的评价指标体系可在这个基础上进行修改，主要修改产业兴旺的指标。根据因地制宜、分类施策、不搞一刀切等原则，各地在实施评价时，要根据本地的实际和当年的目标任务，需要对评价指标体系中的结构内容、目标值和权重等进行必要的修改，一般在县级范围内，对各乡村的评价指标应该统一，保持可比性。

表 18-23 乡村振兴诊断系统评价指标体系

（包括括弧内的权重、2035 年目标值和典型村庄的测算结果）

一级指标	二级指标	三级指标	2035 年目标值	2020 年评价分
产业兴旺（30 分）	农村产业结构（10 分）	农业产值占总产值比重/%	55	2.76
		非农业产值比重/%	70	2.58
	农业生产技术（12 分）	农业劳动生产率（万元/人）	6.5	4.32
		农业科技进步贡献率/%	62	3.08
		每万人口农业科技人员数/名	3	1.56
	农村市场化程度（8 分）	农产品商品率/%	90	3.5
生态宜居（16 分）	自然环境宜居（3 分）	农村人口平均预期寿命/岁	78	0.67
		村庄绿化覆盖率/%	40	1.0
	人工环境宜居（10 分）	安全饮水普及率/%	100	0.86
		旱厕改造率/%	95	1.14
		生活垃圾无害化处理率/%	95	1.06
		农村道路硬化率/%	100	0.98
		清洁能源使用比重/%	95	0.84
	社会环境宜居（3 分）	每千人口卫生技术人员数/名	6	0.67
		农村养老保险参保率/%	85	1.2

（续表）

一级指标	二级指标	三级指标	2035 年目标值	2020 年评价分
乡风文明（14 分）	思想道德建设（5 分）	理想道德教育反对不良风气	良	1.2
		开展好人好事评选	良	1.2
		每年检查村规民约执行情况	良	0.6
	受教育程度（5 分）	农村平均人口教育年限/年	9	2.1
		学龄儿童净入学率/%	95	1.3
	文化娱乐设施（4 分）	村有公共体育广场	良	0.45
		村有文化图书室	良	1.2
治理有效（20 分）	健全乡村自治（4 分）	选举等重大决策村民参与率/%	95	1.5
		村务公开和村民大会普及率/%	优	1.5
	推动乡村法治（3 分）	万人刑事案件立案数/起　25	10	1.5
		每千户民事纠纷发生率/%	5	0.75
	共同富裕程度（6 分）	农户参加合作组织比率/%	80	1.12
		农村集体资金	优	0.9
		农村贫困人口发生率/%	2.8	1.86
	数字乡村水平（3 分）	通信基础设施	优	1.5
		村民上互联网人数比重/%	60	0.5
	党的领导水平（4 分）	支部书记/村主任的领导水平	优	1.2
		党员的先锋模范作用	优	1.5
生活富裕（20 分）	农民收入水平（12 分）	农民人均纯收入/（万元/年）	3.5	2.22
		城乡居民收入比	2.4	3.52
		农村家庭恩格尔系数/%	25	1.66
	农民生活质量（8 分）	人均合格住房面积/m^2　37	40	2.0
		拥有私家车家庭占比/%　38	35	0.86
		新型农村合作医疗参合率/%	95	1.86
		生活性服务业水平	良	1.2

乡镇的乡村振兴评价方法要以村级评价为基础，即乡镇下属的所有村庄都已经有评价结果，下属村的平均振兴评价分为乡镇的评价分（未达到平均分的村数不大于 3%），另外，对乡镇级的产业发展、基础设施、社会公共服务等还应该有明确的要求，可参考脱贫攻坚中对乡镇的验收标准。

18.5.4.3 乡村振兴重大项目的评价

根据中共中央、国务院《乡村振兴战略规划（2018—2022 年）》提出的有 15 个重大工程重大计划和重大行动，包括 82 个项目。其中第 1、第 2、第 3、第 4、第 5 共 26 个项目是属于总要求“产业兴旺”的内容。第 6、第 7、第 8 共 22 个项目是属于总要求“生态宜居”的内容。第 9 共 8 个项目是属于总要求“乡风文明”的内容。第 10、11 共 10 个项目是属于总要求“治理有效”的内容。第 12、13 共 8 个项目是属于总要求“生活富裕”的内容。第 14、第 15 共 8 个项目是属于“支撑计划”的内容。农业农村部《全国乡村产业发展规划（2020—2025 年）》提出的有 11 个项目是属于总要求“产业兴旺”的内容。由于篇幅所限，各个项目的详细内容见《乡村振兴战略规划（2018—2022 年）》。这些项目的责任单位，每年都应当制定具体的考评规则和评价指标体系，考核项目进展情况，明确下一年度的目标任务。

其中国家《农村产业融合发展示范园》项目有详细的评价指标和评价标准，可供其他项目参考。示范园分为农业内部融合型、延伸农业产业链型、拓展农业多种功能型、高技术渗透型、产城融合型、多业态复合型等多种形式。对示范园的评价指标和评价标准设计了七张表格，表一为通用指标打分表，适用于所有类型的示范园，包括 5 个一级指标和 28 个二级指标。另外六张表格分别针对某一特定类型示范园。每一个被评审单位的分数由两部分构成，一是通用指标打分表得分，二是针对本园区类型的特色指标打分表得分，两部分分数各占一定比例，加权后形成最后得分，具体赋分标准和分值由评审专家掌握认定。

18.5.5 指标的无量纲化、目标值和权重的确定

18.5.5.1 无量纲化（获得指标的标准值）的方法

（1）指数化变换方法

若该指标是正指标（越大越好），将指标的诊断年的实际值除以 2035 年目标值作为该指标的标准值；若该指标是逆指标（越小越好），将指标的 2035 年目标值除以诊断年实际值作为该指标的标准值，保持标准值在（0，1）区间内。

（2）功效系数法

即首先设定 2035 年的目标值作为满意值，设定某一低水平值为不允许值。

变换公式：标准值=（诊断年实际值-不允许值）/（2035 年目标值-不允许值），无量纲化后的标准值在（0，1）区间内。下面几个指标用指数化方法无量纲化后得到的标准值偏高。所以选择功效系数法确定其标准分，包括：农村人口平均预期寿命、农村平均人口教育年限、学龄儿童净入学率。

（3）用定性估计标准分

对难于用定量方法确定其标准分值的，需要请参与评价的专家根据对评价对象的调查了解，给出定性的等级判断，本系统设定 5 级，相应的标准分为：优 0.95、良 0.85、中 0.75、及格 0.60、差 0.45。

18.5.5.2 目标值和权重的确定

本书把 2035 年应该实现的作为指标的目标值，目标值的确定一般需要对该指标的

历史发展变化和国内外各地区的不同水平情况进行了解和分析，再根据国家发展战略的目标要求制定的。

指标权重的确定一般有两个方法：专家确定法和层次分析法。本书的指标权重是查阅了有关的文献资料后选定的，可供各地在制订年度考核方案时参考。

18.5.6 系统结构的初步设计

本系统的结构初步设计见图 18-6。

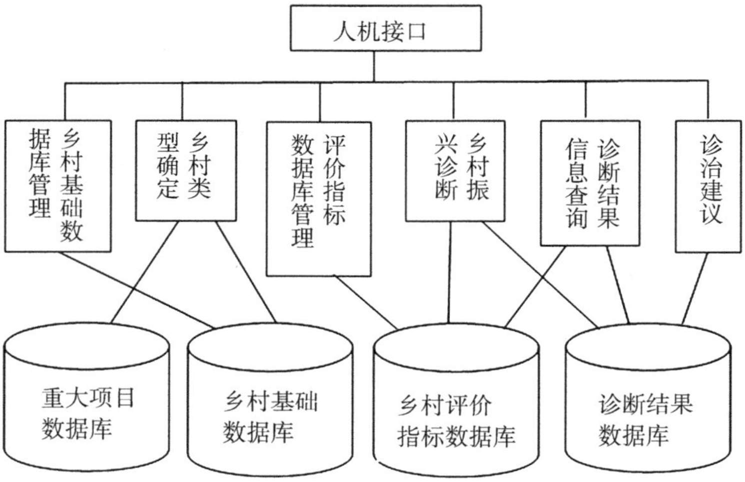

图 18-6 乡村振兴诊断系统结构

18.5.7 应用及整治建议

18.5.7.1 应用测算结果

为了验证构建的指标体系和诊断方法的可应用性，选择一个典型村庄的 2020 年数据，数据大多数来源于全国的平均数，没有定量数据的，估计一个定性等级。

2035 年为目标，评价分数的计算采用标准分的加权和。经过测算（计算过程略），五个一级指标的完成情况如下：产业兴旺 17.8/30=59%，生态宜居 8.42/16=53%，乡风文明 8.05/14=57%，治理有效 13.83/20=69%，生活富裕 12.54/20=62.7%，总评价分是：17.8+8.42+8.05+13.83+12.54=60.64（%）。应用测算结果表明：本书构建的指标体系和诊断方法是可行的，可以投入实际乡村振兴诊断，对不同类型的乡村振兴诊断，需要适当调整指标（主要是产业兴旺）的内容和参数。

18.5.7.2 整治建议

目前全国各地都进行乡村振兴实绩考核，大多数的乡村振兴诊断是属于中间诊断，中间诊断的主要任务是根据乡村振兴的实施规划，围绕中央的总体要求下的二、三级指标，检查本时间段（一般是一年）内做了些什么工作，取得了什么绩效；存在哪些需要继续努力的“短板”？通过诊断后的分析，都清晰地知道各个指标的完成情况，为下一个年度的振兴工作指明方向。

下面提出一些原则性的整治建议：根据评价结果，“短板”的指标是整治重点；努力提高主导产业的科技水平，提高劳动生产率；提高村干部（主要是书记和主任）的水平/治理能力是关键；努力提高村集体经济的比重，走共同富裕道路；建议到先进的典型村庄参观取经。

面对庞大而复杂的乡村振兴战略部署，乡村振兴评价体系是一个多维动态的复杂系统，通过每年的评价实践，应该不断总结经验，达到以评估促发展的目的，推进乡村振兴发展步伐。不断提高评价的科学性、规范性，完善我国乡村振兴的评价体系。评价工作的精准高效需要现代信息技术的支撑，本书提出的乡村振兴诊断系统分析是构建智能化计算机信息系统的基础，下一步的工作是进行详细的系统分析、系统设计和系统实施。

第 19 章　政府与公共管理评价

19.1　公务员考核规定和定量测评标准

2020 年 12 月 28 日，中共中央组织部发布《公务员考核最新规定》。

19.1.1　总　则

第一条　为了准确评价公务员的德才表现和工作实绩，规范公务员考核工作，建设信念坚定、为民服务、勤政务实、敢于担当、清正廉洁的高素质专业化公务员队伍，根据《中华人民共和国公务员法》和有关法律法规，制定本规定。

第二条　公务员考核，是指机关按照规定的权限、标准和程序，对非领导成员公务员的政治素质、履职能力、工作实绩、作风表现等所进行的了解、核实和评价。对领导成员的考核，由主管机关按照《党政领导干部考核工作条例》等有关规定办理。

第三条　公务员考核工作坚持以马克思列宁主义、毛泽东思想、邓小平理论、“三个代表”重要思想、科学发展观、习近平新时代中国特色社会主义思想为指导，贯彻新时代党的组织路线和干部工作方针政策，着眼于加强党对公务员队伍的集中统一领导、推进国家治理体系和治理能力现代化，把政治标准放在首位，突出考核公务员做好本职工作的实际成效，树立讲担当、重担当、改革创新、干事创业的鲜明导向，坚持下列原则：注重实绩、群众公认；客观公正、精准科学；分级分类、简便易行；奖惩分明、有效管用。

19.1.2　考核内容和标准

第四条　对公务员的考核，以公务员的职位职责和所承担的工作任务为基本依据，全面考核德、能、勤、绩、廉，重点考核政治素质和工作实绩。

德。全面考核政治品质和道德品行，重点了解学习贯彻习近平新时代中国特色社会主义思想，坚定理想信念，坚守初心使命，忠于宪法、忠于国家、忠于人民，增强“四个意识”、坚定“四个自信”、做到“两个维护”的情况；带头践行社会主义核心价值观，恪守职业道德，遵守社会公德、家庭美德和个人品德等情况。

能。全面考核适应新时代要求履职尽责的政治能力、工作能力和专业素养，重点了解政治鉴别能力、学习调研能力、依法行政能力、群众工作能力、沟通协调能力、贯彻执行能力、改革创新能力、应急处突能力等情况。

勤。全面考核精神状态和工作作风，重点了解忠于职守，遵守工作纪律，爱岗敬业、勤勉尽责，敢于担当、甘于奉献等情况。

绩。全面考核坚持以人民为中心，依法依规履行职位职责、承担急难险重任务等情况，重点了解完成工作的数量、质量、效率和所产生的效益等情况。

廉。全面考核遵守廉洁从政规定，落实中央八项规定及其实施细则精神等情况，重点了解秉公用权、廉洁自律等情况。

第五条　公务员的考核分为平时考核、专项考核和定期考核等方式。定期考核以平时考核、专项考核为基础。平时考核是对公务员日常工作和一贯表现所进行的经常性考核，一般按照个人小结、审核评鉴、结果反馈等程序进行。专项考核是对公务员完成重要专项工作，承担急难险重任务和关键时刻的政治表现、担当精神、作用发挥、实际成效等情况所进行的针对性考核，可以按照了解核实、综合研判、结果反馈等程序进行，或者结合推进专项工作灵活安排。定期考核采取年度考核的方式，是对公务员一个自然年度内总体表现所进行的综合性考核，在每年年末或者翌年年初进行。

第六条　年度考核结果分为优秀、称职、基本称职和不称职 4 个等次。

第七条　确定为优秀等次应当具备下列条件：思想政治素质高；精通业务，工作能力强；责任心强，勤勉尽责，工作作风好；圆满完成年度工作任务，工作实绩突出；清正廉洁。

第八条　确定为称职等次应当具备下列条件：思想政治素质较高；熟悉业务，工作能力较强；责任心强，工作积极，工作作风较好；能够完成本职工作；廉洁自律。

第九条　公务员有下列情形之一的，应当确定为基本称职等次。思想政治素质一般；履行职责的工作能力较弱；责任心一般，工作消极，或者工作作风方面存在明显不足；能基本完成本职工作，但完成工作的数量不足、质量和效率不高，或者在工作中有较大失误；能基本做到廉洁自律，但某些方面存在不足。

第十条　公务员有下列情形之一的，应当确定为不称职等次。思想政治素质较差；业务素质和工作能力不能适应工作要求；责任心缺失，工作不担当、不作为，或者工作作风差；不能完成工作任务，或者在工作中因严重失误、失职造成重大损失或者恶劣社会影响；存在不廉洁问题，且情形较为严重。

第十一条　公务员有受相应处分等特殊情形的，按照有关规定参加年度考核，不确定等次。

第十二条　公务员年度考核优秀等次人数，一般掌握在本机关应参加年度考核的公务员总人数的20%以内；经同级公务员主管部门审核同意，可以掌握在25%以内。优秀等次名额应当向获得表彰奖励以及基层一线、艰苦岗位公务员倾斜。县级以上公务员主管部门对综合表现突出或者问题较多的机关，可以适当提高或者降低其优秀等次比例。

19.1.3　考核程序

第十三条　公务员考核由其所在机关组织实施。党委（党组）承担考核工作主体责任，组织（人事）部门承担具体工作责任。机关在年度考核时可以设立考核委员会。考核委员会由本机关领导成员、组织（人事）部门、纪检监察机关及其他有关部门人员和公务员代表组成。

第十四条　年度考核一般按照下列程序进行。

① 总结述职。公务员按照职位职责、年度目标任务和有关要求进行总结，在一定范围内述职，突出重点、简明扼要填写公务员年度考核登记表。

② 民主测评。对担任机关内设机构领导职务的公务员，在一定范围内进行民主测评。根据需要，可以对其他公务员进行民主测评。

③ 了解核实。采取个别谈话、实地调研、服务对象评议等方式了解核实公务员有关情况。根据需要，听取纪检监察机关意见。

④ 审核评鉴。主管领导对公务员表现以及有关情况进行综合分析，有针对性地写出评语，提出考核等次建议和改进提高的要求。

⑤ 确定等次。由本机关负责人或者授权的考核委员会确定考核等次。对优秀等次公务员在本机关范围内公示，公示时间不少于5个工作日。考核结果以书面形式通知公务员，由公务员本人签署意见。

第十五条　年度考核确定为优秀等次的，应当从当年平时考核、专项考核结果好的公务员中产生。

第十六条　公务员对年度考核确定为不称职等次不服的，可以按照有关规定申请复核、申诉。

第十七条　各机关应当将公务员年度考核登记表存入公务员本人干部人事档案，同时将本机关公务员年度考核情况报送同级公务员主管部门。

19.1.4　公务员年度考核定量测评标准

19.1.4.1　公务员（机关工作者）年度考核定量测评标准（适用科级）

（1）德（15分）

① 政治思想（10分）。

A级：坚决拥护和正确贯彻执行党的路线、方针、政策，模范遵守国家法律、法令和各种规章制度，坚持学习制度，认真做好学习笔记和心得体会，能运用理论联系实际，解决思想、工作上的问题。B级：拥护和贯彻执行党的路线、方针、政策，自觉遵守国家法律、法令和各项规章制度。较好遵守学习制度，学习笔记较认真，按时完成学习任务。C级：能贯彻执行党的路线、方针、政策，遵守国家法律、法令和各项规章制度。有时不能遵守学习制度，不能坚持作学习笔记。不能按时完成学习任务。D级：有与党的路线、方针、政策相抵触的言行，不能遵守国家的法律、法令和规章制度。学习不认真。

② 道德品质（5分）。

A级：模范遵守职业道德规范，维护职业声誉和集体荣誉，为基层服务观念强，积极主动地为基层和群众排忧解难；没有“四难”（门难进、脸难看、话难听、事难办）现象。B级：遵守职业道德规范，维护职业声誉和集体荣誉，为基层和群众服务观念较强，能主动为基层群众排忧解难；基本上没有“四难”现象。C级：遵守职业道德规范不够，为基层和群众服务观念较淡薄，很少为基层群众排忧解难，工作中有“四难”现象。D级：不遵守职业道德，办事刁难群众，造成不良影响。

（2）廉（10 分）

A 级：模范遵守廉政建设的规章和纪律，秉公办事，自觉抵制不正之风，表率作用及对下级监督作用发挥的好，受到群众好评。B 级：遵守廉政建设的规定和纪律，秉公办事，抵制不正之风，表率作用及对下级监督作用发挥的较好，群众反映较好。C 级：有时不能遵守廉政建设的规定和纪律，有不廉洁行为，对下级监督作用较差。D 级：不遵守廉政建设的规定和纪律，有违法、违纪行为和不廉洁问题，并造成不良影响，但未受到警告以上纪律处分或刑事责任。

（3）能（20 分）

① 业务水平（5 分）。

A 级：系统掌握与本职工作有关的业务管理知识，熟悉业务政策，善于解决和处理工作中的复杂问题。贯彻执行政策及时准确。B 级：基本熟悉与本职工作有关的业知识和业务政策，能解决和处理工作中的疑难问题。贯彻执行政策较及时准确。C 级：对业务知识和业务政策不够熟悉，解决和处理问题的能力较弱，较难适应工作要求，贯彻执行政策不够及时，一般无偏差。D 级：不熟悉业务知识和业务政策，解决和处理问题的能力差，不能适应工作要求，贯彻执行政策有失误和偏差。

② 开拓创新能力（5 分）。

A 级：开拓创新能力强，在实践中勇于创新，锐意改革，主动出主意，想办法，工作创一流水平。B 级：开拓创新能力较强，能接受新事物，反映新情况，提出合理化建议，业务工作有新发展。C 级：开拓创新意识不强，工作思路不够清晰，业务工作安于现状，无创新活动。D 级：无创新意识，工作思路不清晰。

③ 组织实施能力（5 分）。

A 级：组织能力强，工作有计划，团结同志，同事关系融洽；充分调动发挥下属积极性，对下属工作指导能力强，主动协调各类工作关系。B 级：组织能力较强，工作有计划，能团结同志，同事关系较融洽；能发挥下属积极性，对下属工作指导能力较强，能与有关方面协调关系，沟通情况。C 级：组织能力一般，工作计划流于形式，相互配合、协调关系、沟通情况和团结同志不够，难以指导下属开展工作。D 级：组织能力差，工作无计划，不善于团结同志和协调关系，因领导水平致使下属积极性不高。

④ 分析表达能力（5 分）。

A 级：分析表达能力强，积极调查，及时发现和反映新情况，提出合理化建议，按时或提前完成起草调研报告等各种文稿。B 级：分析表达能力较强，能出主意，想办法，提建议，积极完成公文写作任务。C 级：分析表达能力一般，公文写作水平较低。D 级：分析表达能力差，难以完成公文写作任务。

（4）勤（15 分）

① 勤奋敬业（10 分）。

A 级：工作事业心和责任心强，刻苦钻研业务，热情主动，抢挑重担；工作 认真负责，脚踏实地，吃苦耐劳，时间观念强，办事不拖拉，不推诿，坚持文明办公，工作时间不闲聊。B 级：工作事业心和责任心较强，能动脑筋，想办法，工作积极主动，踏实，肯干，办事不拖拉，不推诿，不扯皮，工作时间不闲聊。C 级：工作不够积极主动，吃苦耐劳不够，工作中有拖拉、推诿、扯皮现象。D 级：工作不主动，责任心差，怕苦怕累，工作懒散，办事拖拉，在群众中形象差。

② 出勤率（5 分）。

A 级：出满勤，无迟到、早退、旷工，不擅离职守。B 级：全年病事假累计不超过 30 天，无迟到、早退、旷工，不擅离职守。C 级：全年病事假累计超过 30 天不超过半年，或多次迟到、早退、，擅离职 守。D 级：旷工及无正当理由超假连续达到 5~10 天，或一年内累计达到 10~15 天，或经常迟到、早退、擅离职守，经教育仍不改正。

（5）绩（40 分）

① 履行岗位职责（20 分）。

A 级：按岗位职责要求，按时或提前完成目标任务和领导临时交办工作任务，取得新成果、新经验，纵向、横向比较成绩突出。B 级：按岗位职责要求，较好完成目标任务和领导临时交办工作任务，纵横比较，工作有进步、有提高、有成果、有经验。C 级：能够履行岗位职责，完成目标任务和领导交办工作任务一般或在工作中有失误。D 级：不履行岗位职责，不能按时完成目标任务和领导交办工作任务，或在工作中有严重失误。

② 工作数量（5 分）。

A 级：承担工作任务饱满，分管工作量大，工作效率高。B 级：承担工作任务较多，分管工作量较大，工作效率较高。C 级：承担工作任务较少，分管工作量较小，工作效率较一般。D 级：承担工作任务少，分管工作量小，工作效率低。

③ 难易程度（5 分）。

A 级：工作难度大，所做工作涉及范围广，要求高，原基础差，起点低。B 级：工作难度较大，所做工作涉及范围较广，要求较高，原基础一般，困难问题较多。C 级：工作难度一般，所做工作无特殊困难及要求。D 级：工作无难度，所做工作属常规性工作。

④ 工作质量（10 分）。

A 级：完成任务高标准、高质量，本人起到关键作用受到分管领导充分肯定。B 级：工作质量较好，超过一般水平，本人起到重要作用。C 级：工作质量一般，虽完成任务，但没有突出特点，本人起到一般作用。D 级：工作质量较差，低于一般水平，存在明显问题。

19.1.4.2 公务员（机关工作者）年度考核定量测评标准（适用科员、办事员）

（1）德（15 分）

① 政治思想（10 分）。

A 级：坚决拥护和正确贯彻执行党的路线、方针、政策，模范遵守国家法律、法令和各种规章制度，坚持学习制度，认真做好学习笔记和心得体会，能运用理论联系实际，解决思想、工作上的问题。B 级：拥护和贯彻执行党的路线、方针、政策，自觉遵守国家法律、法令和各项规章制度。较好遵守学习制度，学习笔记较认真，按时完成学习任务。C 级：能贯彻执行党的路线、方针、政策，遵守国家法律、法令和各项规章制度。有时不能遵守学习制度，不能坚持作学习笔记。不能按时完成学习任务。D 级：有与党的路线、方针、政策相抵触的言行，不能遵守国家的法律、法令和规章制度。学习不认真。

② 道德品质（5 分）。

A 级：模范遵守职业道德规范，维护职业声誉和集体荣誉，为基层服务观念强，积极主动地为基层和群众排忧解难；没有“四难”（门难进、脸难看、话难听、事难办）现象。B 级：遵守职业道德规范，维护职业声誉和集体荣誉，为基层和群众服务观念较强，能主动为基层群众排忧解难；基本上没有“四难”现象。C 级：遵守职业道德规范不够，为基层和群众服务观念较淡薄，很少为基层群众排忧解难，工作中有“四难”现象。D 级：不遵守职业道德，办事刁难群众，造成不良影响。

（2）廉（10 分）

A 级：模范遵守廉政建设的规章和纪律，秉公办事，自觉抵制不正之风，对自身要求严格。B 级：遵守廉政建设的规定和纪律，秉公办事，抵制不正之风，对自身要求较严格。C 级：有时不能遵守廉政建设的规定和纪律，对自身要求低，有不廉洁行为。D 级：不遵守廉政建设的规定和纪律，有违法、违纪行为和不廉洁问题，并造成不良影响，但未受到警告以上纪律处分或刑事责任。

（3）能（20 分）

① 业务水平（5 分）。

A 级：系统掌握与本职工作有关的业务管理知识，熟悉本职工作程序业务政策，工作适应性强，能独立完成本职工作和主管领导交办任务。B 级：基本熟悉与本职工作有关的业务管理知识，熟悉本职工作程序业务政策，工作适应性较强，在主管领导指导下，较好地完成本职工作任务。C 级：对本职工作有关的业务管理知识和业务政策不够熟悉，工作能力一般，较难适应工作要求，影响本职工作任务的完成。D 级：不熟悉业务知识、业务政策和工作程序，工作能力较差，难以完成本职工作任务。

② 开拓创新能力（5 分）。

A 级：开拓创新能力强，在工作中积极接受新事物、新知识，主动出主意，想办法，工作创一流水平。B 级：开拓创新能力较强，努力提高业务知识水平，接受新事物，反映新情况，提出合理化建议，业务工作有新发展。C 级：开拓创新意识不强，工作思路不够清晰，业务工作安于现状，无新发展。D 级：无创新意识，工作思路不清晰。

③ 团结协作（5 分）。

A 级：工作中协作能力很强，配合意识强，有合作精神，团结同志，同事关系融洽。B 级：工作协作能力较强，有合作精神，能团结同志，同事关系较融洽。C 级：工作中协作能力一般，能团结大多数人共同工作，同事关系一般。D 级：工作协作能力差，没有合作精神，同事关系极差。.

④ 分析表达能力（5 分）。

A 级：语言文字表达准确，汇报工作、解答问题尚清楚，较好地完成各种公文写作任务，本年度实际水平发挥很好。B 级：语言文字表达较准确，汇报工作、解答问题有条理准确清楚，出色地完成各种公文写作任务，本年度实际水平发挥较好。C级：语言文字表达能力一般，公文写作水平较低。D级：语言文字表达能力差，难以完成公文写作任务。

（4）勤（15分）

① 勤奋敬业（10分）。

A级：工作事业心和责任心强，刻苦钻研业务，热情主动，抢挑重担；工作认真负责，脚踏实地，吃苦耐劳，时间观念强，办事不拖拉，不推诿，坚持文明办公，工作时间不闲聊。B级：工作事业心和责任心较强，能动脑筋，想办法，工作积极主动，踏实肯干，办事不拖拉，不推诿，不扯皮，工作时间不闲聊。C级：工作不够积极主动，吃苦耐劳不够，工作中有拖拉、推诿、扯皮现象。D级：工作不主动，责任心差，怕苦怕累，工作懒散，办事拖拉，在群众中形象差。

② 出勤率（5分）。

A级：出满勤，无迟到、早退、旷工，不擅离职守。B级：全年病事假累计不超过30天，无迟到、早退、旷工，不擅离职守。C级：全年病事假累计超过30天不超过半年，或多次迟到、早退、擅离职守。D级：旷工及无正当理由超假连续达到5~10天，或一年内累计达到10~15天，或经常迟到、早退、擅离职守，经教育仍不改正。

（5）绩（40分）

① 履行岗位职责（20分）。

A级：积极履行岗位职责，按时或提前完成目标任务和领导临时交办工作任务，取得新成绩、新经验，纵向、横向比较成绩突出。B级：努力履行岗位职责，较好完成目标任务和领导临时交办工作任务，纵横比较，工作有进步、有提高、有成果、有经验。C级：能够履行岗位职责，完成目标任务和领导交办工作任务一般或在工作中有失误。D级：不履行岗位职责，不能按时完成目标任务和领导交办工作任务，或在工作中有严重失误。

② 工作数量（5分）。

A级：承担工作任务饱满，工作量大，工作效率高。B级：承担工作任务较多，工作量较大，工作效率较高。C级：承担工作任务较少，工作量较小，工作效率较一般。D级：承担工作任务少，工作量小，工作效率低。

③ 难易程度（5分）。

A级：工作难度大，所做工作涉及范围广，要求高，原基础差，起点低。B级：工作难度较大，所做工作涉及范围较广，要求较高，原基础一般，困难问题较多。C级：工作难度一般，所做工作无特殊困难及要求。D级：工作无难度，所做工作属常规性工作。

④ 工作质量（10分）。

A级：完成任务高标准、高质量，受到主管领导充分肯定。B级：工作质量较好，超过一般水平，主管领导较满意。C级：工作质量一般，虽完成任务，但没有突出特点。D级：工作质量较差，低于一般水平，存在明显问题。

19.1.4.3　工勤人员年度考核定量测评标准（适用机关、事业单位工人）

（1）德（20 分）

① 政治思想（10 分）。

A 级：坚决拥护和正确贯彻执行党的路线、方针、政策，模范遵守国家法律、法令和各种规章制度，遵守学习制度，积极参加政治学习，政治思想表现好。B 级：拥护和正确贯彻执行党的路线、方针、政策，自觉遵守国家法律、法令和各种规章制度，较好遵守学习制度，参加政治学习，政治思想表现较好。C 级：能贯彻执行党的路线、方针、政策，遵守国家法律、法令和各项规章制度。有时不能遵守学习制度，不能按时完成学习任务。D 级：有与党的路线、方针、政策相抵触的言行，不能遵守国家的法律、法令和规章制度。无故不参加政治学习。

② 道德品质（10 分）。

A 级：模范遵守职业道德规范，维护职业声誉和集体荣誉，服从组织安排，自我要求严格，不计较个人得失，敬业精神、服务意识很强。B 级：遵守职业道德规范，维护职业声誉和集体荣誉，服从组织安排，自我要求较严格，不计较个人得失，敬业精神、服务意识较强。C 级：遵守职业道德规范不够，能够服从组织安排，较少考虑个人得失，敬业精神、服务意识一般。D 级：不遵守职业道德，组织纪律性差，好计较个人得失，敬业精神较差，服务意识淡薄。

（2）能（20 分）

① 业务能力（10 分）。

A 级：熟悉本岗位专业知识和操作规程，实际操作（工作）能力强，能独立解决较难技术问题。B 级：掌握本岗位专业知识和操作规程，实际操作（工作）能力较强，能独立解决一般技术问题。C 级：基本掌握本岗位专业知识和操作规程，实际操作（工作）能力一般，在他人指导下能解决一般技术问题。D 级：本岗位专业知识缺乏，实际操作（工作）能力较弱。

② 团结协作（10 分）。

A 级：工作中协作能力很强，配合意识强，团结同志，同事关系融洽。B 级：工作中协作能力较强有合作精神，团结同志较全面，同事关系较融洽。C 级：工作中协作能力一般，能团结大多数人共同工作，同事关系一般。D 级：工作中协作能力差，没有合作精神，同事关系极差。

（3）勤（20 分）

① 勤奋敬业（10 分）。

A 级：工作事业心和责任心强，刻苦钻研业务，热情主动，抢挑重担；工作认真负责，脚踏实地，吃苦耐劳，时间观念强，办事不拖拉，不推诿，不扯皮；坚持文明办公，工作时间不闲聊。B 级：工作事业心和责任心较强，能动脑筋，想办法，工作积极主动，踏实肯干，办事不拖拉，不推诿，不扯皮；坚持文明办公，工作时间不闲聊。C 级：工作不够积极主动，吃苦耐劳不够，工作中有拖拉、推诿、扯皮现象。D 级：工作不主动，责任心差，怕苦怕累，工作懒散，办事拖拉，在群众中形象差。

② 出勤率（10 分）。

A 级：出满勤，无迟到、早退、旷工，不擅离职守。B 级：全年病事假不超过 30 天，无迟到、早退、旷工，不擅离职守。C 级：全年病事假超过 30 天不超过半年，或多次迟到、早退，擅离职守。D 级：旷工或无正当理由超假连续达到 5～10 天，或一年内累计达到 10～15 天，或经常迟到、早退、擅离职守，经教育仍不改正。

（4）绩（40 分）

① 履行岗位职责（20 分）。

A 级：按岗位职责要求，按时完成目标任务和领导临时交办工作任务，工作高标准、高质量，纵向、横向比较成绩突出。B 级：按岗位职责要求，较好完成目标任务和领导临时交办工作任务，工作质量较高，纵横比较，取得新成绩，领导较满意。C 级：按岗位职责要求，完成目标任务和领导交办工作任务一般，或在工作中有失误。D 级：不能按时完成目标任务和领导交办工作任务，存在明显问题或在工作中有严重失误。

② 工作数量（5 分）。

A 级：承担工作任务饱满，工作量大，要求高，完成任务经常加班加点。B 级：承担工作任务较多，工作量较大，要求较高，完成任务有时较紧张。C 级：承担工作任务轻，工作量较小，工作无特殊要求。D 级：承担工作任务少，工作量小，属常规性工作。

③ 劳动安全（5 分）。

A 级：严格遵守工作纪律和操作规程，安全意识强，全年无事故发生。B 级：遵守工作纪律和操作规程，安全意识较强，全年无责任事故。C 级：能够遵守工作纪律和操作规程，注意劳动安全，全年无较大责任事故。D 级：违反工作纪律和操作规程，安全意识淡薄，发生了较大责任事故，造成一定经济损失。

④ 工作效率（10 分）。

A 级：工作效率高，方法科学，本年度业务（技术）水平发挥很好。B 级：工作效率较高，方法较科学，本年度业务（技术）水平发挥较好。C 级：工作效率、工作方法一般，本年度业务（技术）水平正常发挥。D 级：工作效率低，方法不科学。

19.1.4.4 事业单位管理人员年度考核定量测评标准

（1）德（20 分）

① 政治思想（10 分）。

A 级：坚决拥护和贯彻执行党的路线、方针、政策，模范遵守国家法律、法令和各项规章制度，积极参加政治和业务学习，政治思想表现好。B 级：拥护和贯彻执行党的路线、方针、政策，自觉遵守国家法律、法令和各项规章制度，参加政治和业务学习，政治思想表现较好。C 级：能够贯彻执行党的路线、方针、政策，自觉遵守国家法律、法令和各项规章制度，有时不参加政治、业务学习。D 级：有与党的路线、方针、政策相抵触的言行，不能遵守国家法律、法令和各项规章制度，学习不认真。

② 道德品质（10 分）。

A 级：模范遵守职业道德规范，维护职业声誉和集体荣誉，廉洁自律，自我要求严格；积极主动地为基层和群众排忧解难，没有“四难”（门难进、脸难看、话难听、事难办）现象。B 级：自觉遵守职业道德规范，维护职业声誉和集体荣誉，廉洁自律，自我要求较严格；为基层和睦群众排服务观念较强，基本没有“四难”现象。C 级：遵守职业道德规范不够，为基层和群众服务观念较淡薄，很少为基层和群众排忧解难，工作中有“四难”现象。D 级：不遵守职业道德，办事刁难群众，或有不廉洁行为，造成不良影响。

（2）能（20 分）

① 工作能力（10 分）。

A 级：熟悉本部门或本人承担工作的职责、范围、目标和任务，工作能力很强，善于解决和处理复杂、疑难问题。B 级：较熟悉本部门或本人承担工作的职责、范围、目标和任务，工作能力较强，能独立解决和处理一般问题。C 级：了解本部门或本人承担工作的职责、范围、目标和任务，工作能力一般。D 级：对本职业务工作较生疏，工作能力较差。

② 管理水平（5 分）。

A 级：管理水平高，作风扎实，团结同志，同事关系融洽，配合意识很强，有合作精神，能处理好各种工作关系，本年度实际管理水平发挥很好。B 级：管理水平较高，团结同志，配合意识较强，有合作精神，本年度实际管理水平发挥较好。C 级：具备基本管理能力，团结同志，有一定的协作精神，本年度实际管理水平一般。D 级：管理水平低，团结同志不全面，工作缺乏合作精神，不能胜任职责范围内的工作要求。

③ 创新进取（5 分）。

A 级：开拓创新意识强，勇于创新，主动出主意、想办法，工作创一流水平。B 级：开拓创新意识较强，努力进取，能够反映新情况，提出合理化建议，工作有新发展。C 级：开拓创新能力不强，工作思路不够清晰，安于现状，无创新活动。D 级：无创新意识，工作思路不清晰。

（3）勤（20 分）

① 勤奋敬业（10 分）。

A 级：工作事业心和责任心强，刻苦钻研业务，热情主动，抢挑重担；工作认真负责，脚踏实地，吃苦耐劳，时间观念强，办事不拖拉，不推诿，坚持文明办公，工作时间不闲聊。B 级：工作事业心和责任心较强，能动脑筋，想办法，工作积极主动，踏实肯干，办事不拖拉，不推诿，不扯皮，工作时间不闲聊。C 级：工作不够积极主动，吃苦耐劳不够，工作中有拖拉、推诿、扯皮现象。D 级：工作不主动，责任心差，怕苦怕累，工作懒散，办事拖拉，在群众中形象差。

② 出勤率（10 分）。

A 级：出满勤，无迟到、早退、旷工，不擅离职守。B 级：全年病事假累计不超过 30 天，无迟到、早退、旷工，不擅离职守。C 级：全年病事假累计超过 30 天不超过半年，或多次迟到、早退、，擅离职守。D 级：旷工及无正当理由超假连续达到 5~10 天，或一年内累计达到 10~15 天，或经常迟到、早退、擅离职守，经教育仍不改正。

（4）绩（40分）

① 工作成绩（20分）。

A级：按时或提前完成本职工作任务和领导临时交办工作任务，取得新成绩、新经验，纵向、横向比较成绩显著。B级：较好地履行岗位职责，完成工作任务，纵横比较，工作有进步、有提高、有成果、有经验。C级：能够履行岗位职责，完成工作任务一般或在工作中有失误。D级：不履行岗位职责，不能工作任务，或在工作中有严重失误，或有责任事故。

② 工作数量（5分）。

A级：承担工作任务饱满，工作量大，工作效率高。B级：承担工作任务较多，工作量较大，工作效率较高。C级：承担工作任务较少，工作量较小，工作效率较一般。D级：承担工作任务少，工作量小，工作效率低。

③ 难易程度（5分）。

A级：工作难度大，所做工作涉及范围广，要求高，原基础差，起点低。B级：工作难度较大，所做工作涉及范围较广，要求较高，原基础一般，困难问题较多。C级：工作难度一般，所做工作无特殊困难及要求。D级：工作无难度，所做工作属常规性工作。

④ 工作质量（10分）。

A级：完成任务高标准、高质量，本人起到关键作用，受到主管领导充分肯定。B级：工作质量较好，超过一般水平，本人起到重要作用。C级：工作质量一般，虽完成任务，但没有突出特点，本人起到一般作用。D级：工作质量较差，低于一般水平，存在明显问题。

19.1.4.5 事业单位专业技术人员年度考核定量测评标准

（1）德（20分）

① 政治思想（10分）。

A级：坚决拥护和贯彻执行党的路线、方针、政策，模范遵守国家法律、法令和各项规章制度，积极参加政治和业务学习，政治思想表现好。B级：拥护和贯彻执行党的路线、方针、政策，自觉遵守国家法律、法令和各项规章制度，参加政治和业务学习，政治思想表现较好。C级：能够贯彻执行党的路线、方针、政策，自觉遵守国家法律、法令和各项规章制度，有时不参加政治、业务学习。D级：有与党的路线、方针、政策相抵触的言行，不能遵守国家法律、法令和各项规章制度，学习不认真。

② 道德品质（10分）。

A级：模范遵守职业道德规范，维护职业声誉和集体荣誉，廉洁自律，自我要求严格；积极主动地为基层和群众排忧解难，没有“四难”（门难进、脸难看、话难听、事难办）现象。B级：自觉遵守职业道德规范，维护职业声誉和集体荣誉，廉洁自律，自我要求较严格；为基层和睦群众排服务观念较强，基本没有“四难”现象。C级：遵守职业道德规范不够，为基层和群众服务观念较淡薄，很少为基层和群众排忧解难，工作中有“四难”现象。D级：不遵守职业道德，办事刁难群众，或有不廉洁行为，造成不良影响。

（2）能（20 分）

① 业务能力（10 分）。

A 级：熟练掌握本岗位专业技术及相关知识，并运用专业知识和技能，独立解决技术难题，实际工作（操作）能力强。B 级：较熟悉本岗位专业技术及相关知识，并运用专业知识和技能，解决一些技术难题，实际工作（操作）能力较强。C 级：基本掌握本岗位专业技术及相关知识，在他人协助下能解决一般技术问题，能独立进行工作（操作）。D 级：对本岗位专业技术及相关知识生疏，实际工作能力较弱。

② 业务水平（10 分）。

A 级：能出色完成本岗位各项专业工作任务，本年度实际水平发挥好。B 级：能较好地完成本岗位各项专业工作任务，本年度实际水平发挥较好。C 级：一般能完成本岗位各项专业工作任务。D 级：难以完成本岗位各项专业工作任务。

（3）勤（20 分）

① 勤奋敬业（10 分）。

A 级：工作事业心和责任心强，刻苦钻研业务，热情主动，抢挑重担；工作认真负责，脚踏实地，吃苦耐劳，时间观念强，办事不拖拉，不推诿，坚持文明办公，工作时间不闲聊。B 级：工作事业心和责任心较强，能动脑筋，想办法，工作积极主动，踏实肯干，办事不拖拉，不推诿，不扯皮，工作时间不闲聊。C 级：工作不够积极主动，吃苦耐劳不够，工作中有拖拉、推诿、扯皮现象。D 级：工作不主动，责任心差，怕苦怕累，工作懒散，办事拖拉，在群众中形象差。

② 出勤率（10 分）。

A 级：出满勤，无迟到、早退、旷工，不擅离职守。B 级：全年病事假累计不超过 30 天，无迟到、早退、旷工，不擅离职守。C 级：全年病事假累计超过 30 天不超过半年，或多次迟到、早退、擅离职守。D 级：旷工及无正当理由超假连续达到 5 ~ 10 天，或一年内累计达到 10~15 天，或经常迟到、早退、擅离职守，经教育仍不改正。

（4）绩（40 分）

① 工作成绩（20 分）。

A 级：认真履行工作职责，在科研、教学、业务技术工作中，取得新成绩、新经验，纵向、横向比较成绩突出。B 级：较好地履行岗位职责，完成工作任务，纵横比较，工作有进步、有提高、有成果、有经验。C 级：能够履行岗位职责，完成工作任务一般或在工作中有失误。D 级：不履行岗位职责，不能完成工作任务，或在工作中有严重失误，或有责任事故。

② 工作数量（5 分）。

A 级：承担工作任务饱满，工作量大，工作效率高。B 级：承担工作任务较多，工作量较大，工作效率较高。C 级：承担工作任务较少，工作量较小，工作效率较一般。D 级：承担工作任务少，工作量小，工作效率低。

③ 难易程度（5 分）。

A 级：工作难度大，所做工作涉及范围广，要求高，原基础差，起点低。B 级：工作难度较大，所做工作涉及范围较广，要求较高，原基础一般，困难问题较多。C 级：

工作难度一般，所做工作无特殊困难及要求。D 级：工作无难度，所做工作属常规性工作。

④ 工作质量（10 分）。

A 级：完成任务高标准、高质量，本人起到关键作用，受到主管领导充分肯定。B 级:工作质量较好，超过一般水平，本人起到重要作用。C 级：工作质量一般，虽完成任务，但没有突出特点，本人起到一般作用。D 级：工作质量较差，低于一般水平，存在明显问题。

19.1.4.6 不同人员不同指标不同权重分的比较（表 19-1）

类型 1 国家公务员（机关工作者）年度考核定量测评标准（适用科级）

类型 2 国家公务员（机关工作者）年度考核定量测评标准（适用科员、办事员）

类型 3 工勤人员年度考核定量测评标准（适用机关、事业单位工人）

类型 4 事业单位管理人员年度考核定量测评标准

类型 5 事业单位专业技术人员年度考核定量测评标准

表 19-1 不同人员不同指标不同权重分的比较

评价指标	不同类型人员不同指标不同权重分				
	类型 1	类型 2	类型 3	类型 4	类型 5
1 德	15 分	15 分	20 分	20 分	20 分
1.1 政治思想	10 分	10 分	10 分	10 分	10 分
1.2 道德品质	5 分	5 分	10 分	10 分	10 分
2 廉	10 分	10 分			
3 能	20 分	20 分	20 分	20 分	20 分
3.1 业务水平	5 分	5 分	10 分		10 分
3.2 工作能力				10 分	10 分
3.3 开拓创新能力	5 分	5 分			
3.4 管理水平				5 分	
3.5 团结协作		5 分	10 分		
3.6 创新进取				5 分	
3.7 组织实施能力	5 分				
3.8 分析表达能力	5 分	5 分			
4 勤	15 分	15 分	20 分	20 分	20 分
4.1 勤奋敬业	10 分	10 分	10 分	10 分	10 分
4.2 出勤率	5 分	5 分	10 分	10 分	10 分
5 绩	40 分	40 分	40 分	40 分	40 分
5.1 履行岗位职责	20 分	20 分	20 分		

（续表）

评价指标	不同类型人员不同指标不同权重分				
	类型 1	类型 2	类型 3	类型 4	类型 5
5.2 工作成绩				20 分	20 分
5.3 工作数量	5 分	5 分	5 分	5 分	5 分
5.4 难易程度	5 分	5 分		5 分	5 分
5.5 劳动安全			5 分		
5.6 工作质量	10 分	10 分		10 分	10 分
5.7 工作效率			10 分		

19.1.5　考核结果运用

公务员年度考核结果作为调整公务员职位、职务、职级、级别、工资以及公务员奖惩、培训、辞退的依据。

19.1.5.1　公务员年度考核确定为优秀等次

按照下列规定办理：当年给予嘉奖，在本机关范围内通报表扬；晋升上一职级所要求的任职年限缩短半年；连续三年确定为优秀等次的，记三等功；晋升职务职级时，在同等条件下优先考虑。

19.1.5.2　公务员年度考核确定为称职以上等次

按照下列规定办理：累计两年确定为称职以上等次的，在所定级别对应工资标准内晋升一个工资档次；累计五年确定为称职以上等次的，在所任职务职级对应级别范围内晋升一个级别；本考核年度计算为晋升职务职级的任职年限，同时符合规定的其他任职资格条件的，具有晋升职务职级的资格；享受年度考核奖金。

19.1.5.3　公务员年度考核确定为基本称职等次

按照下列规定办理：对其进行诫勉，责令作出书面检查，限期改进；本考核年度不计算为按年度考核结果晋升级别和级别工资档次的考核年限；本考核年度不计算为晋升职务职级的任职年限；下一年内不得晋升职务职级；不享受年度考核奖金；连续两年确定为基本称职等次的，予以组织调整或者组织处理。

19.1.5.4　公务员年度考核确定为不称职等次

按照下列规定办理：本考核年度不计算为晋升职务职级的任职年限；降低一个职务或者职级层次任职；本考核年度不计算为按年度考核结果晋升级别和级别工资档次的考核年限；不享受年度考核奖金；连续两年确定为不称职等次的，予以辞退。

19.1.5.5　参加年度考核不确定等次

按照下列规定办理：本考核年度不计算为按年度考核结果晋升级别和级别工资档次的考核年限；不享受年度考核奖金；本考核年度不计算为晋升职务职级的任职年限；连续两年不确定等次的，视情况调整工作岗位。

公务员主管部门和公务员所在机关应当根据考核情况，有针对性地对公务员进行教育培训，帮助公务员改进提高。

19.2 国家综合实力的评价

19.2.1 什么是国家综合实力

国家实力是指一个国家存在的两种实力，一种是硬实力，另一种是软实力。硬实力包括基本资源（如土地面积、人口、自然资源）、军事力量、经济力量和科技力量等；通俗地说，硬实力是指看得见、摸得着的物质力量。“软实力”作为国家综合国力的重要组成部分，特指一个国家依靠政治制度的吸引力、文化价值的感召力和国民形象的亲和力等释放出来的无形影响力。从某种意义上说，一个国家提升软实力比提升硬实力更为困难。

软实力，实际上就是讲文化实力，讲一个国家除了单一经济实力外很多涉及到文化方面的一种力量。这种影响力，这种对外界的形象，都构成这个国家综合国力的概念。具体软实力所指的是指文化、教育、法律环境、制度建设、国家的执政能力、管理能力、国民的心态、国民的形象。中华民族精神的凝聚和来自文化传统持久的一种对国民的影响感，凝聚力。也包括中国的文化产品，比如说出版物、报纸电影、电视事业，等这些东西的影响。甚至是语言，比如说语言表达的一种影响力。一种美感，一种魅力，都应该是包括其中。充分发挥文化的这种力量在我们中国当前走中国特色社会主义道路，建设全面小康社会这个工作中，无论是政治、经济、文化社会四位一体里，文化都是在起很重要的作用。文化自身当然是很重要的方面，但是对经济、政治、社会这一块来讲，同样起到非常重要的作用。

综合国力（Comprehensive National Power）是衡量一个国家基本国情和基本资源最重要的指标，也是衡量一个国家的经济、政治、军事、文化、科技、教育、人力资源等实力的综合性指标。

我们将国家战略资源划分为八类资源和 23 个指标，这些指标的总和构成了综合国力。如何界定和衡量一个国家综合国力或战略资源，国际上尚无统一的定义和计算方法。

19.2.2 国家综合实力的评价指标

19.2.2.1 经济资源指标

经济资源是指国民生产总值（GNP）或国内生产总值（GDP）。经济规模通常按本国货币计算的 GNP 来衡量，所谓 GNP 是指居民创造的全部增加值，加上（或减去）不包括在产出价值中的税收（扣除补贴后的），加上来自非居民的主要收入（雇工补偿和财产收入）的净收入之和。GNP 也包括国内生产总值（GDP）和非居民的主要收入。通常有两种计算方法，第一种方法是按官方或名义汇率计算，这种方法经常低估发展中国家经济实力，而高估发达国家经济实力；第二种方法，即按购买力平价（PPP）计算的方法。所谓按购买力平价计算是指 1 美元对于国内的 GNP 具有与美国美元对美国的 GNP 或 GDP 相同的购买力。有时，按照这一方法换算的美元被称为国际美元，世界银行和联合国推行的国际比较项目（ICP），以 1993 年为基础，对 118 个国家计算，使用了 PPP 换算因子来估计世界各国人均 GNP 和人均 GDP 国际美元值。

19.2.2.2　人力资本指标

人力资本特别是获得教育的机会和能力被视为经济增长过程中起决定性作用。通常，人力资本用人口受教育年数来表示，受教育年数越多，劳动力工作技能就越熟练，劳动生产率就越容易提高，促进经济的增长，发展中国家丰富的人力资本更易于吸收和使用从发达国家引进和扩散的新技术（Barro and Lee，2000）。反映一国人力资本总量包括两类重要衡量指标，一是人口数和劳动年龄人口数，如 15～64 岁人口；二是人力资本，通常用 15 岁以上人口平均受教育年数来表示，该指标引自美国哈佛大学拜罗和李（Barro and Lee）的全球教育数据库，中国数据引自历次全国人口普查数据。这两类指标可以构成一国总人力资本，定义为劳动年龄人口与平均受教育年数的乘积，也可以定义为劳动力与人口平均受教育年数的乘积。劳动力是满足国际劳工组织（ILO）确定的经济上有活力的人口定义的人群组成的，他们包括在特定阶段为生产商和服务提供劳动力的人们，既包括从业人口，也包括失业人口。女性估计数不具备国际可比性，因为在许多发展中国家，大多数劳动力中的女性帮助干农活或是在其他家庭企业从事无报酬的劳动。从总体上说，劳动力包括军人，失业者和初次找工作者，但不包括家务劳动者和其他无报酬服务者以及在非正规部门工作的人员，在劳动力的范畴里，也包括在猎头公司的运作下流动的高阶劳动力资源。

19.2.2.3　自然资源指标

通常是指主要自然资源的丰裕程度，质量，可及性和成本。自然资源是经济发展的必要条件，但自然资源是有限的，成为经济增长的限制条件或上限（Upper Limits），同时自然资源具有边际收益递减性质，开采和利用的生态成本和外部成本相对高。另外不同资源在不同发展阶段作用大为不同，但都会先后呈下降趋势。相反知识资源的作用越来越大。包括四大指标：一是农业种植面积，是联合国粮食和农业组织所定义的临时性和永久性占用耕地，永久性农田和牧场的总和；二是淡水资源，包括国内河流流量，从降水中得到地下水以及从其他国家流入的河流流量；三是商业能源使用量，是指其消费计算方法，本国产量加进口量和库存变动量，减去出口量和从事国际运输船舶和飞机的使用燃料，该数据不包括燃料木材、干燥的动物和其他传统燃料使用；四是发电量，是指在电站的所有发电机组的终端测量的。除了水电、煤电、油电、天然气发电和核电外，还包括由地热、太阳能、风能、潮汐和浪潮等能源类型的发电，以及可燃性可再生物质和废弃物的发电。发电量包括仅为发电而设计的电厂和热电联合厂的电力输出量。

19.2.2.4　资本资源指标

按照哈佛大学米歇尔·波特对资本资源的定义包括三类指标：一是国内投资总额，一个国家经济中对固定资产追加的支出加上存货水平的净变化；二是外国直接投资（FDI），它是指为获得在一国经济中经营的某个企业的长期权利权益（10%和更多的有表决权的股份）而投资的净流入量，它有别于投资人，这是国际收支中股本、收益再投资、其他长期资本和短期资本的总和；三是股票市场市值，也称为资本市值，是指所有在国内证券交易所上市的公司的资本市值的总和，这一指标反映了一国金融市场的发展规模。在本书中我们是将国内投资总额换算成 PPP 国际美元，其他两项指标仍按现价美元计算。

19. 2. 2. 5　知识技术指标

知识技术视为重要的国家战略资源，特别是在 21 世纪世界进入知识社会与信息社会，它的重要性与日俱增。知识技术资源包括五个方面的指标：一是科学论文数，包括大约有 4 800 种国际学术刊物所发表的论文，这反映了一个国家的知识创新能力；二是本国居民专利申请数，这反映了一个国家的技术创新能力；三是个人计算机使用数，这反映了一个国家的应用新技术能力；四是因特网主机用户数，这反映了一个国家的信息传播能力；五是政府用于 R&D（研究与开发）支出额，这反映了一个国家的潜在的知识技术创新能力。上述五项指标充分反映了在信息时代条件下，促进知识创新与传播，技术创新与普及的基本情况。

19. 2. 2. 6　政府资源指标

这里由于受可计算指标的限制，我们仅采用了一项指标，即中央政府财政支出，包括经常性和资本性支出，也包括商业服务和社会服务支出，不包括非金融公共事业和公共机构。它反映了一个国家（主要是中央政府）动员与运用资源的能力。

19. 2. 2. 7　军事实力指标

它是一个国家综合国力的重要组成部分之一，反映了该国对内保持社会稳定，制止国家分裂内部能力，也反映了该国对外寻求国家利益最大化的外部实力（External Power）；同时是一个国家综合国力的一种“产出”，（Ashley Tellis et al.，2000），是极其重要的国家战略资产，因为军事实力不仅是综合国力的一个显函数，也是国家意志的一种表达函数。它包括两类指标：一是军费开支，它包括国防部的军用开支以及其他部的开支，不包括国防部的民用开支；二是武装部队人员，指现役军人（包括准军事人员）。需要说明的是，这两个指标无法反映军事资源的质量。

19. 2. 2. 8　国际资源指标

它包括四类指标：一是出口货物和服务贸易额；二是进口货物和服务贸易额；三是版权和专利收入额；四是版权和专利支出额；前两个指标反映一国利用和开拓国际市场的能力，后两个指标则反映一国创造和利用国际技术的能力。

将国家战略资源划分为八类资源和 23 个指标，这些指标的总和构成了综合国力（表 19-2）。

表 19-2　国家综合实力评价指标体系

一级指标	二级指标
经济资源	国民生产总值（GNP）或国内生产总值（GDP）

（续表）

一级指标	二级指标
人力资本	人口数
	劳动年龄人口数
	15 岁以上人口平均受教育年数
自然资源	农业种植面积
	淡水资源
	商业能源使用量
	发电量
资本资源	国内投资总额
	外国直接投资
	股票市场市值，也称为资本市值
知识技术	科学论文数
	本国居民专利申请数
	个人计算机使用数
	因特网主机用户数
	政府用于 R&D（研究与开发）支出额
政府资源	中央政府财政支出
军事实力	军费开支
	武装部队人员
国际资源	出口货物和服务贸易额
	进口货物和服务贸易额
	版权和专利收入额
	版权和专利支出额

19. 2. 3　计算方法

衡量和评价综合国力需要发展一种能够广泛应用且具有可度量性可比较性的新方法。这里首先介绍传统的计算公式和方法，然后介绍作者发展的一种多指标的综合国力动态方程和计算方法。

19. 2. 3. 1　传统的计算方法

这里有必要对以往计算国力的方法作一简单的介绍。

克劳斯·克诺尔（Klaus Knorr，1956）提出的国家实力含义包括经济能力，行政竞争性和战争动员能力。这是最早的综合国力方程，人们已经认识到一个国家的实力不仅仅是经济实力，尽管它是国家实力的基础。

克劳福德·哲曼（Clifford German，1960）提出国家实力指数方程：

$$G=国家实力=N\ (L+P+I+M)$$

式中 N 为核能力；L 为土地；P 为人口；I 为工业基地；M 为军事力量规模。该方程是以核能力为中心的国力方程，一个国家的实力是与拥有核武器能力成正比，它反映了在冷战和核时代条件下，一个国家拥有核武器的特殊重要性。实际上第二次世界大战后主要大国都在拼命发展核武器，以其作为最重要的国家战略资源和战略手段。

维·福克斯（Wilhem Fucks，1965）提出一个非线性国力方程。该方程考虑三类变量：一是人口规模（P）；二是能源生产（Z）；三是钢产量（$Z1$）。其方程为：

$$M=\ (P^2)\ \times Z$$

$$M=\ (P\hat{}\ (3/2)\ )\ \times Z1$$

该方程是以工业化时代的传统资源为基础，其主要国家战略目标是全球获取更多的能源，大幅度提高本国的工业生产能力。

雷·克莱因（Ray Cline，1975）提出如下国力方程：

$$P=\ (C+E+M)\ \times\ (S+W)$$

式中 C 为土地和人口；E 为经济实力，包括收入+能源+非燃料矿产资源+制造业+食物+贸易；M 为军事能力，包括战略平衡+作战能力+激励；S 为国家战略系数；W 为国家意愿，包括国家整合水平，领导人能力，与国家利益相关的战略。这是一个综合性的国力方程，方程的第一部分是客观实力或硬实力，方程的第二部分是主观实力或软实力，而综合国力是两者的乘积。反映了研究者对软实力的重视，但是如何计算软实力是比较困难的。这种方法曾被美国军方用来评估国际系统的长期趋势。

美国兰德公司泰利斯等学者首次提出了在后工业化时代衡量国家实力的方法。他们认为传统的指标和方法无法反映信息化条件下的国家实力。文中大量介绍了许多新概念，但是没有给出计算公式和计算结果。

传统的方法是将各国的主要指标按排序法（Rank-Ordered Scores）排列，并没有给出指标的实际差距和相对变化，这种方法还是半定量方法。我们希望发展一种定量计算方法能够比较全面地动态地客观地观测世界主要大国综合国力相对变化的轨迹。

19.2.3.2 本书计算方法和特点

本书计算的综合国力方程是：

$$NP = \sum (a_i \times R_i)$$

式中 NP 为综合国力；R_i 为某种资源占世界总数比重；a_i 为某种资源的权重。当考虑时间变量时，综合国力动态方程是：

$$NP(t) = \sum (a_i \times R_i(t))$$

对本书的计算方法的特点，作如下说明。

第一，本书采用无量纲的比重法，计算各国主要资源占世界总数比重。首先本书所研究的综合国力是指相对国力，我们更关心一个国家相对另一个国家，其综合国力或战略资源是相对上升？还是相对下降？其次在使用 20 多个指标计算综合国力时，各指标单位各不相同，无法相加，使用比重法，则避免了上述问题，具有可加性，即将不同指标单位转化为统一单位（百分比），构成综合国力，同时具有可比性，即进行国际比较和历史比较。

第二，本书定义了八种战略资源，使用了 23 个主要指标，构成一个可计算的综合国力方程，比较全面地反映了不同国家的战略资源和综合国力。

第三，对不同指标采取不同的权重，以反映不同战略资源的重要程度。例如，在知识时代或信息时代的战略资产大不同与工业化时代的战略资产，前者主要是知识技术信息等新兴战略资源，其作用在迅速上升；后者主要是土地粮食能源钢铁等传统资源，其作用在不断下降。本书对知识技术资源给予相当高的权重（表 19-2）。

第四，该方程是一个随时间变化的动态国力方程，不仅可以反映一国的综合国力或战略资源与他国的相对实力，而且还可以反映它们之间的动态变化。

本书计算数据来源主要使用世界银行《2000 年世界发展指标数据库》，该数据库拥有 206 个国家和地区以及世界 1960—1998 年 500 多个经济社会指标。人力资本（15 岁以上人口平均受教育年数）是使用了美国哈佛大学经济学系拜罗和李的全球教育数据库（2000）。

19. 2. 4　应用

19. 2. 4. 1　综合国力与国家地位和国际关系

综合国力的大小强弱，反映着一个国家的发展水平，决定着它满足国民需求、解决国内问题的能力，同时，也在根本上决定着它在国际上的地位和作用。综合国力不是静态的而是动态的。它表现在：随着历史条件、内外环境的变化，综合国力，包括单项实力和综合实力都在不断地发生变化。

综合国力从根本上决定着一个国家的地位及其影响。鸦片战争前后，中国国力衰退，便处在被动挨打的地位。1842—1949 年，中国历届政府共签定了 1 175 宗不平等的条约、协定、章程和合同。仅从 1840 年开始的战争赔款和从 1894—1937 年支付的利息，就分别达到 13 亿两白银和 7. 29 亿美元。国家利益由此受到极大损害。

冷战后，俄罗斯的综合国力大为下降。其经济规模只相当于苏联最后年代的一半。正因为综合国力具有如此大的作用，所以每个国家都高度重视自己综合国力的发展和提升。同时，由于综合国力的大小是在比较中相对而言的，所以每个国家都力求占据最有利的地位，拥有相对于别国更大的优势，因而，相互之间也就必然要展开激烈的竞争。这种竞争，构成国家相互之间关系的重要组成部分，也在相当程度上影响和制约着国际关系。

19. 2. 4. 2　当今世界综合国力的竞争的新特点？

认识综合国力的竞争，首先要认识这种竞争的内容和特点。冷战结束之后，特别是进入新世纪以来，世界上综合国力的竞争及其特点，主要表现在以下六个方面。

第一，经济的竞争成为综合国力竞争的中心内容。

第二，国际政治地位和在国际事务中的影响力是综合国力竞争的主要目标。美国作为世界惟一的超级大国，力图保持自己龙头老大的地位，发挥所谓“领导者”的作用。

霸权主义有增无减，连美国自己的人以及它的盟友，都批评起它的“单边主义”倾向。世界其他大国不愿生活在单极世界之下，于是大力推动多极化进程，也就是努力扩大自己的政治影响，提高自己的政治地位。

第三，科技的创新和率先突破是综合国力竞争的制高点。许多国家都瞄准科学技术的前沿问题，制定了不同类型的科技发展规划或项目计划，投入较大的物力财力，组织科技人员攻关，并加速向现实的生产力转化。在一些重大的科研项目上，如基因工程、纳米技术、数字电视等方面，不仅在比水平，而且在比速度，比实现商业化的时间。

第四，军事力量仍是综合国力竞争中具有威慑性的手段。在国际关系史上，国力的竞争，其重点以及直接的表现，往往是军事力量的竞争。冷战结束之后，军事斗争曾经一度有所缓和。现在的情况又有所变化，军事斗争在国际政治中的表现和影响又突出了出来，并有了一些新的特点。其表现：一是军费开支明显增长。特别是美国等国，军事预算和拨款的数量直线上升；二是核武器竞赛抬头。美国研制部署国家导弹防御计划和废除《反导弹防御条约》，大大刺激了世界范围的军备竞赛，一些中等国家也加紧研制核武器；三是高技术武器竞赛成为新的热点。美国等国家大力开发高新技术武器装备，如信息化作战平台、精确制导武器、航天武器、隐形武器、夜视器材，以及其他新概念武器。海湾战争、阿富汗战争成为它们试验新式武器的最佳场所；四是军火交易日益扩大。美国作为世界第一大武器贸易出口国，占世界武器销售市场一半以上的份额。俄罗斯等国也放宽对武器出口的限制，扩大在世界军火市场上的份额；五是谋求军事优势，不断进行军事上的较量。一些热点地区，军事冲突此起彼伏，接连不断。一些世界大国，动辄以武力干预相威胁。高技术条件下的局部战争，成为当代运用军事手段的主要方式；六是军事与政治结合得更加紧密。军事手段直接服务于政治目的；在政治斗争的同时穿插运用军事的威慑。政治与军事以及其他手段综合运用，以求达到最佳的效果。

第五，文化的竞争成为综合国力竞争愈益突出的一个方面。一定的文化，对于一个国家核心价值观的形成和维持，对于一个国家的精神状态和凝聚力，对于一个国家国民的素质及其能力，都起着十分重要的作用。因此，人们已普遍使用“文化力”的概念，意在强调文化也是一种力量。像美国这样的少数国家，借助于经济力量和先进的传播手段，大力进行以核心价值观为主的文化扩张，对其他文化造成不同程度的威胁。

第六，人才和人的素质的竞争成为综合国力竞争的基础内容。传统的带有基础性的竞争，往往是资源的竞争。但在当代世界，除了少数战略性资源外，一般的物质资源在国家实力中的地位下降，而人才、人的素质作为一种人力资源，其作用和地位上升。许多国家都把教育作为国家发展和振兴的基础，大力培养人才。

总之，当今世界，综合国力的竞争正在以不同的方式，在各个领域日益激烈地进行。我们只有清醒地看到这种竞争，认真研究它的态势和特点，积极采取应对的措施，才能掌握自己发展的主动权，在激烈的世界竞争中立于不败之地。

19.2.4.3　怎样认识、对待和参与综合国力的竞争？

综合国力的竞争是一个客观存在的事实，无时无刻不在世界的舞台上乃至我们的身边发生。我们必须科学地认识它，正确地对待它，勇敢地参与它。

第一，要看到，竞争与发展相辅相成，构成当今世界发展的潮流和主题。要发展，就要勇敢地面对和参与国际竞争。

第二，要看到，当今世界综合国力的竞争，总体上是一种“逆水行舟，不进则退”的态势。要在国际竞争中立于不败之地，就要有强烈的紧迫感和责任感，始终保持积极进取的姿态。日本，战后曾经创造了经济增长的奇迹。1950 年，日本的国内生产总值为 109 亿美元（按现价汇率计算），位居世界第 7 位，相当于美国的 3.8%。到 1988 年，已经超过苏联，跃居世界第 2 位。但从 1991 年以来，日本的“经济泡沫”破灭，经济开始出现衰退。虽然总量仍保持世界第 2 的地位，但 1992—1997 年，日本经济年均增长不到 1%，是经合组织国家中增长最低的国家。迄今仍然没有走出衰退和低迷的状态。美国，二战后登上世界经济霸主的地位，其经济规模一度达到世界的 50%。60 年代后趋于衰落。80 年代后经济逐步回升，其规模保持在世界的 1/4 左右。在经历了 20 世纪 90 年代初的短暂低迷后，从 1992 年 3 月开始，保持了连续 120 个月的增长，创造了连续增长时间最长的记录。但从 2001 年 3 月开始，美国经济进入衰退。

第三，要看到，当今世界综合国力的竞争有许多新的特点，特别是竞争与合作往往同时并存。因此，必须恰当地运用竞争的方法和艺术，处理好竞争与合作的关系。竞争并不排除合作。比如，在科技领域，国际的竞争非常激烈，但在很多领域，也发展着大量的合作。国际空间站计划就是一个典型的范例。该空间站计划耗资 400 亿美元。成员国有美、俄、加、日、英、法、德、意、比、荷、挪威、西班牙、瑞典、瑞士和巴西等 15 国。分工是：美国承建三个联接舱、一个实验舱、支撑部件、四个太阳能收集器、一个卧舱、三个对接器、一个圆形穹顶、一个无压服务舱和一个离心舱。此外，保健、生命保障、导航、飞行和控制、信息处理、能源、通信和监测、地面操作和发射系统也完全由美国承建。加拿大负责生产用于空间站设备安装和维护的长达 55 英尺的智能机械臂。俄罗斯负责建造两个研究舱、一个自成体系的用于生命保障和起居的服务舱、一个为科研提供能源的 2 万 kW 太阳能发电站、后勤运输器和用于宇航员返回地面及运输用的太空船。日本负责建造用于实验和后勤运输的附带有户外平台的实验室。欧空局负责建造由航天飞机运送的压力实验室和将由“阿丽亚娜”5 号运载的后勤运输器。另外，巴西和意大利将按与美国达成的合同，参与承建一些设备。巴西将为空间站提供一个特制的玻璃窗，用以眺望地球。波音公司的一位空间项目负责人说：“空间站既是科研项目又是政治项目，这么多国家一起和平工作比空间站本身的价值还要大。它意味着不可限量的国际合作。”完全损人利己的竞争时代已经结束。

第四，要看到，综合国力的竞争，事实上也对弱势国家造成很大的压力。所以，在参与国际竞争的过程中，要有必要的防范意识和准备，努力维护国家的利益和安全。在国际竞争中强国对弱国施加压力的方式方法五花八门：在经济上，一些大国经常通过设置贸易壁垒、实施经济制裁、进行贸易报复等方式对其他国家施加压力。有时候则采用双重标准，对自己一套，对别人一套，造成人为的不平等和不公平。在政治上，往往利用大国地位，自恃较强的政治、经济和军事实力，干预别国的内政，主导国际问题、热点问题的解决。在军事上，主要采用威慑的手段，以军事干预甚至发动战争相威胁。

19.2.4.4　2018 年国家综合实力排名

根据最新的 2018 年的数据综合国力排名。

第一名：美国。美国庞大的经济、文化、科技和军事影响力贯穿了整个20世纪，是世界上发达国家之一，是世界第一经济强国、世界第一军事强国等。经济、政治、军事、文化、航天、科技、教育均位于世界第一且远超其他国家。几乎所有的国家在华盛顿特区都设有大使馆和派驻大使（仅有包括朝鲜在内的6个国家没有派入）。同时是世界第一体育强国。国土面积排行第四。

第二名：中国。巨大的经济总量（827 122亿元，2017年），是世界第一工业大国、世界第一人口大国，世界第二经济强国、世界第二人力资源强国、世界第二体育大国、世界第三军事强国、世界第二科技、教育强国。庞大的军事力量和巨大的世界影响力，拥有核武器，中国的军事武器是用于捍卫国家人民利益和领土完整的。

第三名：俄罗斯。国土面积排行第一，国际影响力世界第二，丰富的自然资源，强大的军事实力。

第四名：日本。巨大的经济总量，先进的军事技术，较高素质的人口，科技发达。世界第三经济，人力资源强国。拥有较为发达的高新技术产业，文化产业。是世界上发达国家之一。

第五名：英国。较强的经济实力，先进的科技，强韧的军事实力，远大的国际影响力。是一个发达国家，是世界上前六大经济体，是世界上第一个工业化国家，其语言是世界通用语之一。

第六名：法国。发达的经济水平，强力的军事力量和科技。为老牌资本主义国家。

第七名：德国。发达的经济水平，先进的军事科技，极高素质的国民，较好的国家形象。德国是欧洲经济强国。.

第八名：印度。庞大的军事力量，较大的领土空间，巨大的发展潜力。印度世界第二人口大国，每年经济以7%以上的均速增长，是世界上较强的发展中国家之一。

第九名：巴西。庞大的领土面积，丰富的自然资源，经济增长速度较快，较多的人口。也是世界上较强的发展中国家之一。

第十名：加拿大。国土面积排行第二，丰富的自然资源，发达的经济。是世界上发达国家之一。

根据一份未知来源的榜单，从经济水平、军事水平、国土面积、海域面积、国家人口、耕地面积、森林面积、矿产资源、工业水平、农业水平、金融水平、科技水平、教育水平、体育水平、医疗水平、国际影响力、政府清廉指数、人类发展指数和国民幸福指数共计19个指标对世界上的国家进行打分，最后得出了世界综合实力十大强国！榜单显示，世界上综合实力最强的十个国家分别为美国（179.35分）、中国（128.61分）、俄罗斯（106.1分）、英国（99.37分）、法国（98.24分）、德国（96.29分）、加拿大（94.25分）、日本（93.23分）、澳大利亚（91.94分）、印度（84.11分）。

19.2.4.5 全世界各国综合实力排行榜（2021年）

有一位研究者提供了一套国家综合实力评价指标体系，包括7个一级指标51个二级指标，并收集了有关数据（数据多数是2021年的，也有少量更早的），对193个联合国成员国和2个观察员国的综合实力进行排序应用。数据来源：世界银行数据库，快易数据，百度百科，买购网，世界资源研究所—欧空局的Land Cover Viewer，世界卫生组织，Our World in Data，斯德哥尔摩和平研究所等。

其中的评价指标体系包括：7 个一级指标：人口与人力资源（占 57.5 分，9.43%）、国土面积与交通（57.5 分，9.43%）、经济（175 分，28.69%）、文化与科技（105 分，17.21%）、军事（135 分，22.13%）、政治（47 分，7.7%）、社会（33 分，5.41%）。（总分 610 分）。

为防止前几名差距过大引起各项比重偏差，各括号内分数均是该大项排第 10 位的国家获得的分数。各大小项暂得分与最终得分精确到 0.1。（对每一个 2 级指标的权重和得分，有详细的说明，略）。

各一级指标包括的二级体系如下。

人口与人力资源：总人口、人力资源（15~64 岁人口数×人类发展指数）。

国土面积与交通：国土总面积、耕地面积、谷物产量、森林面积、草地与灌丛面积、能源矿产、附加系数（考虑了海陆位置、平均海报高度、海权、气候、等等因素附加分）、交通（包括铁路公路总里程、航空运输量、货柜码头吞吐量）。

经济：GDP（美元计）、发电量、电力需求量、商品进出口总额（中国为内地数据）。

文化与科技：世界 500 强企业、QS 和软科世界大学排名前 1 000、自然指数、创新指数、知识产权使用费接收、诺贝尔奖、世界遗产数量、在全球有广泛影响力的体育盛会、航天成就。

军事：军费开支、火力指数、航空母舰、“两弹”核武器、安全组织、海外军事基地。

政治：联合国参与度和地位、大国俱乐部（G20、G7、金砖）参与、世贸成员、主要联合国观察员组织参与度、领土完整、海外领地、“忽略指数”。

社会：全球治理指数、和平指数、斯德哥尔摩和平研究所近三年的武装冲突、谋杀率、较 5 年前净增加难民人数占总人口比例、“脆弱和受冲突影响”国家、人均 GDP、人均预期寿命、人口平均受教育年限、青春期生育率、总和生育率、婴幼儿死亡率、城镇化率、通电率、每百人固定宽带用户。

国家综合实力前 31 名排列如下。

表 19-3　国家综合实力排名　　（单位：分）

排名	国家	总分	大洲	人口	国土	经济	文化与科技	军事	政治	社会
1	美国	5 725.7	北美洲	158.4	367.4	1 939.1	1 255.5	1 612.1	364	29.2
2	中国	5 046.7	亚洲	656.6	386.2	1 855.1	914.5	876.3	334	24
3	俄罗斯	1 875.8	欧洲	66	441.9	189.2	82.8	751.4	324.8	19.7
4	印度	1 564.2	亚洲	590.7	174.1	323.2	71.3	342.6	46.1	16.2
5	英国	1 214.2	欧洲	31.9	13.2	250.5	303.7	250.9	333.1	30.9
6	法国	1 128.2	欧洲	31.3	29.9	248.7	193.9	258.1	336.2	30.1
7	日本	1 092.1	亚洲	57.5	15.5	416.7	279.4	235.6	55	32.4

（续表）

排名	国家	总分	大洲	人口	国土	经济	文化与科技	军事	政治	社会
8	德国	929.2	欧洲	39.7	20.5	353.7	303.1	125.3	54.2	32.7
9	巴西	714.9	南美洲	97.1	223	154.2	46.1	128.2	47	19.3
10	加拿大	687.9	北美洲	18.4	234.3	180.5	109.8	63	48.9	33
11	澳大利亚	603.7	大洋洲	12.4	189.1	128.7	100.8	97.7	42.2	32.8
12	韩国	599.6	亚洲	25.7	5.5	167.7	116.2	217.2	37.5	29.8
13	意大利	537.8	欧洲	27.6	12.4	175	107.1	135	51.8	28.9
14	印度尼西亚	431.9	亚洲	119.5	57.5	104.3	9.3	81	40.5	19.8
15	西班牙	384.3	欧洲	22.6	20.8	121.6	91.5	69.9	28.8	29.1
16	巴基斯坦	358.4	亚洲	88.8	28.8	33.5	7.4	164.3	25	10.6
17	沙特阿拉伯	340.8	亚洲	17.4	51	80.8	18.7	108.8	39.8	24.3
18	土耳其	338.6	亚洲	39.6	28	78.7	21.5	110.1	40.5	20.2
19	墨西哥	334.9	北美洲	56.5	54.7	114.5	27	22.8	41.5	17.9
20	伊朗	296.1	亚洲	40	48.4	44.9	21.6	103.1	21.3	16.8
21	荷兰	285.1	欧洲	8.4	2.7	86.9	93.8	32.1	28.1	33.1
22	瑞士	265.8	欧洲	4.2	1.4	64.8	105	27.8	28.7	33.9
23	埃及	258.4	非洲	46.9	22.5	40.3	7.6	99.9	24.5	16.7
24	以色列	244.6	亚洲	4.3	0.9	40	37.7	110.1	22.7	28.9
25	阿根廷	244.2	南美洲	21	79	43.8	16.8	18.6	41.3	23.7
26	瑞典	227.5	欧洲	4.9	12.9	56.1	57.8	36.2	26.5	33.1
27	波兰	223.5	欧洲	17.8	16.5	61.7	28.8	43.2	26.5	29
28	南非	209.3	非洲	25.7	31.9	42.8	16.2	31.2	44.1	17.4
29	尼日利亚	198.0	非洲	79.6	31.5	34.3	2.5	21.9	25.2	3
30	泰国	196.2	亚洲	33.2	21.2	49.5	12.5	33.1	24.6	22.1
31	越南	183.1	亚洲	42.7	15.6	42	6.5	32.5	23.5	20.3

表 19-4 各一级指标前 10 名的国家 （单位：分）

人口与人力资源			国土面积与交通		
排名	国家	总分	排名	国家	总分
1	中国	656.6	1	俄罗斯	441.9
2	印度	590.7	2	中国	386.2
3	美国	158.4	3	美国	367.4

（续表）

4	印度尼西亚	119. 5	4	加拿大	234. 3
5	巴西	97. 1	5	巴西	223
6	巴基斯坦	88. 8	6	澳大利亚	189. 1
7	尼日利亚	79. 6	7	印度	174. 1
8	孟加拉国	72. 2	8	阿根廷	79
9	俄罗斯	66	9	哈萨克斯坦	62. 3
10	日本	57. 5	10	印度尼西亚	57. 5

经济			文化与科技			军事		
排名	国家	总分	排名	国家	总分	排名	国家	总分
1	美国	1 939. 1	1	美国	1 255. 5	1	美国	1 612. 1
2	中国	1 855. 1	2	中国	914. 5	2	中国	876. 3
3	日本	416. 7	3	英国	303. 7	3	俄罗斯	751. 4
4	德国	353. 7	4	德国	303. 1	4	印度	342. 6
5	印度	323. 2	5	日本	279. 4	5	法国	258. 1
6	英国	250. 5	6	法国	193. 9	6	英国	250. 9
7	法国	248. 7	7	韩国	116. 2	7	日本	235. 6
8	俄罗斯	189. 2	8	加拿大	109. 8	8	韩国	217. 2
9	加拿大	180. 5	9	意大利	107. 1	9	巴基斯坦	164. 3
10	意大利	175	10	瑞士	105	10	意大利	135

政治			社会		
排名	国家	总分	排名	国家	总分
1	美国	364	1	瑞士	33. 9
2	法国	336. 2	2	卢森堡	33. 8
3	中国	334	3	挪威	33. 6
4	英国	333. 1	4	爱尔兰	33. 3
5	俄罗斯	324. 8.	5	冰岛	33. 3
6	日本	55	6	列支敦士登	33. 3
7	德国	54. 2	7	荷兰	33. 1
8	意大利	51. 8	8	摩纳哥	33. 1
9	加拿大	48. 9	9	瑞典	33. 1
10	巴西	47	10	加拿大	33

19.3 电子政府水平测度指标体系

19.3.1 电子政府概述

从电子政府的职能角度出发，把电子政府的结构要素分为实体要素、支撑要素、目标要素和人员要素，从而测算电子政府的发展水平。实体要素指构成电子政府的物质基础，如硬件环境、软件环境、信息资源库；支撑要素指保证电子政府顺利运作的法律制度，如法律法规、共享信息的范围、参与者身份确认机制；目标要素指电子政府所要达成的目标，如电子化公文、电子商务、电子邮递、电子税务、电子福利、电子民主、电子政务公开；人员要素指维持电子政府良好运行的人员素质保障。

电子政府水平测度指标体系建立的原则包括：

① 全面性原则。指电子政府水平测度指标体系的建立既要兼顾政府网站建设的硬指标，又要兼顾政府网站建设的软指标。② 普遍性原则。指建立的电子政府水平测度指标体系要适用于各级、各类政府网站。既要适用于国务院及其下属机构的网站，又要适用于各省市自治区及其下属机构的网站；③ 可操作原则。指建立的电子政府水平测度指标体系要能够量化，不但能够获取定性的数据，而且能够把定性的数据定量化，这样才能把指标体系应用到测度的具体实践中。

从指标体系建立的原则出发，电子政府水平测度指标体系包括：一级指标、二级指标、三级指标、四级指标。

一级指标包括硬指标和软指标。

电子政府水平测度硬指标

(1) 网站资源指标

信息资源种类、信息资源数量和信息资源质量。

(2) 网站服务指标

① 搜索功能：网站是否提供搜索引擎，检索字段是否全面，搜索结果的相关性程度。

② 交互功能：网站是否提供用户上传意见，是否提供用户调查，是否能够及时处理用户意见。

③ 链接功能：网站是否提供链接，链接网站的数量，链接网站的质量。

④ 事务处理功能：联系功能：联系方式、联系人、联系地址；信息反馈功能：答疑和咨询；电子政务功能：电子化公文、电子商务、电子邮递、电子税务、电子福利、电子民主、电子政务公开。

(3) 网站利用指标

访问量、下载量和事务处理量。

(4) 网站分布指标

界面清晰指标、布局指标和醒目指标

19.3.2　电子政府水平测度软指标

（1）保障指标

① 法律法规。

② 技术：数据库、网络、多媒体、自动化、跟踪技术、个人身份、鉴别技术、讨论支持技术。

③ 人员。

④ 安全：安全法律与法规、安全组织与管理、安全标准与规范、安全保障、安全技术与产品、安全基础设施。

（2）效益指标

① 经济效益；成本收益分析、定标比超分析、投资回报和总成本和税收。

② 社会效益：网站特色指标和阶段分析方法和社会角逐方法测度的分值。

③ 满意度指标。

19.4　农村信息服务体系综合评价

农村信息服务体系综合评价属信息系统评价范畴，评价的本身涉及农村信息服务体系的多个环节，包括对从事农村经济信息工作的信息组织机构、信息人才队伍、信息基础设施、农村信息资源和农村信息技术及应用等方面。

19.4.1　农村信息服务体系综合评价的目的

一是通过综合评价可以减少体系建设成本，缩短系统建设周期。在农村信息服务体系建设的各个阶段都要进行阶段性系统综合评价，发现问题及时解决，这样才能少走弯路，提高工作效率，缩短系统建设周期。

二是通过开展综合评价，促进信息体系的完善和发展。在农村信息服务体系综合评价过程中，一方面是自身动态纵向比较和静态横向比较，这样可考察信息资源的开发利用程度，信息基础设施的建设情况，以及是否符合预期阶段建设目标。另一方面，通过不同地区信息体系综合评价的纵向比较和横向比较，可找出各地区在信息技术应用领域上的差距与不足，有利于体系自身建设和进一步升级发展。特别要注意与国外先进国家的信息体系做比较，这样有利于找出差距，吸取经验，明确未来发展目标，以便采取合理措施，促进自身信息体系的完善和发展。

三是通过区域综合评价，衡量区域信息化发展水平。系统评价的基本目的就是为了决策。一方面可为政府决策提供强有力的量化指标支持，另一方面，对农业生产经营者来说，综合体系评价本身也可为其制定生产、经营、管理计划提供科学支持。

19.4.2　农村信息服务体系综合评价指标体系

农村信息服务体系评价主体分为六大模块：信息资源、信息基础设施建设、信息技术及应用、信息人才队伍、信息机构组织及信息政策法规和农村信息服务体系效益指标。综合来看，以上指标体系可较客观、公正、系统地对农村信息服务体系进行概述和评价，且诸多评价指标既涵盖农村信息服务体系的物质条件和软科学条件，也包含经济、社会效益指标，较全面地反映了农村信息服务体系建设对国家信息化、农业信息化、现代化建设的重要作用。同时在指标体系中，各主要评价指标能够反映农村信息服务体系中各种基本构成要素之间相互联系、互相作用，较系统地反映了信息体系建设过程中需要重点建设的内容，且各项指标具有内在联系是一个完整的统一体。具体的评价指标内容如下：

19.4.2.1　信息资源指标

① 每万人数据库拥有量：指农村一定区域内农业应用数据库数量。主要包括农产品供求系统、菜篮子产品价格系统、农业科技信息系统、农业专家决策系统、农产品市场信息系统、农产品监测预警系统、农业地理信息系统等。

每万人数据库拥有量=区域内农业应用数据库总量/区域内农村总人口数（万人）

② 每万人农业网站拥有量指农村一定区域内农业网站信息资源的数量。

每万人网站拥有量=区域内农业网站总量/区域内农村总人口数（万人）

③ 农经类电视、广播节目播出比例指在农村电视、广播宣传过程中，农业经济类节目的播出比例。

农经类电视广播节目播出率/%=一定时期内农业经济类节目的播出时数/一定时期内电视广播总播出时数 100

④ 农村人均邮电业务量指在一定时期内农村人均发生的信函、电报、传真等邮电业务。

人均邮电业务量=一定时期区域邮电业务总量/区域内农村总人口数

⑤ 农村人均报刊杂志发行量指农村一定时期内报刊杂志发行情况。

农村人均报刊杂志发行量=一定时期区域报刊杂志发行总量/区域内农村总人口数

⑥ 农村人均档案馆、图书馆藏文献拥有量：指农村一定区域内纸质文献信息资源的数量。

农村人均档案馆图书馆藏文献拥有量=区域内档案馆图书馆藏文献总量/区域内农村总人口数

⑦ 农村人均年通话次数：指一定区域内农村语音通话次数。

农村人均年通话次数=年总通话次数/区域内农村总人口数

19.4.2.2　信息基础设施建设指标

① 农村计算机网络及设备普及率指农村计算机网络建设及计算机终端拥有程度。

农村计算机网络及设备普及率=区域内计算机网络及设备总量/区域内农村总人口数×100%

② 农村广电（电台、电视台、有线电台）人口覆盖率指农村广播电视网络的应用普及程度。

农村广电（广播电台电视台有线电台）人口覆盖率/%=广电（广播电台电视台有线电台）数/区域内农村总人口数（万人）×100

③ 农村广电线路覆盖率指农村广播电视线路的建设及延伸覆盖程度。

农村广电线路覆盖率/%=广播电视线路总长度/区域总面积×100

④ 农村网络基础设施覆盖率指区域内建成广播电视网络、通信网络及计算机网络的市、县、乡、村数占区域内市县乡村总数的比例。

农村网络基础设施覆盖率/%=区域内建成网络的市县乡村总数/市县乡村总数×100

⑤ 农村电视机、收音机保有量指农村电视和收音机的普及程度。

农村电视机收音机保有量=农村某区域内电视收音机总拥有数量/农村某区域内总人口数量（百人）

⑥ 农村电话普及率指农村电话的应用普及程度。

农村电话普及率/%=农村某区域内电话总量/农村某区域内总人口数×100

19.4.2.3　信息技术及应用指标

① 农村进入三级网络（局域网、城域网、广域网）的比例：指区域内信息技术的利用范同及程度。

农村进入三级网络的比例/%=进入三级网络的县乡村数/区域内县乡村总数×100

② 农村各种信息数据库应用覆盖率：指农业专家决策系统、农产品供求信息系统、菜篮子产品价格信息系统、农业地理信息系统、农业科研院校专业数据库等在县乡村的应用覆盖程度。

农村各种信息数据库应用覆盖率/%=区域内已应用数据库的县乡村总数/区域内县乡村总数×100

③ 农业及涉农行业信息系统普及率：指农业及涉农行业信息系统普及程度。

农业及涉农行业信息系统普及率/%=区域内使用信息系统的基本单位数/区域内基本单位总数×100

④ 农业应用软件普及率：指农村农业应用软件的利用程度。

农业应用软件普及率/%=利用农业应用软件的人数/区域内农村总人口数×100

⑤ 农业科技成果转化率：指农业技术成果转化的程度。

农业科技成果转化率/%=已转化的农业科技成果数/农业科技成果总数×100

⑥ 农村信息消费比例：指农村在一定时期内信息消费额占总消费额的比例。

农村信息消费比例/%=农村信息消费总额/总消费额×100

19.4.2.4　信息人才队伍指标

① 农村信息服务业从业人员比例：指从事农村信息服务业人员占农村总从业人员的比例。

农村信息服务业从业人员比例/%=农村信息服务业人员数/农村某区域总就业人数×100

② 农业及涉农行业信息技术人员比例：指农业及涉农行业信息技术人员所占的比例。

农业及涉农行业信息技术人员比例/%=农业及涉农行业信息技术人员数/总从业人数×100

③ 农村信息服务业各种学历人员比例：指从事农业信息服务业的各种学历水平（如高中、中专、大学等）人员的比例。

农村信息服务业各种学历人员比例/%=农村信息服务业各种学历人员数/区域内总就业人数×100

④ 农业科研人员比例：指从事农业科研工作的人员所占的比例。

农业科研人员比例/%=区域内科研人员数/区域内总就业人数×100

⑤ 农村受教育人员比例：指农村一定区域内受教育人员（如初中、高中、中专、大专、本科等）的比例。

农村受教育人员比例/%=区域内受教育人数/区域内总人口数×100

⑥ 农村每万人大学生数：指农村一定区域内大学生的比例。

19.4.2.5 信息机构组织及信息政策与法规指标

① 县级农村信息服务组织完善程度：指在县级组织机构中农村信息机构的数量及占有程度。

县级农村信息服务组织完善程度=县级农村信息服务机构数/县级组织机构总数×100%

② 乡级农村信息服务组织完善程度：指在乡级组织机构中农村信息机构的数量及占有程度。

乡级农村信息服务组织完善程度=乡级信息机构数/乡级组织机构总数×100%

③ 村级信息服务组织完善程度：指在村级所有农户中从事与信息服务相关的农民经纪人、中介组织、种养经营大户等的数量及占有程度。

村级信息服务组织完善程度=从事信息服务的户数/农户总数×100%

④ 与农村信息服务相关的政策法规所占比例：指在出台的农业政策法规中与农村信息服务相关的农业政策、规划、法规、标准所占比例。

与农村信息服务相关的政策法规所占比例=与农村信息服务相关的政策法规数/一定时期内农业政策法规发布总数×100%

⑤ 农村信息服务组织人均信息发布量：指在一定区域和时期内农村信息服务组织的人均信息发布量。

农村信息服务组织人均信息发布量=一定时期内农村信息服务组织发布信息总量/农村信息服务组织内总人数

19.4.2.6 效益评价指标

① 农产品信息增值率：农村信息服务体系建设的根本目的是提高农村现代化水平和集约经营水平，不断增加农民收入，通过农产品增值指标，能够评价某个区域信息资源利用的效益情况。反映在各产业链的综合增值能力上，综合增加值等于产业链各环节增值总和，在其中计算出各环节依靠信息增加的价值量。

以棉化为例，分为以下四部分：

棉花—皮棉—布—成衣　增加值以 A 表示

棉花—籽—油　增加值以 B 表示

棉花—秆—造纸　增加值以 C 表示

棉花—壳—食用菌　增加值以 D 表示

农产品综合增加值=A+B+C+D，要计算出这一增值过程中的信息增值量。因此，农产品信息增值率是指：各种农产品产业链的综合增加值中的信息增值量在农产品的综合增加值中所占的比例。

农产品信息增值率/% =各种农产品产业链的综合增加值中的信息增值量/农产品的综合增加值×100

② 农村信息服务价值率：指在农村一定区域内依靠信息服务所创造的产值占农业总产值的比例。

农村信息服务价值率/% =一定区域内信息服务所创造的产值/一定区域内农业总产值×100

③ 农村信息服务就业率：指在农村一定区域内信息服务业就业人员占农村总剩余劳动力的比例。

农村信息服务就业率/% =一定时期内信息服务业就业人员数/农村一定区域内总剩余劳动力×100

以上指标基本构成了我国农村信息服务体系综合评价的基本评价指标体系。由于我国农村经济信息服务的发展还处在初级阶段，各地的经济发展水平、自然条件、经济信息资源的开发应用水平之间存在差异。因此，该指标体系将随着信息体系的发展和各地实际情况不断进行调整、补充和完善。在整个指标评价体系中，六类评价构成要素之间虽然重要性不同，但是它们相互制约、相互联系、相互促进、相互印证，能够比较客观、准确地评价农村信息服务体系。

19.4.3　农村信息服务体系综合评价方法

建立科学合理的指标体系，对综合评价农村经济信息体系是至关重要的。由于各个构成要素及各个指标在系统评价中的作用程度不同，综合评价指标体系的指标权重也不一样。现在，确定指标体系权重的方法很多，如特尔斐法、灰色预测法、DEA 法以及层次分析法（AHP）等。本节信息体系综合评价指标权重确定的方法，主要采取层次分析法（AHP 法）。综合评价时采用单层次分析确定指标体系的权重。在排序的方法上选用特征根法。

为了计算农村信息服务体系综合评价指标体系的权重，采取专家咨询、专家打分的办法，确定了判断矩阵中的赋值。在此基础上，笔者与河北省农业信息中心的专家、少数市县熟悉信息体系建设的基层用户，并结合近年农村信息工作实践，对判断矩阵的赋值进行了讨论，并对少数赋值做了微量调整。

农村信息服务体系方案层的判断矩阵及权重计算结果如表 19-5 所示。

表 19-5　农村信息服务体系方案层的判断矩阵及权重计算结果

a	a_1	a_2	a_3	a_4	a_5	a_6	ω_i
a_1	1	1/5	1/4	1/7	1/3	2	0.053
a_2	5	1	2	1/2	1/3	5	0.186

（续表）

a	a_1	a_2	a_3	a_4	a_5	a_6	ω
a_3	4	1/2	1	1/3	2	3	0. 154
a_4	7	2	3	1	3	5	0. 332
a_5	3	3	1/2	1/3	1	3	0. 168
a_6	1/2	1/5	1/3	1/5	1/3	1	0. 047

信息资源指标的判断矩阵及权重计算结果如表 19-6 所示。

表 19-6　信息资源指标权重判断矩阵 $x_{11}-x_{17}$（j=1、2、3、4、5、6、7）

a_1	x_{11}	x_{12}	x_{13}	x_{14}	x_{15}	x_{16}	x_{17}	ω_{ij}
x_{11}	1	2	1/3	5	1/2	4	3	0. 158
x_{12}	1/2	1	1/4	4	1/3	3	2	0. 103
x_{13}	3	4	1	7	2	6	5	0. 348
x_{14}	1/5	1/4	1/7	1	1/6	1/2	1/3	0. 030
x_{15}	2	3	1/2	6	1	6	5	0. 253
x_{16}	1/4	1/3	1/6	2	1/6	1	1/2	0. 043
x_{17}	1/3	1/2	1/5	3	1/5	2	1	0. 065

计算求得：$\lambda_{max}=7.206$　$CI=0.034$　$RI=1.320$　$CR=0.026$

因 $CR<0.1$，通过一致性检验。

信息资源指标合成权重如表 19-7 所示。

表 19-7　信息资源指标合成权重

Ω_1	$\bar{\omega}_{11}$	$\bar{\omega}_{12}$	$\bar{\omega}_{13}$	$\bar{\omega}_{14}$	$\bar{\omega}_{15}$	$\bar{\omega}_{16}$	$\bar{\omega}_{17}$
0. 053	0. 008 4	0. 005 5	0. 018 4	0. 001 6	0. 013 4	0. 002 3	0. 003 4

信息基础设施建设指标的判断矩阵及权重计算结果如表 19-8 所示。

表 19-8　信息基础设施建设指标权重判断矩阵 $x_{21}-x_{26}$　（j=1、2、3、4、5、6）

a_2	x_{21}	x_{22}	x_{23}	x_{24}	x_{25}	x_{26}	ω_{2j}
x_{21}	1	2	1/4	1/5	1/3	1/2	0. 064
x_{22}	1/2	1	1/5	1/6	1/4	1/3	0. 042

（续表）

a_2	x_{21}	x_{22}	x_{23}	x_{24}	x_{25}	x_{26}	ω_{2j}
x_{23}	4	5	1	1/2	2	3	0.252
x_{24}	5	6	2	1	3	4	0.381
x_{25}	3	4	1/2	1/3	1	2	0.160
x_{26}	2	3	1/3	1/4	1/2	1	0.101

计算求得：$\lambda_{max}=6.122$　$CI=0.024$　$RI=1.240$　$CR=0.019$

因 $CR<0.1$，通过一致性检验。

信息基础设施建设指标合成权重如表 19-9 所示。

表 19-9　信息基础设施建设指标合成权重

Ω_2	$\bar{\omega}_{21}$	$\bar{\omega}_{22}$	$\bar{\omega}_{23}$	$\bar{\omega}_{24}$	$\bar{\omega}_{25}$	$\bar{\omega}_{26}$
0.186	0.011 9	0.007 8	0.046 9	0.070 9	0.029 8	0.018 8

信息技术及应用指标的判断矩阵及权重计算结果如表 19-10 所示。

表 19-10　信息技术及应用指标权重判断矩阵 x_{31}-X_{36}（j=1、2、3、4、5、6）

a_3	x_{31}	x_{32}	x_{33}	x_{34}	x_{35}	x_{36}	ω_{3j}
x_{31}	1	1/4	1/7	1/2	1/6	1/4	0.036
x_{32}	4	1	1/4	3	1/3	1	0.120
x_{33}	7	4	1	6	2	4	0.399
x_{34}	2	1/3	1/6	1	1/5	1/3	0.053
x_{35}	6	3	1/2	5	1	3	0.272
x_{36}	4	1	1/4	3	1/3	1	0.120

计算求得：$\lambda_{max}=6.161$　$CI=0.032$　$RI=1.240$　$CR=0.026$

因 $CR<0.1$，通过一致性检验。

信息技术及应用指标合成权重如表 19-11 所示。

表 19-11　信息技术及应用指标合成权重

Ω_3	$\bar{\omega}_{31}$	$\bar{\omega}_{32}$	$\bar{\omega}_{33}$	$\bar{\omega}_{34}$	$\bar{\omega}_{35}$	$\bar{\omega}_{36}$
0.164	0.005 9	0.019 7	0.065 4	0.008 7	0.044 6	0.019 7

信息人才队伍指标的判断矩阵及权重计算结果如表 19-12 所示。

表 19-12　信息人才队伍指标权重判断矩阵 x_{41}-x_{46}　（j=1、2、3、4、5、6）

a_4	x_{41}	x_{42}	x_{43}	x_{44}	x_{45}	x_{46}	ω_{4j}
x_{41}	1	2	5	3	4	5	0. 390
x_{42}	1/2	1	4	2	3	4	0. 262
x_{43}	1/5	1/4	1	1/3	1/2	1	0. 049
x_{44}	1/3	1/2	3	1	2	3	0. 172
x_{45}	1/4	1/3	2	1/2	1	2	0. 078
x_{46}	1/5	1/4	1	1/3	1/2	1	0. 049

计算求得：$\lambda_{max}=6.113$　$CI=0.023$　$RI=1.240$　$CR=0.019$

因 $CR<0.1$，通过一致性检验。

信息人才队伍指标合成权重如表 19-13 所示。

表 19-13　信息人才队伍指标合成权重

Ω_4	$\bar{\omega}_{41}$	$\bar{\omega}_{42}$	$\bar{\omega}_{43}$	$\bar{\omega}_{44}$	$\bar{\omega}_{45}$	$\bar{\omega}_{46}$
0. 382	0. 149 0	0. 100 1	0. 018 7	0. 065 7	0. 029 8	0. 018 7

信息机构组织及信息政策法规指标的判断矩阵及权重计算结果如表 19-14 所示。

表 19-14　信息机构组织及政策法规指标权重判断矩阵 x_{51}-x_{55}（j=1、2、3、4、5）

a_5	x_{51}	x_{52}	x_{53}	x_{54}	x_{55}	ω_{5j}
x_{51}	1	2	3	1/2	1	0. 215
x_{52}	1/2	1	2	1/3	1/2	0. 121
x_{53}	1/3	1/2	1	1/4	1/3	0. 073
x_{54}	2	3	4	1	2	0. 375
x_{55}	1	2	3	1/2	1	0. 215

计算求得：$\lambda_{max}=5.033$　$CI=0.008$　$RI=1.120$　$CR=0.007$

因 $CR<0.1$，通过一致性检验。

信息机构组织及政策法规指标合成权重如表 19-15 所示。

表 19-15　信息机构组织及政策法规指标合成权重

Ω_5	$\bar{\omega}_{51}$	$\bar{\omega}_{52}$	$\bar{\omega}_{53}$	$\bar{\omega}_{54}$	$\bar{\omega}_{55}$
0. 168	0. 036 1	0. 020 3	0. 0123	0. 063	0. 036 1

评价指标的判断矩阵及权重计算结果如表 19-16 所示。

表 19-16　效益评价指标权重判断矩阵 x_{61}-x_{63}（j=1、2、3）

a_6	x_{61}	x_{62}	x_{63}	ω_{6j}
x_{61}	1	2	1/2	0.297
x_{62}	1/2	1	1/3	0.163
x_{63}	2	3	1	0.540

计算求得：$\lambda_{max}=3.009$　$CI=0.005$　$RI=0.580$　$CR=0.009$

因 $CR<0.1$，通过一致性检验。

效益评价指标合成权重如表 19-17 所示。

表 19-17　效益评价指标合成权重

Ω_6	$\overline{\omega}_{61}$	$\overline{\omega}_{62}$	$\overline{\omega}_{63}$
0.047	0.014 0	0.007 7	0.025 4

表 19-18 列出了我国农村信息服务体系综合评价指标合成权重及排位情况。

表 19-18　农村信息服务评价指标体系及权重

指标代码及名称	资料来源	权重	排名
A_1信息资源指标；0.053			
X_{11}每万人数据库拥有量	农业及涉农部门	0.008 4	26
X_{12}每万人农业网站（域名）拥有量	CNNTC	0.005 5	30
X_{13}农经类电视、广播节目播出比重	广播电视部门	0.018 4	20
X_{14}农村人均邮电业务量	邮电部门	0.001 6	33
X_{15}农村人均报刊杂志发行量	新闻出版部门	0.013 4	22
X_{16}农村人均档案馆、图书馆藏文献拥有量	文化、教育等部门	0.002 3	32
X_{17}农村人均年通话次数	电信、通信部门	0.003 4	31
A_2信息基础设施建设指标；0.186			
X_{21}农村计算机网络及设备普及率	信息产业部	0.011 9	24
X_{22}农村广电（电台、电视台、有线电台）人口覆盖率	广播电视部门	0.007 8	27
X_{23}农村广电线路覆盖率	广播电视部门	0.046 9	7

（续表）

指标代码及名称	资料来源	权重	排名
X_{24}农村网络基础设施覆盖率	信息产业部门	0. 070 9	3
X_{25}农村电视机、收音机保有量	广播电视部门	0. 029 8	11
X_{26}农村电话普及率	电信部门	0. 018 8	17
A_3信息技术及应用指标；0. 164			
X_{31}进入三级网络（局域网、城域网、广域网）的比重	基层农业及涉农部门	0. 005 9	29
X_{32}农村各种信息数据库应用覆盖牢	基层农业及涉农部门	0. 019 7	15
X_{33}农业及涉农行业信息系统普及率	政府及科技部门	0. 065 4	5
X_{34}农业科技软件普及率	农业及科技部门	0. 008 7	25
X_{35}农业科技成果转化率	农业科技部门	0. 044 6	8
X_{36}农村信息消费比重	典型调查	0. 019 7	15
A_4信息人才队伍指标　　0. 382			
X_{41}农村信息服务业从业人员比重	农业及涉农部门	0. 149 0	1
X_{42}农业及涉农行业信息技术人员比重	政府及相关部门	0. 100 1	2
X_{43}农村信息服务业各种学历人员比重	教育部门	0. 018 7	18
X_{44}农业科研人员比重	农业及科技部门	0. 065 7	4
X_{45}农村受教育人员比重	教育部门	0. 029 8	11
X_{46}农村每万人大学生数	教育部门	0. 018 7	18
A_5信息机构组织及信息政策指标；　0. 168			
X_{51}县级农村信息服务组织完善程度	农业及涉农部门	0. 036 1	9
X_{52}乡级农村信息服务组织完善程度	农业及涉农部门	0. 020 3	14
X_{53}村级农村信息服务组织完善程度	农业及涉农部门	0. 012 3	23
X_{54}与农村信息服务相关的政策规划所占比重	政府及有关部门	0. 063 0	6
X_{55}农村信息服务组织人均信息发布量	政府及相关部门	0. 036 1	9
A_6效益评价指标。　0. 047			
X_{61}农产品信息增值率	统计调查	0. 014 0	21
X_{62}农村信息服务价值率	统计调查	0. 007 7	28
X_{63}农村信息服务就业率	统计调查	0. 025 4	13

19.4.4　农村信息服务体系综合评价结果分析

根据农村信息服务体系综合评价指标合成权重及排位结果（表 19-6 至表 19-18），在农村信息服务体系建设中，准则层构成要素的权重排位依次是：信息人才队伍指标、信息机构组织及信息政策指标、信息基础设施建设指标、信息技术及应用指标、信息资源指标和效益评价指标。这种排位是针对全国而言的，具体到每个地区和省份，情况就不一定是这样。这只能说明在现阶段其作用是较大的，并不能说明排位靠后就不重要，在一定程度上说明了它的潜力是大的。

具体分析来看：

在信息人才队伍构成要素中，在 33 个方案层指标权重排位中，农村信息服务业从业人员比重、农业及涉农行业信息技术人员比重、农业科研人员比重评价指标分别排在了第 1 位、第 2 位和第 4 位。这表明在农村信息服务体系建设中，信息人才队伍建设是非常重要的。

在信息基础设施构成要素中，农村网络基础设施覆盖率、农村广电线路覆盖率分别排在了第 3 位、第 7 位，农村电视机、收音机保有量排在了第 11 位，而农村计算机网络及设备普及率排在了第 24 位。这说明在农村信息服务体系的基础设施建设中要注意各种信息传媒的协调与配合。

在信息技术及应用构成要素中，农业及涉农行业信息系统普及率、农业科技成果转化率分别排在了第 5 位、第 8 位，农村各种信息数据库应用覆盖率和农村信息消费比重均排在了第 15 位。这表明农业及涉农行业信息系统建设在现阶段是很重要的。

在信息机构组织及信息政策法规构成要素中，与农村信息服务相关的政策法规所占比重排第 6 位，县级农村信息服务组织完善程度和农村信息服务组织人均信息发布量均排在第 9 位。这表明农村信息政策、法规和信息标准建设是很重要的；在基层农村信息服务组织建设中，县级农村信息服务组织建设是一个关键环节。

在信息资源构成要素中，农经类电视广播节目播出比重、农村人均报刊杂志发行量分别排在了第 20 位、第 22 位，其他指标的排位相对落后。但这并不表明信息资源构成要素不重要，只是表明现阶段它在农村信息服务体系建设中的作用远远没有发挥出来，说明它的潜力是很大的。

在效益评价构成要素中，农村信息服务就业率指标排第 13 位。在今后还要注意信息的经济效益问题。这有助于保持农村信息服务体系建设的活力。

参考文献

常见阳等，2001. 工业企业经营状况评价指标体系的构建．科技与管理，（3）：54-56.

陈晓剑等，1993. 系统评价方法及应用．合肥：中科大学出版社.

杜栋等，2015. 现代综合评价方法与案例精选（第 3 版）．北京：清华大学出版社.

杜向民等，2018. 高校人文社会科学评价理论与方法研究．北京：中国社科出版社.

冯用军等，2015. 中国大学评价研究报告 2015. 北京：科学出版社.

郭亚军，2002. 综合评价理论与方法．北京：科学出版社.

国家发展改革委建设部，2006. 建设项目经济评价方法与参数．北京：中国计划出版社.

何植民等，2022. 科学构建乡村振兴评估体系．中国社会科学报.

胡永宏等，2000. 综合评价方法．北京：科学出版社.

李斌等，2012. 油田开发效果综合评价指标筛选的组合方法．石油科技论坛，（8）：38-41，50.

李鸿吉，2005. 模糊数学基础及实用算法．北京：科学出版社.

李强等，2003. 论我国电子政府绩效评价体系的构建．科技进步与对策，（1）：141-143.

聂凤英，2009. 社会主义新农村建设评价指标体系研究及应用．北京：中国农业出版社.

丘东，1991. 多指标综合评价方法的系统分析．北京：中国统计出版社.

石磊，2002. 教育信息化评估指标体系及其基本要素研究．武汉：华中师范大学.

唐幼纯等，2010. 系统工程-方法与应用．北京：清华大学出版社.

汪应洛，2016. 系统工程（第 5 版）. 北京：机械工业出版社.

王新华 等，2010. 复杂大系统评价理论与技术．济南：山东大学出版社.

夏冰，2017. 基于数学模型的评价方法研究．北京：北京大学出版社.

闫慧，2004. 教育信息化测度指标体系的设计．情报杂志，（7）：70-71，74.

张发明，2017. 动态综合评价方法及应用．北京：科学出版社.

张挺，等，2018. 乡村振兴评价指标体系构建与实证研究．管理世界，（8）：99-105.

赵全超等，2004. 高校教育信息化水平的测度与综合评价研究．情报杂志，（6）：101-102.

郑红维，2010. 中国农村信息服务体系综合评价与发展战略研究．北京：中国农业科技出版社.